工业和信息化部“十二五”规划教材
21世纪高等学校计算机规划教材
21st Century University Planned Textbooks of Computer Science

计算机图形学实用教程（第3版）

Computer Graphics (3rd Edition)

苏小红 李东 唐好选 赵玲玲 等 编著
马培军 主审

人 民 邮 电 出 版 社
北 京

图书在版编目（CIP）数据

计算机图形学实用教程 / 苏小红等　编著. -- 3版
. -- 北京 : 人民邮电出版社, 2014.9(2020.1重印)
21世纪高等学校计算机规划教材. 精品系列
ISBN 978-7-115-36103-5

Ⅰ. ①计… Ⅱ. ①苏… Ⅲ. ①计算机图形学－高等学校－教材 Ⅳ. ①TP391.41

中国版本图书馆CIP数据核字(2014)第158292号

内容提要

本书是《计算机图形学实用教程》的第3版，是工业和信息化部十二五规划教材及黑龙江省省级精品课程配套教材。

全书由12章组成，内容主要包括绪论、交互式计算机图形处理系统、基本图形生成算法、自由曲线和曲面、图形变换与裁剪、实体几何造型基础、自然景物模拟与分形艺术、真实感图形显示、颜色科学基础及其应用、计算机动画、基于图像的三维重建、虚拟现实技术及其应用实例等。

本书内容丰富，可作为本科生或研究生计算机图形学课程的教学用书或学生自学的参考书。本书还将为任课教师免费提供电子课件和书中部分算法的源程序（可按前言提供的联系方式索取）。

◆ 编　　著　苏小红　李　东　唐好选　赵玲玲　等
责任编辑　许金霞
主　　审　马培军
责任印制　彭志环　焦志炜

◆ 人民邮电出版社出版发行　　北京市丰台区成寿寺路11号
邮编　100164　　电子邮件　315@ptpress.com.cn
网址　http://www.ptpress.com.cn
涿州市京南印刷厂印刷

◆ 开本：787×1092　1/16
印张：23.5　　　　2014年9月第3版
字数：617千字　　　　2020年1月河北第6次印刷

定价：49.00元

读者服务热线：(010)81055256　印装质量热线：(010)81055316
反盗版热线：(010)81055315

前言

本书是《计算机图形学实用教程》的第3版，是工业和信息化部十二五规划教材及黑龙江省省级精品课程配套教材。本书内容丰富，实用性强，可作为本科生或研究生计算机图形学课程的教学用书或学生自学的参考书。

在内容编排上，本书侧重于图形学基本算法、自由型曲线和曲面、实体几何造型、真实感图形显示、自然景物模拟与分形艺术、色彩科学基础及其应用、计算机动画、基于图像的三维重建、虚拟现实技术及其应用等最新的和常用的计算机图形学实用技术。另外，本书在第2章中还介绍了目前最新的图形输入/输出设备。

作者曾长期与日本佳能公司进行有关色彩匹配方面的合作研究，先后完成了两项该领域的国家自然科学基金项目。本书中汇集了编者多年来在色彩管理与色彩匹配、彩色半色调打印、分形几何与分形艺术、计算机辅助几何设计、基于图像的三维重建、虚拟现实技术等方面的研究成果，内容兼顾计算机图形学基础算法和最新、最实用的计算机图形学研究内容，力求给读者耳目一新之感。

本书在语言叙述上，力求简明扼要、通俗易懂，并辅以丰富的图例进行解释说明。为节省篇幅，书中没有给出算法的源代码，部分算法的源程序将随多媒体教学课件一起提供给本教材的教学单位使用，可登录人民邮电出版社教学服务与资源网下载。

学时建议如下。

对本科生28学时的课程，建议：第1章2学时；第2章2学时；第3章4学时；第4章4学时；第5章4学时；第6章2学时；第7章4学时；第9章2学时；第10章4学时。

对研究生32学时的课程，建议：第1章2学时；第2章4学时；第4章4学时；第5章4学时；第6章4学时；第7章4学时；第8章6学时；第10章4学时。

对研究生48学时的课程，建议：第1章2学时；第2章4学时；第4章6学时；第5章4学时；第6章4学时；第7章6学时；第8章8学时；第9章2学时；第10章4学时；第11章4学时；第12章4学时。

全书由苏小红教授主编，第2、4、7、8、9、10章由苏小红教授执笔，第1、3、5、6章由李东教授执笔，第11章及7.5节由唐好选副教授执笔，赵玲玲、王甜甜、蔡则苏、张彦航等老师进行了书稿校对工作。

在本书写作过程中，马培军教授在百忙之中审阅了全部初稿，提出了许多宝贵的意见和建议。在此向他表示衷心的感谢。

因编者水平有限，书中错误在所难免，恳请批评指正。编者的E-mail地址为：sxh@hit.edu.cn。欢迎读者提出宝贵意见。

编者

2014年2月于哈尔滨工业大学计算机科学与技术学院

目 录

第 1 章 绪论

1.1 计算机图形学的研究内容及其与相关学科的关系

计算机图形学（Computer Graphics，CG）是随着计算机及其外围设备的发展而产生和发展起来的，它是建立在传统的图学理论、应用数学和计算机科学基础上的、由近代计算机科学与电视和图像处理技术发展融合而产生的一门边缘学科。计算机图形学现已成为计算机科学技术领域的一个重要分支，并被广泛地应用于科学计算、航空航天、造船、汽车、电子、机械、土建工程、医药、轻纺化工、教育与培训、商业、娱乐、艺术、影视广告等应用领域，与此同时，在这些领域中的广泛应用也推动了计算机图形学软、硬件技术的不断发展，充实和丰富了这门学科的研究内容。

1.1.1 什么是计算机图形学

国际标准化组织（ISO）给出的计算机图形学的定义为：计算机图形学是研究通过计算机将数据转换为图形，并在专门显示设备上显示的原理、方法和技术的学科。简单地说，计算机图形学就是研究怎样用计算机生成、处理和显示图形的一门学科。

从用户与计算机的关系上来看，计算机图形学可以分为两大类，一类为非交互式计算机图形学（Noninteractive Computer Graphics），另一类为交互式计算机图形学（Interactive Computer Graphics）。

交互式计算机图形学也称为主动式计算机图形学或者对话式计算机图形学，它允许人与机器之间进行对话。计算机通过接收输入设备送来的信号（数据或操作命令）来修改所显示的图形，而用户可将自己对图形的修改意见等通过输入设备“通知”计算机，并能立刻得到机器的反应。交互式计算机图形学的出现给计算机图形学的发展与应用开辟了广阔的空间，带来了巨大的经济效益和良好的社会效益。例如，飞行训练模拟器就是一个交互式图形学的成功范例。它的应用为飞行员的训练带来的好处不仅仅是节省了设备（飞机）和燃料，而且还提高了放单飞的成功率，降低了飞行事故率。它还可以模拟那些无法抵达机场的实景，进行起降训练，具有重要的应用价值。

非交互式计算机图形学也称为被动式计算机图形学，用户不能直接控制与修改所显示的图形。如果要修改图形，只能去修改相关的图形文件，然后再运行它，以观察修改的结果。

非交互式计算机图形学在功能和应用上有限，而且它的技术也都包含在交互式计算机图形学之中。因此，本书所研究的计算机图形学指的就是交互式计算机图形学。

1.1.2 计算机图形学的研究内容

计算机图形学的研究内容涉及计算机图形处理的硬件和软件两方面的技术，本书以计算机图形学的算法为主，除在第2章中介绍图形输入/输出硬件设备以外，在其后的各个章节中的内容都以算法为主，介绍各类常用的图形生成和处理技术。

围绕着生成、表示物体的图形的准确性、真实性和实时性，计算机图形学的相关算法主要包括以下几个方面：

（1）基于图形设备的基本图形元素的生成算法；

（2）图形的变换与裁剪；

（3）自由曲线和曲面的设计；

（4）三维实体造型技术；

（5）真实感图形的生成与显示技术；

（6）自然景物的模拟；

（7）色彩科学的基本理论；

（8）计算机动画显示技术；

（9）三维或高维数据场的可视化；

（10）图形的并行处理算法；

（11）交互式三维实时真实感图形显示——虚拟现实技术。

1.1.3 计算机图形学与其他相关学科的关系

计算机图形学是计算机科学与技术的一个重要分支，与计算机领域中的其他相关学科有着密切的联系，特别是与数字图像处理、模式识别和计算几何的关系最为密切。图1-1所示为简单地描述了上述元素之间的关系。

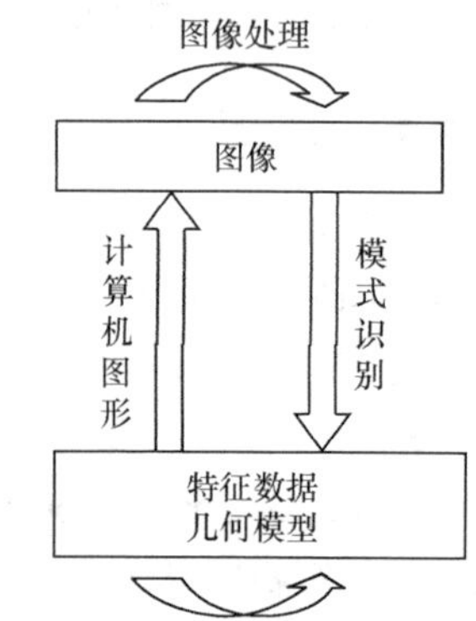

图1-1 计算机图形学与数字图像处理、模式识别和计算几何之间的关系

严格来讲，图形与图像的概念是有区分的。就表示方式而言，图形是面向对象（直线、圆、圆弧、多边形、填充区域）的，每个对象都是一个自成一体的实体，它同时具有几何属性和视觉属性；而图像则表示为一个点阵，它是由称为像素的单个点组成的。就来源而言，图形是由代码（算法）生成的；而图像通常是扫描输入、网络下载、数码照相、计算机屏幕抓图、图像软件绘制的。像Illustrator这样的图形设计软件生成的图形中记录的是构成图形的每个对象的位置、大小、形状、颜色等信息；而像Photoshop这样的图像处理软件生成的图像中记录的则是各空间位置点的颜色信息。

计算机图形学最直观的目的是将具有属性信息的几何模型显示在显示设备上，研究的是如何使用计算机通过建立数学模型或算法把真实或想象的物体在显示设备上构造和显示出来，这里所说的图形是设计和构造出来的，不是通过摄像机或扫描仪等设备输入的图像，因此计算机图形学研究的是图形的综合技术。

数字图像处理是景物或图像的分析和处理技术，主要任务是按照一定的目的和要求将一种图像变换处理成另一种图像，具体包括图像增强、图像复原、图像解析与理解、图像编码与数据压缩、图像匹配等技术。

模式识别研究的是计算机图形学的逆过程，其主要任务是识别出特定图像所模仿的标准模式，主要讨论从图像中提取物体的特征数据和数学模型，以实现对景物或图像的分析和识别。计算机视觉是通过对三维世界所感知的二维图像来研究和提取三维景物世界的物理结构，是图像处理、模式识别和计算机图形学的综合应用。

计算几何和计算机辅助几何设计着重讨论的是几何形体的计算机表示、分析和综合，如何方便灵活地建立几何形体的数学模型，如何在计算机内更好地存储和管理这些模型数据等。

从传统意义上而言，计算机图形学和数字图像处理是两个不同的技术领域，但是近年来，随着多媒体技术、计算机动画、纹理映射及实时真实感图形学技术的发展，计算机图形学和数字图像处理的结合日益紧密，并且相互渗透。这些学科之间的界限逐渐变得模糊起来，出现了一些交叉分支。例如，大家所熟知的计算机 X 射线断层（Computer Tomography，CT）技术就是计算机图形学和图像处理相结合的产物。首先采用 X 射线获取人体器官的各断层影像，采用图像处理技术对器官的改变区域进行边界跟踪，再采用计算机图形学算法进行三维重建，以确定病变部位的三维形态。医学影像学中还采用超声波和核磁医学扫描仪等设备来获取数据，后续的数据处理也都采用了计算机图形学和图像处理技术。再如，利用计算机图形学中的分形几何方法实现分形图像压缩；将计算机生成的图形与扫描输入或者摄像机摄制的图像结合在一起，制作计算机动画；将扫描输入或者经过图像处理操作处理后的图像作为颜色纹理映射到三维景物的表面；应用图像处理方法来加速图形学的建模和绘制，利用已有的图像来生成不同视点下的场景真实感图形，即采用基于图像的绘制（Image Based Rendering）技术来提高生成真实感图形的速度和质量。当前基于图像的绘制技术已成为计算机图形学领域最热门的研究方向之一。

1.2 计算机图形学的发展与应用

1.2.1 计算机图形学的发展简史和发展方向

计算机图形学是伴随着计算机的出现而产生的，主要经历了以下几个发展阶段。

1. 准备阶段（20 世纪 50 年代）

1950 年，第一台图形显示器诞生。这台类似于示波器的阴极射线管（CRT）显示器是美国麻省理工学院（MIT）的“旋风一号（Whirlwind I）”计算机的输出设备，它通过控制 CRT 生成和显示了一些简单的图形。由于当时的计算机主要用于科学计算，为这些计算机所配置的图形设备只具有输出功能，不具备人机交互功能。

到了 20 世纪 50 年代末期，MIT 的林肯实验室在其“旋风”计算机上研制开发了具有指挥和控制功能的 SAGE 空中防御系统，这个系统能将雷达信号转换为显示器上的图形，操作者可借用一种被称为“光笔”的交互设备指向屏幕上被确定的目标图形，来获取被选取对象的数据信息，在 CRT 显示器屏幕上选取图形，这是交互式计算机图形系统的雏形，预示着交互式图形生成技术的诞生。

2. 发展阶段（20 世纪 60 年代）

1962 年，MIT 林肯实验室的 Ivan E. Sutherland 发表了题为“Sketchpad:A Man Machine Graphical Communication System（Sketchpad：一个人机交互通信的图形系统）”的博士论文。他在论文中首次使用了“计算机图形学（Computer Graphics）”这个术语，并提出了交互技术、分层存储符号和图素的数据结构等概念，证明了交互式计算机图形学是一个可行的、有用的研究领域，奠定了交互式计算机图形学研究的基础，确立了计算机图形学作为一个独立的新兴学科的地位，同时也奠定了他作为“计算机图形学之父”的基础。

Sutherland 开发的 Sketchpad 系统是一个三维交互式图形系统，能够产生直线、圆、圆弧等图形，并有一定的交互功能。它的工作原理是：光笔在计算机屏幕表面上移动时，通过一个光栅系统测量笔在水平和垂直两个方向上的运动，从而在屏幕上重建由光笔移动所生成的线条，并且可以对线条进行拉长、缩短和旋转等操作，线条可以相互连接起来表示任何物体。Sketchpad 的成功也奠定了 Sutherland 作为“计算机图形学之父”的基础，并为计算机仿真、飞行模拟器、CAD/CAM、电子游戏机等重要应用的发展打开了通路。1988 年，Ivan E. Sutherland 因此而获得图灵奖，ACM 除授予他图灵奖以外，1994 年还授予他软件系统奖。

20 世纪 60 年代的中、后期，美国的 MIT、通用汽车公司、贝尔电话实验室、洛克希德飞机公司、法国雷诺汽车公司等相继开展了对计算机图形学大规模的研究活动，同时，英国的剑桥大学等各国的大学和研究机构也开始了这方面的工作，计算机辅助设计和计算机辅助制造（CAD/CAM）也作为一个技术概念于 1968 年的美国国防与工业会议上被正式采纳，使计算机图形学的研究进入了迅速发展并逐步得到应用的新时期。

3. 推广应用阶段（20 世纪 70 年代）

20 世纪 70 年代是计算机图形学蓬勃发展、开花结果的年代。基于电视技术的光栅扫描显示器的出现，极大地推动了计算机图形学的发展，使得计算机图形学进入了第一个兴盛的时期，并开始出现实用的 CAD 图形系统。众多商品化软件的出现，使图形标准化问题也被提上议程。图形标准化要求图形软件由低层次的与设备有关的软件包转变为高层次的与设备无关的软件包。1974 年，美国计算机学会成立了图形标准化委员会（ACM SIGGRAPH），开始有关标准的制定和审批工作。1977 年，该委员会提出了一个称为“核心图形系统（CGS）”的规范。1979 年，又公布了修改后的第 2 版，增加了包括光栅图形显示技术在内的许多其他功能。

在这十年期间，随着图形标准的出现，许多新的、功能完备的图形系统开始问世，交互式计算机图形系统得到了广泛的应用，不仅存在于传统的军事和工业领域，而且还进入了科学研究、教育、艺术及事务管理等领域，这些应用极大地推动了计算机图形学的发展，尤其是对图形硬件设备的制造和发展。

4. 系统实用化阶段（20 世纪 80 年代）

进入 20 世纪 80 年代，超大规模集成电路的发展为计算机图形学的发展奠定了物质基础，具有高速图形处理能力的图形工作站的出现，又进一步促进了计算机图形学的发展，工作站已经取代小型计算机成为图形生成的主要环境。同时，三维计算机图形的国际标准 PHIGS 和 GKS-3D 的颁布，为研制通用的图形系统提供了良好的基础。

20 世纪 80 年代后期，带有光栅扫描显示器的微型计算机的性能迅速提高，同时其价格低廉，因而得以广泛普及和推广，尤其是微型计算机上的图形软件和支持图形应用的操作系统及其应用软件的全面出现，如 Windows、Office、AutoCAD、CorelDRAW、Freehand、3D Studio 等，使计算机图形学应用得到了前所未有的发展。

5. 标准智能化阶段（20 世纪 90 年代）

20 世纪 90 年代，随着多媒体技术的提出，计算机图形学的功能有了很大的提高，计算机图形系统已成为计算机系统必不可少的组成部分，随着面向对象的程序设计语言的发展，出现了面向对象的计算机图形系统，计算机图形学开始朝着标准化、集成化和智能化的方向发展。

一方面，国际标准化组织（ISO）公布的图形标准越来越多，且更加成熟，并得到了广泛的认同和采用。这些图形标准包括计算机图形接口（Computer Graphics Interface，CGI）标准、计算机图形元文件（Computer Graphics Metafile，CGM）标准、图形核心系统（Graphics Kernel System，GKS）、三维图形核心系统 GKS-3D 和程序员层次交互式图形系统（Programmer's Hierarchical Interacative Graphics System，PHIGS）。图形软件标准制定的主要目标是提供计算机图形操作所需要的功能，包含有图形的输入和输出、图形数据的组织和交互等，使现有的计算机和图形设备的功能得到有效利用，以满足实际应用的需要，在不同的计算机系统、不同的应用系统、不同的用户之间进行信息交换，使图形、程序等可以重复使用，与设备无关，实现对设备的独立性，便于移植，减少应用系统的开发费用，减少因重复开发带来的浪费。

另一方面，多媒体技术、人工智能技术以及专家系统技术和计算机图形学的有机结合使得许多应用系统具有了智能化的特点，而智能 CAD 技术、虚拟现实技术的应用又向计算机图形学提出了更新更高的要求。

21 世纪以来，计算机图形系统以其更高的性能价格比和优良完善的功能进入到人类社会的各个领域，并在真实性和实时性两方面得到了更快的发展。今后，一方面，图形设备与图形系统将更加智能化，将人工智能和数据挖掘技术等引入图形系统，提高了图形系统的交互功能，使人机界面更友好、更人性化，并且具有学习、理解和咨询服务等人的智能。另一方面，图形系统将更加多媒体化，支持图形数据、图像数据、声音数据和文本数据的多媒体数据库将会成为图形系统的数据管理中心，图形系统将具有更强的多媒体功能及更广阔的应用前景。

1.2.2 计算机图形学的应用领域

自交互式计算机图形学诞生以来，计算机图形学的研究与图形设备的发展推动了它在各个领域的应用，而图形系统的应用又反过来促进了计算机图形学的研究与图形设备的进步。计算机图形学现已成为用户接口、计算机辅助设计与制造、科学计算的可视化、影视、动画、计算机艺术、虚拟现实和许多其他应用中的重要组成部分。尤其是近十年间，随着硬件技术的飞速发展和软件技术的巨大进步，计算机图形学的应用领域越来越广泛，已经深入到整个社会生活的各个方面。主要的应用领域如下。

1. 图形用户接口

用户接口是计算机系统中人与计算机之间相互通信的重要组成部分，是人们使用计算机的第一观感。一个友好的图形化的用户界面能够大大提高软件的易用性，在 DOS 时代，计算机的易用性很差，编写一个图形化的界面要花费大量的劳动，传统软件中有 60%以上的代码用来处理与用户接口有关的问题和功能。进入 20 世纪 80 年代后，在用户接口中广泛使用了图形用户界面（Graphical User Interfaces，GUI），如菜单、对话框、图标和工具栏等，大大提高了用户接口的直观性和友好性，以及软件的质量和开发效率。特别是微软公司 Windows 操作系统的普及，极大地改善了计算机的可用性和有效性，迅速代替了以命令行为代表的字符界面，成为当今计算机用户界面设计的主流。图形用户接口的主体部分是一个允许用户显示多个窗口区域（视图区）的窗口管理程序。各窗口可以获得图形的或非图形的显示。这种窗口功能对于人机交互过程是不可缺少的，特别是图形接口，为用户提供了直观和易于理解与接受的人机界面，拉近了计算机与用户的距离。如今在任何一台普通计算机上都可以看到计算机图形学在用户接口方面的应用。操作系统和应用软件中的图形、动画比比皆是，使应用程序直观易用，无需说明书，用户根据它的图形或动画界面的指示即可进行操作。

以用户为中心的系统设计思想、增进人机交互的自然性、提高人机交互的效率和带宽是目前用户接口的主要研究方向。为此，人们提出了多通道用户接口的思想，包括语言、姿势输入、头部跟踪、视觉跟踪、立体显示、三维交互技术、感觉反馈及自然语言界面等，即人体的任何部分都将成为人机对话的通道。虚拟现实是其实现的关键所在，这不仅要求软件实现，更需要在硬件上实现。

2. 计算机辅助设计与制造——工业领域

计算机辅助设计与制造（CAD/CAM）是计算机图形学在工业界最广泛、最活跃的应用领域。计算机图形学被用来进行产品设计和工程设计，生产周期短，效率高，精确性和可靠性高，可以用于飞机、汽车、船舶、建筑、轻工、机电、服装的外形设计，大规模集成电路、印刷电路板的设计，以及发电厂、化工厂等的布局等。例如，在电子工业中，应用 CAD 技术进行集成电路、印刷电路板的设计，可以使无法用手工设计和绘制的大规模或超大规模集成电路板图在较短时间内完成设计和绘图，并把设计结果直接送至后续工艺进行加工处理。在飞机工业中，美国波音飞机公司的波音 777 飞机的整体设计和模拟（包括飞机外型、内部零部件的安装和检验）就是利用有关的 CAD 系统实现的，使其设计制造成本下降 30%以上。在建筑设计中，除了可以利用 CAD 技术完成建筑的二维工程图之外，还可以使建筑师和用户直接看到建筑的外貌，显示出逼真的外观效果图对密集的楼群地段进行光照分析，同时还可以完成结构设计、给排水设计、电器设计和装饰设计等。由计算机制作的足以以假乱真的建筑效果图，现在已成为建筑设计不可缺少的技术。结合虚拟现实技术，还可以模拟出三维的室内布局、装饰和照明效果，让建筑师和用户逐个房间参观和考察设计的效果。在轻纺工业领域，对纺织品的织纹设计、织物的图案设计、地毯图案设计、服装设计等也都开始采用 CAD 技术。CAD 技术的采用减轻了设计人员的劳动强度，加快了设计速度，提高了设计质量，缩短了产品上市时间，从而提高了产品的竞争力。

CAD 领域另一个非常重要的研究领域是基于工程图纸的三维形体重建。三维形体重建就是从二维信息中提取三维信息，通过对这些信息进行分类、综合等一系列处理，在三维空间中重构出二维信息所对应的三维形体，恢复形体的点、线、面及其拓扑关系，从而实现形体的三维重建。

3. 计算机动画——商业领域

为了避免画面闪烁，产生连续的画面需 24 帧/秒，所以制作较长时间的动画，往往需要几万、几十万甚至上千万幅画面，工作量是相当大的，利用计算机使用关键帧插值技术，自动在两幅关键画面之间插入中间画面，大大提高了动画制作的效率，缩短了动画制作的周期。

利用计算机动画技术生产动画片，使角色造型、色彩搭配和角色的运动路径规划等环节的设计变得更加容易。特别是在制作影视特技方面更有其优势。计算机图形学为电影制作开辟了一条全新的道路。现代电影几乎都用到了数字合成技术，除了添加背景、生成前景等，还可以产生以假乱真而又惊险的特技效果，如模拟大楼被炸、桥梁坍塌等。例如，影片《珍珠港》中的灾难景象就是利用计算机动画制作的。而《侏罗纪公园》《指环王》和《阿凡达》等影片中的许多精彩镜头也都是计算机动画的功劳，因此可以说影视特技的发展和计算机动画的发展是相互促进的。

如今，计算机图形学技术已越来越多地进入商业领域，除了用于制作动画片和影视特效外，还常用于制作音乐录像片、视频游戏等。在科学研究、视觉模拟、电子游戏、工业设计、教学训练、写真仿真、过程控制、建筑设计、军事战术模拟等许多领域都有重要应用。计算机图形学、计算机绘画、计算机音乐、计算机辅助设计、电影技术、电视技术、计算机软件和硬件技术等众多学科的最新成果都对计算机动画技术的研究和发展起着十分重要的推动作用。

4. 计算机艺术——艺术领域

将计算机图形学和人工智能技术引入计算机艺术领域，生成各种美术图案、花纹、盆景、工艺外形以及油画和书法等，是近年来计算机图形学的另一个活跃的研究分支。

所谓计算机艺术（Computer Art）就是以计算机为工具创意、设计或制作的艺术作品，包括计算机美术绘画（平面图形）、书法、雕塑（立体图形）、印染、编织、音乐、体操舞蹈设计等，它集中体现了科学与艺术相融合的特点，因此计算机艺术是科学与艺术相结合的一门新兴的交叉学科。计算机艺术的含义很广，其中以美术作品所占的比重最大。因此，计算机艺术主要指计算机美术，即美术工作者利用计算机提供的功能在屏幕上创作他们的美术作品。计算机艺术使得艺术家置身于全新的作画环境，屏幕代替了画板，鼠标代替了画笔，电子合成颜色代替了调色板，作为一种特殊的艺术形式，它使得计算机科学家和艺术家走到了一起。目前可专门用于美术创作的软件很多，如美术字生成软件、中国画绘制工具软件、西洋画绘制工具等。美术工作者利用这些软件，特别是结合一些数学函数软件包、三维建模软件包和分形几何软件包的应用，可以创造出许多人们意想不到的美术作品，产生超乎想象的效果。

计算机艺术包括计算机平面绘画艺术、计算机数字图像合成艺术、计算机图形设计艺术等多个方面，计算机艺术广泛应用在工业产品设计、建筑和环境设计、广告设计、网页和新媒体设计、纺织品和服装设计、平面装饰设计、影视特技设计、动画和游戏设计。其中，计算机绘画（Computer Painting）主要指利用鼠标或数字压感光笔直接在屏幕或数字化板上进行的绘画，主要应用于手绘动画和漫画创作。可用于计算机绘画的软件包括 Corel Painter、Adobe Photoshop 等。计算机绘画易于修改，效果丰富，成本较低，但对于计算机设备要求较高，而且要求绘画者有扎实的美术功底。计算机数字图像合成艺术（Computer Image Editing and Montage Art）主要指利用计算机对扫描或数码相机导入的图像素材进行编辑、合成及后期特技处理所产生的新的视觉作品，应用于影视后期和多媒体创作。可用计算机数字图像合成的软件包括 Corel Painter、Adobe Photoshop 等。计算机数字图像合成艺术易于掌握，便于普及，效果丰富，成本较低，合成图像可以带有荒诞、刺激、搞笑、离奇和超现实主义风格的效果，并带有“蒙太奇艺术”的特点。

近年来，非真实感图形绘制（Non-Photorealistic Rendering，NPR）技术即用数字方法对传统绘画进行模拟，在计算机艺术中发挥重要作用，广泛用于文学读物插图尤其是儿童读物插图的绘制。

5. 科学计算的可视化

科学技术的迅猛发展，数据量的与日俱增使得人们对数据的分析和处理变得越来越难，人们无法从数据海洋中得到最有用的数据，找到数据的变化规律，提取最本质的特征。对这些数据进行收集和处理以获得有价值的信息，是一项非常繁杂的工作。如果能够将这些数据用图形的形式表示出来，那么这些数据间的关系、变化趋势和模式就能得以清晰显现了。科学计算可视化（Visualization in Scientific Computing）就是将科学计算过程中产生的大量难以理解的数据通过计算机图形显示出来，以加深人们对科学过程的理解和认识，为人们分析和理解数据提供方便。科学计算、工程和化学分析等的大量难以理解的数据集或过程而生成的图形表示通常称为科学计算可视化（Scientific Visualization）。为工业、商业、金融和其他非科学计算领域的数据可视化通常称为商用可视化（Business Visualization）。其核心是三维数据场的可视化，它涉及计算机图形学、图像处理、计算机视觉、计算机辅助设计及交互技术等几个领域。现已广泛应用于气象分析、医学图像重建、计算流体力学、空气动力学、天体物理、分子生物学、有限元分析、石油地质勘探、核爆炸模拟等许多领域。目前科学计算可视化技术在美国的国家实验室及大学中已经从研究走向应用，并且正从后处理向实时跟踪和交互控制方向发展。

6. 虚拟现实应用

虚拟现实（Virtual Reality）一词是由美国喷气推动实验室的创始人 Jaron Lanier 首先提出的。虚拟现实技术是指利用计算机图形产生器、位置跟踪器、多功能传感器和控制器等有效地模拟实际场景和情形，从而使观察者产生一种真实的身临其境的感觉。它是建立在计算机图形学、人机接口技术、传感技术和人工智能等学科基础上、多学科交叉和综合集成的新技术。虚拟现实技术最基本的要求就是反映的实时性和场景的真实性，这使得它在军事、医学、设计、艺术、娱乐等多个领域都得到了广泛的应用，被认为是21世纪大有发展前途的科学技术领域。

例如，在建筑设计应用中，将建筑设计师们设计的未来建筑显示在虚拟工作平台上，佩戴特制的液晶眼镜可以看到建筑的立体设计效果，并方便地增添或移去建筑的一部分或其他物体，还可以通过数据手套来设置不同的光源，模拟不同时间的日光和月光，观察在不同光线下所设计建筑的美感以及与整个环境的协调性。

再如，在虚拟手术仿真应用中，将医用CT扫描的数据转化为三维图像，并通过一定的技术生成在人体内漫游的图像，使医生能够看到并准确地判别病人体内的患处，然后通过碰撞检测等技术实现手术效果的反馈，帮助医生成功完成手术。

7. 系统环境模拟

训练模拟仓是为专业训练而专门设计的计算机图形系统。如训练飞行员的飞行训练模拟仓，训练船员的舰船训练模拟仓，训练汽车驾驶员的汽车训练模拟仓，训练核电站操作人员的核装置训练模拟仓等，都是这样的一些专用系统。利用飞行训练模拟仓可以模拟飞机的飞行过程，用光栅扫描器产生驾驶员在驾驶舱中预期所能看到的景象，可以使受训驾驶员坐在训练模拟仓内，面对显示屏幕上的视景来演练控制飞机起飞和降落的过程，或者对飞行员进行单飞前的地面训练和飞机格斗训练等，飞行训练模拟仓内场景逼真，试验手段安全、可靠、迅速，价格又很低廉。经过数十小时的模拟训练，飞行学员放单飞的成功率将会大幅度提高，而且还节省了燃油，无需占用飞机、机场等昂贵资源，缩短了驾驶员的训练周期，这些技术对于宇航员的航天训练会更显现出其优越性。

除了上述这7个主要应用领域外，计算机图形学还在地理信息系统、电子印刷、办公自动化、过程控制等领域有重要的应用。例如，电子印刷和办公自动化领域，图文并茂的电子排版系统引起了印刷史上的一次革命。在过程控制领域，石油化工、金属冶炼、电网控制的工作人员根据设备关键部位的传感器送来的图像和数据，对设备运行过程进行监控，机场、铁路的调度人员通过计算机产生运行状态信息来调整空中交通和铁路运输。地理信息系统已被广泛地应用于地质调查、地下管线规划与管理，甚至应用于小区的物业管理等。可以说，计算机图形学的应用已经达到了无处不在的程度。

1.3 本章小结

本章首先讨论了计算机图形学的研究内容以及与其他相关学科的关系；其次，回顾了计算机图形学的发展历史，介绍了计算机图形学在人类社会各个领域中的应用。计算机技术的进步推动了计算机图形学的发展，计算机图形学的发展又拓宽了计算机的应用领域，推动了计算机科学技术的发展。计算机图形学也将在集成化、智能化和标准化的道路上继续前进。

习题1

1.1 计算机图形学的主要研究内容是什么？

1.2 计算机图形学与其他相关学科的关系是什么？

1.3 针对你感兴趣的研究和应用领域，通过查阅文献资料，写一篇文献综述报告。

1.4 请你预计计算机图形学的未来发展方向和前景。

第 2 章 交互式计算机图形处理系统

2.1 交互式计算机图形系统的组成

计算机图形系统与一般计算机系统的主要区别在于，它要求主机性能更高，具有强大的浮点运算能力，速度更快，存储容量更大，外设种类更齐全。交互式的计算机图形系统是指引入了人—机会话功能的，用户与系统可以进行通信的，允许用户在线地对图形进行定义、修改和编辑的计算机图形系统。一个非交互式的计算机图形系统是由计算机硬件、图形输入/输出设备、图形设备驱动程序、图形子程序库、图形应用程序构成的一个面向图形生成和处理的计算机系统，而一个交互式的计算机图形系统则是人与计算机、图形输入/输出设备及相关计算机软件协调运行的系统，如图 2-1 所示。其中，图形设备驱动程序用来控制图形硬件设备，主要指显示驱动程序、打印驱动程序等。

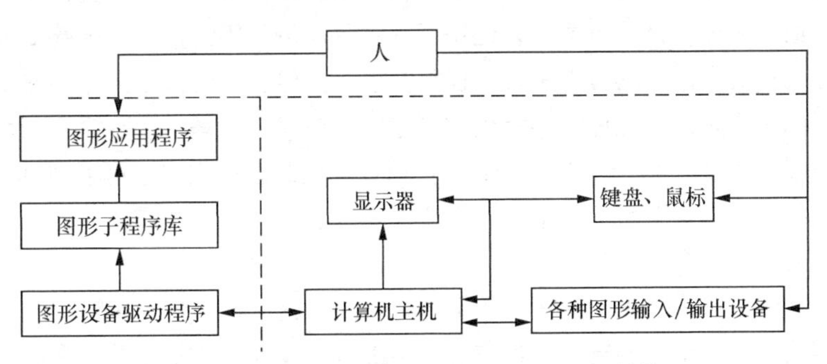

图 2-1　交互式计算机图形系统的一般组成结构

交互式的计算机图形系统可以由大、中型计算机系统构成，也可以由小型机、工作站甚至个人计算机来组成。随着计算机性能价格比的提高和计算机系统结构的下移，工作站图形系统和个人计算机图形系统得到了广泛的应用。下面将主要介绍个人计算机图形系统和工作站图形系统的体系结构。

一个典型的个人计算机系统包括处理、存储、交互、输入和输出 5 个基本功能。其中，交互功能是指通过图形显示终端和图形输入设备实现用户与图形系统的人—机通信。用户可以在现场实现对图形显示终端上所显示的图形进行在线操作（增加、删除、修改、编辑等）以得到满意的设计结果。输出功能包括软拷贝输出和硬拷贝输出。软拷贝输出是指将图形的设计结果或先前已经设计好的图形在显示终端上显示出来，供用户审视或修改。硬拷贝输出是指图形或非图形信息以打印或印刷的形式长期保存下来。

基于个人计算机的图形系统称为个人计算机图形系统（Personal Computer Graphics System）。个人计算机系统是由个人计算机加上图形输入/输出设备和有关的系统软件及图形软件构成的系统。个人计算机图形系统的性能主要取决于所采用的个人计算机，而个人计算机的性能又主要决定于其微处理器芯片。当前个人计算机的主流采用 Intel 公司的 Pentium 系列芯片。

工作站图形系统又称为图形工作站（Graphics Workstation）。它是一种专业化的交互计算机系统，大多采用 RISC、超标量、超流水线及超长指令技术，具有高速的数据处理和强大的图形处理能力、丰富的图形处理功能、灵活的窗口和网络管理功能、功能齐备的图形支撑软件、种类齐全的图形输入/输出设备。许多图形工作站由两个显示器构成，一个用于图形显示，另一个用于管理菜单和控制系统的操作。通常，图形工作站显示器屏幕尺寸较大，分辨率也较高，主要用于工程和工业产品设计与绘图、系统模拟与仿真，基本用户为工程技术人员、科学研究人员与管理人员等专业技术人员。

从工作站的特点不难看出，它的用途更加专业化，系统配置要求高，系统性能比个人计算机图形系统高，普通的台式机无法望其项背。

2.2 图形输入设备

一般地，图形系统都配置有多种图形输入设备，用以输入数据或操作命令。除了常用的输入设备外，还有一些适合特殊用途的输入设备，如数据手套、触摸板、数字化仪等。

图形输入设备与人机交互技术的发展主要经历了 4 个阶段：第一阶段，由设计者本人利用控制开关、穿孔纸等，采用手工操作和依赖机器（二进制机器代码）的方法去适应现在看来是十分笨拙的计算机；第二阶段，计算机的主要使用者——程序员利用键盘、光笔等输入设备，采用批处理作业语言或交互命令语言的方式和计算机打交道，虽然要记忆许多命令和熟练地敲击键盘，但已可用较方便的手段来调试程序、了解计算机执行情况；第三阶段，出现了图形用户界面（GUI），由于 GUI 简明易学，减少了敲击键盘，因而使不懂计算机的普通用户也可以熟练地使用，开拓了用户人群，常用的输入设备有鼠标、坐标数字化仪、跟踪球、触摸屏、操纵杆、扫描仪等；第四阶段，进入了多通道、多媒体的智能化人机交互阶段。以虚拟现实为代表的计算机系统的拟人化和以手持电脑、智能手机为代表的计算机的微型化、随身化、嵌入化，是当前计算机的两个重要的发展趋势。因此，这一阶段的输入设备主要包括虚拟现实环境中使用的三维输入设备（如三维鼠标、空间球、数据手套、数据衣），或者利用人的多种感觉通道和动作通道（如语音、手写、姿势、视线、表情等输入），以并行、非精确的方式与计算机环境进行交互，相信在未来它们将极大地提高人机交互的自然性和高效性。

2.2.1 一般输入设备

一般输入设备指那些在计算机系统中经常使用的、多数计算机系统都配有的输入设备。从其功能上来看，主要分为两大类，一类是定位设备，另一类是检取设备。定位设备（Positioning Devices）指那些可以向系统输入位置坐标的设备，如鼠标、触摸屏等。检取设备，也称指点设备（Pointing Devices）指那些可以在显示屏幕上直接指出所选择的图形项的设备，如光笔等。

1. 键盘

键盘（Keyboard）已经成为计算机系统必备的输入设备。键盘是输入非图形数据的高效设备，通过它可以将字符串、控制命令等信息输入到系统中。键盘也能用来进行屏幕坐标的输入、菜单的选择或图形处理功能的选择。通用键盘上还设有光标控制键，它可以用于指示选择被显示的对象或指示定位坐标的现行位置。光标（Cursor），这个显示在屏幕上的特殊的符号，是人—机交互过程中系统对输入设备输入信息的响应，即对用户操作的反馈。

2. 鼠标

鼠标（Mouse）是一种控制光标的移动用以输入定位坐标或选择操作的输入设备。鼠标作为计算机输入操作的主要输入工具，以其价格低廉而得到了普遍的应用。

鼠标的基本工作原理是当移动鼠标时，它将所移动的距离和方向信息变成脉冲信号送给计算机，计算机将脉冲信号转换成显示屏幕上光标的坐标值，从而达到定位的目的。根据鼠标内部结构的不同，可分为机械式、光机式和光电式 3 种。

机械式鼠标的结构最简单，鼠标器的底部有个实心塑胶小球，鼠标内置了 x 方向滚轴和 y 方向滚轴，在滚轴的末端有译码轮，译码轮附有金属导电片与电刷直接接触。当鼠标移动时带动小球滚动，小球滚动又带动了两个滚轴转动，进而摩擦作用使两个滚轴带动译码轮旋转，接触译码轮的电刷随即产生与二维空间位移相关的脉冲信号。由于电刷直接接触译码轮，鼠标小球与桌面直接摩擦，所以机械式鼠标的精度有限，如果工作环境不清洁、鼠标内部灰尘或污物较多，那么很容易导致鼠标移动不灵活，此外电刷和译码轮的磨损也较为厉害，直接影响机械式鼠标的寿命。因此，目前机械式鼠标已基本淘汰，被同样价廉的光机式鼠标所取代。

光机式鼠标是一种光电和机械相结合的鼠标，是目前市场上最常见的一种鼠标。光机式鼠标在机械式鼠标的基础上将磨损最厉害的接触式电刷和译码轮改进成为非接触式的 LED 元器件（主要是由一个发光二极管和一个光栅轮），在转动时可以间隔的通过光束来产生脉冲信号。由于采用的是非接触部件，使磨损率下降，提高了鼠标的寿命，同时在一定范围内提高了鼠标的精度。

光电式鼠标与机械式鼠标最大的不同之处在于其定位方式不同。在光电式鼠标内部有一个发光二极管，通过该发光二极管发出的光线，照亮光电鼠标底部表面，然后将鼠标底部表面反射回的一部分光线，经过一组光学透镜，传输到一个光感应器件内成像。于是，鼠标移动时的轨迹便会被记录为一组高速拍摄的连续图像。最后利用鼠标内部的一块专用图像处理芯片（DSP）对移动轨迹上摄取的一系列图像进行处理，通过分析图像特征点位置的变化，来判断鼠标的移动方向和移动距离，从而完成光标的定位。通常情况下，传统机械式鼠标的扫描精度在 200dpi 以下，而光电式鼠标则能达到 400dpi 甚至 800dpi，这就是为什么光电式鼠标在定位精度上能超过机械式鼠标的主要原因。

鼠标测得的位移量通常是通过一根电缆传到计算机中的。它的安装比较简单，在计算机断电的状态下，将鼠标电缆插入一个串行通信口即可。还有一种无线鼠标，它没有电缆与计算机连接，而是通过无线通信方式向计算机发送测得的位移量。

按键数分类，鼠标有双键式、三键式和多键式。早期的鼠标只有左右两个键，它结构简单，无需驱动程序。三键式鼠标，也被称为 PC Mouse，它比两键式鼠标多了一个中键，使用中键在某些特殊程序中能起到事倍功半的作用，例如，在 Auto CAD 软件中可以利用中键快速启动常用命令。多键式鼠标是新一代多功能智能鼠标，带有滚轮，使得上下翻页变得极为方便，在 Office 软件中可实现多种特殊功能，随着应用的增加，除了滚轮，还增加了拇指键等快捷按键，进一步简化了操作程序。多键多功能鼠标将是鼠标未来发展的目标与方向。

3. 轨迹球

轨迹球（Track Ball）是便携式计算机上常用的一种图形输入设备，它特别适用于那些鼠标不适宜使用的场合，例如，空间狭小的地方或摇摆、振动的环境，像飞机、船舶或其他的运动器上。轨迹球的结构、工作原理与光机式鼠标相类似，样子像一个倒置的鼠标，滚动的小球向上，比鼠标的稍小。用户可用手指拨动这个小球或用掌心操作它，使其滚动，小球的滚动被测出其位移量，输入计算机。轨迹球可以平放在桌面上、固定在桌面上或镶嵌在计算机控制台中，笔记本电脑上的轨迹球就嵌入其键盘面板中。它可以固定与镶嵌的特性使其更适合于复杂应用环境。轨迹球也具有2至3个按键，其功能与鼠标相似。

4. 游戏棒

游戏棒（Joystick）或称为操纵杆也是一种较常用的图形输入设备，它是靠一个可以向各个方向转动的手柄来输入位移量和位移方向的。最简单的一种游戏棒是在手柄的前、后、左、右和左前、右前、左后、右后8个方向上各装一个微动开关，手柄的运动使相应的微动开关闭合，其测得的位移量和位移方向通过电缆传送给计算机。

鼠标、轨迹球和游戏棒作为图形定位装置，它们可以输出位置坐标给计算机来控制屏幕上的光标位置，主要是作为交互输入控制设备来使用。在某些应用中，需要将图形的精确坐标位置测量下来并输入计算机时，它们就不能胜任这项工作了。

5. 光笔

光笔（Lightpen）是一种具有检取功能的输入装置，由于它能够检测到光，称之为光笔。光笔的形状像一支笔，笔尖处有一圆孔，显示屏上所显示的图形发出的光线可通过这个圆孔进入笔中。光笔的头部有一组透镜，将圆孔透过的光聚集到光导纤维的一个端面上，光导纤维将光传导到光纤的另一端的光电倍增管入口，将光信号转换成电信号后，经整形输出一个电平，这个电平作为一个外设中断信号送给计算机。

光笔的操作过程如下：通过了解光笔的操作过程可以理解光笔是如何“看到”屏幕上的图形的。

（1）光笔与计算机间的通信是通过一个一位的状态寄存器来实现的，当光笔“看到”屏幕上的一个增强的亮点时，就将该寄存器置“1”。

（2）处理机挂起，以防止破坏当前地址。

（3）将现行地址输出，作为定位坐标。

（4）将状态寄存器复位，等待下一次输入。

所谓光笔看到的那个增强的亮点就是电子束刚刚打到屏幕上那个位置时，荧光粉发光最亮的时刻，也就是正好刷新到这个图形的时刻。处理器挂起，刷新地址就被保存下来了，光笔所看到的亮点正与之相对应，于是系统就知道光笔看到的是屏幕上哪一时刻的图形了。

6. 触摸屏

在人机交互发展的过程中，鼠标和键盘一直是最基本的输入设备，而屏幕一直是计算机信息的最主要的输出设备。随着一种全新的交互方式——自然用户界面（俗称触摸界面）操作模式的出现，屏幕不再仅仅是输出设备，同时也被用作输入设备，它允许用户在屏幕上直接操作来操控计算机。触摸屏（Touch Screen）就是这样一种简单、方便、自然的输入设备，它是一种对于物体的触摸能直接产生反应的屏幕，具有坚固耐用、反应速度快、节省空间、易于交互等许多优点。当我们用手指或者小杆触摸屏幕时，触点位置便以光学的（红外线式触摸屏）、电子的（电阻式触摸屏和电容式触摸屏）或声音的（表面声波式）方式记录下来。即使对于不常使用计算机的用户，无需学习也能使用。对触摸屏的操作，比鼠标或键盘的操作更方便，它使得人机交互更为直截了当。

触摸屏由触摸检测部件和触摸屏控制器组成。触摸检测部件安装在显示器屏幕前面，用于检测用户触摸的位置，接受后将相关信息送触摸屏控制器。触摸屏控制器的主要作用是接收触摸点检测装置上的触摸信息，将它转换成触点坐标，再送给操作系统进行系统控制，它同时也能接收系统返回的命令并加以执行。工作时，我们只要用手指或其他物体轻轻触摸安装在显示器前端的触摸屏，然后系统就可以根据手指触摸的图标或菜单位置来定位选择信息输入，从而实现对主机的操作。

从技术原理角度讲，触摸屏是一套透明的绝对定位系统。触摸屏的第一个特征就是透明，它直接影响到触摸屏的视觉效果，如透明度、色彩失真度、反光性和清晰度等；触摸屏是绝对坐标系统，这是它的第二个特征，与鼠标这类相对定位系统的本质区别在于它的一次到位的直观性，无需光标。光标是给相对定位的设备用的，相对定位的设备要移动到一个地方首先要知道现在在何处，往哪个方向去，每时每刻还需要不停地给用户反馈当前的位置才不至于出现偏差。而对于采取绝对坐标定位的触摸屏来说，要选哪就直接点哪，同一点的输出数据是稳定的，每一次定位坐标与上一次定位坐标没有关系。检测触摸并定位是触摸屏的第三个特征，即能检测手指的触摸动作并且判断手指位置。各种触摸屏技术都是依靠各自的传感器来工作的，定位原理和所用的传感器决定了触摸屏的反应速度、可靠性、稳定性和寿命。触摸屏的传感器方式还决定了该触摸屏如何识别多点触摸的问题。

按照触摸屏的工作原理和传输信息的介质不同，触摸屏可以分为 4 种类型，分别为电阻式、电容式、红外线式及表面声波式。

电阻式触摸屏由两层间距为 2.5μm 的高透明的导电层组成，当手指按在触摸屏上时，接触点处两层导电层接触，电阻发生变化。通过测得屏幕水平与垂直方向上的电阻值的改变可测出该触摸点的位置坐标。

电容式触摸屏是将接近透明的金属涂层覆盖在一个玻璃表面上，当手指接触到该涂层时，电容发生变化，使得与之相连的振荡器频率发生变化，通过测量频率变化可以确定触摸的位置。

红外线式触摸屏是在屏幕周边成对安装红外线发射器和红外线接收器，屏幕的一边由红外发光器件发射红外光，与之相对的另一边设有接收装置检测光线被遮挡的情况，接收器接收发射器发射的红外线，形成红外线矩阵。当手指按在屏幕上时，手指阻挡了红外线，这样在水平与垂直方向上接收的信息被送至主机，用于确定手指触摸的位置。

声表面波式触摸屏由触摸屏、声波发生器、反射器和声波接收器组成。声波发生器发出的声波在触摸屏表面传递，经反射器传递给声波接收器，声波信息被转换成电信号后送给主机。根据其到达接收器的时间延迟不同而计算出触摸点的 X、Y 坐标。

电阻式触摸屏和电容式触摸屏对涂层的均匀度和测量精度要求较高，工艺难度较大，因而价格偏高，而且怕刮、易损，所以其应用受限。目前，手机等数码产品大多数采用电容式或电阻式触摸屏，其共同缺点是尺寸受限，一般不能超过 20 寸。红外线式触摸屏价格低廉，分辨率较高，应用较普通，但其外框易碎，容易产生光干扰。声表面波式触摸屏解决了以往触摸屏的各种缺陷，具有很高的分辨率，价格居中，使用方便，适于各种场合，是比较实用的一种，其缺憾是屏表面的水滴、尘土会使触摸屏变得迟钝，甚至无法工作。

目前，触控技术在人们的日常生活中随处可见，如银行、医院、图书馆等的大厅里大多都有支持这种触控技术的计算机。所谓单点触控技术，是指只能识别和支持每次一个手指的触控、点击，若同时有两个以上的点被触控，就不能做出正确反应。而多点触控（Multitouch）技术能把任务分解，一方面同时采集多点信号，另一方面对每路信号进行识别，识别人的五个手指同时做出的点击、触控动作（即手势识别）。例如，iPhone 等触控手机和平板电脑就支持这种多点触控技术。

多点触控技术虽然引领了新的一次人机交互革命，但它仍需用手指去触摸屏幕以实现对计算机的操控。最新的由德国研制的非接触式三维多点操控系统，允许操控者采用非接触的方式操控计算机，只要在屏幕前移动手掌或作出抓取等手势，就能对屏幕上的图片进行几乎实时的移动、缩放或删除，并支持多人多手同时操控。其核心技术是采用一台用来测量使用者手和手指位置的三维相机和用来分析、筛选所获数据的智能软件。在未来有可能应用到学习软件和电子游戏中。此外,将多点触控技术和 3D 图像显示这两种当今最流行的技术汇集在一起形成 3D 触摸屏也是未来发展的一个方向，必将打造全新的人机交互体验。

2.2.2 图形输入设备

1. 图像扫描仪

图像扫描仪（Image Scanner）简称扫描仪，它采用光电转换原理将连续色调图像转换为可供计算机处理的数字图像，实现图像信息的数字输入。

从图像处理的角度看，扫描仪的扫描过程的实质就是图像信息的数字化采集过程，即对原稿图像信息的采集和量化过程。扫描仪的功能就是捕获原稿的颜色信息，并将其进行分色和数字化。原稿图像的色调是连续的，经过扫描仪扫描捕获的图像是离散的，扫描捕获的图像是由一个个被称为像素（pixel）的点组成的，每一个像素的颜色都由 R、G、B 3 个分量组成。

扫描仪的类型有很多，如滚筒扫描仪、平板扫描仪、胶片扫描仪、手持扫描仪、进纸扫描仪、视频扫描仪等。专业的扫描仪主要有两种，一种是滚筒扫描仪（Drum Scanner），另一种是平板扫描仪（Flat-bed Scanner）。

滚筒扫描仪是由电子分色机发展而来的，其核心技术是光电倍增管和模—数转换器。它利用光电倍增管作为颜色感受器，将光信号进行光学放大并转换为电信号。用模—数转换器将电信号转换成数字颜色数据，得到采样点的 RGB 颜色信息。

平板扫描仪是由电荷耦合器件（Charge Coupled Device，CCD）来完成颜色捕捉工作的，也就是说它的颜色感受器是 CCD。平板扫描仪的工作原理为：光源发出的光线照射到原稿上，反射光线经过一组光学镜头，分解为三束光，分别通过红、绿、蓝滤色片，完成颜色分解，透镜将光线聚焦到 CCD 上，产生强弱不同的电压信号，电压信号经模—数转换器，转换为数字颜色信息，输入到计算机并存储。平板扫描仪分辨率的大小受 CCD 排列密度的限制，如在 CCD 线性阵列中每英寸有 CCD1200 个，则可认定该扫描仪具有 1200dpi（Dots Per Inch）的分辨率。

滚筒扫描仪和平板扫描仪的工作原理不同，决定了它们在性能上的差异。主要差异如下。

（1）原稿适应性不同。滚筒扫描仪的滚筒较大，因而可以扫描幅面更大的原稿。滚筒扫描仪还可以用来扫描透射原稿，而有些低档的平板扫描仪则只能扫描反射原稿。但是平板扫描仪占用空间小，使用更方便。

（2）最高动态密度范围不同。扫描仪的动态密度范围决定图像的高调和暗调层次，即图像细节，这一范围越宽越好。以前滚筒扫描仪的最高密度范围可达 4.0，而一般平板扫描仪只有 3.0 左右，因为滚筒扫描仪在暗调的地方可以扫出更多细节，图像对比度较高。最新的高档平板扫描仪在这方面已取得很大进步。

（3）图像清晰度不同。滚筒扫描仪有 4 个光电倍增管，3 个用于分色（红、绿、蓝），另一个用于虚光蒙版，可提高图像的清晰度，使不清楚的部分变得更清楚，而 CCD 没有这方面的功能。

（4）图像细腻程度不同。用光电倍增管扫描的图像输出质量更高，其细节清晰，网点细腻，网纹较小，而平板扫描仪扫描的图像质量在图像的精细度方面相对较低。

（5）分辨率不同。一般滚筒扫描仪的光学分辨率比平板扫描仪的光学分辨率要高。

（6）工作效率不同。一般而言，滚筒扫描仪的效率高，而且扫描速度较快。如果扫描的任务较多，则采用滚筒扫描仪更具优势。

近年来，还出现了可用于逆向工程、快速成型及工业设计、人体数字化、文物数字化等领域的光学三维扫描仪。随着现代工业产品设计的发展，逆向设计是工业设计中的重要组成部分，所以对模型的三维数据的获取是重要的环节。在国内外的 3D 动画、游戏建模、三维影视制作中，越来越多地将造型复杂、难以建模的实物、人体等利用三维扫描仪快速扫描得到模型的三维数据，然后转换数据格式并将数据导入到三维逆向建模软件（如 3DMAX\Rhino 等）中创建模型，大大缩短了传统的利用三维动画软件创建物体三维模型和制作动画的时间，增强了动画的真实性。

2. 数码相机

数码相机（Digital Camera）是专门用来获取数字化图像的照相机。近年来，数码相机越来越受到人们的青睐。数码相机是集光学、机械技术和电子技术于一体的产品，集成了影像信息的转换、存储和传输等部件。它突破了传统相机光学摄影 100 年来暗房处理和使用感光胶片的束缚，具有数字化存取、与计算机交互处理和实时拍摄等特点。影像不再经过感光材料和扫描工序就可直接产生数字化图像，实现了图像获取的所见即所得，缩短了照片获取的周期，提高了获取图像的工作效率，也减小了图像质量的损失。

数码相机以存储器件记录信息替代了感光材料记录信息，影像光线通过数码相机的镜头、光圈、快门后，并非到达胶片，而是到达一些能感光的晶片上，感光晶片感受到光线后，就会相应地产生不同程度的电压，电压再经模—数转换器转换成数字信号，并记录在存储卡上。

目前数码相机采用的摄像感应器主要为 CCD。和图像扫描仪一样，数码相机获取的也是 RGB 三色图像信息，也是使用红绿蓝 3 种颜色的滤色片来分解颜色，捕获三原色信号，如图 2-2 所示。在 CCD 上感受的光就是已经分色的光。

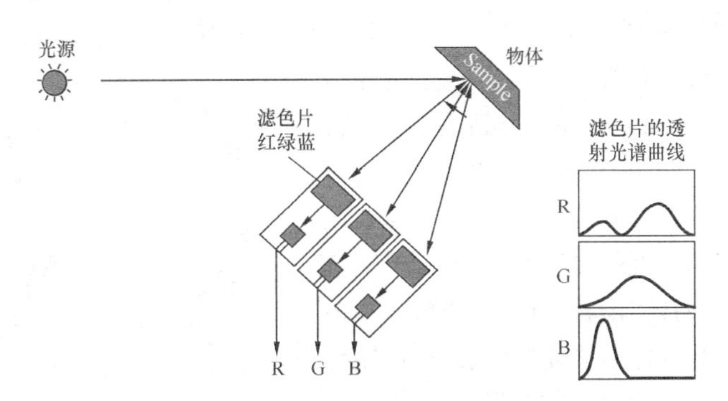

图 2-2　数码相机的分色原理

3. 数字化仪

数字化仪（Digitizer）是一种能够直接跟踪图线，把图形信息转换成计算机能接收的数字化的专用图形输入设备。数字化仪的工作方式主要有电磁感应式和回声式两种。

采用电磁感应技术制作的电磁感应式数字化仪是在一块布满金属栅格的绝缘平台（数据板）上放置一个可移动的定位装置——游标（也称触笔）。游标内嵌有一个电感线圈，它的小透明窗口中有一个由两根细丝直交的十字，其交点为定位参考点，用它来跟踪图线。当有电流流过游标中的线圈时，产生感应磁场，从而使其正下方金属栅格上产生相应的感应电流。当触笔在数据板上移动时，其正下方的金属栅格上就会产生相应的感应电流，根据已产生电流的金属栅格的位置，就可以判断出触笔当前的几何位置，获得其坐标值，完成图形几何位置的量化过程，从而实现图形的数字化输入。许多数字化仪提供了多种压感电流，用不同的压力就会有不同的信息传向计算机，通过控制笔的压力绘制不同风格的画。

采用回声方式工作的回声式数字化仪，是在一块长方形平板的两相邻边装上条形麦克风，用以接收声音信号，一支连在电缆线上的细笔称为触笔，它们构成了一个数字化仪。连接触笔的电缆中通过周期性脉冲电流，操作人员手持触笔跟踪图线并轻压笔尖，脉冲电流在笔尖处产生火花并伴有爆裂声，这个声音以不同的时间延迟被条状麦克风接收，传到水平与垂直两个方向麦克风的时间延迟乘以声速便是笔尖到它们的距离，由此测得笔尖所在位置的坐标值。

一些大型的台式数字化仪通常还被称为数字化桌（Digitizing Table），用于大幅图面图形输入。而较小尺寸的数字化仪也称为图形输入板（Tablet），通常放在桌面上，用于小型图面的图形输入。现在非常流行的汉字手写系统就是一种数字化仪。

2.2.3　3D图形输入设备

1. 三维数字化仪

在图形输入设备的应用中，有一个特殊的领域，即输入真实物体的三维信息。例如，零件进行大规模生产需要在计算机中生成三维实体模型，这个模型有时要从已有的实物零件得到，通过采集实物表面得到表面各个点的位置信息。再如，有时需要扫描保存古代名贵的雕塑和其他艺术品的三维信息，在计算机中产生这些艺术品的三维模型。

三维数字化仪（3D Digitizer）就是这样一种专门用于建立精细的三维计算机模型的专业图形输入设备，三维数字化仪也称为三维扫描仪。它利用CCD成像、激光扫描等技术实现三维模型的采样，即在三维物体的表面采集形状或结构信息，输入到计算机，利用配套的矢量化软件对三维模型数据进行数字化，形成计算机内的三维线框图模型，直接用于真实感显示。该设备特别适合于不规则三维物体的造型，如人体器官、骨骼、雕像的三维建模等，是设计工程人员、动画制作设计师、游戏开发师、建筑师、科学研究人员的理想工具。

图2-3所示为美国Immersion公司研制生产的三维数字化仪“威力手”（MicroDcribe G2）。它由三段碳纤维臂构成，体积小，方便携带，臂与臂之间由球形连接器相连，内置高精度位置和方向传感器，以感知探头所处位置，可在任何形状、尺寸和材料的物体表面采集数据，用户只要沿着物体的轮廓进行描绘，在几分钟内就可建立复杂的三维数据集。

图2-3　三维数字化仪“威力手”

2. 三维扫描仪

三维扫描仪（3D scanner）与传统的扫描仪不同，其生成的文件并不是常见的图像文件，而是能够精确描述物体的三维点云（Point Cloud）即一系列三维坐标数据，这些点云数据可用来插补成三维实体表面的形状（如利用3DMAX、RapidformXOR等建模软件），点云越密集，创建的三维模型越精确，这个过程称为三维重建。三维扫描成像的不同在于，数码相机获取的是颜色信息，而三维扫描仪测量的是距离信息。

按结构来分类，3D扫描仪分为机械式和激光式两种，机械式3D扫描仪是依靠一个机械臂触摸物体的表面，以获取物体的三维数据，而激光式3D扫描仪代替机械臂完成这一工作。

3D 扫描仪常用来进行工业设计，如进行服装设计、产品设计等。以服装设计为例，首先通过三维扫描仪和建模软件建立三维数据库；然后通过三维测量软件进行人体测量，获取不同人体的三维数据，建立各种服装设计用的参数；最终向服装设计者和科研人员提供准确的数据，用于进行服装设计。

用于工业设计模型的 3D 扫描仪价格昂贵，智能手机软件（如 Moedls）可让手机成为 3D 扫描仪，基于 iPhone 手机或 iPad 平板电脑以及一个商用激光器、转盘和简单的盒子，也能实现物体的 3D 扫描。扫描物体时，用户需要先将手机固定在三脚架上，然后把需要扫描的物体放到转盘上。小型激光灯为手机摄像头提供一个光源，照亮物体上的一个薄切面。随着物体旋转，手机摄像头可拍下更多角度的照片，最终组成一个 3D 图像。这款扫描仪的发明者是 John Fehr，他认为这款扫描仪最难设计的部分是转盘："很难找到一个旋转缓慢，而且足够稳定的转盘"。

3. 三维数码相机

三维立体照像与普通数码照像的区别在于，普通的数码照相只能形成二维平面图像，而三维立体照相可获得真实的三维立体图像。其原理是通过三个镜头分别获取不同方向的光线和影像，单方向获取物体 180°的三维数据，使照片产生三维立体的效果。我国中科院上海光机所率先研制出世界上第一台单像素三维照相机，利用光和电磁波的无规涨落性质进行成像，即量子成像。用这台相机拍照可以轻而易举地获取拍摄对象的全息图像，在民用和军用领域都将大显身手。

2.3　视频显示设备

视频显示设备是将图形信息转换成视频信号的专用图形输出设备，是计算机图形系统中的一个重要组成部分，用户通过它来观察计算机所生成的图形，是人—机对话界面的一部分。多数视频显示设备仍采用标准的阴极射线管（Cathode Ray Tube，CRT），但采用液晶、LED 等显示技术的平板视频显示设备也逐渐得到广泛应用，且有取代阴极射线管的趋势。视频显示设备在图形系统中被称为监视器（Monitor）或显示器（Display Device）。本节重点介绍 CRT 显示器和液晶显示器。

2.3.1　光栅扫描显示器

1. 阴极射线管

1950 年，第一台图形显示器作为美国麻省理工学院（MIT）旋风 I 号（Whirlwind I）计算机的附件诞生了。该显示器用一个类似于示波器的阴极射线管（CRT）来显示一些简单的图形。20 世纪 50 年代末期，MIT 的林肯实验室在"旋风"计算机上开发 SAGE 空中防御体系，第一次使用了具有指挥和控制功能的 CRT 显示器，操作者可以用光笔在屏幕上指出被确定的目标。这便是最早的计算机图形学显示器。20 世纪 70 年代开始出现的刷新式光栅扫描显示器是图形显示技术走向成熟的一个标志，尤其是彩色光栅扫描显示器的出现更是将人们带到一个多彩的世界。

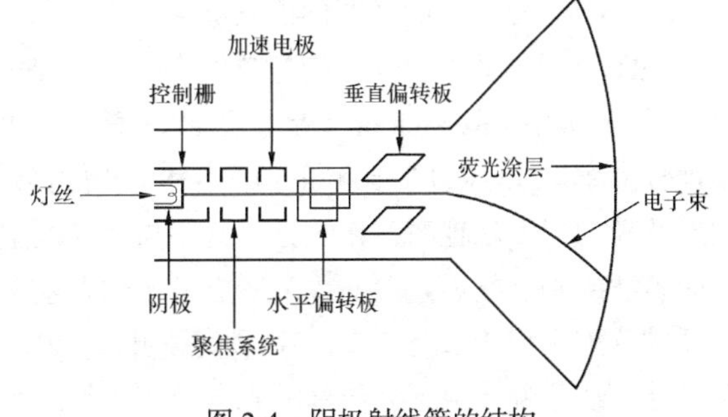

图 2-4　阴极射线管的结构

阴极射线管又称 CRT，如图 2-4 所示，它主要由电子枪、聚焦系统、加速电极、偏转系统、荧光屏组成。阴极射线管的基本是工作原理是，加热的灯丝发射电子束，经过聚焦系统、加速电极、偏转系统，轰击到到荧光屏的不同部位，被荧光屏内表面的荧光物质（荧光粉）吸收，致使荧光粉发光而产生可见的图形。

（1）阴极射线管各个组成部分的功能。

阴极射线管各个组成部分的功能如下。

① 灯丝（Filament）：通电后灯丝变热，为给阴极加热用。

② 阴极（Cathode）：灯丝加热后，释放自由电子，在其周围形成电子云。

③ 控制栅（Control Grid）：加上负电压后，能够控制通过其小孔的带负电的电子束的强弱，通过调节负电压高低来控制电子数量，即控制荧光屏上相应点的亮度。

④ 加速电极（Accelerating Anode）：加正的高压电（几万伏）对电子束加速，用以产生高速电子流。

⑤ 聚焦系统（Focusing System）：通过电场和磁场控制电子束变细，保证电子束轰击在屏幕上形成的亮点足够小，提高分辨率。

⑥ 偏转系统（Deflecting System）：通过静电场或磁场控制电子束的偏转路径，以轰击屏幕上所需的位置。最大偏转角是衡量系统性能的最重要的指标，显示器长短与该指标有关。

⑦ 屏幕（Screen）：阴极射线管前端的膨起部分，内壁涂有荧光粉，它是CRT显示图形的表面，通常称为荧光屏。

（2）荧光粉和余辉时间。

荧光粉是将电能转化为光的金属氧化物的总称，不同配方的荧光粉在电子束的轰击下所产生的光色是不同的，而且发光的持续时间也不相同。

余辉时间（Persistence）是衡量荧光粉发光持续时间的参数，它是指荧光粉所发出光的亮度降低至其初值十分之一所用的时间。根据CRT显示器的不同用途，余辉时间主要可分为长余辉（秒级）、中余辉（毫秒级）和短余辉（微秒级）3类。

（3）刷新式CRT显示器。

CRT显示器是通过电子束“轰击”屏幕上的荧光粉，使其发光而产生图形的。荧光粉的发光持续时间很有限（几秒到几微秒），因此每作用一次，图形在屏幕上的存留时间很短。为了保持一个持续稳定的图形画面，就需要控制电子束反复地重复要显示的图形，这个过程称为刷新（Refresh）。由于CRT显示器显示图形时需要刷新过程，因此称之为刷新式CRT（Refresh CRT）显示器。电子束每秒重绘屏幕图形的次数，称为刷新频率（Refresh Frequency）。CRT显示器的刷新频率主要取决于荧光粉的余辉时间。CRT显示器的刷新频率通常在60帧/s～120帧/s（低于72Hz普遍会有闪烁感）。

（4）CRT显示器的主要性能指标。

CRT显示器的主要性能指标有两个，一个是分辨率，另一个是显示速度。

① 分辨率（Resolution）是指在CRT显示器屏幕单位面积上所能够显示的最大光点数，称为物理分辨率（Physical Resolution）。当然，所能显示的光点数越多，每个光点的面积就越小，描绘图形的精细程度就越高，它的分辨就越高。在假定屏幕尺寸一定的情况下，人们往往用整个屏幕所能容纳的光点数（像素个数）来描述，称为逻辑分辨率（Logical Resolution），例如，称某个显示器的分辨率为1024 × 1024。这种度量并不严密，因为具有相同分辨率的显示器可具有不同的屏幕尺寸，在这种情况下大屏幕的光点面积当然就大，其显示图形的精细程度就差。

还有一个衡量显示器显示图形精细程度的指标就是点间距，即两个相邻光点中心的距离。这个距离越小，就说明光点面积越小，分辨率越高。目前常用显示器的点间距为 0.25mm～0.35mm。

② 显示速度指 CRT 显示器每秒可显示矢量线段的条数。显示速度与它的偏转系统的速度、矢量发生器的速度和计算机发送显示命令的速度等有关。如果 CRT 显示器的偏转系统为偏转电场式的，其满屏偏转只需 3μs，但它的结构复杂，成本也较高。如果其偏转系统是偏转磁场式的，则满屏偏转需要约 30μs，但它的结构较简单，成本也较低，因而目前应用得较普遍。

2. CRT 显示器的分类

CRT 显示器分类的方法有很多种，以其视觉属性来分，可以分为单色（或称黑白）和彩色两种；以其偏转系统来分，可分为偏转电场式和偏转磁场式两种；以其扫描方式来分，可以分为随机扫描和光栅扫描两种。

（1）单色和彩色 CRT 显示器。

如果 CRT 显示器的屏幕上只涂有一种荧光粉，它在电子束的作用下只能发一种光色，这种 CRT 显示器称为单色 CRT（Monochrome CRT）显示器，也称为黑白 CRT（Black/White CRT）显示器。单色 CRT 显示器由于能显示的色彩只有一种（点亮或不点亮荧光粉），过于单调，它的用途有限，大多被彩色 CRT（Color CRT）显示器所代替。

彩色 CRT 显示器利用能发出不同光色的荧光粉的光色组合来显示彩色图形。彩色 CRT 主要有渗透型和多枪型两种，前者采用射线穿透法显示彩色图形，后者采用影孔板法显示彩色图形。

射线穿透法显示彩色图形的基本原理是，在屏幕内表面涂有两层荧光涂层，一般是红色和绿色。不同速度电子束穿透荧光层的深浅，决定所产生的颜色，速度低的电子只能激活外层的红色荧光粉发光显示红色，高速电子可以穿透红色荧光粉涂层而激活内层的绿色荧光粉发光显示绿色，中速电子则可以激活两种荧光粉发出红光和绿光组合而显示橙色和黄色两种颜色。这种显示彩色图形的方法成本较低，但是只能产生有限的几种颜色，一般应用于随机扫描显示器中。

影孔板法是广泛应用于光栅扫描系统的、能产生更宽范围色彩的彩色图形的方法，如图 2-5 所示。这种 CRT 显示屏的内表面涂有很多呈三角形排列的荧光粉，每个由三个荧光点按三角形排列构成的三元组与屏幕上的一个像素相对应，当每组荧光点被激励时，分别发出红、绿、蓝 3 种基色。

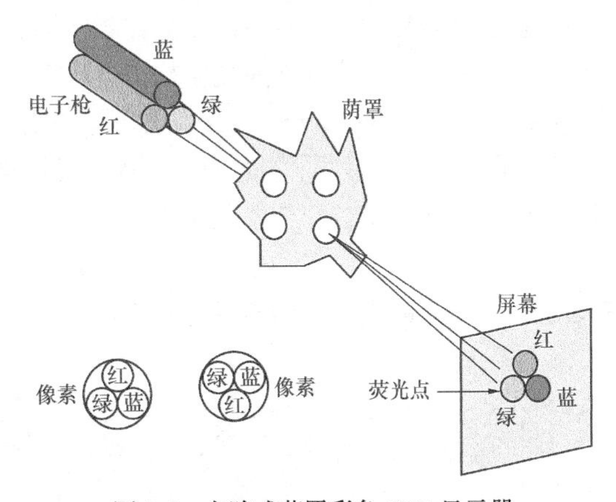

图 2-5　点阵式荫罩彩色 CRT 显示器

在紧靠屏幕内表面荧光粉涂层的后面，通常放置一个影孔板，也称荫罩（Shadow Mask）。荫罩是一块带孔的金属板栅网，上面有很多小圆孔，与屏幕上的三元组一一对应。这种 CRT 的内部有 3 支电子枪，当 3 支电子枪发射的三束电子经偏转、聚焦成一组射线并穿过荫罩上的小圆孔的时候，屏幕上与小圆孔相对应的 3 个荧光点就被激活发光，出现一个彩色的光点。当这 3 支电子束从一个光点向另一个光点偏转时，它们偏离了当前这个小圆孔，就被荫罩阻断了，直至对准下一个光点所对应的小圆孔。这样，在电子束偏转的过程中，荫罩就确保电子束不会作用在它们不该作用的荧光点上。

这些小圆孔与三元组中的荧光点和电子枪精确地排列成一条直线，使得三元组中的每个点仅仅受到一支电子枪所发出的电子的作用，即 3 只电子枪所产生的 3 束电子会分别作用在构成同一像素点的 3 个不同的荧光点上。通过调整每支电子枪发射电子束中所含电子的数目，可以控制其所作用的3个荧光点的发光强度（即亮度），于是“混合”出各种不同的颜色来。

如果电子束只有发射和关闭两种状态（即强度只有两个等级），那么只能混合出8种颜色，而如果每支电子枪发出的电子束的强度有 256 个等级，那么显示器就能同时显示 256 × 256 × 256 = 16M 种颜色，称为真彩色系统。

屏幕上的一个像素点可以由排列成三角形的3个圆形的荧光点构成，也可以由排列成一排的三色荧光粉条构成。前者称为点阵式荫罩，如图 2-5 所示，后者称为栅线式荫罩。栅线式荫罩如图 2-6 所示，3 支电子枪也排成了一排，荫罩上的小圆孔变成了一个个的小狭缝。这种并行排列的方式容易对齐，电子束通过率有很大提高，因此显示图形的亮度更高，颜色也更鲜艳，常用于高分辨率的柱面和平面 CRT 显示器，而球面 CRT 通常采用点阵式荫罩。

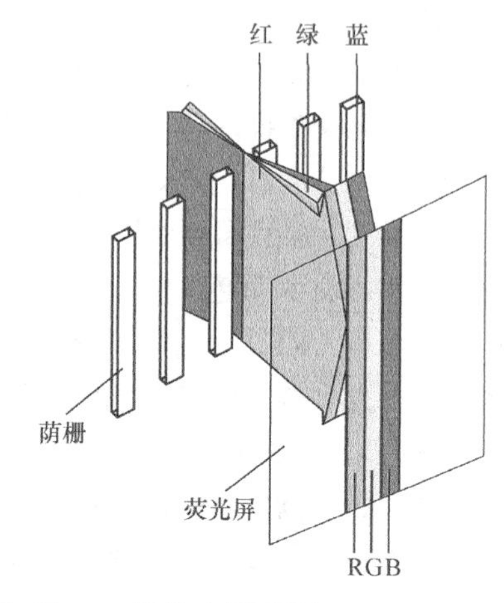

图 2-6　栅线式荫罩彩色 CRT 显示器

荫罩的主要作用是保证红、绿、蓝 3 支电子枪发射的电子束能够会聚，使彩色图像正确重现，但是因为由合金钢板制成的荫罩不仅容易磁化，屏幕尺寸越大或清晰度越高越难制造，成本越高，而且 CRT 内射向荧光屏的电子束中有 75%以上被荫罩阻挡，转变成热量浪费了，使得荫罩受热而容易弯曲变形。因此，彩色 CRT 中的荫罩已成为目前制约彩色 CRT 清晰度提高的技术瓶颈。近年来，出现了一种新技术，就是取消荫罩和采用单枪单束的模式，即利用时分复用技术依序轮流调制单个电子束的电流，用一支电子束完成现有的三枪三束才能完成的任务。

（2）随机扫描与光栅扫描 CRT 显示器。

按扫描方式的不同，CRT 显示器可分为光栅扫描（Raster Scan）显示器和随机扫描（Random Scan）显示器。这两种显示器的工作原理不同，可显示图形的特点也不同。是由这两种显示器构成的图形显示系统，分别称为光栅扫描显示系统（Raster Scan Display System）和随机扫描显示系统（Random Scan Display System）。本节将讨论这两种显示器的工作原理，并对其进行比较。

① 随机扫描显示器。顾名思义，在随机扫描显示器中，电子束就像一支快速移动的画笔（见图 2-7），可随意移动，只扫描荧屏上要显示的部分，与示波器工作原理类似，可根据需要，按任意指定的顺序，在荧光屏的任意方向上连续扫描，没有固定的扫描线和规定扫描顺序的限制。也就是说，电子束的定位及偏转具有随机性。

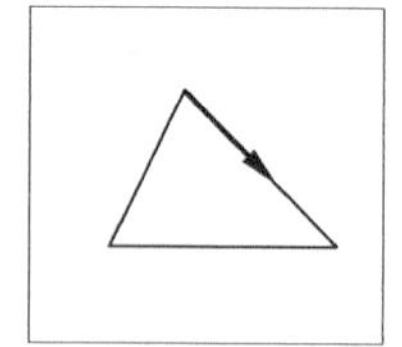
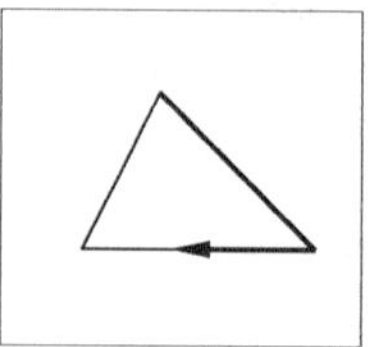
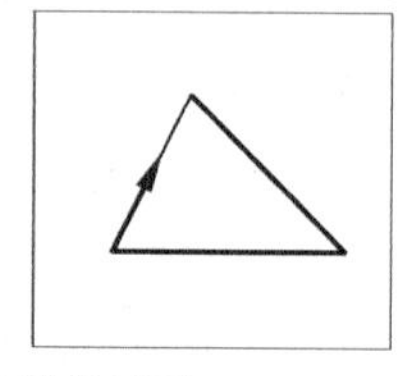

图 2-7　随机扫描方式显示三角形的过程

由于随机扫描显示器是根据线段的起点与终点绘制每一条线段，即只需要线段的端点信息，因此只能显示线框图形，所以随机扫描显示器也称为矢量扫描显示器或画线显示器。

刷新式的随机扫描显示器扫描速度快，显示图形的交互性能和动态性能好。另外，由于图形定义是作为一组画线命令来存储的，生成的是矢量图，所以它的分辨率较高，线条质量好。但是其缺点是所显示的图形只具有几何属性，不能显示具有明暗、纹理等视觉属性的真实感图形，而且价格昂贵，所以一直未能广泛普及。

② 光栅扫描显示器。光栅扫描显示器是一种基于电视技术的 CRT 显示器，如图 2-8 所示。在光栅扫描显示器中，电子束按照固定的扫描顺序，从上到下，从左至右，依次地扫过整个屏幕，只有整个屏幕扫描完毕才能显示一幅完整的图形，它依靠改变电子束的强度来显示具有不同明暗和纹理的图形。

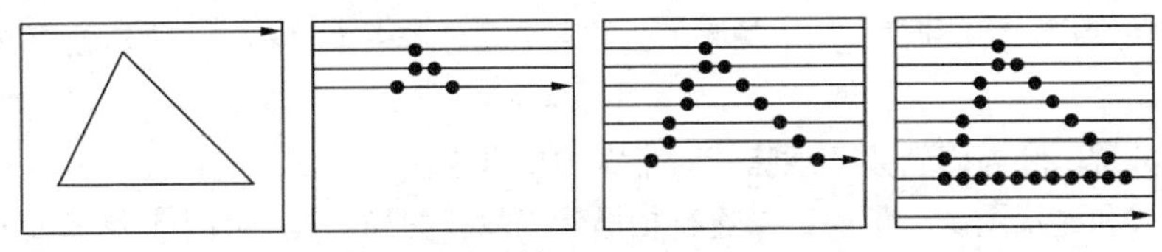

图 2-8　光栅扫描方式显示三角形的过程

屏幕上的每个点，称为一个像素（Pixel），它是构成图形的基本元素。需要存储的图形信息是整个屏幕上的所有像素点的强度值（像素矩阵），用以控制电子束扫过该点的强度，这些信息被存储在刷新缓冲存储器（Refresh Buffer）也称帧缓冲存储器（Frame Buffer）中，它是一个专门用于刷新操作的随机存取的存储器。由于光栅扫描显示器存储屏幕每个像素对应的强度值，所以能够很好地显示具有连续色调和纹理等视觉属性的真实感图形。

（3）光栅扫描显示器与随机扫描显示器的比较。

光栅扫描显示器与随机扫描显示器因其扫描方式存在差异，其数据表示方式、图形显示方式和特点等均有较大的差异。表 2-1 所示为这两种显示器主要特性的比较。

表 2-1　光栅扫描显示器与随机扫描显示器系统主要特性的比较

显示器类型	数据表示方式	扫描方式	显示特点	优　　点	缺　　点
光栅扫描	像素矩阵	确定方式 从上到下 从左到右	几何属性+ 视觉属性	灰度和色彩丰富，适于真实感图形显示，成本低，可以和电视机兼容	需要扫描转换，扫描转换速度偏低，交互操作响应慢，分辨率偏低，有阶梯效应
随机扫描	矢量数据	随机方式	几何属性 为主	扫描速度快，分辨率高，线条质量好，易修改，交互性好，动态性能好	价格贵， 只能显示线画图形

（4）光栅扫描显示器的逐行扫描和隔行扫描。

光栅扫描 CRT 显示器的刷新频率为 50 帧/s～100 帧/s，即在 1/100s～1/50s 的时间间隔内，显示器完成一次刷新过程。刷新过程通常是电子束自顶向下依次地扫过整个屏幕，称为顺序扫描(Sequential Scan)或逐行扫描，如图 2-9（a）所示。也有的光栅扫描显示器电子束自顶向下，以隔一行扫描一行的方式，先扫过奇数行，垂直回扫后，再扫描偶数行，称为隔行扫描（Interlaced Scan），如图 2-9（b）所示。

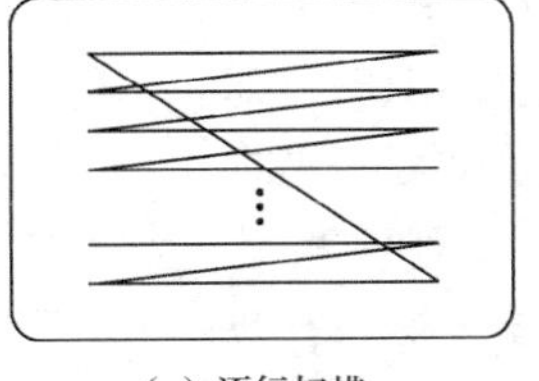

（a）逐行扫描

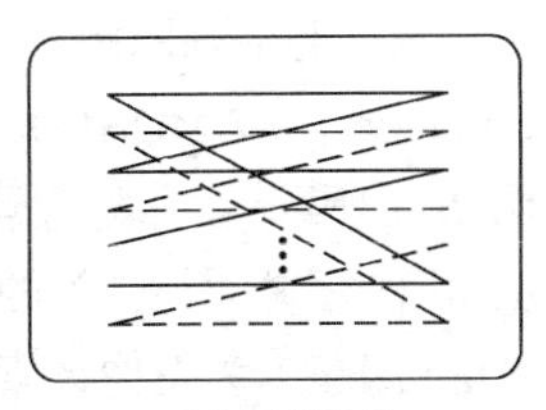

（b）隔行扫描

图 2-9　逐行扫描与隔行扫描

在隔行扫描中，将一帧完整的画面分成两场，即奇数场与偶数场。也就是说，每扫完一帧图形采用两个扫描过程完成，每个扫描过程所需刷新周期是原来的一半，例如，假设原来扫描一帧所需的时间是 1/30s，那么采用隔行扫描后就只需逐行的一半时间即 1/60s 即可显示一屏画面，场频提高了一倍（60Hz），而且相邻两行（一个奇数行和一个偶数行）的像素在1/2个周期内有相互加强的作用，这样就有效地避免了由于荧光粉发光强度衰减而造成的图形闪烁效应。此外，还因降低了对扫描频率的要求而降低了成本。存储于帧缓冲器中的数据量也比逐行扫描减少一半，降低了对视频控制器存取帧缓冲器的速度及数据传输带宽的要求。

数据传输带宽指的是显存一次可以读入的数据量，它决定着显示器能否支持更高的分辨率、更大的色深和合理的刷新频率（帧频、扫描频率），带宽 T 与分辨率（$M\times N$）、刷新频率 F 的关系如下：

$$T \geqslant M\times N\times F$$

显然，高分辨率和高刷新频率意味着对带宽的要求也高。

就扫描方式和显示图像质量而言，逐行扫描优于隔行扫描，但是因为频率资源和带宽是有限的，在相同的带宽下采用隔行扫描方式比逐行扫描方式更清晰，而且逐行扫描系统的成本较高，所以世界各国 PAL、NTSC 和 SECAM 三大制式在制定电视扫描格式时因传输带宽的限制都采用隔行扫描方式，未来的高清晰度彩电也仍然保留隔行扫描方式。计算机的显示器因为增加带宽相对容易一些，代价也低，所以计算机显示器现在都采用逐行扫描方式。

2.3.2 光栅扫描显示系统

一个典型的交互式光栅扫描显示系统的系统结构如图 2-10 所示。它是由 CPU、主存储器、显示处理器、视频显示控制器和显示器构成的，各部分通过系统总线连接。

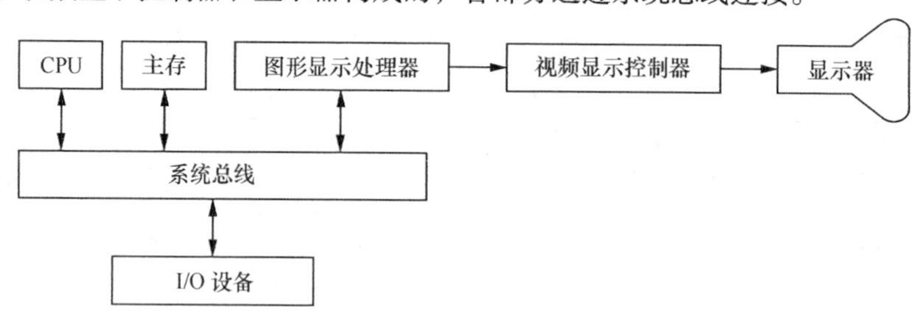

图 2-10 一个典型的光栅扫描显示系统的系统结构

1. 图形显示处理器

图形显示处理器是由个人计算机（PC）组成的图形显示系统，除了 PC 和显示器之外，还需要一块图形适配器卡（Graphics Adapter Card），也称图形显示处理器（Display Processor），俗称图形显示卡或显卡，其主要功能是对图形函数进行加速，起到图形显示处理器的作用。

显卡主要是由显示主芯片、随机存取数模转换存储器（Random Access Memory Digital-to-Analog Converter，RAMDAC）、显存组成的，如图 2-11 所示。显示处理器的主要任务是将应用程序中所定义的图形文件量化（Digitizing）为图像像素的颜色值，存放在帧缓冲存储器中，这个量化的过程称为扫描转换（Scan Conversion）。经过量化处理，应用程序中给定的直线段或其他几何对象的图形命令被转换成一组适合于光栅扫描显示器显示的离散的颜色值。

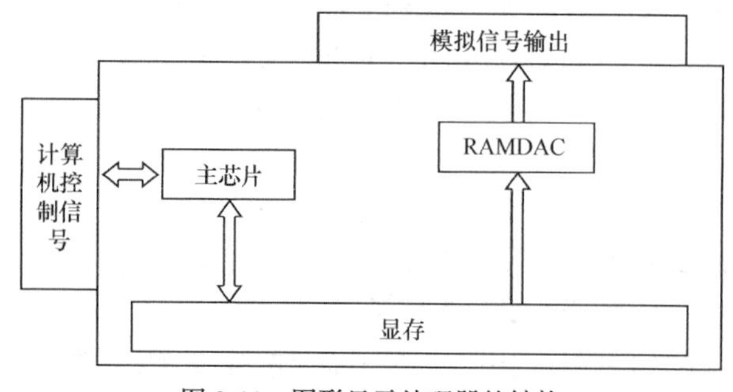

图 2-11 图形显示处理器的结构

图形处理器（Graphic Processing Unit，GPU），也称显示主芯片，是显卡的重要组成部分，好比显卡的“心脏”，它通常是显卡上最大的芯片（也是引脚数最多的），中高档芯片一般都有散热片或散热风扇。GPU 的主要功能是处理软件指令以完成某些特定的绘图功能，执行对图形的相关处理（如扫描转换、几何变换、裁剪、光栅操作、纹理映射等），以使 CPU 从繁杂的图形处理操作中解脱出来。GPU 相当于 CPU 在计算机中的作用，它决定了显卡的档次和大部分性能，同时也是区别 2D 显卡和 3D 显卡的主要依据。2D 显卡在处理 3D 图像和特效时主要依赖 CPU 的处理能力，称为“软加速”。3D 显卡是将三维图像和特效处理功能集中在 GPU 内部，称为“硬件加速”。GPU 的出现减少了 CPU 对显卡的控制，使 CPU 能更专注于其他任务。

RAMDAC 的主要功能是将数字信号转换为使显示器能接受的模拟信号输出。由于现在所有的 CRT 显示器都是采用模拟量输入显示信号，因此显示缓存里面的数字量就是利用 RAMDAC 转换成为模拟量输出。RAMDAC 的另一个重要作用就是确定显卡能达到的刷新频率，RAMDAC 的速度决定了显卡能支持的最大分辨率和刷新频率，因此 RAMDAC 也影响着显卡所输出的图像质量。

显存主要用于存储将要显示的图形信息、保存图形运算的中间数据，它与显示主芯片的关系，就像计算机的内存之于 CPU 一样。显卡上的显存容量一般有 1MB、2MB、4MB、8MB、16MB、32MB 等。显存容量越大，可以支持的分辨率越高，可显示的颜色种类越多。

显卡的发展和 CPU 的发展过程类似。新型显卡正朝着大容量、高速度方向发展，但是由于功能越来越强大，功耗也越来越大，导致其主芯片温度不断升高，因此，显卡的散热成为制约其发展的一个重要因素，所以现在开发新型显卡的厂商大多把注意力集中在散热问题上，同时在努力寻找散热性能更好的材料。

2. GPU

GPU 的体系结构决定了它更擅长计算而非控制。CPU 的大部分部件为控制器和缓存，在流程控制方面具有优势，而 GPU 有更多的计算单元，能用来并行执行数据处理任务，相对于 CPU 在流程控制方面具有优势而言，GPU 在矩阵运算、运算密集型任务方面更有优势。于是，出现了 GPU 通用计算（General-Purpose Computing on Graphics Processing Units，GPGPU）技术。GPGPU 的基本思想是利用 GPU 来执行原本需要由 CPU 完成的通用计算任务，而这些通用计算任务通常与图形处理没有直接的关系。由于相对于单机的多核编程模型而言，GPGPU 具有更好的并行计算能力，相对于计算机集群等并行处理方法而言，GPGPU 的计算环境更容易搭建，因此 GPGPU 的出现使 GPU 计算的应用更加广泛。

GPU 从出现到今天经过不断发展和完善，从只是在计算机图形学中的单一用途发展到现在应用于计算机视觉、机器学习、图像处理及高性能计算等多个领域。GPU 的出现以及 GPGPU 编程架构的普及，为计算机学科的发展带来了新的研究方向。

GPU 出现之初是为了适应快速发展的游戏产业，后来研究人员发现 GPU 在实现矩阵运算等计算任务方面相对于 CPU 效率提高了很多，于是研究人员开始尝试通过图形学程序接口（如 OpenGL）和硬件无关的语言如 GLSL（OpenGL Shading Language）或 HLSL（High Level Shader Language）之间的协作，将运算密集型任务放置到 GPU 中去处理，让 CPU 专注于程序流程控制和人机交互，当 GPU 完成运算密集型任务以后，再把计算结果返回给 CPU。但是这种方法未能得到普及，主要是对设计者的计算机图形学背景要求较高。

后来，NIVDIA 公司提出了 CPU 和 GPU 的统一计算设备架构（Compute Unified Device Architecture，CUDA）。CUDA 不需要学习者具有很强的计算机图形学背景，有效降低了 GPU 编程的门槛，简化了通用计算的工作量。其基本思想是将需要进行并行计算的任务分别分配给 CPU 和 GPU，CPU 用作主机（Host），控制整个计算流程，GPU 用作设备（Device），用来并行执行运算密集型任务。首先，将与任务相关的数据通过主存传输到设备端存储器，然后在主机端通过C、C++或Python等语言设计整个程序的控制流程并串行执行该程序。通过CUDA编写在GPU上运行的代码，并行执行运算密集型任务。当GPU完成计算任务以后，将计算结果回传给CPU。若需要处理多个运算密集型任务，则只需重复执行上述操作。最后，程序的控制权返还给CPU。CUDA程序设计与传统程序设计的主要区别是增加了CPU和GPU之间的数据传递，且它是一个CPU和GPU协作完成的计算模型，只是在C语言基础上进行了扩展（CUDA C）。

3. 帧缓冲存储器

帧缓冲存储器（Frame Buffer），也称刷新缓冲存储器（Refreshing Buffer），简称帧缓冲器或者帧缓存，俗称显存，它可以是主存中划出的一个固定区域，也可以是一个独立的随机存取存储器。帧缓冲器的主要功能是用来存储要处理的图形数据信息，即存储屏幕上像素的颜色值。RAMDAC读入这些数据并把它们输出到显示器。有一些高级加速卡不仅将图形数据存储在帧缓冲器中，而且还利用它进行计算，特别是具有三维加速功能的显卡还需要利用它进行三维函数的运算。

如图2-12所示，帧缓冲器中的存储单元与显示屏幕上的像素一一对应，帧缓冲器中单元数目与显示器上像素的数目相同，各单元的数值决定了其对应像素的颜色，显示颜色的种类与帧缓冲器中每个单元的数值的位数有关。

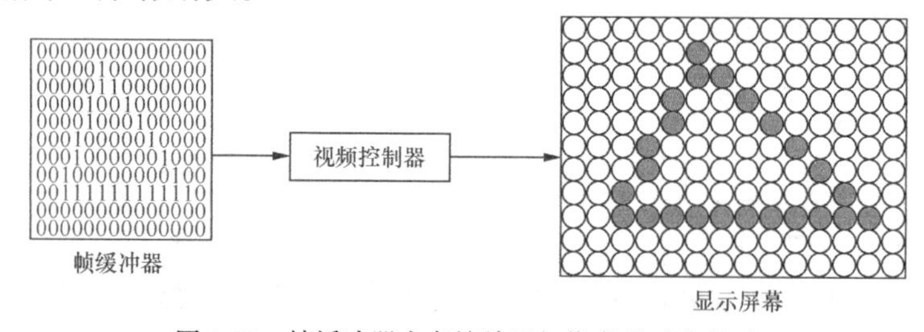

图2-12　帧缓冲器中存储单元与像素的对应关系

① 像素的颜色和灰度等级。光栅扫描显示系统根据系统的设计要求，可以为用户提供多种颜色和亮度等级的选择。它们用从零到某一正整数的某一整数值编码。对于CRT显示器，这些编码被转换成电子束的强度值。

在彩色光栅扫描显示系统中，可选颜色的种类取决于帧缓冲器中为每个像素所对应存储单元的字长。如果存储像素强度值的单元字长为n，则它可显示颜色的种类可达到2^n种。颜色信息可以两种方式存放在帧缓冲器中，一种是将颜色编码直接存于帧缓冲器中，而另一种方式是采用查色表法，将颜色编码存放于查色表中，而帧缓冲器中则存放的是查色表的入口地址。

如果采用直接存储方式，帧缓冲器中相应的各个单元中存入的就是该像素的颜色二进制编码。如图2-13所示，如果每个单元的字长为3位，则每一位控制RGB显示器中的一支电子枪的亮度等级（开或关），该显示器就可显示8种不同的颜色，如表2-2所示。

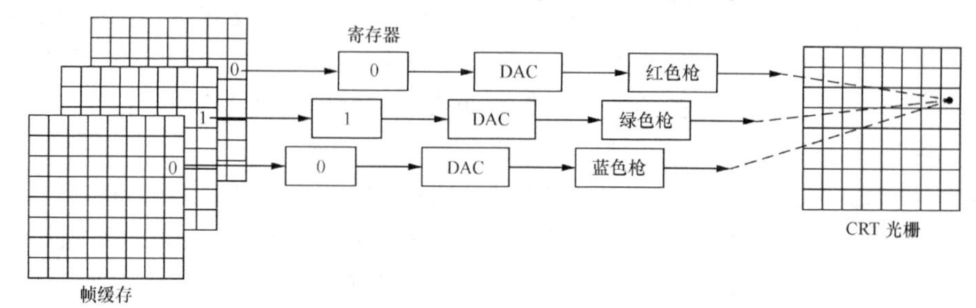

图2-13　帧缓冲器的单元字长为3位的彩色显示系统

表 2-2　　3 位字长的 8 种颜色编码

颜色编号	红	绿	蓝	像素显示的颜色
0	0	0	0	黑
1	0	0	1	蓝
2	0	1	0	绿
3	0	1	1	青
4	1	0	0	红
5	1	0	1	品红
6	1	1	0	黄
7	1	1	1	白

IBM PC 最早的显卡 CGA 采用连续的数据位描述各彩色像素，这种方法易于编程，但因颜色数加倍要求存储映像也加倍而导致视频内存地址空间的浪费，而且因颜色数加倍存储器的写操作也要加倍，所以大大降低了使用多种色彩的图形应用程序的速度。从 EGA 显卡开始采用了位平面（bit plane）技术，即将显存分成若干色平面，各位平面上相同位置的每一位和屏幕上的一个像素对应，即同一像素点在各位面占同一内存映射地址，而不同位面上同一像素地址中的内容决定像素的颜色。这样，色平面越多，可表达的色彩就越丰富，增加一个位面，色彩也就增加一倍。例如，EGA 显卡上的显存大小为 256KB，与此对应的主机中的视频内存的大小为 64KB，在红、绿、蓝 3 个位平面的基础上增加一个亮度位平面，那么可显示的颜色数就由 8（即 2^3）种增加为 16（即 2^4）种，如表 2-3 所示。

表 2-3　　4 个位平面显示的 16 种颜色编码

颜色编号	亮度	红	绿	蓝	像素显示的颜色
0	0	0	0	0	黑
1	0	0	0	1	深蓝
2	0	0	1	0	深绿
3	0	0	1	1	深青
4	0	1	0	0	深红
5	0	1	0	1	深品红
6	0	1	1	0	棕
7	0	1	1	1	浅灰
8	1	0	0	0	深灰
9	1	0	0	1	浅蓝
10	1	0	1	0	浅绿
11	1	0	1	1	浅青
12	1	1	0	0	浅红
13	1	1	0	1	浅品红
14	1	1	1	0	黄
15	1	1	1	1	白

如果每个基色对应 8 个位面，即帧缓冲器总共有 24 个位面，每组位平面驱动一个 8 位的 DAC 和一支彩色电子枪，那么就能同时显示$(2^8)^3 = 2^{24} = 16777216$ 种颜色，称这样的帧缓冲器为全彩色（或真彩色）的。

在位平面组织结构下，由于视频内存和屏幕像素一一对应，修改视频内存的内容就等于修改屏幕像素的颜色，每当 CPU 执行读/写指令时，数据字节各位面是并行传送的，可见，修改视频内容所花的时间与有多少个位平面无关，因此当位平面（颜色位数）增加时，存储器写操作程序无需重新计算地址，程序兼容性好。

② 帧缓存容量的计算。光栅扫描显示系统的帧缓存容量设计与显示器分辨率和可显示的颜色数量有关。假设显示器的分辨率为 $M \times N$，可显示的颜色个数为 K，则帧缓存容量 V 应满足

$$V \geqslant M \times N \times \lceil \log_2 K \rceil$$

$\lceil \log_2 K \rceil$ 表示对 $\log_2 K$ 的值向上取整。例如，可显示 256（2^8）种颜色、分辨率是 1024 × 1024 的显示器，需要 8 × 1024 × 1024 = 8Mbit = 1MB 的帧缓存，分辨率为 1024 × 1024 的 24 位真彩模式（2^{24}=16777216 种颜色）需要 24 × 1024 × 1024=24Mbit =3MB 的帧缓存。

若帧缓存容量固定，则屏幕分辨率与同时可用的颜色个数成反比。例如，对于 1MB 的显存，若设分辨率为 640 × 480，则帧缓存每个单元可有 24 位，可能同时显示 2^{24} 种颜色；若设分辨率为 1024 × 768，则每个单元分得的位数仅略多于 8，只能工作于 256 色显示模式下。显然，分辨率越高，可显示的颜色数越多，要求的帧缓存容量就越大。在帧缓存容量有限（即帧缓存单元的位数不增加）的情形下，可以采用查色表（Color Look-up Table，CLUT）或称颜色表（Color Table） 的方法，使其具有更大范围内挑选颜色的能力。

③ 查色表。颜色值在帧缓冲器中的存放方式有两种。一种是将颜色值直接存储在帧缓冲器中，真彩色（True-color）模式就属于这种存放方式，R、G、B 3 个分量分别用一个字节表示和存储；另一种是把颜色码放在一个称为查色表的独立的表中，帧缓冲器存放的值并不是屏幕像素的实际颜色值，而是查色表中各项表值的索引值，该索引值对应查色表中某一项的入口地址，根据该地址可查找出像素实际 R、G、B 分量的灰度值，因此称为索引色。

彩色 CRT 显示器的查色表是一个一维线性表，其每一项的内容对应一种颜色，这些颜色是可以设置和修改的，查色表的长度（即查色表有多少项）取决于帧缓冲器每个单元的位数。例如，每个单元有 8 位，则查色表的长度为 $2^8 = 256$，如图 2-14 所示，对于每一个帧缓冲器单元中的二进制编码，都有一个查色表的入口地址与之对应，即都可在查色表中找到相应的颜色编码。

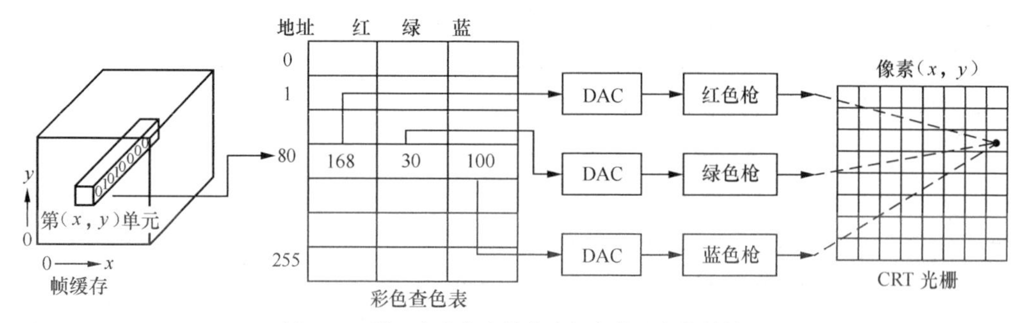

图 2-14 带一个查色表的像素颜色值的存储结构

R、G、B 分量值可以统一放置在一张查色表中，也可以分别放置在 3 张查色表中，将每个像素点的 R、G、B 分量值分别单独作为索引值，经相应的 CLUT 找出各自的基色灰度，最后用查表找到的实际的 R、G、B 分量灰度值调配出该像素的颜色值。

设查色表的长度为 $L=2^n$，查色表的宽度 m 一般要大于 n，则查色表的表值可以从 2^m 种颜色中任意选择 2^n 种作为同时显示的颜色，可见查色表的引入并没有真正扩大同时可显示颜色的数量，但却扩大了可选择颜色的范围，使用户可以在一个更大的范围内选择可同时显示的颜色。

由于查色表的内容可由用户随时改变，从而使用户能更方便地试验和确定更适合于显示对象的颜色组合，而不必去修改图形文件中原有的数据。同时，在科学可视化和图像处理技术中，查色表是设置阈值从而使像素分类或分色的有用工具，为用户确定优化的颜色组合带来了方便。

对于单色 CRT 显示器，虽然没有表示图形对象颜色的能力，但仍可以控制电子束的强度，使像素产生不同的浓淡效果，称为灰度等级（Gray Scale 或者 Gray Level）。字长为 2 的单色帧缓冲器，其灰度等级有 4 种，即具有 4 级灰度。如果字长为 n，则其灰度等级为 2^n 种。同样，采用宽度为 m（$m>n$）的查色表可以增加其选择灰度等级的范围。

④ 光栅寻址。在光栅扫描显示系统中，屏幕上的每一个像素都有一个帧缓冲器的单元与之对应，存放其强度值（颜色编码或灰度编码）。屏幕上的像素定义在一个二维的平面直角坐标系中，而帧缓冲器中的存储单元是一维编址。只有找出像素二维编址与帧存储单元一维编址间的映射关系，才能将像素位置(x, y)与帧缓冲器单元地址建立唯一的对应关系，实现对帧缓冲器的存取操作。

如果屏幕的极限坐标为 X_{max}，X_{min}，Y_{max} 和 Y_{min}，如图 2-15 所示，帧缓冲器在主存中的起始地址为基地址（与主存共享一个存储器），像素坐标值为(x, y)，则有

$$帧缓冲器地址 =(X_{max}-X_{min}+1)\times(y-Y_{min})+(x-X_{min})+基地址 \tag{2-1}$$

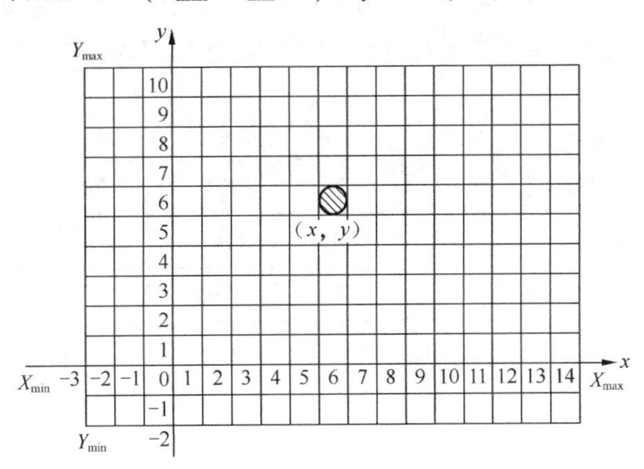

图 2-15　光栅寻址的屏幕坐标

例如，在图 2-15 中，$X_{max}=14$，$X_{min}=-3$，$Y_{max}=10$，$Y_{min}=-2$。屏幕中的像素坐标值为 $x=5$，$y=5$，基地址为 100。则根据式（2-1）计算可得

$$\begin{aligned}\text{Address}(5,5)&=(X_{max}-X_{min}+1)\times(y-Y_{min})+(x-X_{min})+基地址\\&=[14-(-3)+1]\times[5-(-2)]+[5-(-3)]+100\\&=18\times 7+8+100\\&=234\end{aligned}$$

假设屏幕坐标的原点位于屏幕左下角的第一个像素位置，则式（2-1）可简化为

$$帧缓冲器地址=(X_{max}+1)\times y+x+基地址 \tag{2-2}$$

为将屏幕上(x, y)位置的像素指定的强度值装入帧缓冲器相关单元，需调用如下函数。

SetPixel $(x, y, \mathit{Intensity})$

其中，x，y 为该像素在屏幕坐标中的位置；*Intensity* 为所要存入帧缓冲器的强度值。

为从帧缓冲器中提取某个像素(x, y)的强度值送去显示，需调用如下函数。

$$Intensity = \text{GetPixel}(x, y)$$

⑤ 双缓冲技术。在一些高性能的光栅扫描显示系统中，为了解决反复刷新得到稳定画面和图形频繁修改（或重绘）引起闪烁之间的矛盾，常常设置两个帧缓冲器，一个作为刷新缓冲器用于前台显示绘制完成的场景，称为前缓冲（Front Buffer），而另一个用于后台屏幕作图，保存当前正在绘制的场景，称为离屏后缓冲（Back Buffer）。如图 2-16 所示，这两个帧缓冲器交替工作，当图形修改完毕后，或一幅新图形写入完毕，则将该帧缓冲器切换成刷新帧缓冲器，再对另一个帧缓冲器存的画面进行修改或重新写入。这种设置两个交替工作的帧缓冲器的方法，可以有效避免由于清屏和重绘图形引起的闪烁和图像撕裂（Tearing）现象，这种技术称为双缓冲（Double Buffering）技术。双缓冲技术是一种需要附加屏幕内存的技术，双帧缓冲器交替工作的控制是由视频显示控制器实现的。

双缓冲	帧 0	帧 1	帧 2	帧 3
缓冲器 0	前	后	前	后
缓冲器 1	后	前	后	前

图 2-16　双缓冲技术

还有一种缓冲技术称为三缓冲技术，如图 2-17 所示，它在前缓冲和离屏后缓冲的基础上，增加了一个等待缓冲器，用于对缓冲器进行清除以便开始绘制。DirectX 支持这种技术，但 OpenGL 不支持。

三缓冲	帧 0	帧 1	帧 2	帧 3
缓冲器 0	等待	后	等待	等待
缓冲器 1	前	等待	后	前
缓冲器 2	后	前	等待	后

图 2-17　三缓冲技术

4. 视频显示控制器

如图 2-10 所示，视频显示控制器（Video Display Controller）位于图形显示处理器和 CRT 显示器之间，主要功能是控制图形的显示，建立帧缓冲器与屏幕像素之间的一一对应关系，负责按固定刷新频率和扫描顺序执行屏幕图形的刷新操作。在它的控制下，电子束依次从左到右扫过每一行像素，称为一条扫描线（Scan Line）。当依次从上至下扫完屏幕上的所有扫描线后，就形成了一帧（Frame）图形。它的工作原理如图 2-18 所示。在这个系统中，扫描电压发生器按确定周期产生线性电压（锯齿波），分别控制其水平和垂直扫描操作。扫描电压发生器还同步地给出所扫描到像素的坐标位置，将该坐标值按式（2-1）转换为帧缓冲器的线性地址，用于寻址帧缓冲器，到相应地址单元中取出对应像素的颜色值，用以控制电子束在屏幕该像素位置的强度。刷新周期开始时，光栅扫描发生器置 X 地址寄存器为 0，置 Y 地址寄存器为 $N-1$。首先取出对应像素（$0, N-1$）的帧缓冲器单元的像素值，放入像素颜色值寄存器，用来控制像素的颜色，然后 X 的地址寄存器的地址加一，如此重复直到到达该扫描线上的最后一个像素。然后 Y 的地址寄存器的地址加一，重复以上过程，直到整个屏幕图形刷新完毕。

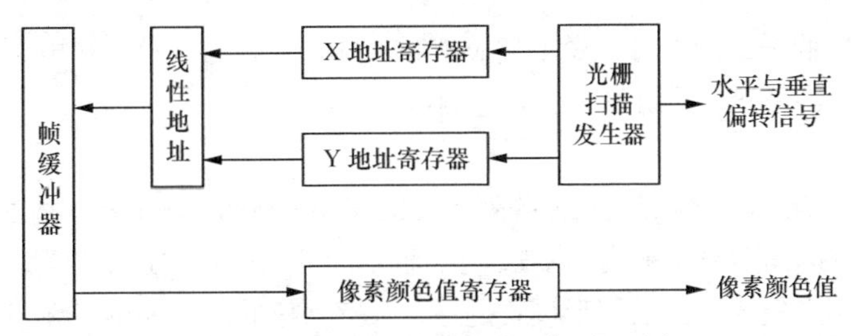

图 2-18　视频显示控制器的工作原理示意

除了基本的刷新操作之外，视频显示控制器还有如下的另外一些功能。

① 在双帧缓冲器显示系统中，控制帧缓冲器交替工作。

② 完成将帧缓冲器输出的像素强度值（数字量）转换成控制电压（模拟量）的任务。

③ 实现帧缓冲器操作与 CRT 显示器间速度上的缓冲。

④ 配有字符库，提供字符显示功能。

⑤ 控制与使用查色表的功能，以方便用户快速改变像素的强度值。

⑥ 实现对屏幕上的图形进行放缩、旋转和平移等的基本变换功能。

还有的显示控制器被设计成具有从电视摄像机、数码相机或其他输入设备中接收图像并与帧缓冲器中所存图形进行混合编辑的功能。

5. 视频显示标准

IBM PC 系列机所选用的视频显示标准（帧扫描显示标准）反映了各种图形显示卡的性能，显示卡的主要性能指标包括：接口方式、数据位宽度、显示内存容量、屏幕显示分辨率、可显示的颜色数目、刷新频率、图形加速性能等。在相同尺寸的显示器上，字符显示的行、列数越多，分辨率越高，可显示颜色的种类越多，则表示该图形显示卡的性能越好。显示卡的显示速度主要与加速芯片的设计、显示卡的接口方式、显示卡的显存容量这 3 个因素有关系。下面简要介绍几种常用的视频显示标准，与之相对应的就是它们的图形显示卡。

（1）MDA 标准。

依照 MDA 标准设计的是单色显示适配器（Monochrome Display Adapter），又称 MDA 显示卡或 MDA 卡。它只支持单色的字符显示，字符显示规格为 80 列 × 25 行。

（2）CGA 标准。

依照 CGA 标准设计的是彩色图形适配器（Color Graphics Adapter），又称 CGA 图形显示卡或 CGA 卡。它除了支持单色字符显示外，还支持彩色图形显示。其中，彩色图形显示方式下仅能显示 4 种颜色，分辨率为 320 × 200。

（3）EGA 标准。

依据 EGA 标准设计的是增强型彩色图形适配器（Enhanced Graphics Adapter），又称 EGA 图形卡或 EGA 卡。除了与 CGA 兼容外，还扩展了某些新的视频显示标准。其中，彩色图形显示方式下，最多可以显示 16 种颜色，最高分辨率为 640 × 350。

（4）VGA 标准。

依照 VGA 标准设计的是视频图形阵列（Video Graphics Array），简称 VGA 卡。VGA 与 EGA 完全兼容，另外还扩展了某些新的视频显示标准。其中，彩色图形显示方式下，最多可以显示 256 种颜色，但在 256 色模式下，分辨率仅为 320 × 200，在 16 色模式下，分辨率可达 640 × 480。

（5）TVGA 标准和 PVGA 标准。

以 TVGA 标准和 PVGA 标准设计生成了超级 VGA 产品，分别称为 TVGA 卡和 PVGA 卡。

它们均兼容了VGA的全部标准，并做了相应扩展，具有更高的分辨率和更大的颜色选择范围，其最大分辨率为1024×768，同时显示256种颜色。

（6）XGA标准。

以XGA标准生成的是一种扩展图形阵列（EXtended Graphics Array）适配器。它与VGA标准兼容，但具有更好的图形显示能力。XGA有3种不同的模式：VGA兼容模式、132列VGA兼容正文模式和扩展图形模式。扩展图形模式是最令人感兴趣的，它提供了许多令人振奋的特性，例如，更强的色彩表现力、更高的分辨率（最高分辨率为1024×768）、实质性的图形加速能力、总线支配、硬件光标等。它采用逐行扫描方式，行频为48kHz，刷新频率为60Hz。每个像素用16位来表示，可产生65536种色彩，像素16位的分配是：5位红、6位绿、5位蓝，之所以采用5-6-5分配方案，是因为IBM不同机型上早已采用了这种方案，而且眼睛对绿色调的变化相对于其他两种原色更敏感。

2.3.3 CRT显示器的现在与未来

尽管CRT显示器具有使用寿命较长、分辨率较高和价格较低等优点，得到了广泛的应用，但其缺点也很明显。例如，由于结构上的原因，CRT显示器屏幕尺寸的加大导致显像管的加长和体积的增大，使用时受到空间的限制，而且重量较重，耗电量也较高。由于它的像素都是圆形的，所显示图形的连续性也不够好。此外，CRT利用电子枪发射电子束来产生图像的同时也产生了辐射与电磁波干扰，长期使用对健康不利。

20世纪90年代初期，曾有人说CRT是“夕阳工业”，甚至有的公司开始宣布停止CRT的研究与开发，但事实却是各大公司仍在不遗余力地开发CRT，每年都有CRT新技术出现，CRT并未如人们预言的那样很快消失。由于CRT的每个像素的性能/价格比相对于其他显示器高得多，在中等尺寸的屏幕显示器上仍有市场，CRT背投影电视是大屏幕显示的主流产品，因此，在短期内，CRT并不会消失，但是由于平板显示器恰好克服了CRT显示器的上述不足，因此在小尺寸和小体积应用中，CRT将不断损失市场给平板显示器。今后，CRT技术的发展趋势是向着更高分辨率、更低成本、更平屏面、更宽偏转角、更长寿命、具有更强电子束电流、更小光点的电子枪的方向发展。

2.3.4 平板显示器

平板显示器是真正的平面显示器。平板显示器与传统的CRT显示器相比，具有薄、轻、省电（功耗小）、辐射低、无闪烁、无干扰等优点。平板显示器的重量通常仅为CRT的1/6，耗电量约为CRT的1/3，而且色彩清晰，图像失真小，不受磁场影响，无闪烁效应，长时间观看眼睛不易疲劳。目前，平板显示器的全球销售额已超过CRT。

平板显示器分为主动发光显示器与被动发光显示器。前者指显示介质本身发光而提供可见辐射的显示器，包括等离子显示器、场发射显示器、电致发光显示器和有机发光二极管显示器等。后者指本身不发光，而是利用显示介质被电信号调制后，其光学特性发生变化，对环境光和外加电源（背光源、投影光源）发出的光进行调制，在显示屏上进行显示的显示器，包括液晶显示器和电子油墨显示器等。下面对这两类显示器进行简要介绍。

1. LCD液晶显示器

液晶是一种介于液体和固体之间的特殊物质，由细长晶状颗粒构成，具有液体的流态性质和固体的光学性质，这些液晶颗粒以螺旋形式排列。这种物质具有两个特性，一个是介电系数，即液晶受电场的影响决定液晶分子转向的特性；另一个是折射系数，它是光线穿透液晶时影响光线行进路线的重要参数。利用液晶本身的这些特性，适当地利用电压来控制液晶分子的转动，影响光线的行进方向，进而形成不同的灰度等级或色彩。

如图 2-19 所示，液晶显示器（Liquid Crystal Display，LCD）是由六层薄板构成的，第一层是垂直偏振板，第二层是镀在石英平面上的垂直网格线，第三层是液晶层，第四层是水平网格线，第五层是水平偏振板，第六层是反射层。其工作原理是，当液晶受到电压的作用时，其物理性质就会发生改变，液晶出现形变，使穿过它的偏振光的偏振方向旋转 90°。这样，通过垂直偏振板到达液晶层的光是垂直偏振的光，当它穿过液晶层时，其偏振方向旋转了 90°，变成了水平光，该水平光能够穿过水平偏振板到达反射层，然后按原路返回，从而产生亮点。

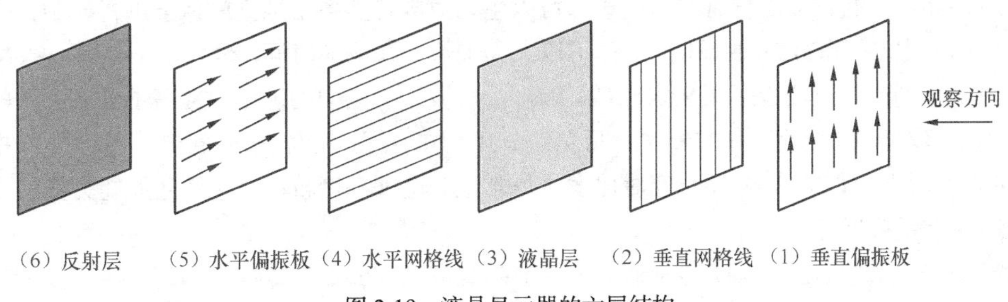

图 2-19　液晶显示器的六层结构

在水平网络线和垂直网络线上施加控制电压，可以控制相应像素的透光特性。令一个像素（x_i, y_i）变暗可以通过其矩阵编址实现。在水平网格线板的 x_i 线上加一个负电压，在垂直网络线板的 y_i 线上加一个正电压。这一对正负电压的差压与使晶粒产生线性排列的控制电压相等。当液晶层在电场作用下所有晶粒被极化按同一方向呈线性排列时，液晶层就失去了旋转作用。由于像素（x_i, y_i）处的晶粒不再对垂直偏振光旋转，所以垂直偏振后的光被水平偏振板阻挡并吸收，于是观察者在显示器上看到的就是一个暗点。

相反，如果像素（x_i , y_i）处的晶粒不被电场作用，仍保持其对光旋转 90° 的特性，那么，入射光线可被反射回来，就可观察到一个亮点。如果要显示从（x_1, y_1）到（x_2, y_2）的一条直线段，就要连续地选择最靠近该直线轨迹的像素，使其成为亮点。

在液晶显示器中，晶体一旦被极化，产生线性排列，它将保持该状态几百毫秒，甚至在电压消失后仍保持该状态，这对图形的刷新不利。为此，在水平和垂直网格上加一个晶体管，通过晶体管的开关作用来快速改变控制状态和控制程度。晶体管用来控制像素位置的电压，并阻止液晶单元慢性漏电，还可用来保存每个晶体单元的状态，从而可随刷新频率周期性地改变晶体单元状态，于是液晶显示器就可以产生连续色调的图形和图像。

液晶显示器主要有两种类型：一种是被称为双扫描交错液晶（Dual-Scan Twisted Nematic，DSTN）显示的被动矩阵（无源矩阵）型 LCD，另一种是被称为薄膜晶体管（Thin Film Transistor，TFT）显示的主动矩阵（有源矩阵）型 LCD。

目前用得最多的是 TFT-LCD，其加工工艺类似于大规模集成电路。每个像素位置上放置了 3 个 TFT。每个像素含有 3 个亚像素（对应 RGB 三原色），每个亚像素由一个 TFT 元器件控制，在每个像素还配置一个半导体开关器件，选择性地驱动矩阵中的各个像素能以更高分辨率和更高清晰度显示画面。每个像素可通过点脉冲直接控制，每个节点相对独立，并可以连续控制，提高了反应时间，在灰度控制上也可以做到非常精确。

彩色 LCD 显示器显示彩色的主要原理是利用其在一侧的玻璃基板上加上一个彩色滤光片

（Color Filter）实现彩色。如图 2-20 所示，彩色滤光片上均匀分布着 RGB 3 种颜色的亚像素，每个亚像素有各自不同的灰度，相邻的一组 RGB 构成一个基本的彩色显示单元，即一个像素。

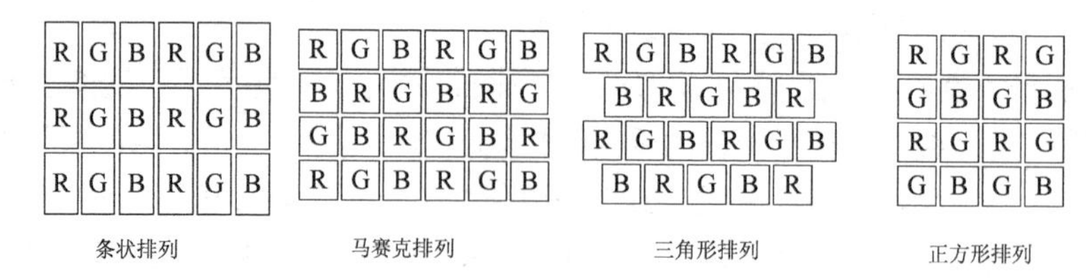

图 2-20　液晶显示器的亚像素排列方式

其中，条状排列适合桌面和便携式计算机，马赛克或三角形适合电视机。

在 TFT-LCD 的背部设置有特殊光管，可以主动对屏幕上各个独立的像素进行控制，这也是它之所以称为主动矩阵 TFT 的原因，这样可以大大加快屏幕响应时间，约为 80ms，而 DSTN-LCD 则为 200ms，同时它也改善了 DSTN_LCD 闪烁（水波纹）模糊的现象，提高了动态画面的播放能力。除了 LCD 本身所具有的外观小巧精致、工作电压低、功耗小、省电等特性外，相对于 DSTN_LCD 而言，TFT-LCD 还具有对比度、色彩饱和度和亮度较高、色彩还原能力强的优点，显示性能和质量接近 CRT。

与 CRT 显示器相比，LCD 显示器的主要缺陷是成品率偏低导致成本偏高，冷阴极荧光灯的使用寿命并不算太长，可视角度有限，而且在使用若干年后许多 LCD 显示屏就会变得发黄，亮度也明显变暗。

可视角度、点距和分辨率是衡量 LCD 显示器的基本技术指标。可视角度是指左右两边的可视最大角度的和。点距是指两个液晶颗粒（光点）之间的距离。分辨率是指其真实分辨率，例如，分辨率为 1024 × 768 的含义就是指该液晶显示器含有 1024 × 768 个液晶颗粒。

彩色 TFT-LCD 常用于便携式笔记本电脑和桌面型监视器。液晶显示技术不仅可用于制造计算机显示器，而且还在平板式电视机、摄录像机和手持式视频游戏机等产品中得到广泛应用。

2. PDP 等离子显示器

等离子体（Plasma Panel）是采用气体放电原理实现的自发光显示技术。等离子体显示器（Plasma Display Panel，PDP）是施加电压于封入玻璃基板间的低压气体而发光的显示器件，其典型结构如图 2-21 所示。等离子体显示器主要由两块极板构成，一块镀有水平方向电极，另一块镀有垂直方向电极。两块极板间密封一道宽度仅 0.1mm 的间隙，间隙中充以包括氖和氦的混合气体，直交的两组电极在其交点处就形成了一个个的“小氖灯”。当两电极间施加电压后，引起其交点处的氖气电离放电，发射紫外光，激发玻璃基板上的红、绿、蓝三原色荧光体，从而产生各种色彩。通过改变控制电压，可使其显示出不同的灰度等级。等离子体板的发光亮度可以通过一个较低的维持电压来保持，因此它不需要刷新过程。

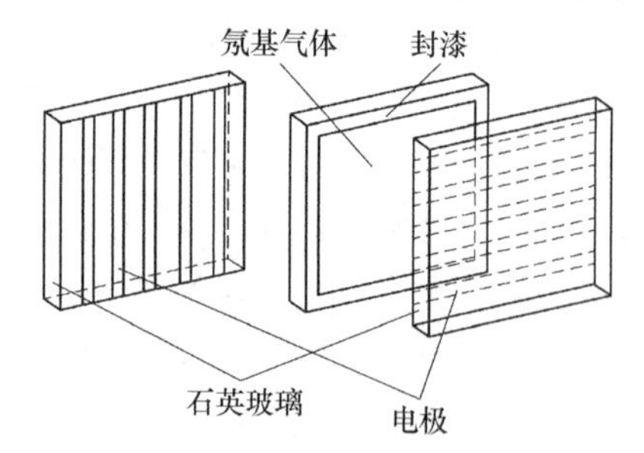

图 2-21　等离子体显示器结构

PDP 工作在全数字化模式，易制成大屏幕显示屏，并且具有厚度小、亮度高、颜色鲜明等优点，例如，42 英寸 PDP 显示屏亮度可达 800cd/m^2，达到了 CRT 的峰值亮度，是数字化彩电、高清晰度电视（HDTV）和多媒体终端理想的显示器。其最大的问题是耗电量较大，另外其像素无法做得很小，而且成本较高，导致价格较贵。

3. LED 发光二极管显示器

发光二极管（Light Emitting Diode，LED）主要用作指示灯，笔记本电脑其实一直在使用 LED，各种红色、绿色的指示灯都是使用 LED，只是其液晶显示屏的背光源采用的不是 LED，而是冷阴极荧光管。20 世纪 90 年代，超高亮度 LED 的出现，使得 LED 阵列显示亮度可达 10000cd/m^2 以上，成为世界上最亮的显示器；蓝色 LED 的出现，使得 LED 能制作成全彩色高亮度显示屏。

与 LCD 显示器相比，LED 在亮度、功耗、可视角度和刷新频率等方面，都具有无与伦比的优势，大有后来居上之势。LED 所需的辅助光学组件可以做得很简单，无需很多空间，从而机身可以做得更轻、更薄，屏幕耐压性能更好；采用 LED 背光源的液晶屏幕显示的亮度更均匀；更高的刷新频率使得 LED 在视频方面有更好的性能表现，既可以显示各种文字、数字、彩色图像及动画信息，也可以播放电视、录像、VCD、DVD 等彩色视频信号，多幅显示屏还可以进行联网播出，而且即使在强光下也可以照看不误；LED 使用 6V～40V 的低压进行扫描驱动，因此功耗更低，电池持续时间更长，同时不含对身体健康、环境有害的重金属汞，更加环保。此外，LED 还具有使用寿命长的优点，使用寿命可长达 10 万小时，也就是说即使每天连续使用 10 小时，也可以连续使用 27 年。LED 显示器具有的高亮度、高效率、长寿命、视角大、可视距离远等特点，使其特别适合用做室外大屏幕显示屏。虽然现在已有使用 LED 显示屏的笔记本电脑面市，但是相对于同等尺寸 LCD 显示屏的笔记本电脑而言，价格要贵一些。目前 LED 显示器已成为最常见的平板显示器。

4. OLED 有机发光二极管显示器

有机发光二极管显示器（Organic Light Emitting Display，OLED）属于有机发光显示器，与传统的 LCD 显示方式不同，OLED 显示方式可以自发光，无需背光源，采用非常薄的有机材料涂层和玻璃基板，当有电流通过时，这些有机材料就会发光。OLED 显示屏幕可以做得更轻、更薄，可视角度更大，并且制造成本低，能够显著节省电能，显示出极好的光特性和低功耗特性。最近几年内，OLED 发展较快，彩色显示技术已解决，并主要应用于手机屏等小尺寸的显示，存在的主要缺陷是使用寿命较短，屏幕大型化困难，制造成本高。

5. ELD 电致发光显示器

电致发光显示器（Electro luminescent Display，ELD）采用固态薄膜技术制成，即用宽发射频谱的涂锌板和涂锶板作为电致发光板，在两个板之间放置一个绝缘层，形成一个约 100μm 厚度的电致发光层。采用宽发射频谱的涂锌板或涂锶板作为电致发光部件，能达到像 OLED 显示器一样清晰的显示效果。

6. FED 场发射显示器

场发射显示器（Field Emission Display，FED）的基本原理与 CRT 相同，它的阴极由为数众多的微细电子源依阵列排列而成，在高压电场作用下由极板吸引电子并使其碰撞涂在阳极上的荧光体而发光。由于其制造设备的生产成本高，FED 没有成为主流的平板显示器。

7. E-ink 电子油墨显示器

电子油墨（E-ink）是一种加工成薄膜状的专用材料。E-ink 电子油墨显示器是在一种双稳态材料上加上电场进行控制的显示器。

电子油墨由数百万个尺寸极小的微胶囊构成，直径与头发丝相当。每一个微胶囊中含有白色和黑色颗粒，分别带有正电荷和负电荷，它们悬浮在清洁的液体中。电子油墨薄膜的顶部和底部分别是一层透明材料，作为电极端使用，微胶囊夹在这两个电极间。微胶囊受负电场作用时，白色颗粒带正电荷而移动到微胶囊顶部，相应位置显示为白色，黑色颗粒由于带负电荷而在电场力作用下到达微胶囊底部，使用者不能看到黑色。如果电场的作用方向相反，则显示效果也相反，即黑色显示，白色隐藏。因此，只要改变电场作用方向就能在显示黑色和白色间切换，白色部位对应于纸张的未着墨部分，而黑色则对应着纸张上的印刷图文部分。这意味着电子油墨显示器能提供与传统书刊类似的阅读功能和使用属性。

2.3.5 三维立体显示技术

目前，我们正在步入一个崭新的3D世界，就像几十年前，从黑白电视到彩色电视、从黑白摄影到彩色摄影、从单色打印到彩色打印给人们带来的影响一样，3D技术不断改变着人们的生活，3D扫描仪、3D数码相机、3D显示器、3D打印机以及3D电影和电视，一次又一次地给人们带来视觉上的新体验。

为了揭开3D技术的神秘面纱，首先来看三维立体成像的基本原理。

现实世界是一个三维的立体世界，而人眼是如何感受这个三维世界的呢？人在观察物体时之所以能产生立体视觉，看到具有一定“深度”的立体影像，是因为人有两只眼，左右两眼之间有一定的距离（称为瞳距，通常在64mm左右），如图2-22所示，由于不同远近的物体与眼的距离不同，两眼的视角就会有所不同，视角的不同导致两眼所看到的影象也存在一些差异，左眼看到的物体稍偏左侧，右眼看到物体稍偏右侧，这样进入双眼的就是两幅具有视差的图像，经由视神经传导至大脑以后，由大脑将两个影像整合成一个立体影像。三维立体画就是利用人眼的这种立体视觉原理制作的绘画作品。

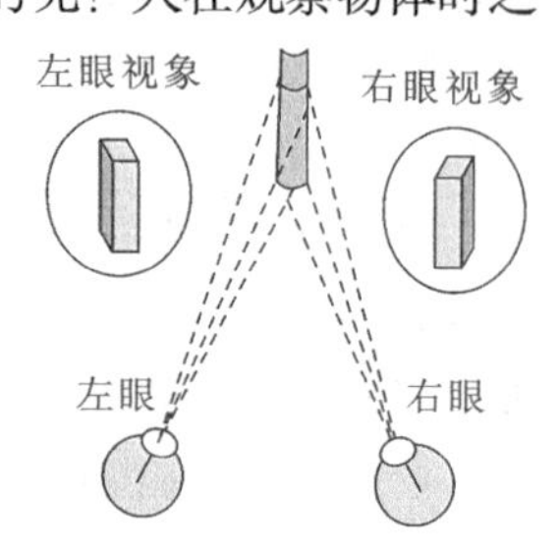

图2-22 双眼视差示意图

3D动画或3D电影的制作也是利用了这个原理。拍摄时，模拟人眼观察景物的过程，用两台摄像机，按人眼的瞳距和视角拍摄同一景物，分别生成具有视差的左、右眼图像。放映时，将两幅具有视差的图像对同时放映到屏幕上，利用较高的刷新频率快速交替地显示具有视差的左、右眼图像对，分别针对左眼和右眼输出一帧画面，例如，奇数帧显示左眼图像，偶数帧显示右眼图像。为了确保左眼只看到左眼图像，右眼只看到右眼图像，观众在看3D电影时，需要戴上立体快门眼镜，这种眼镜的快门开关控制每次只有一只眼睛能看到屏幕，眼镜接收发射器的控制信号，用以同步左右眼的快门信号，使观看与放映同步，最后让左、右眼看到的瞬时画面形成左右双像在大脑中复现成3D心理图像，从而形成身临其境的三维立体视觉效果。

三维立体显示技术发展到现在已有多种技术，一种比较成熟、使用较为广泛的技术就是上面这种双目立体渲染技术（Binocular Stereoscopic Rendering, BSR）。还有一种基于深度图的立体渲染技术（Depth Image-Based Rendering, DIBR）也是一个新的发展方向，它是指在原视频基础上附加每一帧对应的深度图，由嵌入DIBR处理模块的显示终端输出转换后的双目立体视频，利用模拟的人眼左、右视角的平面影像，经由屏幕输出，再通过立体眼镜合成有深度的真实立体影像，也称之为Stereoscopic 3D技术。这种技术不需要渲染双倍的帧数，也不需要额外的驱动程序。

除了立体眼镜以外，另一种三维立体显示技术是虚拟现实环境中经常使用的头盔显示器（Head-Mounted Display，HMD）。HMD是三维立体显示中起源最早、发展最完善的技术。其基本原理是：在每只眼睛前面分别放置一个显示屏，两个显示屏分别同时显示双眼各自应看到的图像，当人的双眼同时观看这两幅具有一定视差的图像时，3D感觉就产生了。其缺点是和佩戴立体眼镜类似，佩戴HMD观察不够舒适自然。此外，HMD不仅屏幕小，造价也比较昂贵，而且近距离聚焦易引起眼睛的疲劳。

针对上述3D显示技术的缺点，科研人员研制出一种新型的三维立体显示技术，即自由立体显示（Auto Stereo）技术。观察者无需佩戴任何助视工具就可以直接观察 3D 图像，又称“裸眼式 3D 技术”，目前已成为三维立体显示的主流发展趋势。

基于液晶显示器的自由立体显示技术主要有如下几种。

（1）视差照明技术。其原理是在透射式的显示屏后形成离散的、极细的照明亮线，将这些亮线以一定的间距分开，让观察者的左眼只能看到显示屏偶像素列显示的图像，而右眼只能看到奇像素列显示的图像，以达到让观察者接收到具有视差的图像对，从而产生立体视觉的目的。

（2）视差屏障技术，也称光屏障式 3D 技术或视差障栅技术。其原理是使用一个偏振膜和一个高分子液晶层，利用这二者制造出一系列的旋光方向成 90° 的垂直条纹，应由左眼看到的图像显示在液晶屏上时，不透明的条纹遮挡右眼，应由右眼看到的图像显示在液晶屏上时，不透明的条纹遮挡左眼。

（3）微柱透镜投射技术。其原理是在液晶显示屏的前面加上一层微柱透镜，使液晶屏的像平面位于透镜的焦平面上。在每个微柱透镜下的图像的像素被分成几个子像素，透镜以不同的方向投影每个子像素，这样双眼从不同的视角观看显示屏，就能看到不同的子像素。

（4）微数字镜面投射技术。其原理是利用时分多用的方法实现不牺牲分辨率的立体效果，允许观察者在不同的位置观察不同的图像，并能实现运动视差。

（5）指向光源技术。其原理是使用两组 LED，并配合快速反应的 LCD 面板和驱动方法，让具有一定视差的图像对顺序进入观察者的左、右眼。

（6）多层显示技术。其原理是通过按一定间隔重叠的两块液晶面板实现立体成像效果。

2.3.6 新一代显示器

1. 交互式 3D 显示器

众所周知，现实世界是真正的三维立体世界，而现有的显示设备绝大多数都是二维图形显示器，不能给人以深度感觉。为了在二维的图形显示器上显示三维图形必须进行投影，无论采用何种投影方式都无法与直接三维立体显示带给人的视觉感受相媲美，三维立体显示给我们带来的是更有视觉冲击力和震撼力的显示效果。因此，三维立体显示器被公认是显示技术发展的终极梦想。

2005 年 8 月，IO2 Technology 推出了被称为 HelioDisplay 的世界首款交互式三维显示器。它采用全息投影（也称虚拟成像）技术，利用干涉和衍射原理，通过激光在空气中进行三维图像显示，也就是说，它并不需要什么显示屏幕和投影底片，而是在空气中直接显示三维物体影像。其可接受的视频输入来源可以是计算机、电视和 DVD 等设备。其最神奇之处在于其交互性，支持用户通过手指（而非鼠标）与显示器实现交互操作，给用户更直观、便捷的操控体验。

2. 裸眼立体显示器

裸眼立体显示器，又称多视角裸眼立体显示器，它是建立在人眼立体视觉机制上的新一代自由立体显示设备。过去的立体显示和立体观察都需要人戴上头盔显示器或者立体眼镜进行观看，并且需要通过高技术编程才能实现，而立体显示器利用人的双眼具有视差的特性，通过硬件手段产生人的左右眼视差图像，在人眼的视觉暂留时间之内，给左、右眼分别送去有视差的两幅图像，大脑在获取了左右眼图像之后，会把左右眼图像的差异理解为物体的空间定位，从而呈现具有完整深度信息的立体效果。采用这种技术后，无需任何编程，也无需借助头盔、立体眼镜等助视设备，用肉眼（即在裸视条件下）即可观看到栩栩如生的逼真立体影像，如图 2-23 所示，画面中的物体仿佛从屏幕中凸出来了一样，能对

图 2-23 裸眼立体显示器

观察者产生强烈震撼的视觉冲击力。

根据不同的光学原理和结构原理，立体显示器主要分为狭缝光栅技术（HDB）和透镜阵列技术（HDL）两类。其中，HDL型显示器在显示亮度和使用寿命上优于HDB型显示器。

HDL型显示器的主要原理是采用显微透镜光栅屏幕或透镜屏技术，通过光栅阵列（利用摩尔干涉条纹判别法精确安装在显示器液晶面板上）准确控制每一个像素透过的光线，只让右眼或左眼看到，因右眼和左眼观看液晶面板的角度不同，利用这一角度差遮住光线，将图像分配给右眼或左眼，经大脑将这两幅有差别的图像合成为有空间深度和维度信息的图像，利用两眼视差实现立体视觉效果。

裸眼立体显示是集光学、摄影、电子计算机，自动控制、软件、3D动画制作等技术于一体的一门交叉科学，它的出现是继图像领域彩色替代黑白之后的又一次技术革命，也是电视机及显示器行业发展的未来发展趋势。

3. 全彩色类纸显示器

类纸显示器（Paper-Like Display），俗称电子纸（Electronic Paper，E-Paper），是一种视觉效果与纸张相似的反射型电子显示装置，它采用柔性基板材料制造，能像纸张一样轻薄、可弯曲、卷绕或折叠，柔韧性好，可像纸张一样装订成“书”，形成多页显示器，具有易于阅读、携带方便和低功耗等特性，而且相对于发光型电子显示装置而言，像电子纸这样的反射型电子显示装置具有更高的阅读舒适性。

电子纸在整体结构上一般可分为前板（Front Plane）和后板（Back Plane）两部分，前板主要指显示器外层的显示介质部分，后板则主要是指显示器的驱动电路部分。

电子纸目前最主要的应用是电子书阅读器（E-Book Reader），即以电子纸为核心部件的便携式电子设备，用于阅读电子图书报刊。基于电子纸技术的电子书阅读器正在悄然地改变着人们的阅读习惯，也给传统的图书报刊出版带来了新的活力。此外，还可用于广告牌、信用卡、会员卡、钟表、电子标签、数码相框、手机等便携式消费产品。

目前市场上存在的电子纸产品主要采用电子油墨（E-ink）技术，响应时间过慢和色彩单一是其主要缺陷。电子纸技术的发展方兴未艾，在不久的未来，其彩色化的影响将不亚于电视技术由黑白到彩色的跨越，随着高亮度、高分辨率、高响应速度、全彩色电子纸技术的突破和发展，其应用将很有可能会扩展到计算机显示器、电视机等更广泛的应用领域。

除了立体显示技术和类纸显示器之外，相信今后还会有新的显示技术出现，CRT“百年无敌手”的局面已不复存在，但也不能简单地说，一种显示器会完全取代另外一种显示器，显示器产业的天下将会是“群雄割据”，各类显示器在各自的应用领域和市场范围内都会占有一席之地，呈现“百花齐放”的景象。

2.4 图形绘制设备

图形显示设备只能将图形显示在屏幕上，有时需要将图形画在纸上，如工程图。将图形画在纸上，称为图形的硬拷贝。绘图仪和打印机可以完成该类操作，称为硬拷贝设备（Hardcopy Devices）。

2.4.1 绘图仪

最开始使用的绘图仪是笔式绘图仪，后来又出现了静电绘图仪等。

1. 笔式绘图仪

笔式绘图仪（Pen Plotter）绘图的工作原理与随机扫描 CRT 显示器的工作原理类似，是一种随机的绘图设备。它可以根据图线的起点和终点坐标，驱动绘图笔在起点处落笔，并以直线方式移动到终点处，从而在图纸上生成一条直线段，亦称矢量绘图（Vector Drawing）。

笔式绘图仪分为滚筒式绘图仪（Drum Plotter）和平板式绘图仪（Flatable Plotter）两种。滚筒式绘图仪绘图纸在一个方向上（如 y 方向）随滚筒的旋转而移动，而绘图笔在图纸的上方沿另一个方向（如 x 方向）运动，如图 2-24（a）所示。平板式绘图仪则是将图纸铺在一块平板上，如图 2-24（b）所示，由驱动系统带动绘图笔做 x、y 方向上的运动，在纸面上绘制图形。通过选择笔架上不同颜色的绘图笔，可以绘制彩色图形。

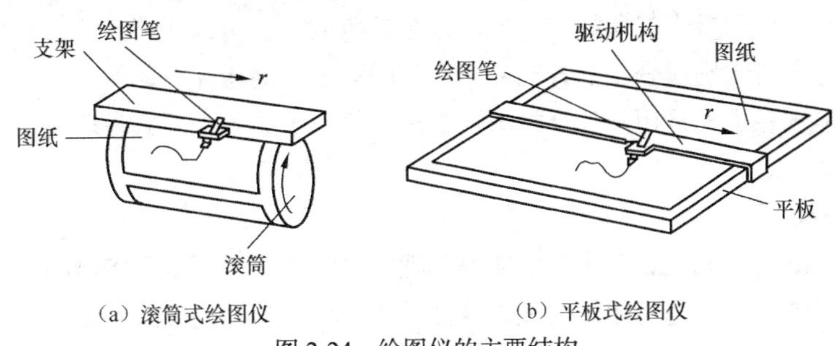

（a）滚筒式绘图仪　　（b）平板式绘图仪

图 2-24　绘图仪的主要结构

笔式绘图仪的主要性能指标是绘图速度，笔式绘图仪的画线速度不是很高，但是线条输出质量是绘图设备中最好的。

2. 静电绘图仪

静电绘图仪（Electrostatic Plotter）是一种光栅扫描型绘图设备，利用静电荷的同性相斥，异性相吸的原理构成。单色静电绘图仪的工作原理如图 2-25 所示。它将经过光栅化处理的图形数据送至静电写头上，静电写头双行排列，内部装有许多针状电极。写头根据图形数据控制各针状电极高压放电，图纸横跨在写头与背板电极之间，图纸通过写头时，写头就把图形数据控制各针状电极高压放电产生的负电荷转移到图纸上。带有负电荷的图纸经过墨盒时，吸引墨盒中带正电荷的碳粉微粒，于是碳粉就在图纸上再现了要绘制的图形。

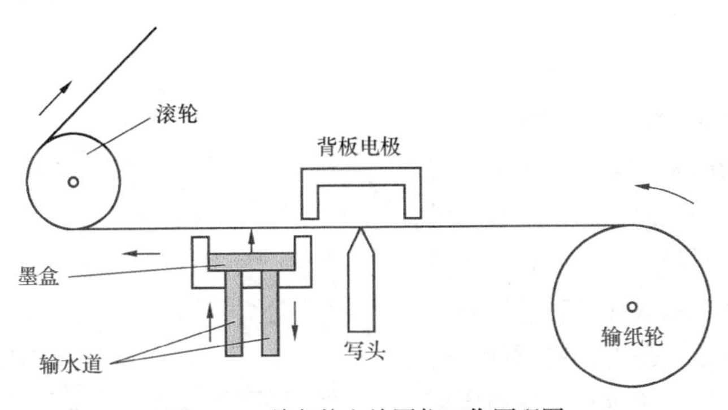

图 2-25　单色静电绘图仪工作原理图

彩色静电绘图仪与单色静电绘图仪的工作原理基本相同，不同的是彩色图绘制需将图纸往返多次，分别套上青色（C）、品红（M）、黄色（Y）、黑（K）4 种颜色的墨盒，或同时装上 CMYK 不同颜色的墨盒。上色过程可以一遍完成，也可以分四遍进行。如果一遍上色，每种颜色要有各自专用的写头。如果多遍上色，每种颜色上色时都要重新进纸。填充多边形颜色的明暗效果可以通过抖动等半色调方式获得。

2.4.2 打印机

打印机（Printer）也是常用的硬拷贝输出设备，从机械结构上分撞击式和非撞击式两种。撞击式打印机（Impact Printer）使成型字符通过色带印在纸上，如行式打印机、点阵式打印机等。非撞击式打印机（Nonimpact Printer）则利用喷墨技术、激光技术、热敏技术等将图形“绘制”出来，如喷墨打印机、激光打印机等。由于撞击式打印机在打印速度、绘图精度和工作噪声等方面存在不足，已逐渐被非撞击式打印机所替代。另一种分类的方法是按其输出的颜色种类来分类，仅输出一种颜色的（通常为黑色）为单色打印机，可输出多种颜色的为彩色打印机。目前应用较为普遍的是喷墨打印机和激光打印机。它们可以是单色的，也可以是彩色的，都属于光栅扫描设备。其中，喷墨打印机特别适合于低开销的彩色打印输出。而激光打印机最初主要是为印刷排版业专门设计的，但现在也大量用于计算机图形输出。相对于彩色喷墨式打印机而言，彩色激光打印机的价格要高很多。

1. 喷墨打印机

喷墨打印机（Ink-Jet Printer）使墨水通过极细的喷嘴射出，用电场控制喷出墨滴飞行方向，在普通的纸上绘制图形。喷墨打印机的关键部件是喷墨头，分为连续式和随机式两种。连续式喷墨头墨滴射速较快，需要墨水泵和墨水回收装置，它的机械结构较复杂。随机式喷墨头只有在需要绘图时才喷出墨滴，墨滴喷射速度较慢，不需墨水泵和回收装置。若采用多喷嘴结构也能获得较高的绘图速度。随机式常用于便携式打印机，而连续式多用于喷墨绘图仪。

2. 激光打印机

激光打印机（Laser Printer）是一种高速度、高质量的绘图打印设备。它主要由感光鼓、墨盒、激光发生器、光学偏转系统、熔凝部件、打底电晕丝和转移电晕丝等组成，其基本工作流程与静电复印机相似。打印引擎中有一个覆盖有感光材料的鼓，气体激光或者半导体二极管激光对表面已充电的鼓进行扫描。

如图2-26所示，感光鼓旋转通过打底电晕丝，使整个鼓表面带上电荷。打印数据传至激光发生器，通过光学系统作用，激光发生器发出的激光被反射到感光鼓上。感光鼓表面被激光照射的点失去电荷，形成一幅磁化点阵图形。感光鼓表面被磁化的点将吸附墨盒中的碳粉，形成要打印的碳粉图形。打印纸从感光鼓和转移电晕丝中间通过，由于转移电晕丝有比感光鼓更强的磁场，于是碳粉受该强磁场的作用，被从感光鼓表面“转移”到了纸的表面上，在打印纸上获得碳粉图形。打印纸通过高温熔凝部件，该碳粉图形被定型在打印纸上，形成永久性硬拷贝图形。

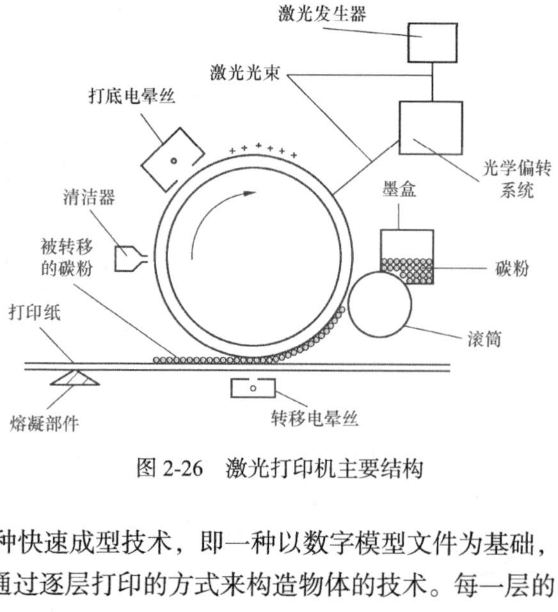

图2-26 激光打印机主要结构

2.4.3 3D打印机

3D打印（3D Printing）技术实际上就是一种快速成型技术，即一种以数字模型文件为基础，采用粉末状金属、塑料或树脂等可粘合材料，通过逐层打印的方式来构造物体的技术。每一层的打印过程分为两步，首先在需要成型的区域喷洒一层特殊的液滴很小且不易扩散的胶水，然后喷洒一层均匀的粉末，粉末遇到胶水会迅速固化黏结，而没有胶水的区域仍保持松散状态。这样，一层胶水一层粉末交替进行，实体模型于是被“打印”成型，打印完毕后扫除成型物体表面松散的粉末即可。

采用 3D 打印技术的 3D 打印机，最早出现在 20 世纪 90 年代中期，与普通打印机的工作原理基本相同，先通过计算机建模软件建模，再将建成的三维模型“分区”成逐层的截面即切片，然后由计算机控制内部装有液体或粉末等“打印材料”的打印机，利用光固化和纸层叠等技术来逐层打印这个模型，将其变成实物。因此，3D 打印机实际上是一种快速成型装置。3D 打印机可以用各种原料打印三维模型，打印的原料可以是有机的或者无机的材料。不同的 3D 打印机在被打印物体的成型方式上有所不同，有的采用将融化的 ABS 塑胶进行压缩后再按照设计图完成逐层的喷涂固化过程，有的则采用更加先进的光敏树脂选择性固化技术实现立体雕刻工艺，其中后者的打印效果更精准。

如今，3D 打印已成为打印领域的一种最新潮流，并开始广泛应用在设计（尤其是工业设计）领域，几乎无所不能，从打印服装、建筑模型、食品、假肢、汽车、飞机，甚至到手枪，并且居然能让子弹飞，纽约参议员舒默曾要求立法认定使用 3D 打印枪支不合法。

2.5　虚拟现实中的动态交互感知设备

虚拟现实应用中的动态交互感知设备主要用于将各种控制信息传输给虚拟现实计算机系统，虚拟现实计算机系统再把处理后的信息反馈给参与者，实现“人”与“虚拟现实计算机系统”真实的动态交互和感知的效果，使参与者充分体验虚拟现实中的沉浸感、交互性和想象力。虚拟现实动态交互感知设备主要包括：数据手套（Data Glove）、数据衣（Data Suit）、头盔显示器（Head Mounted Disply，HMD）、三维立体眼镜、三维空间跟踪定位设备、三维立体声耳机等。

1. 数据手套

数据手套（见图 2-27）是虚拟现实应用的基本交互设备，它作为虚拟手主要用于对虚拟场景中的对象定位，它与头盔联合使用，可直接操纵与观察三维虚拟场景中的对象。数据手套有有线和无线、左手和右手之分，可用于 WTK、Vega 等虚拟现实或者视景仿真软件环境中。数据手套由一系列检测手以及手指运动的传感器构成，包括一个附加在手背上的传感器以及附加在拇指和其他手指上的弯曲、扭曲传感器和手掌上的弯度、弧度传感器，这些柔件传感器可用于测定手指的关节角度以及手的位置和方向，并将测得的信息传送给计算机，从而实现虚拟环境中的虚拟手及虚拟手对虚拟对象的抓取、移动、装配等操纵和控制。

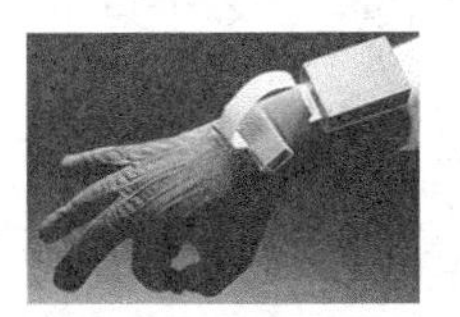
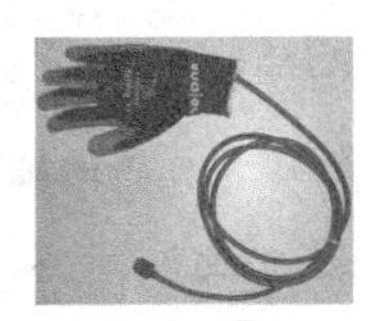

图 2-27　数据手套

2. 头盔显示器

头盔显示器（见图 2-28）是沉浸式虚拟现实系统中最主要的硬件设备，用于观测和显示虚拟的三维立体场景。头盔显示器是将小型显示器的影像透过自由曲面棱镜变成能够给人以身临其境之感的三维立体视觉效果。头盔显示器上装有头部位置跟踪设备，观察者头部的动作能够得到实时跟踪。计算机可以实时获得观察者的头部位置及运动方向，并可以据此来调整观察者所

图 2-28　头盔显示器

看到的图像，提高了观察者的临场沉浸感。绝大多数头盔式显示器使用两个显示器，分别向左右眼显示由虚拟现实场景中生成的图像，这两幅图像存在视差，类似于人类的双眼视差，大脑最终将这两幅图像融合形成逼真的三维立体效果。在头盔显示器上辅以空间跟踪定位设备，可以对沉浸式虚拟现实系统的三维立体输出效果进行观察和自由移动。把用户的视觉、听觉和其他感觉同时封装起来，就可以产生一种身在虚拟环境中的错觉。

3. 三维立体眼镜

三维立体眼镜是目前最为流行和经济实用的虚拟现实观察设备，尤其被广泛应用于观赏立体电影，如图2-29所示。它采用三维立体成像技术，利用与人眼观看物体相同的模式来模拟图像深度感，以增加参与者的沉浸感。屏幕上的所有场景图像都是使用两台摄像机从略有不同的两个角度同步拍摄的，然后使用后期非线性软件将两个角度同步拍摄的画面合成到一个画面中，此时如果仅用肉眼裸视，那么画面将是一片模糊，但戴上特制的眼镜观看，就可以看到人物和场景图像凸出了银幕。无论是采用红绿或红蓝镜片滤色技术、偏振技术，还是液晶光阀高速切换技术实现三维立体成像，目的都是为了给左右眼送去不同的图像，只允许每只眼睛看到一台摄像机拍摄的图像，使得左右眼分别只能看到监视器上显示的左右摄像机分别拍摄的图像，然后由人的大脑将这两幅图像关联起来，融合为具有深度信息的三维立体图像。三维立体眼镜分有线和无线两类。有线立体眼镜的图像质量好，价格高，活动范围有限；无线立体眼镜价格低廉，适合大众消费。

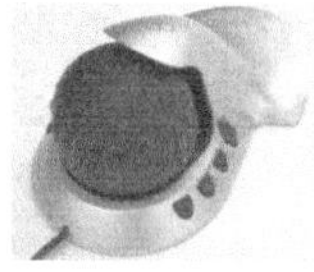

图2-29　三维立体眼镜

4. 三维鼠标

三维鼠标是虚拟现实系统中的另一种常见的与虚拟现实场景进行交互的空间跟踪定位设备（见图2-30），可控制虚拟场景做自由漫游，或控制场景中某物体的空间位置及其移动方向，既可作为6个自由度三维鼠标，也可与数据手套、头盔显示器、立体眼镜等其他虚拟现实设备配合使用，使参与者在空间上能够自由移动、旋转，不局限于固定的空间位置，操作更加灵活自如。在三维空间中有6个自由度，包括3个轴向的平移运动和围绕3个坐标轴的旋转运动。空间跟踪球装在一个凹形的支架上，可以做扭转、挤压、按下、拉出和摇晃等操作。其中，变形测定器可以测量用户施加在该球上的力度，该装置还配有传感器测量物体6个自由度操作情况，实现和完善三维交互操作。

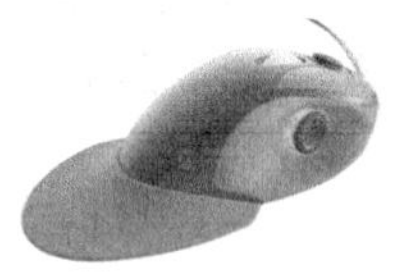

图2-30　三维鼠标

5. 虚拟现实力反馈器

力反馈器（见图2-31）作为一种触觉交互设备，可以提供非常大的工作空间和反馈力以及6个自由度的运动能力，使参与者实现虚拟环境中除视觉、听觉之外的第三感觉——触觉和力反馈感，使参与者真正体会到虚拟环境中的交互真实感，该设备被广泛应用于虚拟医疗、虚拟装配等领域。

图2-31　虚拟现实力反馈器

6. 数据衣

数据衣也是虚拟现实系统中的一种人—机交互设备。一件虚拟现实的数据紧身服，可以使参与者产生犹如在水中或泥沼中游泳的感觉。

7. 谷歌眼镜

谷歌公司 2012 年 4 月发布的一款“拓展现实”眼镜具有和智能手机一样的功能，通过内置的传感器，可直接拍照上传，通过蓝牙与智能手机相连，还可以进行视频通话、上网冲浪和显示电子邮件信息。此外，还可通过内置的 GPS 系统和加速计传送的方位信息来帮助用户辨明方向。这些都真正地体现了科技改变人们的生活。

虚拟现实硬件系统集成高性能的计算机软件、硬件和先进的传感设备，因此虚拟现实硬件系统设计复杂，价格昂贵。相比之下，在无需虚拟现实硬件设备和接口的前提下，利用传统的计算机、网络和虚拟现实软件环境，是一种比较经济实用的虚拟现实开发模式。典型的虚拟现实软件有 VRML、JAVA3D、X3D、OpenGL 及 Vega 等。

2.6　OpenGL 图形标准

2.6.1　OpenGL 简介

OpenGL（Open Graphics Library）是近几年发展起来的一个性能卓越的三维图形标准，它是在 SGI 等多家世界闻名的计算机公司的倡导下，以 SGI 的 GL 三维图形库为基础制定的、可以独立于窗口操作系统和硬件环境的、开放式的三维图形标准。其目的是将用户从具体的硬件系统和操作系统中解放出来，使它们不必理解这些系统的结构和指令系统，只需按规定的格式书写应用程序即可编写在任何支持该语言的硬件平台上执行的程序。

OpenGL 实际上是一个开放式的、与硬件无关的图形软件包，它独立于窗口系统和操作系统，以其为基础开发的应用程序，可以运行在当前各种流行的操作系统之上，如 Windows、UNIX、Linux、MacOS、OS/2 等，并且能够方便地在各种平台间移植。OpenGL 应用程序几乎可以在任何操作系统上运行，只需使目标系统的 OpenGL 库重新编译即可。从个人计算机到工作站和超级计算机，都能实现高性能的三维图形功能。由于 OpenGL 具有高度可重用性和灵活性，它已经成为高性能图形和交互式视景处理的工业标准。

OpenGL 是一个专业的、功能强大、调用方便的底层三维图形函数库，可用于开发交互式二维和三维图形应用程序。从真实感图形显示、三维动画、CAD 到可视化仿真，都可以用 OpenGL 开发出高质量、高性能的图形应用程序。

OpenGL 是一个图形与硬件的接口，它由几百个函数组成，仅核心图形函数就有一百多个。OpenGL 不要求开发人员把三维模型数据写成固定的数据格式，也不要求开发人员编写矩阵变换、外部设备访问等函数，从而简化了三维图形程序的编写。

值得一提的是，虽然微软有自己的三维编程开发工具 DirectX，但它也提供 OpenGL 图形标准，因此，OpenGL 在 CAD、虚拟现实、科学可视化、娱乐动画等领域得到了广泛应用，尤其适合医学成像、地理信息、石油勘探、气象模型等应用。

2.6.2　OpenGL 的主要特点和功能

由于微软在 Windows 中包含了 OpenGL，所以 OpenGL 可以与 Visual C++紧密结合，简单快捷地实现有关图形算法，并保证算法的正确性和可靠性。OpenGL 的具体功能如下。

1. 建模

OpenGL 提供了丰富的用于物体建模的基本图元绘制函数，除基本的点、线、多边形的绘制函数外，还提供了包括球、锥、多面体、茶壶以及复杂曲线和曲面[如贝济埃（Bézier）、NURBS（Non-Uniform Rational B-Splines）等曲线或曲面]在内的复杂三维形体的绘制函数。OpenGL 没有提供三维模型的高级指令，它也是通过点、线及多边形这些基本的几何图元来建立三维模型的。

2. 变换

OpenGL 提供的变换函数包括基本变换（包括平移、旋转、比例、对称）和投影变换（包括平行投影、透视投影）两类。

3. 着色

OpenGL 提供了 RGBA 模式和颜色索引两种物体着色模式。RGBA 是一种 32bit 真彩色模式，除 RGB 各占一个字节外，剩下的一个字节是 alpha 通道，描述给定像素处的物体透明度，1.0 表示物体不透明，0 表示像素不会被任何物体遮挡。利用 over 操作可实现像素颜色与像素处物体颜色的线性混合。

4. 光照处理和材质设置

OpenGL 可以提供辐射光、环境光、漫反射光和镜面光 4 种光照。材质是用光反射系数来表示和设置的。

5. 位图显示、图像增强和纹理映射

除了基本的位图拷贝和像素读/写外，OpenGL 还具有融合（Blending）、反走样（Antialiasing）和雾化（fog）特效处理和纹理映射功能。

6. 双缓存动画

如 2.3.1 小节所述，OpenGL 还支持双缓存技术，用以加快图形的绘制和显示速度，特别适用于动画制作。

2.6.3 OpenGL 的工作流程

OpenGL 的工作流程如图 2-32 所示。

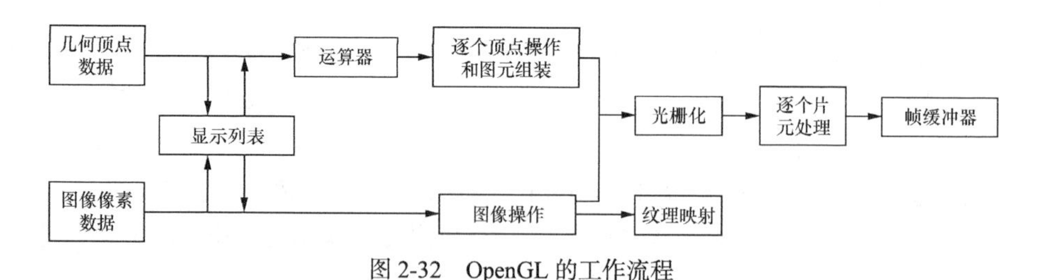

图 2-32　OpenGL 的工作流程

由图 2-32 可知，图像像素数据的处理方式与几何顶点数据的处理方式是不同的，但都经过光栅化、逐个片元（Fragment）处理，直至把数据写入帧缓冲器。

根据这个流程，可以归纳出在 OpenGL 绘制三维图形的基本步骤如下。

（1）根据基本图形单元（点、线、多边形、图像和位图）建立景物模型，并且对所建立的模型进行数学描述。

（2）把景物模型放置于三维空间中的适当位置，设置视点即观察位置。

（3）计算模型中所有物体的颜色，同时确定光照条件、纹理映射方式等。

（4）进行图形的光栅化，即把景物模型的数学描述及其颜色信息经消隐和光栅扫描转换使其适合于光栅扫描显示器上显示的像素。

2.6.4　OpenGL 开发库的基本组成

Windows 下的 OpenGL 组件由如下 3 部分组成。

（1）函数的说明文件：gl.h、glu.h、glut.h、glaux.h。

（2）静态链接库文件：glu32.lib、glut32.lib、glaux.lib 和 openg132.lib。

（3）动态链接库文件：Glu.dll、glu32.dll、glut.dll、glut32.dll 和 openg132.dll。

OpenGL 的库函数采用 C 语言风格，它们分别属于以下不同的库。

1. OpenGL 核心库

此库包含有 115 个用于常规的、核心的图形处理函数，函数名的前缀为 gl。

2. OpenGL 实用库

此库包含有 43 个可实现一些较为复杂的操作（如坐标变换、纹理映射、绘制椭球、茶壶等简单多边形）的函数，函数名的前缀为 glu。

3. OpenGL 辅助库

此库包含有 31 个用于窗口管理、输入/输出处理及绘制一些简单三维物体的函数，函数名的前缀为 aux。OpenGL 辅助库不能在所有的 OpenGL 平台上运行。

4. OpenGL 工具库

此库包含 30 多个基于窗口的工具函数（如多窗口绘制、空消息和定时器以及一些绘制较复杂物体），函数名的前缀为 glut。

5. Windows 专用库

此库包含有 16 个用于连接 OpenGL 和 Windows 的函数，函数名的前缀为 wgl。Windows 专用库只能用于 Windows 环境中。

6. Win32 API 函数库

此库包含有 6 个用于处理像素存储格式和实现双缓存技术的函数，函数名无专用前缀。Win32 API 函数库只能用于 Windows 环境中。

在后续章节中将陆续介绍这些函数的使用。

2.6.5　如何在 Visual C++环境中使用 OpenGL 库函数

在 Visual C++ 6.0 中使用这些库函数编写程序之前，需要对 OpenGL 的编程环境进行如下设置。

（1）C:\Program Files\Microsoft Visual Studio\VC98\include\GL 文件夹内必须有的 OpenGL 编程所需的头文件为：glut.h、glext.h、wglext.h、gl.h、glu.h、glau.h 等，其中 glext.h、wglext.h 为 OpenGL 的扩展功能。

（2）C:\Program Files\Microsoft Visual Studio\VC98\include 文件夹内必须有的 OpenGL 编程所需的头文件为：glTexFont.h 等。

（3）C:\Program Files\Microsoft Visual Studio\VC98\include\Mui（需新建）文件夹内必须有的 OpenGL 编程所需的头文件为：mui.h 等。

（4）C:\Program Files\Microsoft Visual Studio\VC98\Lib 文件夹内必须有的 OpenGL 编程所需的静态函数库文件为：opengl32.lib、glut.lib、glut32.lib、glaux.lib、mui32.lib、glTexFont.lib 等。

（5）C:\windows\system32 文件夹内必须有的 OpenGL 编程所需的动态链接库文件为

opengl32.dll、glut.dll、glut32.dll、glu32.dll 等。

（6）在 Visual C++ 6.0 的工程文件的链接库中设置 opengl32.lib、glu32.lib、glaux.lib、mui32.lib、glTexFont.lib 等库文件。

经过这样设置后，Visual C++ 6.0 才能正确地把用户编写的 OpenGL 源程序编译成 Windows 操作系统上可运行的执行程序。OpenGL 编程所需的上述文件可从 http://www.xmission.com/～nate/glut.html 下载。

2.7 本章小结

本章首先介绍了计算机图形系统常用的图形输入设备（包括 3D 图形输入设备），然后重点介绍了视频显示设备与视频显示系统。视频显示设备作为显示输出设备，CRT 显示器在过去和现在都扮演着重要角色，它的工作原理、扫描方式，使得 CRT 显示器在显示图形的过程中需要不断地刷新，帧缓冲器或刷新存储器就成为 CRT 图形显示系统不可缺少的部件，它的容量设计与显示器的分辨率和需显示颜色的种类（或灰度等级）有关。视频显示系统根据其扫描方式的不同可分为光栅扫描显示系统和随机扫描显示系统两大类，而应用最广泛的是光栅扫描显示系统。显卡是计算机与显示设备的接口部件。本章介绍了几种常用显卡的功能和性能，此外还介绍了双缓冲技术，以及 GPU 及其在通用计算中的应用。

液晶显示器、发光二极管显示器是目前较常见的平板显示器，重点介绍了它们的结构和原理，三维立体显示器和类纸显示显是近年来新兴的两种显示器，有着广泛的应用前景。图形绘制设备是用于进行图形硬拷贝输出的设备，常用的有绘图仪和打印机。3D 打印机是近年来出现的一种基于快速成型技术的打印机。

本章最后还介绍了虚拟现实中使用的动态交互感知设备及 OpenGL 图形标准。

习 题 2

2.1 解释下列概念。

1. 个人计算机图形系统
2. 工作站图形系统
3. 刷新式 CRT
4. 余辉时间
5. 分辨率
6. 刷新频率
7. 随机扫描显示器
8. 光栅扫描显示器
9. 帧缓冲器
10. 灰度等级
11. 双缓冲技术
12. 扫描线
13. 显示控制器
14. 图形显示卡

2.2 图形工作站和个人计算机系统的主要区别是什么？

2.3 图形输入设备从其功能上可以分为哪几类？请举例说明。

2.4 图像扫描仪和数码照相机是用来输入/输出哪一类对象的？

2.5 试简述 CRT 显示器的工作原理。

2.6 查色表的功能和作用是什么？

2.7　光栅扫描显示系统和随机扫描显示系统的主要区别是什么？

2.8　平板显示器与 CRT 显示器相比较，它的主要优点是什么？

2.9　液晶显示器的工作原理是什么，它是发光型显示设备吗？

2.10　某彩色图形显示系统，CRT 显示器的分辨率为 800 × 600，能显示 2^{16} 种颜色，其帧缓冲器的容量应如何计算？

2.11　某彩色图形显示系统，CRT 显示器的分辨率为 1024 × 1024，它可以从 2^{17} 种颜色中选出 2^{15} 种来显示，其帧缓冲器的容量应如何计算？查色表的长度和宽度应为多少？

2.12　假如某光栅扫描显示系统拟采用 8 英寸 × 12 英寸的屏幕，其分辨率为每英寸 100 个像素。如果需显示 2048 种颜色，则帧缓冲器需要设计成多大容量？

2.13　某全彩色（每像素 24 位）光栅系统，其分辨率为 2048 × 2048，其帧缓存容量应为多少？它可以显示出多少种颜色？

2.14　开发 OpenGL 图形标准的目的是什么？OpenGL 的主要特点和功能有哪些？

2.15　虚拟现实应用中常见的设备有哪些？

2.16　何为 GPU？为什么相对于 CPU 而言，GPU 更适合通用计算？

2.17　LED 显示器与液晶显示器相比，其主要优势体现在哪里？

2.18　三维立体显示技术的基本原理是什么？

2.19　未来显示器的发展方向是什么？

2.20　3D 打印机和普通打印机的本质区别是什么？

第3章 基本图形生成算法

3.1 直线的扫描转换

光栅扫描显示器上的可显示元素称为像素（Pixel）。这些像素通常排成矩形阵列，又称为光栅（Raster）。在光栅扫描显示器上显示的图形实际上都是由一些具有一定色彩或灰度的像素构成的集合，因此在光栅扫描显示器上显示一个图形之前需要把图形转换为适合于光栅扫描显示器显示的形式。这个过程分为两个步骤：首先要确定最佳逼近于图形的像素集合，这一步需要通过一定的算法来实现；其次要用图形的颜色或其他属性按照扫描顺序对像素进行某种写操作，以完成图形的显示。这个过程称为图形的扫描转换或光栅化（Rasterization）。除了点以外，直线段和圆弧是描绘图形的最基本和最常用的元素，许多复杂的图形都是由它们构成的。因此本章重点介绍直线段和圆弧的扫描转换算法。

3.1.1 光栅图形中点的表示

在光栅扫描显示器上，通常用有序数对 (x, y) 表示像素的索引，即表示像素所在的行和列。在 2.3.1 小节中已经介绍了光栅图形中像素点的寻址方法，通过将像素位置 (x, y) 与帧缓冲器单元一维地址建立映射关系，实现对帧缓冲器的存取操作，进而可以在屏幕上显示该像素。具体编程时，可调用函数 SetPixel（*x,y,Intensity*）将位于屏幕 (x, y) 位置的像素的颜色值 *Intensity* 写入帧缓冲器的相应单元，通过调用函数 GetPixel(*x,y*)从帧缓冲器中读出位于屏幕 (x, y) 位置的像素的颜色值 *Intensity*（函数 GetPixel(*x,y*)的返回值）。注意，在不同的程序设计语言中，写像素和读像素的函数名会有所不同。本书中均采用 Microsoft Visual C++ 6.0 中的函数名。

我们知道，数学上的点是没有大小或面积的，可以用一个抽象的坐标表示。而在光栅图形中的点（像素）则占据一定的空间区域，是有面积的。不同的显示系统采用不同的物理像素，目前的多数显示系统中像素的形状呈水滴状或正方形。当二维屏幕坐标系的原点取为左下角点时，则像素通常用其左下角坐标表示该像素的坐标位置。

3.1.2 绘制直线的要求

多数图形软件都包含直线绘制命令。在分辨率已知的显示器上显示直线，就是在显示器给定的有限个像素组成的矩阵中确定最佳逼近该直线的一组像素的集合，并且按照扫描线顺序，用当前写方式对这些像素进行写操作。

根据光栅图形的特点，为直线的生成设计绘制算法需要满足以下 4 点要求：

（1）所绘制的直线要直。

（2）所绘制的直线应该具有精确的起点和终点。

（3）所显示的直线的亮度或颜色要均匀，沿直线不变，且与直线的长度和方向无关。

（4）直线生成的速度要快。

上述要求看似简单，但事实并非如此。在光栅扫描显示器上，除水平线、垂直线和 ± 45° 线之外显示的线都不够直，会出现如图 3-1 所示的锯齿状，称为阶梯效应或者走样（Aliasing）。这是因为数学中理想的直线是没有宽度的，而光栅图形中的像素点是有面积的，这导致由无数像素点构成的直线是有宽度的，当显示器的分辨率较低时，就会明显地看到锯齿状，需要使用本章后面介绍的反走样算法来降低这种混淆现象。此外，只有水平线、垂直线和 ± 45° 线的亮度沿直线是不变的，但仍和直线的方向有关，例如，水平线和垂直线较 ± 45° 线要亮一些。画线速度除受 CPU 硬件性能和内存管理等因素影响外，还与采用的软件算法相关，因此在设计图形的扫描线转换算法时，应尽量用加减法代替乘除法，用整数运算代替浮点数运算，并减少迭代次数，这将成为设计直线和圆弧扫描转换算法的基本原则。

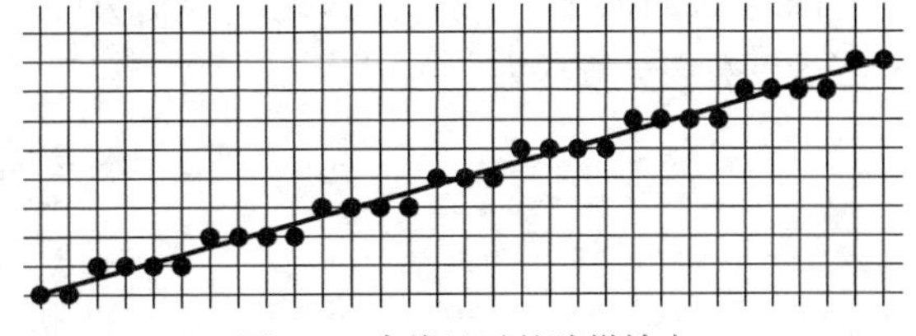

图 3-1　直线显示的阶梯效应

3.1.3　数值微分画线法

直线的扫描转换就是确定最佳逼近于理想直线的像素集合。设计一条直线生成算法的最简单的思路是利用直线方程进行迭代计算。假设给定直线段的起点坐标为(x_1, y_1)和终点坐标为(x_2, y_2)，则该直线的直线方程可写为

$$y = m \cdot x + b \tag{3-1}$$

其中，m 为直线的斜率，b 为 y 轴截距。由式（3-1）和给定的起点、终点坐标可以求得 m 和 b。

$$m = \frac{y_2 - y_1}{x_2 - x_1} \tag{3-2}$$

$$b = y_1 - m \cdot x_1 \tag{3-3}$$

对于一条端点已知的直线段而言，m 和 b 都是一个常数。根据式（3-1）确定最佳逼近于理想直线的像素集合的过程，可以转化为如下计算过程，即从直线段的起点开始，x 的值每次增 1，根据下面的递推公式计算出最佳逼近直线的 y 坐标值，直到计算到直线段的终点为止。

$$y_{i+1} = m \cdot x_i + b \tag{3-4}$$

计算得到的$(x_i, \text{round}(y_i))$像素点的集合就是最佳逼近于理想直线的像素集合。这里 round()表示舍入取整运算。由于该算法中存在依次浮点乘法和一次舍入取整运算，因此无法满足直线的绘制速度要求。可以考虑计算机图形学中常用的增量法将乘法运算转换为加减法运算。所谓增量算法，就是指利用前一点(x_i, y_i)的计算结果来通过一个简单的增量得到下一点 (x_{i+1}, y_{i+1}) 的计算结果，递推方法如下。

$$\begin{aligned} x_{i+1} &= x_i + 1 \\ y_{i+1} &= m \cdot x_{i+1} + b = m \cdot (x_i + 1) + b = y_i + m \end{aligned} \tag{3-5}$$

式（3-5）仅适合于$|m| \leqslant 1$即 $\Delta x > \Delta y$ 的情形，因为这时 x 方向比 y 方向变化快，x 为最大位移方向，因此每次递推时，x 方向总是增加一个像素单位，而 y 方向却不一定每次都增加一个像

素单位。$|m|>1$ 时，情形正好相反，所以可将 x 和 y 互换，即

$$y_{i+1}=y_i+1$$
$$x_{i+1}=\frac{1}{m}\cdot y_{i+1}-\frac{b}{m}=\frac{1}{m}\cdot(y_i+1)-\frac{b}{m}=x_i+\frac{1}{m} \tag{3-6}$$

这个方法其实就是本节将要介绍的简化的数值微分分析法。数值微分分析法（Digital Differential Analyzer，DDA），顾名思义，是指用数值方法求解微分方程。

DDA 法的推导需要从直线的参数微分方程入手。对于沿直线给定的 x 增量 Δx 和 y 增量 Δy，直线的参数微分方程为

$$\begin{cases}\dfrac{\mathrm{d}x}{\mathrm{d}t}=\Delta x\\[2mm]\dfrac{\mathrm{d}y}{\mathrm{d}t}=\Delta y\end{cases} \tag{3-7}$$

令 $\varepsilon=\Delta t$，则该方程的有限差分近似解为

$$\begin{cases}x_{i+1}=x_i+\varepsilon\Delta x\\y_{i+1}=y_i+\varepsilon\Delta y\end{cases} \tag{3-8}$$

这里，$\varepsilon\Delta x$ 和 $\varepsilon\Delta y$ 都是不大于单位步长的量。根据式（3-8）可以从直线段的起点开始，逐步递推依次求出线段上的各点的坐标，直至终点为止。这里讨论的是针对直线段在直角坐标系第一象限的情况，对于第二、三、四象限，其基本思路是一样的，只不过要注意 x、y 取值的符号。

为了加快式（3-8）由 (x_i, y_i) 递推 (x_{i+1}, y_{i+1}) 的计算速度，应有下式成立，即步长应在半个像素和 1 个像素大小之间。

$$0.5\leqslant|\varepsilon\Delta x|,|\varepsilon\Delta y|\leqslant 1 \tag{3-9}$$

那么如何选取 ε 才能保证上述不等式成立呢？一种取法是取 $\varepsilon=2^{-n}$，其中 n 的取值满足 $2^{n-1}\leqslant\max(|\Delta x|,|\Delta y|)\leqslant 2^n$，称为对称的 DDA；另一种取法是取 $\varepsilon=1/\max(|\Delta x|,|\Delta y|)$，此时 $\varepsilon\Delta x$ 和 $\varepsilon\Delta y$ 中必有一个是单位步长，另一个增量为斜率或者斜率的倒数。例如，$|m|\leqslant 1$ 时，即 $|\Delta x|$ 最大时，$\varepsilon=1/|\Delta x|$，则有 $\varepsilon|\Delta x|=1$，$\varepsilon|\Delta y|=|\Delta y|/|\Delta x|=m$；而 $|m|>1$ 时，即 $|\Delta y|$ 最大时，$\varepsilon=1/|\Delta y|$，则有 $\varepsilon|\Delta y|=1$，$\varepsilon|\Delta x|=|\Delta x|/|\Delta y|=1/m$。这种取法与前面提到的增量法推导的式（3-5）和式（3-6）结果是一样的，称为简单的 DDA。由于 m 可能是 0～1 的任意实数，所以由式（3-8）计算出的 y 值必须取整。

简单 DDA 算法的步骤如下。

（1）以给定直线段的两个端点 (x_1, y_1) 和 (x_2, y_2) 作为输入参数。

（2）初始化，将初值 x_1 和 y_1 各加上 0.5，以保证计算精度。

（3）计算两端点间的水平和垂直差值的绝对值，$\mathrm{d}x=\mathrm{abs}(x_2-x_1)$，$\mathrm{d}y=\mathrm{abs}(y_2-y_1)$。

（4）选取 dx 和 dy 中最大者作为循环迭代步数 *length*。

（5）从 (x_1, y_1) 开始，确定由前一像素位置 (x_k, y_k) 生成下一像素位置 (x_{k+1}, y_{k+1}) 递推所需的增量，并进行递推计算。如果 dx>dy，且 $x_1<x_2$，那么 x 与 y 方向的增量分别为 1 和 m；如果 dx>dy，且 $x_1\geqslant x_2$，那么 x 与 y 方向的增量分别为−1 和−m；如果 dx≤dy，且 $x_1<x_2$，那么 x 与 y 方向的增量分别为 1/m 和 1；如果 dx≤dy，且 $x_1\geqslant x_2$，那么 x 与 y 方向的增量分别为−1/m 和−1。

（6）重复第（5）步 *length* 次。

（7）将求得的 (x_{k+1}, y_{k+1}) 像素坐标值取整，并将像素颜色值存入相应的帧缓冲器单元中。

3.1.4　中点画线法

中点画线法（Midpoint Line Drawing Algorithm）是通过在每列像素中确定与理想直线最靠近的像素来进行扫描转换的。

为讨论问题方便，这里只考虑直线斜率 $0 \leqslant m \leqslant 1$ 的情况，其他情况可参照以下的讨论处理。如图 3-2 所示，当 $0 \leqslant m \leqslant 1$ 时，假设在当前迭代中离直线最近的像素已确定为 $P(x_k, y_k)$，那么由于 x 为最大位移方向，因此直线在 x 方向上每次增加一个像素单位，而在 y 方向上是否增加一个像素单位，即 P 点的下一个点是选 $P_1(x_k+1, y_k)$还是选 $P_2(x_k+1, y_k+1)$，取决于这两个备选像素中的哪一个离理想直线的轨迹更近。

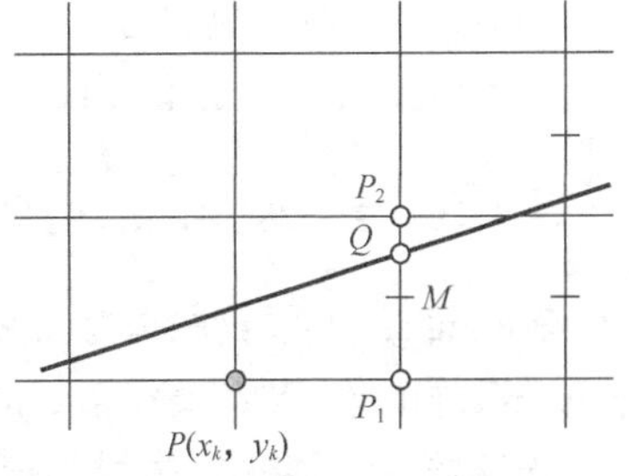

图 3-2　中点画线算法原理示意图

设 $M(x_k+1, y_k+0.5)$为 P_1P_2 的中点，Q 是理想直线与垂直线 $x = x_k+1$ 的交点。显然，如果 M 在 Q 的下方，则 P_2 离直线更近，应取 P_2 作为下一个像素；否则应取 P_1。那么如何判断 M 是在 Q 的下方还是在 Q 的上方呢？

假设直线的起点为(x_1, y_1)，终点为(x_2, y_2)，则对于直线方程

$$F(x, y) = ax + by + c = 0 \tag{3-10}$$

其中，$a = y_1 - y_2$，$b = x_2 - x_1$，$c = x_1y_2 - x_2y_1$。

因为有：

（1）如果点(x, y)在直线上，则有 $F(x, y) = 0$；

（2）如果点(x, y)位于直线的上方，则有 $F(x, y) > 0$；

（3）如果点(x, y)位于直线的下方，则有 $F(x, y) < 0$。

所以，欲判断 M 是在 Q 的下方还是上方，只需将点 M 的坐标值代入式（3-10）中，并判断其符号即可。构造判别式为

$$d = F(x_k + 1, y_k + 0.5) = a(x_k + 1) + b(y_k + 0.5) + c \tag{3-11}$$

因此，直线在 x 方向上每次增加一个像素单位，而在 y 方向上是否增加一个像素单位将视 d 的符号而定。当 $d < 0$ 时，M 在直线下方，即 Q 点的下方，应取 P_2 作为下一像素；当 $d > 0$ 时，M 在直线下方，即 Q 点的上方，应取 P_1 作为下一像素；当 $d = 0$ 时，直线正好通过 M，可取 P_1 或 P_2 中的任何一个，这里约定取 P_1。

由于对每一个像素按式（3-11）计算判别式 d 的效率很低，为提高计算效率，可以采用增量法递推计算 d。

（1）当 $d \geqslant 0$ 时，取 P_1 像素后，此时为判断下一个候选像素而计算的判别式为

$$d_1 = F(x_k + 2, y_k + 0.5) = a(x_k + 2) + b(y_k + 0.5) + c = d + a \tag{3-12}$$

（2）当 $d < 0$ 时，取 P_2 像素后，此时为判断下一个候选像素而计算的判别式为

$$d_2 = F(x_k + 2, y_k + 1.5) = a(x_k + 2) + b(y_k + 1.5) + c = d + (a + b) \tag{3-13}$$

可见，情况（1）的增量为 a，而情况（2）的增量为 $a+b$。

下面再求出判别式 d 的初始值 d_0。显然，第一个像素应取它的左端点(x_1, y_1)，于是有

$$d_0 = F(x_1 + 1, y_1 + 0.5) = a(x_1 + 1) + b(y_1 + 0.5) + c = F(x_1, y_1) + a + 0.5b \tag{3-14}$$

由于左端点(x_1, y_1)为直线段起点，必定是位于直线上，所以有 $F(x_1, y_1) = 0$，因此有

$$d_0 = a + 0.5b \tag{3-15}$$

为避免式（3-15）初值计算中的小数运算，可以通过取 $2d$ 代替 d，来消除小数运算。

于是，仅包含整数运算的中点画线算法的步骤如下。

（1）初始化。令 $a=y1-y2$，$b=x2-x1$，$d=2*a+b$，$deta1=2*a$，$deta2=2*(a+b)$，$x=x1$，$y=y1$。

（2）用颜色 color 画像素(x,y)。

（3）判断 x 是否小于 $x2$。如果 $x<x2$，则继续执行（4），否则算法结束。

（4）如果 $d<0$，则执行 $x=x+1$，$y=y+1$，$d=d+deta2$；否则执行 $x=x+1$，$d=d+deta1$。

（5）用颜色 color 画像素(x,y)，并转（3）。

3.1.5 Bresenham 画线算法

Bresenham 画线算法是由 J. E. Bresenham 提出的一种直线生成算法。与中点画线算法类似，它也是通过选择与理想直线最近的像素来完成扫描转换。

先考虑 $0<m<1$ 时直线的扫描转换过程。当 $0<m<1$ 时，x 方向为最大位移方向，因此 x 方向上每次递增一个像素单位，y 方向的增量为 0（表示选择位于直线下方的像素）或者为 1（表示选择位于直线上方的像素）。Bresenham 画线算法通过比较从理想直线到位于直线上方的像素的距离和相邻的位于直线下方的像素的距离，来确定 y 的取值，即哪一个像素是与理想直线最近的像素。

如图 3-3 所示，假设扫描转换已进行到第 k 步，即当前像素在(x_k, y_k)已确定为是最佳逼近理想直线的像素，在第 k+1 步，由于 $0<m<1$，因此 x 方向递增 1（即 $x_{k+1}=x_k+1$），需要确定 y 方向的增量为 0（即 $y_{k+1}=y_k$）还是为 1（即 $y_{k+1}=y_k+1$），这个问题相当于是确定下一步要绘制的像素是选 $P_1(x_k+1, y_k)$ 还是 $P_2(x_k+1, y_k+1)$ 的问题。

如图 3-4 所示，定义 P_1 与理想直线路径的垂直偏移距离为误差 e。误差 e 的大小决定了下一步要绘制的像素应选 $P_1(x_k+1, y_k)$ 还是选 $P_2(x_k+1, y_k+1)$。设 M 为 P_1P_2 的中点，显然，当 $e<0.5$ 时，P_1 离理想直线最近，应选 P_1；当 $e>0.5$ 时，P_2 离理想直线最近，应选 P_2；当 e=0.5 时，P_1 和 P_2 离理想直线的距离相同，选 P_1 或 P_2 都可以，这里约定选 P_2。

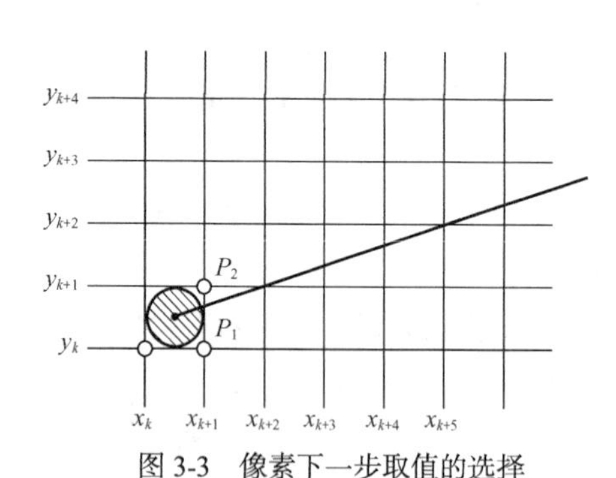

图 3-3 像素下一步取值的选择

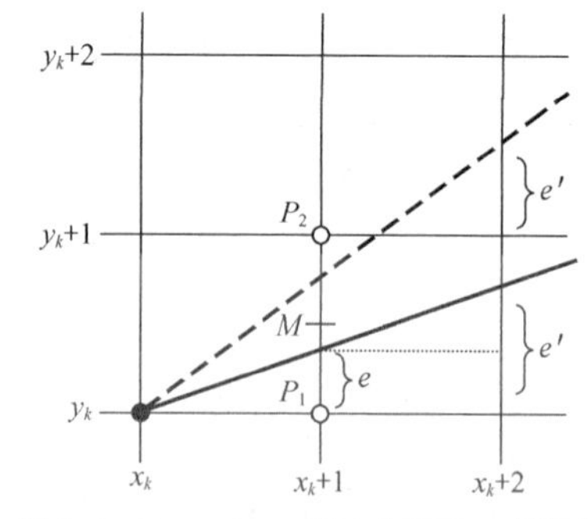

图 3-4 Bresenham 算法中误差 e 的计算

下面要解决如何计算误差 e 的问题。

由图 3-4 不难由斜率推出误差 e 的初值计算方法为

$$e=\frac{\Delta y}{\Delta x}\times 1=\frac{\Delta y}{\Delta x} \tag{3-16}$$

当 y 方向增量为 0 即选 P_1 时，下一步的误差 e' 计算公式为

$$e' = \frac{\Delta y}{\Delta x} \times 2 = e + \frac{\Delta y}{\Delta x} \times 1 = e + \frac{\Delta y}{\Delta x} \tag{3-17}$$

当 y 方向增量为 1 即选 P_2 时，下一步的误差 e' 计算公式为

$$e' = \frac{\Delta y}{\Delta x} \times 2 - 1 = e + \frac{\Delta y}{\Delta x} \times 1 - 1 = e + \frac{\Delta y}{\Delta x} - 1 \tag{3-18}$$

为了将误差 e 与 0.5 比较转换成与 0 比较，令 e 初值为

$$e = \frac{\Delta y}{\Delta x} - \frac{1}{2} = \frac{2\Delta y - \Delta x}{2\Delta x} \tag{3-19}$$

于是，当 $e<0$ 时，选 P_1，即 y 方向增量为 0；当 $e \geqslant 0$ 时，选 P_2，即 y 方向增量为 1。

由于 $\Delta x>0$，将式（3-19）的两边同乘以 $2\Delta x$ 并不影响 e 与 0 比较的准确性，因此可令 e 初值为

$$e = 2\Delta y - \Delta x \tag{3-20}$$

下面要解决的是 e' 的计算问题。当 $e<0$ 时，选 P_1，即 y 方向增量为 0，此时，下一步的误差 e' 计算公式为

$$e' = e + 2\Delta y \tag{3-21}$$

而当 $e \geqslant 0$ 时，选 P_2，即 y 方向增量为 1，此时，下一步的误差 e' 计算公式为

$$e' = e + 2\Delta y - 2\Delta x \tag{3-22}$$

前面推导的只是适用于第一八分圆域内直线的 Bresenham 画线算法，下面推导适用于任一八分圆域内直线的 Bresenham 画线算法。

首先，要确定最大位移方向。

如图 3-5 所示，当 $|m| = \left|\frac{\Delta y}{\Delta x}\right| < 1$ 时，x 为最大位移方向，x 方向总是增 1 或者减 1；当 $|m| = \left|\frac{\Delta y}{\Delta x}\right| > 1$ 时，y 为最大位移方向，y 方向总是增 1 或者减 1。

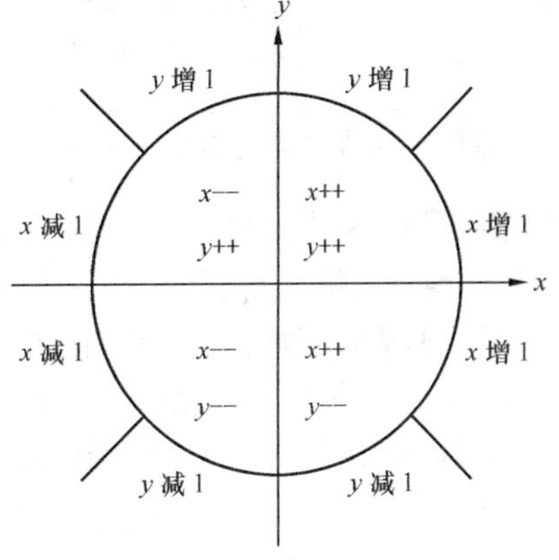

图 3-5　适用于任一八分圆域内直线的 Bresenham 算法的判别条件

具体是增 1 还是减 1，取决于直线所在的象限。当 $\Delta x \geqslant 0$ 时，x 方向增 1，记为 $S_1=1$；否则 x 方向减 1，记为 $S_1=-1$。当 $\Delta y \geqslant 0$ 时，y 方向增 1，记为 $S_2=1$；否则 y 方向减 1，记为 $S_2=-1$。

其次，要确定误差 e 的计算方法，并根据误差 e 确定非最大位移方向上的坐标值如何变化。

最大位移方向上的坐标值总是增 1 或减 1，另一个方向上的坐标值是否变化取决于误差 e 的符号。当 $e<0$ 时，如果 $|m|>1$，则 $y=y+S_2$，$e=e+2|\Delta x|$；如果 $|m| \leqslant 1$，则 $x=x+S_1$，$e=e+2|\Delta y|$。当 $e \geqslant 0$ 时，如果 $|m|>1$，则 $x=x+S_1$，$y=y+S_2, e=e+2|\Delta x|-2|\Delta y|$；如果 $|m| \leqslant 1$，则 $y=y+S_2$，$x=x+S_1$，$e=e+2|\Delta y|-2|\Delta x|$。

误差 e 的初值由斜率 m 确定，即当 $|m|>1$ 时，$e=2|\Delta x|-2|\Delta y|$，当 $|m| \leqslant 1$ 时，$e=2|\Delta y|-2|\Delta x|$。可见，对于 $|m|>1$ 和 $|m| \leqslant 1$ 两种情况，误差 e 的计算公式中仅是 Δx 和 Δy 交换的结果。

DDA 法原理比较简单，但因涉及浮点数运算和舍入取整运算，因此不利于用硬件实现。

中点画线算法和 Bresenham 画线算法都隐含着对逼近过程中误差项的处理，这样就使得直线生成更精确，并且均为整数运算，只有加减法和乘 2 运算（可用移位实现），因而算法实现速度快，效率高。

3.2 圆和圆弧的扫描转换

3.2.1 圆的特性

圆心在(x_c, y_c)、半径为 r 的圆的方程可表示为

$$(x-x_c)^2+(y-y_c)^2=r^2 \tag{3-23}$$

由式（3-23）可得

$$y=y_c\pm\sqrt{r^2-(x-x_c)^2} \tag{3-24}$$

根据式（3-24），可沿 x 轴从 x_c-r 到 x_c+r 以单位步长计算每个 x 对应的 y 值，来得到圆周上的每一个点的位置。但是这显然不是最好的生成圆的方法，因为式（3-24）涉及乘方和开方运算，计算量较大，此外利用该式所计算的圆周上的像素位置的间距也不一致，相对于斜率大于 1 的圆周上的点而言，斜率小于 1 时对应的圆周上的点较稀疏。虽然可以通过在圆斜率的绝对值大于 1 后，交换 x 和 y 以解决不等间距的问题，但这样又增加了算法所需的计算量和处理的复杂性。

当然，使用下面的参数极坐标表示形式

$$\begin{cases}x=x_c+r\cos\theta\\ y=y_c+r\sin\theta\end{cases} \tag{3-25}$$

以固定角度步长（取 $\theta=\dfrac{2\pi i}{n-1}$，$i=0, 1, \cdots, n$）生成和显示圆周上的点，也可以消除不等间距现象。但是式（3-25）涉及三角函数运算，计算量仍然很大。

为了减少计算量，可以利用圆的一个重要特性即对称性。如图 3-6 所示，以原点为圆心，以 r 为半径的圆对于 x 坐标轴对称，对于 y 坐标轴也是对称的，对于 $y=x$ 直线也还是对称的。利用圆的这一对称性，只要计算从 $x=0$ 到 $x=y$ 生成圆周的八分之一圆弧上的点，就可通过对称变换得到整个圆周上的所有像素位置。

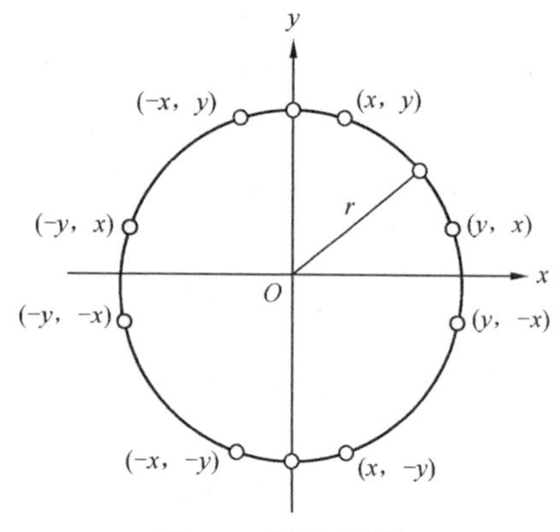

图 3-6　圆的对称性

3.2.2 数值微分画圆法

与数值微分画线算法一样，圆的生成也可采用数值微分方法。以坐标原点为圆心、以 r 为半径的圆的方程为

$$f(x,y)=x^2+y^2-r^2=0 \tag{3-26}$$

对式（3-26）计算全微分得

$$\mathrm{d}f(x,y)=\frac{\partial f(x,y)}{\partial x}\mathrm{d}x+\frac{\partial f(x,y)}{\partial y}\mathrm{d}y=2x\mathrm{d}x+2y\mathrm{d}y=0$$

于是得圆的微分方程为

$$\frac{\mathrm{d}y}{\mathrm{d}x}=-\frac{x}{y} \tag{3-27}$$

设圆周上的一点为(x_n, y_n)，下一点为(x_{n+1}, y_{n+1})，$x=\varepsilon x_n$，$y=\varepsilon y_n$，其中 ε 为一很小的常数，则有

$$\frac{y_{n+1}-y_n}{x_{n+1}-x_n}=-\frac{\varepsilon x_n}{\varepsilon y_n}$$

设 εx_n，εy_n 分别为用 DDA 法顺时针画第一四分圆时在 x，y 方向上的增量值，由于顺时针画第一四分圆时，x 方向为递增，y 方向为递减，因此有

$$\begin{cases} x_{n+1}-x_n=\varepsilon y_n \\ y_{n+1}-y_n=-\varepsilon x_n \end{cases}$$

即

$$\begin{cases} x_{n+1}=x_n+\varepsilon y_n \\ y_{n+1}=y_n-\varepsilon x_n \end{cases} \tag{3-28}$$

因为 x_n 和 y_n 的绝对值的最大值为圆的半径 r，所以为了使相邻两点间的距离不大于屏幕的一个光栅单位的大小，要求 $\varepsilon \cdot r \leqslant 1$。若令 $\varepsilon=2^{-n}$，则当 r 满足 $2^{n-1}\leqslant r\leqslant 2^n$ 时，就可以保证 x 和 y 方向的增量的绝对值不会大于 1。

然而，按式（3-28）计算并画出的曲线不是一个封闭的圆，而是一条不封闭的螺旋线。可以通过下面两个方面来证明这一点。

先来计算 (x_n, y_n) 的下一点 (x_{n+1}, y_{n+1}) 离圆心的距离的平方。推导过程为

$$x_{n+1}^2+y_{n+1}^2=(x_n+\varepsilon y_n)^2+(y_n-\varepsilon x_n)^2=(1+\varepsilon^2)(x_n^2+y_n^2)\geqslant x_n^2+y_n^2 \tag{3-29}$$

上式表明最终画出的曲线上的每一点与其前一点比较，与圆心的距离总要略大一些，这将导致曲线上的点离圆心的距离越来越远，从而不再是一条封闭的曲线。但不是封闭的曲线还不能表明它就是一条螺旋线，要证明其是螺旋线，还必须证明点 (x_{n+1}, y_{n+1}) 总是在点 (x_n, y_n) 所在圆的切线方向上，即每一个点的前进方向总是和该点的圆弧半径相垂直。圆弧半径所在直线的斜率为 y_n/x_n，点的前进方向所在直线的斜率为

$$\frac{y_{n+1}-y_n}{x_{n+1}-x_n}=-\frac{\varepsilon x_n}{\varepsilon y_n}=-\frac{x_n}{y_n}$$

所以两条直线的斜率的乘积为

$$\frac{y_{n+1}-y_n}{x_{n+1}-x_n}\times\frac{y_n}{x_n}=-\frac{x_n}{y_n}\times\frac{y_n}{x_n}=-1 \tag{3-30}$$

这说明两线段相互垂直，即点 (x_{n+1}, y_{n+1}) 总是在点 (x_n, y_n) 所在圆的切线方向上。基于式（3-29）和式（3-30），可以证明按式（3-28）计算并画出的曲线是一条螺旋线。

将式（3-28）所示的递推公式写成矢量形式为

$$\begin{bmatrix} x_{n+1} & y_{n+1} \end{bmatrix}=\begin{bmatrix} x_n & y_n \end{bmatrix}\begin{bmatrix} 1 & -\varepsilon \\ \varepsilon & 1 \end{bmatrix} \tag{3-31}$$

由式（3-31）可知，其系数行列式的值不为 1 是曲线不封闭的主要原因。既然如此，那么只要能构造一个行列式的值为 1 的系数矩阵，即可使曲线闭合。这可以通过给矩阵的右下角元素添加一个小的增量 $-\varepsilon^2$ 来实现，于是式（3-31）变为

$$\begin{bmatrix} x_{n+1} & y_{n+1} \end{bmatrix}=\begin{bmatrix} x_n & y_n \end{bmatrix}\begin{bmatrix} 1 & -\varepsilon \\ \varepsilon & 1-\varepsilon^2 \end{bmatrix} \tag{3-32}$$

其对应的递推关系式也可写为

$$\begin{cases} x_{n+1}=x_n+\varepsilon y_n \\ y_{n+1}=-\varepsilon x_n+(1-\varepsilon^2)y_n=y_n-\varepsilon x_{n+1} \end{cases} \tag{3-33}$$

值得说明的是，虽然按式（3-33）生成的是一条封闭的曲线，但它不是精确的圆，ε 取值越

大越近似为椭圆。由于该方法生成的圆不精确，且涉及浮点数运算，因此，这个算法并不常用。

3.2.3 中点画圆法

对于给定的半径 r 和圆心(x_c, y_c)，先讨论圆心位于坐标原点的圆的生成算法，然后通过平移变换将生成的圆心在原点的圆平移回(x_c, y_c)即可。同时根据圆的对称性，这里只考虑顺时针方向画第一八分圆，圆周上的其他点可以通过对称变换求得。在本节介绍的中点画圆法和下一节介绍的 Bresenham 画圆法中都使用上述约定。

和中点画线算法一样，中点画圆算法的实质也是直接距离比较，选择离理想圆弧最近的像素，误差最大为半个像素。如图 3-7 所示，假定当前已确定了圆弧上的一个像素点为 $P(x_n, y_n)$，那么下一个像素要么选择正右方的点 $P_1(y_n+1, y_n)$，要么选择右下方的点 $P_2(y_n+1, y_n-1)$，具体选择哪一点取决于哪一个点离圆弧更近。为判断哪一个点离圆弧更近，需要构造一个判别式判别 P_1P_2 的中点 M 与圆的位置关系，进而判别 P_1 和 P_2 哪一个点离圆弧更近。

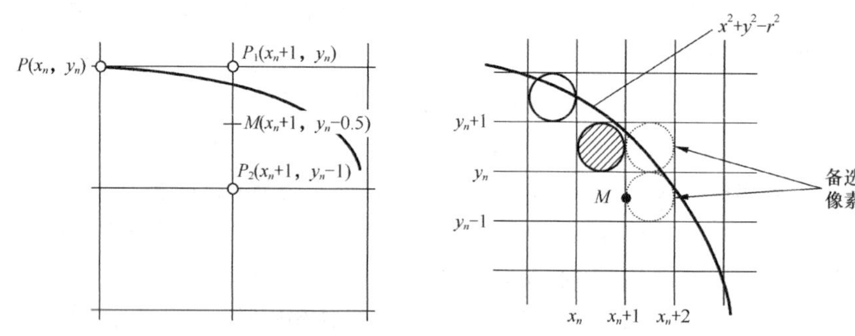

图 3-7 中点画圆法原理示意图

先来看如何判别点与圆的位置关系，这需要利用圆的方程构造如下函数。

$$F(x,y)=x^2+y^2-r^2 \tag{3-34}$$

根据圆的定义可知，圆周上的点满足 $F(x, y)=0$；如果点在圆的内部，则 $F(x, y)<0$；如果点在圆的外部，则 $F(x, y)>0$。这样某点(x, y)相对于圆的位置可由 $F(x, y)$的符号来判定，根据这一原理，为了判别两个备选像素 P_1P_2 间的中点 M 与圆的位置关系，可以将 M 点的坐标$(y_n+1, y_n-0.5)$代入 $F(x, y)$构造判别式得

$$d=F(x_n+1,y_n-0.5)=(x_n+1)^2+(y_n-0.5)^2-r^2 \tag{3-35}$$

如图 3-7 所示，假设在像素 $P(x_n, y_n)$已被确定为最接近圆弧的点，下一步画哪个点就取决于像素位置 $P_1(x_n+1, y_n)$和 $P_2(x_n+1, y_n-1)$中的哪个点离实际圆弧更近。式（3-35）所示的判别式可用于实现这一判断。

若 $d<0$，表明点 M 在圆内，P_1 离实际圆弧更近，因此应取 P_1 为下一像素，下一像素的判别式为

$$d=F(x_n+2,y_n-0.5)=(x_n+2)^2+(y_n-0.5)^2-r^2=d+2x_n+3 \tag{3-36}$$

若 $d\geqslant 0$，表明点 M 在圆外，P_2 离实际圆弧更近，因此取 P_2 为下一像素，下一像素的判别式为

$$d=F(x_n+2,y_n-1.5)=(x_n+2)^2+(y_n-1.5)^2-r^2=d+2(x_n-y_n)+5 \tag{3-37}$$

设第一八分圆的起始像素位置为$(0, r)$，因此判别式 d 的初值为

$$d_0=F(1,r-0.5)=1+(r-0.5)^2-r^2=1.25-r \tag{3-38}$$

假如半径为整数，而 $d_0<0$ 等价于 $e_0<-0.25$，又等价于 $e_0<0$，因此可用 $e_0=d_0-0.25$ 代替 d_0，于是有

$$e_0 = 1 - r \tag{3-39}$$

这样，由于判别式的初值为整数，增量也为整数，因此判别式始终为整数，即中点画圆算法可用整数加减运算来计算圆周上所有像素的位置。中点画圆算法的描述如下。

（1）输入圆的半径 r 和圆心坐标(x_c, y_c)，先计算以原点为圆心、r 为半径的圆周上的点，令初始点为 $(x_0, y_0) = (0, r)$。

（2）求初始判别式 d，$d = 1 - r$。

（3）在每一个 x_n 的位置，从 $n = 0$ 开始，进行下列检测：如果 $d<0$，则圆心在原点的圆的下一个点为(x_n+1, y_n)，且 $d = d + 2x_n + 3$；否则，圆的下一个点为(x_n+1, y_n-1)，且 $d = d + 2(x_n - y_n) + 5$。

（4）确定(x_{n+1}, y_{n+1})在其余 7 个八分圆中的对称点位置。

（5）将计算出的每个像素位置(x, y)平移到圆心位于(x_c, y_c)的圆的轨迹上，即分别沿水平和垂直方向平移 x_c 和 y_c，平移后的坐标值为(x', y')，$x' = x + x_c$，$y' = y + y_c$。

（6）重复第（3）至（5）步，直到 $x \geqslant y$ 时为止。

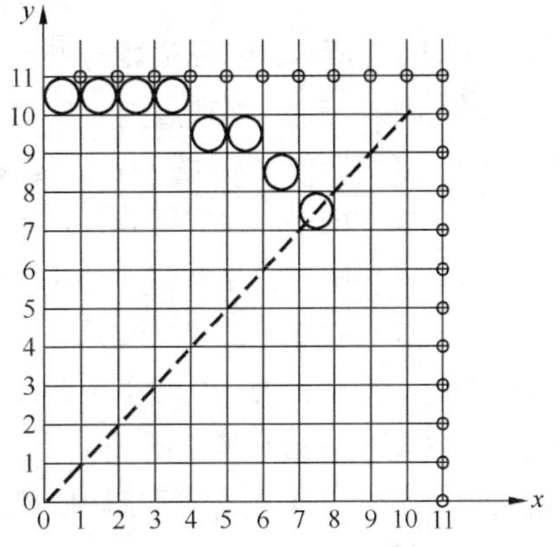

图 3-8　半径为 10 第一个八分圆的像素位置

下面以半径 $r = 10$、圆心在原点的圆为例来说明按上述算法计算第一八分圆上的像素位置的过程。

首先求出初始点$(x_0, y_0) = (0, 10)$，判别式 $d_0 = 1-r = 1-10 = -9$，其后续的判别式计算结果和生成的像素位置如表 3-1 所示。经过计算最后生成的从(x_0, y_0)到(x_7, y_7)第一八分圆上的 8 个像素位置如图 3-8 所示。

表 3-1　以原点为圆心 r=10 的第一八分圆的判别式的值和像素位置

n	d	$2x_n + 3$	$2x_n - 2y_n + 5$	(x_n, y_n)
0	−9	3	-	(0, 10)
1	−6	5	-	(1, 10)
2	−1	7	-	(2, 10)
3	6	-	−9	(3, 10)
4	−3	11	-	(4, 9)
5	8	-	−3	(5, 9)
6	5	-	1	(6, 8)
7	6	-	-	(7, 7)

3.2.4　Bresenham 画圆算法

与中点画圆算法一样，Bresenham 画圆算法也是先考虑圆心在原点、半径为 r 的第一四分圆的生成，即取$(0, r)$为起点，按顺时针方向生成第一四分圆，然后根据圆的对称特性通过对称变换生成整圆。

从圆上的任意一点 $P_n(x_n, y_n)$出发，按顺时针方向生成圆时，为了最佳逼近该圆，下一个像素的取法只有如下 3 种可能的选择，即正右方像素 $H(x_n + 1, y_n)$，右下角像素 $D(x_n+1, y_n - 1)$和正下方像素 $V(x_n, y_n - 1)$，如图 3-9 所示。

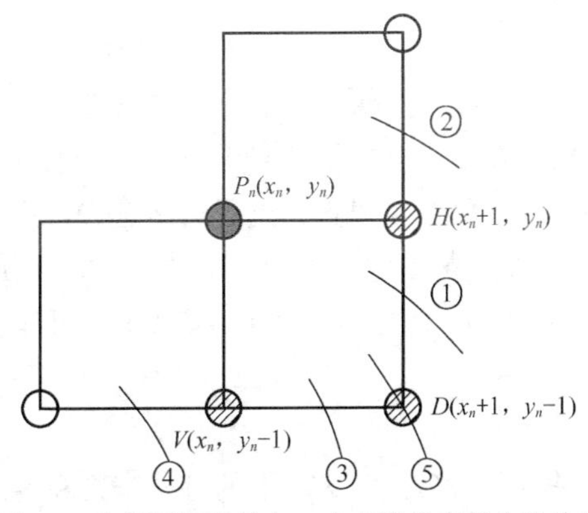

图 3-9　实际圆的轨迹与 3 个备选像素的位置关系

算法选择像素的基本原则就是：在 3 个备选像

素中，选择与实际圆弧距离最近的像素作为所选像素。为了避免开方运算，这里通过计算像素与实际圆弧的距离的平方来比较备选像素与实际圆弧的距离大小。因此，算法将选择 H、D 和 V 3 个备选像素点中与实际圆弧距离的平方为最小的像素作为最佳逼近实际圆弧的像素。像素点与实际圆弧的距离的平方可由该点到圆心距离的平方与圆弧上一点到圆心距离平方之差来计算，因此 H、D 和 V 3 个备选像素点与实际圆弧的距离的平方可按下式计算。

$$m_H = \left|(x_n+1)^2 + y_n{}^2 - r^2\right| \tag{3-40}$$

$$m_D = \left|(x_n+1)^2 + (y_n-1)^2 - r^2\right| \tag{3-41}$$

$$m_V = \left|x_n{}^2 + (y_n-1)^2 - r^2\right| \tag{3-42}$$

如图 3-9 所示，实际圆弧与点 $P_n(x_n, y_n)$ 附近光栅网格的相交关系有如下 5 种。

（1）D 在圆内，V 在圆内，H 在圆外，即图 3-9 中情形①。

（2）D 在圆内，V 在圆内，H 也在圆内，即图 3-9 中情形②。

（3）D 在圆外，H 在圆外，V 在圆内，即图 3-9 中情形③。

（4）D 在圆外，H 在圆外，V 也在圆外，即图 3-9 中情形④。

（5）D 在圆周上，H 在圆外，V 在圆内，即图 3-9 中情形⑤。

于是，算法在 H、D 和 V 3 个备选像素点中选择离实际圆弧最近的像素的问题就变成在 m_H、m_D、m_V 3 者中选最小值的问题，为了计算这 3 个数的最小值，定义如下判别参数，使用右下角像素 $D(x_n+1, y_n-1)$ 与实际圆弧近似程度的度量值将 3 个备选像素的选择问题转化为两个备选像素的选择问题。

$$\Delta_n = (x_n+1)^2 + (y_n-1)^2 - r^2 \tag{3-43}$$

于是，实际圆弧与点 $P_n(x_n, y_n)$ 附近光栅网格的相交关系可由 5 种变成如下 3 种。

（1）当 $\Delta_n<0$，D 在圆内，对应图 3-9 中的情形①和②，这时的最佳逼近像素只可能在 H 或 D 中选一个。

（2）当 $\Delta_n>0$，D 在圆外，对应图 3-9 中的情形③和④，这时的最佳逼近像素只可能在 V 或 D 中选一个。

（3）当 $\Delta_n=0$，D 恰好在圆周上，对应图 3-9 中的情形⑤，这时的最佳逼近像素只可能是 D。

下面分别对上述 3 种情况进行讨论。

（1）当 $\Delta_n<0$，对应图 3-9 中的情形①和②。为了进一步确定 H 和 D 中哪一个更接近实际圆弧，即选择 m_H、m_D 二者中的最小值，还需要定义如下判别参数

$$\begin{aligned}\delta_{HD} &= m_H - m_D \\ &= \left|(x_n+1)^2 + y_n{}^2 - r^2\right| - \left|(x_n+1)^2 + (y_n-1)^2 - r^2\right|\end{aligned} \tag{3-44}$$

若 $\delta_{HD}<0$，说明正右方像素 H 距实际圆弧较近，则取 H 作为下一像素；若 $\delta_{HD}>0$，说明右下角像素 D 距实际圆弧较近，则取 D 作为下一像素；若 $\delta_{HD}=0$，说明 D 和 H 离实际圆弧的距离相等，D 和 H 均可选，这里约定选 D。

对于情形①，由于 H 总是位于圆外，D 总是位于圆内，即 $(x_n+1)^2 + y_n{}^2 - r^2 \geqslant 0$，$(x_n+1)^2 + (y_n-1)^2 - r^2 < 0$，所以 δ_{HD} 可简化为

$$\begin{aligned}\delta_{HD} &= (x_n+1)^2 + y_n{}^2 - r^2 + (x_n+1)^2 + (y_n-1)^2 - r^2 \\ &= 2(\Delta_n + y_n) - 1\end{aligned} \tag{3-45}$$

于是可根据 $2(\Delta_n + y_n) - 1$ 的符号来判断情形①时应选 H 还是 D。

对于情形②，在第 I 象限 x 值是单调递增的，y 值是单调递减的，所以显然应取 H 作为下一

个像素。又因为 H 和 D 均位于圆内，即 $(x_n+1)^2+{y_n}^2-r^2<0$，$(x_n+1)^2+(y_n-1)^2-r^2<0$，所以有 $2(\Delta_n+y_n)-1<0$，按式（3-44）所示的判别参数进行判别也同样会选取 H，与情形①的判别条件一致，因此对于情形②同样可以使用判别参数 δ_{HD} 并按同样的方法进行判别。

（2）当 $\Delta_n>0$，对应图 3-9 中的情形③和④，为了进一步确定 D 和 V 中哪一个更接近实际圆弧，即选择 m_D、m_V 二者中的最小值，还需要定义如下判别参数

$$\begin{aligned}\delta_{DV}&=m_D-m_V\\&=\left|(x_n+1)^2+(y_n-1)^2-r^2\right|-\left|{x_n}^2+(y_n-1)^2-r^2\right|\end{aligned}\tag{3-46}$$

若 $\delta_{DV}<0$，说明右下角像素 D 距实际圆弧较近，则取 D 作为下一像素；若 $\delta_{DV}>0$，说明正下方像素 V 距实际圆弧较近，则取 V 作为下一像素；若 $\delta_{DV}=0$，说明 D 和 V 离实际圆弧的距离相等，D 和 V 均可选，这里约定选 D。

对于情形③，由于 D 总是位于圆外，V 总是位于圆内，即 $(x_n+1)^2+(y_n-1)^2-r^2\geqslant 0$，${x_n}^2+(y_n-1)^2-r^2<0$，所以 δ_{DV} 可简化为

$$\begin{aligned}\delta_{DV}&=(x_n+1)^2+(y_n-1)^2-r^2+{x_n}^2+(y_n-1)^2-r^2\\&=2(\Delta_n-x_n)-1\end{aligned}\tag{3-47}$$

于是可根据 $2(\Delta_n+y_n)-1$ 的符号来判断情形③时应选 D 还是 V。

对于情形④，在第 I 象限 x 值是单调递增的，y 值是单调递减的，所以显然应选 V 作为下一个像素。又因为 D 和 V 均位于圆外，即 $(x_n+1)^2+{y_n}^2-r^2>0$，$(x_n+1)^2+(y_n-1)^2-r^2>0$，所以有 $2(\Delta_n-x_n)-1>0$，按式（3-46）所示的判别参数进行判别也同样会选取 V，与情形③的判别条件一致，因此对于情形③同样可以使用判别参数 δ_{DV} 并按同样的方法进行判别。

（3）当 $\Delta_n=0$，D 恰好在圆周上，对应图 3-9 中的情形⑤，这时理应选 D。

归纳上述的讨论结果，可得计算下一像素的方法如下。

当 $\Delta_n<0$ 时，若 $\delta_{HD}\leqslant 0$，则下一像素取 $H(x_n+1,y_n)$，否则取 $D(x_n+1,y_n-1)$。

当 $\Delta_n>0$ 时，若 $\delta_{DV}\leqslant 0$，则取 $D(x_n+1,y_n-1)$，否则取 $V(x_n,y_n-1)$。

当 $\Delta_n=0$ 时，规定取 $D(x_n+1,y_n-1)$。

在选好下一像素之后，还需要推导判别参数 Δ_n 的递推关系，下面针对下一像素被取为 H、D 和 V 3 种情形，分别进行讨论。

（1）下一像素取 $H(x_n+1,y_n)$ 时，由于 $x_{n+1}=x_n+1$，$y_{n+1}=y_n$，所以有

$$\begin{aligned}\Delta_{n+1}&=(x_{n+1}+1)^2+(y_{n+1}-1)^2-r^2\\&=(x_n+1)^2+(y_n-1)^2-r^2+2x_{n+1}+1\\&=\Delta_n+2x_{n+1}+1\end{aligned}\tag{3-48}$$

（2）下一像素取 $D(x_n+1,y_n-1)$ 时，由于 $x_{n+1}=x_n+1$，$y_{n+1}=y_n-1$，所以有

$$\begin{aligned}\Delta_{n+1}&=(x_{n+1}+1)^2+(y_{n+1}-1)^2-r^2\\&=(x_n+1)^2+(y_n-1)^2-r^2+2x_{n+1}-2y_{n+1}+2\\&=\Delta_n+2(x_{n+1}-y_{n+1}+1)\end{aligned}\tag{3-49}$$

（3）下一像素取 $V(x_n,y_n-1)$时，由于 $x_{n+1}=x_n$，$y_{n+1}=y_n-1$，所以有

$$\begin{aligned}\Delta_{n+1}&=(x_{n+1}+1)^2+(y_{n+1}-1)^2-r^2\\&=(x_n+1)^2+(y_n-1)^2-r^2-2y_{n+1}+1\\&=\Delta_n-2y_{n+1}+1\end{aligned}\tag{3-50}$$

如果以$(0,r)$为起始点按顺时针方向画第一四分圆，那么 Δ_n 初值为

$$\Delta_0 = (0+1)^2 + (r-1)^2 - r^2 = 2(1-r)$$

与此同时，判断y是否大于0，若$y<0$则画第一四分圆结束。如果要画整圆，那么只要按对称性同时画出第一四分圆的其他3个对称图形即可。用C语言编写的完整的Bresenham画圆函数代码如下。

```
void Bresenham_Circle(int xc, int yc, int r, int color)
{
     int x, y, d1, d2, direction;
     x = 0;
     y = r;
     d = 2 * (1 - r);
     while (y >= 0)
     {
         SetPixel(xc+x, yc+y, color);    /*第一四分圆*/
         SetPixel(xc-x, yc+y, color);    /*第一四分圆的左对称图形*/
         SetPixel(xc-x, yc-y, color);    /*第一四分圆的中心对称图形*/
         SetPixel(xc+x, yc-y, color);    /*第一四分圆的下对称图形*/
         if (d < 0)
         {
              d1 = 2 * (d + y) -1;
              if (d1 <= 0) direction = 1;
              else         direction = 2;
         }
         else if (d > 0)
         {
              d2 = 2 * (d - x) -1;
              if (d2 <= 0) direction = 2;
              else         direction = 3;
         }
         else direction = 3;
         switch (direction)
         {
              case 1: x++; d += 2 * x + 1; break;
              case 2: x++; y--; d += 2 * (x - y + 1); break;
              case 3: y--; d += -2 * y + 1; break;
         }
     }
}
```

Bresenham 画圆算法是目前应用最广泛的一种圆的生成算法。它的计算均为整数运算，算法思想与中点画圆法类似，但计算精度比中点画圆法高，因而生成的圆或圆弧的质量好。

3.2.5 多边形逼近画圆法

如图3-10所示，当圆的内接正n边形边数足够多时，该多边形可以和圆接近到任意程度，正多边形的边数越多，边的尺寸越小，逼近圆的效果越好。因此在误差允许的范围内，例如，圆周和内接正n边形之间的最大距离小于半个像素的宽度，这时可用显示多边形代替显示圆，称为多边形逼近画圆法。

下面研究如何求圆的正多边形的问题，只要求出圆的正多边形的各顶点，将各顶点连线即可得到用正多边形逼近的圆。如图3-11所示，设要画的圆的圆心在原点，半径为r。设其内接正n边形的一个顶点为$P_i(x_i, y_i)$，P_i的幅角为α_i，则有

$$\begin{cases} x_i = r \cdot \cos\alpha_i \\ y_i = r \cdot \sin\alpha_i \end{cases} \tag{3-51}$$

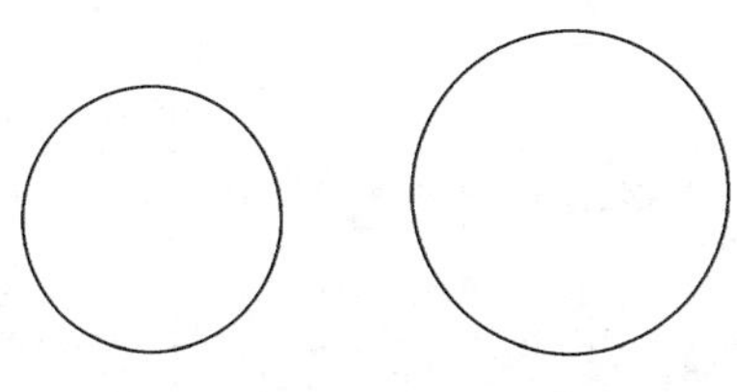

图 3-10　用正 n 边形逼近圆

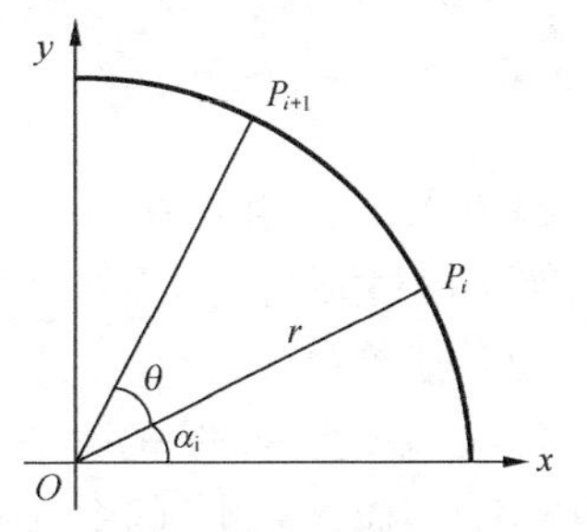

图 3-11　内接正 n 边形的求解

设内接正 n 边形每条边所对应的圆心角为 θ，则下一顶点 P_{i+1} 的坐标为

$$\begin{cases} x_i = r \cdot \cos(\alpha_i + \theta) = r \cdot \cos\alpha_i \cos\theta - r \cdot \sin\alpha_i \sin\theta \\ y_i = r \cdot \sin(\alpha_i + \theta) = r \cdot \sin\alpha_i \cos\theta + r \cdot \cos\alpha_i \sin\theta \end{cases} \tag{3-52}$$

将式（3-51）代入式（3-52）得

$$\begin{cases} x_i = x_i \cdot \cos\theta - y_i \cdot \sin\theta \\ y_i = x_i \cdot \sin\theta + y_i \cdot \cos\theta \end{cases} \tag{3-53}$$

写成矩阵表示形式为

$$\begin{bmatrix} x_{i+1} & y_{i+1} \end{bmatrix} = \begin{bmatrix} x_i & y_i \end{bmatrix} \begin{bmatrix} \cos\theta & \sin\theta \\ -\sin\theta & \cos\theta \end{bmatrix} \tag{3-54}$$

式（3-54）为计算圆心在原点的圆的内接正多边形各顶点的递推公式。

对于圆心在 (x_c, y_c) 的圆，只需将按式（3-54）生成的圆心在原点的圆的顶点做平移变换即可。平移后生成的新顶点 P_i' 与原顶点 P_i 的关系为

$$\begin{bmatrix} x_{i+1} & y_{i+1} \end{bmatrix} = \begin{bmatrix} x_i & y_i \end{bmatrix} \begin{bmatrix} \cos\theta & \sin\theta \\ -\sin\theta & \cos\theta \end{bmatrix} + \begin{bmatrix} x_c \\ y_c \end{bmatrix} \tag{3-55}$$

因为 θ 是常数，所以 $\sin\theta$ 与 $\cos\theta$ 的值只需在算法开始时计算一次，以后每计算一个顶点，只需做 4 次乘法，生成 n 个边只需 $4n$ 次乘法。

在这个算法中，圆心(x_c, y_c)和半径 r 取整数，圆心角 θ 通常取为 $2\pi/16r$。该算法是“以直代曲”的代表性方法之一。算法简单，可在对圆弧质量要求不高的场合中使用。它的精度受圆内接正多边形边数的影响，边数越多，精度越高，但计算量也增加。

3.3　线宽与线型的处理

在前面讨论的直线和圆弧的生成算法中，考虑的都是一个像素宽的直线和圆弧，本节将关注另外一个问题，即如何绘制具有一定宽度和线型的直线或圆弧。要获得具有指定宽度的线，通常可采用如下两类方法。

（1）刷子绘制法。

通过移动一把具有一定宽度的刷子（Brush），就像利用排笔写美术字那样，“画”出一条具有一定宽度的线。

（2）实区域填充法。

将具有一定宽度的线看作一个由其边界围成的区域，通过下一小节将要介绍的实区域填充技术来间接地生成有宽度的线。

3.3.1 线宽的处理

1. 刷子绘制法产生线宽

刷子绘制法生成直线线宽可采用线刷子，也可采用方形刷子。

（1）线刷子绘制法。

设刷子的宽度为 w，它的 $w/2$ 处为中点 M。如果所绘直线的斜率的绝对值小于等于 1，则将刷子置成垂直方向，令刷子的中点 M 对准直线段的一个端点，然后让刷子的中点沿直线段向其另一端移动，就会刷出一条具有一定宽度的线来，如图 3-12（a）所示。如果所绘直线的斜率的绝对值大于 1，则将刷子置成水平方向，重复上述操作，如图 3-12（b）所示。

具体实现线刷子算法时，只需对直线扫描转换算法稍作修改即可。如果所绘直线的斜率的绝对值小于等于 1，则沿垂直方向复制像素，即将每步迭代所得的像素的上方和下方 $w/2$ 宽之内的像素全部置成该直线的颜色。否则沿水平方向复制像素。因此线刷子绘制法生成直线线宽的实质就是用像素复制的方法来产生宽图元。图 3-12 中直线线宽为 3 个像素，即 $w = 3$。

线刷子算法的优点是实现简单、绘制的效率比较高，但仍存在许多问题。首先，线的端点处总是水平或垂直的，当线宽比较大时，就不够自然；其次，当接近水平和接近垂直的两条线汇合时，汇合处的外角将产生如图 3-13 所示的缺口；此外还存在对称的问题，线宽为奇数和偶数的显示效果是不同的，当线宽为偶数时，所绘制的线要么粗一个像素，要么细一个像素。最后一个问题是所生成的线的粗细与线的斜率有关，水平线与垂直线的线宽最大，为指定线宽 w，而对于 45° 的斜线，其粗细只有指定线宽 w 的 $1/\sqrt{2} \approx 0.7$ 倍。

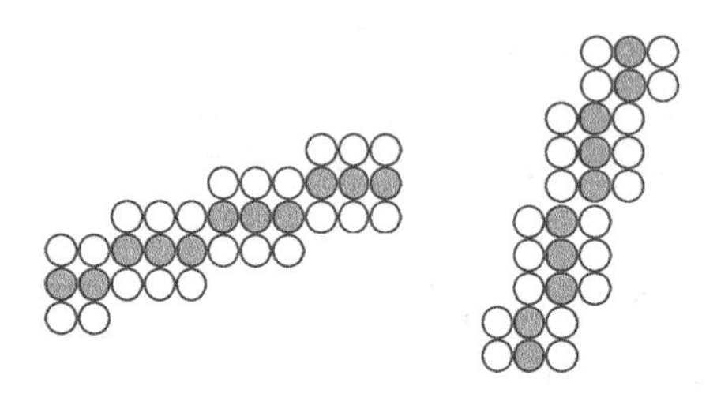

（a）垂直方向的线刷子　（b）水平方向的线刷子

图 3-12　使用线刷子生成的具有宽度的线

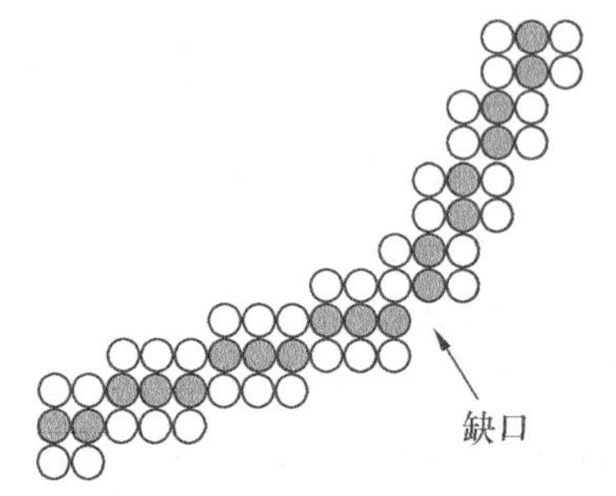

图 3-13　线刷子产生的缺口

采用线刷子绘制圆弧线宽时，只需注意一点，即在经过曲线斜率为±1 的点时，必须将线刷子在水平与垂直方向之间切换。其余处理过程与直线的算法类似。

（2）方形刷子绘制法。

所谓方形刷子是一个具有指定线宽 w 的正方形，方形刷子绘制就是指让它的中心沿所绘直线或者圆弧平行移动，获得具有一定宽度的直线或圆弧，如图 3-14 和图 3-15 所示。采用方形刷子时，只需沿着单像素宽时的轨迹，将正方形的中心对准轨迹上的像素，把正方形内的像素全部填色即可，而无需调换刷子的方向。

方形刷子与线刷子的相同之处是两种方法所绘制线的端点都是水平或垂直的，而且线宽与线的斜率即方向有关。不同之处在于，用方形刷子绘制的直线和圆弧总体上要粗一些，而且方形刷子与线刷子相反，对于水平或垂直的线，线宽最小，为 w，而对于斜率为±1 的线，线宽最大，为 $\sqrt{2}\,w$。两种方法的相同之处是，所绘制的直线的端点都是水平或垂直的，而且线宽与线的方向有关。

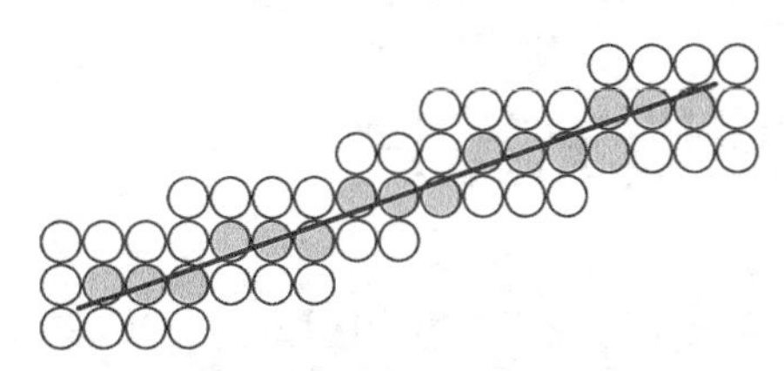

图 3-14　用方形刷子绘制的线条

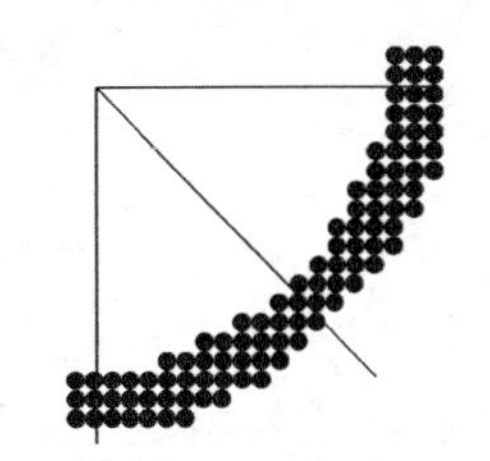

图 3-15　用方形刷子绘制的圆弧

2. 实区域填充法产生线宽

绘制具有一定宽度的圆弧线条也可以采用实区域填充法来实现。该方法的基本思想就是用填充图形表示宽图元，先确定线段或者圆弧的内外边界，然后对内外边界围成的封闭区域进行填充。具体地，就是将有一定宽度的线段或者圆弧看作是用等距线围成的实区域，使用实区域填充算法对该区域填充，即可得到具有宽度的线段或者圆弧。该方法的优点是生成的图形质量高，线宽均匀，端口处与边垂直，如图 3-16 所示。

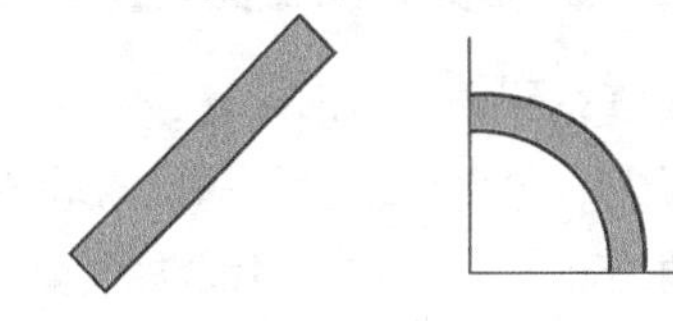

图 3-16　用实区域填充法绘制的线段和圆弧

3.3.2　线型的处理

在绘图过程中，特别是绘制工程图时，通常要用不同类型的图线来表示不同的含义。例如，实线表示形体的可见轮廓线；虚线表示不可见轮廓线；点画线表示中心线等。

线型可以用位屏蔽器实现，即采用一个布尔值的序列来存放。例如，如图 3-17 所示，用一个 18 位的整数可以存放 18 个布尔值。用整数存放这个线型定义时，线型必须以 18 个像素为周期进行重复。可将扫描转换算法中的写像素语句改为

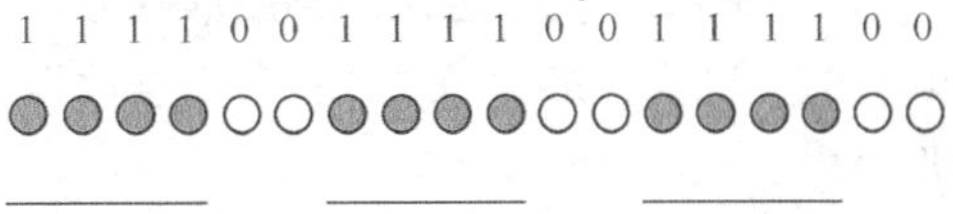

1 1 1 1 0 0 1 1 1 1 0 0 1 1 1 1 0 0

图 3-17　位屏蔽器实现的线型设计

```
if (位串[i%32]) SetPixel (x, y, color)
```

其中，i 为循环变量，在扫描转换算法的内循环中，每处理一个像素，i 递增 1，然后除以 32 取其余数。该算法简单易行，但这里有个问题，由于位屏蔽器中每一位对应的是一个像素，而不是线条上的一个长度单位，因而线型中的笔画长度与直线长度有关，导致斜线上的笔画长度比水平或垂直线的笔画要长，如图 3-18 所示。对于工程图，这种变化是不允许的，它不符合国标规定。这时，每个笔画应该作为与角度无关的线段进行计算，并进行扫描转换。对于工程图，笔画需要进行单独的扫描转换。粗线的线型可以设计成实的或空的方形区域，然后通过对该方形区域进行实区域填充实现绘制具有一定宽度的直线。

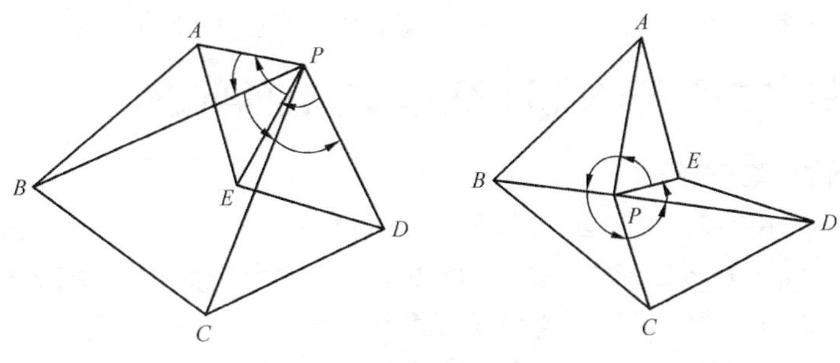

（a）点在多边形之外　　（b）点在多边形之内

图 3-18　检验夹角之和方法

3.4 实区域填充算法

实区域填充算法就是检查光栅屏幕上的每一像素是否位于多边形区域内，即确定待填充的像素。当然，对于图案填充还有一个哪个像素填什么颜色的问题。

对于曲线围成的区域，可用多边形逼近曲线边界，因此本节将重点讨论多边形边界围成的封闭区域的填充问题，主要介绍有序边表算法、边填充算法、简单种子填充算法和扫描线种子填充算法。

3.4.1 实区域填充算法的基本思路

要填充一个多边形区域，一种思路就是判断屏幕上的点是否位于多边形区域内，这涉及点在多边形内的包含性检验问题。检验一个点是否位于多边形区域内，有两种传统的方法，一种是检验夹角之和，另一种是射线法检验交点数。

检验夹角之和方法的判断准则为：若夹角和为 O（见图 3-18（a）），则点 P 位于多边形之外；若夹角和为 360°（见图 3-18（b）），则点 P 位于多边形之内。夹角的大小可以利用余弦定理来计算，夹角的方向即夹角是顺时针角还是逆时针角，可以根据夹角的两条边的斜率之间的关系来判定，如图 3-19 所示，当 AP 的斜率大于 BP 的斜率时，则 $\angle APB$ 为顺时针角，否则为逆时针角。

射线法检验交点数方法的判断准则为：若交点数为偶数（包括 0），则点在多边形之外；若交点数为奇数，则点在多边形之内。

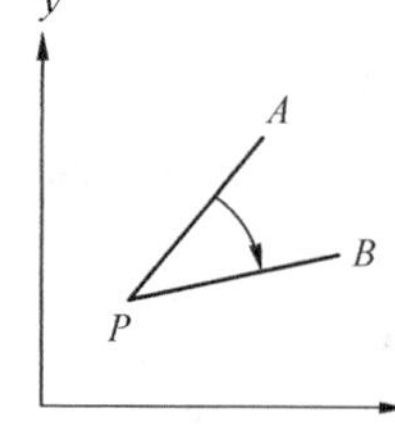

图 3-19　根据边的斜率判断角的方向

这两种方法都是逐点测试的方法，采用逐点测试的方法测试屏幕上的所有点是否位于多边形区域内，显然效率低，不实用。虽然可以利用包围盒法仅对包含多边形的最小矩形区域内的点进行检测，从而将被测试的点的数量降到最低，但是对于凹多边形而言，效率的提高仍然是很有限的。

既然如此，我们不妨换一种思路，首先，根据图形扫描方式的特点，考虑能否利用扫描线的连贯性？其次，根据图形的特点，考虑能否利用图形的空间连贯性？光栅扫描图形显示的扫描线上的相邻像素几乎具有相同的特性，称作扫描线的连贯性。同样，一个由多边形围成的区域，除边界线外，相邻的像素几乎都具有相同的特性，称作空间连贯性。根据这两个特性，可以将多边形扫描转换的算法划分为两大类：扫描线填充算法和种子填充算法。前者主要利用扫描线的连贯性，是按扫描线顺序测试点的连贯性，将在 3.4.2、3.4.3、3.4.4 小节中介绍；后者主要利用图形的空间连贯性，是从内部一个种子点出发测试点的连贯性，将在 3.4.5 和 3.4.6 小节中介绍。

3.4.2 一般多边形的填充过程及其存在的问题

1. 一般多边形的填充过程

对于如图 3-20 所示的多边形，有 $P_1(1,1)$，$P_2(10,1)$，$P_3(10,6)$，$P_4(6,4)$，$P_5(1,7)$等 5 个顶点。扫描线 2 与多边形 $P_1P_2P_3P_4P_5$ 的交点为(1, 2)和(10, 2)，这两个交点将扫描线 2 划分成如下 3 段。

$x<1$	点位于多边形外
$1\leq x\leq 10$	点位于多边形内
$x>10$	点位于多边形外

扫描线 5 被划分成如下 5 段。

$x<1$	点位于多边形外
$1\leqslant x\leqslant 4$	点位于多边形内
$4<x<8$	点位于多边形外
$8\leqslant x\leqslant 10$	点位于多边形内
$x>10$	点位于多边形外

多边形的边与该扫描线的交点将扫描线划分成了若干子段。同一条扫描线上的每个子段上的点具有连贯性，相邻两条扫描线上的点也具有一定的连贯性，在给定的扫描线上，像素点的这种连贯性仅在多边形的边与该扫描线的交点处发生改变。因此，填充一个多边形的第一步就是计算多边形的边与扫描线的交点。

对于一条扫描线，一般多边形的填充过程可以分为如下 4 步。

（1）计算交点。

计算扫描线与多边形各边的交点。

（2）交点排序。

由于扫描线上的交点不一定都是按 x 轴正向（x 值增加的方向）的顺序求出的，就给交点的正确配对造成困难，因此需要将所有交点按 x 轴正向即 x 值递增顺序排序后，再进行两两配对。

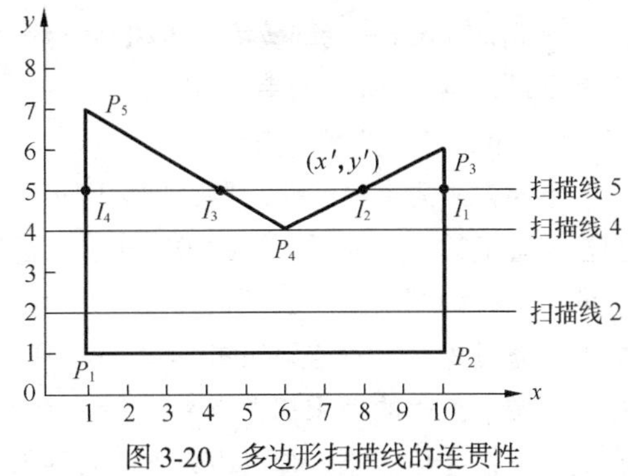

图 3-20　多边形扫描线的连贯性

（3）交点配对。

排序后的每对交点就代表扫描线与多边形的一个相交区间，因此，对交点依次两两配对，即可形成扫描线与多边形相交的内部区间。

例如，图 3-20 中的扫描线 5 与多边形有 4 个交点，I_1、I_2、I_3、I_4这 4 个交点是按照边 P_1P_2、P_2P_3、P_3P_4、P_4P_5、P_5P_1 与扫描线 5 依次求交的顺序求出的，排序后的交点顺序为 I_4、I_3、I_2、I_1，将它们两两配对得到$[I_1, I_2]$和$[I_3, I_4]$两个区间。

（4）区间填色。

配对交点形成的区间内的像素为多边形的内部像素，将交点配对区间内的像素置成该多边形指定的填充色，区间外的像素置成背景色，就完成了一般多边形的填充过程。

在上述多边形填充过程中，还有两个问题需要解决，一是扫描线与多边形顶点相交时，交点的计数问题；二是多边形边界上像素的取舍问题。

2. 顶点交点的计数问题

先来思考第一个问题，即交点配对时可能出现的问题。会不会出现奇数个交点呢？答案是肯定的，当扫描线恰好与多边形顶点相交时，可能会出现奇数个交点。例如，如图 3-21 所示，扫描线 2 与多边形边有 3 个交点 I_1、I_2、I_3，其中扫描线 2 与多边形的交点 I_2恰好交在了顶点 P_5上。若按前述规则配对就只有一个交点配对区间$[I_1, I_2]$，而 I_3 成为孤立交点，显然无法得到正确的填充结果。如果将交于顶点 P_5的交点 I_2计数两次，那么虽然对于扫描线 2 可以得到两个交点配对区间，但是对于扫描线 4，原本应计数一次的交点 I_4，又会因为改为计数两次而出现奇数个交点。那么，当扫描线与多边形顶点相交时，究竟应该对于哪些情况下的交点计数两次，哪些情况下的交点只计数一次呢？通过观察，我们发现，扫描线与多边形的局部最高点和局部最低点相交时，应该计偶数次交点，否则仅计数一次。

那么何谓多边形的局部最高点和局部最低点呢？或者说如何判断局部最高点和局部最低点呢？

如果交于该顶点的两条边的另外两个端点的 y 值均大于该顶点的 y 值，则称该顶点为局部最低点；如果它们的 y 值都小于该顶点的 y 值，则称该顶点为局部最高点。例如，图 3-21 中的 P_4 不是局部最高（低）点，交点应仅计数一次，P_3 和 P_1 为局部最高点，P_5 和 P_2 为局部最低点，它们与扫描线的交点应计偶数次。可以通过检查交于该顶点的两条边的另外两个端点的 y 坐标值大于该顶点 y 坐标值的个数来确定交点计数的次数。例如，图 3-21 中局部最高点 P_3 和 P_1 计数 0 次，而局部最低点 P_5 和 P_2 计数 2 次。

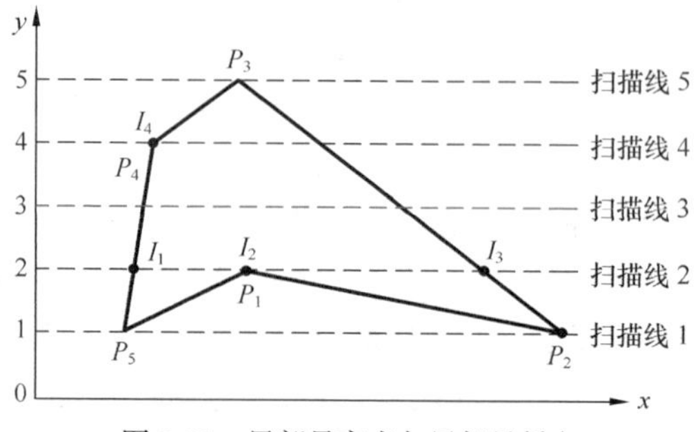

图 3-21　局部最高点与局部最低点

3. 边界像素的取舍问题

下面再来思考第二个问题，即区间填色时可能出现的问题。会不会填充到区域之外呢？答案同样是肯定的，这就是所谓的填充扩大化的问题。

例如，如图 3-22（a）所示的矩形区域，$P_1(1, 2)$，$P_2(5, 2)$，$P_3(5, 5)$，$P_4(1, 5)$。按照一般多边形的填充过程，填充结果如图 3-22（b）所示。该矩形的实际面积只有 3×4 个像素面积单位，而被填充像素覆盖的面积却为 4×5 个像素面积单位，被激活的像素多出了一行和一列。引起像素激活面积扩大化的原因是对边界上所有的像素进行了填充。以 $y = 2$ 这条扫描线为例，求出该扫描线与矩形的交点的 x 坐标为：$x_l = 1$，$x_r = 5$。将所有满足 $x_l \leqslant x \leqslant x_r$ 的像素点置成填充色，那么因为有 5 个像素点位于配对区间$[x_l, x_r]$内，而原点在左下角的坐标系中的像素又通常是用其左下角点的坐标来表示的，所以将导致右边界上的像素(5, 2)被填充到了区域之外。对于 $y = 5$ 这条扫描线，则位于配对区间$[x_l, x_r]$内的全部 5 个像素都被填充到了区域之外。

那么如何解决填充扩大化的问题呢？解决填充扩大化的问题的关键是解决边界像素的取舍问题。取中心扫描线可以解决这个问题。所谓中心扫描线，就是令每条扫描线沿 y 轴向上浮动 0.5 个像素单位得到 y+0.5，即令扫描线通过该行像素的中心。在计算交点的过程中，取计算中心扫描线与多边形边界的交点，就不会多激活一行像素了。与此同时，检查交点右方像素的中心是否落在配对区间内，即将所有满足 $x_l \leqslant x + 0.5 \leqslant x_r$ 的像素点置成填充色。

以如图 3-22（a）所示的矩形区域和扫描线 2 的交点为例，求出该扫描线与矩形的交点的 x 坐标为：$x_l = 1$，$x_r = 5$。因为只有 4 个像素点满足 $1 \leqslant x + 0.5 \leqslant 5$，位于配对区间内，所以多激活一列像素的问题也解决了。

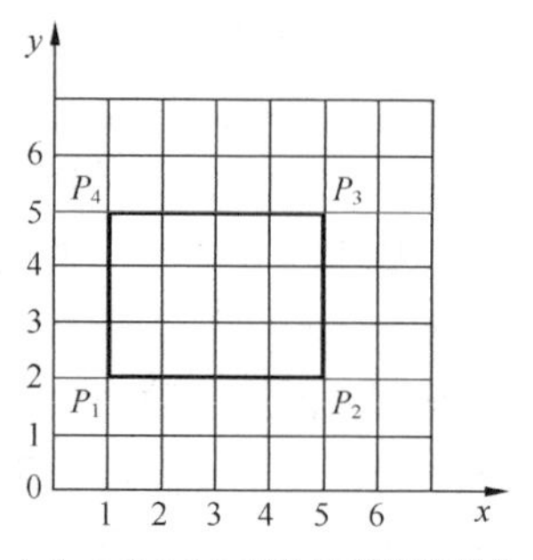

（a）由 $P_1P_2P_3P_4$ 定义的待填充区域

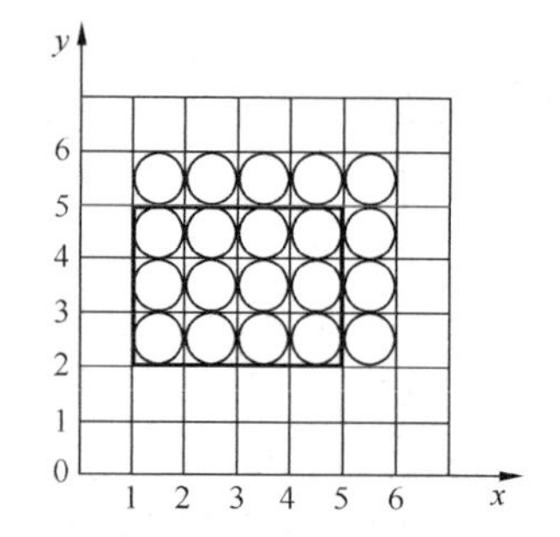

（b）像素激活面积扩大化后的填充结果

图 3-22　填充扩大化问题

3.4.3 有序边表算法

1. 简单的有序边表算法

由于 3.4.2 小节介绍的一般多边形的扫描线填充算法是建立在按扫描顺序对多边形的边与扫描线交点进行排序的基础上的，所以称为有序边表算法。

将简单的有序边表算法描述如下。

（1）数据准备。

① 求出多边形各条边与中心扫描线的交点，并将各交点坐标$(x, y+0.5)$存入表中。

② 按扫描线以及扫描线上交点 x 值的递增顺序对该表中存放的交点进行排序，形成有序边表。

（2）扫描转换。

① 按(x_1, y_1)和(x_2, y_2)成对地取出有序边表中的交点坐标值，表的构造保证有 $y = y_1 = y_2$ 及 $x_1 \leqslant x_2$。

② 在扫描线 y 上激活那些 x 的整数值满足 $x_1 \leqslant x+0.5 \leqslant x_2$ 关系的像素。

2. 简单有序边表算法的效率问题及解决方法

简单的有序边表算法存在 3 个问题：一是需要生成一个很大的交点表，而且需要对整张表排序；二是求交计算中含有乘除法运算，运算复杂；三是交点计算的次数多，这是因为在计算交点时，相当于是把多边形的所有边放在一个表中，按顺序依次取出，计算该边与当前扫描线的交点，而事实上并非所有的边都与当前扫描线有交点，因此增加了许多不必要的求交计算量。可见，求交和交点排序的计算量大是影响该算法效率的最主要的因素，为了提高算法的效率，应该尽量减少和简化求交计算。那么如何减少和简化求交计算呢？采用活性边表的有序边表算法可以有效解决这个问题。

采用活性边表的有序边表算法与简单有序边表算法的不同之处在于，它对每条扫描线都建立一个活性边表。那么什么是活性边和活性边表呢？我们把与当前扫描线有交点的边，称为活性边，而把用于存储活性边的表称为活性边表。在每一个活性边表中，活性边按与扫描线交点 x 坐标递增的顺序存放在一个链表中。因此，采用活性边表后，不仅节省了求交的时间，而且还节省了交点排序的时间。

下面的问题是，在活性边表中应该存储活性边的哪些信息呢？由于存储活性边的目的是要保证存储的这些信息对计算活性边与扫描线的交点有用。显然最有用的信息莫过于当前扫描线与活性边的交点的 x 坐标值了，另一方面，为了下一条扫描线与活性边求交方便，我们还需要存储从当前扫描线与活性边的交点到下一条扫描线与活性边的交点的 x 坐标的增量值Δx。

如图 3-23 所示，由于从当前扫描线到下一条扫描线的 y 坐标值的增量$\Delta y = 1$，若设该活性边所在直线的斜率为 $m(= \Delta y/\Delta x)$，则有$\Delta x = 1/m$，即Δx 是该活性边所在直线斜率的倒数。

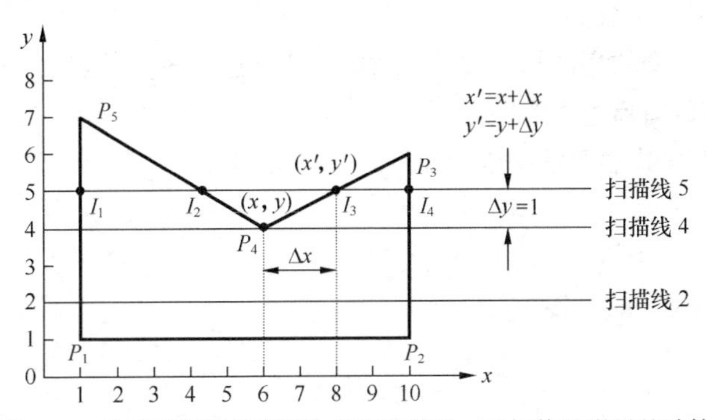

图 3-23 从当前扫描线到下一条扫描线的 x 坐标值的增量的计算

此外，还有一个问题需要考虑，下一条扫描线是否与该活性边始终都有交点呢？答案是否定的。如图 3-23 所示，扫描线 7 与边 P_3P_4 就不再继续有交点了，因此边 P_3P_4 不是扫描线 7 的活性边。那么如何确定从哪一条扫描线开始不再继续与活性边有交点了呢？其实与活性边所交的最高扫描线号 y_{max} 就代表了最后一条与活性边有交点的扫描线，因此当 $y>y_{max}$ 时，只要将该活性边从活性边表中删除，即可避免继续进行求交计算。

根据以上分析，可见建立一个活性边表需要存储以下结点信息。

（1）x：当前扫描线与活性边的交点。

（2）Δx：从当前扫描线与活性边的交点到下一条扫描线与活性边的交点的 x 坐标的增量，即该活性边所在直线斜率的倒数。

（3）y_{max}：活性边所交的最高扫描线号，对应于活性边的较高端点的 y 坐标值。

活性边表的更新包含以下 3 方面的工作。

（1）结点信息的更新。

在已知当前扫描线与该活性边的交点的 x 坐标值及交点 x 坐标的增量 Δx 的情况下，可以通过简单的加法运算求出下一条扫描线与该活性边的交点坐标(x', y')，其中 $x' = x + \Delta x$，$y' = y + \Delta y = y + 1$。可见，简单的增量计算即可实现活性边表结点信息的更新。

（2）旧边的删除。

可以通过判断当前扫描线的 y 值是否满足 $y>y_{max}$ 来决定是否要删除该活性边，即当 $y>y_{max}$ 时，将该活性边从活性边表中删除，否则进行结点信息的更新。

（3）新边的插入。

事实上，从当前扫描线变化到下一条扫描线时，不仅需要对结点信息进行更新，并删除不再与扫描线有交点的旧的活性边，还有一个新边插入的问题，可能会有一条新的活性边从这条扫描线开始与其有交点，需要插入到这条扫描线的活性边表中来。

那么如何实现新边的插入呢？这就需要为每条扫描线建立一个新边表。新边表的结点信息以方便建立活性边表的结点信息为目的，而且最好是可以将新边表中的信息直接插入到活性边表中。由于是新边，即新开始与扫描线有交点的边，所以扫描线与新边的交点应为扫描线与边的初始交点 x_0。除此之外，其他信息与活性边表的结点信息相同。新边表中的结点信息如下。

（1）x_0：扫描线与边的初始交点，通常对应于活性边的较低端点的 x 坐标值。如果采用中心扫描线，则需将活性边的较低端点的 x 坐标值加上 $0.5\Delta x$ 作为 x_0。

（2）Δx：从当前扫描线与活性边的交点到下一条扫描线与活性边的交点的 x 坐标的增量，即该活性边所在直线斜率的倒数。

（3）y_{max}：活性边所交的最高扫描线号，对应于活性边的较高端点的 y 坐标值。

3. 采用活性边表的有序边表算法

采用活性边表的有序边表算法的描述如下。

```
for (每一条扫描线 i)
{
    初始化新边表 NET[i]表头指针;
    建立新边表 NET[i];
}
y = 最低扫描线号;
```

```
初始化活性边表 AET 为空;
for (每一条扫描线 i)
{
    遍历 AET 表，把 i≥y_max 的结点从 AET 表中删除，
    并把 i < y_max 的结点的 x 值递增 Δx;

    如果新边表不为空，则把新边表 NET[i] 中的边结点
    用插入排序法插入活性边表 AET 中，使之按 x 坐标递增顺序排列;

    遍历 AET 表，把配对交点之间的区间上的各像素 (x, y)
    用填充色 color 改写像素颜色值;
}
```

采用活性边表的有序边表算法以 y 桶数据结构实现了 y 排序，采用 x 的增量(Δx)累加的方法代替了线段求交运算，大大简化了处理过程，提高了算法的效率。

现在以图 3-24 所示多边形为例，进一步说明实区域填充算法的填充过程。

首先建立扫描线的 y 桶及 y 桶中各条扫描线相对应的新边表，其结构如图 3-25 所示。y 桶是一个一维数组，每个元素是一个指针，指向相应扫描线对应的新边表，新边表是以单向链表的形式组织的。

按扫描线顺序，依次建立 7 条扫描线的活性边表，如图 3-26 所示。从扫描线 0.5 开始，先检查新边表是否为空，如果不为空，则将新边表插入到该扫描线对应的活性边表中，如果为空（无边与之相交），则对该扫描线对应的活性边表进行其他更新操作。

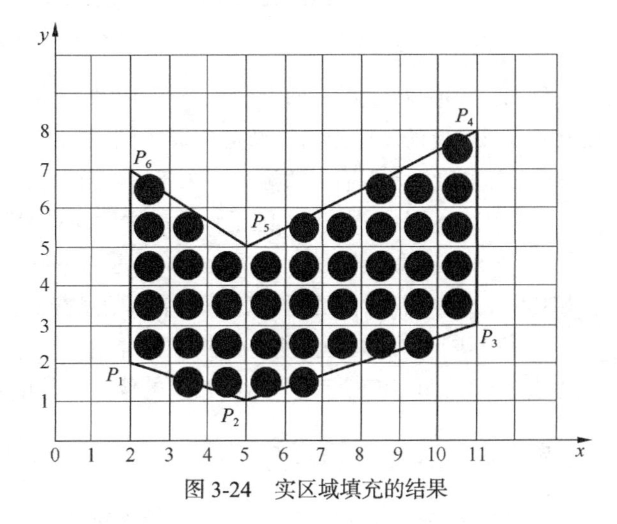

图 3-24　实区域填充的结果

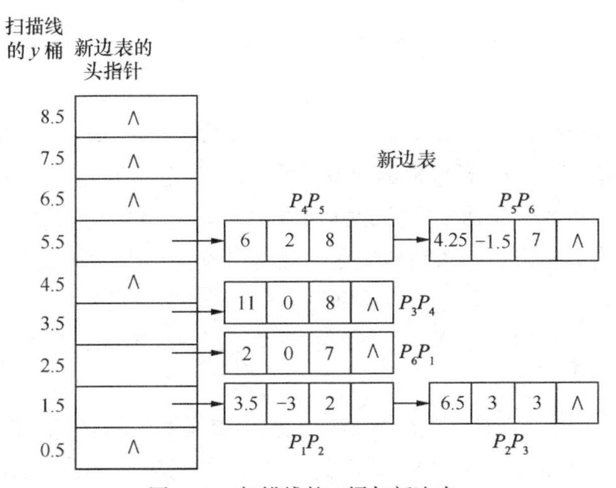

图 3-25　扫描线的 y 桶与新边表

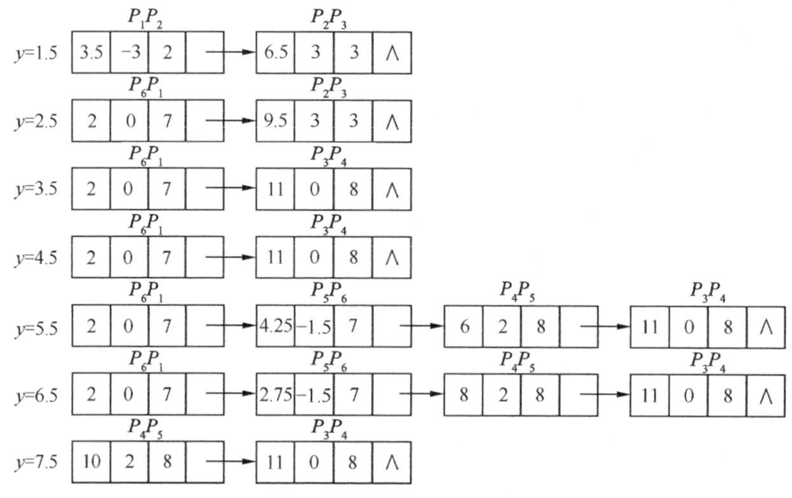

图 3-26　各条扫描线的活性边表

例如，扫描线 0.5 的 y 桶为空，则该扫描线对应的活性边表为空。而扫描线 1.5 的 y 桶不为空，则将扫描线 1.5 的 y 桶指向的新边表插入到扫描线 1.5 对应的活性边表中。在建立扫描线 2.5 的 y 桶时，首先检查是否有旧边删除，由于 $y = 2.5$，大于扫描线 1.5 的活性边表中的 y_{max}，所以将边 P_1P_2 的结点信息从扫描线 2.5 的活性边表中删除；然后对未删除的 P_2P_3 边结点信息进行更新，即按照 $x = x + \Delta x$ 更新其中的 x 值；最后检查是否有新边插入，由于扫描线 2.5 的 y 桶不为空，所以将扫描线 2.5 的 y 桶指向的新边表中的结点信息按 x 值由小到大的顺序插入到扫描线 2.5 的活性边表中。依此类推，当处理完所有的扫描线并建立相应的活性边表后，对每一条扫描线，依次从活性边表中成对地取出交点，并激活相应的像素。其填充结果如图 3-24 所示。

3.4.4　边填充算法

有序边表算法是一个有效的多边形填充算法，它将扫描转换过程中的计算种类减少，将求交计算方法简化，而且由于对每个显示的像素只访问一次，因此对于帧缓存输入输出的要求可降低为最小。此外，由于算法与输入输出的具体操作无关，因此算法与设备也无关。算法的主要缺点是数据结构复杂，表的维护和排序的开销较大，不适合硬件实现。本小节要介绍的边填充算法无需复杂的链表结构，并且特别适合于有帧缓冲存储器的显示器。

1. 简单的边填充算法

边填充算法的基本思想是，对每一条与多边形相交的中心扫描线，将像素中心位于交点右方的全部像素取补（即异或写）。屏幕像素的异或写操作的特点就是，第一次异或写操作，像素被置成前景色，第二次异或写操作，像素恢复为背景色。

算法的具体描述为：对于每一条与多边形相交的扫描线，计算中心扫描线与边的交点，设其交点为(x_1, y_1)，将像素中心位于(x_1, y_1)右方即满足 $x+0.5>x_1$ 的全部像素取补（相当于异或写操作）。对多边形的每一条边分别应用上述算法，处理的顺序可以是任意的，当所有的边都处理完以后，即可得到填充后的多边形。

以图 3-27 所示的多边形 $P_1P_2P_3P_4P_5$ 为例来说明边填充算法的填充过程，对边 P_1P_2 的处理结果显示为图 3-27（a），图 3-27（b）所示是对边 P_2P_3 的处理结果，图 3-27（c）所示是对边 P_3P_4 的处理结果，可以看到边 P_3P_4 右方的部分像素被异或写两次后又恢复了背景色，图 3-27（d）所

示是对边 P_4P_5 的处理结果，图 3-27（e）所示是对边 P_5P_1 的处理结果，可以看到位于多边形区域外、在图 3-27（e）中被置成填充色的像素，经过偶数次异或写后都恢复了背景色，而位于多边形内部的像素经过奇数次的异或写后则被置成了填充色。因此处理完这个多边形的所有边后，对该多边形区域的扫描转换也就完成了。

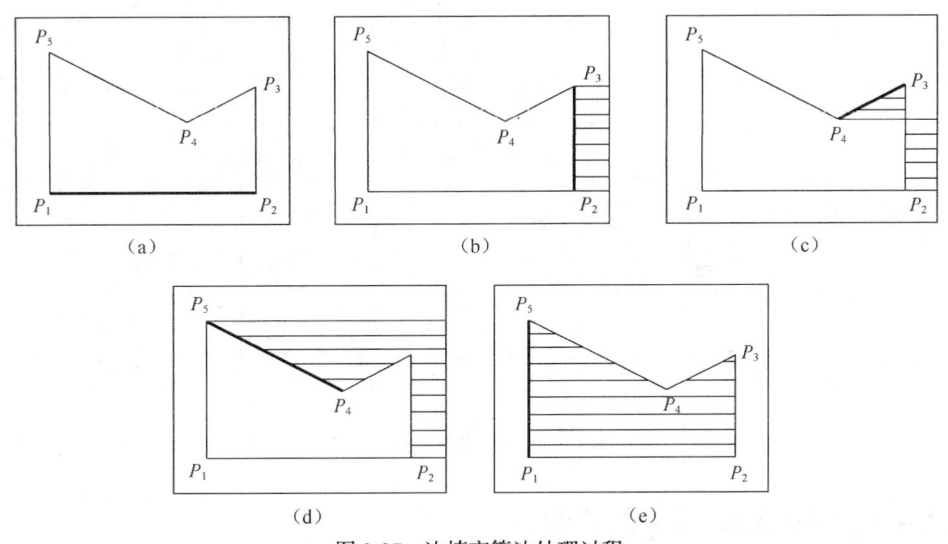

图 3-27　边填充算法处理过程

上述算法与多边形的边的处理顺序无关，因此多边形边的处理顺序可以是任意的，这使得该算法特别适合于有帧缓冲存储器的显示器。在处理每一条边时，仅访问帧缓冲存储器中与该边有交点的扫描线上交点右方的像素。当所有的边都处理完毕后，按扫描线顺序读出帧缓冲存储器中的内容，即可输出到显示器去显示。

通过图 3-27 的例子可以看出，在多边形填充的过程中有些像素被访问了多次，输入/输出量较大。为减少像素被访问的次数，可引入栅栏，形成栅栏填充算法。

2. 栅栏填充算法

首先给出栅栏（Fence）的定义。栅栏是一条与扫描线垂直的直线，栅栏的位置通常取为通过多边形的顶点的直线，且将该多边形分为左右两部分。

栅栏填充算法的基本思想是将像素中心位于交点和栅栏线之间的全部像素取补。算法具体描述为：

（1）对于每一条与多边形边相交的扫描线，重复如下步骤（2）～（3）。

（2）如果交点位于栅栏之左，则将所有中心位于扫描线与边交点之右和栅栏之左的像素取补。

（3）如果交点位于栅栏之右，则将所有中心位于扫描线与边交点之左或交点之上和栅栏之右的像素取补。

图 3-28 所示为对图 3-27（a）中所示的多边形使用栅栏填充算法的填充过程示意图，其中栅栏取为通过多边形的顶点 P_4 的直线，在图中用粗实线画出。图 3-28 对边的处理顺序与图 3-27 相同。在该填充过程中，不难发现仍有一些像素被重复访问。

栅栏填充算法的优点是：最适合于有帧缓冲存储器的显示器，可按任意顺序处理多边形的边，仅访问与该边有交点的扫描线上右方的像素，算法简单。但不足之处是对复杂图形，每一像素可能被访问多次，输入/输出量大，使得图形输出不能与扫描同步进行。

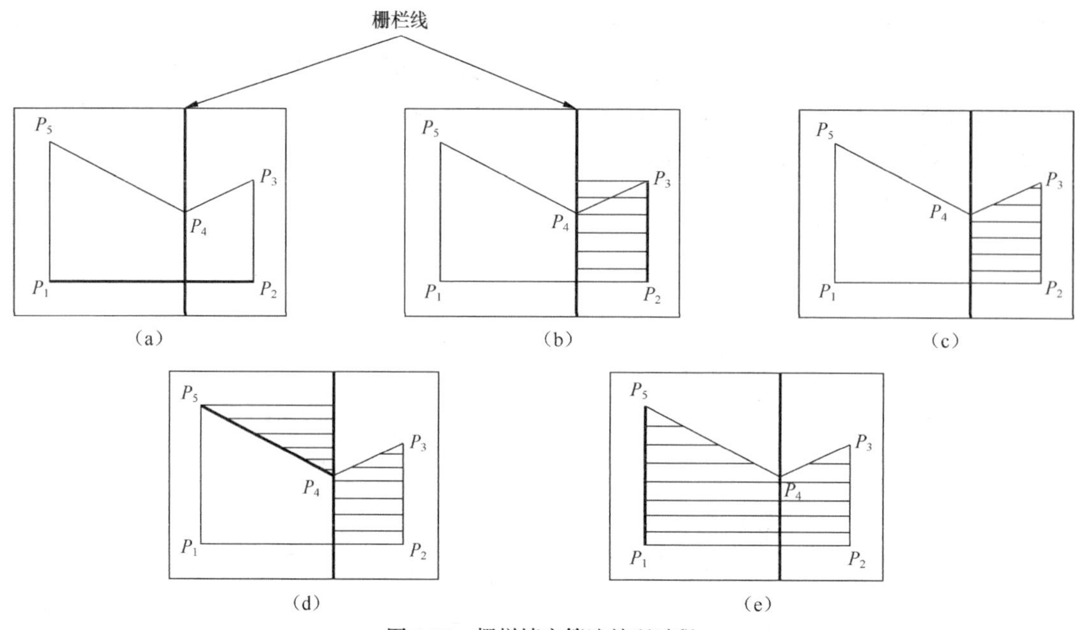

图 3-28　栅栏填充算法处理过程

3.4.5　简单的种子填充算法

前面讨论的多边形实区域填充算法都是按扫描线顺序进行的，种子填充算法（Seed Fill Algorithm）则采取了另外一种思路，它主要利用了图形的空间连贯性，先假设在多边形区域内至少有一个像素是已知的，然后由该像素出发设法找出区域内部的所有其他像素，并对其进行填充。区域可以用其内部定义（Interior-defined）或边界定义（Boundary-defined）。如果区域是采用内部定义的，则区域内部所有像素具有同一种颜色值，而区域外的所有像素具有另一种颜色值。如果区域是采用边界定义的，则区域边界上的所有像素均具有不同于区域内部像素的特定的颜色值。填充内部定义的区域的算法称为泛填充算法（Flood Fill Algorithm），填充边界定义的区域的算法称为边界填充算法（Boundary Fill Algorithm）。

在下面的讨论中，先假定区域是采用边界定义的。无论采用哪一种区域定义方法，区域的连通方式都可分为四连通和八连通两种。

四连通区域是指从区域内一点出发，可通过上、下、左、右 4 个方向的移动组合，在不越出区域边界的前提下到达区域内的任一像素，如图 3-29（a）所示。八连通区域是指从区域内一点出发，可通过上、下、左、右 4 个方向以及 4 个对角线方向的移动组合，到达区域内的任一像素，如图 3-29（b）所示。这就意味着四连通种子填充算法，可以从已知像素的上、下、左、右 4 个方向搜寻下一个像素，而八连通种子填充算法可以从已知像素的 8 个方向搜寻下一个像素。因此，八连通算法可以填充四连通区域，但是四连通算法不能填充八连通区域。

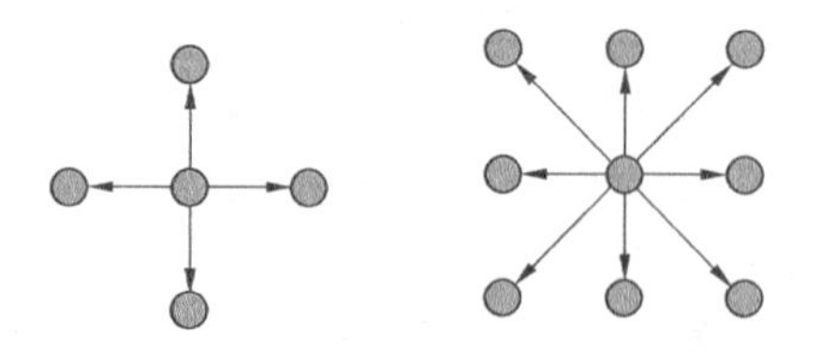

（a）四连通区域　　（b）八连通区域

图 3-29　四连通区域与八连通区域

区域连通方式对填充结果的影响如图 3-30 所示。假设种子点选为左下角区域中的 A 点，那么四连通区域边界填充算法对该区域的填充结果如图 3-30（a）所示，而八连通区域边界填充算法对该区域的填充结果如图 3-30（b）所示，之所以这样是因为四连通和八连通区域对边界的要求是不同的，如图 3-31 所示，四连通区域不要求标为三角形的像素作为边界，而八连通必须要标为三角形的像素作为边界，否则边界就不是封闭的。同理，对于四连通区域，图 3-30（b）中的像素 B 和 C 是不连通的，因此右上角的区域不会被填充，而对于八连通区域，图 3-30（b）中的像素 B 和 C 则是连通的，左下角区域的边界不是封闭的，因此右上角的区域也会被填充。

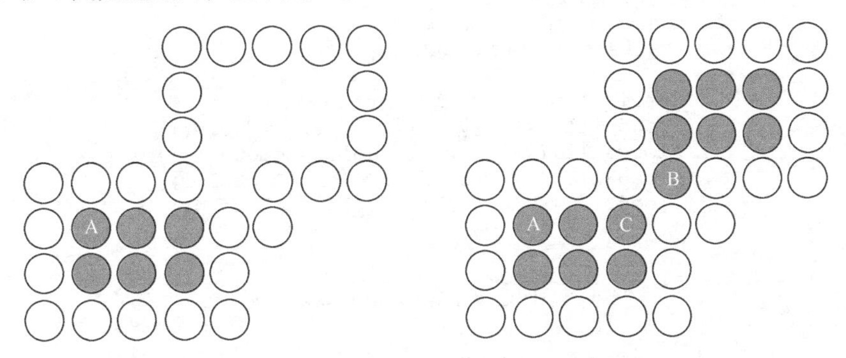

（a）四连通区域边界填充算法的填充结果　　（b）八连通区域边界填充算法的填充结果

图 3-30 四连通区域与八连通区域边界填充算法的填充结果

对于四连通边界定义的区域，可使用堆栈结构来实现简单的种子填充算法，算法描述如下。

（1）将种子像素入栈。

（2）当栈为非空时，重复执行以下步骤。

① 栈顶像素出栈。

② 将出栈像素置成填充色。

③ 按左、上、右、下顺序检查与出栈像素相邻的 4 个像素，若其中某像素不在边界上且未被置成填充色，则将其入栈，重复执行步骤（2），直到堆栈为空时为止。

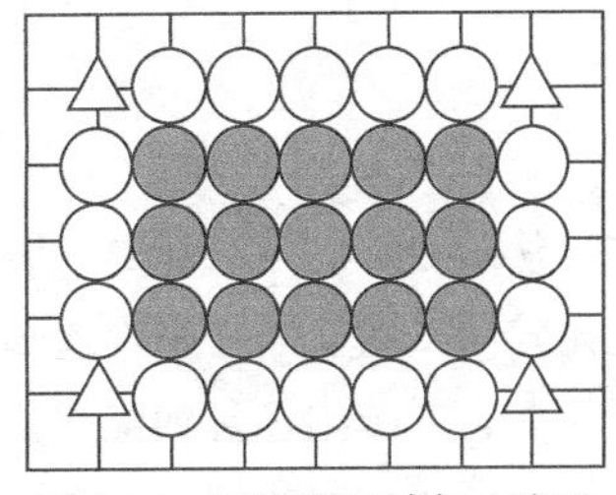

图 3-31 四连通区域与八连通区域对边界的不同要求

若对上述算法稍作修改，将搜索方向由 4 个改成 8 个，即将“检查与出栈像素相邻的 4 个像素”改为“检查与出栈像素相邻的 8 个像素”，则上述方法同样适用于八连通区域。四连通边界填充算法的 C 语言实现程序如图 3-32 所示，四连通泛填充算法的 C 语言实现程序如图 3-33 所示。

```
/* 4-connected boundary-fill */
void BoundaryFill4(int x,int y,int fill,int boundary)
{
   int current;
   current = GetPixel(x, y);
   if ((current != boundary) && (current != fill))
   {
      SetPixel(x, y, fill);
      BoundaryFill4(x+1, y, fill, boundary);
      BoundaryFill4(x-1, y, fill, boundary);
      BoundaryFill4(x, y+1, fill, boundary);
      BoundaryFill4(x, y-1, fill, boundary);
   }
}
```

图 3-32 四连通边界填充算法的 C 语言实现

用种子填充算法填充如图 3-34（a）所示区域的过程中，假设初始种子像素选为 S 点，那么堆栈的变化情况如图 3-34（b）所示，像素出栈及被填充的顺序依次为：S，2，3，4，5，6，7，

8，9，4，7，9。

```
/* 4-connected flood-fill */
void FloodFill4(int x,int y,int fillColor,int oldColor)
{
   int current;
   current = GetPixel(x, y);
   if (current == oldColor)
  {
      SetPixel(x, y, fillColor);
      floodFill4(x+1, y, fillColor, oldColor);
      floodFill4(x-1, y, fillColor, oldColor);
      floodFill4(x, y+1, fillColor, oldColor);
      floodFill4(x, y-1, fillColor, oldColor);
   }
}
```

图 3-33　四连通泛填充算法的 C 语言实现

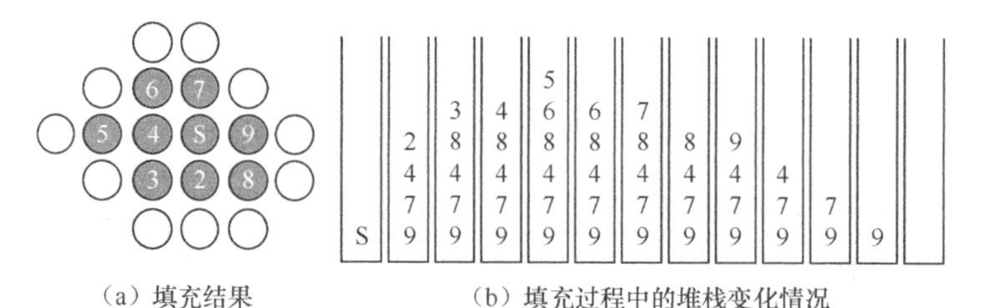

（a）填充结果　　（b）填充过程中的堆栈变化情况

图 3-34　简单的种子填充算法的填充实例

从图 3-34（b）可知，某些像素被多次压入堆栈，而且算法所需的堆栈空间较大，堆栈深度也比较深，而且因为每次递归调用只填充一个像素，所以算法的效率也比较低。如果待填充的区域较大，区域内包含的像素较多，不仅填充速度慢，更重要的是很可能会导致堆栈溢出，这是种子填充算法的致命弱点。能否利用扫描线的连贯性，每次递归调用填充一行像素，并同时减少压入堆栈的像素数目呢？答案是肯定的，这就是所谓的扫描线种子填充算法。

3.4.6　扫描线种子填充算法

扫描线种子填充算法（Scan Line Seed Fill Algorithm）采用使堆栈尺寸极小化即减少压入堆栈的像素数目的方法，就是在任意一段连续的扫描线区段内只取一个像素作为种子像素压入堆栈。该算法的描述如下。

（1）种子像素入栈。

（2）当栈为非空时，重复执行以下步骤。

① 栈顶像素出栈。

② 沿扫描线对出栈像素的左右像素进行填充，直到遇到边界像素为止。

③ 将上述区间内最左、最右像素记为 x_{left} 和 x_{right}。

④ 在区间[x_{left}, x_{right}]内检查与当前扫描线相邻的上下两条扫描线是否全为边界像素或已填充的像素，若为非边界和未填充，则把每一区间的最右像素 x_{right} 作为种子像素压入堆栈，重复执行步骤（2）。

图 3-35 所示演示了用扫描线填充算法填充一个有孔的多边形的填充过程以及堆栈的变化情况。假设区域的左下角点为坐标原点，初始种子像素选为像素点 S(5, 7)，初始化时将该点压入堆栈。算法开始时，将压入的初始种子像素弹出堆栈，然后向左向右填充种子像素所在的连续区段，找出区段的端点 $x_{right}=9$，$x_{left}=1$。然后，在[1,9]范围内检查上面一条扫描线，它不是边界线，且

尚未填充，则将 1≤x≤9 范围内最右边的像素(8, 8)标记为 1 压入堆栈，接着再检查下面一条扫描线，它不是边界线，且尚未填充，由于在 1≤x≤9 范围内有两个连续子区段，将左边的子区段中最右边的像素(3, 6)标记为 2，作为种子像素压入堆栈，右边的子区段中最右边的像素(9, 6)（注意不是(10, 6)）标记为 3，作为种子像素压入堆栈，如图 3-35（2）所示。然后将栈顶像素 3 弹出堆栈，向左向右填充种子像素所在的连续区段，找出区段的端点 x_{right} = 10，x_{left} = 7。然后，在[7,10]范围内检查上面一条扫描线，无满足条件的像素作为种子像素压入堆栈，接着再检查下面一条扫描线，它不是边界线，且尚未填充，于是将该区段中最右边的像素(10, 5)标记为 4，作为种子像素压入堆栈，如图 3-35（3）所示。后面的填充操作依此类推。

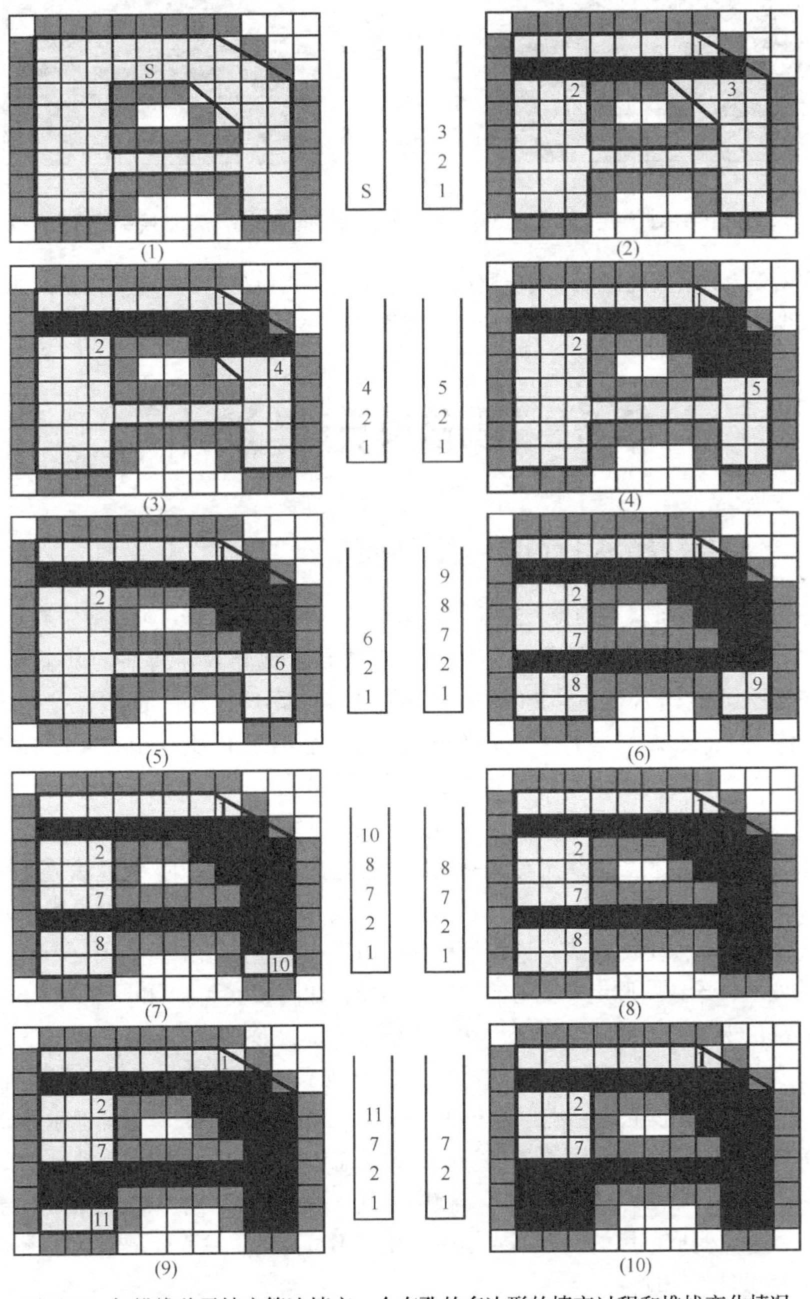

图 3-35　扫描线种子填充算法填充一个有孔的多边形的填充过程和堆栈变化情况

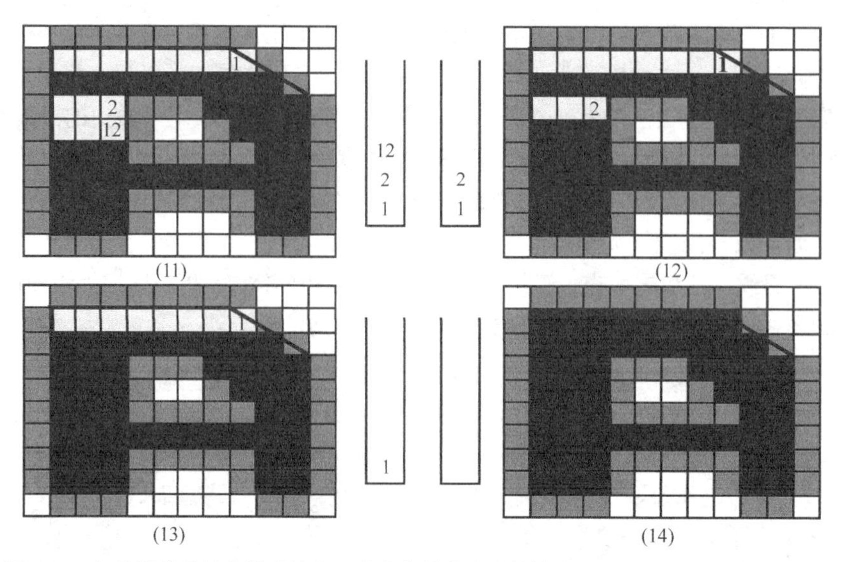

图 3-35　扫描线种子填充算法填充一个有孔的多边形的填充过程和堆栈变化情况（续）

该算法适用于边界定义的区域，四连通边界定义区域既可以是凸的，也可以是凹的，还可以是有孔的。算法减少了每个像素的访问次数，所需堆栈深度较浅，每次递归填充一行像素，因而速度快。

3.5　图形反走样技术

3.5.1　光栅图形的走样现象及其原因

计算一场景多边形在屏幕上的投影位置，即确定它在屏幕上的投影区域覆盖了哪些像素，这一过程称为光栅化。显然，光栅化是对屏幕上的某一连续的投影区域进行离散采样的过程。在通常情况下，多边形边界在屏幕上的投影将它所穿越的每一像素划分为两部分，其中一部分位于多边形的投影区域内，另一部分位于投影区域外。如何判定这部分被穿越的像素的归属是一个非常关键的问题。

一个常用的判断被穿越的像素的归属的方法是，取像素中心点作为采样点，若像素中心位于多边形的投影区域之内，则该像素被判定为多边形投影区域的一部分。

对多边形在屏幕上的投影区域进行光栅化的最常用的方法就是扫描线算法，即从上到下（或从下到上）逐行扫描屏幕上的每一像素，若当前扫描线和多边形在屏幕上的投影区域相交，则位于相交区段内整数网格点上的所有像素均被称为多边形光栅化的结果。

不恰当的处理将导致图形走样现象的发生。例如，如图 3-36（a）和图 3-36（b）所示，直线和多边形边界都出现了明显的阶梯和锯齿状。在前面的多边形扫描转换算法中，没有考虑图形的反走样问题。如图 3-36（b）所示，多边形的反走样现象主要表现在边界上。另外一种情形是图 3-36（c）中的细小图形在显示时出现如图 3-36（d）所示的细节失真，即显示的图形面积变大了。还有一种情形就是由于狭小图形的遗失而导致动态图形显示时的闪烁现象，如图 3-37 所示，动画序列的第 1 帧中的细小多边形，在第 2 帧中因其未覆盖任何一个像素的中心而导致该图形不可见，在第 3 帧中又变成可见的，在第 4 帧中又变成不可见的，从而使得该狭小图形在向下运动的过程中发生时隐时现的现象。

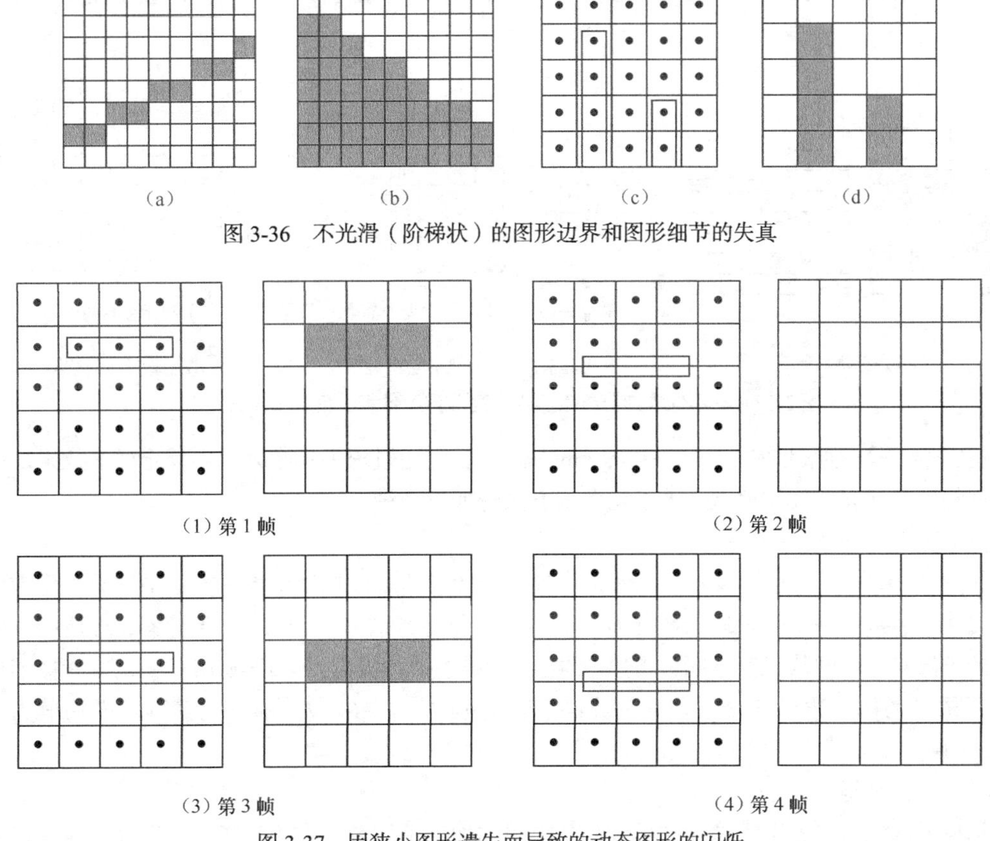

图 3-36　不光滑（阶梯状）的图形边界和图形细节的失真

图 3-37　因狭小图形遗失而导致的动态图形的闪烁

我们称上述这些图形失真的现象为混淆或者走样（Aliasing）。造成走样的根本原因是用离散量表示连续量，图形是连续量，而像素是有面积的点，是离散量，将一些连续的直线或多边形放到由离散点组成的光栅显示设备上去显示，必须在离散位置上进行采样，如果采样频率过低而造成欠采样，势必会引起图形的走样。

3.5.2　常用反走样技术

图形反走样的方法基本上可分为两类，一类是从硬件角度提高分辨率，另一类则是从软件角度提高分辨率。

从硬件角度提高分辨率，就是采用高分辨率的光栅图形显示器。若显示器的分辨率增加一倍，显示器的点距就减少一半，由于像素的尺寸变小，图形中原来无法显示出来的一些细节就可以被显示出来，但与此同时帧缓存容量、输出带宽、扫描转换时间都会增加到原来的 4 倍，成本也随之增高，并且显示器分辨率的提高毕竟是有限的。

从软件的角度提高分辨率的基本思路有两种，一种是利用像素细分技术实现“高分辨率计算，低分辨率显示”的方法；另一种是区域反走样技术。

1. 利用像素细分技术实现“高分辨率计算，低分辨率显示”

首先，将每个显示像素划分为若干个子像素，形成分辨率较高的伪光栅空间，按常规算法在较高分辨率上计算出各个子像素的光亮度值，如图 3-38（a）所示。然后，采用某种求平均数的方法（见图 3-38（b）和图 3-38（c））得到在较低分辨率显示时该像素的光亮度值，即每个实际要显示的像素的属性由每个子像素中心点属性的平均值来确定。最后，将图形显示在较低分辨率的显示器上。

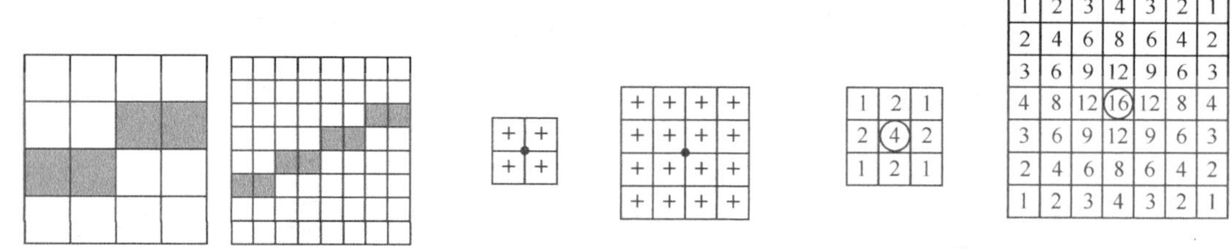

图 3-38　利用像素细分技术实现"高分辨率计算，低分辨率显示"

这实际上是一种超采样（Supersampling）技术，它通过求平均数来达到反走样的效果，相当于图像的后置滤波。具体地，计算平均数的方法有如下两种。

（1）算术平均法。

如图 3-38（b）所示，算术平均法是将各个子像素的属性相加求得的算术平均数，作为该像素的属性。通常将一个像素均匀地分为 2 × 2 = 4 个子像素或 4 × 4 = 16 个子像素，形成一个由划分后的子像素构成的伪光栅空间，此时它的分辨率被虚拟地提高了 4 倍或 16 倍。以像素被划分为 4 个子像素为例，假设各个子像素的光亮度值分别为 I_1、I_2、I_3、I_4，则其算术平均值为 $I = (I_1 + I_2 + I_3 + I_4)/4$。

（2）加权平均法。

加权平均法是将各个子像素的属性相加求得的加权平均数，作为该像素的属性。通常将一个像素均匀地划分成 3 × 3 = 9 个子像素或 7 × 7 = 49 个子像素。在计算像素属性时，考虑各个子像素所处位置对像素属性的影响，它们被赋予了不同的权值，权值的分配分别如图 3-38（b）和图 3-38（c）所示。以像素被划分为 9 个子像素为例，假设各个子像素的光亮度值从上到下、从左到右依次为 I_1、I_2、I_3、I_4、I_5、I_6、I_7、I_8、I_9，则其加权平均值为 $I = (1 \times I_1+2 \times I_2+1 \times I_3+2 \times I_4+4 \times I_5+2 \times I_6+1 \times I_7+2 \times I_8+1 \times I_9)/9$。相对于算术平均法，加权平均法有更好的反走样效果。

2. 利用区域采样技术改善区域的边或者直线的外观，模糊、淡化阶梯

另一类方法是将像素看成是一个有一定面积的有限区域，而不再是数学上的一个抽象的点。具体地说，如图 3-39 所示，当某像素与多边形相交时，求出两者的交的面积，然后以此面积值来决定该像素应显示的光亮度级别，这种方法相当于图像的前置滤波。这种方法根据多边形边界穿过边界像素面积的比例来调整该像素的光亮度值，利用过渡光亮度值来淡化边界的阶梯效应，达到使边界的灰度或颜色过渡自然、变化柔和的效果。

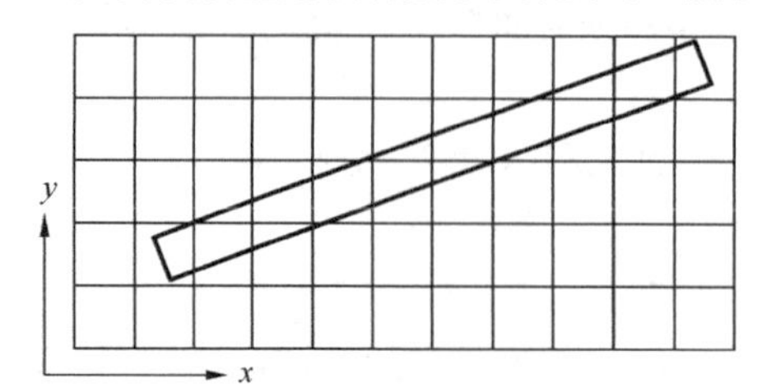

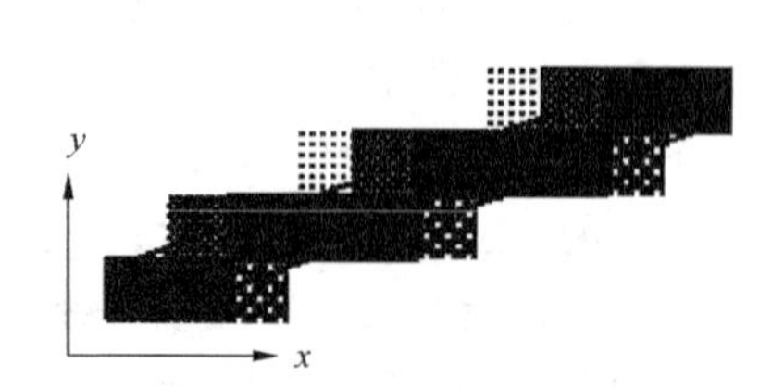

图 3-39　利用模糊技术改善区域的边或者直线的外观

计算一个像素与多边形相交的面积是很费时间的，为了提高多边形反走样算法的速度，考虑到多边形的反走样现象主要表现在多边形的边界上，可以采用反走样线段的思想来改善多边形边的显示质量，于是 Pitteway 和 Watkinson 将画线段的 Bresenham 算法发展成为多边形的反走样算法。在下一节中将介绍 Bresenham 区域反走样算法。

3.5.3 Bresenham 区域反走样算法

Bresenham 区域反走样算法的基本思想是使多边形边上的像素的光亮值与该像素位于多边形内的面积成正比，根据像素与多边形相交的面积值决定像素显示的亮度级别，从而达到使边界的光亮度光滑自然过渡、淡化阶梯效应的目的。例如，如图 3-40 所示，采用八级灰度表示时，如果像素与多边形相交的面积值小于 1/8，那么像素显示的灰度级别为 0，如果像素与多边形相交的面积值大于等于 1/8，并且小于 2/8，那么像素显示的灰度级别为 1，以此类推，如果像素与多边形相交的面积值大于等于 7/8，并且小于等于 1，那么像素显示的灰度级别为 7。

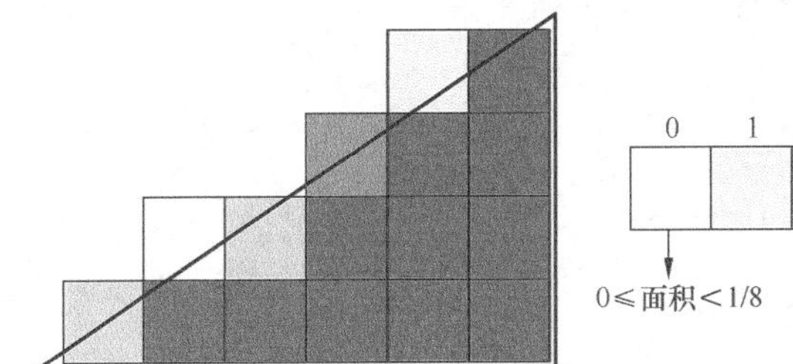

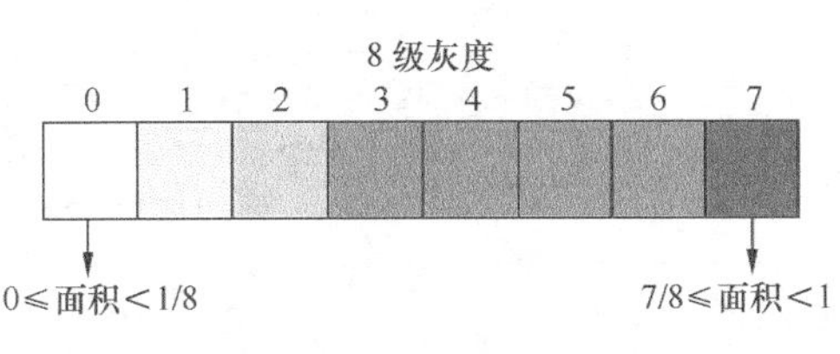

图 3-40　Bresenham 区域反走样算法的基本原理

为简单起见，假定多边形的一条边的方程为 $y = mx$，其中 $0 \leqslant m \leqslant 1$，且多边形位于该边的右侧，如图 3-40 所示。

前面 Bresenham 算法生成直线时，每一步要根据计算出的误差项 e 的值来确定最佳逼近理想直线的像素(x_i, y_i)，由 e 的几何意义可知，e 的值越大，像素和多边形相交的面积越大，反之亦然，因此可以用 e 确定像素(x_i, y_i)的灰度值。

如图 3-41 所示，由于 $x_{i+1} = x_i + 1$，$y_{i+1} = mx_i$，$y_i = e$，所以像素和多边形相交的面积，即梯形 $x_i x_{i+1} y_{i+1} y_i$ 的面积 S 为

$$
\begin{aligned}
S &= (y_i + y_{i+1})/2 \\
&= [y_i + m(x_i + 1)]/2 \\
&= (y_i + y_i + m)/2 \\
&= y_i + m/2 \\
&= e + m/2
\end{aligned}
$$

上式进一步说明 e 与像素和多边形相交的面积有关，所以可用 e 确定像素(x_i, y_i)的灰度值。

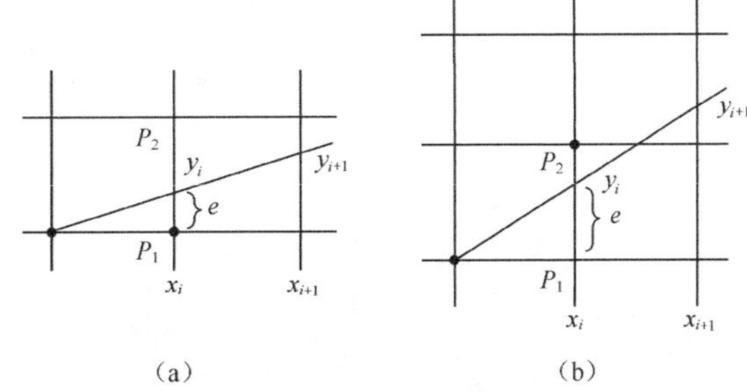

图 3-41　Bresenham 区域反走样算法

由于 $m-1 \leqslant e \leqslant m$，$e$ 有正有负，而亮度值不能为负值，所以为了得到在[0,1]之间变化的误差项，引入变换 $\omega = 1 - m$ 和 $\bar{e} = e + \omega = e + 1 - m$，则有 $0 \leqslant \bar{e} \leqslant 1$。

在原 Bresenham 算法中，误差项 e 的初值取为 $m - 1/2$，当 $e < 0$ 时，选 P_1，即 x 方向增量为 1，y 方向增量为 0，下一步的误差 $e' = e' + m$，而当 $e \geqslant 0$ 时，选 P_2，即 x 方向和 y 方向均增量为 1，下一步的误差 $e' = e' + m - 1$。

在 Bresenham 区域反走样算法中，由于引入了变换 $\omega = 1 - m$ 和 $\bar{e} = e + \omega = e + 1 - m$，所以 $\bar{e}$

的初值应为 1/2，因 $e=\bar{e}-\omega$，所以应将 $\bar{e}$ 与 ω 比较来判断 y 方向的增量。对于 $1\geqslant m\geqslant 0$ 的情形有：当 $\bar{e}<\omega$ 时，选 P_1，即 x 方向增量为 1，y 方向增量为 0，下一步的误差 $\bar{e}'=\bar{e}'+m$，而当 $\bar{e}\geqslant\omega$ 时，选 P_2，即 x 方向和 y 方向均增量为 1，下一步的误差 $\bar{e}'=\bar{e}'+m-1=\bar{e}'-\omega$。

假设显示的最大灰度级别为 I_{max}，因此可用 $\bar{e}\,I_{max}$ 来表示算法每次迭代中新生成的像素点的灰度值。该算法的 C 语言实现程序如图 3-42 所示。

```
e = imax / 2;
x = x1;
y = y1;
incx = x2-x1 >= 0 ? 1: -1;
incy = y2-y1 >= 0 ? 1: -1;
dx = abs(x2 - x1);
dy = abs(y2 - y1);
if (dx > dy)
{
    m = imax * dy / dx;
    w = imax - m;
    SetPixel(x, y, m/2+20);
    for (i=0; i<=dx; i++)
    {
      x += incx;

      if (e >= w)
      {
          y = y + incy;
          e = e - w;
      }
      else
          e = e + m;
      SetPixel(x, y, e+20);
    }
}
else
{
    m = imax * dx / dy;
    w = imax - m;
    SetPixel(x, y, m/2+20);
    for (i=0; i<=dy; i++)
    {
        y = y + incy;
        if (e >= w)
        {
            x = x + incx;
            e = e - w;
        }
        else
            e = e + m;
      SetPixel(x, y, e+20);
    }
}
```

图 3-42　Bresenham 区域反走样算法的 C 语言实现

3.6 本章小结

本章重点讨论了直线、圆和圆弧的生成算法，以及实区域填充算法。另外，还介绍线宽与线型的常用处理方法及图样反走样技术的基本原理。

在直线生成算法一节中，详细介绍了直线生成的 DDA 算法、中点画线法和 Bresenham 画线法。在圆和圆弧的生成算法一节中，对 DDA 画圆法、中点画圆法、Bresenham 画圆法和多边形逼近画圆法进行了详细介绍。在实区域填充算法一节中，讨论了一般多边形填充算法的处理过程及存在的问题，重点介绍了有序边表算法、边填充算法和种子填充算法。

本章所讨论的基本图形生成算法是后续章节内容的基础。

习题 3

3.1 编程实现 DDA 画线法、中点画线法和 Bresenham 画线法，并对这几种算法的精度和速度进行比较。

3.2 编程实现 DDA 画圆法、中点画圆法、Bresenham 画圆法和多边形逼近画圆法，并对这几种算法的精度和速度进行比较。

3.3 编程实现边填充算法，并显示对每一条边进行处理的中间结果。

3.4 编程实现采用四连通区域法和八连通区域法的种子填充算法。

3.5 编程实现简单的种子填充算法和扫描线种子填充算法，并对二者的性能进行比较。

3.6 多边形区域的填充原理也可以推广到圆域的填充，但由于圆和椭圆的特殊性，使其可以根据欲填充的像素点与圆心的距离是否大于半径来判断是否在圆外或者圆内，或根据欲填充的像素点与椭圆两个焦点的距离之和是否大于或小于椭圆的半径常数来判断是在椭圆外或椭圆内。因此，圆和椭圆的填充算法采用种子填充算法最简单，且它不需要先对圆或椭圆边界进行扫描转换。请编写程序，基于上述原理，采用种子算法填充一个圆和椭圆。

3.7 编程实现有序边表算法，用该算法填充一个多边形，并用 Bresenham 区域反走样算法对多边形的边进行反走样处理。

3.8 在低分辨率显示条件下，用 Bresenham 区域反走样算法和 Bresenham 画线算法显示两条平行线，观察显示的直线的区别。

第4章 自由曲线和曲面

4.1 计算机辅助几何设计概述

4.1.1 CAGD的研究内容

"计算几何（Computational Geometry）"这个术语最初是由Minsky和Papert于1969年作为模型识别的代用词提出来的，在其后的研究过程中它的内涵不断丰富，后来许多学者对它的定义做了补充和修改。1972年，A.R.Forrest给出了这一术语的正式定义，即计算几何就是研究几何外形信息的计算机表示、分析和综合。

这里的几何外形信息是指那些用于确定某些几何外形如平面曲线或空间曲面的型值点或特征多边形。几何外形信息的计算机表示是指，按照这些信息做出数学模型（如曲线的方程），通过计算机进行计算，求得足够多的信息（如曲线上许许多多的点）。对其进行分析和综合，是指研究曲线段上会不会出现尖点、有没有拐点及如何设计曲线曲面以满足连续性、光滑性、光顺性要求等。实际上，形状设计不仅是一个不断分析与综合的过程，而且还是一个不断试验与修改的过程，因此还要研究如何对形状进行有效控制和实时显示。

随着计算几何在实际工程中应用的不断发展，在计算机图形学中诞生了一个新的研究方向——计算机辅助几何设计（Computer Aided Geometrical Design，CAGD）。CAGD技术是随着航空、汽车等现代工业发展与计算机的出现而产生与发展起来的一门边缘性学科，内容涉及函数逼近论、微分几何、代数几何、计算数学、数值分析、拓扑论和数控技术等。与计算几何相比，CAGD偏重于实际应用，而计算几何偏重于理论分析。

CAGD的研究工作始于1955年，20世纪60年代进入实用阶段，到20世纪70年代已广泛应用于造船、航空、汽车制造及众多其他行业中工业产品的外形设计和制造领域。CAGD这一术语是Barnhill和Riesenfeld在1974年美国Utah大学举办的一次国际会议上正式提出来的，用以描述CAD更多的数学方面的应用，因此加上"几何"的修饰词。自此以后，CAGD开始以一门独立的学科出现。

CAGD的工作过程一般是先把曲线或曲面在计算机上表示出来，然后对这些曲线或曲面的几何性质进行分析，如看曲线上有无拐点、奇点、曲面的凹凸性等，最后经过程序运算或人机对话等形式控制或修改这些曲线或曲面，使之符合产品设计的要求。

尽管CAGD的研究内容已扩展到了四维曲面的表示与显示等，但其主要研究内容仍是工业产品的几何形状，包括：对几何外形信息的计算机表示，对几何外形信息的分析与综合，对几何外形信息的控制与显示。在形状信息的计算机表示、分析与综合中，计算机的表示是关键。它要求给出一个既适合于计算机的处理，又能有效地满足图形表示与几何设计的要求，还便于图形信息的传递和产品数据交换的图形描述数学方法。

工业产品的几何形状大致上可以分为以下两类。一类是仅由初等解析函数来描述的规则曲面（如平面、圆柱面、圆锥面、球面和圆环面等）组成，大多数机械零件属于这一类，可以用画法几何与机械制图完全清楚地表达和传递其所包含的全部形状信息。另一类是无法用初等解析函数来描述的光滑连续型曲面，如汽车车身、船体外壳、飞机机翼的外形零件等，由于它们不能由初等解析曲面组成，因此单纯用画法几何与机械制图是不能表达清楚的。因为它们是以复杂的方式自由变化的曲线曲面，故而常称之为自由型曲线曲面。

根据定义形状的几何信息，应用 CAGD 提供的方法，就可建立相应的曲线曲面方程即数学模型，并在计算机上通过执行计算和处理程序，计算出曲线曲面上大量的点及其他信息，通过分析和综合就可了解所定义的形状具有的局部和整体的几何特征。这里曲线曲面的实时显示和交互修改工作几乎同步进行，形状的几何定义为所有的后置处理（如数控加工、物性计算、有限元分析等）提供了必要的先决条件。

由于 CAGD 的核心问题就是形状的计算机表示，因此本章将重点讨论自由型曲线曲面的数学描述问题。

4.1.2　对形状数学描述的要求

要在计算机内表示某一工业产品的形状，其形状的数学描述应保留产品形状的尽可能多的性质。从计算机对形状处理、便于形状信息传递和产品数据交换的角度来看，对形状的数学描述应满足下列基本要求。

（1）唯一性

唯一性是形状数学描述的首项要求。对于用标量显函数和隐方程表示的曲线曲面，只要待定的未知量数目与给定的已知量数目相同，且给定的已知量满足一定的要求，唯一性就能得到满足。对于参数表示的曲线曲面，一般地，在附加某些限制后也能得到满足。

（2）几何不变性

用同样的数学方法去拟合在不同测量坐标系下测得的同一组数据点（不考虑测量误差），得到的拟合曲线形状不变，称为几何不变性。换句话说就是，当用有限的信息决定一个形状时（例如，用 3 个点决定一条抛物线，用 4 个点决定一条 3 次曲线），如果这些点的相对位置确定后，那么曲线曲面所决定的形状应是确定的，它不应随所选取的坐标系的改变而改变。

如图 4-1（a）所示，在 xoy 坐标系下，对于图 4-1（a）中 O、A、B 3 个点拟合得到的抛物线方程为

$$y=-\frac{1}{2}x^2+x$$

而将 xoy 坐标系顺时针旋转 45° 后，xoy 坐标系下的 A 点和 B 点分别变成了 $x'oy'$ 坐标系下的 A'点和 B'点，对于图 4-1（b）中 O、A'、B' 3 个点拟合得到的抛物线方程为

$$y=-\frac{8}{3\sqrt{2}}x^2+\frac{11}{3}x$$

这两条曲线虽然都是抛物线，但是它们的形状是不一样的。这说明用标量函数表示曲线曲面时，曲线的形状是随坐标系的选取而改变的，即不具备几何不变性，显然不适于形状的数学描述。而参数矢量方程表示曲线曲面时在某些情况下具有几何不变性。

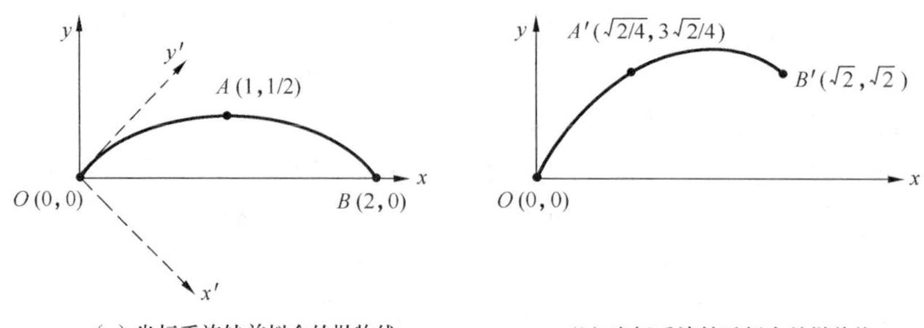

（a）坐标系旋转前拟合的抛物线　　（b）坐标系旋转后拟合的抛物线

图 4-1　在坐标系旋转 45°前后对于 3 个型值点拟合得到的抛物线

例如，对上述 3 个点 O、A、B 分别赋以参数 $t = 0, 0.5, 1$，得到相应的 3 个位置矢量 P_0、P_1、P_2，对其进行拟合可得到通过这 3 个点的唯一的参数矢量二次曲线方程为

$$P(t) = 2(t-0.5)(t-1)P_0 - 4t(t-1)P_1 + 2t(t-0.5)P_2$$

无论将这 3 个点怎样同时旋转和平移，只要保持 P_0、P_1、P_2 3 个位置矢量的相对位置不变，则拟合得到的参数二次曲线的形状就保持不变。

（3）易于定界

在工程上，工业产品的形状总是有界的，因此形状的数学描述应易于定界。这个要求能否得到满足取决于形状的数学描述方法。

例如，在直角坐标系下，为用标量函数描述的一条多值曲线（一些 x 值对应多个 y 值，一些 y 值对应多个 x 值）进行定界就是很困难的。但是采用参数矢量方程描述定界就很简单，假如 $t=a$，$t=b$ 分别表示曲线的首末端点的参数值，那么用 $a \leqslant t \leqslant b$ 定界即可。

（4）统一性

统一性要求是指形状的数学描述应能统一表示各种形状及处理各种情况，包含一些特殊情况，即希望能找到一种统一的数学形式，它既能表示自由型曲线曲面，也能表示初等解析曲线曲面，以便建立统一的数据库，进行形状信息的传递。

例如，曲线描述要求用一种统一的形式既能表示平面曲线，也能表示空间曲线。采用非参数的显函数 $y=y(x)$只能描述平面曲线，空间曲线必须定义为两个柱面 $y=y(x)$和 $z=z(x)$的交线，这就不符合统一性的要求。而采用参数矢量方程描述空间曲线的形式为 $\boldsymbol{P}(t) = [x(t) \quad y(t) \quad z(t)]$只是比平面曲线 $\boldsymbol{P}(t) = [x(t) \quad y(t)]$增加一维坐标分量而已，符合统一性的要求。

此外，从形状表示与设计的角度来看，对形状的数学描述还应满足如下基本要求。

（1）具有丰富的表达能力，能同时表达规则曲线（面）和自由曲线（面）两类曲线（面）。

（2）易于实现光滑连接。单个曲线段或曲面片往往难以表示复杂的形状，这就需要将一些曲线段（或曲面片）相继光滑连接成一个组合的曲线曲面，以满足对复杂形状的需求，如切向的连续性、曲率的连续性、曲率变化平稳、拐点不能太多等。因此，形状的数学描述还要求易于实现光滑连接。

（3）具有灵活地响应设计人员自由绘制和修改任意形状的能力，设计者能够明显直观地感觉到输入与输出之间的对应关系，易于预测曲线的形状，不仅具有对形状的整体控制能力，还具有局部修改的能力。

（4）几何意义明显、直观，设计人员设计时不必考虑曲线曲面的数学描述方法，根据其几何意义，通过简单的几何输入参数，即可达到自由、方便、直观地控制曲线形状的目的，在计算机上实现就像使用常规设计工具和作图工具一样得心应手。

4.1.3 自由型曲线和曲面的一般设计过程和数学表示

在计算机图形学中研究“自由曲线和自由曲面的数学表示及处理”，其目的是为了在工程中设计“自由曲线和自由曲面”。那么，在工程中设计“自由曲线和曲面”的一般过程是什么呢？为了简单起见，我们先介绍自由曲线的设计过程。关于自由曲面的设计将在 4.7 节中介绍。

在设计自由曲线（如船体型线）时，设计者往往是先在图纸上点出若干个能够基本确定曲线形状的几何点，然后再依据这些点勾勒出自由曲线的形状。在这些点中，位于最后得到的自由曲线上的点被称为“型值点”，否则称为“控制点”。

由于图纸上的自由曲线比例较小，所以实际工作中，还需要进行自由曲线的生产设计，即将图纸上的比例较小的设计结果转换成大比例的或者实际尺寸的曲线外形，这个过程被称为“放样”。在放样时，放样员从图纸上截取规定点上的型值，将其按比例放大后，标注在放样间的印有坐标的地板上，形成“型值点”。然后用若干个较重的“压铁”把一根富有弹性的均匀细木条压在地板上，依次通过所有的“型值点”。这根细木条被称为“样条（Spline）”。最后，放样员用笔沿着样条就可以画出可用于生产的自由曲线外形了。不过，得到这个曲线外形的目的，是在更大尺度的坐标下，量出更多型值点的型值，以指导实际的生产制造。

根据小尺度坐标下的初始型值画出自由曲线，根据曲线量出大尺度的坐标下更多型值点的型值。这个过程被称为“插值（Interpolation）”，即插出中间值。画出的曲线被称为“插值曲线”。又由于传统的“插值曲线”是通过样条画出的，所以“插值曲线”也被称为“样条曲线”。

说到这里，又回到最基本的问题上来，就是用什么样的数学模型来表示自由曲线、插值曲线和样条曲线？在本节的开头，我们曾给出了一个不甚严密的定义：自由曲线就是无法用初等解析函数来描述的曲线。事实上，自由曲线只是无法用初等解析函数来描述，但是自由曲线还是能用解析函数来描述。归根到底，自由曲线还是需要用代数方程来描述。

如何用代数方程来描述曲线呢？最直观的方法就是在笛卡尔坐标系下给出曲线上的点的 y 坐标和 z 坐标随 x 坐标变化的方程，即

$$\begin{cases} y = f(x) \\ z = g(x) \end{cases} \tag{4-1}$$

形如式（4-1）的方程也可以表示为

$$\begin{cases} f(x,y,z) = 0 \\ g(x,y,z) = 0 \end{cases} \tag{4-2}$$

尽管采用上述方程来表示自由曲线是很直观的，但是在实际应用中发现这种表示方法存在着许多问题，其中最突出的就是：同一组几何点，在不同的坐标系下，会得到不同的曲线方程。这就给设计结果的交流、共享带来麻烦。为此，数学家们引入了参数方程来表示自由曲线，即

$$\begin{cases} x = x(t) \\ y = y(t) \quad t \in [a,b] \\ z = z(t) \end{cases} \tag{4-3}$$

将式（4-3）中的 3 个方程合在一起，这 3 个坐标分量就组成了曲线上该点的位置矢量，于是该曲线可以表示为参数 t 的矢量函数，即

$$\boldsymbol{P}(t) = [x(t) \quad y(t) \quad z(t)] \tag{4-4}$$

它的每个坐标分量都是以 t 为变量的标量函数，这种矢量表示等价于

$$\boldsymbol{P}(t) = x(t)\boldsymbol{i} + y(t)\boldsymbol{j} + z(t)\boldsymbol{k} \tag{4-5}$$

其中 $\boldsymbol{i}$，$\boldsymbol{j}$，$\boldsymbol{k}$ 分别为沿 x，y，z 轴正向的 3 个单位矢量。参数 t 可以是时间、距离、角度、比例等物理量。于是，给定一个 t 值，就能计算得到曲线上的一个点的坐标，当 t 在$[a, b]$内连续变化时，就获得了$[a, b]$区间内的一段曲线。为了方便起见，还可以将区间$[a, b]$进行规范化，使参数的值域为$[0, 1]$。

通常我们所关注的是曲线 $\boldsymbol{P}(t)$这个整体以及曲线 $\boldsymbol{P}(t)$上各点之间的位置关系，而不是组成整体的各个分量。因此在后续的章节中，曲线都是以 $\boldsymbol{P}(t)$这种整体的参数矢量形式来表示的。

同样，也可以将曲面表示为双参数 u 和 v 的矢量函数。

$$\boldsymbol{P}(u,v) = (x(u,v), y(u,v), z(u,v)) \quad 0 \leqslant u \leqslant 1 \quad 0 \leqslant v \leqslant 1 \tag{4-6}$$

相对而言，形如式（4-1）和式（4-2）的表示方法就被称为“非参数表示”。其中，形如式（4-1）的方程被称为显式方程，形如式（4-2）的方程被称为隐式方程。

相对于非参数表示的显式方程和隐式方程而言，参数方程表示更能满足形状数学描述的要求，其优点如下。

（1）在调整、控制曲线/曲面形状方面，具有更多的自由度。

例如，一条平面曲线的显式方程为：$y = ax^2 + bx + c$，只能通过 3 个参数 a、b 和 c 来调整、控制曲线形状。而采用参数方程式（4-7），就可以通过 6 个参数来调整、控制曲线形状。

$$\begin{cases} x(t) = at^2 + bt + c \\ y(t) = dt^2 + et + f \end{cases} \tag{4-7}$$

（2）便于处理“斜率为无穷大”问题，不会出现中断停机。在参数方程中，可以用对参数 t 的求导来代替对 x 的求导，即

$$\frac{\mathrm{d}y}{\mathrm{d}x} = \frac{\mathrm{d}y / \mathrm{d}t}{\mathrm{d}x / \mathrm{d}t} \tag{4-8}$$

这样就有效地避免了这一问题。

（3）通常总是能够选取那些具有几何不变性的参数曲线曲面的表示形式，且能够通过某种变换处理使某些不具备几何不变性的形式具有几何不变性，从而满足了几何不变性的要求。

（4）采用规格化的参数变量 $0 \leqslant t \leqslant 1$，使其相应的几何分量是有界的，从而不必使用另外的参数来定义边界，满足了形状描述要求易于定界的要求。

（5）在对曲线/曲面进行几何变换（如平移、缩放、旋转等）时，直接对参数方程进行几何变换即可。而对非参数方程表示的曲线/曲面进行几何变换时，必须对其上的每一个型值点逐一进行几何变换，工作量很大。

（6）参数方程将自变量和因变量完全分开，参数变化对因变量的影响可以直观地表示出来，满足了形状设计要求几何直观的要求。

（7）易于用矢量和矩阵表示各分量，从而简化了计算，节省了计算工作量，便于计算机编程。

（8）参数方程中，代数、几何相关和无关的变量是完全分离的，而且对变量个数不限，从而便于用户把低维空间中的曲线、曲面扩展到高维空间中去。

例如，在式（4-7）中增加 $z(t) = gt^2 + ht + i$，即可将平面曲线由二维空间扩展到三维空间中表示空间曲线。

（9）如果将参数 t 视为时间，那么 $\boldsymbol{P}(t)$可看作一个质点随时间的变化轨迹。其关于参数 t 的一阶导数 $\boldsymbol{p}' = \dfrac{\mathrm{d}\boldsymbol{p}}{\mathrm{d}t}$ 和二阶导数 $\boldsymbol{p}'' = \dfrac{\mathrm{d}^2\boldsymbol{p}}{\mathrm{d}t^2}$ 就分别为该质点的速度矢量和加速度矢量。这可以看做是矢量形式的参数曲线方程的一种物理解释。

综上所述，参数方程是表示自由曲线/曲面最常用的数学工具。

4.1.4 自由曲线曲面的发展历程

早期人们对曲线的描述一直采用显式的标量函数 $y = f(x)$或隐式方程 $F(x, y)=0$ 的形式。曲面的描述则采用 $z = f(x , y)$或 $F(x, y, z)= 0$ 的形式。这两种非参数的描述方式有其自身的弱点，也限制了它们的使用。

1963 年，美国波音（Boeing）飞机公司的弗格森（Ferguson）将曲线曲面表示为参数矢量函数，首次引入参数三次曲线构造了组合曲线和由 4 个角点的位置矢量及两个方向的切矢量定义的 Ferguson 双三次曲面片。Ferguson 所采用的曲线曲面的参数形式定义从此便成为自由曲线和曲面的数学描述标准形式。

1964 年，美国麻省理工学院（MIT）的孔斯（Coons）提出了一个具有更一般性的曲面描述方法，通过给定围成该曲面的封闭曲线的 4 条边界来定义一个曲面片。1967 年，Coons 进一步推广了他的这一思想，构造了 Coons 双三次曲面片，在 CAGD 中得到了广泛应用。与 Ferguson 双三次曲面片的区别在于 Coons 双三次曲面片将角点扭矢量由零改为了非零，但二者都存在形状控制与连接方面的问题。1964 年舍恩伯格（Schoenberg）提出的样条函数（Spline Function）解决了这一问题。他采用参数形式的样条方法即参数样条曲线曲面来描述自由型曲线和曲面。采用样条方法解决插值问题，有利于构造整体上达到某种参数连续性要求的插值曲线曲面，但仍存在曲线曲面局部形状控制和修改难、曲线曲面形状难以预测的问题。

1971 年，法国雷诺（Renault）汽车公司的贝塞尔（Bézier）工程师以逼近基础研究曲线曲面的构造方法，提出了一种由控制多边形定义曲线的方法。设计者只要改变那些控制顶点的位置就可以方便地修改曲线的形状，而且形状的变化完全在设计者的预料之中，这就是著名的贝塞尔曲线和曲面（Bézier Curve and Surface）。贝塞尔提出的方法简单易行，成功地解决了曲线曲面整体形状的控制问题，在工程中被广泛采用。但是它在曲线拼接和局部形状修改方面还存在问题。稍早于 Bézier，法国雪铁龙汽车公司的德卡斯特里奥（de Casteljau）也曾独立地研究了同样的方法，后来被称为 de Casteljau 递推算法。

1974 年，美国通用汽车公司（General Motors）的戈尔当（Gordon）和瑞森菲尔德（Riesenfeld）将 B 样条理论应用于自由型曲线曲面的描述，提出了 B 样条曲线曲面（B-Spline Curve and Surface）。B 样条克服了 Bézier 方法的不足，较成功地解决了形状的局部控制和修改的问题，并在参数连续性基础上解决了曲线的拼接问题，成为构造曲线曲面的主要方法。但是因为不能精确表示圆锥截线和初等解析曲面，该方法不能适应大多数机械产品的要求。

人们希望找到一种统一的数学方法来描述两种不同类型的曲线曲面，以避免一个数据库系统中有两种模型并存的问题。

1975 年，美国锡拉丘兹（Syracuse）大学的佛斯普里尔（Versprille）首次提出了有理 B 样条方法。到了 20 世纪 80 年代后期，皮格尔（Piegl）和和蒂勒（Tiller）将有理 B 样条发展成非均匀有理 B 样条（NURBS）方法，成为当前自由型曲线曲面描述方面应用最广的技术。由于非有理与有理 Bézier 曲线曲面及非有理 B 样条曲线曲面都被统一在 NURBS 标准形式中，因而可以采用统一的数据库。

1991 年，国际标准化组织（ISO）颁布了关于工业产品数据交换的 STEP 国际标准，将 NURBS 作为定义工业产品几何形状的唯一数学方法，目前，许多流行的商用 CAD/CAM 软件都采用了 NURBS 标准，以 NURBS 作为曲线曲面造型的基本方法。

4.2 参数样条曲线

在工程中，常常会遇到这样一类问题，那就是通过实验的方法得到了一系列有序的、离散的数据点（通常称为型值点），希望通过型值点描绘出一条光滑的曲线（面），这就是典型的插值（Interpolation）问题。

在另一些应用中，有可能这些已知的数据点并不是精确的完全位于实际曲线或曲面上的数据点，而是通过实验测得的存在着误差的数据点，在这种情况下，严格地通过这些型值点画出的曲线（面）很难保证是光滑的，而且严格通过已知的每一个实验数据点，并对其进行精确插值显然没有必要，只要能在某种意义上（如误差平方和最小）近似地接近这些数据点即可，因此实际中通常采用最小二乘法（Least Square Approximation）、统计回归分析（Statistical Regression Analysis）等逼近（Approximation）的方法建立曲线（面）的数学模型，以拟合出一条光滑的曲线（面）。

在汽车、船舶、飞机的外形设计应用中，还会遇到这样一种情况，已知的数据点并不是实际曲线（面）上的数据点，而是设计者提供的用于构造曲线（面）的外形轮廓线的控制点，也就是说需要根据已知的外形轮廓来得到逼近这些控制点的曲线（面），这些点有别于型值点，曲线（面）不一定通过这些点，它们只是用于构造曲线（面）的轮廓线用的控制点。

在曲线、曲面的设计过程中，用插值或逼近的方法使生成的曲线、曲面达到某些设计要求，如在设计允许的范围内靠近给定的型值点或控制点序列，或使所生成的曲线曲面光滑、光顺等，称为拟合（Fitting）。

4.2.1 线性插值与抛物线插值

已知由函数 $f(x)$（可能未知或非常复杂）在区间 $[a, b]$ 中产生的一组离散数据 (x_i, y_i)，$i=0, 1, \cdots, n$，且 $n+1$ 个互异插值节点 $a=x_0<x_1<x_2<\cdots<x_n=b$，在插值区间内寻找一个相对简单的函数 $\varphi(x)$，使其满足下列插值条件

$$\varphi(x_i)=y_i \quad i=0, 1, \cdots, n \tag{4-9}$$

然后，再利用已求得的 $\varphi(x)$ 计算任一非插值节点 x^* 的近似值 $y^*=\varphi(x^*)$，这个过程称为插值。其中，$\varphi(x)$ 称为插值函数（Interpolation Function），$f(x)$ 称为被插函数。

常用的插值方法有线性插值和抛物线插值。

1. 线性插值

给定函数 $f(x)$ 在两个不同点 x_1 和 x_2 处的值为 $y_1=f(x_1)$，$y_2=f(x_2)$，要求用一线性函数 $y=\varphi(x)=ax+b$，近似地替代 $y=f(x)$，选择适当的系数，使 $\varphi(x_1)=y_1$，$\varphi(x_2)=y_2$，则称 $\varphi(x)$ 为 $f(x)$ 的线性插值函数（Linear Interpolation Function），如图 4-2（a）所示。于是有

$$\varphi(x)=y_1+\frac{y_2-y_1}{x_2-x_1}(x-x_1) \tag{4-10}$$

这里记 $R(x)=f(x)-\varphi(x)$ 为插值函数 $\varphi(x)$ 的截断误差，$[x_1, x_2]$ 为其插值区间。当 x 在区间 $[x_1, x_2]$ 外，用 $\varphi(x)$ 近似替代 $f(x)$ 时，称为外插。

2. 抛物线插值

已知 $f(x)$ 在 3 个互异插值节点 x_1, x_2, x_3 处的函数值分别为 y_1, y_2, y_3，要求构造一个函数 $\varphi(x)=ax^2+bx+c$，使 $\varphi(x)$ 在节点 x_i 处与 $f(x)$ 在 x_i 处的值相等，如图 4-2（b）所示。由此可构造 $\varphi(x_i)=f(x_i)=$

y_i, i=1,2,3 的线性方程组，求解 a, b, c 后，即得到插值函数 $\varphi(x)$。这种插值方法称为抛物线插值（Parabolic Interpolation），也称为二次插值（Quadric Interpolation）。

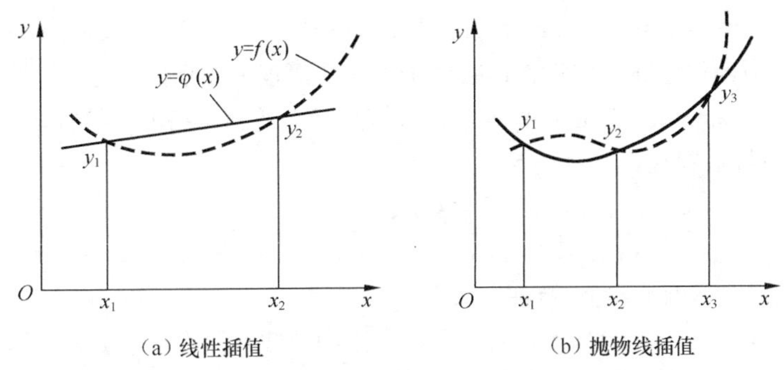

（a）线性插值　　（b）抛物线插值

图 4-2　线性插值与抛物线插值

4.2.2　参数样条曲线与样条插值

1. 插值样条和逼近样条

在插值曲线的生成过程中，首先给出一组能够决定曲线大致形状的 n 个型值点（Data Points），如果要求构造一个 n−1 次多项式曲线来逐点通过这些型值点，这个计算过程称为多项式插值（Polynomial Interpolation）。

但是，当型值点的个数较多时，插值多项式的次数也随之升高，高次多项式不仅计算复杂，而且插值效果不理想，插值多项式不能反映实际数据的变化规律，更严重的是存在龙格现象，导致曲线变软，甚至在两个型值点之间会出现“打圈”现象，无法满足而实际工程要求曲线光滑、光顺和有一定刚性的要求。而简单的线性插值又会导致一阶导数不连续，引起形状不光滑，在动画中表现为物体运动速度不连续及旋转畸变，产生跳跃感。

在动画中建立物体的运动路径时，常会碰到这样的问题：如图 4-3 所示，平面上给出一组离散的有序数据点列，要求用一条光滑的曲线把这些点顺序连接起来。实际中，工程设计人员常用一根富有弹性的均匀细木条或有机玻璃条（相当于“万能”曲线板），在型值点处用压铁压上，即强迫曲线通过这些点，用这根被称为“样条（Spline）”的细木条以这种方式将相邻的点依次连接起来绘制的光滑曲线，就称为样条曲线。

在数学上样条曲线可用分段多项式函数来描述。在计算机图形学中，样条曲线是指由多项式曲线段拼接而成的曲线，在各段曲线的边界处应满足特定的几何连续条件。而样条曲面可由两组正交的样条曲线来描述。

插值样条曲线仅限于作一条曲线逐点通过给定的数据点，因此只适用于数学放样或者建立物体的运动路径等插值的场合，不适合外形设计。在汽车、飞机、船舶等的外形设计中，通常使用如图 4-4 所示的逼近样条曲线（Approximation Spline Curve）。在逼近样条曲线的生成过程中，同样要先给出一组能够决定曲线大致形状的坐标点的位置，但是这些点是构造曲线的轮廓线用的控制点（Control Points），因此，在构造参数多项式曲线时不一定要通过每一个控制点，只要生成的

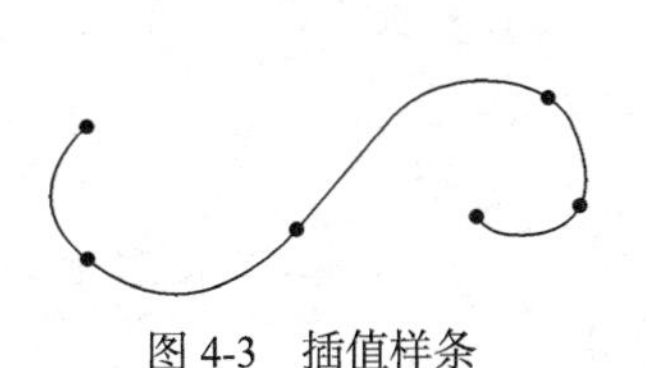

图 4-3　插值样条

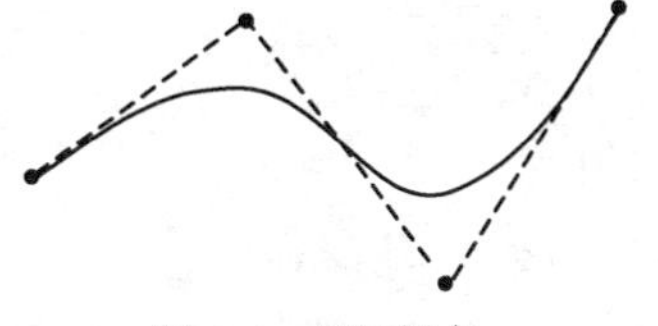

图 4-4　逼近样条

曲线形状接近这些控制点形成的曲线轮廓线的形状即可。

2. 曲线的参数连续性和几何连续性

为了使分段的参数多项式曲线从一段光滑地过渡到另一段，在它们的衔接点位置必须满足一定的连续性条件。下面讨论曲线的参数连续性条件和几何连续性条件。

参数连续性（Parametric Continuity）是指传统意义上的、严格的连续性。如果曲线 $\boldsymbol{P}=\boldsymbol{P}(t)$ 在 $t=t_0$ 处 n 阶左右导数存在，并且满足

$$\left.\frac{\mathrm{d}^k\boldsymbol{P}(t)}{\mathrm{d}t^k}\right|_{u=u_0^-}=\left.\frac{\mathrm{d}^k\boldsymbol{P}(t)}{\mathrm{d}t^k}\right|_{t=t_0^+}\quad k=0,1,\cdots,\ n \tag{4-11}$$

则称曲线 $\boldsymbol{P}=\boldsymbol{P}(t)$在 $t=t_0$ 处 n 阶参数连续，记作 C^n。

而几何连续性（Geometric Continuity）只需限定两个曲线段在交点处的参数导数成比例，而不必完全相等，只给定与参数无关的几何信息（如切线方向、曲率等）的边界条件，而不包括与参数有关的那些信息（如切矢模长等）。因此几何连续性是一种更直观和易于交互控制的连续性。

在介绍各种几何连续性之前，先来看一下切矢量、主法矢量、副法矢量、密切平面、法平面、副法平面之间的关系。如图 4-5 所示，设曲线点 $\boldsymbol{P}(t)$ 处的切矢量为 $\boldsymbol{T}(t)$，主法矢量为 $\boldsymbol{N}(t)$，副法矢量为 $\boldsymbol{B}(t)$，切矢量是坐标变量关于参数 t 的变化率，主法矢量与切矢量垂直，并且二者构成密切平面，副法矢量 $\boldsymbol{B}(t)=\boldsymbol{T}(t)\times\boldsymbol{N}(t)$，副法矢量与切矢量构成的平面为副法平面，副法矢量与法矢量构成的平面为法平面。

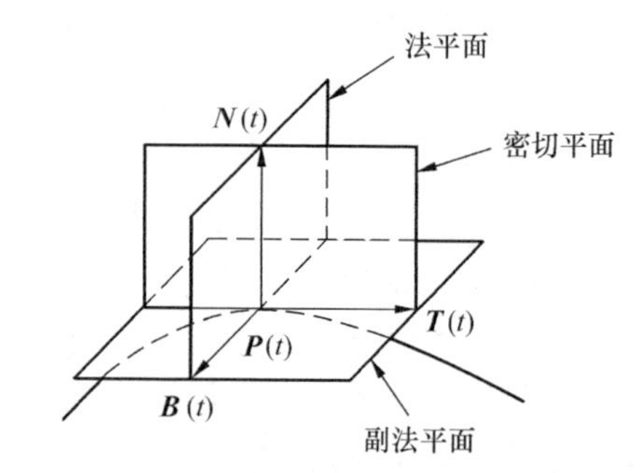

图 4-5　切矢量、法矢量、副法矢量、密切平面、法平面、副法平面之间的关系

（1）零阶几何连续性

如图 4-6（a）所示，如果曲线 $\boldsymbol{P}=\boldsymbol{P}(t)$在 $t=t_0$ 处首尾相接，位置连续，即满足

$$\boldsymbol{P}(t_0^-)=\boldsymbol{P}(t_0^+) \tag{4-12}$$

则称曲线 $P=P(t)$在 $t=t_0$ 处零阶几何连续，记作 GC^0。

（2）一阶几何连续性

如图 4-6（b）所示，如果曲线 $\boldsymbol{P}=\boldsymbol{P}(t)$在 $t=t_0$ 处零阶几何连续，并且切矢量方向连续，即满足

$$\boldsymbol{P}'(t_0^-)=\alpha\cdot\boldsymbol{P}'(t_0^+) \tag{4-13}$$

则称曲线 $\boldsymbol{P}=\boldsymbol{P}(t)$在 $t=t_0$ 处一阶几何连续，记作 GC^1。这里，$\alpha>0$ 为任一正常数。 这时曲线的形状可能会弯向较大的切矢量。

（3）二阶几何连续性

如图 4-6（c）所示，如果曲线 $\boldsymbol{P}=\boldsymbol{P}(t)$在 $t=t_0$ 处一阶几何连续，并且副法矢量方向连续、曲率连续，即满足

$$\boldsymbol{P}''(t_0^-)=\boldsymbol{P}''(t_0^+) \tag{4-14}$$

则称曲线 $\boldsymbol{P}=\boldsymbol{P}(t)$在 $t=t_0$ 处二阶几何连续，记作 GC^2。

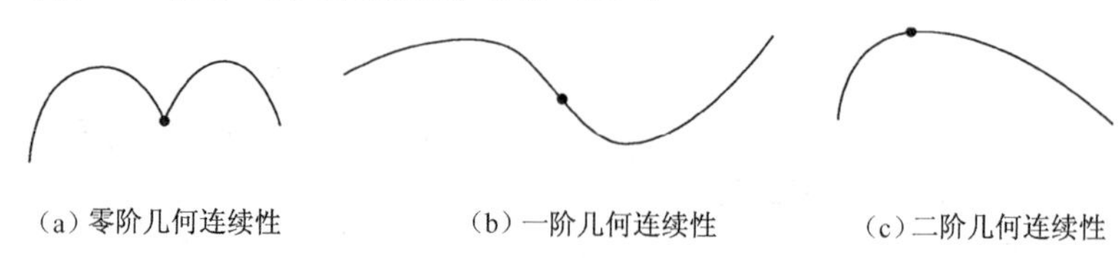

（a）零阶几何连续性　（b）一阶几何连续性　（c）二阶几何连续性

图 4-6　曲线的参数连续性

对于具有二阶几何连续性的曲线，在其衔接点处的切矢量变化率是相等的，切线从一个曲线段光滑地过渡到另一个曲线段，两个相连曲线段总的形状不会有拐点。而只满足一阶几何连续性条件的曲线的形状只能是光滑（Smoothness）的，不能保证是光顺的（可能有拐点）。“光顺性（Fairness）”是外形设计中的一个非常重要的概念。顾名思义，“光顺”即为“光滑顺眼”之意，它不仅要求自由曲线是连续的，而且要求美观漂亮。曲线是否符合光顺性要求的判据或准则如下。

① 二阶几何连续。

② 不存在奇异点与多余拐点。

③ 曲率变化较小。

④ 绝对曲率较小。

具有一阶几何连续性的曲线可用于数字化绘图及一般设计，具有二阶几何连续性的曲线可用于动画路径设计和精度较高的 CAGD 项目。就面向工程应用的自由曲线而言，对更高阶的连续性不做要求。

3. 参数样条曲线的数学表示

假设 n 次参数样条曲线关于 x,y,z 坐标的三次多项式表示如下

$$\begin{cases} x(t) = x_0 + x_1 \cdot t + \cdots + x_n \cdot t^n \\ y(t) = y_0 + y_1 \cdot t + \cdots + y_n \cdot t^n \qquad t \in [0,1] \\ z(t) = z_0 + z_1 \cdot t + \cdots + z_n \cdot t^n \end{cases}$$

写成矢量加权和的形式为

$$\boldsymbol{P}(t) = \begin{bmatrix} x(t) & y(t) & z(t) \end{bmatrix}^{\mathrm{T}} = \boldsymbol{P}_0 + t \cdot \boldsymbol{P}_1 \cdots t^n \cdot \boldsymbol{P}_n \quad t \in [0,1] \tag{4-15}$$

写成矩阵表示形式为

$$\boldsymbol{P}(t) = \begin{bmatrix} x(t) \\ y(t) \\ z(t) \end{bmatrix} = \begin{bmatrix} x_0 & x_1 & \cdots & x_n \\ y_0 & y_1 & \cdots & y_n \\ z_0 & z_1 & \cdots & z_n \end{bmatrix} \begin{bmatrix} 1 \\ t \\ \vdots \\ t^n \end{bmatrix} = \begin{bmatrix} \boldsymbol{P}_0 & \boldsymbol{P}_1 \cdots \boldsymbol{P}_n \end{bmatrix} \begin{bmatrix} 1 \\ t \\ \vdots \\ t^n \end{bmatrix} \overset{\text{记为}}{=} \boldsymbol{C} \cdot \boldsymbol{T} \qquad t \in [0,1] \tag{4-16}$$

其中，$\boldsymbol{T}$ 是参数 t 的幂次矩阵，$\boldsymbol{C}$ 是代数系数矩阵。这种代数系数矩阵表示存在的问题是，式中的 $\boldsymbol{P}_i$ 没有明显的几何意义，而且 $\boldsymbol{P}_i$ 与曲线的关系不明确，导致曲线的形状控制困难。

为此，可以通过对式（4-16）进行矩阵分解，将其表示为如下的几何系数矩阵（或边界条件）的矩阵形式。

$$\boldsymbol{P}(t) = \boldsymbol{C} \cdot \boldsymbol{T} = \boldsymbol{G} \cdot \boldsymbol{M} \cdot \boldsymbol{T} = \begin{bmatrix} \boldsymbol{G}_0 & \boldsymbol{G}_1 & \cdots & \boldsymbol{G}_n \end{bmatrix} \cdot \boldsymbol{M} \cdot \boldsymbol{T} \qquad t \in [0,1] \tag{4-17}$$

其中，$\boldsymbol{G}$ 是包含样条的控制点坐标及其他几何约束条件（如边界条件等）在内的几何系数矩阵，$\boldsymbol{M} \cdot \boldsymbol{T}$ 确定了一个 $n \times n$ 矩阵，它确定了一组基函数（或称为混合函数，调和函数），将几何约束值转化成为多项式系数并提供了样条曲线的特征。

令 $\boldsymbol{F} = \boldsymbol{M} \cdot \boldsymbol{T}$，对式（4-17）扩展，可以得到 n 次参数样条曲线的几何约束参数多项式表示为

$$\boldsymbol{P}(t) = \sum_{k=0}^{n} \boldsymbol{G}_k \cdot \boldsymbol{F}_k(t) \tag{4-18}$$

其中，$\boldsymbol{G}_k$ 为几何约束参数，类似于控制点坐标和控制点处的曲线一阶导数（斜率），$\boldsymbol{F}_k(t)$是多项式基函数。在后面章节中讨论的一些常用的样条曲线曲面都是以这种方法描述的。

4. 三次参数样条插值

由于高次样条计算复杂，而三次多项式的表示和计算都很简单，所以，实际中一般都采用三次多项式来表示样条曲线，并称其为三次样条曲线。实践应用表明：在曲线弯曲较小（即$|y'| \ll 1$，

工程上称为“小挠度”）时，采用三次样条曲线进行插值的效果还是令人满意的，能够较好地满足工程要求。但是当遇到“大挠度”情况时，采用三次样条曲线作绘出的插值曲线与实际人工采用样条绘出的曲线就有很大的偏差，导致样条曲线拐点很多，光顺性变差，甚至不能使用。解决这个问题的一种方法是：通过变换坐标系，将“大挠度”变换成“小挠度”，依然采用三次样条曲线。不过，对于一些特殊的曲线（如圆），无论如何变换坐标系，都无法将“大挠度”变换成“小挠度”。更重要的是在给定型值点位置和切向边界条件后，用三次样条函数表示的插值曲线因依赖于坐标系的选择而不具备几何不变性，和曲线的几何特征相脱节。

为了解决这一问题，就需要采用以弦长为参数的三次参数样条曲线。之所以采用弦长作为参数，是因为在几何上用弧长作参数可以使曲线获得许多良好的性质，而且它不依赖于坐标系的选择。用弦长近似弧长，是希望可以同样获得良好的性质。

但是当型值点数目较多时，如何使用三次参数样条曲线进行插值呢？实际工程应用中采用的方法是，在两个型值点之间插值出一段三次参数样条曲线，然后多段三次参数样条曲线按照一定的连续性要求首尾相连，拼接成一条完整的曲线，即使用分段三次参数样条曲线。

给定 $n+1$ 个型值点 $\boldsymbol{P}_k$ 及其约束条件（如 $\boldsymbol{P}_k$ 点的切矢量 $\boldsymbol{P}'_k$）（$k=0,1,2,\cdots,\ n$），可得到通过每个控制点的分段三次多项式曲线的三次插值样条，如图 4-7 所示。$n+1$ 个控制点共将曲线分成了 n 段，根据式（4-17）可得每一段（每两个型值点之间）的三次参数样条表示为

$$\boldsymbol{P}(t)=\begin{bmatrix}\boldsymbol{G}_0 & \boldsymbol{G}_1 & \boldsymbol{G}_2 & \boldsymbol{G}_3\end{bmatrix}\cdot\boldsymbol{M}\cdot\begin{bmatrix}1\\t\\t^2\\t^3\end{bmatrix}\quad t\in[0,1] \tag{4-19}$$

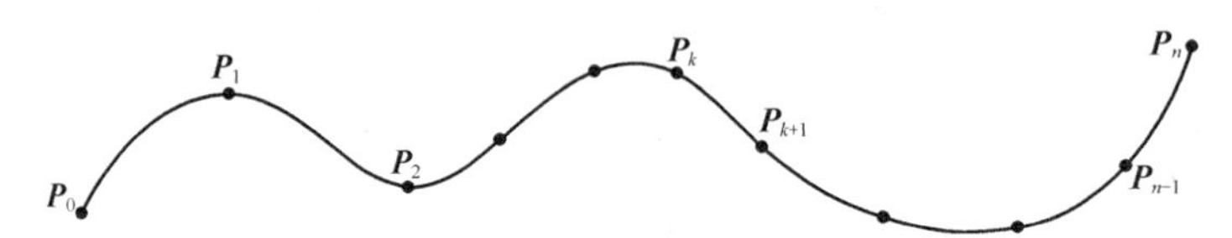

图 4-7　具有 $n+1$ 个型值点的三次插值样条曲线

下面介绍常用的三次参数样条插值，即 Hermite 插值。

由法国数学家查理斯·埃尔米特（Charles Hermite）给出的 Hermite 插值样条（Hermite Interpolation Spline）是一个分段三次多项式，要求已知每个型值点的位置矢量及其切矢量。其可以实现对曲线局部的调整，因为它的各段曲线的形状都只取决于曲线端点的约束条件。

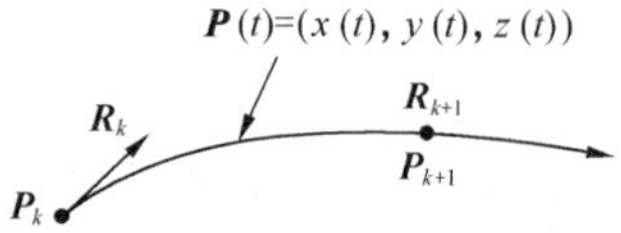

图 4-8　在 $\boldsymbol{P}_k$ 与 $\boldsymbol{P}_{k+1}$ 间插值得到的 Hermite 曲线

如图 4-8 所示，如果在型值点 $\boldsymbol{P}_k$ 和 $\boldsymbol{P}_{k+1}$ 间插值得到的 Hermite 曲线段为 $\boldsymbol{P}(t)$（$0\leqslant t\leqslant 1$），已知曲线端点的约束条件（边界条件）为

$$\begin{aligned}\boldsymbol{P}(t)\big|_{t=0}&=\boldsymbol{P}_k\\ \boldsymbol{P}(t)\big|_{t=1}&=\boldsymbol{P}_{k+1}\\ \boldsymbol{P}'(t)\big|_{t=0}&=\boldsymbol{R}_k\\ \boldsymbol{P}'(t)\big|_{t=1}&=\boldsymbol{R}_{k+1}\end{aligned} \tag{4-20}$$

其中，$\boldsymbol{R}_k$ 和 $\boldsymbol{R}_{k+1}$ 是曲线在型值点 $\boldsymbol{P}_k$ 和 $\boldsymbol{P}_{k+1}$ 处的切矢量（即一阶导数，表示曲线的斜率）。

由式（4-19）可得该曲线段的参数矢量方程的导数形式为

$$\boldsymbol{P}'(t)=\begin{bmatrix}\boldsymbol{G}_0 & \boldsymbol{G}_1 & \boldsymbol{G}_2 & \boldsymbol{G}_3\end{bmatrix}\cdot\boldsymbol{M}\cdot\begin{bmatrix}0\\1\\2t\\3t^2\end{bmatrix}\quad t\in[0,1] \tag{4-21}$$

将式（4-20）所示的边界条件分别代入式（4-19）和式（4-21）得

$$\boldsymbol{P}_k=\begin{bmatrix}\boldsymbol{G}_0 & \boldsymbol{G}_1 & \boldsymbol{G}_2 & \boldsymbol{G}_3\end{bmatrix}\cdot\boldsymbol{M}\cdot\begin{bmatrix}1\\0\\0\\0\end{bmatrix} \tag{4-22}$$

$$\boldsymbol{P}_{k+1}=\begin{bmatrix}\boldsymbol{G}_0 & \boldsymbol{G}_1 & \boldsymbol{G}_2 & \boldsymbol{G}_3\end{bmatrix}\cdot\boldsymbol{M}\cdot\begin{bmatrix}1\\1\\1\\1\end{bmatrix} \tag{4-23}$$

$$\boldsymbol{R}_k=\begin{bmatrix}\boldsymbol{G}_0 & \boldsymbol{G}_1 & \boldsymbol{G}_2 & \boldsymbol{G}_3\end{bmatrix}\cdot\boldsymbol{M}\cdot\begin{bmatrix}0\\1\\0\\0\end{bmatrix} \tag{4-24}$$

$$\boldsymbol{R}_{k+1}=\begin{bmatrix}\boldsymbol{G}_0 & \boldsymbol{G}_1 & \boldsymbol{G}_2 & \boldsymbol{G}_3\end{bmatrix}\cdot\boldsymbol{M}\cdot\begin{bmatrix}0\\1\\2\\3\end{bmatrix} \tag{4-25}$$

将式（4-22）～式（4-25）合并，可表示为如下矩阵形式，即

$$\begin{bmatrix}\boldsymbol{P}_k & \boldsymbol{P}_{k+1} & \boldsymbol{R}_k & \boldsymbol{R}_{k+1}\end{bmatrix}=\begin{bmatrix}\boldsymbol{G}_0 & \boldsymbol{G}_1 & \boldsymbol{G}_2 & \boldsymbol{G}_3\end{bmatrix}\cdot\boldsymbol{M}\cdot\begin{bmatrix}1&1&0&0\\0&1&1&1\\0&1&0&2\\0&1&0&3\end{bmatrix} \tag{4-26}$$

令

$$\begin{bmatrix}\boldsymbol{G}_0 & \boldsymbol{G}_1 & \boldsymbol{G}_2 & \boldsymbol{G}_3\end{bmatrix}=\begin{bmatrix}\boldsymbol{P}_k & \boldsymbol{P}_{k+1} & \boldsymbol{R}_k & \boldsymbol{R}_{k+1}\end{bmatrix} \tag{4-27}$$

则由式（4-26）可求出 $\boldsymbol{M}$ 为

$$\boldsymbol{M}=\begin{bmatrix}1&1&0&0\\0&1&1&1\\0&1&0&2\\0&1&0&3\end{bmatrix}^{-1}=\begin{bmatrix}1&0&-3&2\\0&0&3&-2\\0&1&-2&1\\0&0&-1&1\end{bmatrix} \tag{4-28}$$

将式（4-27）和式（4-28）代入式（4-19）可得型值点 $\boldsymbol{P}_k$ 和 $\boldsymbol{P}_{k+1}$ 间的 Hermite 曲线方程为

$$P(t)=\begin{bmatrix}P_k & P_{k+1} & R_k & R_{k+1}\end{bmatrix}\cdot\begin{bmatrix}1&0&-3&2\\0&0&3&-2\\0&1&-2&1\\0&0&-1&1\end{bmatrix}\begin{bmatrix}1\\t\\t^2\\t^3\end{bmatrix}=\begin{bmatrix}1-3t+2t^3\\3t^2-2t^3\\t-2t^2+t^3\\-t^2+t^3\end{bmatrix}\quad t\in[0,1] \tag{4-29}$$

将式（4-29）展开，可得 Hermite 曲线的表达式为

$$\boldsymbol{P}(t)=\boldsymbol{P}_k(2t^3-3t^2+1)+\boldsymbol{P}_{k+1}(-2t^3+3t^2)+\boldsymbol{R}_k(t^3-2t^2+t)+\boldsymbol{R}_{k+1}(t^3-t^2)\quad t\in[0,1] \tag{4-30}$$

令

$$
\begin{aligned}
H_0(t) &= 2t^3 - 3t^2 + 1 \\
H_1(t) &= -2t^3 + 3t^2 \\
H_2(t) &= t^3 - 2t^2 + t \\
H_3(t) &= t^3 - t^2
\end{aligned} \tag{4-31}
$$

将式（4-31）代入式（4-29），有

$$
\boldsymbol{P}(t) = \boldsymbol{P}_k H_0(t) + \boldsymbol{P}_{k+1} H_1(t) + \boldsymbol{R}_k H_2(t) + \boldsymbol{R}_{k+1} H_3(t) = \sum_{k=0}^{3} \boldsymbol{G}_k \cdot H_k(t) \qquad t \in [0,1] \tag{4-32}
$$

由式（4-32）可知，Hermite 插值曲线是端点位置矢量和切矢量的线性组合。用于该线性组合的系数 $H_k(t)$（$k=0,1,2,3$）称为 Hermite 基底函数（简称基函数），如图 4-9 所示。因为它混合了端点位置矢量及其切矢量等边界约束条件，因此也可称其为混合函数（Blending Function）或者调配函数。

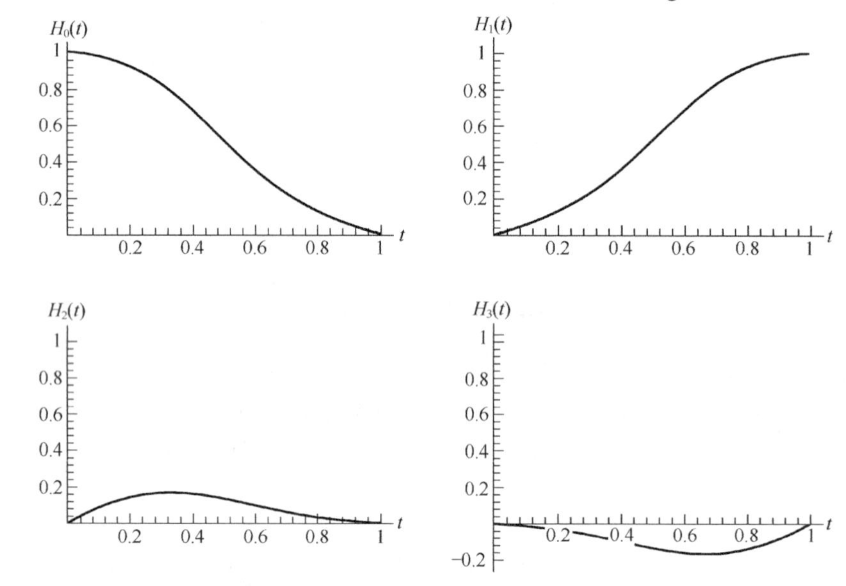

图 4-9　Hermite 混合函数

对 Hermite 插值样条的定义除需要指定各型值点的位置外，还需给出曲线在各型值点处的切矢量。改变切矢量的方向对曲线的形状有很大影响，如图 4-10 所示。改变切矢量的长度对曲线的形状也有影响，如图 4-11 所示。切矢量的长度变长会对曲线形成以更大的“拉力”，所产生的曲线会更靠近该切线。

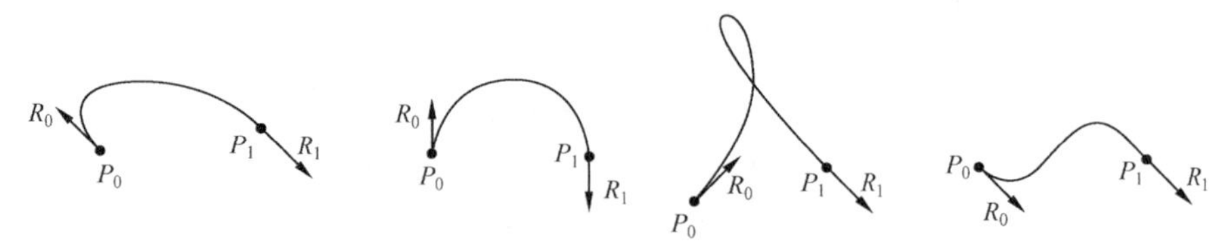

图 4-10　改变切矢量的方向对曲线形状的影响

Hermite 曲线简单、易于理解，但是对设计者而言，由于很难给出两个端点处的切矢量作为初始条件，很不方便，而且只限于作一条点点通过给定数据点的曲线，因此 Hermite 曲线只适合于插值场合，不适合于外形设计。

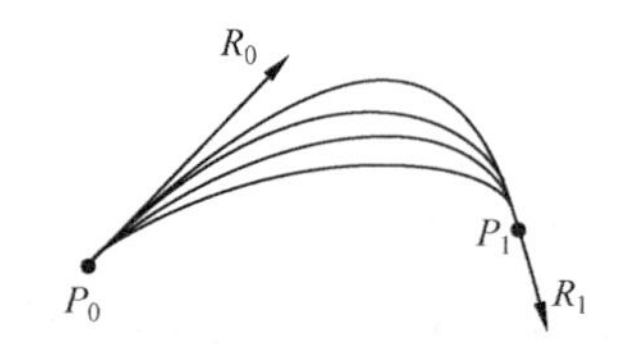

图 4-11　改变切矢量的长度对曲线形状的影响

4.3 Bézier 曲线

在进行汽车车身、船舶外形等自由曲线设计时，初始给出的型值点往往是不精确的。因此，采用样条曲线以插值形式去“点点通过”这些本来就很粗糙的原始型值点，显然没有必要，也是一种浪费。另外，插值样条曲线作为外形设计工具，还存在灵活性差、不够直观、型值点之间的曲线形状不易控制等问题。其实，就外形设计而言，除了少数的几个必须满足的性能指标之外，美观性的考虑往往占了不少的份量，因此曲线设计的自由度是相当大的。

大家都知道，为了画一辆汽车外形，即使是再蹩脚的画家也不会在图纸上先标出一些“型值点”，然后再连成一条插值曲线，而往往是先用折线勾画出曲线的大致轮廓线，再用一些光滑的曲线段“逼近”这些外形轮廓线。

也许是受此思想启发，1962 年法国雷诺汽车公司的贝塞尔（P.E.Bézier）工程师提出了一种新的基于“逼近”思想的参数曲线，并以这种方法为基础完成了一种自由型曲线和曲面的设计系统 UNISURF，1972 年在法国雷诺汽车公司正式使用。由于这种曲线能够比较直观地将设计条件与设计出来的曲线形状结合在一起，设计者先大致给出设计曲线的初始轮廓，然后可以很直观地以交互的方式通过选择和调整这个初始轮廓来改变曲线的形状，直到获得满意的形状，而且这种曲线易于计算机实现。所以，这种曲线一经推出便得到了广泛地接受。后来人们称这种曲线为贝塞尔（Bézier）曲线。

Bézier 曲线设计的基本思想是：先给出若干个控制点，把相邻的控制点用直线连接起来构成一个特征多边形（Characteristic Polygon）作为曲线的轮廓线，然后在每个特征多边形顶点上配以伯恩斯坦（Bernstein）多项式作为权函数，对特征多边形的各顶点进行加权求和，于是便生成了一条曲线，即 Bézier 曲线。

Bézier 曲线的形状是由特征多边形的各个顶点所唯一确定的，只有多边形的第一个和最后一个顶点位于曲线上，多边形的第一条边和最后一条边分别决定了 Bézier 曲线首端点和末端点处的切线（严格来说是切矢量）方向。多边形的其他顶点定义着曲线的导数、阶次和形状，曲线上的每一点都是特征多边形各顶点的加权和。

改变 Bézier 多边形顶点的位置、第一条边和最后一条边的方向与长度就可以灵活地改变曲线的形状，从而设计出不同形状的曲线。因此，特征多边形也叫做控制多边形（Control Polygon）。特征多边形的顶点也叫做控制顶点。

由于 Bézier 曲线不一定通过每个控制顶点，因此其是一种采用样条逼近的方法描述的曲线，即逼近样条曲线（Approximation Spline Curve），它的许多性质使其在 CAD 和 CAGD 中得以广泛应用。

4.3.1 Bézier 曲线的数学表示

与其他参数曲线一样，Bézier 曲线也是用一个参数方程来表达。

如果给定 n+1 个控制点：$\boldsymbol{P}_k = (x_k, y_k, z_k)$，$k = 0, 1, 2, \cdots, n$，则逼近由这些控制点构成的特征多边形的 n 次 Bézier 曲线可表示为

$$\boldsymbol{P}(t) = \sum_{k=0}^{n} \boldsymbol{P}_k \cdot BEZ_{k,n}(t) \quad 0 \leqslant t \leqslant 1 \tag{4-33}$$

其中，$\boldsymbol{P}_k$ 为控制点矢量，$BEZ_{k,n}(t)$为 Bézier 基函数，它是由 Bernstein 多项式定义的，即

$$BEZ_{k,n}(t) = C(n,k)t^k(1-t)^{n-k} \tag{4-34}$$

其中

$$C(n,k)=\frac{n!}{k!(n-k)!} \tag{4-35}$$

Bézier 曲线控制点的个数与曲线形状有直接关系。一般地，Bézier 曲线多项式的次数比控制点的个数少 1。图 4-12 所示为在平面上的几种控制点位置与曲线形状的关系。

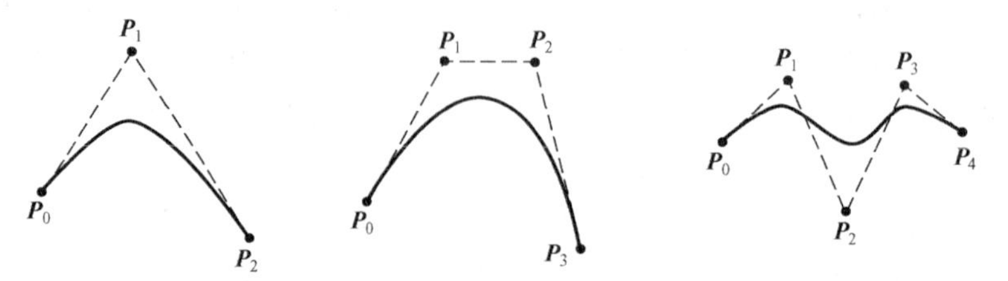

图 4-12　控制点位置与 Bézier 曲线形状的关系

4.3.2　Bézier 曲线的性质

Bézier 曲线具有许多有意义的性质，具体介绍如下。

1. 端点的性质

由式（4-33）可得曲线两端点的值为

$$\begin{aligned}\boldsymbol{P}(t)\big|_{t=0}&=\sum_{k=0}^{n}\boldsymbol{P}_k\cdot BEZ_{k,n}(0)\\&=\boldsymbol{P}_0\cdot BEZ_{0,n}(0)+\boldsymbol{P}_1\cdot BEZ_{1,n}(0)+\cdots+\boldsymbol{P}_n\cdot BEZ_{n,n}(0)\\&=\boldsymbol{P}_0\end{aligned} \tag{4-36}$$

$$\begin{aligned}\boldsymbol{P}(t)\big|_{t=1}&=\sum_{k=0}^{n}\boldsymbol{P}_k\cdot BEZ_{k,n}(1)\\&=\boldsymbol{P}_0\cdot BEZ_{0,n}(1)+\boldsymbol{P}_1\cdot BEZ_{1,n}(1)+\cdots+\boldsymbol{P}_n\cdot BEZ_{n,n}(1)\\&=\boldsymbol{P}_n\end{aligned} \tag{4-37}$$

这说明 Bézier 曲线总是以第一个和最后一个控制点作为曲线的始点和末端点，如图 4-13 所示。

将式（4-34）对参数 t 求导，可以推出

$$BEZ'_{k,n}(t)=n[BEZ_{k-1,n-1}(t)-BEZ_{k,n-1}(t)] \tag{4-38}$$

再由式（4-33）可得

$$\begin{aligned}\boldsymbol{P}'(t)&=n\sum_{k=0}^{n}\boldsymbol{P}_k\cdot[BEZ_{k-1,n-1}(t)-BEZ_{k,n-1}(t)]\\&=n[(\boldsymbol{P}_1-\boldsymbol{P}_0)\cdot BEZ_{0,n-1}(t)+(\boldsymbol{P}_2-\boldsymbol{P}_1)\cdot BEZ_{1,n-1}(t)+\ldots+(\boldsymbol{P}_n-\boldsymbol{P}_{n-1})\cdot BEZ_{n-1,n-1}(t)]\\&=n\sum_{k=1}^{n}(\boldsymbol{P}_k-\boldsymbol{P}_{k-1})\cdot BEZ_{k-1,n-1}(t)\end{aligned} \tag{4-39}$$

这里，当 $BEZ_{k,n}(t)$的下标超出范围（如 $BEZ_{-1,n}(t)$和 $BEZ_{n,n-1}(t)$）时均视为 0 值。由于在首端点 $t=0$ 处，除 $BEZ_{0,n-1}(0)=1$ 外，其余项均为 0，在末端点 $t=1$ 处，除 $BEZ_{n-1,n-1}(1)=1$ 外，其余项均为 0，因此有

$$\boldsymbol{P}'(t)\big|_{t=0}=n(\boldsymbol{P}_1-\boldsymbol{P}_0) \tag{4-40}$$

$$\boldsymbol{P}'(t)\big|_{t=1}=n(\boldsymbol{P}_n-\boldsymbol{P}_{n-1}) \tag{4-41}$$

这个重要性质说明，曲线在始点和末端点处的切线方向分别与 Bézier 控制多边形的第一条边和最

后一条边的走向一致，如图 4-13 所示。

同理，可推出 Bézier 曲线在端点处的二阶导数为

$$\boldsymbol{P}''(t)\big|_{t=0} = n(n-1)[(\boldsymbol{P}_2 - \boldsymbol{P}_1) - (\boldsymbol{P}_1 - \boldsymbol{P}_0)] \tag{4-42}$$

$$\boldsymbol{P}''(t)\big|_{t=1} = n(n-1)[(\boldsymbol{P}_{n-2} - \boldsymbol{P}_{n-1}) - (\boldsymbol{P}_{n-1} - \boldsymbol{P}_n)] \tag{4-43}$$

利用该性质可将几个较低次数的 Bézier 曲线段相连接，构造成一条形状复杂的高次 Bézier 曲线。

2. 对称性

如果保持 Bézier 曲线全部控制点 $\boldsymbol{P}_k$ 的位置不变，只是将其顺序颠倒过来，那么新的控制多边形的顶点为 $\boldsymbol{P}^*_k = \boldsymbol{P}_{n-k}$，$(k = 0, 1, 2, \cdots, n)$，则以 $\boldsymbol{P}^*_k$ 为控制点形成的新 Bézier 曲线形状保持不变，只不过是定向相反而已。

由式（4-34）可以推出

$$BEZ_{k,n}(t) = C(n,k)t^k(1-t)^{n-k} = \frac{n!}{k!(n-k)!}t^k(1-t)^{n-k} = BEZ_{n-k,n}(1-t) \tag{4-44}$$

因此，利用 Bézier 基函数的对称性 $BEZ_{k,n}(t) = BEZ_{n-k,n}(1-t)$，新的 Bézier 曲线可描述为

$$\begin{aligned}\boldsymbol{P}^*(t) &= \sum_{k=0}^{n} \boldsymbol{P}_k^* \cdot BEZ_{k,n}(t) \\ &= \sum_{k=0}^{n} \boldsymbol{P}_{n-k} \cdot BEZ_{k,n}(t) \\ &= \sum_{k=n}^{0} \boldsymbol{P}_k \cdot BEZ_{n-k,n}(t) \\ &= \sum_{k=0}^{n} \boldsymbol{P}_k \cdot BEZ_{k,n}(1-t) \\ &= \boldsymbol{P}(1-t) \quad 0 \leqslant t \leqslant 1\end{aligned} \tag{4-45}$$

可见，这里所说的曲线的对称性是指 Bézier 曲线及其控制多边形的首端点和末端点具有相同的性质，而非形状对称。

3. 凸包性

包围一组控制点的最小凸多边形，称为凸包（Convex Hull）。这个凸多边形使每个控制点要么在凸包的边界上，要么在凸包的内部，如图 4-14 中的实线所示。凸包提供了曲线与围绕控制点区域间的偏差的度量。

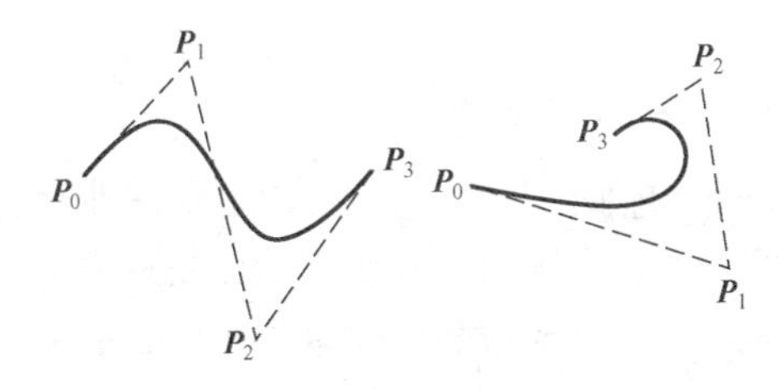

图 4-13　曲线形状与控制多边形的关系

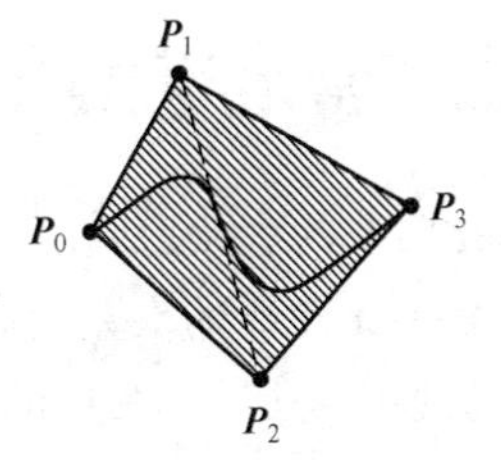

图 4-14　凸包的形状

设凸包上点的最小、最大值分别为 $\boldsymbol{p}_{\min}$ 和 $\boldsymbol{p}_{\max}$，则由凸包的定义可知有：$\boldsymbol{p}_{\min} \leqslant \boldsymbol{P}_k \leqslant \boldsymbol{p}_{\max}$，由于 Bézier 曲线上的任意一点都是其控制多边形各顶点的加权求和，因此由式（4-33）可以推出

$$\sum_{k=0}^{n} \boldsymbol{p}_{\min} \cdot BEZ_{k,n}(t) \leqslant \sum_{k=0}^{n} \boldsymbol{P}_k \cdot BEZ_{k,n}(t) \leqslant \sum_{k=0}^{n} \boldsymbol{p}_{\max} \cdot BEZ_{k,n}(t)$$

即

$$p_{\min}\sum_{k=0}^{n}BEZ_{k,n}(t)\leqslant\sum_{k=0}^{n}P_k\cdot BEZ_{k,n}(t)\leqslant p_{\max}\sum_{k=0}^{n}BEZ_{k,n}(t)$$

因为 Bézier 基函数 $BEZ_{k,n}(t)$（$k=0, 1, \cdots, n$）总是正值，而且总和为 1，即

$$\sum_{k=0}^{n}BEZ_{k,n}(t)=1 \tag{4-46}$$

所以有

$$p_{\min}\leqslant\sum_{k=0}^{n}P_k\cdot BEZ_{k,n}(t)\leqslant p_{\max}$$

这意味着，Bézier 曲线各点均应落在控制多边形各顶点构成的凸包之内，曲线不会震荡到远离定义它的离散点。

4. 几何不变性

几何不变性是指曲线的形状仅与控制多边形顶点的位置有关，而与坐标系的选择无关，不随坐标系的变换而改变。

5. 变差缩减性

如果 Bézier 曲线的特征多边形 $P_0, P_1,\cdots, P_n$ 是一个平面图形，则平面内任一条直线与曲线 $P(t)$ 的交点个数不会多于该直线与其控制多边形的交点个数。它反映了 Bézier 曲线的波动比其控制多边形的波动要小，也就是说 Bézier 曲线比其控制多边形所在的折线更光顺。这个性质称为变差缩减性。

6. 多值性

将第一个控制点（始端）和最后一个控制点（终端）重合，可以生成具有多值性的封闭 Bézier 曲线，如图 4-15 所示。

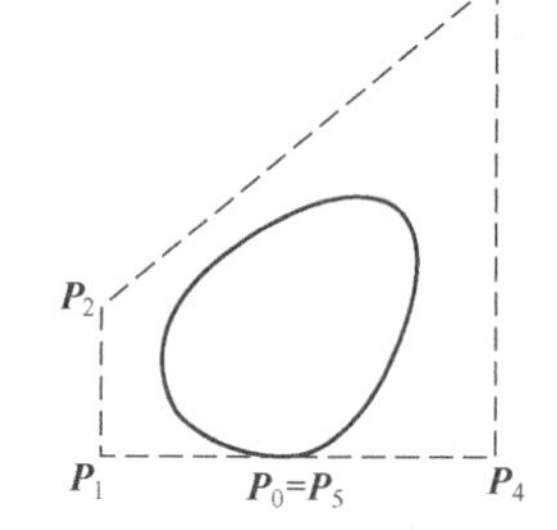

图 4-15　具有多值性的封闭 Bézier 的形成

7. 交互能力

Bézier 曲线的控制多边形 $P_0P_1\cdots P_n$ 大致勾画出了 Bézier 曲线 $P(t)$的形状，要改变 $P(t)$的形状，只要改变 $P_0P_1\cdots P_n$ 的位置即可，无需考虑参数方程的显示表示，就能从一定形状的多边形预测出将要产生的曲线的形状。这种把控制多边形的顶点位置作为曲线输入和人机交互手段的曲线设计方法，既直观又简便，不了解 Bézier 曲线数学定义的人也能得心应手地使用，因此，Bézier 曲线有很好的交互性能。

4.3.3　常用的 Bézier 曲线

Bézier 曲线的次数越低，所得到的曲线越“硬”。例如，n=1 对应的一次 Bézier 曲线就是一个直线段。Bézier 曲线的次数越高，所得到的曲线越“软”。例如，超过五次的 Bézier 曲线会出现“打圈”的现象。所以，常用的 Bézier 曲线是 $n=2$ 和 $n=3$ 对应的二次和三次 Bézier 曲线。

1. 二次 Bézier 曲线

当控制点数 $n=3$ 时，即控制点为 P_0、P_1、P_2，由式（4-33）得二次 Bézier 曲线的定义为

$$\begin{aligned}P(t)&=\sum_{k=0}^{2}P_k\cdot BEZ_{k,2}(t)\\&=(1-t)^2P_0+2t(1-t)P_1+t^2P_2\qquad 0\leqslant t\leqslant 1\end{aligned} \tag{4-47}$$

其矩阵形式为

$$\boldsymbol{P}(t)=\begin{bmatrix}\boldsymbol{P}_0 & \boldsymbol{P}_1 & \boldsymbol{P}_2\end{bmatrix}\begin{bmatrix}1 & -2 & 1\\ 0 & 2 & -2\\ 0 & 0 & 1\end{bmatrix}\begin{bmatrix}1\\ t\\ t^2\end{bmatrix}\quad 0\leqslant t\leqslant 1 \tag{4-48}$$

其二次 Bézier 基函数为

$$\begin{aligned}&BEZ_{0,2}(t)=(1-t)^2\\&BEZ_{1,2}(t)=2t(1-t)\\&BEZ_{2,2}(t)=t^2\end{aligned} \tag{4-49}$$

不难推出

$$\boldsymbol{P}(0)=\boldsymbol{P}_0,\quad \boldsymbol{P}(1)=\boldsymbol{P}_2;\quad \boldsymbol{P}'(0)=2(\boldsymbol{P}_1-\boldsymbol{P}_0),\quad \boldsymbol{P}'(1)=2(\boldsymbol{P}_2-\boldsymbol{P}_1) \tag{4-50}$$

当 $t=0.5$ 时，有

$$\boldsymbol{P}(0.5)=\frac{1}{4}\boldsymbol{P}_0+\frac{1}{2}\boldsymbol{P}_1+\frac{1}{4}\boldsymbol{P}_2=\frac{1}{2}\left[\boldsymbol{P}_1+\frac{1}{2}(\boldsymbol{P}_0+\boldsymbol{P}_2)\right]=\frac{1}{2}(\boldsymbol{P}_1+\boldsymbol{P}_m) \tag{4-51}$$

对式（4-47）求导，不难推出

$$\boldsymbol{P}'(0.5)=\boldsymbol{P}_2-\boldsymbol{P}_0 \tag{4-52}$$

式（4-50）～式（4-52）说明，二次 Bézier 曲线是一条以 $\boldsymbol{P}_0$ 为首端点、以 $\boldsymbol{P}_2$ 为末端点、且经过△$\boldsymbol{P}_0\boldsymbol{P}_1\boldsymbol{P}_2$ 中线 $\boldsymbol{P}_1\boldsymbol{P}_m$ 的中点的抛物线，该抛物线在 $t=0.5$ 处的切线平行于△$\boldsymbol{P}_0\boldsymbol{P}_1\boldsymbol{P}_2$ 的底边 $\boldsymbol{P}_0\boldsymbol{P}_2$，如图 4-16 所示。

2. 三次 Bézier 曲线

当控制点数 $n=4$ 时，即控制点为 $\boldsymbol{P}_0$、$\boldsymbol{P}_1$、$\boldsymbol{P}_2$、$\boldsymbol{P}_3$，由式（4-33）得三次 Bézier 曲线的定义为

$$\begin{aligned}\boldsymbol{P}(t)&=\sum_{k=0}^{3}\boldsymbol{P}_k\cdot BEZ_{k,3}(t)\\&=(1-t)^3\boldsymbol{P}_0+3t(1-t)^2\boldsymbol{P}_1+3t^2(1-t)\boldsymbol{P}_2+t^3\boldsymbol{P}_3\quad 0\leqslant t\leqslant 1\end{aligned} \tag{4-53}$$

其矩阵表达式为

$$\boldsymbol{P}(t)=[\boldsymbol{P}_0\quad \boldsymbol{P}_1\quad \boldsymbol{P}_2\quad \boldsymbol{P}_3]\begin{bmatrix}1 & -3 & 3 & -1\\ 0 & 3 & -6 & 3\\ 0 & 0 & 3 & -3\\ 0 & 0 & 0 & 1\end{bmatrix}\begin{bmatrix}1\\ t\\ t^2\\ t^3\end{bmatrix} \tag{4-54}$$

其三次 Bézier 基函数为

$$\begin{aligned}&BEZ_{0,3}(t)=(1-t)^3\\&BEZ_{1,3}(t)=3t(1-t)^2\\&BEZ_{2,3}(t)=3t^2(1-t)\\&BEZ_{3,3}(t)=t^3\qquad 0\leqslant t\leqslant 1\end{aligned} \tag{4-55}$$

这 4 个三次 Bézier 基函数如图 4-17 所示。基函数的形状决定了控制点与曲线形状的关系。具体地，它们之间的关系如下。

（1）当 $t=0$ 时，非零的基函数为 $BEZ_{0,3}(t)$，且 $BEZ_{0,3}(0)=1$，有 $\boldsymbol{P}(0)=\boldsymbol{P}_0$，即控制点 $\boldsymbol{P}_0$ 决定曲线的首端点，同时主要通过 $BEZ_{0,3}(t)$在 $t=0$ 控制曲线的形状。

（2）当 $t=1$ 时，非零的基函数为 $BEZ_{3,3}(t)$，且 $BEZ_{3,3}(1)=1$，有 $\boldsymbol{P}(1)=\boldsymbol{P}_3$，即控制点 $\boldsymbol{P}_3$ 决定曲线的末端点，同时主要通过 $BEZ_{3,3}(t)$在 $t=1$ 控制曲线的形状。

（3）基函数 $BEZ_{1,3}(t)$在 $t=1/3$ 时取最大值，基函数 $BEZ_{2,3}(t)$在 $t=2/3$ 时取最大值，$\boldsymbol{P}_1$ 通过

$BEZ_{1,3}(t)$影响曲线在 $t = 1/3$ 附近的形状，$\boldsymbol{P}_2$ 通过 $BEZ_{2,3}(t)$影响曲线在 $t = 2/3$ 附近的形状。

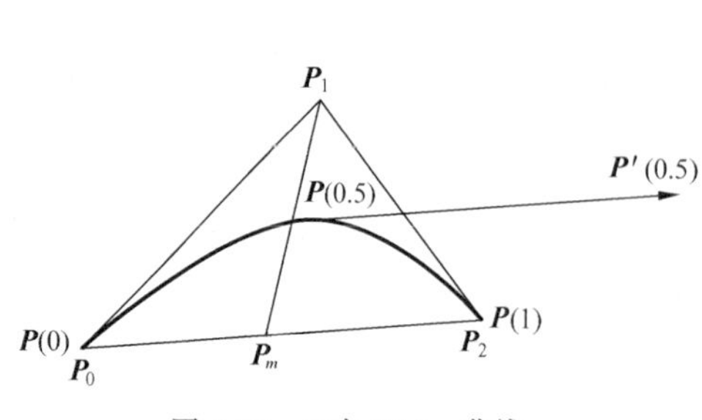

图 4-16　二次 Bézier 曲线

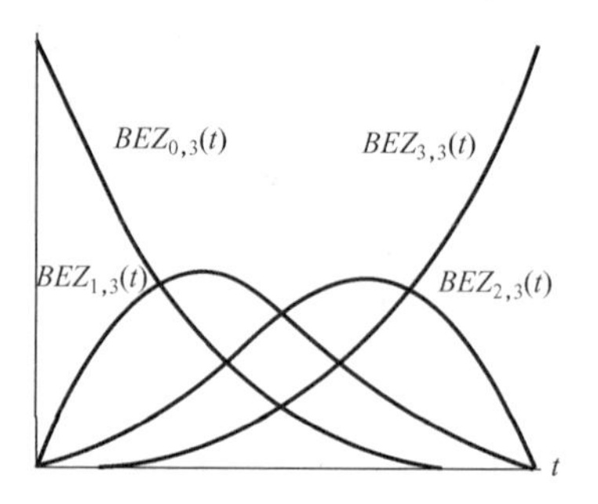

图 4-17　三次 Bézier 曲线的 4 个基函数

值得注意的是，各个 Bézier 基函数的参数 t 在整个取值范围内不为 0（两端点除外）。改变任意一个控制点的位置，整个曲线的形状都要受到影响。因此，很难实现对曲线形状的局部控制。

由式（4-40）～式（4-43）不难推出三次 Bézier 曲线端点处的一阶导数和二阶导数分别为

$$\boldsymbol{P}'(0) = 3(\boldsymbol{P}_1 - \boldsymbol{P}_0) \tag{4-56}$$

$$\boldsymbol{P}'(1) = 3(\boldsymbol{P}_3 - \boldsymbol{P}_2) \tag{4-57}$$

$$\boldsymbol{P}''(0) = 6(\boldsymbol{P}_0 - 2\boldsymbol{P}_1 + \boldsymbol{P}_2) \tag{4-58}$$

$$\boldsymbol{P}''(1) = 6(\boldsymbol{P}_1 - 2\boldsymbol{P}_2 + \boldsymbol{P}_3) \tag{4-59}$$

利用上述公式就可以将两个三次 Bézier 曲线段拼接成具有一阶几何连续性或二阶几何连续性的 Bézier 样条曲线。

4.3.4　Bézier 曲线的拼接

由于 n+1 个控制点可以构造一个 n 次的 Bézier 曲线，但是当 n 较大时，即高阶 Bézier 曲线的求解比较复杂，所以为简化计算，高阶 Bézier 曲线通常由几个较低阶次的 Bézier 曲线段拼接而成，在曲线的衔接点处，要达到一定的连续性要求。工程中，通常使用分段 GC^2 连续的三次 Bézier 曲线已相当理想，且使用起来灵活，便于控制。

如图 4-18 所示，两段三次 Bézier 曲线的首尾简单衔接只能保证曲线 GC^0 连续，不能保证两段曲线在衔接点处的切矢量连续。但问题是怎样才能保证衔接点处的切矢量连续呢?

以图 4-19 所示的三次 Bézier 曲线拼接为例，根据 Bézier 曲线的端点性质，端点处的切线总是落在端点和相邻控制点的连线上，因此，为使曲线在衔接点处达到 GC^1 连续，曲线在衔接点处应满足 GC^0 连续，且切向相同，即 $\boldsymbol{Q}_0 = \boldsymbol{P}_3$， $\boldsymbol{Q}_0' = \alpha \boldsymbol{P}_3'$ 。

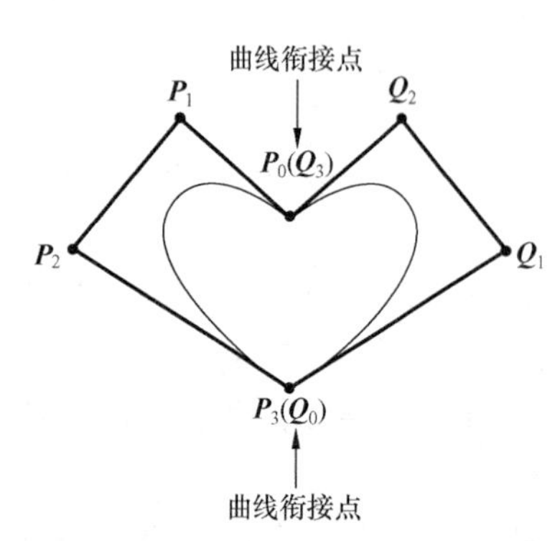

图 4-18　仅满足 GC^0 连续的 Bézier 曲线拼接

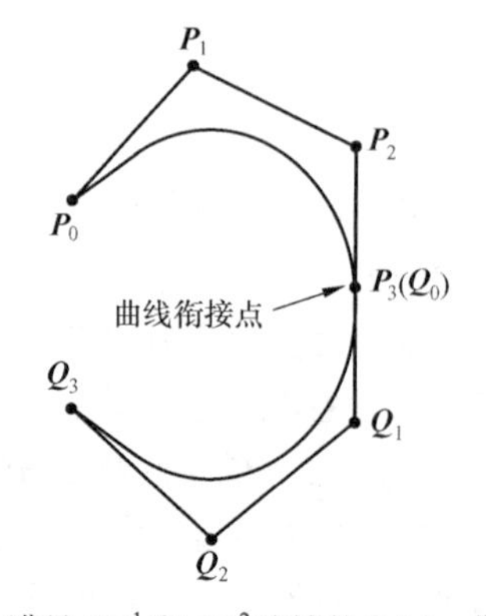

图 4-19　满足 GC^1 和 GC^2 连续的 Bézier 曲线的拼接

根据图 4-19，由式（4-56）得 $\boldsymbol{Q}_0' = 3(\boldsymbol{Q}_1 - \boldsymbol{Q}_0)$，由式（4-56）得 $\boldsymbol{P}_3' = 3(\boldsymbol{P}_3 - \boldsymbol{P}_2)$，代入 $\boldsymbol{Q}_0' = \alpha \boldsymbol{P}_3'$，可推得

$$\boldsymbol{Q}_1 - \boldsymbol{Q}_0 = \alpha(\boldsymbol{P}_3 - \boldsymbol{P}_2) \tag{4-60}$$

这说明达到 GC^1 连续的条件是：$\boldsymbol{Q}_1\boldsymbol{Q}_0$ 与 $\boldsymbol{P}_3\boldsymbol{P}_2$ 两个向量同向。换句话说就是，第二段曲线的控制点 $\boldsymbol{Q}_0$ 和 $\boldsymbol{Q}_1$ 与前一段曲线的控制点 $\boldsymbol{P}_2$ 和 $\boldsymbol{P}_3$ 位于同一条直线上，即 $\boldsymbol{P}_3(\boldsymbol{Q}_0)$、$\boldsymbol{P}_2$、$\boldsymbol{Q}_1$ 三点共线，且 $\boldsymbol{P}_2$、$\boldsymbol{Q}_1$ 位于衔接点 $\boldsymbol{P}_3(\boldsymbol{Q}_0)$的异侧。

为使曲线在衔接点处达到 GC^2 连续，除要满足 GC^1 外，还要满足曲率相等的条件，即 $\boldsymbol{Q}_0'' = \boldsymbol{P}_3''$。

根据图 4-19，由式（4-58）得 $\boldsymbol{Q}_0'' = 6(\boldsymbol{Q}_0 - 2\boldsymbol{Q}_1 + \boldsymbol{Q}_2)$，由式（4-59）得 $\boldsymbol{P}_3'' = 6(\boldsymbol{P}_1 - 2\boldsymbol{P}_2 + \boldsymbol{P}_3)$，代入 $\boldsymbol{Q}_0'' = \boldsymbol{P}_3''$ 得

$$\boldsymbol{P}_1 - 2\boldsymbol{P}_2 + \boldsymbol{P}_3 = \boldsymbol{Q}_0 - 2\boldsymbol{Q}_1 + \boldsymbol{Q}_2 \tag{4-61}$$

将式（4-60）代入式（4-61）得

$$\boldsymbol{Q}_2 - \boldsymbol{Q}_1 = \boldsymbol{P}_1 - \boldsymbol{P}_2 + (1+\alpha)(\boldsymbol{P}_3 - \boldsymbol{P}_2) \tag{4-62}$$

该式表明 $\boldsymbol{Q}_2$、$\boldsymbol{Q}_1$ 在 $\boldsymbol{P}_1$、$\boldsymbol{P}_2$、$\boldsymbol{P}_3$ 所决定的平面上，即 $\boldsymbol{Q}_2\boldsymbol{Q}_1$、$\boldsymbol{Q}_1\boldsymbol{Q}_0$、$\boldsymbol{P}_3\boldsymbol{P}_2$、$\boldsymbol{P}_2\boldsymbol{P}_1$ 4 个向量共面。

将 $\boldsymbol{Q}_0 = \boldsymbol{P}_3$ 代入式（4-61）可以推出

$$\begin{aligned}\boldsymbol{Q}_2 - \boldsymbol{P}_1 &= \boldsymbol{Q}_1 - \boldsymbol{P}_2 + \boldsymbol{P}_3 - \boldsymbol{P}_2 + \boldsymbol{Q}_1 - \boldsymbol{Q}_0 \\ &= \boldsymbol{Q}_1 - \boldsymbol{P}_2 + \boldsymbol{P}_3 - \boldsymbol{P}_2 + \boldsymbol{Q}_1 - \boldsymbol{P}_3 \\ &= 2(\boldsymbol{Q}_1 - \boldsymbol{P}_2)\end{aligned} \tag{4-63}$$

这说明达到 GC^2 连续的条件是：向量 $\boldsymbol{Q}_2\boldsymbol{P}_1$ 与向量 $\boldsymbol{Q}_1\boldsymbol{P}_2$ 平行，且前者的长度为后者的 2 倍。

4.3.5　de Casteljau 递推算法

高次（n>3）Bézier 曲线的计算比较复杂，而（de Casteljau）算法能有效避开复杂的高次多项式求解过程，曲线生成效率较高。

Bézier 曲线的一个好处是，可以用比较简单而通用的方法来计算和细分曲线，这个方法就是 de Casteljau 算法。它利用一系列线性插值计算沿任意次数的 Bézier 曲线的位置，是一种基于分割递推的高次 Bézier 曲线离散生成算法，也称几何作图法。

对于 n 次 Bézier 曲线，de Casteljau 算法的递推过程如下。

（1）首先用直线连接所有相邻的 n 个控制点，得到其特征多边形。

（2）对于固定的 $t \in [0,\ 1]$，在特征多边形以 $\boldsymbol{P}_k$ 和 $\boldsymbol{P}_{k+1}$ 为端点的第 i 条边上，按 t:(1−t)比例找到一组分点 $\boldsymbol{P}_k^1$。

（3）由这 n 个分点组成 n−1 边形，重复上述操作，得到另一组分点 $\boldsymbol{P}_k^2$，依此类推，连续作 n 次直到只剩下一个点 $\boldsymbol{P}_0^n$ 为止。

（4）只要令 t 在[0，1]间按一定步长依次取值，就可得到 Bézier 曲线上的一系列离散点，从而作出 n 次 Bézier 曲线。

这个递推过程可以用如下递推公式来表示。

$$\boldsymbol{P}_k^r = \begin{cases}\boldsymbol{P}_k & r = 0 \\ (1-t)\boldsymbol{P}_k^{r-1} + t\boldsymbol{P}_{k+1}^{r-1} & r = 1,2,\cdots,n; k = 0,1,\cdots,n-r\end{cases} \tag{4-64}$$

其中，$0 \leqslant t \leqslant 1$，$\boldsymbol{P}_0^n$ 就是曲线上参数取值为 t 的型值点。

采用上述递推公式推出的 $\boldsymbol{P}_k^r(t)$ 呈三角形排列。以 n=3 时的 $\boldsymbol{P}_k^r$ 求解为例，这个递推计算过程如图 4-20 所示。其中，第一列即垂直直角边上的点 $\boldsymbol{P}_0^0$、$\boldsymbol{P}_1^0$、$\boldsymbol{P}_2^0$、$\boldsymbol{P}_3^0$ 是 Bézier 曲线 $\boldsymbol{P}(t)$的控制点，第二列上的 3 个点 $\boldsymbol{P}_0^1$、$\boldsymbol{P}_1^1$、$\boldsymbol{P}_2^1$ 是根据第一列上的 4 个点递推得到的，第三

列上的两个点 $\boldsymbol{P}_1^2$、$\boldsymbol{P}_0^2$ 是根据第二列上的 3 个点递推得到的，最后一列上的点 $\boldsymbol{P}_0^3$ 是根据第三列上的两个点递推得到的。$\boldsymbol{P}_0^3$ 就是 Bézier 曲线上参数取值为 t 的型值点。当参数 t 在 [0，1]之间取不同的值，按上述方法就可以求出 Bézier 曲线上相应于不同 t 值的型值点，从而画出曲线。

相应于图 4-20 递推计算过程的几何作图过程如图 4-21 所示。不难发现，图 4-20 所示三角形的垂直直角边上的点 $\boldsymbol{P}_0^0$、$\boldsymbol{P}_1^0$、$\boldsymbol{P}_2^0$、$\boldsymbol{P}_3^0$ 对应于图 4-21 的 Bézier 曲线 $\boldsymbol{P}(t)$在 $0 \leqslant t \leqslant 1$ 取值范围内的控制点，而图 4-20 所示三角形的斜边上的点 $\boldsymbol{P}_0^0$、$\boldsymbol{P}_0^1$、$\boldsymbol{P}_0^2$、$\boldsymbol{P}_0^3$ 对应于图 4-21 的 $\boldsymbol{P}(t)$在 $0 \leqslant t \leqslant 1/2$ 取值范围内的控制点，水平直角边上的点 $\boldsymbol{P}_3^0$、$\boldsymbol{P}_2^1$、$\boldsymbol{P}_1^2$、$\boldsymbol{P}_0^3$ 对应于 $\boldsymbol{P}(t)$在 $1/2 \leqslant t \leqslant 1$ 取值范围内的控制点。这个递推过程将原来的一个特征多边形分划成了两个特征多边形，将一个曲线段分割为两个较小的曲线段。这种分割 Bézier 曲线特征多边形的方法为 Bézier 曲线的离散化生成提供了方便。

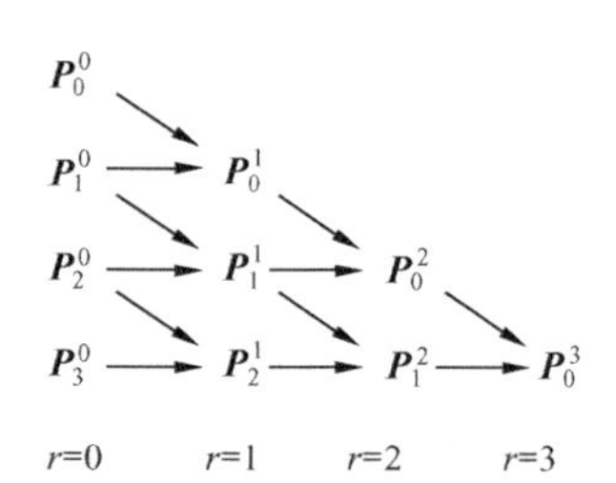

图 4-20　de Casteljau 算法的递推计算过程

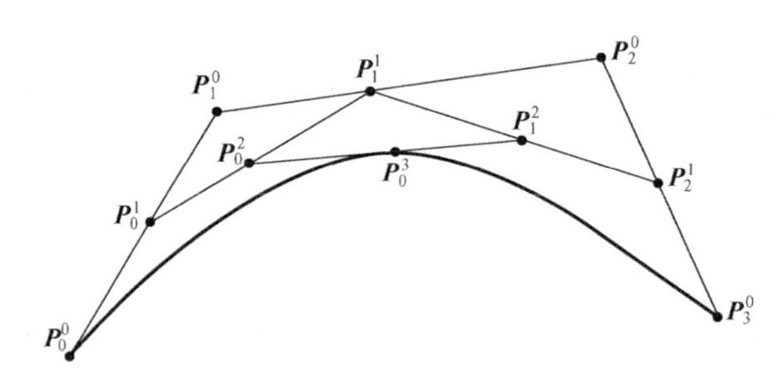

图 4-21　de Casteljau 算法的几何作图过程

4.3.6　反求 Bézier 曲线控制点

若给定 n+1 个型值点 $\boldsymbol{Q}_k(k=0, 1, \cdots, n)$，为了构造一条逐点通过这些型值点的 n 次 Bézier 曲线，需要反算出通过 $\boldsymbol{Q}_k$ 的 Bézier 曲线的 n+1 个控制点 $\boldsymbol{P}_k(k=0, 1, \cdots, n)$。

由 Bézier 曲线定义可知，由 n+1 个控制点 $\boldsymbol{P}_k(k=0, 1, \cdots, n)$可生成 n 次 Bézier 曲线，即

$$\begin{aligned}\boldsymbol{P}(t) &= \sum_{k=0}^{n} \boldsymbol{P}_k BEZ_{k,n}(t) \\ &= \sum_{k=0}^{n} C_n^k (1-t)^{n-k} t^k \boldsymbol{P}_k \\ &= C_n^0 (1-t)^n \boldsymbol{P}_0 + C_n^1 (1-t)^{n-1} t \boldsymbol{P}_1 + \cdots + C_n^{n-1} (1-t) t^{n-1} \boldsymbol{P}_{n-1} + C_n^n t^n \boldsymbol{P}_n \qquad 0 \leqslant t \leqslant 1\end{aligned} \tag{4-65}$$

通常可取参数 $t = k/n$ 与型值点 $\boldsymbol{Q}_k$ 对应，用于反求 $\boldsymbol{P}_k(k=0, 1, \ldots, n)$。令 $\boldsymbol{Q}_k = \boldsymbol{P}(k/n)$，由式（4-64）可得到关于 $\boldsymbol{P}_k(k=0, 1, \cdots, n)$的 n+1 个方程构成的线性方程组为

$$\begin{cases}\boldsymbol{Q}_0 = \boldsymbol{P}_0 \\ \cdots \\ \boldsymbol{Q}_k = C_n^0 (1-k/n)^n \boldsymbol{P}_0 + C_n^1 (1-k/n)^{n-1} (k/n) \boldsymbol{P}_1 + \cdots + C_n^{n-1} (1-k/n)(k/n)^{n-1} \boldsymbol{P}_{n-1} + C_n^n (k/n)^n \boldsymbol{P}_n \\ \cdots \\ \boldsymbol{Q}_n = \boldsymbol{P}_n\end{cases} \tag{4-66}$$

其中，$k=1, \cdots, n-1$，由上述方程组可解出逐点通过型值点 $\boldsymbol{Q}_k$ 的 Bézier 曲线的 n+1 个控制点 $\boldsymbol{P}_k(k=0, 1, \cdots, n)$。分别列出上述方程组关于 $x(t)$、$y(t)$和 $z(t)$的 n+1 个方程式，则可解出 n+1 个控制点 $\boldsymbol{P}_k$ 的坐标值（x, y, z）。

4.3.7 有理 Bézier 曲线

在式（4-33）中，引入权因子 w_k，则得到有理 Bézier 曲线的参数多项式形式为

$$P(t)=\frac{\sum_{k=0}^{n}P_k\cdot w_k\cdot BEZ_{k,n}(t)}{\sum_{k=0}^{n}w_k\cdot BEZ_{k,n}(t)}\quad 0\leqslant t\leqslant 1 \qquad (4\text{-}67)$$

利用权因子 w_k 的不同取值，可以更好地控制曲线的形状。如图 4-22 所示，当 $w_k > w_{k-1}$，且 $w_k > w_{k+1}$ 时，曲线将被拉向 P_k 点。

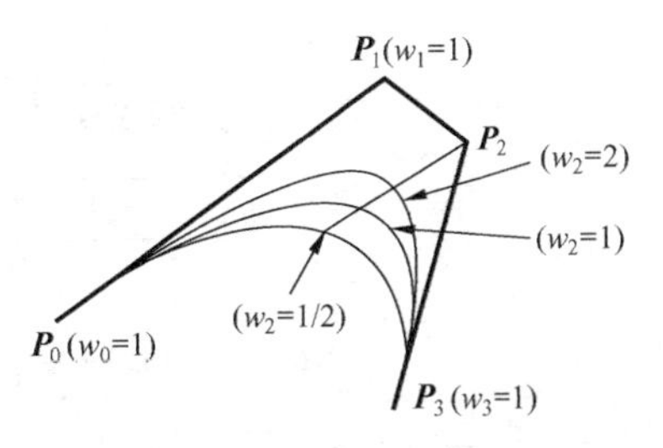

图 4-22 有理 Bézier 曲线

4.4 B 样条曲线

4.4.1 问题的提出

Bézier 曲线是以 Bernstein 基函数构造的逼近样条曲线，具有许多优点，如形状控制直观，设计灵活等，因而在实际中得到了较为广泛的应用，例如，TrueType 字型就使用了 Bézier 曲线。但 Bézier 曲线还存在如下一些不足之处。

（1）由于 Bézier 曲线的控制顶点数决定了曲线的阶次，所以当控制顶点数增多时，生成曲线的阶数增高，计算复杂，而且控制多边形对曲线形状的控制能力也减弱了，所生成的曲线与特征多边形的外形相距较远。如果采用 GC^2 连续的三次 Bézier 样条曲线，还需要一些附加条件，设计不够灵活。

（2）由于 Bernstein 基函数的值在（0, 1）开区间内均不为零，所以由式（4-32）可知，Bézier 曲线上的任何一点都是所有给定控制顶点值的加权求和，这意味着曲线在（0, 1）开区间内的任何一点都要受到全部控制顶点的影响，因此，改变任何一个控制顶点的位置，都将影响到整个区间内曲线的形状，从而导致 Bézier 曲线的局部控制能力偏弱，对曲线进行局部修改困难。

20 世纪 70 年代初期，一方面人们在实际使用中发现 Bézier 方法有以上缺点，另一方面当时的 B 样条理论已经有了较大的发展，因此 1974 年，美国通用汽车公司的 Gordon、Riesenfeld 和 Forrest 等人受 Bézier 方法的启发，将 B 样条函数拓广成参数形式的 B 样条曲线，从而产生了 CAGD 的 B 样条方法。该方法继承了 Bézier 方法的优点，仍采用特征多边形和权函数来定义曲线，但是所使用的权函数不再是 Bernstein 基函数，从而构造了等距节点 B 样条曲线。

事实上，B 样条函数的创始人 Schoenberg 早在 1946 年就发表了他关于等距节点 B 样条函数的第一篇论文，之后又把 B 样条推广到非等距节点和重节点的一般形式。1972 年，de Boor 和 Cox 又各自独立地给出了关于 B 样条计算的标准算法。但是作为在 CAGD 中的一种形状描述的基本方法，B 样条曲线计算方法是由 Gordon、Riesenfeld 和 Forrest 在研究 Bézier 方法的基础上改进而成的。

与 Bézier 方法相比，除了共有的直观性和凸包性等优点外，B 样条曲线计算方法还具有如下一些良好的性质。

（1）相对于 Bézier 曲线而言，B 样条曲线与特征多边形的外形更接近，因而更直观，更容易预测曲线的形状，更容易控制。其中，与三次 B 样条曲线相比，二次 B 样条与特征多边形的外形

更接近，但光顺性较三次 B 样条略差一些，如图 4-23 所示。

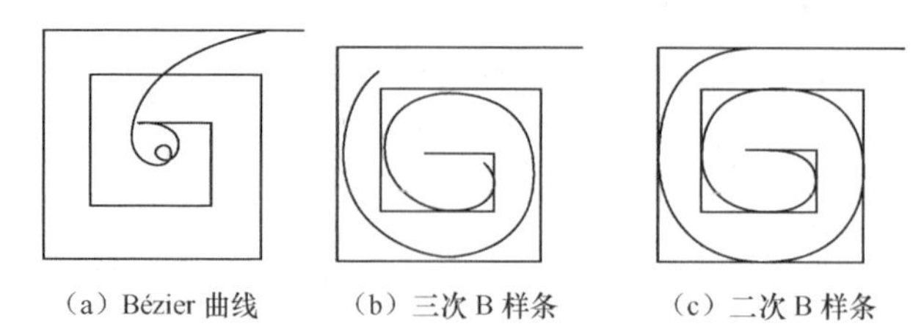

（a）Bézier 曲线　（b）三次 B 样条　（c）二次 B 样条

图 4-23　Bézier 曲线、B 样条曲线与其特征多边形外形的接近程度的对比

（2）局部修改能力强，n 次的 B 样条曲线只受局部的 $n+1$ 个控制多边形顶点的影响，移动某个控制顶点只会影响以该点为中心的邻近的 $n+1$ 段曲线（见图 4-24），不会牵动全局，因而 B 样条曲线是一种更适合人机交互设计的曲线，更有利于设计者对曲线进行局部修改。

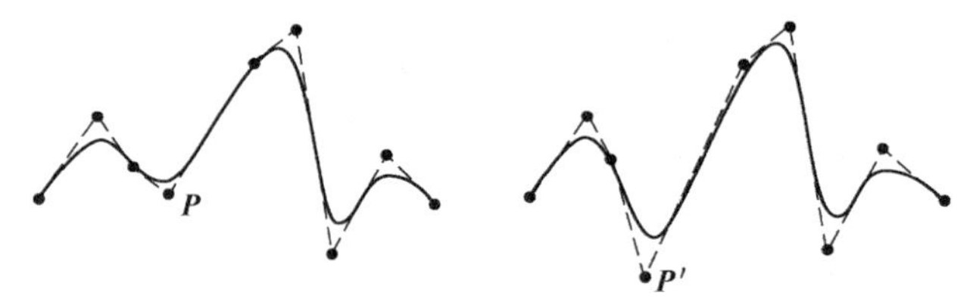

（a）控制点 $\boldsymbol{P}$ 改变前的曲线形状　（b）控制点 $\boldsymbol{P}$ 改变到 $\boldsymbol{P}'$ 位置后的曲线形状

图 4-24　B 样条曲线的局部控制特性

（3）多项式的次数低，计算简单，而且曲线的次数与特征多边形顶点的个数无关，因此为了更精确地描述某段曲线，设计者可以加入更多的采样点。

（4）易于拼接，可以采用较低次的 B 样条曲线而又能保证曲线具有一定阶数的连续性，计算简便。

（5）适应性强，能够灵活地生成具有任意形状的曲线，包括直线和含有尖点的曲线在内。

正因如此，B 样条曲线很快成为 CAGD 中最受设计者欢迎的一种数学方法。

4.4.2　B 样条曲线的数学表示

给定 $m+n+1$ 个位置矢量（顶点）$\boldsymbol{P}_{i+k}$，称 n 次参数曲线

$$\boldsymbol{P}_{i,n}(t)=\sum_{k=0}^{n}\boldsymbol{P}_{i+k}B_{k,n}(t) \qquad 0\leqslant t\leqslant 1 \tag{4-68}$$

为 n 次 B 样条曲线的第 i 段曲线（$i=0, 1, \cdots, m, k=0, 1, \cdots, n$）。它的全体称为 n 次 B 样条曲线，它具有 C^{n-1} 连续性。

如果依次用线段连接 $\boldsymbol{P}_{i+k}$ 中相邻两个向量的终点，那么所组成的多边形称为样条在第 i 段的 B 特征多边形，$\boldsymbol{P}_{i+k}$ 称为 B 特征多边形的控制顶点。$m+n+1$ 个控制顶点可生成 $m+1$ 段 n 次 B 样条曲线。其中，第 0 段的 B 特征多边形由 $\boldsymbol{P}_0, \boldsymbol{P}_1, \boldsymbol{P}_2, ,\cdots, \boldsymbol{P}_n$ 这 $n+1$ 个控制顶点组成，第 1 段的 B 特征多边形由 $\boldsymbol{P}_1, \boldsymbol{P}_2, \boldsymbol{P}_3,\cdots, \boldsymbol{P}_{n+1}$ 这 $n+1$ 个控制顶点组成，第 2 段的 B 特征多边形由 $\boldsymbol{P}_2, \boldsymbol{P}_3, \boldsymbol{P}_4,\cdots, \boldsymbol{P}_{n+2}$ 这 $n+1$ 个控制顶点组成，依次类推，第 m 段的 B 特征多边形由 $\boldsymbol{P}_m, \boldsymbol{P}_{m+1}, \boldsymbol{P}_{m+2},\cdots, \boldsymbol{P}_{m+n}$ 这 $n+1$ 个控制顶点组成。

由于 B 样条曲线中各段的地位是平等的，为了简化记号，取 $i = 0$ 来代表样条中的任意一段曲线，其数学表达式为

$$\boldsymbol{P}(t)=\sum_{k=0}^{n}\boldsymbol{P}_k B_{k,n}(t) \qquad 0\leqslant t\leqslant 1 \tag{4-69}$$

基函数为 B 样条函数

$$B_{k,n}(t)=\frac{1}{n!}\sum_{j=0}^{n-k}(-1)^j C_{n+1}^j(t+n-k-j)^n \qquad 0\leqslant t\leqslant 1 \tag{4-70}$$

B 样条曲线与 Bézier 样条曲线的不同之处主要有以下几点。

① 参数 u 的取值范围取决于 B 样条参数的选取。

② B 样条混合函数 $B_{k,d}$ 是一个 d–1 次多项式，d 可以是 2 到控制点个数 n+1 之间的任一整数。如果设 $d=1$，该点曲线轨迹正好是那个控制点本身。

③ B 样条可实施局部控制，如图 4-24（a）中改变控制点 P 的位置生成了图 4-24（b）所示曲线，而图 4-24（b）所示曲线中只改变了该控制点附近的局部曲线段的形状。

④ B 样条允许改变控制点的个数来设计曲线，而不需改变多项式的次数。

4.4.3　二次 B 样条曲线

当控制点数 $n=2$ 时，即控制顶点为 $\boldsymbol{P}_0$、$\boldsymbol{P}_1$、$\boldsymbol{P}_2$，由式（4-68）得二次 B 样条曲线的定义为

$$\begin{aligned}\boldsymbol{P}(t)&=\sum_{k=0}^{2}\boldsymbol{P}_k B_{k,2}(t)\\&=\frac{1}{2}(t-1)^2\boldsymbol{P}_0+\frac{1}{2}(-2t^2+2t+1)\boldsymbol{P}_1+\frac{1}{2}t^2\boldsymbol{P}_2 \qquad 0\leqslant t\leqslant 1\end{aligned} \tag{4-71}$$

其矩阵表示为

$$\boldsymbol{P}(t)=\begin{bmatrix}\boldsymbol{P}_0 & \boldsymbol{P}_1 & \boldsymbol{P}_2\end{bmatrix}\cdot\frac{1}{2}\cdot\begin{bmatrix}1 & -2 & 1\\1 & 2 & -2\\0 & 0 & 1\end{bmatrix}\begin{bmatrix}1\\t\\t^2\end{bmatrix} \tag{4-72}$$

由式（4-72）及对其求导的结果，不难推出，二次 B 样条曲线的首、末端点处的性质为

$$\boldsymbol{P}(t)\big|_{t=0}=\frac{1}{2}(\boldsymbol{P}_0+\boldsymbol{P}_1) \tag{4-73}$$

$$\boldsymbol{P}(t)\big|_{t=1}=\frac{1}{2}(\boldsymbol{P}_2+\boldsymbol{P}_3) \tag{4-74}$$

$$\boldsymbol{P}'(t)\big|_{t=0}=\boldsymbol{P}_1-\boldsymbol{P}_0 \tag{4-75}$$

$$\boldsymbol{P}'(t)\big|_{t=1}=\boldsymbol{P}_2-\boldsymbol{P}_1 \tag{4-76}$$

$$\boldsymbol{P}(t)\Big|_{t=\frac{1}{2}}=\frac{1}{2}\left[\frac{1}{2}(\boldsymbol{P}(0)+\boldsymbol{P}(1))+\boldsymbol{P}_1\right]=\frac{1}{2}(\boldsymbol{P}_m+\boldsymbol{P}_1) \tag{4-77}$$

$$\boldsymbol{P}'(t)\Big|_{t=\frac{1}{2}}=\boldsymbol{P}(1)-\boldsymbol{P}(0) \tag{4-78}$$

式（4-73）～式（4-78）表明：二次 B 样条曲线的两个端点就是其 B 特征多边形的两边的中点，并且以两边为其端点的切线。曲线在 $t=0.5$ 处的点 $\boldsymbol{P}(0.5)$ 为△$\boldsymbol{P}_1\boldsymbol{P}(0)\boldsymbol{P}(1)$的中线 $\boldsymbol{P}_1\boldsymbol{P}_m$ 的中点，且其切向量 $\boldsymbol{P}'(0.5)$ 平行于△$\boldsymbol{P}_1\boldsymbol{P}(0)\boldsymbol{P}(1)$的底边 $\boldsymbol{P}(0)\boldsymbol{P}(1)$。如图 4-25 所示，根据抛物线的性质可知，二次 B 样条曲线也是一条抛物线。

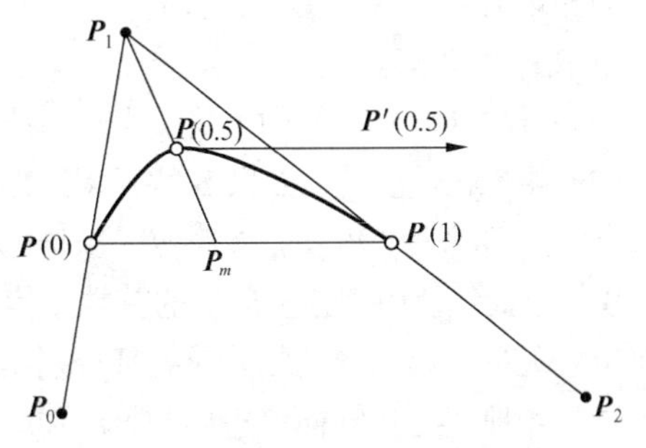

图 4-25　由 3 个控制点定义的二次 B 样条曲线

4.4.4 三次 B 样条曲线

当控制点数 $n=3$ 时，即控制顶点为 $\boldsymbol{P}_0$、$\boldsymbol{P}_1$、$\boldsymbol{P}_2$、$\boldsymbol{P}_3$，由式（4-68）得三次 B 样条曲线的定义为

$$\begin{aligned}\boldsymbol{P}(t)&=\sum_{k=0}^{3}\boldsymbol{P}_k B_{k,3}(t)\\&=\frac{1}{6}(-t^3+3t^2-3t+1)\boldsymbol{P}_0+\frac{1}{6}(3t^3-6t^2+4)\boldsymbol{P}_1\\&\quad+\frac{1}{6}(-3t^3+3t^2+3t+1)\boldsymbol{P}_2+\frac{1}{6}t^3\boldsymbol{P}_3 \qquad 0\leqslant t\leqslant 1\end{aligned} \tag{4-79}$$

其矩阵表示为

$$\boldsymbol{P}(t)=\begin{bmatrix}\boldsymbol{P}_0 & \boldsymbol{P}_1 & \boldsymbol{P}_2 & \boldsymbol{P}_3\end{bmatrix}\cdot\frac{1}{6}\cdot\begin{bmatrix}1 & -3 & 3 & -1\\4 & 0 & -6 & 3\\1 & 3 & 3 & -3\\0 & 0 & 0 & 1\end{bmatrix}\begin{bmatrix}1\\t\\t^2\\t^3\end{bmatrix} \tag{4-80}$$

由式（4-80）及对其求导的结果，不难推出，三次 B 样条曲线的首、末端点处的性质为

$$\boldsymbol{P}(t)\big|_{t=0}=\frac{1}{6}(\boldsymbol{P}_0+4\boldsymbol{P}_1+\boldsymbol{P}_2)=\frac{1}{3}\left(\frac{\boldsymbol{P}_0+\boldsymbol{P}_2}{2}\right)+\frac{2}{3}\boldsymbol{P}_1=\frac{1}{3}(\boldsymbol{P}_m-\boldsymbol{P}_1)+\boldsymbol{P}_1 \tag{4-81}$$

$$\boldsymbol{P}(t)\big|_{t=1}=\frac{1}{6}(\boldsymbol{P}_1+4\boldsymbol{P}_2+\boldsymbol{P}_3)=\frac{1}{3}\left(\frac{\boldsymbol{P}_2+\boldsymbol{P}_3}{2}\right)+\frac{2}{3}\boldsymbol{P}_2=\frac{1}{3}(\boldsymbol{P}_n-\boldsymbol{P}_2)+\boldsymbol{P}_2 \tag{4-82}$$

$$\boldsymbol{P}'(t)\big|_{t=0}=\frac{1}{2}(\boldsymbol{P}_2-\boldsymbol{P}_0) \tag{4-83}$$

$$\boldsymbol{P}'(t)\big|_{t=1}=\frac{1}{2}(\boldsymbol{P}_3-\boldsymbol{P}_1) \tag{4-84}$$

$$\boldsymbol{P}''(t)\big|_{t=0}=\boldsymbol{P}_0+\boldsymbol{P}_2-2\boldsymbol{P}_1=2\left(\frac{\boldsymbol{P}_0+\boldsymbol{P}_2}{2}-\boldsymbol{P}_1\right)=2(\boldsymbol{P}_1^*-\boldsymbol{P}_1) \tag{4-85}$$

$$\boldsymbol{P}''(t)\big|_{t=1}=\boldsymbol{P}_1+\boldsymbol{P}_3-2\boldsymbol{P}_2=2\left(\frac{\boldsymbol{P}_1+\boldsymbol{P}_3}{2}-\boldsymbol{P}_2\right)=2(\boldsymbol{P}_2^*-\boldsymbol{P}_2) \tag{4-86}$$

式（4-81）至式（4-86）表明：曲线的首端点 $\boldsymbol{P}(0)$位于$\triangle \boldsymbol{P}_0\boldsymbol{P}_1\boldsymbol{P}_2$的中线 $\boldsymbol{P}_1\boldsymbol{P}_m$上，且位于距 $\boldsymbol{P}_1$点的 1/3 处。该点的切线平行于$\triangle \boldsymbol{P}_0\boldsymbol{P}_1\boldsymbol{P}_2$的底边 $\boldsymbol{P}_0\boldsymbol{P}_2$，且长度为它的 1/2，如图 4-26 所示，$\boldsymbol{P}''(0)$等于中线向量 $\boldsymbol{P}_1\boldsymbol{P}_m$的 2 倍。曲线末端点 $\boldsymbol{P}(1)$的情况与首端点类似，它位于$\triangle \boldsymbol{P}_0\boldsymbol{P}_1\boldsymbol{P}_2$的中线 $\boldsymbol{P}_2\boldsymbol{P}_n$上，且位于距 $\boldsymbol{P}_2$点的 1/3 处。该点的切线平行于$\triangle \boldsymbol{P}_0\boldsymbol{P}_1\boldsymbol{P}_2$的底边 $\boldsymbol{P}_1\boldsymbol{P}_3$，且长度为它的 1/2。$\boldsymbol{P}''(1)$ 等于中线向量 $\boldsymbol{P}_1\boldsymbol{P}_n$的 2 倍。

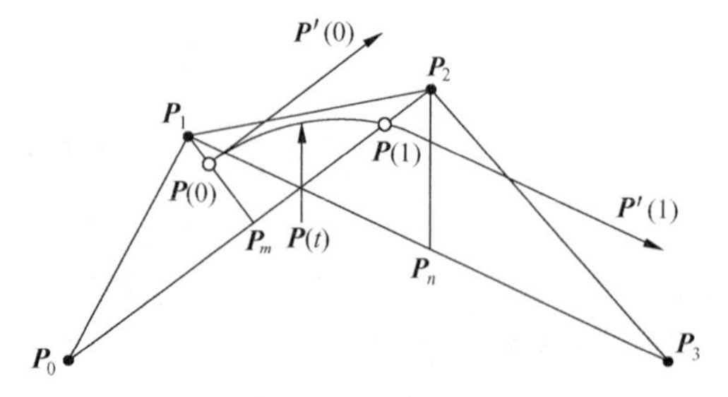

图 4-26　由 4 个控制点定义的三次 B 样条曲线段

三次B样条曲线的上述端点性质决定了曲线段的连接也比较容易。如果 B 特征多边形增加一个顶点 $\boldsymbol{P}_4$，那么 $\boldsymbol{P}_1, \boldsymbol{P}_2, \boldsymbol{P}_3, \boldsymbol{P}_4$决定了新增的下一段三次 B 样条曲线。由于该段曲线的首端点信息与前一段曲线的末端点信息仅与 $\boldsymbol{P}_1, \boldsymbol{P}_2, \boldsymbol{P}_3$有关，它们的位置矢量、切向量及二阶导数都分别相等，因此，三次 B 样条曲线在衔接点处具有 GC^2 连续性。进一步地，在 B 特征多边形上每增加一个顶点，就相应地增加一段 B 样条曲线，而前面的 B 样条曲线不受影响。

4.4.5　B 样条曲线的几种特殊情况

B 样条曲线在几何外形设计中有着广泛的应用。在使用过程中，可能遇到几种特殊情况，而掌握这些情况的处理方法在外形设计中是很有用的。

1. 4 顶点共线

3 个控制顶点 $\boldsymbol{P}_0\boldsymbol{P}_1\boldsymbol{P}_2$ 共线是 $\triangle \boldsymbol{P}_0\boldsymbol{P}_1\boldsymbol{P}_2$ 退化的情况。如图 4-27 所示，它相当于由顶点 $\boldsymbol{P}_1$ 向底边 $\boldsymbol{P}_0\boldsymbol{P}_2$ 作垂直的压缩变换。设 $\boldsymbol{P}_m$ 为 $\boldsymbol{P}_0\boldsymbol{P}_2$ 的中点，则由式（4-81）可知，生成的三次 B 样条曲线的首端点 $\boldsymbol{P}(0)$ 是位于控制多边形边上的一个点，且距顶点 $\boldsymbol{P}_1$ 的距离恰好为 $\boldsymbol{P}_m\boldsymbol{P}_1$ 长度的 1/3，$\boldsymbol{P}(0)$ 处的曲率退化为 0，即 $\boldsymbol{P}(0)$ 为曲线的直化点，这一点有可能形成拐点。

4 个控制顶点共线为 $\triangle \boldsymbol{P}_0\boldsymbol{P}_1\boldsymbol{P}_2$ 和 $\triangle \boldsymbol{P}_1\boldsymbol{P}_2\boldsymbol{P}_3$ 都退化的情况，如图 4-28 所示，这时生成的三次 B 样条曲线就是一条直线段，线段的两个端点 $\boldsymbol{P}(0)$ 和 $\boldsymbol{P}(1)$ 由图 4-27 所示的方法确定。这说明如果我们想在样条曲线上构造一段直线，那么只要让 4 个顶点共线就可以了。

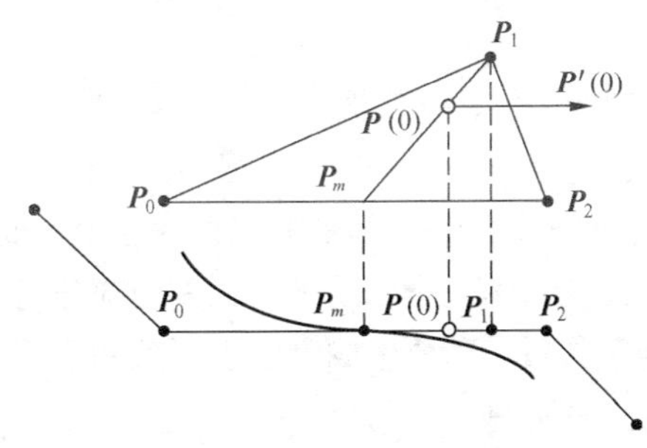

图 4-27　3 顶点共线的特殊情形

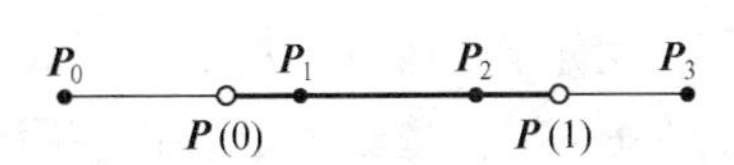

图 4-28　4 顶点共线的特殊情形

2. 两顶点重合

两顶点重合相当于如图 4-29 所示的直角三角形 $\boldsymbol{P}_0\boldsymbol{P}_1\boldsymbol{P}_2$ 退化的情况。由于 $\boldsymbol{P}(0)$ 距 $\boldsymbol{P}_1$ 的距离为 $\boldsymbol{P}_m\boldsymbol{P}_1$ 长度的 1/3，而 $\boldsymbol{P}_m\boldsymbol{P}_1$ 又是 $\boldsymbol{P}_0\boldsymbol{P}_1$ 长度的 1/2，所以 $\boldsymbol{P}(0)$ 距 $\boldsymbol{P}_1$ 的距离为 $\boldsymbol{P}_0\boldsymbol{P}_1$ 长度的 1/6，同样，$\boldsymbol{P}(0)$ 处的曲率退化为 0。

如果 5 个控制顶点 $\boldsymbol{P}_0, \boldsymbol{P}_1, \boldsymbol{P}_2, \boldsymbol{P}_3, \boldsymbol{P}_4$ 中有两个控制顶点 $\boldsymbol{P}_1, \boldsymbol{P}_2$ 重合，即 $\boldsymbol{P}_1=\boldsymbol{P}_2$（称为二重顶点），那么将生成三段相切于控制多边形边的三次 B 样条曲线，如图 4-30 所示。这说明如果我们想要使样条曲线的一段与其 B 特征多边形相切，那么只要使用二重顶点或者三顶点共线技巧就可以了。如图 4-31 所示，利用二重顶点也可以构造含有直线段的 B 样条曲线。

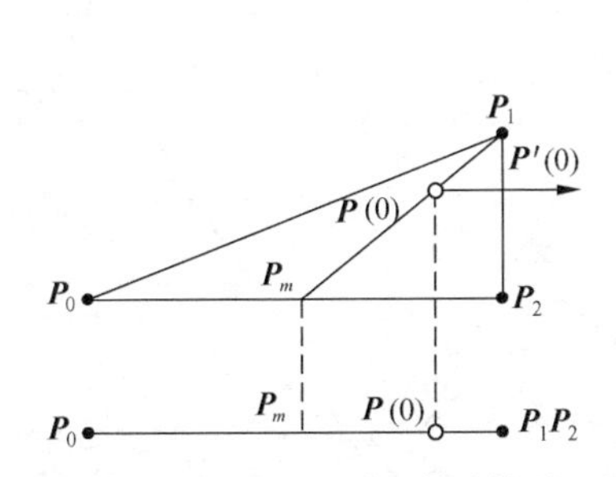

图 4-29　两顶点重合的特殊情形

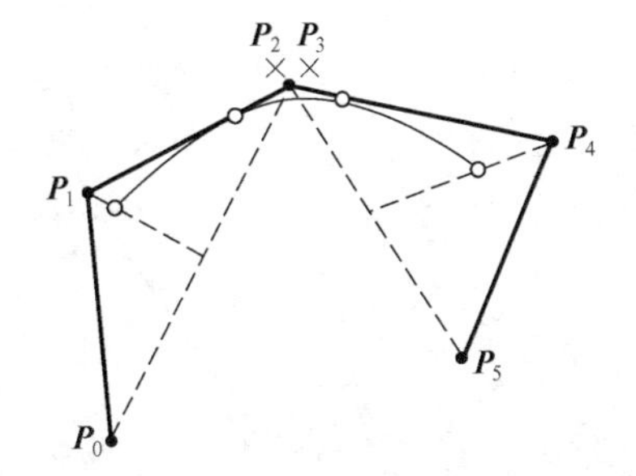

图 4-30　利用二重顶点设计相切于控制多边形边的曲线

3. 3 顶点重合

由前面的两种情况可知，如果 7 个控制顶点 $\boldsymbol{P}_0, \boldsymbol{P}_1, \boldsymbol{P}_2, \boldsymbol{P}_3, \boldsymbol{P}_4, \boldsymbol{P}_5, \boldsymbol{P}_6$ 中有 3 个控制顶点 $\boldsymbol{P}_2, \boldsymbol{P}_3, \boldsymbol{P}_4$

重合，即 $P_2=P_3=P_4$（称为三重顶点），那么将生成 4 段三次 B 样条曲线，如图 4-32 所示，三重顶点处的曲线是由含有尖点的，它是由两条线段形成的尖角。直观地从图上看，尖点处的切向是不连续的，因而它是一个奇异点，但是对于参数曲线而言，它又确实达到了 GC^2 连续，因为在三重顶点处的一阶和二阶导向量都退化为 0 了。这说明如果我们想要使样条曲线通过某一顶点或者在样条上形成一个尖角，那么只要使用三重顶点技巧就可以了。

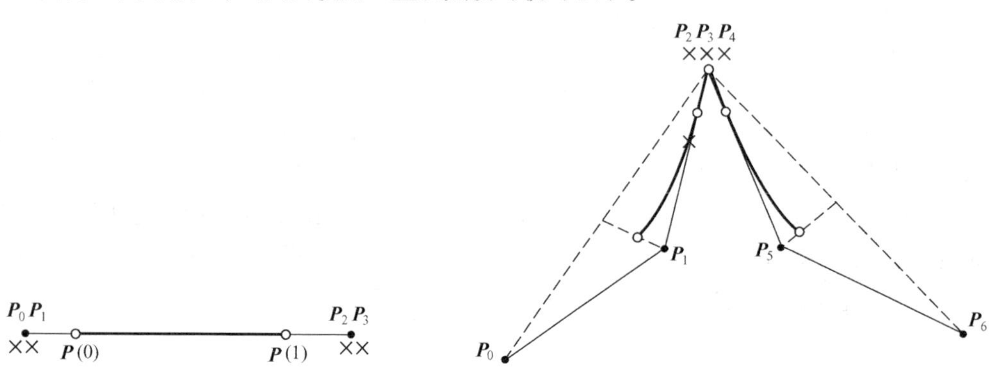

图 4-31　利用二重顶点构造含有直线段的 B 样条曲线　　图 4-32　利用三顶点重合设计含有尖角的曲线

4. 构造通过 B 特征多边形某一顶点的 B 样条曲线

在一些实际问题中，经常会遇到这样一种情况，即希望所设计的 B 样条曲线在给定的点上开始或者终止，而且带有确定的切向量，也就是说，在边界上满足插值条件，而其余部分仍是逼近。

例如，给定 P_0, P_1, P_2, P_3 为 B 特征多边形的顶点矢量，若要生成以 P_0 为首端点、以 P_3 为末端点的三次 B 样条曲线，那么可以使用以下两种方法来实现。

方法 1：使用二重顶点技巧。

如图 4-33（a）所示，将 B 特征多边形的首尾两条边各延长 1/6，将新增的顶点 P_{-1} 和 P_4 置为二重顶点，则以 P_{-1}, P_1, P_2, P_4 为 B 特征多边形顶点生成的三次 B 样条曲线通过点 P_0, P_3，并且分别与 P_0P_1 和 P_2P_3 相切。

方法 2：使用三顶点共线技巧。

如图 4-33（b）所示，将 B 特征多边形的首尾两条边各延长 1/2，使 P_0, P_3 分别为 $P_{-1}P_1$ 和 P_2P_4 的中点，由于 P_{-1}, P_0, P_1 和 P_2, P_3, P_4 三顶点共线，因此以 P_{-1}，P_0，P_1，P_2，P_3，P_4 为 B 特征多边形顶点生成的三次 B 样条曲线通过点 P_0，P_3，并且分别与 P_0P_1 和 P_2P_3 相切。

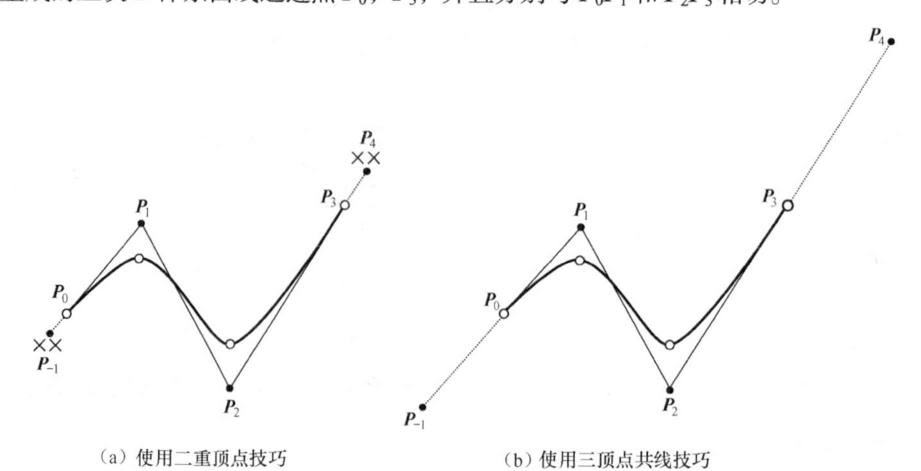

图 4-33　构造通过 B 特征多边形某一顶点的 B 样条曲线

4.4.6　反求 B 样条曲线控制顶点

如果已知一组离散的空间型值点序列，要求拟合一条逐点通过这些型值点的 B 样条曲线，为了画出这些 B 样条曲线，必须根据这些型值点反求出 B 样条曲线的控制顶点，这就是反求 B 样条控制顶点的问题。下面以反求三次 B 样条曲线控制顶点为例进行说明。

1. 常用的反求 B 样条曲线控制顶点的方法

假如已知 B 样条曲线的 n 个控制顶点 $\boldsymbol{P}_m(m=0, 1, 2, \cdots, n-1)$，那么按如下三次 B 样条的分段参数方程计算 B 样条曲线上的所有点的坐标

$$\boldsymbol{P}_{i,3}(t)=\sum_{k=0}^{3}\boldsymbol{P}_{i+k}B_{k,3}(t) \tag{4-87}$$

由于在相邻两段 B 样条曲线的衔接点处有 $\boldsymbol{P}_{i,3}(1)=\boldsymbol{P}_{i+1,3}(0)$，因此，曲线上的型值点可以只用每一段上 $t=0$ 时的型值点来表示，它们分别为

$$\boldsymbol{P}_{i,3}(0)=\frac{1}{6}(\boldsymbol{P}_i+4\boldsymbol{P}_{i+1}+\boldsymbol{P}_{i+2})\quad i=0,1,2\cdots,\ n-3 \tag{4-88}$$

即

$$\begin{gathered}\boldsymbol{P}_{0,3}(0)=\frac{1}{6}(\boldsymbol{P}_0+4\boldsymbol{P}_1+\boldsymbol{P}_2)\\ \boldsymbol{P}_{1,3}(0)=\frac{1}{6}(\boldsymbol{P}_1+4\boldsymbol{P}_2+\boldsymbol{P}_3)\\ \vdots\\ \boldsymbol{P}_{n-3,3}(0)=\frac{1}{6}(\boldsymbol{P}_{n-3}+4\boldsymbol{P}_{n-2}+\boldsymbol{P}_{n-1})\end{gathered} \tag{4-89}$$

若令

$$\boldsymbol{Q}_i=\boldsymbol{P}_{i,3}(0)\quad i=0,1,2,\cdots,\ n-3 \tag{4-90}$$

这里，称 $\boldsymbol{Q}_i$ 为型值点。于是可得如下方程组

$$\begin{cases}6\boldsymbol{Q}_0=\boldsymbol{P}_0+4\boldsymbol{P}_1+\boldsymbol{P}_2\\ 6\boldsymbol{Q}_1=\boldsymbol{P}_1+4\boldsymbol{P}_2+\boldsymbol{P}_3\\ \quad\vdots\\ 6\boldsymbol{Q}_{n-4}=\boldsymbol{P}_{n-4}+4\boldsymbol{P}_{n-3}+\boldsymbol{P}_{n-2}\\ 6\boldsymbol{Q}_{n-3}=\boldsymbol{P}_{n-3}+4\boldsymbol{P}_{n-2}+\boldsymbol{P}_{n-1}\end{cases} \tag{4-91}$$

现在要解决的问题是：已知 $n-2$ 个型值点 Q_i（$i=0, 1, 2, \cdots, n-3$），计算逐点通过 $\boldsymbol{Q}_i$ 的三次 B 样条曲线的控制顶点 $\boldsymbol{P}_m(m=0, 1, 2, \cdots, n-1)$。用式（4-91）中的 $n-2$ 个方程计算 n 个未知量 $\boldsymbol{P}_m(m=0, 1, 2, \cdots, n-1)$，显然条件不充分，还需补充两个边界条件。给定边界条件的方法有以下 5 种。

（1）切矢边界条件，即给定首末端点的一阶导数矢量 $\boldsymbol{Q}'_0$ 和 $\boldsymbol{Q}'_{n-3}$。

因为

$$\boldsymbol{Q}'_0=\frac{1}{2}(\boldsymbol{P}_2-\boldsymbol{P}_0) \tag{4-92}$$

$$\boldsymbol{Q}'_{n-3}=\frac{1}{2}(\boldsymbol{P}_{n-1}-\boldsymbol{P}_{n-3}) \tag{4-93}$$

也可以写为

$$\boldsymbol{P}_0=\boldsymbol{P}_2-2\boldsymbol{Q}'_0 \tag{4-94}$$

$$\boldsymbol{P}_{n-1}=2\boldsymbol{Q}'_{n-3}+\boldsymbol{P}_{n-3} \tag{4-95}$$

分别代入 $6\boldsymbol{Q}_0 = \boldsymbol{P}_0 + 4\boldsymbol{P}_1 + \boldsymbol{P}_2$ 和 $6\boldsymbol{Q}_{n-3} = \boldsymbol{P}_{n-3} + 4\boldsymbol{P}_{n-2} + \boldsymbol{P}_{n-1}$ 得

$$6\boldsymbol{Q}_0 + 2\boldsymbol{Q}_0' = 4\boldsymbol{P}_1 + 2\boldsymbol{P}_2 \tag{4-96}$$

$$6\boldsymbol{Q}_{n-3} - 2\boldsymbol{Q}_{n-3}' = 2\boldsymbol{P}_{n-3} + 4\boldsymbol{P}_{n-2} \tag{4-97}$$

与式（4-91）所示方程组联立，得

$$\begin{cases} 6\boldsymbol{Q}_0 + 2\boldsymbol{Q}_0' = 4\boldsymbol{P}_1 + 2\boldsymbol{P}_2 \\ 6\boldsymbol{Q}_1 = \boldsymbol{P}_1 + 4\boldsymbol{P}_2 + \boldsymbol{P}_3 \\ \quad\vdots \\ 6\boldsymbol{Q}_{n-4} = \boldsymbol{P}_{n-4} + 4\boldsymbol{P}_{n-3} + \boldsymbol{P}_{n-2} \\ 6\boldsymbol{Q}_{n-3} - 2\boldsymbol{Q}_{n-3}' = 2\boldsymbol{P}_{n-3} + 4\boldsymbol{P}_{n-2} \end{cases} \tag{4-98}$$

写成矩阵形式为

$$\begin{bmatrix} 6\boldsymbol{Q}_0 + 2\boldsymbol{Q}'_0 \\ 6\boldsymbol{Q}_1 \\ \vdots \\ 6\boldsymbol{Q}_{n-4} \\ 6\boldsymbol{Q}_{n-3} - 2\boldsymbol{Q}'_{n-3} \end{bmatrix} = \begin{bmatrix} 4 & 2 & & & \\ 1 & 4 & 1 & & \\ & \cdots & \cdots & \cdots & \\ & & 1 & 4 & 1 \\ & & & 2 & 4 \end{bmatrix} \begin{bmatrix} \boldsymbol{P}_1 \\ \boldsymbol{P}_2 \\ \vdots \\ \boldsymbol{P}_{n-3} \\ \boldsymbol{P}_{n-2} \end{bmatrix} \tag{4-99}$$

用追赶法对上述三对角方程进行求解，可得 $\boldsymbol{P}_m$（m=1, 2, …, n−2），再由式（4-94）和式（4-95）可求出 $\boldsymbol{P}_0$ 和 $\boldsymbol{P}_{n-1}$。

（2）给定首末端点的二阶导数矢量 $\boldsymbol{Q}_0''$ 和 $\boldsymbol{Q}_{n-3}''$。

根据式（4-85）知 $\boldsymbol{Q}_0'' = \boldsymbol{P}_0 - 2\boldsymbol{P}_1 + \boldsymbol{P}_2$，同理有 $\boldsymbol{Q}_{n-3}'' = \boldsymbol{P}_{n-1} - 2\boldsymbol{P}_{n-2} + \boldsymbol{P}_{n-3}$。

由 $\boldsymbol{Q}_0'' = \boldsymbol{P}_0 - 2\boldsymbol{P}_1 + \boldsymbol{P}_2$ 推出

$$\boldsymbol{P}_0 = 2\boldsymbol{P}_1 - \boldsymbol{P}_2 + \boldsymbol{Q}_0'' \tag{4-100}$$

代入 $6\boldsymbol{Q}_0 = \boldsymbol{P}_0 + 4\boldsymbol{P}_1 + \boldsymbol{P}_2$ 得

$$6\boldsymbol{Q}_0 - \boldsymbol{Q}_0'' = 6\boldsymbol{P}_1 \tag{4-101}$$

由 $\boldsymbol{Q}_{n-3}'' = \boldsymbol{P}_{n-1} - 2\boldsymbol{P}_{n-2} + \boldsymbol{P}_{n-3}$ 推出

$$\boldsymbol{P}_{n-1} = \boldsymbol{Q}_{n-3}'' + 2\boldsymbol{P}_{n-2} - \boldsymbol{P}_{n-3} \tag{4-102}$$

代入 $6\boldsymbol{Q}_{n-3} = \boldsymbol{P}_{n-3} + 4\boldsymbol{P}_{n-2} + \boldsymbol{P}_{n-1}$ 得

$$6\boldsymbol{Q}_{n-3} - \boldsymbol{Q}_{n-3}'' = 6\boldsymbol{P}_{n-2} \tag{4-103}$$

将式（4-101）和式（4-103）与式（4-91）所示方程组联立，得

$$\begin{cases} 6\boldsymbol{Q}_0 - \boldsymbol{Q}_0'' = 6\boldsymbol{P}_1 \\ 6\boldsymbol{Q}_1 = \boldsymbol{P}_1 + 4\boldsymbol{P}_2 + \boldsymbol{P}_3 \\ \quad\vdots \\ 6\boldsymbol{Q}_{n-4} = \boldsymbol{P}_{n-4} + 4\boldsymbol{P}_{n-3} + \boldsymbol{P}_{n-2} \\ 6\boldsymbol{Q}_{n-3} - \boldsymbol{Q}_{n-3}'' = 6\boldsymbol{P}_{n-2} \end{cases} \tag{4-104}$$

写成矩阵形式为

$$\begin{bmatrix} 6\boldsymbol{Q}_0 - \boldsymbol{Q}_0'' \\ 6\boldsymbol{Q}_1 \\ \vdots \\ 6\boldsymbol{Q}_{n-4} \\ 6\boldsymbol{Q}_{n-3} - \boldsymbol{Q}_{n-3}'' \end{bmatrix} = \begin{bmatrix} 6 & 0 & & & \\ 1 & 4 & 1 & & \\ & \cdots & \cdots & \cdots & \\ & & 1 & 4 & 1 \\ & & & 0 & 6 \end{bmatrix} \begin{bmatrix} \boldsymbol{P}_1 \\ \boldsymbol{P}_2 \\ \vdots \\ \boldsymbol{P}_{n-3} \\ \boldsymbol{P}_{n-2} \end{bmatrix} \tag{4-105}$$

用追赶法对上述三对角方程进行求解，可得 $\boldsymbol{P}_m$（m=1, 2, …, n−2），再由式（4-100）和式（4-102）

可求出 P_0 和 P_{n-1}。

（3）自由端，即在 B 特征多边形的首末两条边的延长线上分别外延一点，使得 $P_1=\frac{1}{2}(P_0+P_2)$，$P_{n-2}=\frac{1}{2}(P_{n-3}+P_{n-1})$。

由 $P_1=\frac{1}{2}(P_0+P_2)$ 推出 $P_0=2P_1-P_2$，代入 $6Q_0=P_0+4P_1+P_2$ 得 $6Q_0=6P_1$；同理由 $P_{n-2}=\frac{1}{2}(P_{n-3}+P_{n-1})$ 推出 $P_{n-1}=2P_{n-2}-P_{n-3}$ 代入 $6Q_{n-3}=P_{n-3}+4P_{n-2}+P_{n-1}$ 得 $6Q_{n-3}=6P_{n-2}$。将 $6Q_0=6P_1$ 和 $6Q_{n-3}=6P_{n-2}$ 与式（4-91）所示方程组联立，得

$$\begin{cases}6Q_0=6P_1\\6Q_1=P_1+4P_2+P_3\\\quad\vdots\\6Q_{n-4}=P_{n-4}+4P_{n-3}+P_{n-2}\\6Q_{n-3}=6P_{n-2}\end{cases}\tag{4-106}$$

写成矩阵形式为

$$\begin{bmatrix}6Q_0\\6Q_1\\\vdots\\6Q_{n-4}\\6Q_{n-3}\end{bmatrix}=\begin{bmatrix}6&0&&&\\1&4&1&&\\&\cdots&\cdots&\cdots&\\&&1&4&1\\&&&0&6\end{bmatrix}\begin{bmatrix}P_1\\P_2\\\vdots\\P_{n-3}\\P_{n-2}\end{bmatrix}\tag{4-107}$$

与（1）、（2）类似，用追赶法求解该三对角方程即可。如 4.4.5 小节所示，使用这种边界条件，将生成过 B 特征多边形首末端点的三次 B 样条曲线。

（4）在首末端点处采用重顶点技巧。例如，使用二重顶点为 $P_0=P_1$，$P_{n-2}=P_{n-1}$，它是（3）的特例，相当于（3）中外延距离为 0 的情况。

将 $P_0=P_1$，$P_{n-2}=P_{n-1}$ 与式（4-91）所示方程组联立，得

$$\begin{cases}0=6P_0-6P_1\\6Q_0=P_0+4P_1+P_2\\6Q_1=P_1+4P_2+P_3\\\quad\vdots\\6Q_{n-4}=P_{n-4}+4P_{n-3}+P_{n-2}\\6Q_{n-3}=P_{n-3}+4P_{n-2}+P_{n-1}\\0=6P_{n-2}-6P_{n-1}\end{cases}\tag{4-108}$$

写成矩阵形式为

$$\begin{bmatrix}0\\6Q_0\\\vdots\\6Q_{n-3}\\0\end{bmatrix}=\begin{bmatrix}6&-6&&&\\1&4&1&&\\&\cdots&\cdots&\cdots&\\&&1&4&1\\&&&6&-6\end{bmatrix}\begin{bmatrix}P_0\\P_1\\\vdots\\P_{n-2}\\P_{n-1}\end{bmatrix}\tag{4-109}$$

（5）循环端，即 $P_0=P_{n-2}$，$P_{n-1}=P_1$。使用这种边界条件，将生成封闭周期的三次 B 样条曲线。

将 $P_0=P_{n-2}$，$P_{n-1}=P_1$ 与式（4-91）所示方程组联立，得

$$\begin{cases} 6\boldsymbol{Q}_0 = 4\boldsymbol{P}_1 + \boldsymbol{P}_2 + \boldsymbol{P}_{n-2} \\ 6\boldsymbol{Q}_1 = \boldsymbol{P}_1 + 4\boldsymbol{P}_2 + \boldsymbol{P}_3 \\ \quad \vdots \\ 6\boldsymbol{Q}_{n-4} = \boldsymbol{P}_{n-4} + 4\boldsymbol{P}_{n-3} + \boldsymbol{P}_{n-2} \\ 6\boldsymbol{Q}_{n-3} = \boldsymbol{P}_1 + \boldsymbol{P}_{n-3} + 4\boldsymbol{P}_{n-2} \end{cases} \tag{4-110}$$

写成矩阵形式为

$$\begin{bmatrix} 6\boldsymbol{Q}_0 \\ 6\boldsymbol{Q}_1 \\ \vdots \\ 6\boldsymbol{Q}_{n-4} \\ 6\boldsymbol{Q}_{n-3} \end{bmatrix} = \begin{bmatrix} 4 & 1 & & & 1 \\ 1 & 4 & 1 & & \\ & \cdots & \cdots & \cdots & \\ & & 1 & 4 & 1 \\ 1 & & & 1 & 4 \end{bmatrix} \begin{bmatrix} \boldsymbol{P}_1 \\ \boldsymbol{P}_2 \\ \vdots \\ \boldsymbol{P}_{n-3} \\ \boldsymbol{P}_{n-2} \end{bmatrix} \tag{4-111}$$

2. 反求 B 样条曲线控制顶点的构造曲率法

如前所述，在反求 B 样条控制顶点时，需要补充两个边界条件，才能使方程有唯一解。目前常用的边界条件有以下几类。

（1）给定首末端点的一阶或二阶导数矢量。

（2）在首末端点处采用二重或三重控制顶点技巧。

（3）在 B 特征多边形的首末两条边的延长线上分别外延一点。

（4）用于封闭曲线插值的循环端条件。

对于边界条件（1），要求设计者在只有初始型值点而曲线尚未知道的情况下，给出确定的端点导数是有困难的。而边界条件（2）在实际应用中，将不可避免的出现“零曲率”现象，即在端点处二阶导数为 0，使其有可能成为曲线的一个拐点，这在外形设计中常常是不希望出现的；而且取二重控制顶点时，将使得端点处的斜率确定，这往往与实际要求不符，而如果取三重控制顶点，又将使得在端点处的一阶、二阶导数均为 0，使得端点成为一个奇异点，并且出现一小段直线段。在边界条件（3）中，外延距离为 0 时的特例恰好就是边界条件（2），在这种方法中由于在 B 特征多边形的首边和末边都出现三控制顶点共线的情况，因此，边界条件（3）也会出现“零曲率”现象。边界条件（4）只适用于封闭曲线的设计，具有一定的局限性。

上述边界条件都存在着自身的不足之处，作者在参考文献[24]中提出一种新的边界条件构造方法，其适用于在未知端点切矢量时计算曲线插值。它将通过两端点内曲线的曲率来构造端点曲率，从而获得边界条件，亦可称为“构造曲率法”。该方法可以有效避免端点的“零曲率”现象，并使得端点处曲率的大小及方向可由设计者根据需要进行调节。

由于凡满足具有 GC^2 连续性、没有多余拐点、曲率变化均匀 3 个条件的曲线可称为光顺曲线，而在外形设计中，我们通常总是希望获得一条光顺的曲线，因此，考虑在样条的首端点处，令 $\boldsymbol{Q}_0'' = k_0\boldsymbol{Q}_1''$，这里 k_0 为一常数，称之为首端曲率参数。k_0 的选取应满足上述光顺曲线的 3 个条件。

参考式（4-80）可求得第 i 段三次 B 样条曲线的二阶导数为

$$\boldsymbol{P}_i''(t) = \begin{bmatrix} \boldsymbol{P}_i & \boldsymbol{P}_{i+1} & \boldsymbol{P}_{i+2} & \boldsymbol{P}_{i+3} \end{bmatrix} \begin{bmatrix} 1 & -1 \\ -2 & 3 \\ 1 & -3 \\ 0 & 1 \end{bmatrix} \begin{bmatrix} 1 \\ t \end{bmatrix} \tag{4-112}$$

若令 $\boldsymbol{Q}_i = \boldsymbol{P}_i(0)$，则对于 $i = 0, 1$ 段曲线的首端点 $t = 0$ 处，由式（4-112）分别有

$$\boldsymbol{Q}_0'' = \boldsymbol{P}_0 - 2\boldsymbol{P}_1 + \boldsymbol{P}_2 \tag{4-113}$$

$$\boldsymbol{Q}_1'' = \boldsymbol{P}_1 - 2\boldsymbol{P}_2 + \boldsymbol{P}_3 \tag{4-114}$$

将式（4-113）和式（4-114）代入 $\boldsymbol{Q}_0'' = k_0\boldsymbol{Q}_1''$ 中，有

$$\boldsymbol{P}_0 = (2+k_0)\boldsymbol{P}_1 - (2k_0+1)\boldsymbol{P}_2 + k_0\boldsymbol{P}_3 \tag{4-115}$$

由于在首端点处有

$$6\boldsymbol{Q}_0 = \boldsymbol{P}_0 + 4\boldsymbol{P}_1 + \boldsymbol{P}_2 \tag{4-116}$$

将式（4-115）代入式（4-116）中，得

$$6\boldsymbol{Q}_0 = (6+k_0)\boldsymbol{P}_1 - 2k_0\boldsymbol{P}_2 + k_0\boldsymbol{P}_3 \tag{4-117}$$

同理，在末端点处，令 $\boldsymbol{Q}_{n-2}'' = k_n\boldsymbol{Q}_{n-3}''$，$k_n$ 为末端曲率参数。于是可导出

$$\boldsymbol{P}_{n-1} = (2+k_n)\boldsymbol{P}_{n-2} - (2k_n+1)\boldsymbol{P}_{n-3} + k_n\boldsymbol{P}_{n-4} \tag{4-118}$$

由于在末端点处有

$$6\boldsymbol{Q}_{n-3} = \boldsymbol{P}_{n-3} + 4\boldsymbol{P}_{n-2} + \boldsymbol{P}_{n-1} \tag{4-119}$$

将式（4-118）代入式（4-119）中，得

$$6\boldsymbol{Q}_{n-3} = (6+k_n)\boldsymbol{P}_{n-2} - 2k_n\boldsymbol{P}_{n-3} + k_n\boldsymbol{P}_{n-4} \tag{4-120}$$

将式（4-117）和式（4-120）与式（4-91）联立，可将式（4-91）所示的 n−2 个方程组中的未知数由 n 个变成 n−2 个，写成矩阵形式为

$$\begin{bmatrix} 6\boldsymbol{Q}_0 \\ 6\boldsymbol{Q}_1 \\ \vdots \\ 6\boldsymbol{Q}_{n-4} \\ 6\boldsymbol{Q}_{n-3} \end{bmatrix} = \begin{bmatrix} 6+k_0 & -2k_0 & k_0 & & \\ 1 & 4 & 1 & & \\ & \cdots & \cdots & \cdots & \\ & & 1 & 4 & 1 \\ & & k_n & -2k_n & 6+k_n \end{bmatrix} \begin{bmatrix} \boldsymbol{P}_1 \\ \boldsymbol{P}_2 \\ \vdots \\ \boldsymbol{P}_{n-3} \\ \boldsymbol{P}_{n-2} \end{bmatrix} \tag{4-121}$$

化简为三对角阵为

$$\begin{bmatrix} 6\boldsymbol{Q}_0 \\ 6\boldsymbol{Q}_1 \\ \vdots \\ 6\boldsymbol{Q}_{n-4} \\ 6\boldsymbol{Q}_{n-3} \end{bmatrix} = \begin{bmatrix} -6 & 6k_0 & & & \\ 1 & 4 & 1 & & \\ & \cdots & \cdots & \cdots & \\ & & 1 & 4 & 1 \\ & & & 6k_n & -6 \end{bmatrix} \begin{bmatrix} k_0\boldsymbol{P}_2 - \boldsymbol{P}_1 \\ \boldsymbol{P}_2 \\ \vdots \\ \boldsymbol{P}_{n-3} \\ k_n\boldsymbol{P}_{n-3} - \boldsymbol{P}_{n-2} \end{bmatrix} \tag{4-122}$$

于是可唯一求出控制顶点 $\boldsymbol{P}_m(m=1, 2, \cdots, n-2)$，再通过式（4-115）、式（4-118）分别求出 $\boldsymbol{P}_0$ 和 $\boldsymbol{P}_{n-1}$，从而由已知的 n−2 个型值点 $\boldsymbol{Q}_i(i=0, 1, 2, \cdots, n-3)$求出所有 n 个控制顶点 $\boldsymbol{P}_m$。

那么如何选取曲率参数 k 的值呢？

首先曲率参数 k 值的选取应满足光顺曲线的 3 个条件。实验表明，k 的绝对值不宜过大，其取值范围在−1.5～1.5 之间为宜，在这个范围内基本可满足设计要求。对 k 的取值讨论如下。

当 k=0 时，表示曲线在该端点处曲率为 0，由式（4-115）、式（4-117）、式（4-118）和式（4-120）可得

$$\begin{aligned} &\boldsymbol{P}_0 = 2\boldsymbol{P}_1 - \boldsymbol{P}_2 \\ &\boldsymbol{P}_1 = \boldsymbol{Q}_0 \\ &\boldsymbol{P}_{n-1} = 2\boldsymbol{P}_{n-2} - \boldsymbol{P}_{n-3} \\ &\boldsymbol{P}_{n-2} = \boldsymbol{Q}_{n-3} \end{aligned}$$

它相当于前面提到的边界条件（3），即在 B 特征多边形两端分别延拓取点。

当 $0 \leqslant k \leqslant 1$ 时，表示样条曲线 $\boldsymbol{P}(t)$在首末端点处曲率符号和其在曲线内的相邻节点处的曲率符号同号，所以，在首末两段插值曲线段内无拐点，而且由于曲率参数小于 1，所以曲线向两端

渐趋平缓。

当$1.0 \leqslant k \leqslant 1.5$时，曲线弯曲程度向两端方向渐趋加大。但由于插值曲线 $\boldsymbol{P}(t)$在首末端点处曲率符号和其在曲线内的相邻节点处的曲率符号同号，所以，在首末两段插值曲线段内仍无拐点。

当$k<0$时，表示插值曲线 $\boldsymbol{P}$ 在首末端点处曲率符号和其在曲线内的相邻节点处的曲率符号异号，则在首末两段插值曲线段内有一个拐点，且拐点位置将随 k 绝对值的增大而沿曲线由端点向其相邻节点移动。

4.4.7 均匀 B 样条、准均匀 B 样条与非均匀 B 样条

除了 4.4.2 小节的定义方法之外，B 样条曲线还可以这样来定义，已知 n+1 个控制顶点 $\boldsymbol{P}_i(i=0, 1, \cdots, n)$，$k$ 阶（k–1 次）B 样条曲线的定义为

$$\boldsymbol{P}(t)=\sum_{i=0}^{n}\boldsymbol{P}_i B_{i,k}(t) \qquad t\in[t_1,t_2] \tag{4-123}$$

基函数 $B_{i,k}(t)$ 定义如下：取 $u_0, u_1,\cdots, u_{n+k}$ 共 $n+k+1$ 个节点值组成节点向量$(u_0, u_1,\cdots, u_{n+k})$，令

$$B_{i,1}(t)=\begin{cases}1 & t\in[u_i,u_{i+1}]\\ 0 & t\notin[u_i,u_{i+1}]\end{cases} \quad (i=0,1,2,\cdots,n+k+1) \tag{4-124}$$

其中，参数 t 的变化范围为$[t_1, t_2]=[u_{k-1}, u_{n+1}]$。用 $B_{i,j-1}(t)$ 定义 $B_{i,j}(t)$ 为

$$B_{i,j}(t)=\frac{(t-u_i)}{u_{i+j-1}-u_i}B_{i,j-1}(t)+\frac{(u_{i+j}-t)}{u_{i+j}-u_{i+1}}B_{i+1,j-1}(t) \qquad (i=0,1,2,\cdots,n+k-j) \tag{4-125}$$

其中，当分母为 0 时，定义式（4-125）中分式的值为 0。

从上述定义中，我们不难发现以下结论。

（1）B 样条曲线的次数取决于 k，与控制顶点数无关，且曲线次数不随控制顶点数的增加而增加。

（2）基函数 $B_{i,k}(t)$ 仅在某个局部不为 0，这使得 B 样条曲线具有局部修改性。

（3）当 k 和控制顶点数取定后，节点向量取值不同，曲线的形状也不同，这反映了 B 样条曲线的灵活性。

根据节点向量的不同取值，可将 B 样条曲线分为均匀 B 样条曲线、准均匀 B 样条曲线和非均匀 B 样条曲线 3 种。节点向量的取法主要有均匀周期性节点（等距节点）、均匀非周期节点和不等距节点 3 种，分别对应着均匀 B 样条、准均匀 B 样条和非均匀 B 样条 3 种不同的曲线。

（1）均匀周期性节点

当 B 样条曲线的节点向量选为 $u_i = i$ （$0 \leqslant i \leqslant n+k$），即参数的每个区间都是等长分布时，即相邻两个节点值间的距离相等（等距节点），那么所生成的曲线称为均匀 B 样条曲线（简称 B 样条曲线）。前面几节介绍的就是均匀 B 样条曲线。

一般情况下，节点向量取值范围为[0, 1]，如{0, 0.2, 0.4, 0.6, 0.8, 1}。为方便起见，常取初始值为 0、间距为 1 的均匀整数节点向量，即$\{0, 1, 2,\cdots, n+k\}$。在这种均匀节点取法下，均匀 B 样条基函数具有周期性的特点。对于给定的 n 和 k，所有的基函数 $B_{i,k}(t)$ 的形状也都是一样的。后面的基函数仅仅是对前一个基函数的水平移位，即 $B_{i,k}(t)$ 可由 $B_{i-1,k}(t)$ 右移一个单位得到，即

$$B_{i,k}(t)=B_{i-1,k}(t-1) \tag{4-126}$$

因此，$B_{i,k}(t)$ 也可由 $B_{0,k}(t)$ 移位得到，即

$$B_{i,k}(t)=B_{0,k}(t-i) \tag{4-127}$$

图 4-34 所示为 $n=k=3$，取均匀整数节点向量时所生成的均匀 B 样条基函数的曲线。

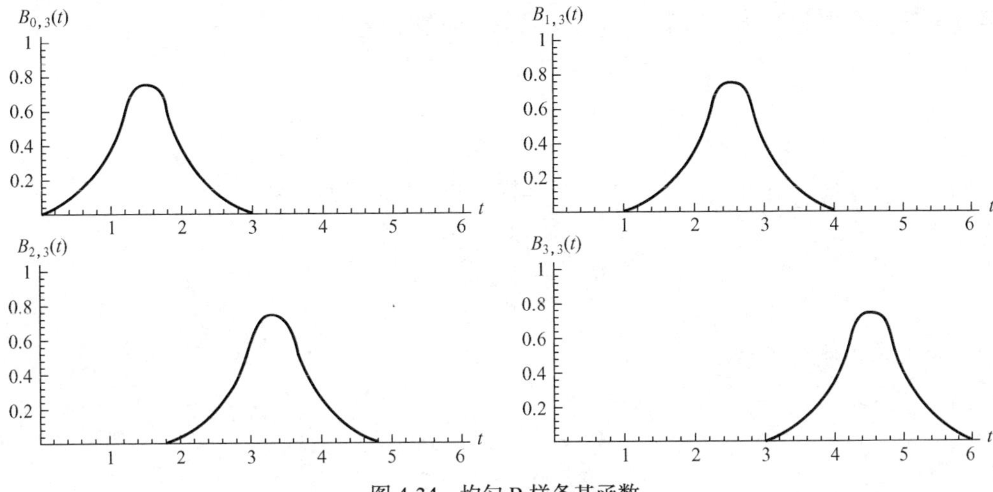

图 4-34 均匀 B 样条基函数

n+1 个控制顶点可生成 $n-k+2$ 段 k 阶（$k-1$ 次）B 样条曲线，具体对应每一段曲线的控制顶点如图 4-35 所示。因此，可得 k 阶（$k-1$ 次）B 样条曲线的分段表示为

$$\boldsymbol{P}(t)=\sum_{i=j-k+1}^{j}\boldsymbol{P}_i B_{i,k}(t) \qquad t\in[u_j,u_{j+1}]\subset[u_{k-1},u_{n+1}] \tag{4-128}$$

第 1 段 B 样条曲线对应的控制顶点：$\boldsymbol{P}_0\,\boldsymbol{P}_1 \cdots \boldsymbol{P}_{k-1}$ $[t_{k-1},\ t_k]$

第 2 段 B 样条曲线对应的控制顶点：$\boldsymbol{P}_1\,\boldsymbol{P}_2 \cdots \boldsymbol{P}_k$ $[t_k,\ t_{k+1}]$

…

第 $j-k+2$ 段 B 样条曲线对应的控制顶点：$\boldsymbol{P}_{j-k+1}\,\boldsymbol{P}_{j-k+2} \cdots \boldsymbol{P}_j$ $[t_j,\ t_{j+1}]$

…

第 $n-k+2$ 段 B 样条曲线对应的控制顶点：$\boldsymbol{P}_{n-k+1}\,\boldsymbol{P}_{n-k+2} \cdots \boldsymbol{P}_n$ $[t_n,\ t_{n+1}]$

图 4-35 B 样条曲线对应的控制顶点

（2）均匀非周期节点

如果按如下方式定义节点 u_i（$0 \leqslant i \leqslant n+k$），即

$$u_i=\begin{cases}0 & i\leqslant k-1\\ i-k+1 & k\leqslant i\leqslant n\\ n-k+2 & i\geqslant n+1\end{cases} \tag{4-129}$$

即节点向量取为

$$\begin{array}{l}(u_0,\ u_1,\ \ldots,\ u_{k-1},\ u_k,\ u_{k+1},\ \ldots,\ u_n,\ \qquad u_{n+1},\ \qquad \ldots,\ u_{n+k})\\ (\underbrace{0,\ 0,\ \ldots,\ 0,}_{k个}\ \underbrace{1,\ 2,\ \ldots,\ n-k+1,}_{k个}\ \underbrace{n-k+2,\ \ldots,\ n-k+2)}_{k个}\end{array}$$

由于所有内节点都是等距分布，仅在首末两端具有 k 重复度，不是均匀分布的，因此称为准均匀节点分布。这时生成的 B 样条曲线为 k 阶（$k-1$ 次）准均匀 B 样条曲线（Quasi-Uniform B-Spline Curve）。

若给定控制顶点 $\boldsymbol{P}_i$（$i = 0, 1, \ldots, n$），则采用局部参数的三阶（二次，k=3）准均匀 B 样条曲线方程为

$$\boldsymbol{P}(t)=\begin{bmatrix}\boldsymbol{P}_j & \boldsymbol{P}_{j+1} & \boldsymbol{P}_{j+2}\end{bmatrix}M\begin{bmatrix}1\\ t\\ t^2\end{bmatrix} \qquad j=0,1,\cdots,n-2$$

其中，$\boldsymbol{M}$ 为三阶（二次）准均匀 B 样条基函数的系数矩阵。

当 $n=2, j=0$ 时，$\boldsymbol{M}$ 为二次 Bernstein 基函数的系数矩阵，即

$$\boldsymbol{M}=\begin{bmatrix}1 & -2 & 1\\ 0 & 2 & -2\\ 0 & 0 & 1\end{bmatrix}$$

当 $n>3, 1\leqslant j\leqslant n-3$ 时，$\boldsymbol{M}$ 为二次均匀 B 样条基函数的系数矩阵，即

$$\boldsymbol{M}=\frac{1}{2}\cdot\begin{bmatrix}1 & -2 & 1\\ 1 & 2 & -2\\ 0 & 0 & 1\end{bmatrix}$$

当 $n\geqslant 3, j=0$ 时，$\boldsymbol{M}$ 为

$$\boldsymbol{M}=\begin{bmatrix}1 & -2 & 1\\ 0 & 2 & -3/2\\ 0 & 0 & 1/2\end{bmatrix}$$

当 $n\geqslant 3$，$j=n-2$ 时，$\boldsymbol{M}$ 为

$$\boldsymbol{M}=\begin{bmatrix}1/2 & -1 & 1/2\\ 1/2 & 1 & -3/2\\ 0 & 0 & 1\end{bmatrix}$$

三阶（二次，k=3）准均匀 B 样条基函数如图 4-36 所示。在曲线定义域内，除了两端 k−2 个节点区间外，在其他区间上与 k 阶（k−1 次）均匀 B 样条的基函数相同。

在图 4-36 中，当 $t=0$ 时，$B_{0,3}(t)=1$，其余基函数为 0；当 $t=n-k+2$ 时，$B_{5,3}(t)=1$，其余基函数为 0。由式（4-131）可以推出，准均匀 B 样条曲线首末端点是其控制多边形的首末顶点，这使得两端节点取为 k 重复度的准均匀 B 样条曲线，可以具有与 Bézier 曲线类似的端点几何性质。而如 4.4.5 小节所述，均匀 B 样条曲线要满足过其控制多边形首末顶点的要求，必须增加一些附加条件。

当 $n=5$，$k=3$ 时，参数 t 的变化范围为$[u_2, u_6]=[0, 4]$。三阶（k=3）准均匀 B 样条曲线的节点向量为

$$(u_0,\ u_1,\ u_2,\ u_3,\ u_4,\ u_5,\ u_6\ \ u_7,\ u_8)$$
$$(0,\ 0,\ 0,\ 1,\ 2,\ 3,\ 4,\ 4,\ 4)$$

当 $k=2$ 时，参数 t 的变化范围为$[u_1, u_{n+1}]=[0, n]$。准均匀 B 样条曲线的节点向量为

$$(u_0,\ u_1,\ u_2,\ u_3,\ \ldots,\ u_n,\ u_{n+1}\ \ u_{n+2})$$
$$(0,\ 0,\ 1,\ 2,\ \ldots,\ n-1,\ n,\ n)$$

此时，由于二阶（一次）准均匀 B 样条基函数全为折线，所以二阶（一次）准均匀 B 样条曲线也为折线，也就是它的控制多边形。

当 $k=n+1$ 时，参数 t 的变化范围为[0, 1]。准均匀 B 样条曲线的节点向量为

$$(\underbrace{0,\ 0,\ \ldots,\ 0}_{k=n+1\text{个}},\ \underbrace{1,\ 1,\ \ldots,\ 1}_{k=n+1\text{个}})$$

此时，$B_{i,k}(t)=BEZ_{i,k}(t)$，准均匀 B 样条曲线转化为 Bézier 曲线。

当控制顶点数取为 6（$n=5$）、分别取曲线阶数 $k=2, 3, 4, 5, 6$ 时生成的准均匀 B 样条曲线如图 4-37 所示。可见，准均匀 B 样条曲线相对于均匀 B 样条曲线，具有更大的灵活性。

（3）非均匀节点

当节点沿参数轴的分布不等距时，即 $t_{i+1}-t_i\neq$ 常数时，称为非均匀节点分布。这时生成的 B 样条曲线为非均匀 B 样条曲线（Non-Uniform B-Spline Curve）。

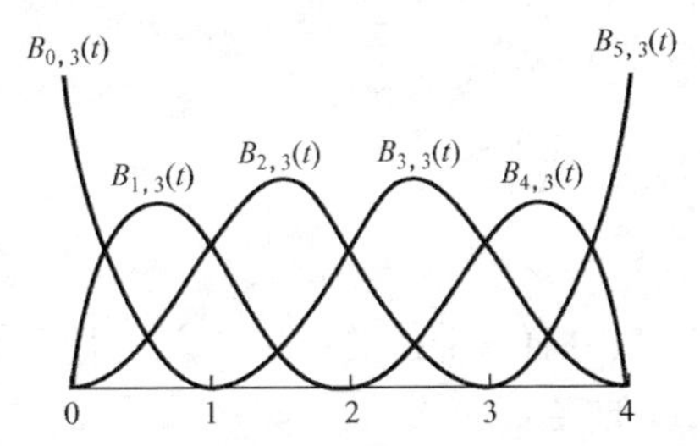

图 4-36 n=5, k=3 时的三阶准均匀 B 样条基函数

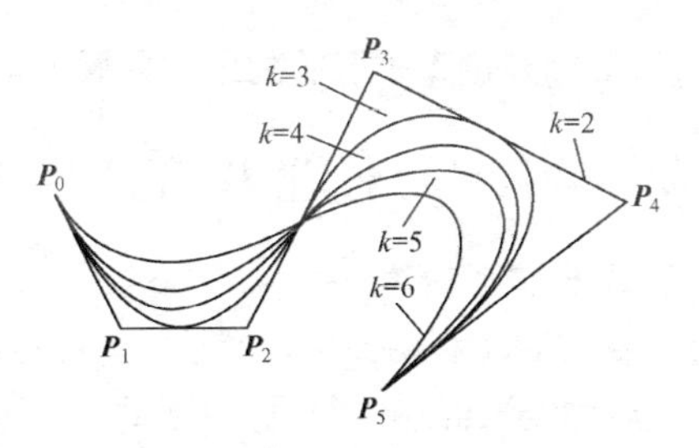

图 4-37 n=5, k=2, 3, 4, 5, 6 时生成的准均匀 B 样条曲线

4.4.8 B 样条曲线的离散生成——deBoor 分割算法

根据 k 阶（k−1 次）B 样条曲线的分段表示式（4-128）以及 B 样条基函数的递推表示式（4-125）可以推得

$$
\begin{aligned}
\boldsymbol{P}(t) &= \sum_{i=j-k+1}^{j} \boldsymbol{P}_i B_{i,k}(t) \\
&= \sum_{i=j-k+1}^{j} \mathbf{P}_i \left[\frac{t-u_i}{u_{i+k-1}-u_i} B_{i,k-1}(t) + \frac{u_{i+k}-t}{u_{i+k}-u_{i+1}} B_{i+1,k-1}(t) \right] \\
&= \sum_{i=j-k+1}^{j} \left[\frac{t-u_i}{u_{i+k-1}-u_i} \boldsymbol{P}_i + \frac{u_{i+k-1}-t}{u_{i+k-1}-u_i} \boldsymbol{P}_{i-1} \right] B_{i,k-1}(t) \qquad t \in [u_j, u_{j+1}]
\end{aligned} \tag{4-130}
$$

令

$$
\boldsymbol{P}_i^r = \begin{cases} \boldsymbol{P}_i & r=0; i=j-k+1,\cdots,j \\ \dfrac{t-u_i}{u_{i+k-r}-u_i} \boldsymbol{P}_i^{r-1} + \dfrac{u_{i+k-r}-t}{u_{i+k-r}-u_i} \boldsymbol{P}_{i-1}^{r-1} & r=1,2,\cdots,k-1; i=j-k+r+1,\cdots,j \end{cases} \tag{4-131}
$$

则有

$$
\begin{aligned}
\boldsymbol{P}(t) &= \sum_{i=j-k+1}^{j} \boldsymbol{P}_i B_{i,k}(t) \\
&= \sum_{i=j-k+2}^{j} \boldsymbol{P}_i^1 B_{i,k-1}(t)
\end{aligned} \tag{4-132}
$$

上式是曲线 $\boldsymbol{P}(t)$由 k 阶 B 样条表示到 k−1 阶 B 样条表示的递推公式。反复运用此公式递推可得

$$\boldsymbol{P}(t) = \boldsymbol{P}_j^{k-1}$$

于是 $\boldsymbol{P}(t)$ 的值可由式（4-131）所示的递推关系式求得，称为 deBoor 分割算法。利用 deBoor 分割算法从 $\boldsymbol{P}_1, \boldsymbol{P}_2, \cdots, \boldsymbol{P}_n$ 求得 $\boldsymbol{P}_j^{k-1}$ 的递推过程如图 4-38 所示。

deBoor 分割算法的几何意义如图 4-39 所示。将线段 $\boldsymbol{P}_i^r \boldsymbol{P}_{i+1}^r$ 割去角 $\boldsymbol{P}_i^{r-1}$，依次从多边形 $\boldsymbol{P}_{j-k+1}$,

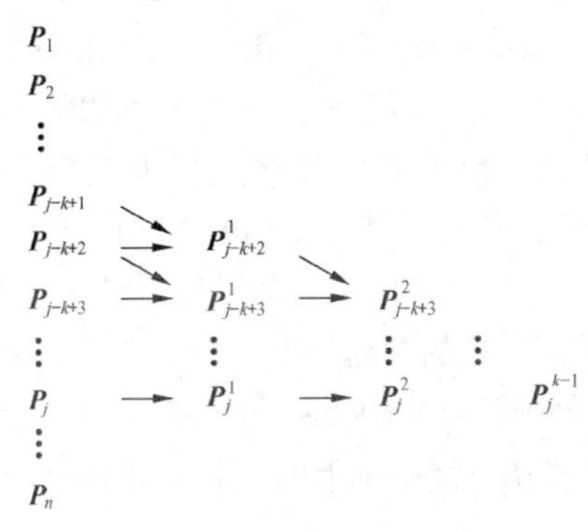

图 4-38 deBoor 分割算法的递推过程

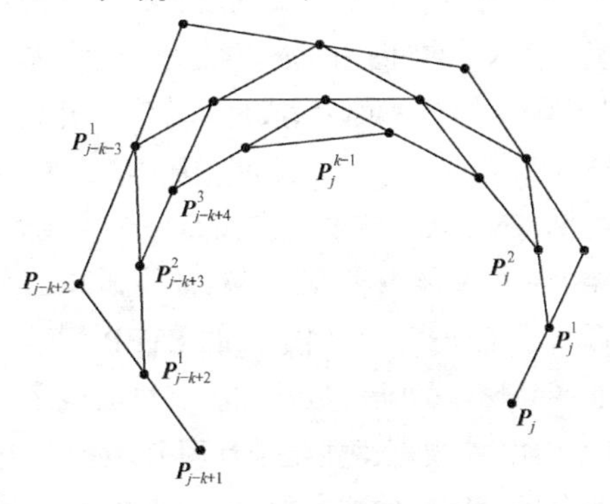

图 4-39 生成 B 样条曲线的 deBoor 分割算法的几何意义

$P_{j-k+2},\cdots,P_j$开始经过k−1 层的割角，最后可得到$P(t)$上的点P_j^{k-1}。

4.4.9 非均匀有理 B 样条（NURBS）曲线

1. 有理 B 样条曲线

1983 年，Tiller 利用齐次坐标技术（详见第 5 章），将 B 样条曲线的定义推广到用四维齐次坐标表示，从而得到四维齐次坐标系下的有理 B 样条曲线的定义为

$$Q_w(t)=\sum_{i=0}^{n}P_{wi}B_{i,k}(t) \tag{4-133}$$

其中，$P_{wi}=(w_ix_i,w_iy_i,w_iz_i,w_i)$是四维齐次坐标系中的控制顶点，它在三维空间中的坐标为$P_i=(x_i,y_i,z_i)$。在三维空间中的有理 B 样条曲线的定义为

$$P(t)=\frac{\sum_{i=0}^{n}w_iP_iB_{i,k}(t)}{\sum_{i=0}^{n}w_iB_{i,k}(t)}=\sum_{i=0}^{n}P_iR_{i,k}(t) \tag{4-134}$$

其中，$R_{i,k}(t)=\dfrac{w_iB_{i,k}(t)}{\sum_{j=0}^{n}w_jB_{j,k}(t)}$。

上式中，w_i为控制顶点的权因子，对于特定的控制顶点P_i的w_i值越大，曲线就越靠近该控制顶点。当所有的权因子都为 1 时（w_i=1），这时式（4-134）的分母为 1，则曲线转化为非有理 B 样条曲线。

因为有理函数是两个多项式之比，所以有理样条就是两个参数多项式的比。如式（4-134）这种分子、分母分别是参数多项式与多项式函数的分式表示，称为有理参数多项式，相应的样条曲线称为有理样条曲线。

2. 非均匀有理 B 样条

如果式（4-134）定义的有理 B 样条曲线的节点分布是均匀的，那么称为均匀有理 B 样条曲线。如果其节点分布是非均匀的，即节点值间的距离可以指定为任何值，那么称为非均匀有理 B 样条曲线（Non-Uniform Rational B-Splines，NURBS）。

在飞机外形设计和绝大多数机械零件中常遇到许多由二次曲线弧和二次曲面表示的形状，如机身框截面外形曲线，叶轮既包含自由型曲面，也包含二次曲面。专门用于自由型曲线曲面设计的 B 样条方法不能精确表示除抛物线和抛物面以外的二次曲线和曲面，如圆、球等形状，只能给出它们的近似表示。如果在一个几何系统中并存两种数学方法，那么势必会增加系统的复杂度和处理的难度。

解决这个问题的方法就是对现有的 B 样条方法进行改进，保留它对自由曲线和曲面描述的特长，扩充它统一表示二次曲线和曲面的能力，这就是有理样条（Rational Spline）方法。由于在形状描述中，均匀、准均匀 B 样条等可以看成是非均匀 B 样条的特例，而非均匀有理 B 样条方法（简称 NURBS 方法）既能描述自由型曲线曲面，又能精确表示二次曲线和曲面的有理参数多项式，因此，它有更广泛的应用。

可见，NURBS 方法的提出，一个主要目的是为了找到既能与描述自由型曲线曲面的 B 样条方法相统一、又能精确表示二次曲线弧和二次曲面的数学方法。1991 年，国际标准化组织（ISO）正式颁布了工业产品几何定义的 STEP 标准，作为产品数据交换的国际标准，将 NURBS 作为定义工业产品形状的唯一数学方法。目前很多 CAD 商品软件都具有 NURBS 功能。

NURBS 曲线是建立在非有理 Bézier 方法和非有理 B 样条方法基础上的。非有理 B 样条、有理及非有理 Bézier 曲线曲面都是 NURBS 曲线的特例。

下面讨论用 NURBS 曲线表示二次曲线的方法。假定用定义在 3 个控制顶点和开放均匀节点向量上的二次 B 样条来拟合，则有节点向量{0, 0, 0, 1, 1,1}，其权函数取为

$$w_0 = w_2 = 1 \tag{4-135}$$

$$w_1 = \frac{r}{1-r} \quad 0 \leqslant r < 1 \tag{4-136}$$

则有理 B 样条的表达式为

$$\boldsymbol{P}(t) = \frac{\boldsymbol{P}_0 B_{0,3}(t) + \frac{r}{1-r}\boldsymbol{P}_1 B_{1,3}(t) + \boldsymbol{P}_2 B_{2,3}(t)}{B_{0,3}(t) + \frac{r}{1-r}B_{1,3}(t) + B_{2,3}(t)} \tag{4-137}$$

当 r 取不同的值时，可得到不同的二次曲线。当 $r > 1/2$，即 $w_1 > 1$ 时，得到的二次曲线为双曲线；当 $r < 1/2$，即 $w_1 = 1$ 时，得到的二次曲线为抛物线；当 $r < 1/2$，即 $w_1 < 1$ 时，得到的二次曲线为椭圆弧；当 r=0，即 $w_1 = 0$ 时，得到的二次曲线为直线段，如图 4-40 所示。

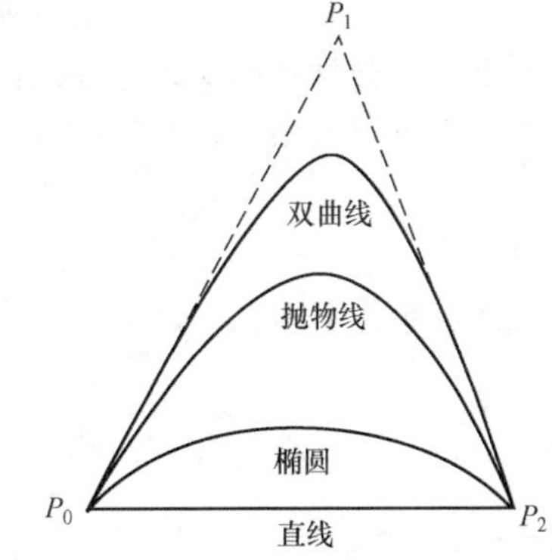

图 4-40 设定不同的 r 值生成的二次曲线

NURBS 方法具有以下优点。

（1）对规则曲线曲面（如圆锥曲线、二次曲线和曲面等）和自由型曲线曲面提供了统一的数学表示，便于用一个统一的数据库来存取这两类形状信息。

（2）具有更多的形状控制自由度。

由于选择的节点值可以不同，节点值间的距离也可以不一样，非均匀 B 样条曲线在曲线形状的控制方面就更加方便，通过节点向量的不同间距，就可以在不同的区间上得到不同的基函数，用以调整曲线形状。另一方面，NURBS 曲线还可以通过控制点和权因子来灵活地改变形状。

（3）NURBS 曲线在平移、比例、旋转和透视投影变换下是不变的，即曲线的控制顶点经过平移、比例、旋转和透视投影变换后生成曲线（或曲面），与在生成曲线（或曲面）后进行上述变换，二者是等价的。

NURBS 方法的不足之处在于其比一般的曲线、曲面定义方法更费存储空间和处理时间，权因子选择不当会造成曲线曲面形状的畸变等。

4.5 自 由 曲 面

在传统的工程实践中，自由曲面的设计与表示是通过一簇平面曲线来实现的。例如，在船舶设计中，船体的外形就是通过所谓的“型线图”来表示。“型线图”通常由两部分组成，一部分是“水线图”，另一部分是“横剖面图”。其中，“水线图”给出了沿船体垂向、在不同吃水深度（也就是不同高度的水平面）去截船体曲面得到的一簇水线；“横剖面图”给出了沿船体纵向、用不同位置（俗称不同站位）的垂直面去截船体曲面得到的一簇横剖面的轮廓线。

在一个维度上的一簇平面曲线，尽管可以做到条条都是光顺的，但是这并不能保证其表示的三维曲面一定是光顺的，所以，用一簇平面曲线来实现曲面时，就需要分别在两个维度上给出两簇平面曲线（例如船体的“水线图”和“横剖面图”），然后交替地对这两簇平面曲线进行光顺处

理，直至这两簇平面曲线是条条光顺的。这个过程是十分繁琐的。为此，计算几何和计算机图形学的研究者开展了对自由曲面的研究，以实现“自由曲面的数学表示”。目前，表示自由曲面的数学模型主要有：孔斯（Coons）曲面，Bézier 曲面，B 样条曲面。

4.5.1 参数多项式曲面

曲面的表示形式有参数表示和非参数表示两种。非参数表示中又分为显式表示（如 $z=f(x,y)$）和隐式表示（如 $f(x,y,z)=0$）两种。一张矩形区域上定义的参数曲面片可表示为如下双参数形式

$$\begin{cases} x=x(u,v) \\ y=y(u,v) \qquad (u,v)\in[0,1]\times[0,1] \\ z=z(u,v) \end{cases}$$

其矩阵表示形式为

$$\boldsymbol{P}(u,v)=[x(u,v),y(u,v),z(u,v)]$$

显然，它是参数曲线的自然扩展形式。参数曲面的主要应用就是为具有曲面的物体建模。

参数多项式曲面是以参数多项式形式表示的曲面，可表示为

$$\boldsymbol{P}(u,v)=\sum_{i=0}^{m}\sum_{j=0}^{n}a_{ij}u^i v^j=\boldsymbol{U}^{\mathrm{T}}\boldsymbol{A}\boldsymbol{V} \qquad (u,v)\in[0,1]\times[0,1] \tag{4-138}$$

其中，$\boldsymbol{A}$ 为系数矩阵，$\boldsymbol{A},\boldsymbol{U},\boldsymbol{V}$ 分别为

$$\boldsymbol{A}=\begin{bmatrix} a_{00} & a_{01} & \cdots & a_{0n} \\ a_{10} & a_{11} & \cdots & a_{1n} \\ \vdots & \vdots & \vdots & \vdots \\ a_{m0} & a_{m1} & \ddots & a_{mn} \end{bmatrix}$$

$$\boldsymbol{U}=\begin{bmatrix}1 & u & \ldots & u^m\end{bmatrix}^{\mathrm{T}}$$

$$\boldsymbol{V}=\begin{bmatrix}1 & v & \ldots & v^n\end{bmatrix}^{\mathrm{T}}$$

当一个参数固定，而一个参数自由变化时，得到的曲线称为等参数曲线。当参数 v 固定，参数 u 自由变化时，称 $\boldsymbol{P}=\boldsymbol{P}(u,v_0)$ 为 u 曲线；反之，当参数 u 固定，参数 v 自由变化时，称 $\boldsymbol{P}=\boldsymbol{P}(u_0,v)$ 为 w 曲线。下面讨论几种常见的参数多项式曲面。

1. 双三次参数曲面片

在式（4-138）中，当 $m=n=3$ 时定义的曲面为双三次参数曲面片，即

$$\boldsymbol{P}(u,v)=\sum_{i=0}^{3}\sum_{j=0}^{3}a_{ij}u^i v^j \qquad (u,v)\in[0,1]\times[0,1] \tag{4-139}$$

如图 4-41 所示，把 $u=0,1$ 和 $v=0,1$ 代入 $\boldsymbol{P}(u,v)$，得到 4 个角点为 $\boldsymbol{P}(0,0),\boldsymbol{P}(1,0),\boldsymbol{P}(0,1),\boldsymbol{P}(1,1)$，简记为 $\boldsymbol{P}_{00}$，$\boldsymbol{P}_{10},\boldsymbol{P}_{01},\boldsymbol{P}_{11}$。把 $u=0,1$ 或 $v=0,1$ 分别代入 $\boldsymbol{P}(u,v)$，得到曲面片的 4 条边界线为 $\boldsymbol{P}(0,v),\boldsymbol{P}(1,v),\boldsymbol{P}(u,0),\boldsymbol{P}(u,1)$，简记为 $\boldsymbol{P}_{0v},\boldsymbol{P}_{1v},\boldsymbol{P}_{u0},\boldsymbol{P}_{u1}$。曲面片上的一点 $\boldsymbol{P}(u_i,v_j)$ 简记为 $\boldsymbol{P}_{ij}$。点 $\boldsymbol{P}_{ij}$ 的 u 向切矢量为 $\boldsymbol{P}_{ij}^{u}$，v 向切矢量为 $\boldsymbol{P}_{ij}^{v}$，$\boldsymbol{P}_{ij}$ 的单位法矢量为 $\boldsymbol{N}(u_i,v_j)$，简记为 $\boldsymbol{N}_{ij}$，并且有

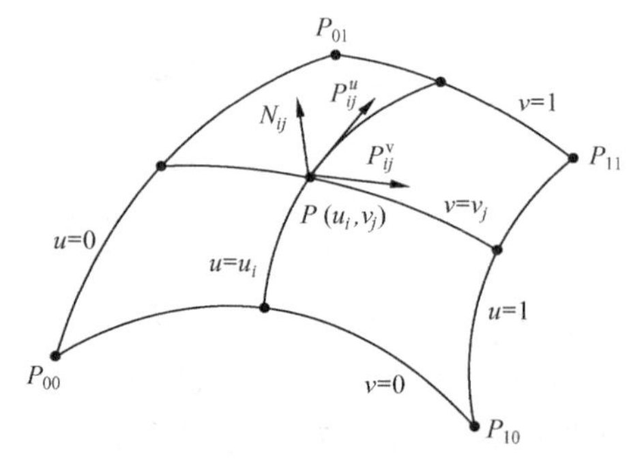

图 4-41 双三次参数曲面片

$$\boldsymbol{N}_{ij}=\frac{\boldsymbol{P}_{ij}^{u}\times\boldsymbol{P}_{ij}^{v}}{\left|\boldsymbol{P}_{ij}^{u}\times\boldsymbol{P}_{ij}^{v}\right|} \tag{4-140}$$

2. 双线性曲面

如图 4-42 所示，在单位矩形的参数空间内，以其相反的边界进行线性插值而获得的曲面，称为双线性曲面，双线性曲面 $\boldsymbol{P}(u,v)$是 u,v 的线性函数，可用曲面片的 4 个角点来定义，其矩阵表示为

$$\boldsymbol{P}(u,v)=\begin{bmatrix}1-u & u\end{bmatrix}\begin{bmatrix}\boldsymbol{P}_{00} & \boldsymbol{P}_{01}\\ \boldsymbol{P}_{10} & \boldsymbol{P}_{11}\end{bmatrix}\begin{bmatrix}1-v\\ v\end{bmatrix}\quad (u,v)\in[0,1]\times[0,1] \tag{4-141}$$

当 u=0 时，对应的边界线为

$$\boldsymbol{P}(0,v)=\begin{bmatrix}1 & 0\end{bmatrix}\begin{bmatrix}\boldsymbol{P}_{00} & \boldsymbol{P}_{01}\\ \boldsymbol{P}_{10} & \boldsymbol{P}_{11}\end{bmatrix}\begin{bmatrix}1-v\\ v\end{bmatrix}=\boldsymbol{P}_{00}(1-v)+\boldsymbol{P}_{01}v$$

同理可得其他 3 条边界线为

$$\boldsymbol{P}(1,v)=\boldsymbol{P}_{10}(1-v)+\boldsymbol{P}_{11}v$$
$$\boldsymbol{P}(u,0)=\boldsymbol{P}_{00}(1-u)+\boldsymbol{P}_{10}u$$
$$\boldsymbol{P}(u,1)=\boldsymbol{P}_{01}(1-u)+\boldsymbol{P}_{11}u$$

这说明，双线性曲面的 4 条边界线均为直线，它由两簇直线交织而成，因此是直纹面。

3. 单线性曲面

若已知两条边界曲线是 $\boldsymbol{P}(u,0)$ 和 $\boldsymbol{P}(u,1)$，则单线性曲面可定义为

$$\boldsymbol{P}(u,v)=\boldsymbol{P}(u,0)(1-v)+\boldsymbol{P}(u,1)v\quad (u,v)\in[0,1]\times[0,1] \tag{4-142}$$

若已知两条边界曲线是 $\boldsymbol{P}(0,v)$ 和 $\boldsymbol{P}(1,v)$，则直纹面可定义为

$$\boldsymbol{P}(u,v)=\boldsymbol{P}(0,v)(1-u)+\boldsymbol{P}(1,v)u\quad (u,v)\in[0,1]\times[0,1] \tag{4-143}$$

如图 4-43 所示，单线性曲面可看做对两条已知边界线的线性插值，因此它也是直纹面。

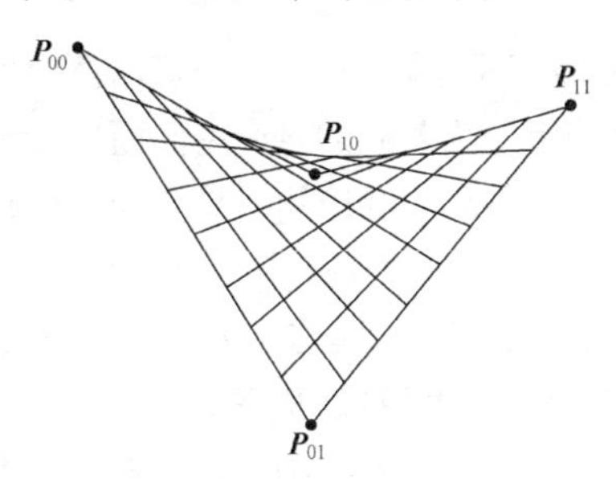

图 4-42 双线性曲面

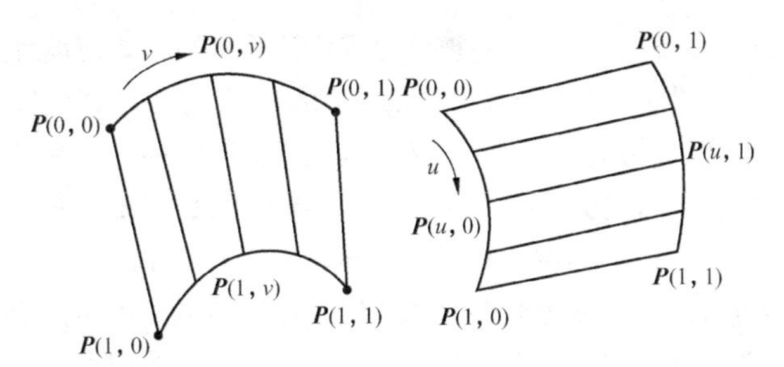

图 4-43 单线性曲面（直纹面）

4.5.2 Coons 曲面

复杂的曲面通常是用多个曲面片拼接来构造的，其中的关键问题是如何构造各种类型的曲面片，使其便于拼接，让曲面设计变得简单易行。1964 年，美国麻省理工学院的孔斯（Coons）提出一种插值曲面，该方法在构造组成复杂曲面的曲面片上与其他曲面构造方法的不同之处在于，Coons 直接采用可以为任意类型参数曲线的 4 条边界曲线来构造曲面，即 Coons 曲面不是插值边界曲线上有限的数据信息，而是插值两组边界曲线上无限多个点，并且引入角点扭矢量信息使得曲面拼接比较容易。下面以双三次 Coons 曲面片为例来说明 Coons 曲面片的生成方法。

三次 Hermite 插值不仅要求已知端点位置信息及其切矢量信息，对于 Coons 曲面片而言，所需的位置信息就是整条曲线，而不是点，相应的切矢量信息也应沿整条曲线提供。因此，需要输入或已知的数据应该包括：4 条边界曲线 $\boldsymbol{P}(u,0),\boldsymbol{P}(u,1),\boldsymbol{P}(0,v),\boldsymbol{P}(1,v)$ 的位置、形状及其角点扭矢量。如图 4-44 所示，边界曲线 4 个角点的位置矢量 $\boldsymbol{P}_{00},\boldsymbol{P}_{10},\boldsymbol{P}_{01},\boldsymbol{P}_{11}$ 及 4 个角点的 u 向切矢量 $\boldsymbol{P}_{00}^{u},\boldsymbol{P}_{10}^{u},\boldsymbol{P}_{01}^{u},\boldsymbol{P}_{11}^{u}$ 和 v 向切矢量 $\boldsymbol{P}_{00}^{v},\boldsymbol{P}_{10}^{v},\boldsymbol{P}_{01}^{v}$， $\boldsymbol{P}_{11}^{v}$决定了 4 条边界曲线的位置和形状。角点处的混合偏

导数 $\boldsymbol{P}_{00}^{uv},\boldsymbol{P}_{10}^{uv},\boldsymbol{P}_{01}^{uv}$，$\boldsymbol{P}_{11}^{uv}$，也称角点扭矢量，它与边界曲线的形状没有关系，但却影响边界曲线中间各点的切向量，从而影响整个曲面片的形状。上述这些信息构成的角点信息矩阵为

$$\boldsymbol{C}=\begin{bmatrix}\boldsymbol{P}_{00} & \boldsymbol{P}_{01} & \boldsymbol{P}_{00}^{v} & \boldsymbol{P}_{01}^{v}\\ \boldsymbol{P}_{10} & \boldsymbol{P}_{11} & \boldsymbol{P}_{10}^{v} & \boldsymbol{P}_{11}^{v}\\ \boldsymbol{P}_{00}^{u} & \boldsymbol{P}_{01}^{u} & \boldsymbol{P}_{00}^{uv} & \boldsymbol{P}_{01}^{uv}\\ \boldsymbol{P}_{10}^{u} & \boldsymbol{P}_{11}^{u} & \boldsymbol{P}_{10}^{uv} & \boldsymbol{P}_{11}^{uv}\end{bmatrix}$$

使用 Hermite 基函数对该角点信息矩阵进行调合得到双三次 Coons 曲面的分片表达式如下。

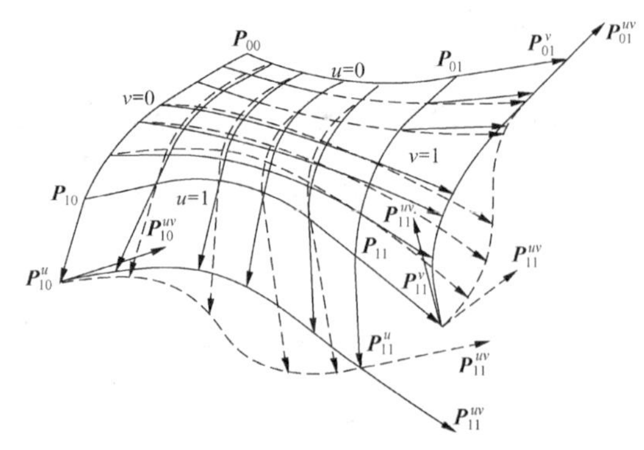

图 4-44　Coons 曲面的形成

$$\boldsymbol{P}(u,v)=\begin{bmatrix}H_0(u) & H_1(u) & H_2(u) & H_3(u)\end{bmatrix}\begin{bmatrix}\boldsymbol{P}_{00} & \boldsymbol{P}_{01} & \boldsymbol{P}_{00}^{v} & \boldsymbol{P}_{01}^{v}\\ \boldsymbol{P}_{10} & \boldsymbol{P}_{11} & \boldsymbol{P}_{10}^{v} & \boldsymbol{P}_{11}^{v}\\ \boldsymbol{P}_{00}^{u} & \boldsymbol{P}_{01}^{u} & \boldsymbol{P}_{00}^{uv} & \boldsymbol{P}_{01}^{uv}\\ \boldsymbol{P}_{10}^{u} & \boldsymbol{P}_{11}^{u} & \boldsymbol{P}_{10}^{uv} & \boldsymbol{P}_{11}^{uv}\end{bmatrix}\begin{bmatrix}H_0(v)\\ H_1(v)\\ H_2(v)\\ H_3(v)\end{bmatrix} \tag{4-144}$$

必须给定角点信息矩阵 $\boldsymbol{C}$ 中的 16 个向量，才能唯一确定曲面片的位置和形状，而要给定角点扭矢量是相当困难的，因此 Coons 曲面使用起来不太方便，这限制了它的应用。Coons 曲面对形状控制困难，在几何造型系统中已很少使用。

4.5.3　Bézier 曲面

Coons 和 Bézier 并列被称为现代计算机辅助几何设计技术的奠基人。不同于需要插值边界线的 Coons 曲面，Bézier 曲面是采用 Bézier 的方法描述的以“逼近”为基础的自由型曲面，它最初用于汽车的外形设计，后来又在其他方面（如字型轮廓设计等）得到广泛应用。除了变差缩减性外，Bézier 曲线所具有的性质都可以推广到 Bézier 曲面。

在前面的介绍中，我们已经知道：Bézier 曲线是由平面上一组控制顶点定义的。这些控制顶点相连成线，构成控制多边形。这个控制多边形也叫作 Bézier 曲线的特征多边形。

类似地，Bézier 曲面是由三维空间中一个控制顶点阵列定义的。这些控制顶点相连成一个空间网格，构成控制网格。这个控制网格也叫作 Bézier 曲面的特征网格。

设三维空间中的控制顶点阵列是由一系列控制顶点 $\boldsymbol{P}_{ij}$（i=0, 1, 2,···, m; j=0, 1, 2,···, n）组成的。其定义的 Bézier 曲面为

$$\boldsymbol{P}(u,v)=\sum_{i=0}^{m}\sum_{j=0}^{n}\boldsymbol{P}_{ij}BEZ_{i,m}(u)BEZ_{j,n}(v)\qquad u\in[0,1],v\in[0,1] \tag{4-145}$$

其中，$BEZ_{i,m}(u)$与 $BEZ_{j,n}(v)$是 Bernstein 基函数，$\boldsymbol{P}_{ij}$是给定的（m+1）×（n+1）个控制顶点的位置矢量。

显然，当 u 值不变，代入不同的 v 值，将得到一簇 Bézier 曲线；反之，保持 v 值不变，代入不同的 u 值，也将得到一簇 Bézier 曲线。这两簇 Bézier 曲线交织在一起就构成了一个 Bézier 曲面。下面讨论几种常见的 Bézier 曲面。

1. 双二次 Bézier 曲面

当 $m=n=2$ 时，Bézier 曲面控制网格是一个 3×3 的顶点阵列，这时的 Bézier 曲面称为双二次 Bézier 曲面，它的边界曲线为抛物线。双二次 Bézier 曲面定义为

$$\boldsymbol{P}(u,v)=\sum_{i=0}^{2}\sum_{j=0}^{2}\boldsymbol{P}_{ij}BEZ_{i,2}(u)BEZ_{j,2}(v)\qquad u\in[0,1],v\in[0,1] \tag{4-146}$$

2. 双三次 Bézier 曲面

当$m=n=3$，Bézier 曲面控制网格是一个 4 × 4 的顶点阵列，如图 4-45 所示，这时的 Bézier 曲面称为双三次 Bézier 曲面，定义为

$$\boldsymbol{P}(u,v)=\sum_{i=0}^{3}\sum_{j=0}^{3}\boldsymbol{P}_{ij}BEZ_{i,3}(u)BEZ_{j,3}(v) \qquad u\in[0,1],v\in[0,1] \tag{4-147}$$

其矩阵表示为

$$\boldsymbol{P}(u,v)=[BEZ_{0,3}(u)\quad BEZ_{1,3}(u)\quad BEZ_{2,3}(u)\quad BEZ_{3,3}(u)]\begin{bmatrix}\boldsymbol{P}_{00}&\boldsymbol{P}_{01}&\boldsymbol{P}_{02}&\boldsymbol{P}_{03}\\\boldsymbol{P}_{10}&\boldsymbol{P}_{11}&\boldsymbol{P}_{12}&\boldsymbol{P}_{13}\\\boldsymbol{P}_{20}&\boldsymbol{P}_{21}&\boldsymbol{P}_{22}&\boldsymbol{P}_{23}\\\boldsymbol{P}_{30}&\boldsymbol{P}_{31}&\boldsymbol{P}_{32}&\boldsymbol{P}_{33}\end{bmatrix}\begin{bmatrix}BEZ_{0,3}(v)\\BEZ_{1,3}(v)\\BEZ_{2,3}(v)\\BEZ_{3,3}(v)\end{bmatrix}$$

代入式（4-55）所示的三次 Bézier 基函数后得

$$\begin{aligned}\boldsymbol{P}(u,v)&=[(1-u)^3\quad 3u(1-u)^2\quad 3u^2(1-u)\quad u^3]\begin{bmatrix}\boldsymbol{P}_{00}&\boldsymbol{P}_{01}&\boldsymbol{P}_{02}&\boldsymbol{P}_{03}\\\boldsymbol{P}_{10}&\boldsymbol{P}_{11}&\boldsymbol{P}_{12}&\boldsymbol{P}_{13}\\\boldsymbol{P}_{20}&\boldsymbol{P}_{21}&\boldsymbol{P}_{22}&\boldsymbol{P}_{23}\\\boldsymbol{P}_{30}&\boldsymbol{P}_{31}&\boldsymbol{P}_{32}&\boldsymbol{P}_{33}\end{bmatrix}\begin{bmatrix}(1-v)^3\\3v(1-v)^2\\3v^2(1-v)\\v^3\end{bmatrix}\\&=[1\quad u\quad u^2\quad u^3]\boldsymbol{N}\begin{bmatrix}\boldsymbol{P}_{00}&\boldsymbol{P}_{01}&\boldsymbol{P}_{02}&\boldsymbol{P}_{03}\\\boldsymbol{P}_{10}&\boldsymbol{P}_{11}&\boldsymbol{P}_{12}&\boldsymbol{P}_{13}\\\boldsymbol{P}_{20}&\boldsymbol{P}_{21}&\boldsymbol{P}_{22}&\boldsymbol{P}_{23}\\\boldsymbol{P}_{30}&\boldsymbol{P}_{31}&\boldsymbol{P}_{32}&\boldsymbol{P}_{33}\end{bmatrix}\boldsymbol{N}^{\mathrm{T}}\begin{bmatrix}1\\v\\v^2\\v^3\end{bmatrix}\end{aligned} \tag{4-148}$$

其中，$\boldsymbol{N}=\begin{bmatrix}1&-3&3&-1\\0&3&-6&3\\0&0&3&-3\\0&0&0&1\end{bmatrix}$，$\boldsymbol{N}^{\mathrm{T}}$为$\boldsymbol{N}$的转置矩阵。

令$v=0$，则式（4-148）退化成

$$\boldsymbol{P}(u,0)=[(1-u)^3\quad 3u(1-u)^2\quad 3u^2(1-u)\quad u^3]\begin{bmatrix}\boldsymbol{P}_{00}\\\boldsymbol{P}_{01}\\\boldsymbol{P}_{02}\\\boldsymbol{P}_{03}\end{bmatrix}$$

可见，控制顶点$\boldsymbol{P}_{0i}$（i=0, 1, 2, 3）是 Bézier 曲面边界线$\boldsymbol{P}(u, 0)$的控制顶点。

令v=1，则式（4-156）退化为

$$\boldsymbol{P}(u,1)=[(1-u)^3\quad 3u(1-u)^2\quad 3u^2(1-u)\quad u^3]\begin{bmatrix}\boldsymbol{P}_{03}\\\boldsymbol{P}_{13}\\\boldsymbol{P}_{23}\\\boldsymbol{P}_{33}\end{bmatrix}$$

可见， 控制顶点$\boldsymbol{P}_{j3}$（j=0, 1, 2, 3）是 Bézier 曲面边界线$\boldsymbol{P}(u, 1)$的控制顶点。

同理，分别令u=0 或 1，也会得到类似的结论，如图 4-46 所示。

在实际的曲面设计中，单个 Bézier 曲面很难满足所有的设计要求。于是，就需要将若干块 Bézier 曲面拼接在一起构成最终的设计曲面。

与 Bézier 曲线段的连接相类似，Bézier 曲面片也可以用同样的方法拼接。Bézier 曲面的拼接需要在其边界线上建立一定的连续性，以确保从一个面片光滑地过渡到另一个面片。与曲线的连

续性相似，GC^0 连续只要求两个曲面片具有公共的边界曲线，如图 4-47 所示。GC^1 连续则要求在边界曲线上的任何一点上，两曲面片跨越边界的切矢量连续，如图 4-48 所示。

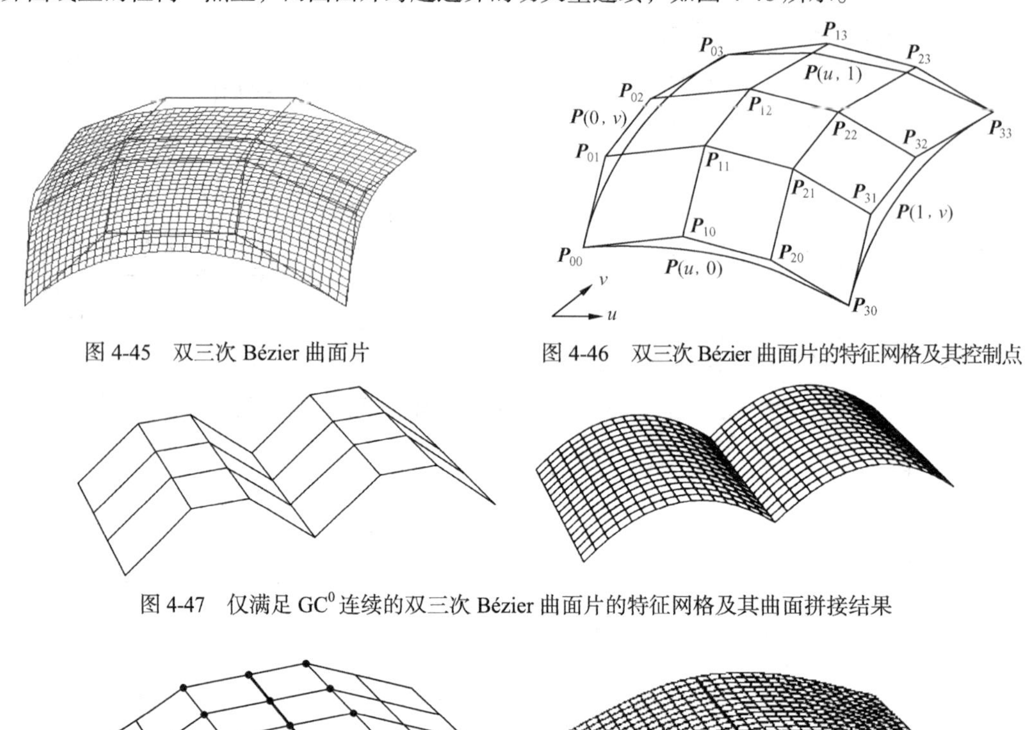

图 4-45　双三次 Bézier 曲面片

图 4-46　双三次 Bézier 曲面片的特征网格及其控制点

图 4-47　仅满足 GC^0 连续的双三次 Bézier 曲面片的特征网格及其曲面拼接结果

图 4-48　满足 GC^1 连续的双三次 Bézier 曲面片的特征网格及其曲面拼接结果

4.5.4　B 样条曲面

从前面的介绍我们可以看出：Bézier 曲面是将二维的 Bézier 曲线扩展到三维空间而得到的。同理，B 样条曲面也是 B 样条曲线的拓展。

设三维空间中的（m+1）×（n+1）控制顶点阵列是由一系列控制顶点 $\boldsymbol{P}_{ij}$（i=0, 1, 2,⋯, m; j=0, 1, 2,⋯, n）组成的。由该（m+1）×（n+1）控制顶点阵列构成的特征多边形网格所定义的 B 样条曲面为

$$\boldsymbol{P}(u,v)=\sum_{i=0}^{m}\sum_{j=0}^{n}\boldsymbol{P}_{ij}B_{i,k}(u)B_{j,h}(v)\qquad u\in[0,1],v\in[0,1]\qquad(4\text{-}149)$$

其中，$B_{i,k}(u)$与 $B_{j,h}(v)$是 B 样条基函数。

显然，当 u 值不变，代入不同的 v 值，将得到一簇 B 样条曲线；反之，保持 v 值不变，代入不同的 u 值，也将得到一簇 B 样条曲线。这两簇 B 样条曲线交织在一起就构成了一个 B 样条曲面。

当 $m=n=3$，B 样条曲面控制网格是一个 4×4 的顶点阵列，如图 4-49 所示，其定义的 B 样条曲面称为双三次 B 样条曲面，用矩阵表示为

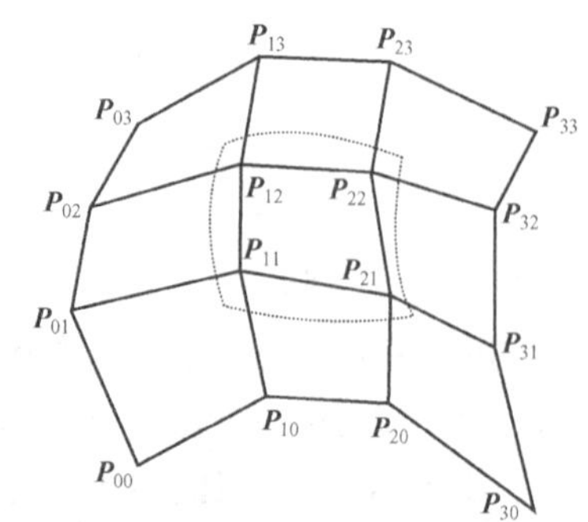

图 4-49　双三次 B 样条曲面片

$$\boldsymbol{P}(u,v)=[B_{0,3}(u)\quad B_{1,3}(u)\quad B_{2,3}(u)\quad B_{3,3}(u)]\begin{bmatrix}\boldsymbol{P}_{00}&\boldsymbol{P}_{01}&\boldsymbol{P}_{02}&\boldsymbol{P}_{03}\\\boldsymbol{P}_{10}&\boldsymbol{P}_{11}&\boldsymbol{P}_{12}&\boldsymbol{P}_{13}\\\boldsymbol{P}_{20}&\boldsymbol{P}_{21}&\boldsymbol{P}_{22}&\boldsymbol{P}_{23}\\\boldsymbol{P}_{30}&\boldsymbol{P}_{31}&\boldsymbol{P}_{32}&\boldsymbol{P}_{33}\end{bmatrix}\begin{bmatrix}B_{0,3}(v)\\B_{1,3}(v)\\B_{2,3}(v)\\B_{3,3}(v)\end{bmatrix}$$

$$=[1\quad u\quad u^2\quad u^3]\boldsymbol{N}\begin{bmatrix}\boldsymbol{P}_{00}&\boldsymbol{P}_{01}&\boldsymbol{P}_{02}&\boldsymbol{P}_{03}\\\boldsymbol{P}_{10}&\boldsymbol{P}_{11}&\boldsymbol{P}_{12}&\boldsymbol{P}_{13}\\\boldsymbol{P}_{20}&\boldsymbol{P}_{21}&\boldsymbol{P}_{22}&\boldsymbol{P}_{23}\\\boldsymbol{P}_{30}&\boldsymbol{P}_{31}&\boldsymbol{P}_{32}&\boldsymbol{P}_{33}\end{bmatrix}\boldsymbol{N}^{\mathrm{T}}\begin{bmatrix}1\\v\\v^2\\v^3\end{bmatrix}\tag{4-150}$$

由于

$$B_{0,3}(u)=\frac{1}{6}(-u^3+3u^2-3u+1),\qquad B_{0,3}(v)=\frac{1}{6}(-v^3+3v^2-3v+1)$$

$$B_{1,3}(u)=\frac{1}{6}(3u^3-6u^2+4),\qquad B_{1,3}(v)=\frac{1}{6}(3v^3-6v^2+4)$$

$$B_{2,3}(u)=\frac{1}{6}(-3u^3+3u^2+3u+1),\qquad B_{2,3}(v)=\frac{1}{6}(-3v^3+3v^2+3v+1)$$

$$B_{3,3}(u)=\frac{1}{6}u^3,\qquad B_{3,3}(v)=\frac{1}{6}v^3$$

因此有 $\boldsymbol{N}=\frac{1}{6}\begin{bmatrix}1&4&1&0\\-3&0&3&0\\3&-6&3&0\\-1&3&-3&1\end{bmatrix}$，$\boldsymbol{N}^{\mathrm{T}}$ 为 $\boldsymbol{N}$ 的转置矩阵。

B 样条曲面的优势在于其极易实现两片曲面拼接的 GC^2 连续。只要 B 特征网格在边界上延伸一排，则自然保证两片曲面拼接的 GC^2 连续。

与有理 B 样条曲线相似，B 样条曲面也可以推广到有理的形式。设 $\boldsymbol{P}_{ij}$ 为特征多边形网格的控制点，则称下面参数曲面为以$\{\boldsymbol{P}_{ij}\}$为控制网格、以 w_{ij} 为控制网格点的权重系数的有理B样条曲面，即

$$\boldsymbol{P}(u,v)=\frac{\sum_{i=0}^{m}\sum_{j=0}^{n}w_{ij}\boldsymbol{P}_{ij}B_{i,k}(u)B_{j,h}(v)}{\sum_{i=0}^{m}\sum_{j=0}^{n}w_{ij}B_{i,k}(u)B_{j,h}(v)}=\sum_{i=0}^{m}\sum_{j=0}^{n}\boldsymbol{P}_{ij}R_{ij}(u,v)\qquad \begin{matrix}u_k\leqslant u\leqslant u_{n+1}\\v_k\leqslant v\leqslant v_{m+1}\end{matrix}\tag{4-151}$$

其中

$$R_{ij}(u,v)=\frac{w_{ij}B_{i,k}(u)B_{j,h}(v)}{\sum_{p=0}^{m}\sum_{q=0}^{n}w_{pq}B_{p,k}(u)B_{q,h}(v)}$$

为有理 B 样条曲面的分式有理基函数，$B_{i,k}(u)$ 和 $B_{j,h}(v)$ 分别是 k 阶和 h 阶 B 样条基函数，它们是在节点向量 $\boldsymbol{U}=\{u_0, u_2, u_3,..., u_{m+k+1}\}$ 和 $\boldsymbol{V}=\{v_0, v_2, v_3,..., v_{n+h+1}\}$ 上定义的。

如果有理 B 样条曲线曲面的节点向量不是均匀分布的，则称为非均匀有理 B 样条（Non-Uniform Rational B-Splines，NURBS）曲线曲面。NURBS 是 CAD 几何造型和建模的重要方法。

4.6 本 章 小 结

本章针对计算机辅助几何设计中形体形状数学描述的问题，给出了两类曲线曲面的描述方

法，一类是对规则曲线曲面的表示，另一类是对自由曲线曲面的表示。重点讨论了自由型曲线曲面（包括 Bézier 曲线曲面、B 样条曲线曲面）的表示、性质及其应用。最后讨论了准均匀 B 样条曲线、非均匀 B 样条曲线和 NURBS 曲线。由于 NURBS 曲线成功地解决了自由曲线曲面和规则曲线曲面表示的一致性问题，因此在实践中得到广泛应用。

习 题 4

4.1 解释下列基本概念。

样条 插值样条 逼近样条 控制顶点 凸包 控制多边形 准均匀B样条 非均匀B样条

4.2 什么是参数连续性？什么是几何连续性？曲线是否符合光顺性要求的判据或准则是什么？

4.3 大致画出逼近图 4-50 所示的特征多边形的 Bézier 曲线。

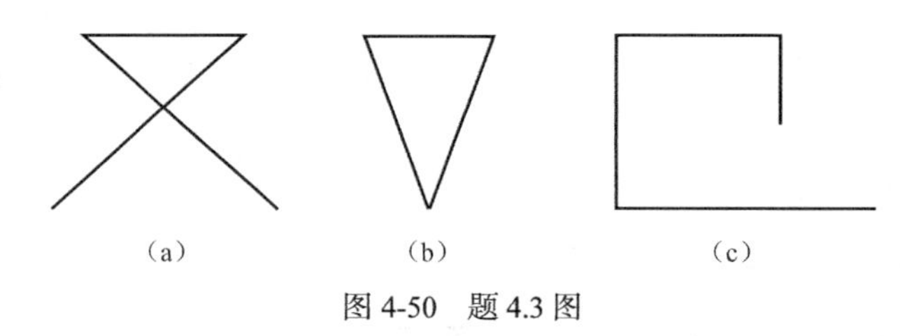

图 4-50 题 4.3 图

4.4 大致画出逼近图 4-51 所示的特征多边形的二次 B 样条曲线。

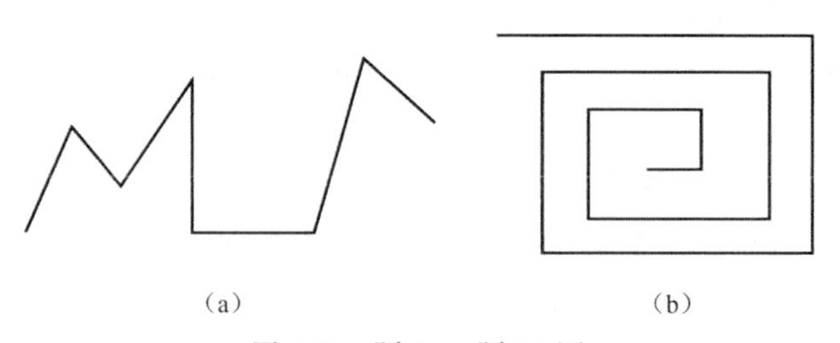

图 4-51 题 4.4、题 4.5 图

4.5 先大致画出逼近图 4-51（b）所示特征多边形的三次 B 样条曲线，然后，利用 B 样条曲线的特殊设计技巧，大致画出逼近该特征多边形的三次 B 样条曲线，使得该三次样条曲线的首末两端点分别与特征多边形的首末两个控制顶点相重合。

4.6 与 Bézier 方法相比，B 样条曲线具有哪些良好的性质？

4.7 试编写程序，根据用户选定的控制顶点画出相应的三次 Bézier 曲线，允许用交互方式来选择和修改控制顶点的位置。

4.8 试编写程序，根据用户选定的控制顶点画出相应的三次 B 样条曲线，允许用交互方式来选择和修改控制顶点的位置。

4.9 反求 B 样条曲线控制顶点的方法有哪几种？分别需要已知哪些边界条件？在相应的边界条件下，若已知一组三次 B 样条曲线的型值点，如何反求出该曲线的特征多边型的顶点？试编写程序，根据用户选定的型值点画出逐点通过这组型值点的三次 B 样条曲线。

4.10 通常用几个较低次数的曲线段来拼接成一条复杂形状的曲线，这样做的好处是什么？

4.11 试编写程序，根据用户选定的控制顶点阵列画出相应的双三次 Bézier 曲面。

第 5 章 图形变换与裁剪

5.1 窗口视图变换

1. 窗口和视图区

用户用来定义设计对象的坐标系，称为用户坐标系（World Coordinate System，WCS），它是一个实数型的二维空间，用户可以在其中指定任意的一个子区域，将其感兴趣的这部分区域内的图形输出到显示屏幕上，通常称这个区域为窗口区（Window），窗口区一般为矩形区域，可以用其左下角点和右上角点的坐标来表示。

另一个常用的坐标系是设备坐标系（Device Coordinate System，DCS），它是计算机图形系统的工作空间，是一个自然数型的二维空间，对于显示器这种图形输出设备而言，显示屏幕是设备输出图形的最大区域，其大小取决于设备的显示分辨率，任何小于或等于屏幕域的区域都可定义为视图区（Viewport），视图区一般也定义成矩形区域，它是设备坐标系的一个子空间。

2. 窗口到视图区的变换

为了将窗口内的图形如实地显示到视图区中，必须进行窗口到视图区的变换，即找到窗口区与视图区之间的映射关系。假设窗口和视图区均为矩形区域，如图 5-1 所示，窗口由左下角坐标 (w_{xl}, w_{yb}) 和右上角坐标 (w_{xr}, w_{yt}) 定义，视图由左下角坐标 (v_{xl}, v_{yb}) 和右上角坐标 (v_{xr}, v_{yt}) 定义。

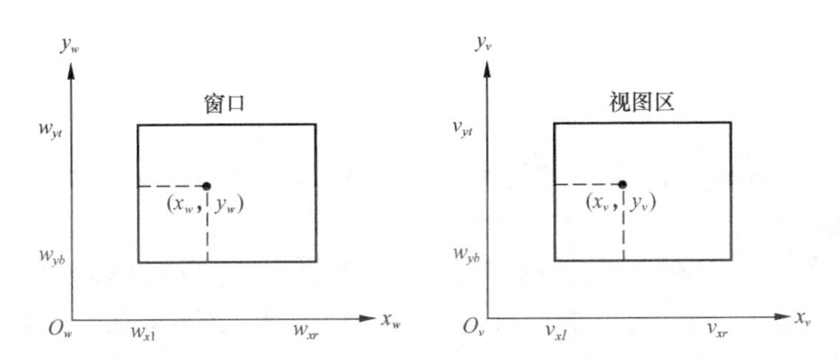

图 5-1 窗口与视图区的对应关系

窗口区中的任意一点 (x_w, y_w) 与视图区中的一点 (x_v, y_v) 存在如下对应关系

$$\frac{x_v - v_{xl}}{x_w - w_{xl}} = \frac{v_{xr} - v_{xl}}{w_{xr} - w_{xl}} \tag{5-1}$$

$$\frac{y_v - v_{yb}}{y_w - w_{yb}} = \frac{v_{yt} - v_{yb}}{w_{yt} - w_{yb}} \tag{5-2}$$

由式（5-1）和式（5-2）可分别解得

$$x_v = \frac{v_{xr} - v_{xl}}{w_{xr} - w_{xl}}(x_w - w_{xl}) + v_{xl} \tag{5-3}$$

$$y_v = \frac{v_{yt} - v_{yb}}{w_{yt} - w_{yb}}(y_w - w_{yb}) + v_{yb} \tag{5-4}$$

令

$$a = \frac{v_{xr} - v_{xl}}{w_{xr} - w_{xl}},\quad b = \frac{v_{yt} - v_{yb}}{w_{yt} - w_{yb}},\quad c = -\frac{v_{xr} - v_{xl}}{w_{xr} - w_{xl}} w_{xl} + v_{xl},\quad d = -\frac{v_{yt} - v_{yb}}{w_{yt} - w_{yb}} w_{yb} + v_{yb}$$

于是有

$$x_v = ax_w + C \tag{5-5}$$

$$y_v = by_w + d \tag{5-6}$$

5.2　二维图形几何变换

5.2.1　二维图形几何变换原理

由于二维图形是由点或直线段组成的，其中，直线段可由其端点坐标定义，因此，二维图形的几何变换可以归结为对点或对直线段端点的变换。

假设二维图形的几何变换是在保证坐标系不动并且图形的拓扑结构不变的情况下进行的，$\boldsymbol{P} = [x \quad y]$为变换前的点，$\boldsymbol{P}' = [x' \quad y']$为变换后的点，首先，讨论几种典型的二维图形几何变换。

1. 平移变换

如果点 P 在平行于 x 轴的方向上的移动量为 T_x，在平行于 y 轴的方向上的移动量为 T_y，则称此种变换为平移变换（Translation），变换后的点 P' 与变换前的点 P 的坐标关系可表示为

$$\begin{cases} x' = x + T_x \\ y' = y + T_y \end{cases} \tag{5-7}$$

写成矩阵形式为

$$[x' \quad y'] = [x \quad y] + [T_x \quad T_y] \tag{5-8}$$

例如，将一个三角形按式（5-8）进行平移变换得到的图形如图 5-2 所示。

2. 比例变换

如果点 P 在平行于 x 轴的方向上的缩放量为 S_x，在平行于 y 轴的方向上的缩放量为 S_y，则称此种变换为比例变换（Scale），变换后的点 P' 与变换前的点 P 的坐标关系可表示为

$$\begin{cases} x' = x \cdot S_x \\ y' = y \cdot S_y \end{cases} \tag{5-9}$$

写成矩阵形式为

$$[x' \quad y'] = [x \quad y]\begin{bmatrix} S_x & 0 \\ 0 & S_y \end{bmatrix} \tag{5-10}$$

当 $S_x = S_y$ 时，变换前的图形与变换后的图形是相似的，例如，圆变换后仍是圆，只是半径长度和圆心坐标发生了变化。其中，当 $S_x = S_y > 1$ 时，图形将放大，并远离坐标原点；当 $0 < S_x = S_y < 1$ 时，图形将缩小，并靠近坐标原点；当 $S_x \neq S_y$ 时，变换的结果相当于把图形沿平行于坐标轴的方向拉长或收缩，即图形将发生畸变，例如，圆变成椭圆等。

值得注意的是，这里的比例变换是相对于坐标原点进行的，即将图形各顶点的坐标值进行放缩，而不是相对于图形重心进行的变换。例如，将一个三角形图形按式（5-10）进行比例变换得到的图形如图 5-3 所示，而不是图 5-4 所示的结果。

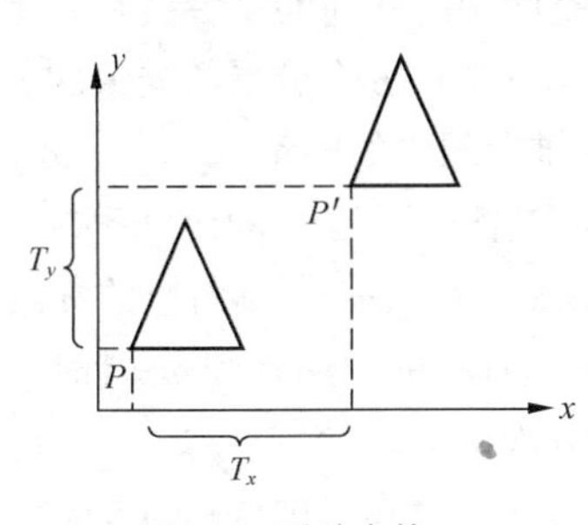

图 5-2　平移变换

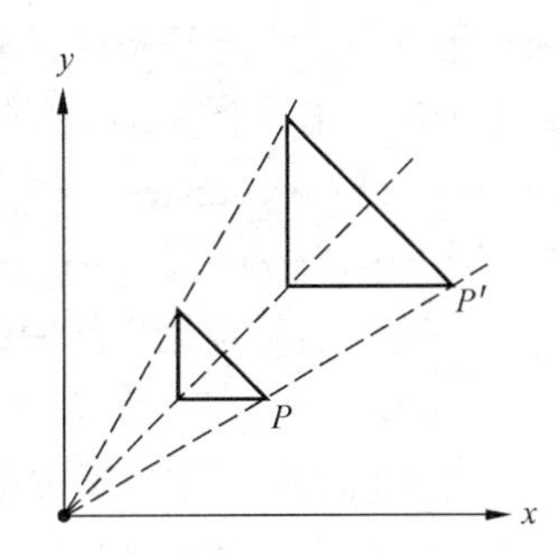

图 5-3　相对于原点的比例变换

3. 旋转变换

点 P 绕坐标原点逆时针转动某个角度值 θ，得到一个新点 P'，如图 5-5 所示，称这种变换为旋转变换（Rotation），这里设逆时针旋转方向为图形变换的正方向。为推导旋转变换的表示式，这里采用极坐标形式表示点 P 和 P' 的坐标，它们分别为

$$\begin{cases} x' = r\cos\varphi \\ y' = r\sin\varphi \end{cases} \tag{5-11}$$

$$\begin{cases} x' = r\cos(\theta+\varphi) = r\cos\varphi\cos\theta - r\sin\varphi\sin\theta \\ y' = r\sin(\theta+\varphi) = r\cos\varphi\sin\theta - r\sin\varphi\cos\theta \end{cases} \tag{5-12}$$

将式（5-11）代入式（5-12）得

$$\begin{cases} x' = x\cos\theta - y\sin\theta \\ y' = x\sin\theta + y\cos\theta \end{cases} \tag{5-13}$$

写成矩阵形式为

$$[x' \quad y'] = [x \quad y]\begin{bmatrix} \cos\theta & \sin\theta \\ -\sin\theta & \cos\theta \end{bmatrix} \tag{5-14}$$

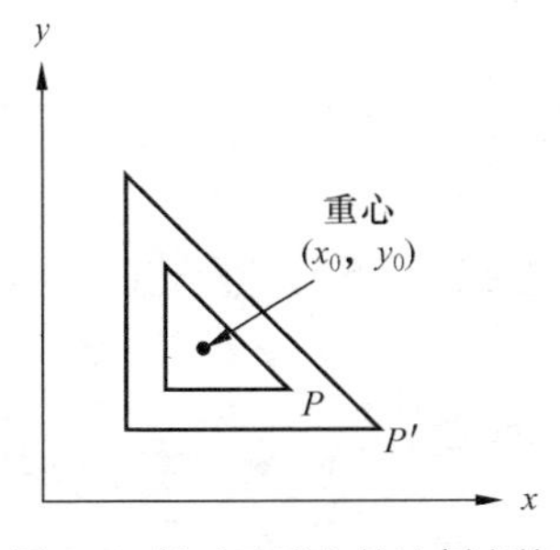

图 5-4　相对于重心的比例变换

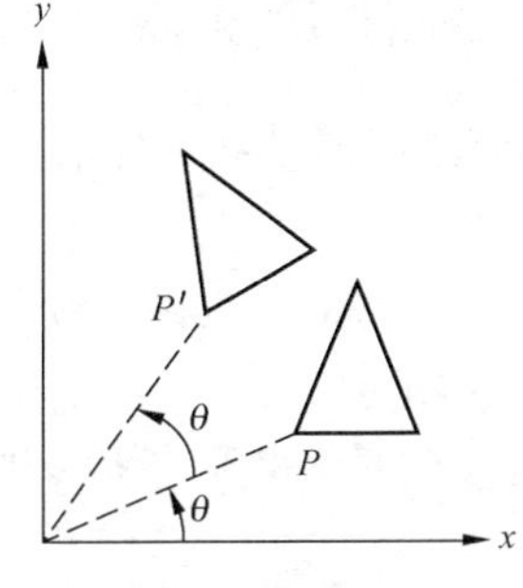

图 5-5　旋转变换

5.2.2 齐次坐标技术

从式（5-8）、式（5-10）和式（5-14）可知，平移、比例和旋转这几种基本的变换的处理形式是不统一的，有加法还有乘法，而在实际应用中，对图形的变换通常都是上述几种基本变换的组合变换，如果它们的处理形式不统一的话，将很难把它们级联在一起。那么怎么办呢？齐次坐标技术可以有效地解决这一问题。

齐次坐标是 E.A. Maxwell 在 1946 年从几何学的角度提出来的一个概念，20 世纪 60 年代被应用到计算机图形学中，它的基本思想是：把一个 n 维空间中的几何问题转换到 n+1 维空间中去解决。从形式上来说，用一个有 n+1 个分量的向量去表示一个有 n 个分量的向量的方法就称为齐次坐标（Homogeneous Coordinates）表示，也就是说，n 维空间中的向量 $(x_1,x_2,\cdots,x_n)$ 在 n+1 维空间中的表示即齐次坐标为 $(\omega x_1,\omega x_2,\cdots,\omega x_n,\omega)$，其中，$\omega$ 是任一不为 0 的比例系数，称为哑元或标量因子，反之，若已知 n+1 维空间中的齐次坐标为 $(x_1,x_2,\cdots,x_n,\omega)$，则对应的 n 维空间中的直角坐标为 $(x_1/\omega,x_2/\omega,\cdots,x_n/\omega)$。显然，齐次坐标表示不是唯一的，通常当 $\omega=1$ 时，称为规格化的齐次坐标，在计算机图形学中，通常都使用规格化的齐次坐标。

使用齐次坐标表示可以很容易地将平移、比例和旋转这几种基本的几何变换的表示形式统一起来。

例如，平移变换可表示为

$$[x' \quad y' \quad 1]=[x \quad y \quad 1]\begin{bmatrix}1 & 0 & 0\\ 0 & 1 & 0\\ T_x & T_y & 1\end{bmatrix}$$

比例变换可表示为

$$[x' \quad y' \quad 1]=[x \quad y \quad 1]\begin{bmatrix}S_x & 0 & 0\\ 0 & S_y & 0\\ 0 & 0 & 1\end{bmatrix}$$

旋转变换可表示为

$$[x' \quad y' \quad 1]=[x \quad y \quad 1]\begin{bmatrix}\cos\theta & \sin\theta & 0\\ -\sin\theta & \cos\theta & 0\\ 0 & 0 & 1\end{bmatrix}$$

使用齐次坐标表示的另一个好处就是：可以十分完美地表示 n 维空间中的无穷远点或无穷远区域，例如，$\omega=0$ 时的齐次坐标 $(x_1,x_2,\cdots,x_n,\omega)$ 就表示一个 n 维的无穷远点。

5.2.3 二维组合变换

在讨论组合变换之前，我们先来推导另外两种常用的二维几何变换。

1. 对称变换

对称变换（Symmetry）也称反射变换或镜像变换。主要有以下几种模式。

（1）相对于 y 轴对称

点 P 相对于 y 轴对称得到的新点 P'（见图 5-6（a））的坐标为

$$\begin{cases}x'=-x\\ y'=y\end{cases}$$

写成矩阵表示形式为

$$[x' \quad y' \quad 1] = [x \quad y \quad 1]\begin{bmatrix} -1 & 0 & 0 \\ 0 & 1 & 0 \\ 0 & 0 & 1 \end{bmatrix} = [-x \quad y \quad 1]$$

（2）相对于 x 轴对称

点 P 相对于 x 轴对称得到的新点 P'（见图 5-6（b））的坐标为

$$\begin{cases} x' = x \\ y' = -y \end{cases}$$

写成矩阵表示形式为

$$[x' \quad y' \quad 1] = [x \quad y \quad 1]\begin{bmatrix} 1 & 0 & 0 \\ 0 & -1 & 0 \\ 0 & 0 & 1 \end{bmatrix} = [x \quad -y \quad 1]$$

（3）相对于原点对称

点 P 相对于原点对称（即中心对称）得到的新点 P'（见图 5-6（c））的坐标为

$$\begin{cases} x' = -x \\ y' = -y \end{cases}$$

写成矩阵表示形式为

$$[x' \quad y' \quad 1] = [x \quad y \quad 1]\begin{bmatrix} -1 & 0 & 0 \\ 0 & -1 & 0 \\ 0 & 0 & 1 \end{bmatrix} = [-x \quad -y \quad 1]$$

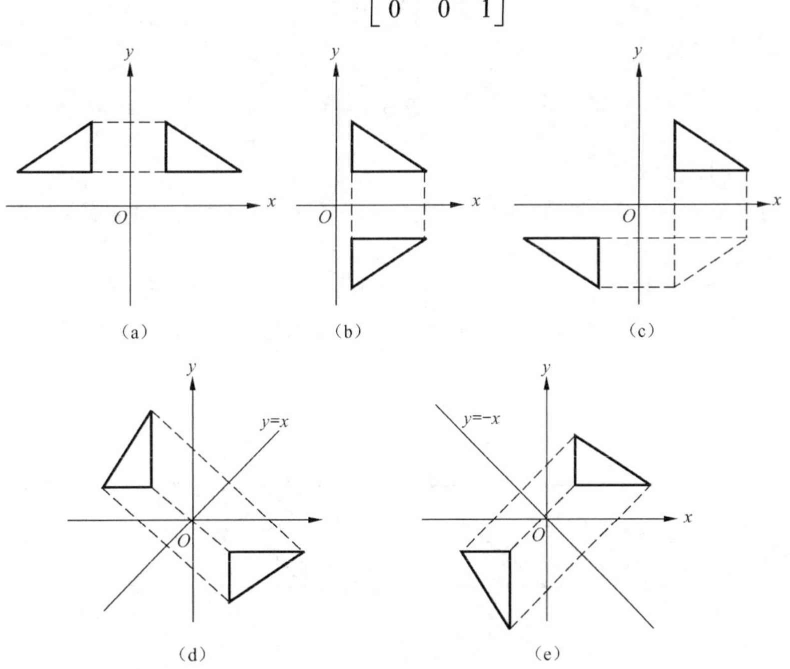

图 5-6　二维图形的对称变换

（4）相对于 45° 线对称

点 P 相对于 45° 线（即 $y = x$ 直线）对称得到的新点 P'（见图 5-6（d））的坐标为

$$\begin{cases} x' = y \\ y' = x \end{cases}$$

写成矩阵表示形式为

$$[x' \quad y' \quad 1]=[x \quad y \quad 1]\begin{bmatrix}0&1&0\\1&0&0\\0&0&1\end{bmatrix}=[y \quad x \quad 1]$$

（5）相对于−45°线对称

点 P 相对于−45°线（即 $y=-x$ 直线）对称得到的新点 P'（见图 5-6（e））的坐标为

$$\begin{cases}x'=-y\\y'=-x\end{cases}$$

写成矩阵表示形式为

$$[x' \quad y' \quad 1]=[x \quad y \quad 1]\begin{bmatrix}0&-1&0\\-1&0&0\\0&0&1\end{bmatrix}=[-y \quad -x \quad 1]$$

2. 错切变换

错切变换（Shear）也称错移变换。主要有以下两种模式。

（1）沿 x 轴方向关于 y 轴错切

沿 x 轴方向关于 y 轴错切，就是将图形上关于 y 轴的平行线沿 x 方向推成与 x 轴正方向成 θ 角的倾斜线，而保持 y 坐标不变，如图 5-7（a）所示。

$$[x' \quad y' \quad 1]=[x \quad y \quad 1]\begin{bmatrix}1&0&0\\a&1&0\\0&0&1\end{bmatrix}=[x+ay \quad y \quad 1]$$

其中

$$a=\mathrm{ctg}\theta=\frac{\Delta x}{y}$$

（2）沿 y 轴方向关于 x 轴错切

沿 y 轴方向关于 x 轴错切，就是将图形上关于 x 轴的平行线沿 y 方向推成与 y 轴正方向成 φ 角的倾斜线，而保持 x 坐标不变，如图 5-7（b）所示。

$$[x' \quad y' \quad 1]=[x \quad y \quad 1]\begin{bmatrix}1&b&0\\0&1&0\\0&0&1\end{bmatrix}=[x \quad bx+y \quad 1]$$

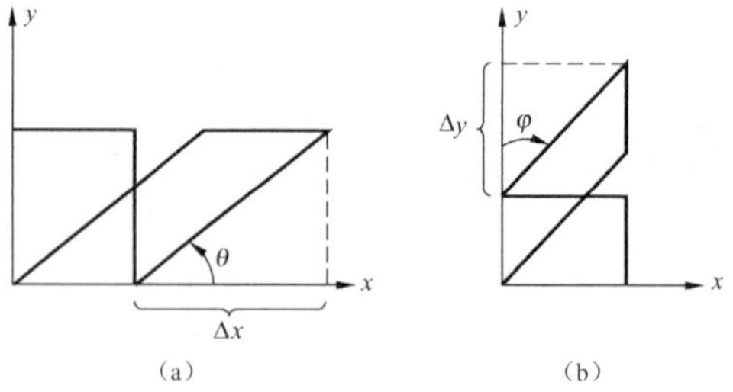

图 5-7　二维图形的错切变换

其中

$$b=\mathrm{ctg}\varphi=\frac{\Delta y}{x}$$

如前所述，用齐次坐标实现变换矩阵的统一的表示形式后，就可以很容易地实现组合变换。下面以相对于任意点的比例变换和绕任意点的旋转变换为例进行说明。

3. 相对于任意点 (x_0, y_0) 的比例变换

相对于任意点 (x_0, y_0) 的比例变换，可以通过如下 3 个步骤得到，当 (x_0, y_0) 为图形重心的坐标时，这种变换实现的就是如图 5-4 所示的相对于重心的比例变换。

步骤 1：为了使点 (x_0, y_0) 能平移到原点，先对图形作如下的平移变换，即 x 方向的平移量为 $-x_0$，y 方向的平移量为 $-y_0$。

$$\begin{bmatrix} x_2 & y_2 & 1 \end{bmatrix} = \begin{bmatrix} x_1 & y_1 & 1 \end{bmatrix} \boldsymbol{T}_1 \tag{5-15}$$

其中

$$\boldsymbol{T}_1 = \begin{bmatrix} 1 & 0 & 0 \\ 0 & 1 & 0 \\ -x_0 & -y_0 & 1 \end{bmatrix}$$

步骤 2：对图形相对于原点进行下述比例变换。

$$\begin{bmatrix} x_3 & y_3 & 1 \end{bmatrix} = \begin{bmatrix} x_2 & y_2 & 1 \end{bmatrix} \boldsymbol{S} \tag{5-16}$$

其中

$$\boldsymbol{S} = \begin{bmatrix} S_x & 0 & 0 \\ 0 & S_y & 0 \\ 0 & 0 & 1 \end{bmatrix}$$

步骤 3：将图形按照与步骤 1 相反的方向移回 (x_0, y_0) 处，即 x 方向的平移量为 x_0，y 方向的平移量为 y_0。

$$\begin{bmatrix} x_4 & y_4 & 1 \end{bmatrix} = \begin{bmatrix} x_3 & y_3 & 1 \end{bmatrix} \boldsymbol{T}_2 \tag{5-17}$$

其中

$$\boldsymbol{T}_2 = \begin{bmatrix} 1 & 0 & 0 \\ 0 & 1 & 0 \\ x_0 & y_0 & 1 \end{bmatrix}$$

将式（5-15）代入式（5-16）中，再将结果代入式（5-17）中，得

$$\begin{bmatrix} x_4 & y_4 & 1 \end{bmatrix} = \begin{bmatrix} x_1 & y_1 & 1 \end{bmatrix} \boldsymbol{T} = \begin{bmatrix} x_1 & y_1 & 1 \end{bmatrix} \boldsymbol{T}_1 \boldsymbol{S} \boldsymbol{T}_2 \tag{5-18}$$

其中

$$\boldsymbol{T} = \boldsymbol{T}_1 \boldsymbol{S} \boldsymbol{T}_2 = \begin{bmatrix} 1 & 0 & 0 \\ 0 & 1 & 0 \\ -x_0 & -y_0 & 1 \end{bmatrix} \begin{bmatrix} S_x & 0 & 0 \\ 0 & S_y & 0 \\ 0 & 0 & 1 \end{bmatrix} \begin{bmatrix} 1 & 0 & 0 \\ 0 & 1 & 0 \\ x_0 & y_0 & 1 \end{bmatrix} \tag{5-19}$$

从式（5-18）可见，相对于任意点 (x_0, y_0) 的比例变换其实就是上述 3 个变换的级联，即通过矩阵相乘的形式即可实现。一般而言，相对于依次按照式（5-15）、式（5-16）和式（5-17）求出点 P 经过各个变换的坐标的方法而言，直接按照式（5-19）求出组合变换矩阵，然后再对点施以组合变换的方法要快得多。

值得注意的是，参与相乘的各矩阵的顺序是不能改变的。

4. 绕任意点 (x_0, y_0) 的旋转变换

相对于任意点 (x_0, y_0) 的旋转变换，可以通过如下 3 个步骤得到。

步骤 1：为了使点 (x_0, y_0) 能平移到原点，先对图形作如下的平移变换，即 x 方向的平移量为 $-x_0$，y 方向的平移量为 $-y_0$。

$$\begin{bmatrix} x_2 & y_2 & 1 \end{bmatrix} = \begin{bmatrix} x_1 & y_1 & 1 \end{bmatrix} \boldsymbol{T}_1 \tag{5-20}$$

其中

$$T_1=\begin{bmatrix}1&0&0\\0&1&0\\-x_0&-y_0&1\end{bmatrix}$$

步骤 2：对图形绕原点进行下述的旋转变换。

$$\begin{bmatrix}x_3&y_3&1\end{bmatrix}=\begin{bmatrix}x_2&y_2&1\end{bmatrix}\boldsymbol{R} \tag{5-21}$$

其中

$$\boldsymbol{R}=\begin{bmatrix}\cos\theta&\sin\theta&0\\-\sin\theta&\cos\theta&0\\0&0&1\end{bmatrix}$$

步骤 3：将图形按照与步骤 1 相反的方向移回 (x_0,y_0) 处，即 x 方向的平移量为 x_0，y 方向的平移量为 y_0。

$$\begin{bmatrix}x_4&y_4&1\end{bmatrix}=\begin{bmatrix}x_3&y_3&1\end{bmatrix}\boldsymbol{T}_2 \tag{5-22}$$

其中

$$\boldsymbol{T}_2=\begin{bmatrix}1&0&0\\0&1&0\\x_0&y_0&1\end{bmatrix}$$

将式（5-20）代入式（5-21）中，再将结果代入式（5-22）中，得

$$\begin{bmatrix}x_4&y_4&1\end{bmatrix}=\begin{bmatrix}x_1&y_1&1\end{bmatrix}\boldsymbol{T}=\begin{bmatrix}x_1&y_1&1\end{bmatrix}\boldsymbol{T}_1\boldsymbol{R}\boldsymbol{T}_2 \tag{5-23}$$

其中

$$\boldsymbol{T}=\boldsymbol{T}_1\boldsymbol{R}\boldsymbol{T}_2=\begin{bmatrix}1&0&0\\0&1&0\\-x_0&-y_0&1\end{bmatrix}\begin{bmatrix}\cos\theta&\sin\theta&0\\-\sin\theta&\cos\theta&0\\0&0&1\end{bmatrix}\begin{bmatrix}1&0&0\\0&1&0\\x_0&y_0&1\end{bmatrix} \tag{5-24}$$

绕任意点 (x_0,y_0) 的旋转变换的过程如图 5-8 所示。

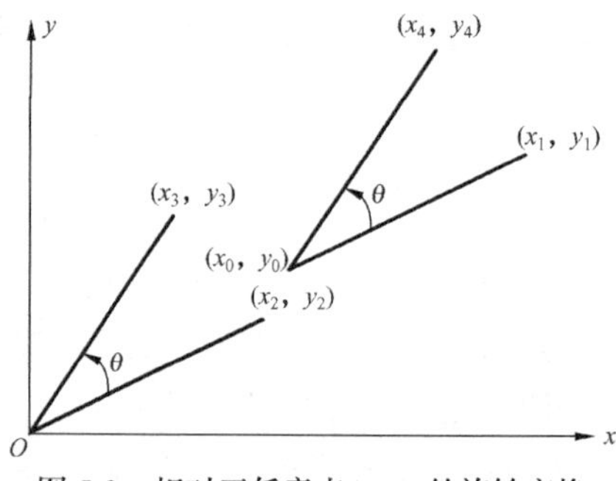

图 5-8 相对于任意点(x_0,y_0)的旋转变换

5.3 三维图形几何变换

5.3.1 三维空间坐标系

讨论三维图形的几何变换（如旋转变换）比二维几何变换要复杂一些，因为在三维空间中，首

先要确定使用右手坐标系还是左手坐标系。所谓右手坐标系（Right-Handed Coordinate Systems，RHS），是这样确定三根正交的坐标轴的，即伸出右手，大拇指向上，其他 4 个手指向前伸出指向 x 轴的正方向，然后，顺势向 y 轴的正方向握拳，大拇指仍然向上，此时，大拇指所指向的方向就是 z 轴的正方向。按照同样方法伸出左手所确定的坐标系就是左手坐标系（Left-Handed Coordinate Systems，LHS）。

在使用右手坐标系的情况下，旋转的正方向为右手螺旋方向，它是这样确定的：从轴的正向朝坐标原点看去，逆时针旋转的方向即为旋转的正方向，按这种方式逆时针旋转 90° 可以从一个坐标轴的正向转到另一个坐标轴的正向。若使用左手坐标系，则顺时针方向为旋转的正方向。

5.3.2　三维图形几何变换

引入齐次坐标后，二维几何变换可以用一个 3×3 的变换矩阵来表示，同样，三维几何变换可以用一个 4×4 的广义变换矩阵来表示。设三维空间中的点为 $P(x,y,z)$，其规格化齐次坐标为 $P(x,y,z,1)$，则 4×4 的变换矩阵为 $\boldsymbol{T}$，即

$$\boldsymbol{T}=\begin{bmatrix} a & d & g & p \\ b & e & h & q \\ c & f & i & r \\ l & m & n & s \end{bmatrix} \tag{5-25}$$

$\boldsymbol{T}$ 中的元素可分为如下 4 个部分。

（1）3×3 子阵 $\begin{bmatrix} a & d & g \\ b & e & h \\ c & f & i \end{bmatrix}$ 的作用是对点的坐标进行比例变换、旋转变换和错切变换。

（2）1×3 子阵 $\begin{bmatrix} l & m & n \end{bmatrix}$ 的作用是对点进行平移变换。

（3）3×1 子阵 $\begin{bmatrix} p \\ q \\ r \end{bmatrix}$ 的作用是对点进行透视投影变换，此内容将在 5.4 节中介绍。

（4）右下角 1×1 子阵 $\begin{bmatrix} s \end{bmatrix}$ 的作用是对点进行总体比例变换。

下面对这些变换分别予以介绍。

1. 平移变换

设空间一点 $P(x,y,z)$ 沿 x,y,z 轴 3 个方向的平移量分别为 l,m,n，则

$$\begin{cases} x' = x+l \\ y' = y+m \\ z' = z+n \end{cases}$$

写成矩阵形式为

$$\boldsymbol{T}=\begin{bmatrix} 1 & 0 & 0 & 0 \\ 0 & 1 & 0 & 0 \\ 0 & 0 & 1 & 0 \\ l & m & n & 1 \end{bmatrix} \tag{5-26}$$

2. 比例变换

设空间一点 $P(x,y,z)$ 在 x,y,z 轴 3 个方向的缩放量分别为 a,e,i，则以原点为中心的比例变换为

$$\begin{cases} x' = ax \\ y' = ey \\ z' = iz \end{cases}$$

写成矩阵形式为

$$T = \begin{bmatrix} a & 0 & 0 & 0 \\ 0 & e & 0 & 0 \\ 0 & 0 & i & 0 \\ 0 & 0 & 0 & 1 \end{bmatrix} \quad (5\text{-}27)$$

当$a,e,i>1$时，P点坐标相对于原点被放大，当$a,e,i<1$时，P点坐标相对于原点被缩小。

当变换矩阵为

$$T = \begin{bmatrix} 1 & 0 & 0 & 0 \\ 0 & 1 & 0 & 0 \\ 0 & 0 & 1 & 0 \\ 0 & 0 & 0 & s \end{bmatrix} \quad (5\text{-}28)$$

时，变换方程为

$$\begin{bmatrix} x' & y' & z' & 1 \end{bmatrix} = \begin{bmatrix} x & y & z & 1 \end{bmatrix} T = \begin{bmatrix} x & y & z & s \end{bmatrix} = \begin{bmatrix} x/s & y/s & z/s & 1 \end{bmatrix}$$

即点$P(x,y,z)$的坐标在矩阵变换T的作用下变为

$$\begin{cases} x' = x/s \\ y' = y/s \\ z' = z/s \end{cases}$$

3. 旋转变换

首先，考虑绕x,y,z轴的三维旋转变换，绕任意轴的旋转变换将在5.3.3小节中介绍。

（1）绕x轴逆时针旋转α角

当点$P(x,y,z)$绕x轴逆时针旋转α角时，相当于点在yoz平面内绕原点旋转α角，而保持点的x坐标值不变，如图5-9（a）所示，因此，有

$$\begin{cases} x' = x \\ y' = y\cos\alpha - z\sin\alpha \\ z' = y\sin\alpha + z\cos\alpha \end{cases}$$

写成矩阵形式为

$$T = \begin{bmatrix} 1 & 0 & 0 & 0 \\ 0 & \cos\alpha & \sin\alpha & 0 \\ 0 & -\sin\alpha & \cos\alpha & 0 \\ 0 & 0 & 0 & 1 \end{bmatrix} \quad (5\text{-}29)$$

（2）绕y轴逆时针旋转β角

当点$P(x,y,z)$绕y轴逆时针旋转β角时，相当于点在zox平面内绕原点旋转β角，而保持点的y坐标值不变，如图5-9（b）所示，因此，有

$$\begin{cases} x' = x\cos\beta + z\sin\beta \\ y' = y \\ z' = -x\sin\beta + z\cos\beta \end{cases}$$

写成矩阵形式为

$$T=\begin{bmatrix}\cos\beta & 0 & -\sin\beta & 0\\ 0 & 1 & 0 & 0\\ \sin\beta & 0 & \cos\beta & 0\\ 0 & 0 & 0 & 1\end{bmatrix} \tag{5-30}$$

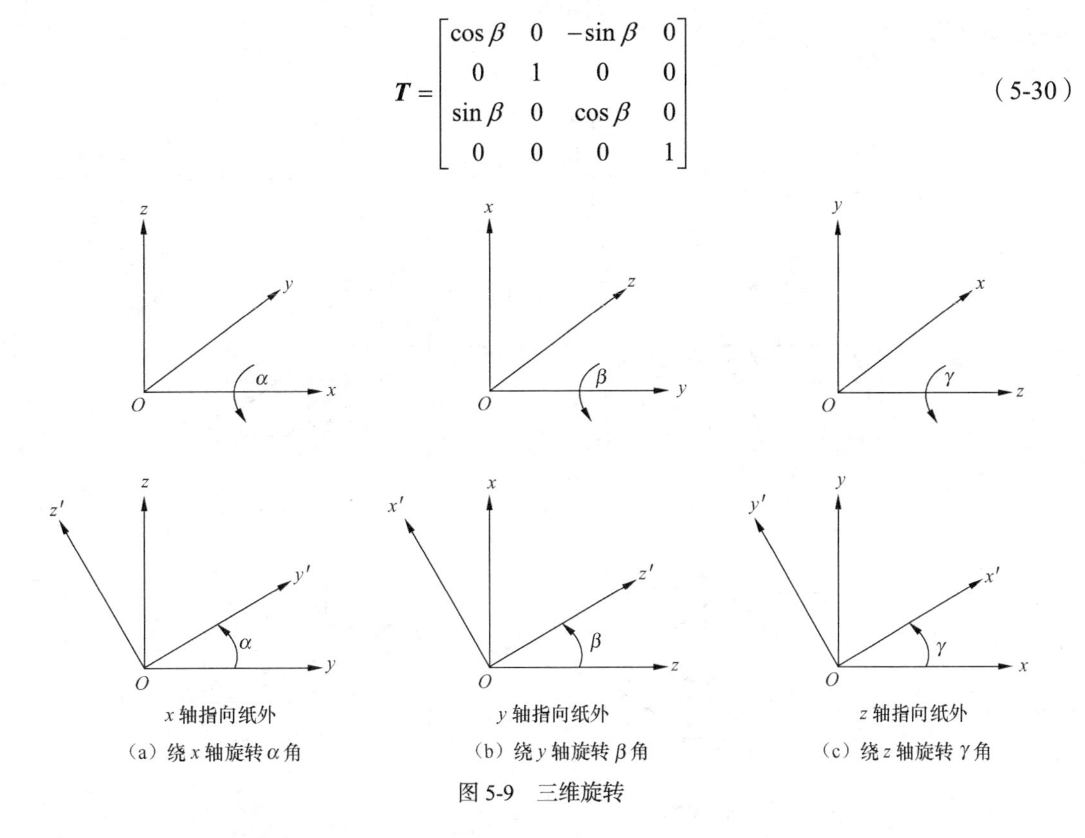

（a）绕 x 轴旋转 α 角　（b）绕 y 轴旋转 β 角　（c）绕 z 轴旋转 γ 角

图 5-9　三维旋转

（3）绕 z 轴逆时针旋转 γ 角

当点 $P(x,y,z)$ 绕 z 轴逆时针旋转 γ 角时，相当于点在 xoy 平面内绕原点旋转 γ 角，而保持点的 z 坐标值不变，如图 5-9（c）所示，因此，有

$$\begin{cases}x'=x\cos\gamma-y\sin\gamma\\ y'=x\sin\gamma+y\cos\gamma\\ z'=z\end{cases}$$

写成矩阵形式为

$$T=\begin{bmatrix}\cos\gamma & \sin\gamma & 0 & 0\\ -\sin\gamma & \cos\gamma & 0 & 0\\ 0 & 0 & 1 & 0\\ 0 & 0 & 0 & 1\end{bmatrix} \tag{5-31}$$

4. 错切变换

如前所述，在如式（5-25）所示的 4×4 变换矩阵中，左上角 3×3 分块矩阵的非对角线各项可产生三维错切变换，按错切方向的不同，可有如下几种变换。

（1）沿 x 含 y 错切

沿 x 含 y 错切变换后的图形的特点是：错切平面绕 z 轴沿 x 方向移动离开 y 轴，使得平行于 y 轴的直线向 x 方向推倒并与 x 轴成某一角度，如图 5-10（a）所示。变换前后图形上的点的坐标之间的关系为

$$\begin{cases}x'=x+dy\\ y'=y\\ z'=z\end{cases}$$

其变换矩阵为

$$
\boldsymbol{T}=\begin{bmatrix}1 & 0 & 0 & 0\\ d & 1 & 0 & 0\\ 0 & 0 & 1 & 0\\ 0 & 0 & 0 & 1\end{bmatrix}
$$

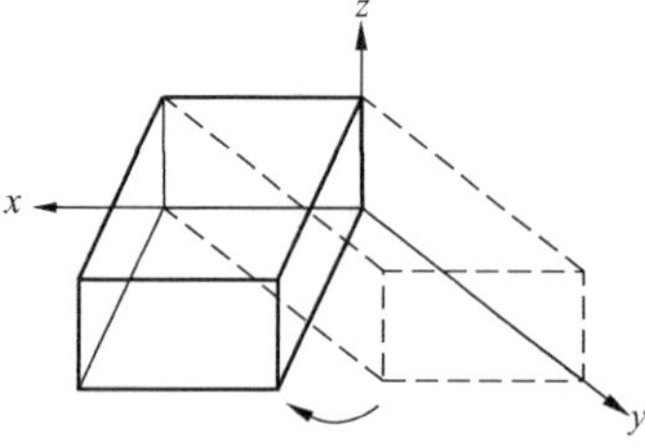

（a）沿 x 含 y 错切

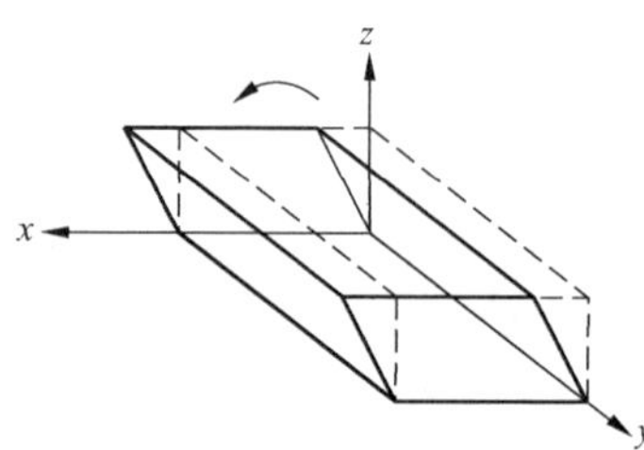

（b）沿 x 含 z 错切

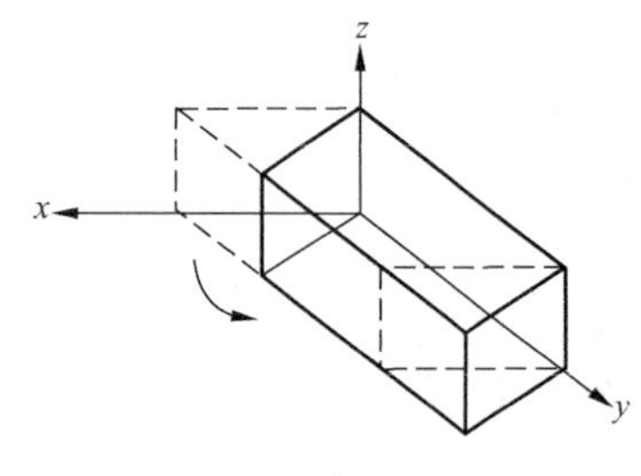

（c）沿 y 含 x 错切

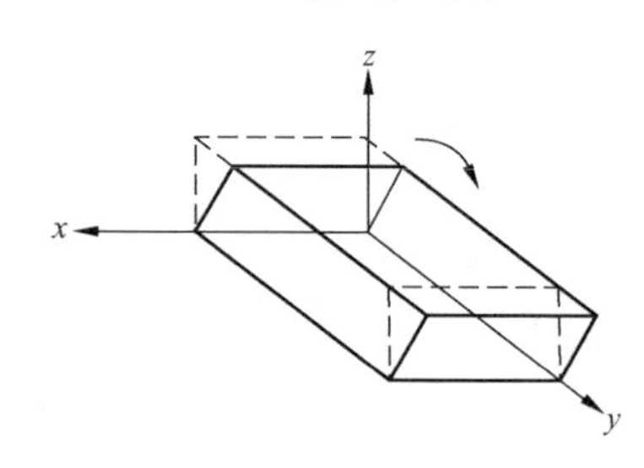

（d）沿 y 含 z 错切

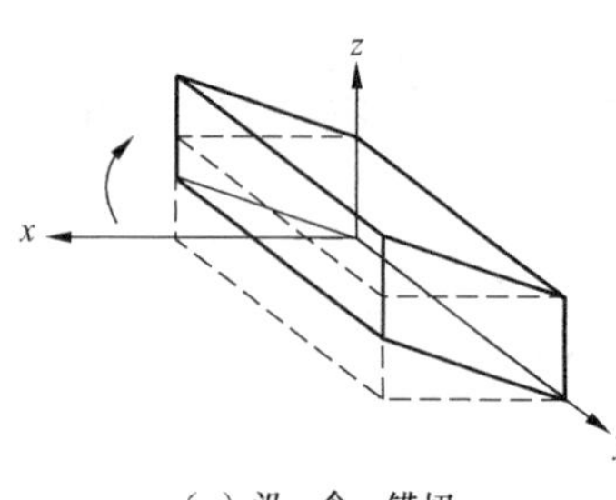

（e）沿 z 含 x 错切

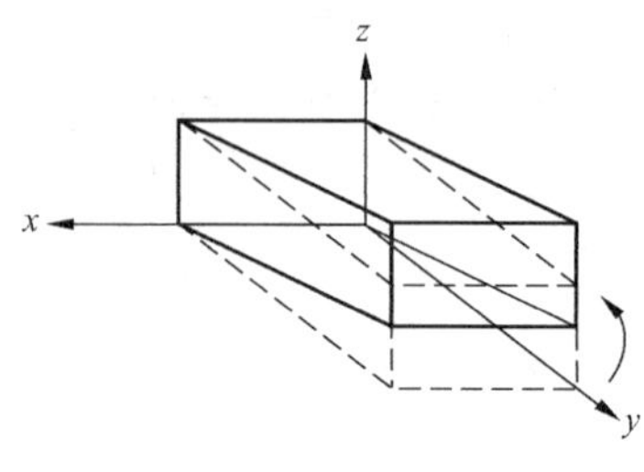

（f）沿 z 含 y 错切

图 5-10　三维错切变换

（2）沿 x 含 z 错切

沿 x 含 z 错切变换后的图形的特点是：错切平面绕 y 轴沿 x 方向移动离开 z 轴，使得平行于 z 轴的直线向 x 方向推倒并与 x 轴成某一角度，如图 5-10（b）所示。变换前后图形上的点的坐标之间的关系为

$$
\begin{cases}x' = x + hz\\ y' = y\\ z' = z\end{cases}
$$

其变换矩阵为

$$
\boldsymbol{T}=\begin{bmatrix}1 & 0 & 0 & 0\\ 0 & 1 & 0 & 0\\ h & 0 & 1 & 0\\ 0 & 0 & 0 & 1\end{bmatrix}
$$

（3）沿 y 含 x 错切

沿 y 含 x 错切变换后的图形的特点是：错切平面绕 z 轴沿 y 方向移动离开 x 轴，使得平行于 x 轴的直线向 y 方向推倒并与 y 轴成某一角度，如图 5-10（c）所示。变换前后图形上的点的坐标之间的关系为

$$\begin{cases} x' = x \\ y' = y + bx \\ z' = z \end{cases}$$

其变换矩阵为

$$\boldsymbol{T} = \begin{bmatrix} 1 & b & 0 & 0 \\ 0 & 1 & 0 & 0 \\ 0 & 0 & 1 & 0 \\ 0 & 0 & 0 & 1 \end{bmatrix}$$

（4）沿 y 含 z 错切

沿 y 含 z 错切变换后的图形的特点是：错切平面绕 x 轴沿 y 方向移动离开 z 轴，使得平行于 z 轴的直线向 y 方向推倒并与 y 轴成某一角度，如图 5-10（d）所示。变换前后图形上的点的坐标之间的关系为

$$\begin{cases} x' = x \\ y' = y + iz \\ z' = z \end{cases}$$

其变换矩阵为

$$\boldsymbol{T} = \begin{bmatrix} 1 & 0 & 0 & 0 \\ 0 & 1 & 0 & 0 \\ 0 & i & 1 & 0 \\ 0 & 0 & 0 & 1 \end{bmatrix}$$

（5）沿 z 含 x 错切

沿 z 含 x 错切变换后的图形的特点是：错切平面绕 y 轴沿 z 方向移动离开 x 轴，使得平行于 x 轴的直线向 z 方向推倒并与 z 轴成某一角度，如图 5-10（e）所示。变换前后图形上的点的坐标之间的关系为

$$\begin{cases} x' = x \\ y' = y \\ z' = z + cx \end{cases}$$

其变换矩阵为

$$\boldsymbol{T} = \begin{bmatrix} 1 & 0 & c & 0 \\ 0 & 1 & 0 & 0 \\ 0 & 0 & 1 & 0 \\ 0 & 0 & 0 & 1 \end{bmatrix}$$

（6）沿 z 含 y 错切

沿 z 含 y 错切变换后的图形的特点是：错切平面绕 x 轴沿 z 方向移动离开 y 轴，使得平行于 y 轴的直线向 z 方向推倒并与 z 轴成某一角度，如图 5-10（f）所示。变换前后图形上的点的坐标之间的关系为

$$\begin{cases} x' = x \\ y' = y \\ z' = z + fy \end{cases}$$

其变换矩阵为

$$T=\begin{bmatrix}1&0&0&0\\0&1&f&0\\0&0&1&0\\0&0&0&1\end{bmatrix}$$

5.3.3 三维图形的组合变换

三维几何变换也可以进行组合，以解决一些复杂的变换问题。下面以绕空间任意轴作旋转变换的问题为例进行说明。如图 5-11（a）所示，设以空间任意一条线段 AB 为旋转轴，点 P 绕 AB 逆时针旋转 γ 角，求旋转矩阵 R_{AB}。

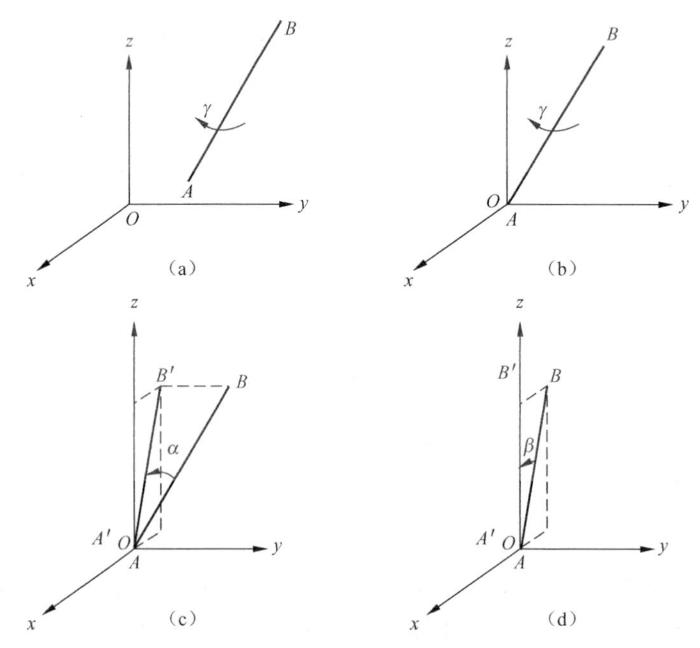

图 5-11 绕任意轴的旋转变换

R_{AB} 可按照如下步骤求出。

步骤 1：平移使得旋转轴的一个端点（如 $A(x_A, y_A, z_A)$）与坐标原点重合，如图 5-11（b）所示，相应的变换矩阵为

$$T=\begin{bmatrix}1&0&0&0\\0&1&0&0\\0&0&1&0\\-x_A&-y_A&-z_A&1\end{bmatrix} \tag{5-32}$$

步骤 2：将旋转轴 AB 绕坐标系的 x 轴逆时针旋转 α 角，使 AB 落在 xoz 坐标平面上，如图 5-11（c）所示，然后再绕 y 轴逆时针旋转 β 角，使 AB 与 z 轴重合，如图 5-11（d）所示，相应的变换矩阵为

$$R=R_xR_y=\begin{bmatrix}1&0&0&0\\0&\cos\alpha&\sin\alpha&0\\0&-\sin\alpha&\cos\alpha&0\\0&0&0&1\end{bmatrix}\begin{bmatrix}\cos\beta&0&-\sin\beta&0\\0&1&0&0\\\sin\beta&0&\cos\beta&0\\0&0&0&1\end{bmatrix} \tag{5-33}$$

步骤 3：绕 z 轴旋转 γ 角，相应的变换矩阵为

$$\boldsymbol{R}_z = \begin{bmatrix} \cos\gamma & \sin\gamma & 0 & 0 \\ -\sin\gamma & \cos\gamma & 0 & 0 \\ 0 & 0 & 1 & 0 \\ 0 & 0 & 0 & 1 \end{bmatrix} \tag{5-34}$$

步骤 4：进行步骤 2 旋转变换的逆变换，相应的变换矩阵为

$$\boldsymbol{R}^{-1} = (\boldsymbol{R}_x\boldsymbol{R}_y)^{-1} = \boldsymbol{R}_y^{-1}\boldsymbol{R}_x^{-1} = \begin{bmatrix} \cos\beta & 0 & -\sin\beta & 0 \\ 0 & 1 & 0 & 0 \\ \sin\beta & 0 & \cos\beta & 0 \\ 0 & 0 & 0 & 1 \end{bmatrix}^{-1} \begin{bmatrix} 1 & 0 & 0 & 0 \\ 0 & \cos\alpha & \sin\alpha & 0 \\ 0 & -\sin\alpha & \cos\alpha & 0 \\ 0 & 0 & 0 & 1 \end{bmatrix}^{-1} \tag{5-35}$$

步骤 5：进行步骤 1 平移变换的逆变换，相应的变换矩阵为

$$\boldsymbol{T}^{-1} = \begin{bmatrix} 1 & 0 & 0 & 0 \\ 0 & 1 & 0 & 0 \\ 0 & 0 & 1 & 0 \\ x_A & y_A & z_A & 1 \end{bmatrix} \tag{5-36}$$

由上述 5 个步骤可得点 P 绕空间任意一条线段 AB 逆时针旋转 γ 角的旋转矩阵 $\boldsymbol{R}_{AB}$ 为

$$\boldsymbol{R}_{AB} = \boldsymbol{T}\boldsymbol{R}_x\boldsymbol{R}_y\boldsymbol{R}_z\boldsymbol{R}_y^{-1}\boldsymbol{R}_x^{-1}\boldsymbol{T}^{-1} \tag{5-37}$$

5.4　投 影 变 换

5.4.1　投影变换的分类

从数学的角度来看，投影就是将 n 维空间中的点变换成小于 n 维的点。本书只讨论三维到二维的平面几何投影（以下简称为投影）。现实世界中的物体通常是在三维坐标系中描述的，为了将其在二维的计算机屏幕上显示出来，必须对其进行投影变换，投影变换是将三维图形在二维的输出设备上显示的不可缺少的技术之一。

那么，投影是如何形成的呢？首先，需要在三维空间中选择一个点，一般称这个点为投影中心，不经过这个点再定义一个面，称其为投影面，从投影中心经过物体上的每一个点向投影平面引任意多条射线，这些射线一般被称为投影线，投影线与投影面相交后在投影面上所产生的像就称为该三维物体在二维投影面上的投影。像这样把三维空间中的物体变换到二维平面上的过程就称为投影变换。投影面是平面、投影线是直线的投影，称为平面几何投影。

按照投影中心距投影平面的距离，平面几何投影可分为两种基本类型：即平行投影和透视投影。如果投影中心到投影平面之间的距离是有限的，那么投影射线必然是汇聚于一点，这样的投影就称为透视投影（Perspective Projection）。如果投影中心到投影平面之间的距离是无限的，那么投影射线必然是相互平行的，这样的投影就称为平行投影（Parallel Projection）。以直线段 AB 的投影为例，图 5-12（a）和图 5-12（b）所示显示了直线段 AB 的透视投影和平行投影的形成原理以及投影中心、投影平面、投影射线和三维图形及其投影之间的关系。由于直线的平面几何投影仍为一条直线，所以，对直线段 AB 作投影变换时，只需对线段的两个

端点 A 和 B 进行投影变换，连接两个端点在投影平面上的投影 A'和 B'就可得到整个直线段的投影 $A'B'$。

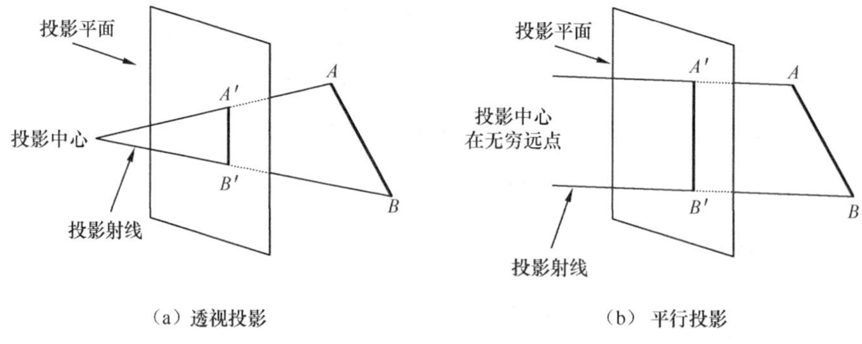

（a）透视投影　　（b） 平行投影

图 5-12　投影的形成原理

平面几何投影的具体分类如图 5-13 所示。

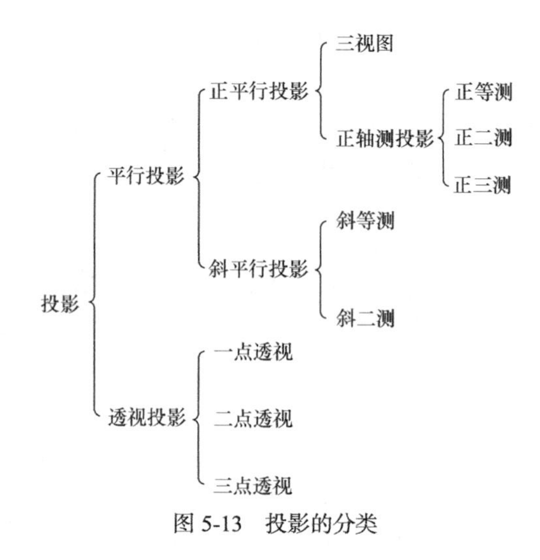

图 5-13　投影的分类

5.4.2　平行投影

平行投影的特点如下：

（1）不具有透视缩小性，能精确地反映物体的实际尺寸。

（2）平行线的平行投影仍为平行线。

按照投影线方向与投影平面的夹角关系，平行投影可分为正平行投影和斜平行投影两大类：当投影线垂直于投影平面即与投影平面的夹角为 90° 时，形成的投影为正平行投影（Orthographic Parallel Projection），也称为正交投影；否则为斜平行投影（Oblique Parallel Projection）或斜交投影。由于斜平行投影在实际中很少使用，所以，本书只介绍正平行投影。

根据投影平面与三维坐标轴或坐标平面的夹角关系，正平行投影可分为两类：三视图和正轴测投影。

1. 三视图

当投影平面与某一坐标轴垂直时，得到的投影为三视图，这时投影方向与这个坐标轴的方向一致，否则得到的投影为正轴测投影。三视图有主视图（也称正视图）、俯视图和侧视图 3 种，它们的投影平面分别与 y 轴、z 轴和 x 轴垂直，三视图通常用于工程机械制图中，因为在三视图上可以测量距离和角度。图 5-14 所示是一个直角棱台的三视图的例子。

为了将三个视图显示到同一个平面上，还需将其中的两个视图进行适当变换，例如，在如图 5-14 所示的三维坐标系中，将俯视图绕 x 轴顺时针旋转 $90°$，侧视图绕 z 轴逆时针旋转 $90°$，就可以将 3 个视图都显示到 xoz 平面上了。为了避免 3 个视图在坐标轴上有重合的边界，一般还要在旋转变换后作适当的平移变换，以便将 3 个视图分开一定的距离再显示，可以使显示效果更清晰。

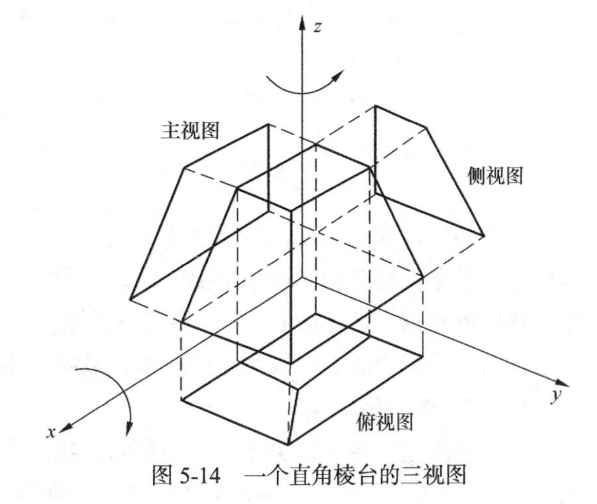

图 5-14　一个直角棱台的三视图

下面推导三视图的变换矩阵。

（1）主视图。投影线与 xoz 坐标平面垂直，即与 y 轴平行，因此，主视图反映空间物体的 x（长）和 z（高）方向的实长，但不能反映 y（宽）方向的变化。

设空间点为 $P(x,y,z)$，变换后的点为 $P'(x',y',z')$，于是有 $x'=x, y'=0, z'=z$，写成变换矩阵为

$$[x' \quad y' \quad z' \quad 1]=[x \quad y \quad z \quad 1]\boldsymbol{T}_v=[x \quad 0 \quad z \quad 1]$$

其中

$$\boldsymbol{T}_v=\begin{bmatrix}1 & 0 & 0 & 0\\0 & 0 & 0 & 0\\0 & 0 & 1 & 0\\0 & 0 & 0 & 1\end{bmatrix}$$

（2）俯视图。投影线与 xoy 坐标平面垂直，即与 z 轴平行，因此，俯视图反映空间物体的 x（长）和 y（宽）方向的实长，但不能反映 z（高）方向的变化。

为了使俯视图和主视图能够显示在一个平面上，需要将俯视图绕 x 轴顺时针旋转 $90°$，同时，为了使主视图与旋转后的俯视图有一定的间隔，还需再进行一次平移变换，设沿 z 负方向的平移距离为 z_p，则总的变换矩阵为

$$\boldsymbol{T}_h=\begin{bmatrix}1 & 0 & 0 & 0\\0 & 1 & 0 & 0\\0 & 0 & 0 & 0\\0 & 0 & 0 & 1\end{bmatrix}\begin{bmatrix}1 & 0 & 0 & 0\\0 & \cos(-90°) & \sin(-90°) & 0\\0 & -\sin(-90°) & \cos(-90°) & 0\\0 & 0 & 0 & 1\end{bmatrix}\begin{bmatrix}1 & 0 & 0 & 0\\0 & 1 & 0 & 0\\0 & 0 & 1 & 0\\0 & 0 & -z_p & 1\end{bmatrix}=\begin{bmatrix}1 & 0 & 0 & 0\\0 & 0 & -1 & 0\\0 & 0 & 0 & 0\\0 & 0 & -z_p & 1\end{bmatrix}$$

投影方程可表示为

$$[x' \quad y' \quad z' \quad 1]=[x \quad y \quad z \quad 1]\boldsymbol{T}_h=[x \quad 0 \quad -y-z_p \quad 1]$$

（3）侧视图。投影线与 yoz 坐标平面垂直，即与 x 轴平行，因此，主视图反映空间物体的 y（宽）和 z（高）方向的实长，但不能反映 x（长）方向的变化。

同前面的方法一样，为了使侧视图和主视图能够显示在一个平面上，需要将侧视图绕 z 轴逆时针旋转 $90°$，同时，为了使主视图与旋转后的侧视图有一定的间隔，还需再进行一次平移变换，设沿 x 负方向的平移距离为 x_l，则总的变换矩阵为

$$T_w=\begin{bmatrix}0&0&0&0\\0&1&0&0\\0&0&1&0\\0&0&0&1\end{bmatrix}\begin{bmatrix}\cos 90^\circ&\sin 90^\circ&0&0\\-\sin 90^\circ&\cos 90^\circ&0&0\\0&0&1&0\\0&0&0&1\end{bmatrix}\begin{bmatrix}1&0&0&0\\0&1&0&0\\0&0&1&0\\-x_l&0&0&1\end{bmatrix}=\begin{bmatrix}1&0&0&0\\-1&0&0&0\\0&0&1&0\\-x_l&0&0&1\end{bmatrix}$$

投影方程可表示为

$$[x' \quad y' \quad z' \quad 1]=[x \quad y \quad z \quad 1]T_w=[-y-x_l \quad 0 \quad z \quad 1]$$

三视图可以准确地表示三维物体，从三视图上可以直接测量物体的尺寸，作图也很简单，但是由于三视图上只有物体的一个面的投影，所以，单独从某一个方向的三视图上是很难想象出三维物体的形状的，只有将主、俯、侧三个视图放在一起，才有可能综合出物体的空间形状，因此，三视图这种投影方法一般只在专业技术人员中使用和流通。

2. 正轴测投影

从三视图很难想象出实际物体的空间形状，为了解决这个问题，可以先把物体绕 z 轴逆时针旋转 γ 角，再绕 x 轴顺时针旋转 α 角，然后，再向 xoz 平面作正平行投影，这样得到的投影就是轴测投影。由于正轴测投影的投影平面不垂直于任何一个坐标轴，因此，物体的几个侧面可同时显示出来，由于轴测投影也属于平行投影，因此平行线的投影仍是平行线，但角度可能会有些变化。

轴测投影分为 3 种类型：正等轴测投影、正二轴测投影、正三轴测投影。当投影面与 3 个坐标轴之间的夹角都相等时得到的投影为正等轴测投影，当投影面与两个坐标轴之间的夹角相等时得到的投影为正二轴测投影，当投影面与 3 个坐标轴之间的夹角都不相等时为正三轴测投影。在三维空间中，对沿 x,y,z 轴的 3 个单位向量作正轴测投影时，在正等轴测投影下，3 个单位向量将投影成 3 个长度相等的平面向量，即 3 个坐标轴有相同的变形系数；在正二轴测投影下，3 个单位向量的投影只有两个是相等的；在正三轴测投影下，3 个单位向量将有不同长度的投影。一般情况下，x,y,z 坐标轴上的单位向量在坐标平面上的投影不是相互垂直的。在正等轴测投影下，3 个单位向量的投影互成 120° 角。正方体在 3 种不同轴测投影下的投影如图 5-15 所示。

下面推导正轴测的投影变换矩阵。首先，把物体及投影面绕 y 轴逆时针旋转 β 角，然后再绕 x 轴逆时针旋转 α 角，如图 5-16 所示，然后再向 xoy 平面作正投影，就可以得到正轴测投影的投影变换矩阵。

上述旋转变换的变换矩阵如下

$$R_{yx}=R_yR_x=\begin{bmatrix}\cos\beta&0&-\sin\beta&0\\0&1&0&0\\\sin\beta&0&\cos\beta&0\\0&0&0&1\end{bmatrix}\begin{bmatrix}1&0&0&0\\0&\cos\alpha&\sin\alpha&0\\0&-\sin\alpha&\cos\alpha&0\\0&0&0&1\end{bmatrix}=\begin{bmatrix}\cos\beta&\sin\beta\sin\alpha&-\sin\beta\cos\alpha&0\\0&\cos\alpha&\sin\alpha&0\\\sin\beta&-\cos\beta\sin\alpha&\cos\beta\cos\alpha&0\\0&0&0&1\end{bmatrix}$$

投影变换矩阵为

$$T=R_{yx}\begin{bmatrix}1&0&0&0\\0&1&0&0\\0&0&0&0\\0&0&0&1\end{bmatrix}$$

$$=\begin{bmatrix}\cos\beta&\sin\beta\sin\alpha&-\sin\beta\cos\alpha&0\\0&\cos\alpha&\sin\alpha&0\\\sin\beta&-\cos\beta\sin\alpha&\cos\beta\cos\alpha&0\\0&0&0&1\end{bmatrix}\begin{bmatrix}1&0&0&0\\0&1&0&0\\0&0&0&0\\0&0&0&1\end{bmatrix}=\begin{bmatrix}\cos\beta&\sin\beta\sin\alpha&0&0\\0&\cos\alpha&0&0\\\sin\beta&-\cos\beta\sin\alpha&0&0\\0&0&0&1\end{bmatrix}$$

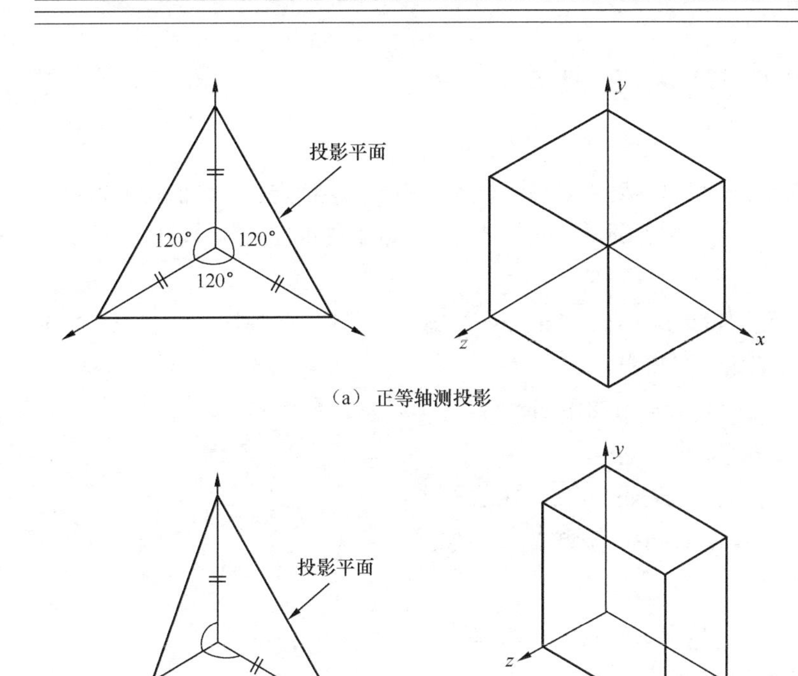

（a）正等轴测投影

（b）正二轴测投影

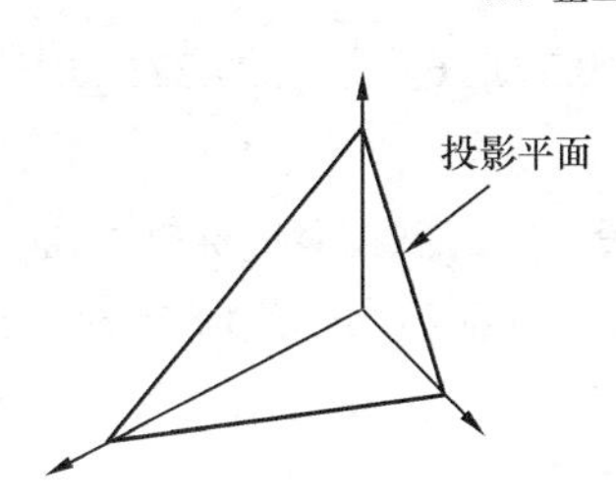

（c）正三轴测投影

图 5-15　正方体的轴测投影

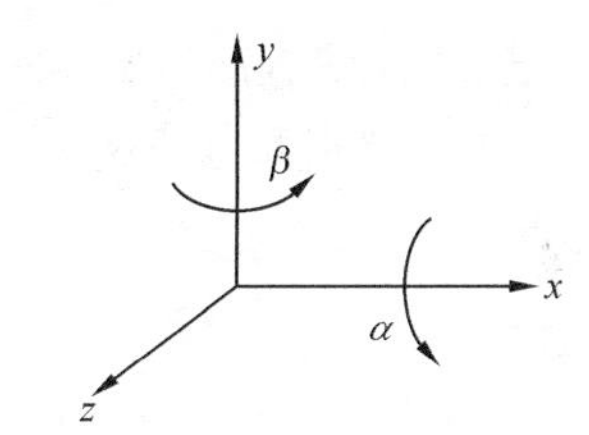

图 5-16　正轴测投影平面的定义

投影方程为

$$[x' \quad y' \quad z' \quad 1] = [x \quad y \quad z \quad 1]\boldsymbol{T}$$

投影变换矩阵 $\boldsymbol{T}$ 把 x,y,z 轴上的单位向量$[1 \quad 0 \quad 0 \quad 1]$、$[0 \quad 1 \quad 0 \quad 1]$和$[0 \quad 0 \quad 1 \quad 1]$分别变换成如下向量

$$[x' \quad y' \quad z' \quad 1]_x = [1 \quad 0 \quad 0 \quad 1]\boldsymbol{T} = [\cos\beta \quad \sin\beta\sin\alpha \quad 0 \quad 1]$$
$$[x' \quad y' \quad z' \quad 1]_y = [0 \quad 1 \quad 0 \quad 1]\boldsymbol{T} = [0 \quad \cos\alpha \quad 0 \quad 1]$$
$$[x' \quad y' \quad z' \quad 1]_z = [0 \quad 0 \quad 1 \quad 1]\boldsymbol{T} = [\sin\beta \quad -\cos\beta\sin\alpha \quad 0 \quad 1]$$

最后，这 3 个单位向量的长度分别变为$\sqrt{\cos^2\beta+(\sin\beta\sin\alpha)^2}$，$\sqrt{\cos^2\alpha}$，$\sqrt{\sin^2\beta+(-\cos\beta\sin\alpha)^2}$。

（1）正二轴测投影。对于如图 5-15（b）所示的正二轴测投影，x 和 y 两根坐标轴的轴向变形系数应相同，即这两根坐标轴上的单位向量经正二轴测投影变换后长度应相等，于是有

$$\sqrt{\cos^2\beta+(\sin\beta\sin\alpha)^2} = \sqrt{\cos^2\alpha}$$

应用恒等式 $\cos^2\alpha = 1-\sin^2\alpha$ 和 $\cos^2\beta = 1-\sin^2\beta$，可推出

$$\sin^2\beta = \frac{\sin^2\alpha}{1-\sin^2\alpha} \tag{5-38}$$

只要使 α 和 β 保持上述关系，就可以得到正二轴测投影，只要 α 值确定了，β 值就可以由上式计算求出。那么，如何来确定 α 的值呢？通常，我们选择使 z 轴上的单位向量投影后的长度缩短为原来的一半，因此有

$$\sqrt{\sin^2\beta + (-\cos\beta\sin\alpha)^2} = 1/2 \tag{5-39}$$

将式（5-38）和式（5-39）联立求解，可得出

$$\sin^2\alpha = \pm 1/8 \text{ 和 } \sin^2\alpha = \pm 1$$

只取正根得

$$\alpha_1 = \arcsin\sqrt{1/8} = 20.705°$$

$$\alpha_2 = 90° \text{（无意义，舍去）}$$

根据式（5-38）可得

$$\beta = \arcsin\sqrt{1/7} = 22.208°$$

于是，正二轴测投影的变换矩阵为

$$\boldsymbol{T} = \begin{bmatrix} 0.925\,820 & 0.133\,631 & -0.353\,553 & 0 \\ 0 & 0.935\,414 & 0.353\,553 & 0 \\ 0.377\,964 & -0.327\,321 & 0.866\,025 & 0 \\ 0 & 0 & 0 & 1 \end{bmatrix} \begin{bmatrix} 1 & 0 & 0 & 0 \\ 0 & 1 & 0 & 0 \\ 0 & 0 & 0 & 0 \\ 0 & 0 & 0 & 1 \end{bmatrix} = \begin{bmatrix} 0.925\,820 & 0.133\,631 & 0 & 0 \\ 0 & 0.935\,414 & 0 & 0 \\ 0.377\,964 & -0.327\,321 & 0 & 0 \\ 0 & 0 & 0 & 1 \end{bmatrix}$$

（2）正等轴测投影。对于如图 5-15（a）所示的正等轴测投影，x,y,z 3 根坐标轴的轴向变形系数应全部相同，即这 3 根坐标轴上的单位向量经正等轴测投影变换后的长度应全部相等，于是有

$$\begin{cases} \sqrt{\cos^2\beta + (\sin\beta\sin\alpha)^2} = \sqrt{\cos^2\alpha} \\ \sqrt{\sin^2\beta + (-\cos\beta\sin\alpha)^2} = \sqrt{\cos^2\alpha} \end{cases}$$

$$\begin{cases} \sin^2\alpha = \dfrac{1}{3} \\ \sin^2\beta = \dfrac{1}{2} \end{cases}$$

即

$$\begin{cases} \alpha = 35.264° \\ \beta = 45° \end{cases}$$

于是，正等轴测投影的变换矩阵为

$$\boldsymbol{T} = \begin{bmatrix} 0.707\,107 & 0.408\,248 & -0.577\,353 & 0 \\ 0 & 0.816\,597 & 0.577\,345 & 0 \\ 0.707\,107 & -0.408\,248 & 0.577\,353 & 0 \\ 0 & 0 & 0 & 1 \end{bmatrix} \begin{bmatrix} 1 & 0 & 0 & 0 \\ 0 & 1 & 0 & 0 \\ 0 & 0 & 0 & 0 \\ 0 & 0 & 0 & 1 \end{bmatrix} = \begin{bmatrix} 0.707\,107 & 0.408\,248 & 0 & 0 \\ 0 & 0.816\,597 & 0 & 0 \\ 0.707\,107 & -0.408\,248 & 0 & 0 \\ 0 & 0 & 0 & 1 \end{bmatrix}$$

投影后 x 轴与水平线之间所成的角度为

$$\tan\gamma = \frac{y'}{x'} = \frac{\sin\beta\sin\alpha}{\cos\beta} = \frac{\sqrt{3}}{3}$$

即

$$\gamma = 30°$$

（3）正三轴测投影。正三轴测投影时，α 和 β 角是任选的，一种特殊的情况就是 α 或 β 为 $90°$，投影后坐标轴仍然正交，这时产生的正三轴测投影就是三视图，因此，三视图可看成是一种特殊的正三轴测投影。

5.4.3 透视投影

用照相机拍得的照片以及画家画的写生画都是透视投影图的代表，由于它和人眼观察景物的原理十分相似，所以，透视投影比平行投影更富有立体感和真实感。

透视投影是透视变换与平行投影变换的组合，透视变换是将空间中的物体透视成空间中的另一物体，然后再把这一物体图形投影到一个平面上，从而得到透视投影图。根据投影平面与各坐标平面或坐标轴之间的关系，透视投影可以分为以下 3 种。

（1）一点透视（或称平行透视）：投影平面与投影对象所在坐标系的一个坐标平面平行。

（2）两点透视（或称成角透视）：投影平面与投影对象所在坐标系的一个坐标轴平行，而与另两个坐标轴成一定的角度。

（3）三点透视（或称斜透视）：投影平面与投影对象所在坐标系的 3 个坐标轴均不平行，即都成一定的角度。

下面以一点透视（或称平行透视）为例，推导透视投影的投影变换矩阵。

设投影中心（视点）E 在 z 轴上距原点为 d 的位置上，投影平面（$z=0$）垂直于 z 轴，并位于投影中心和投影对象之间，考虑投影对象为空间坐标系中的任意一点 $P(x,y,z)$ 的情况，如图 5-17 所示，射线 EP 交投影平面于 $P'(x',y',z')$ 点，则有

$$\frac{x'}{d} = \frac{x}{(|z|+d)} = \frac{x}{-z+d}$$

同理有

$$\frac{y'}{d} = \frac{y}{(|z|+d)} = \frac{y}{-z+d}$$

即

$$x' = \frac{x}{(-z/d)+1}$$

$$y' = \frac{y}{(-z/d)+1}$$

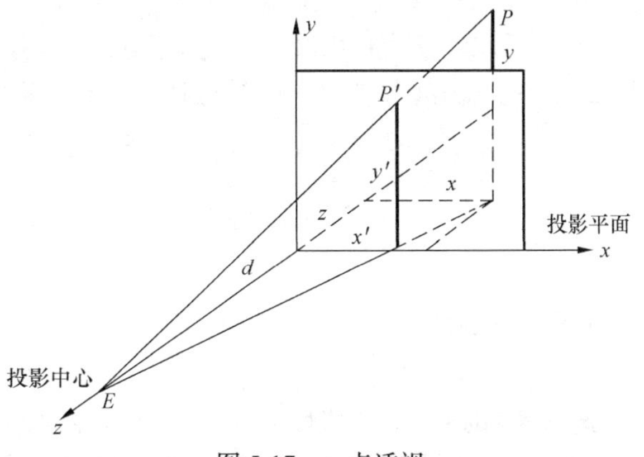

图 5-17　一点透视

如果令 $r = -1/d$，则透视变换的变换矩阵可写为

$$\boldsymbol{T} = \begin{bmatrix} 1 & 0 & 0 & 0 \\ 0 & 1 & 0 & 0 \\ 0 & 0 & 1 & r \\ 0 & 0 & 0 & 1 \end{bmatrix}$$

变换方程可写为

$$\begin{bmatrix} x' & y' & z' & H \end{bmatrix} = \begin{bmatrix} x & y & z & 1 \end{bmatrix}\boldsymbol{T} = \begin{bmatrix} x & y & z & rz+1 \end{bmatrix}$$

其规格化的坐标为

$$\begin{bmatrix} x' & y' & z' & 1 \end{bmatrix} = \begin{bmatrix} \dfrac{x}{rz+1} & \dfrac{y}{rz+1} & \dfrac{z}{rz+1} & 1 \end{bmatrix} \tag{5-40}$$

若投影到 $z=0$ 即 xoy 坐标平面上，则透视投影变换的投影方程可写为

$$\begin{bmatrix} x' & y' & z' & 1 \end{bmatrix} = \begin{bmatrix} x & y & z & 1 \end{bmatrix} \boldsymbol{T} \begin{bmatrix} 1 & 0 & 0 & 0 \\ 0 & 1 & 0 & 0 \\ 0 & 0 & 0 & 0 \\ 0 & 0 & 0 & 1 \end{bmatrix} = \begin{bmatrix} \dfrac{x}{rz+1} & \dfrac{y}{rz+1} & 0 & 1 \end{bmatrix} \tag{5-41}$$

利用式（5-41）的透视投影变换矩阵，空间中任意一点经透视投影后失去了 z 向的坐标信息，而有时 z 向坐标信息是很有用的，例如，在真实感图形绘制时，可根据 z 值的大小判断该点离视点的远近，以便于控制该点显示的亮度，因此，常常是先按式（5-40）进行包含 z 向坐标信息在内的透视变换，得到各变换点的 z' 值后，再按式（5-41）向 $z=0$ 平面作正平行投影。

下面讨论透视投影的特性。在式（5-41）所示的透视投影变换矩阵中不难看出，r 的取值对透视投影图有放大和缩小的作用，当 r 大时，得到的投影图小，而当 r 小时，得到的投影图大。对于相同的取值 r，当 z 大时，即物体离投影平面远时，得到的投影图小，而当 z 小时，即物体离投影平面近时，得到的投影图大。这说明物体透视投影的大小与物体到投影平面的距离成反比，这就是所谓的透视缩小效应，这使得透视投影图的深度感更强。由于这种效应产生的视觉效果很类似于照相系统和人的视觉系统，因而与平行投影结果不同的是：透视投影能够产生具有一定真实感的二维图形。但透视投影不保持物体的精确形状和尺寸，而且平行线的投影不一定仍然保持平行。

对于平行投影，任意一组平行线，投影后所得直线要么重合、要么仍然平行。而对于透视投影，如图5-18所示，平行于投影平面的平行线（如平行于 x 轴和 y 轴的平行线）的投影或重合或仍然平行，而不平行于投影平面的平行线（如平行于 z 轴的平行线）的投影将汇聚于一点，这个点称为灭点。

由于空间平行直线可以认为是相交于无穷远点，而不平行于投影平面的平行线的透视投影相交于灭点，所以，灭点可以看成是无穷远点经透视投影后得到的点，对于如图5-17所示的一点透视，z 轴上的无穷远点 $\begin{bmatrix} 0 & 0 & 1 & 0 \end{bmatrix}$ 经透视投影后得到的点，可通过如下变换计算得到。

$$\begin{bmatrix} x & y & z & H \end{bmatrix} = \begin{bmatrix} 0 & 0 & 1 & 0 \end{bmatrix} \begin{bmatrix} 1 & 0 & 0 & 0 \\ 0 & 1 & 0 & 0 \\ 0 & 0 & 1 & r \\ 0 & 0 & 0 & 1 \end{bmatrix} = \begin{bmatrix} 0 & 0 & 1 & r \end{bmatrix}$$

其规格化的坐标为

$$\begin{bmatrix} x' & y' & z' & 1 \end{bmatrix} = \begin{bmatrix} 0 & 0 & 1/r & 1 \end{bmatrix}$$

这说明 z 的整个正半区域（$0 \leqslant z \leqslant \infty$）被投影在有限的区域（$0 \leqslant z \leqslant 1/r$）中。

由于不同方向的平行线在投影平面上可形成不同的灭点，因此，透视投影的灭点可有无限多个。平行于三维坐标系坐标轴的平行线在投影平面上形成的灭点称为主灭点。因为只有3个坐标轴，所以主灭点最多有3个。当某个坐标轴与投影平面平行时，则该坐标轴方向的平行线在投影面上的投影仍然保持平行，不形成灭点。因此，投影平面切割坐标轴的个数就是主灭点的个数。

透视投影可按照主灭点的个数来分类，当投影面与一个坐标轴垂直，与另外两个坐标轴平行时，只能在投影面所截的坐标轴上产生一个主灭点，称为一点透视，如图5-18所示。当投影面与两个坐标轴相交，与另一个坐标轴平行时，可在投影面所截的两个坐标轴上分别产生一个主灭点，称为两点透视，如图5-19所示。当投影面与3个坐标轴都相交时，可产生3个主灭点，称为三点透视。在实际中，比较常用的是一点透视和两点透视。

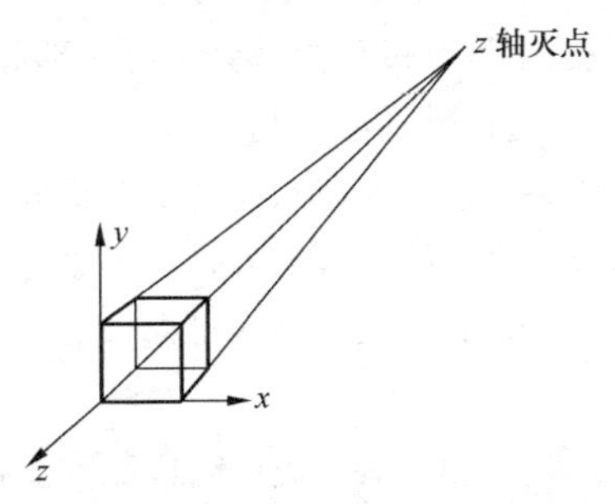

图 5-18　正方体的一点透视及其灭点

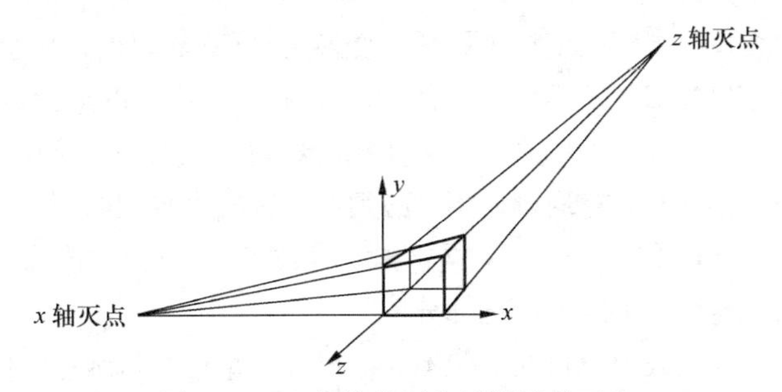

图 5-19　正方体的两点透视及其灭点

式（5-40）表示的透视变换可在 z 轴上产生一个灭点为 $[0 \quad 0 \quad 1/r \quad 1]$。灭点落在 y 轴上 $[0 \quad 1/q \quad 0 \quad 1]$ 处的透视变换为

$$[x' \quad y' \quad z' \quad H] = [x \quad y \quad z \quad 1]\begin{bmatrix} 1 & 0 & 0 & 0 \\ 0 & 1 & 0 & q \\ 0 & 0 & 1 & 0 \\ 0 & 0 & 0 & 1 \end{bmatrix} = [x \quad y \quad z \quad qy+1]$$

其规格化的坐标为

$$[x' \quad y' \quad z' \quad 1] = \begin{bmatrix} \dfrac{x}{qy+1} & \dfrac{y}{qy+1} & \dfrac{z}{qy+1} & 1 \end{bmatrix}$$

同理，灭点落在 x 轴上 $[1/p \quad 0 \quad 0 \quad 1]$ 处的透视变换为

$$[x' \quad y' \quad z' \quad H] = [x \quad y \quad z \quad 1]\begin{bmatrix} 1 & 0 & 0 & p \\ 0 & 1 & 0 & 0 \\ 0 & 0 & 1 & 0 \\ 0 & 0 & 0 & 1 \end{bmatrix} = [x \quad y \quad z \quad px+1]$$

其规格化的坐标为

$$[x' \quad y' \quad z' \quad 1] = \begin{bmatrix} \dfrac{x}{px+1} & \dfrac{y}{px+1} & \dfrac{z}{px+1} & 1 \end{bmatrix}$$

按照和一点透视同样的方法，可推出灭点落在 x 轴和 z 轴上 $[1/p \quad 0 \quad 0 \quad 1]$ 和 $[0 \quad 0 \quad 1/r \quad 1]$ 处的两点透视的透视投影变换为

$$[x' \quad y' \quad z' \quad H] = [x \quad y \quad z \quad 1]\begin{bmatrix} 1 & 0 & 0 & p \\ 0 & 1 & 0 & 0 \\ 0 & 0 & 1 & r \\ 0 & 0 & 0 & 1 \end{bmatrix} = [x \quad y \quad z \quad px+rz+1]$$

其规格化的坐标为

$$[x' \quad y' \quad z' \quad 1] = \begin{bmatrix} \dfrac{x}{px+rz+1} & \dfrac{y}{px+rz+1} & \dfrac{z}{px+rz+1} & 1 \end{bmatrix}$$

5.5　二维线段裁剪

通过定义窗口和视图区，可以把图形的某一部分显示于屏幕上的指定位置，这不仅要进行上述

的窗口—视图区变换（即开窗变换），更重要的是必须要正确识别图形在窗口内部分（可见部分）和窗口外部分（不可见部分），以便把窗口内的图形信息输出，而窗口外的部分则不输出。

一个物理的取景框可以让我们看到可见部分，遮住不可见部分，但是窗口只是一个逻辑取景框，要使其具有取景作用，必须有一种技术来判断图形的哪部分是可见的，哪部分是不可见的。

裁剪（Clipping）就是这样一种技术，它能对图形做出正确的判断，选取可见信息提供给显示系统显示，去除不可见部分。

按照裁剪窗口的形状不同，可分为矩形窗口裁剪、圆形窗口裁剪和一般多边形窗口裁剪。按照被裁剪对象的不同，可分为线段裁剪、字符裁剪、多边形裁剪及曲线裁剪。还有一种与裁剪相反的操作，通常被用在隐藏面消除算法中，这就是覆盖。它与裁剪算法不同的是，其不是假设图形在窗口内的部分是可见的，而是假设图形在窗口外的部分是可见的。

按照图形裁剪与窗口—视图区变换的先后顺序，裁剪的策略有两种。

一种是先裁剪后变换，即图形裁剪在用户坐标系下相对于窗口进行，这样可避免落在窗口外的图形再去进行无效的窗口—视图区变换，因此，这种策略比较快。

另一种是先变换后裁剪，即先进行窗口—视图区变换，化为屏幕坐标后，再裁剪，这时，裁剪是在屏幕坐标系下相对于视图区进行的。

按照图形生成与裁剪的先后顺序，裁剪的策略也有两种。

一种是先生成后裁剪，这种策略只需简单的直线段的裁剪算法，但是可能造成无效的生成运算。

另一种是先裁剪后生成，这种策略可避免那些被裁剪掉的元素进行无效的生成运算，但却需要对比较复杂的图形（如圆弧等）进行裁剪处理。

裁剪的核心问题是速度问题，而提高速度的根本途径就是尽量避免或者减少求交计算。

5.5.1 矩形窗口裁剪算法

有一种比较简单的方法可用于矩形窗口下的图形裁剪，即对图形的所有组成点进行判别。

对于如图 5-20 所示的矩形窗口，如果图形上的某点满足

$$x_l \leqslant x \leqslant x_r$$
$$y_b \leqslant y \leqslant y_t$$

那么，该点就为可见点，否则，该点为不可见点。

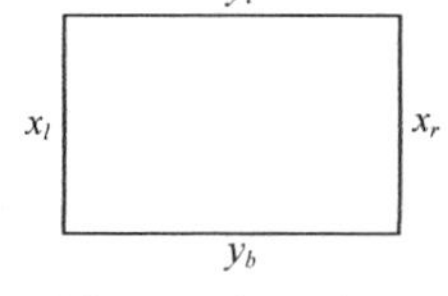

图 5-20　矩形窗口

虽然这种方法很简单，但是并不实用，而且极其费时。

考虑到构成图形的基本元素就是线段，曲线可看成是由很多小线段逼近而成的，因此，讨论线段的裁剪算法更实用。

1. Cohen-Sutherland 裁剪算法

由于任何线段相对于凸多边形窗口进行裁剪后，落在窗口内的线段不会多于一条，因此，对线段的裁剪，只要求出其保留部分的两个端点即可。

任意平面线段和矩形窗口的位置关系只会有如下 3 种。

（1）完全落在窗口内。

（2）完全落在窗口外。

（3）部分在内，部分在外。

要想判断线段和窗口的位置关系，只要找到线段的两端点相对于矩形窗口的位置即可，线段的两端点相对于矩形窗口的位置可能会有如下几种情况。

（1）线段的两个端点均在窗口内，如图 5-21 中的线段 a 所示，这时线段全部落在窗口内，是

完全可见的，应予以保留。

（2）线段的两个端点均在窗口边界线外同侧，如图 5-21 中的线段 b 和 c 所示，这时线段全部落在窗口外，是完全不可见的，应予以舍弃。

（3）线段的一个端点在窗口内，另一个端点在窗口外，如图 5-21 中的线段 d 所示，这时线段是部分可见的，应求出线段与窗口边界线的交点，从而得到线段在窗口内的可见部分。

（4）线段的两个端点均不在窗口内，但不处于窗口边界线外同侧，这时有可能线段是部分可见的（如图 5-21 中的线段 e 所示），也有可能是完全不可见的（如图 5-21 中的线段 f 所示）。

Cohen-Sutherland 裁剪算法就是上述思路来对线段进行裁剪的，只是在判断线段的两端点相对于矩形窗口的位置这一问题上，巧妙地运用了编码的思想，因此，Cohen-Sutherland 裁剪算法也称为编码裁剪算法。

首先，如图 5-22 所示，延长窗口的四条边界线，将平面划分成 9 个区域，然后，用四位二进制数 $C_3C_2C_1C_0$ 对这就个区域进行编码，编码规则如下。

第 0 位 C_0：当线段的端点在窗口的左边界之左时，该位编码为 1，否则，该位编码为 0；

第 1 位 C_1：当线段的端点在窗口的右边界之右时，该位编码为 1，否则，该位编码为 0；

第 2 位 C_2：当线段的端点在窗口的下边界之下时，该位编码为 1，否则，该位编码为 0；

第 3 位 C_3：当线段的端点在窗口的上边界之上时，该位编码为 1，否则，该位编码为 0；

于是算法步骤可描述如下。

步骤 1：根据上述编码规则，对线段的两个端点进行编码。当线段的一端点位于图 5-22 中的某一区域时，便将该区域的编码赋予此点，若端点落在窗口边界线上，则用阴影线内部的编码。

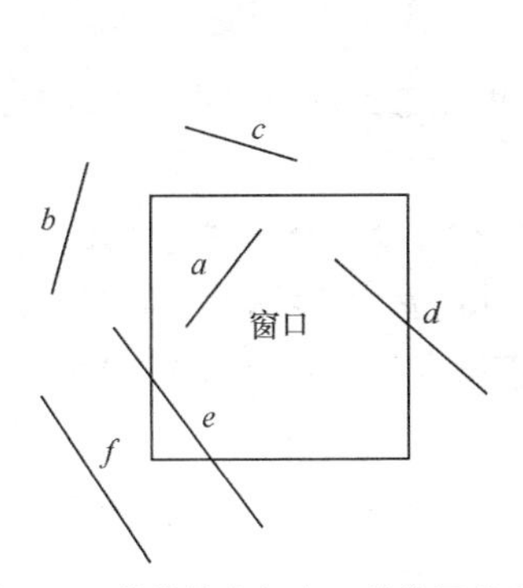

图 5-21　线段端点与窗口的位置关系

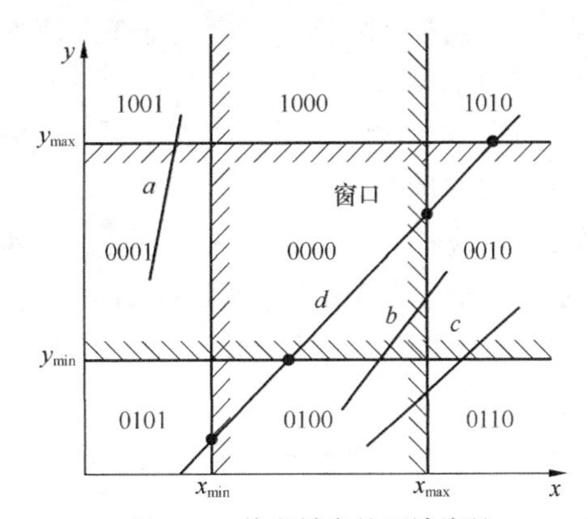

图 5-22　线段端点的区域编码

步骤 2：根据线段的两端点编码判断线段相对于窗口的位置关系，从而决定对线段如何剪取。

（1）两端点编码全为 0000 时，说明线段完全位于窗口内，是完全可见的，于是显示此线段。

（2）两端点编码逐位逻辑与不为 0 时，说明线段的两个端点位于窗口外同侧，即此线段完全位于窗口外，是完全不可见的，于是全部舍弃，不显示此线段，例如，线段 a 的两端点编码为 1001 和 0001，其逐位逻辑与不为 0，因此是不可见的。

（3）两端点编码逐位逻辑与为 0 时，说明此线段或者部分可见，或者完全不可见。例如，图 5-22 中的线段 b 和线段 c 的端点编码均为 0010 和 0100，但是线段 b 是部分可见的，而线段 c 是完全不可见的。因此，此时，需要计算出该线段与窗口某一边界线或边界线的延长线的交点，若交点在窗口边界线的延长线上，如图 5-22 中的线段 c 所示，则说明该线段完全位于窗口外，不予以显示；若交点在窗口边界线上，如图 5-22 中的线段 b 所示，则对以其中一个交点为分割点的两段线段，再分别对其端点进行编码，并按照上述（1）和（2）中所示的方法进行测试，从而舍弃完全位于窗口外的一段线段，保留并显示完全位于窗口内的一段线段。

为了加快检测交点的速度，避免无用的求交计算，只需当检测到端点编码的某位不为 0 时，才把线段与对应的窗口边界进行求交。最坏情形下，需要求交 4 次，如图 5-22 中的线段 d 所示。

Cohen-Sutherland 裁剪算法的特点是用编码方法可快速判断完全可见或完全不可见的线段，因此特别适合窗口特别大或者窗口特别小的情形。

2. 中点分割裁剪算法

在 Cohen-Sutherland 裁剪算法中，需要计算线段与窗口边界线的交点，这样就不可避免地要进行大量的乘除运算，势必降低裁剪效率，且不易用硬件实现。中点分割裁剪算法的基本思想是：以求线段的中点来代替线段和窗口的边界线的交点，而求线段的中点可用移位运算来实现，这样就可避免大量的乘除法运算。因此，中点分割裁剪算法可以看成是 Cohen-Sutherland 裁剪算法的特例。因其用移位运算代替了求交运算，因此，中点分割裁剪算法很适合于用硬件实现。

中点分割裁剪算法的基本思想是：不断地在中点处将线段一分为二，对每段线段重复 Cohen-Sutherland 裁剪算法的线段可见性测试方法，直至找到每段线段与窗口边界线的交点或分割子段的长度充分小可视为一点为止，因此，它相当于对分搜索的求交方法。用这种方法分别找到离线段两个端点最远的可见点，两个可见点之间的连线即为要输出的可见段。

中点分割裁剪算法的算法步骤可描述如下。

步骤 1：利用线段的端点编码判断 P_1P_2 是否完全在窗口内，若是，则画线段 P_1P_2，裁剪过程结束；若不是，则再判断 P_1P_2 是否完全在窗口外，若是，则无可见线段输出，裁剪过程结束，若不是，则转步骤 2。

步骤 2：固定 P_1，测试 P_2 是否在窗口内，若是，则 P_2 是离 P_1 点最远的可见点（见图 5-23（a）），返回，否则，转步骤 3。

步骤 3：将线段 P_1P_2 对分，求出中点 P_m，编码判断线段 P_mP_2 是否全部在窗口外，若是，则舍弃 P_mP_2，用 P_1P_m 代替 P_1P_2（见图 5-23（b））；若不是，则用 P_mP_2 代替 P_1P_2（见图 5-23（c））。

步骤 4：对新的 P_1P_2 重复步骤 1～3，直到线段的长度小于给定的误差时为止，此时可认为在给定精度内求得离 P_1 最远的可见点 P_m。

步骤 5：固定 P_2，再测 P_1，即将线段 P_1P_2 的端点对调，重复步骤 1～3，找出离点 P_2 最远的可见点 P_m'。

步骤 6：画可见线段 P_mP_m'。

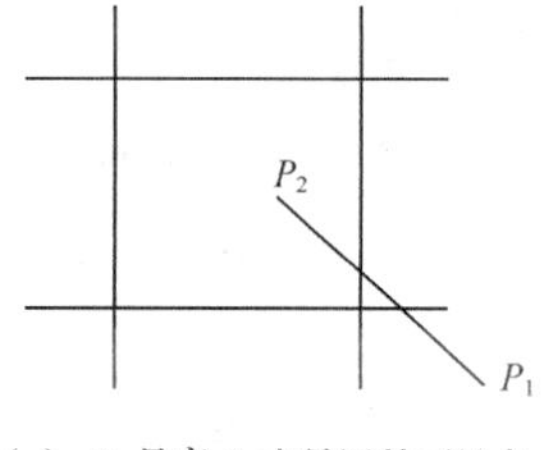

（a）P_2 是离 P_1 点最远的可见点

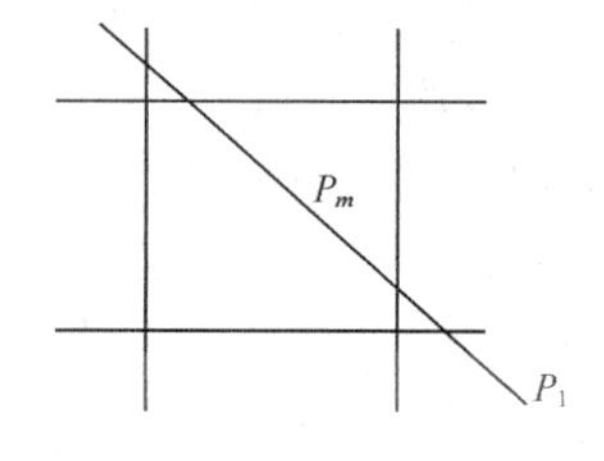

（b）用 P_1P_m 代替 P_1P_2

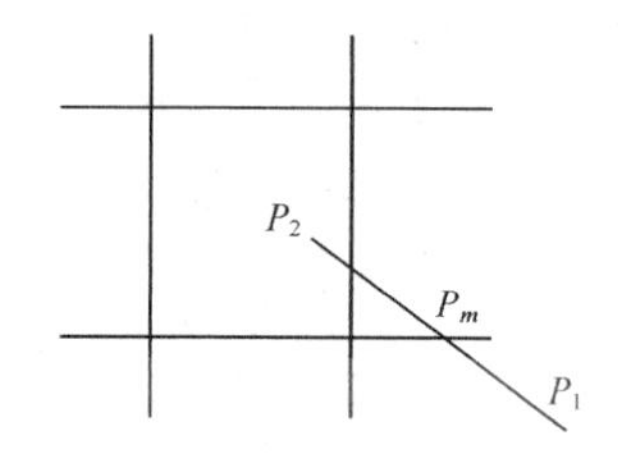

（c）用 P_mP_2 代替 P_1P_2

图 5-23 中点分割裁剪算法示意图

由于该算法只用到加法和除 2 运算，而除 2 运算在计算机中可简单地用右移一位来实现，因此，该算法特别适合于用硬件实现，并且 P_m 和 P_m' 的计算可并行处理来完成，使裁剪速度更快。

但是，若用软件来实现的话，速度不但不会提高，实现过程可能会更慢。

3. Liang–Barsky 裁剪算法

Liang-Barsky 裁剪算法的基本思想是：把二维裁剪问题化为一维裁剪问题，并向 x（或 y）方向投影以决定可见线段。

由于平行于 x 或 y 的线段的裁剪十分简单，因此，可以只考虑被裁剪的线段既不平行于 x 轴、也不平行于 y 轴的情况，如图 5-24 中的线段 AB 所示。

假设线段 AB 的端点坐标分别为：$A=(x_A,y_A)$，$B=(x_B,y_B)$，区域为矩形：$x_{\min}\leqslant x\leqslant x_{\max}$，$y_{\min}\leqslant y\leqslant y_{\max}$。

设线段 AB 的延长线 L 与窗口的 4 条边界线 $x=x_{\min}$，$x=x_{\max}$，$y=y_{\min}$，$y=y_{\max}$ 分别交于 P、S、T（设坐标为 (x_T,y_T)）、U（设坐标为 (x_U,y_U)），如图 5-24 所示，于是直线 L 与区域的交为

$$\begin{aligned}Q&=L\cap P_1P_2P_3P_4=L\cap[x_{\min},x_{\max};-\infty,+\infty]\cap[-\infty,+\infty;y_{\min},y_{\max}]\\&=(L\cap[x_{\min},x_{\max};-\infty,+\infty])\cap(L\cap[-\infty,+\infty;y_{\min},y_{\max}])\\&=RS\cap TU\end{aligned}$$

当 Q 为空集时，线段 AB 不可能在窗口中有可见线段。

当 Q 不为空集时，Q 可看成是一个一维窗口，当线段 AB 的斜率大于 0 时，$Q=TS$，如图 5-24 所示；当线段 AB 的斜率小于 0 时，$Q=RT$，如图 5-25 所示。于是，线段 AB 在一维窗口 Q_1Q_2 中的可见部分可表示为

$$CD=AB\cap Q_1Q_2=AB\cap RS\cap TU$$

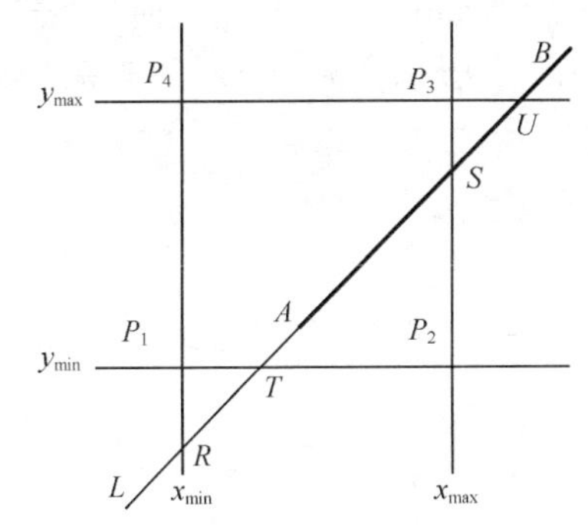

图 5-24 AS 是一维窗口 TS 中的可见部分

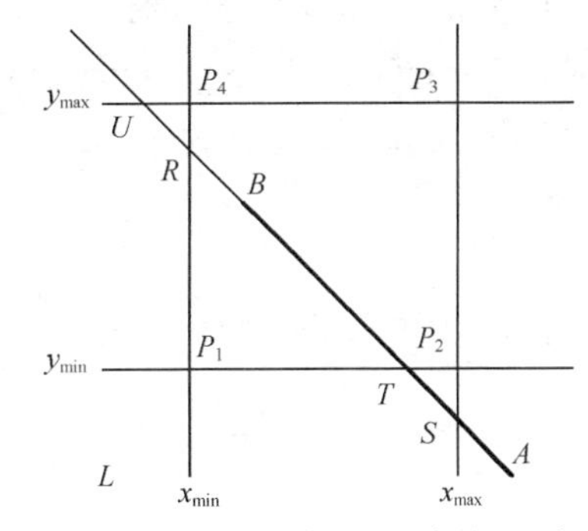

图 5-25 BT 是一维窗口 PT 中的可见部分

因此，存在可见线段的充分必要条件是：$AB\cap RS\cap TU$ 不为空集。

将 $AB\cap RS\cap TU$ 向 x 轴投影，就得到可见线段上点的 x 坐标的变化范围为

$$\max[x_{\min},\min(x_A,x_B),\min(x_T,x_U)]\leqslant x\leqslant\min[x_{\max},\max(x_A,x_B),\max(x_T,x_U)]$$

由此可得到可见线段的左端点的 x 坐标 x_α 和右端点的 x 坐标 x_β 为

$$x_\alpha=\max[x_{\min},\min(x_A,x_B),\min(x_T,x_U)]$$
$$x_\beta=\min[x_{\max},\max(x_A,x_B),\max(x_T,x_U)]$$

由于 $x_A\neq x_B$，$y_A\neq y_B$ 时 L 的方程为

$$y=\frac{y_B-y_A}{x_B-x_A}(x-x_A)+y_A \tag{5-42}$$

或

$$x=\frac{x_B-x_A}{y_B-y_A}(y-y_A)+x_A \tag{5-43}$$

因此，由式（5-42）可以求出可见线段端点的 y 坐标为

$$y_\alpha = \frac{y_B - y_A}{x_B - x_A}(x_\alpha - x_A) + y_A \tag{5-44}$$

$$y_\beta = \frac{y_B - y_A}{x_B - x_A}(x_\beta - x_A) + y_A \tag{5-45}$$

同理，由式（5-43）可以求出可见线段端点的 x 坐标为

$$x_\alpha = \frac{x_B - x_A}{y_B - y_A}(y_\alpha - y_A) + x_A \tag{5-46}$$

$$x_\beta = \frac{x_B - x_A}{y_B - y_A}(y_\beta - y_A) + x_A \tag{5-47}$$

由于可见线段左端点的 x 坐标必然小于其右端点的 x 坐标，因此，AB 有可见部分的充分必要条件也可表示为

$$\max[x_{\min}, \min(x_A, x_B), \min(x_T, x_U)] \leqslant \min[x_{\max}, \max(x_A, x_B), \max(x_T, x_U)] \tag{5-48}$$

令 $L = \max[x_{\min}, \min(x_A, x_B)]$， $R = \min[x_{\max}, \max(x_A, x_B)]$，于是式（5-48）又可表示为

$$\begin{cases} L \leqslant R \\ L \leqslant \max(x_T, x_U) \\ \min(x_T, x_U) \leqslant R \end{cases} \tag{5-49}$$

对线段 AB 斜率的不同取值情况进行讨论可进一步化简式（5-49）的表达式。

由于当线段 AB 的斜率大于 0 时，有 $\max(x_T, x_U) = x_U$， $\min(x_T, x_U) = x_T$，而当线段 AB 的斜率小于 0 时，有 $\max(x_T, x_U) = x_T$， $\min(x_T, x_U) = x_U$，因此，AB 斜率大于 0 时的不等式组可写为

$$\begin{cases} L \leqslant R \\ L \leqslant x_U \\ x_T \leqslant R \end{cases} \tag{5-50}$$

而 AB 斜率小于 0 时的不等式组可写为

$$\begin{cases} L \leqslant R \\ L \leqslant x_T \\ x_U \leqslant R \end{cases} \tag{5-51}$$

算法实现时，只要根据 AB 斜率是大于 0 还是小于 0，按照式（5-50）或式（5-51）逐一判断不等式组是否成立，只要不等式组中的不等式有一个不成立，就不可能有可见线段，若都成立，那么说明存在可见线段。

AB 斜率大于 0 时的可见线段的端点坐标可按照下式求解。

$$x_\alpha = \max(L, x_T)$$
$$x_\beta = \min(R, x_U)$$

AB 斜率小于 0 时的可见线段的端点坐标可按照下式求解。

$$x_\alpha = \max(L, x_U)$$
$$x_\beta = \min(R, x_T)$$

可见，Liang-Barsky 裁剪算法的核心思想在于尽量避免求交运算，即只有在需要时才计算交点。因为在裁剪算法中，求交运算是最费时的，只有尽量减少不必要的求交运算，才能提高裁剪算法的效率。因此，经过这样处理后，Liang-Barsky 裁剪算法的效率比 Cohen-Sutherland 裁剪算法的效率高很多。

5.5.2　圆形窗口裁剪算法

在实际应用中，如工程制图，经常会用到局部放大圆形窗口内图形的问题，因此，本节介绍圆形窗口的裁剪方法。

将被裁剪的线段的方程代入圆的方程中，可得如下形式的方程。

$$at^2+bt+c=0$$

$$\Delta=b^2-4ac\begin{cases}<0 & \text{直线与圆不相交}\\ =0 & \text{直线与圆相切}\\ >0 & \text{直线与圆相交}\end{cases}$$

对于直线和圆不相交和相切两种情况，由于直线在圆内不可能有可见线段，因此，这两种情况可以不考虑，只考虑直线与圆相交的情况即可。

设线段的方程为

$$\begin{cases}x=x_1+(x_2-x_1)t\\ y=y_1+(y_2-y_1)t\end{cases}\quad 0\leqslant t\leqslant 1 \tag{5-52}$$

直线的方程为

$$\begin{cases}x=x_1+(x_2-x_1)t\\ y=y_1+(y_2-y_1)t\end{cases}\quad -\infty\leqslant t\leqslant \infty \tag{5-53}$$

圆的方程为

$$(x-x_{cw})^2+(y-y_{cw})^2=R^2 \tag{5-54}$$

算法的处理过程如下。

步骤 1：预处理。

为提高算法效率，如图 5-26 所示，先排除与圆形窗口外切正方形之外的线段，如果满足下列条件之一，则线段就不可能处于窗口内，无可见线段输出。

$$\max(x_1,x_2)<x_{cw}-R$$
$$\min(x_1,x_2)>x_{cw}+R$$
$$\max(y_1,y_2)<y_{cw}-R$$
$$\min(y_1,y_2)>y_{cw}+R$$

步骤 2：计算参数 t 以及判别式 WD。

为计算直线与圆形窗口的交，将式（5-52）代入式（5-54）得

$$\begin{aligned}&[(x_2-x_1)^2+(y_2-y_1)^2]t^2+2[(x_1-x_{cw})\cdot(x_2-x_1)+(y_1-y_{cw})\cdot(y_2-y_1)]t\\&\qquad+(x_1-x_{cw})^2+(y_1-y_{cw})^2-R^2=0\end{aligned} \tag{5-55}$$

令

$$WA=(x_2-x_1)^2+(y_2-y_1)^2$$
$$WB=(x_1-x_{cw})\cdot(x_2-x_1)+(y_1-y_{cw})\cdot(y_2-y_1)$$
$$WC=(x_1-x_{cw})^2+(y_1-y_{cw})^2-R^2$$

则

$$WA\cdot t^2+2WB\cdot t+WC=0$$
$$t=\left(-WB\pm\sqrt{WB^2-WA\cdot WC}\right)/WA$$

令

$$WD = WB^2 - WA \cdot WC$$

于是

$$t_1 = \left(-WB - \sqrt{WD}\right)/WA$$

$$t_2 = \left(-WB + \sqrt{WD}\right)/WA$$

步骤 3：由 WD 判断线段 AB 与窗口的相对位置。

当 $WD<0$ 时，说明方程（5-55）没有解，因此，直线与窗口不相交，如图 5-27 所示的线段 a。

当 $WD=0$ 时，说明方程（5-55）有两个相等的解，因此，直线与窗口相切，如图 5-28 所示的线段 b。

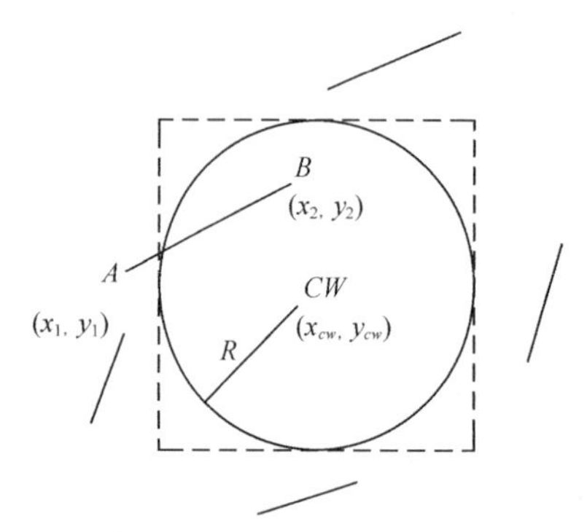

图 5-26　排除圆形窗口外切正方形之外的线段

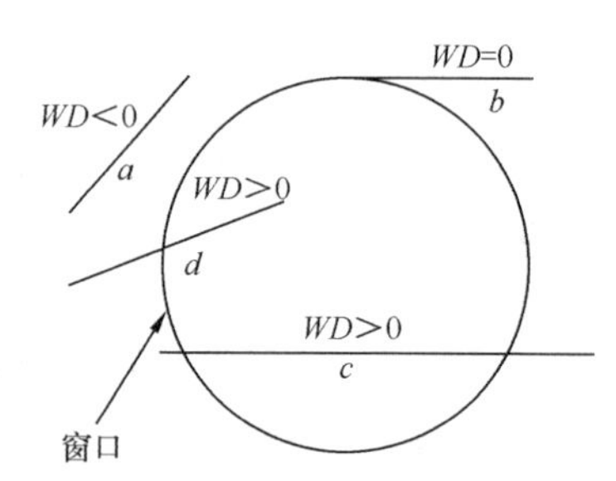

图 5-27　线段与圆形窗口的位置关系

当 $WD>0$ 时，说明方程（5-55）有两个不相等的解，因此，直线与窗口相交，如图 5-28 所示的线段 c 或 d。

对于前两种情况，由于在窗口内无可见线段，因此，程序应该结束。而对于第三种情况，则需要进一步判断交点所在位置才能决定可见线段。

步骤 4：由参数 t_2 的值来判断线段 AB 与窗口的交点在线段上的相对位置。

（1）若 $0 \leqslant t_1 \leqslant 1$，$0 \leqslant t_2 \leqslant 1$，则线段 AB 与圆形窗口的两个交点在线段 AB 之间，且均为有效的交点，这两个交点的坐标可通过求解如下两组方程得到。

$$\begin{cases} x = x_1 + (x_2 - x_1)t_1 \\ y = y_1 + (y_2 - y_1)t_1 \end{cases} \tag{5-56}$$

$$\begin{cases} x = x_1 + (x_2 - x_1)t_2 \\ y = y_1 + (y_2 - y_1)t_2 \end{cases} \tag{5-57}$$

求出两交点的坐标后，输出交点之间的线段即可。

（2）若 $WC \leqslant 0$，则线段 AB 的始端点 A 在窗口上或在窗口内，这时，如果按照式（5-57）计算得到的 t_2 值满足关系式：$0 < t_2 \leqslant 1$，则求出的交点是有效的交点，此时只要输出从起始点 A 到该交点之间的线段即可，如图 5-28（a）所示，而如果按照式（5-57）计算得到的 t_2 值满足关系式 $t_2 > 1$，说明该线段的延长线与窗口有交点，因此，此时不必求交，该线段是完全可见的，只需简单的输出该线段即可，如图 5-28（b）所示。

步骤 5：若 $WC > 0$，则线段 AB 的始端点 A 在窗口外，这时，如果按照式（5-56）计算得到的 t_1 值满足关系式 $0 < t_1 < 1$，则求出的交点是有效的交点，此时只要输出从该交点到末端点 B 之间的线段即可，如图 5-28（c）中的线段 AB 所示。如果按照式（5-56）计算得到的 t_1 值满足关系式 $t_1 = 1$，则求出的交点在圆形窗口上，此时没有可见线段，无输出，如图 5-28（c）中的线段 A_1B_1

所示。如果按照式（5-56）计算得到的 t_1 值满足关系式 $t_1<0$ 或 $t_1>1$，则求出的交点在线段 AB 的延长线上，此时没有可见线段，无输出，如图 5-28（c）中的线段 A_2B_2 或 A_3B_3 所示。

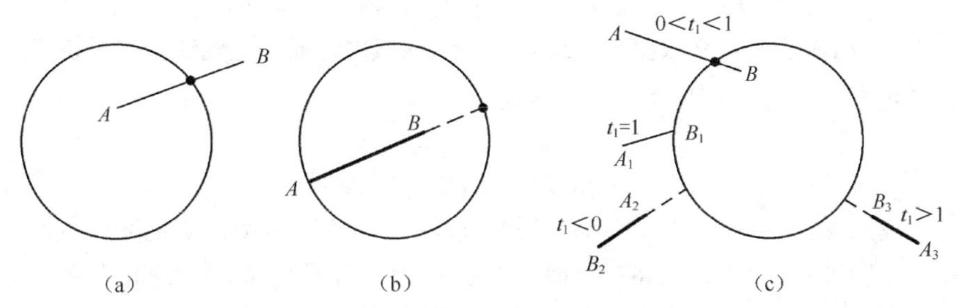

图 5-28　线段与圆形窗口的位置关系

5.5.3　多边形窗口裁剪算法

本节讨论多边形窗口的裁剪算法。

1．线段与窗口相交的充要条件

我们已经知道，要想提高裁剪算法的效率，必须尽量避免求交运算，这样，就必须确定多边形窗口的第 i 条边与被裁剪线段存在有效交点的充要条件。

设多边形窗口如图 5-29 所示，其中，Q_1Q_2 为被裁剪线段，(x_1,y_1) 和 (x_2,y_2) 为线段 Q_1Q_2 的两个端点的坐标，其直线方程为

$$f(x,y)=Ax+By+C=0$$

其中

$$A=y_1-y_2, B=x_2-x_1, C=-(Ax_1+By_1)$$

该被裁剪线段 Q_1Q_2 的直线方程的参数表示形式为

$$\begin{cases} x=x_1+(x_2-x_1)t \\ y=y_1+(y_2-y_1)t \qquad 0\leqslant t\leqslant 1 \end{cases} \tag{5-58}$$

设多边形窗口的第 i 条边 P_iP_{i+1} 的端点坐标分别为 (x_i,y_i) 和 (x_{i+1},y_{i+1})，其直线方程为

$$A_ix+B_iy+C_i=0 \tag{5-59}$$

其中

$$A_i=y_i-y_{i+1}, B_i=x_{i+1}-x_i, C_i=-(A_ix_i+B_iy_i)$$

将式（5-58）代入式（5-59）得

$$t=-\frac{A_ix_1+B_iy_1+C_i}{A_i(x_2-x_1)+B_i(y_2-y_1)}$$

由于

$$f_i(x_1,y_1)=A_ix_1+B_iy_1+C_i$$
$$f_i(\Delta x,\Delta y)=A_i(x_2-x_1)+B_i(y_2-y_1)$$

所以有

$$t=-\frac{f_i(x_1,y_1)}{f_i(\Delta x,\Delta y)}$$

于是，可得多边形窗口的第 i 条边 P_iP_{i+1} 与被裁剪线段 Q_1Q_2 存在有效交点的充要条件为

$$f(x_i,y_i)f(x_{i+1},y_{i+1})<0 \tag{5-60}$$

$$0 \leqslant -\frac{f_i(x_1, y_1)}{f_i(\Delta x, \Delta y)} \leqslant 1 \quad (5\text{-}61)$$

式（5-60）表明：P_i 和 P_{i+1} 位于被裁剪线段 Q_1Q_2 的两侧，这是 P_iP_{i+1} 与 Q_1Q_2 存在有效交点的必要条件。式（5-61）表明：交点位于 P_iP_{i+1} 与 Q_1Q_2 线段内，而不是两线段的延长线上。为了避免除法，可将式（5-61）表示为它的等价形式，即

$$f_i(x_1, y_1) f_i(\Delta x, \Delta y) \leqslant 0 \quad (5\text{-}62)$$

$$(f_i(x_1, y_1) + f_i(\Delta x, \Delta y)) f_i(\Delta x, \Delta y) \geqslant 0 \quad (5\text{-}63)$$

因此，被裁剪线段 Q_1Q_2 与多边形窗口的第 i 条边 P_iP_{i+1} 存在有效交点的充要条件是：同时满足式（5-60）、式（5-62）和式（5-63），如图 5-29 所示，而图 5-30 所示情况不满足式（5-60），图 5-31 所示情况不满足式（5-62），图 5-32 不满足式（5-63）。

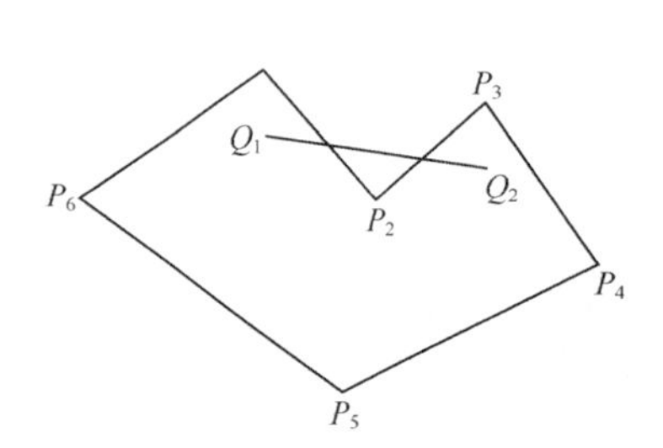

图 5-29 同时满足式（5-60）、式（5-62）和式（5-63）

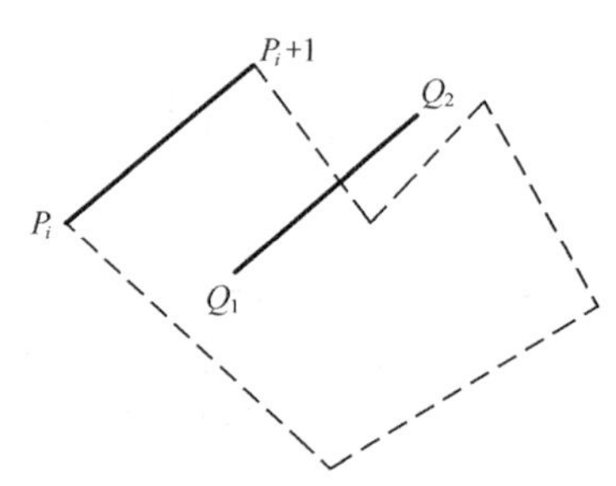

图 5-30 不满足式（5-60）

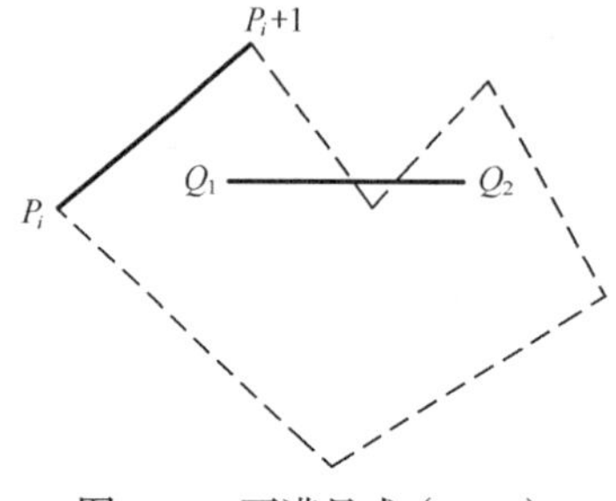

图 5-31 不满足式（5-62）

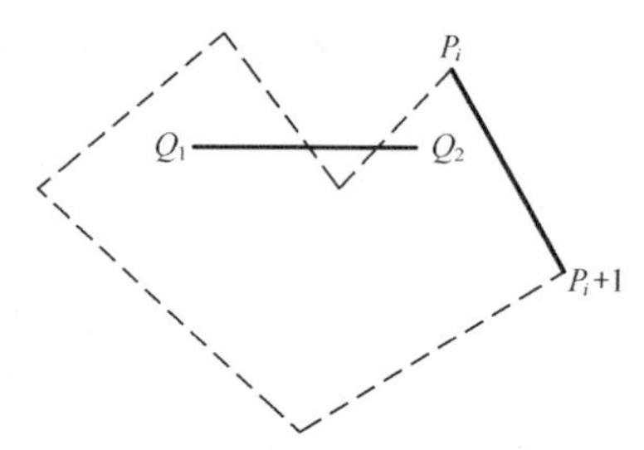

图 5-32 不满足式（5-63）

2. 可见性判断

当求出多边形窗口的所有边与被裁剪线段的有效交点后，需要确定哪些交点之间的线段在窗口内，是可见的，哪些交点之间的线段在窗口外，是不可见的。为了解决这个问题，需要对被裁剪线段的其中一个端点进行包含性检验。例如，如图 5-33 所示，对应于 $t=0$ 的端点 Q_0，如果 Q_0 在窗口内，则 Q_0 与第一个交点之间的线段 Q_0I_1 为可见，I_1I_2 为不可见，反之，Q_0I_1 为不可见，I_1I_2 为可见。

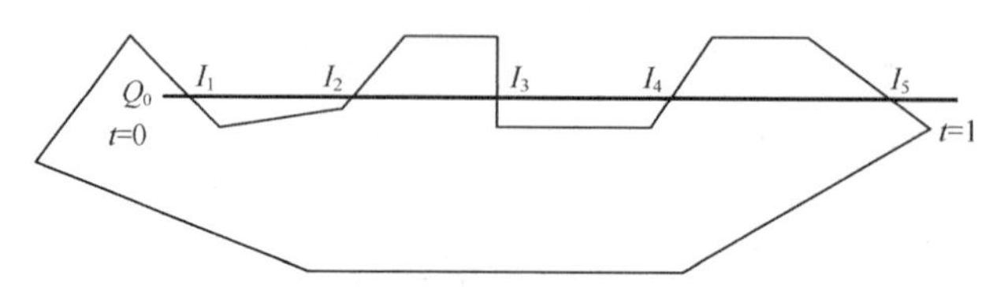

图 5-33 多边形窗口下线段的可见性判别

对端点进行包含性检验，常用的方法有转角法和射线法等。

转角法就是依次将被测试点 Q 与多边形各顶点连线，通过计算点与多边形各相邻顶点之间的

夹角之和来确定点 Q 是在多边形之内还是在多边形之外。若夹角之和为 0，则点 Q 在多边形之外，如图 5-34（a）所示，若夹角之和为 360°，则点 Q 在多边形之内，如图 5-34（b）所示。点与多边形各相邻顶点之间的夹角可通过余弦定理求出。

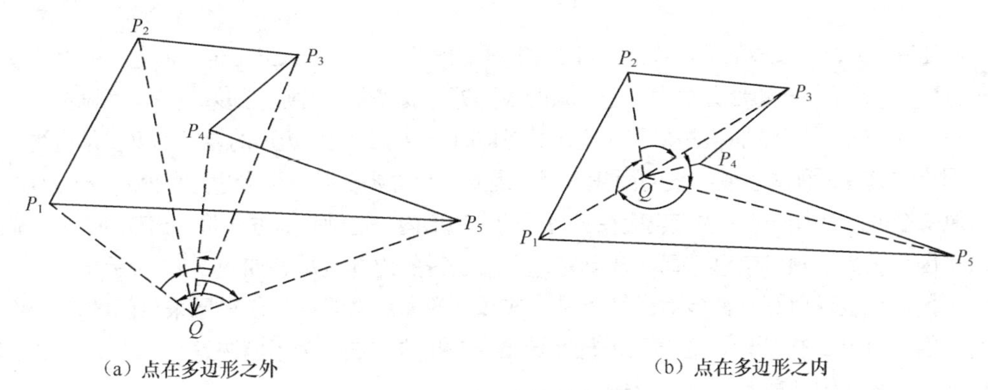

图 5-34　点的包含性检验

射线法就是过点 Q 作一垂直或水平射线，然后通过检验该射线与多边形边的交点数目来确定点 Q 是在多边形之内还是在多边形之外。若交点数为偶数，则点 Q 在多边形之外，如图 5-35（a）所示，若交点数为奇数，则点 Q 在多边形之内，如图 5-35（b）所示。

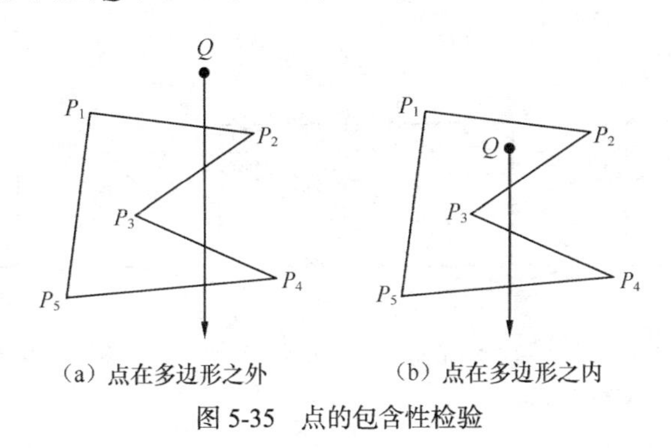

图 5-35　点的包含性检验

对于射线交多边形的边于其端点的特殊情况，可采用“左闭右开”法进行处理。即当多边形边的两个端点的 x 坐标均小于被测试点 Q 的 x 坐标时，不作求交运算，如图 5-36（a）（b）（c）所示的线段 P_1P_2，图 5-36（d）中的线段 P_3P_4。反之，只要有一个端点的 x 坐标大于被测试点 Q 的 x 坐标时，就作求交运算，如图 5-36（a）所示的线段 P_3P_4，图 5-36（b）所示的线段 P_2P_3，图 5-36（c）所示的线段 P_3P_4、P_4P_5。

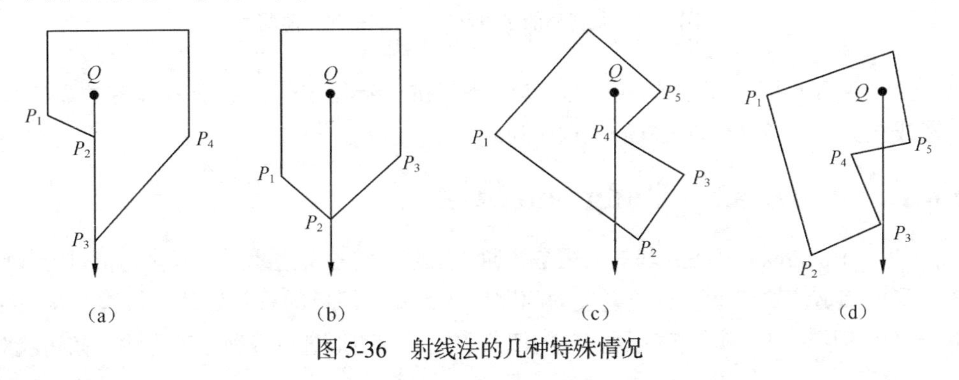

图 5-36　射线法的几种特殊情况

5.6 多边形的裁剪

前面几节中介绍了线段的裁剪算法，对于多边形的裁剪（Polygon Clipping）问题，能否简单地用线段裁剪算法，通过将多边形分解为一条一条的线段进行裁剪来实现呢？如果只考虑线画图形，这种方法是完全可行的。然而，将多边形作为实区域考虑时，由于组成多边形的要素不仅仅是边线，还有由边线围成的具有某种颜色或图案的面积区域，因此，常常要求对一个多边形的裁剪结果仍是多边形，且原来在多边形内部区域的点也应在裁剪后的多边形内，这种裁剪方法将会出现如下几个问题。

（1）因为丢失了顶点信息，而无法确定裁剪所获得的内部区域，如图 5-37 所示。

（2）按照线段裁剪算法裁剪后的结果是一些孤立的离散的线段，使得原来封闭的多边形变成了不封闭的，如图 5-38 所示，这会在进行区域填充时出现问题，为了解决这一问题，必须让裁剪窗口的部分边界成为裁剪后的多边形边界。

（3）多边形边线经裁剪后，有的顶点被裁剪掉了，但同时又产生了一些新的顶点，它们多半是由多边形与窗口边界线相交形成的，如图 5-39（a）所示，而有些则为另外一种情形，如图 5-39（b）中的顶点 3 或者图 5-39（c）中的顶点 *A*、*B*。

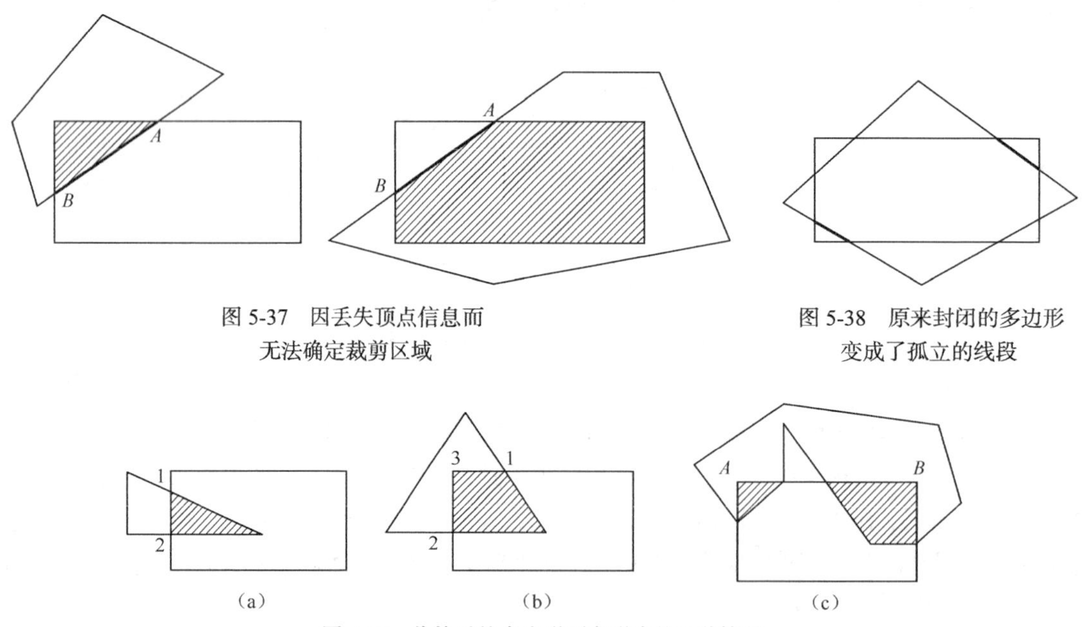

图 5-37 因丢失顶点信息而无法确定裁剪区域

图 5-38 原来封闭的多边形变成了孤立的线段

图 5-39 裁剪后的多边形顶点形成的几种情况

从以上这些例子可见，多边形裁剪的关键，不仅在于求出新的顶点，删去落在边界外的顶点，更在于形成裁剪后的多边形的正确的顶点序列。

5.6.1 Sutherland–Hodgman 算法

Sutherland-Hodgman 算法的基本思想是：通过用窗口的各条边线逐一对多边形进行裁剪来完成对多边形的裁剪。这样就通过把复杂的问题分解为几个简单的重复处理的过程，从而简化操作。对于正规矩形窗口，就是依次用窗口的四条边线对多边形进行裁剪，即先用一条边线对整个多边形进行裁剪，得到一个或多个新的多边形，然后再用第二条边线对这些新产生的多边形进行裁剪，继续这一过程，直到多边形依次被窗口的所有边线都裁剪完为止。因此，Sutherland-Hodgman 算法也称为逐边裁剪算法。图 5-40 所示为这一裁剪的过程。

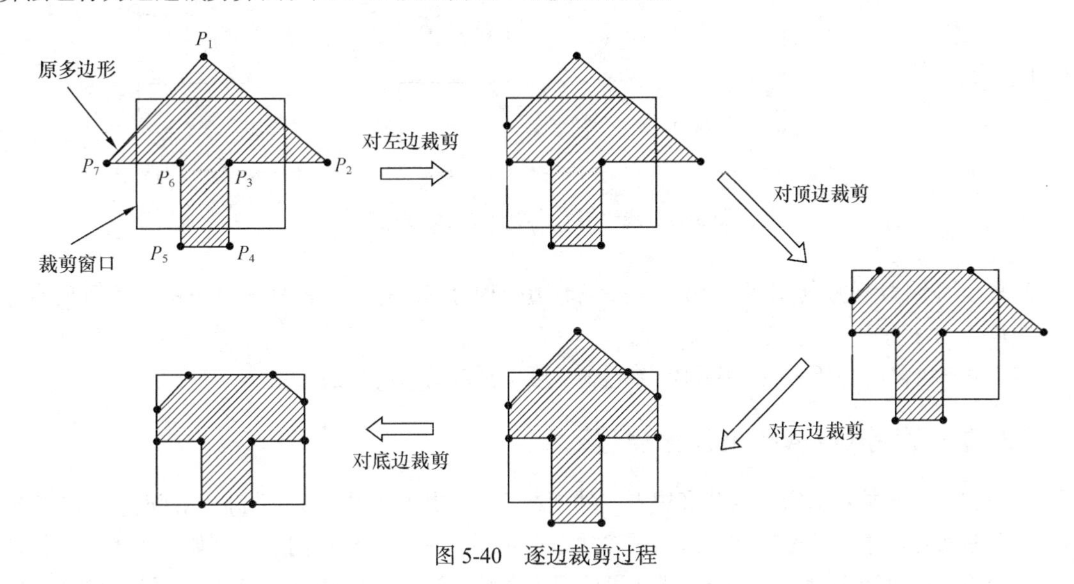

图 5-40　逐边裁剪过程

在这一算法中，多边形被窗口各边线裁剪的顺序无关紧要，裁剪窗口可为任一凸多边形窗口。算法的输入是原多边形的顶点序列，算法的输出是裁剪后的多边形的顶点序列。

Sutherland-Hodgman 算法的步骤可描述如下。

步骤 1：首先把待裁剪的多边形的所有顶点按照一定的方向有次序地组成一个顶点序列，记为 $P_1,P_2,\cdots,P_n$，顺次连接相邻两顶点 $P_1P_2,P_2P_3,\cdots,P_{n-1}P_n,P_nP_1$，这几条边构成了一个封闭的多边形，而这个顶点序列就是算法的输入量。

步骤 2：依次用每一条裁剪边对输入的顶点序列进行如下处理。

（1）用当前裁剪边检查第一个顶点 P_1，如果 P_1 在当前裁剪边的可见一侧，则保留该顶点作为新顶点存入输出顶点表列中，否则，舍弃该顶点，不作为新顶点输出。

（2）假设 P_i（i=1,2,…,n−1）已作为待裁剪多边形的前一条边的顶点检查完毕，则判断下一点 P_{i+1} 和前一顶点 P_i 构成的边 P_iP_{i+1} 与当前裁剪边的位置关系，然后，根据这一位置关系决定哪些点可作为新的顶点输出。这些位置关系可有如下几种情况。

① 边 P_iP_{i+1} 位于裁剪边的窗口可见一侧，如图 5-41（a）所示，此时，将顶点 P_{i+1} 作为新的顶点输出。

② 边 P_iP_{i+1} 位于裁剪边的窗口不可见一侧，如图 5-41（b）所示，此时，没有新的顶点输出。

③ 边 P_iP_{i+1} 是离开裁剪边的窗口可见一侧的，如图 5-41（c）所示，此时，由于边 P_iP_{i+1} 与裁剪边有交点 I，P_i 是可见的，而 P_{i+1} 是不可见的，因此，该交点 I 应作为新的顶点输出。

④ 边 P_iP_{i+1} 是进入裁剪边的窗口可见一侧的，如图 5-41（d）所示，此时，由于边 P_iP_{i+1} 与裁剪边有交点 I，P_i 是不可见的，而 P_{i+1} 是可见的，因此，该交点 I 和顶点 P_{i+1} 都应作为新的顶点输出。

（3）最后还需检查封闭边 P_nP_1，如果 P_nP_1 与当前裁剪边相交，则应求出交点并输出该交点到输出顶点表列中。在这个步骤中，算法处理的结果是产生一组新的顶点序列，然后输出这组新的顶点序列，事实上，这组新的顶点序列就代表了用该裁剪边裁剪后得到的多边形。

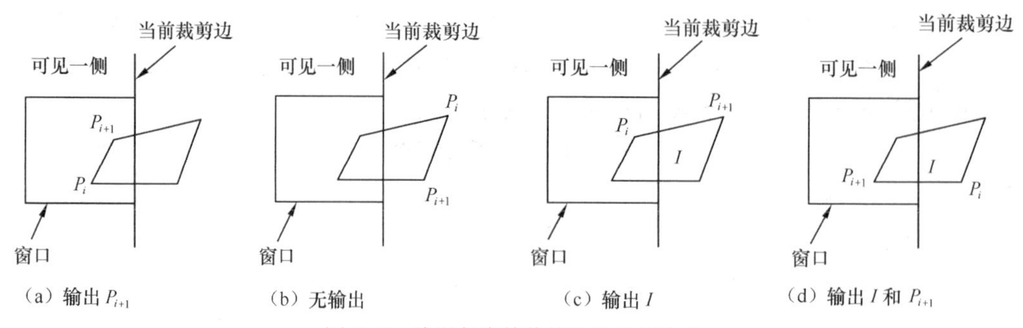

图 5-41　线段与当前裁剪边的位置关系

步骤 3：将输出的顶点序列作为下一条裁剪边处理过程的输入，重复步骤 2～3，直到所有窗口边线均作为裁剪边处理完毕为止。

步骤 4：将输出的新的顶点序列依次连线，可得到裁剪后的多边形。

5.6.2　Weiler–Atherton 算法

逐边裁剪法要求裁剪窗口为凸多边形，然而在很多应用环境中，如消除隐藏面时，需要考虑窗口为凹多边形的情况。逐边裁剪法对凹多边形裁剪时，有时会出现问题，例如，当多边形经裁剪后分裂为几个多边形时，这几个多边形可能会沿着裁剪边框产生多余的线段，如图 5-42 所示的 1～10 和 8～9 的线段。

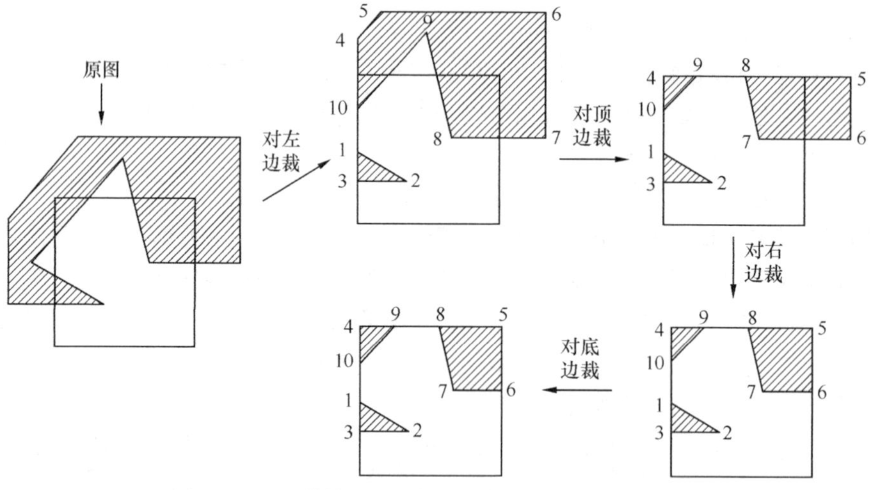

图 5-42　逐边裁剪法对凹多边形裁剪时可能出现的问题

Weiler-Atherton 算法可以解决上述问题，虽然该算法略微复杂，但其功能非常强，它不仅允许裁剪窗口和被裁剪窗口都可以是任意的凸的或者凹的多边形，而且还允许它们是有空的多边形。

为算法叙述方便，先作如下约定：

（1）称裁剪窗口为裁剪多边形（Clip Polygon，CP），被裁剪的多边形称为主多边形（Subject Polygon，SP）。

（2）在算法中，主多边形和裁剪多边形均用它们顶点的环形链表表示，多边形的外部边界取顺时针方向，多边形的内部边界取逆时针方向，这一约定可以保证在遍历顶点表时多边形的内部区域始终位于遍历方向的右侧。

（3）主多边形和裁剪多边形的边界可能相交，也可能不相交，若它们相交，交点必然成对地出现，此时，称主多边形的边进入裁剪多边形内部区域的交点为进点，而另一个离开裁剪多边形内部区域的交点为出点。

在上述约定下，Weiler-Atherton 算法的基本思想是：算法从任意一个进点开始沿着主多边形的边线按照边线所标示的方向搜集顶点序列，当遇到出点时，则沿着裁剪多边形的边线所标示的方向搜集顶点序列，当遇到进点时，则沿着主多边形的边线所标示的方向搜集顶点序列，如此交替沿着两个多边形的边线行进，直到回到跟踪的起始点为止。这时搜集到的全部交点或顶点的序列就是裁剪所得的一个多边形。由于可能存在多个裁剪下来的多边形，因此，算法应在将所有进点搜索完毕后结束。

根据上述思想，Weiler-Atherton 算法的步骤可描述如下。

步骤 1：建立两个多边形顶点的环形链表，初始化输出队列 Q。

步骤 2：求出 SP 与 CP 边线的所有有效交点，分别插入到 SP 和 CP 的环形链表中，形成新的环形链表，并对插入的点注明“出点”和“进点”标志。

步骤 3：从 SP 的环形链表中的任意一个节点开始搜索进点，如果没有进点，则算法结束，否则，该进点记为 P，并送 S 暂存，P 点录入到输出队列 Q 中。

步骤 4：从 SP 的环形链表中删去该进点的“进点”标志。

步骤 5：从 P 点开始，沿着 SP 的环形链表取下一个节点，记为 P，并录入到输出队列 Q 中，如果 P 是出点，则转步骤 6，否则转步骤 5。

步骤 6：从 P 点开始，沿着 CP 的环形链表取下一个节点，记为 P，并录入到输出队列 Q 中，如果 P 是出点，则转步骤 6，如果 P 是进点，则判断 P 是否等于 S，若 $P \neq S$，则转步骤 4，若 $P=S$，则将队列 Q 中的点组成的顶点序列输出，然后转步骤 3。

图 5-43 和图 5-44 所示的例子可以进一步说明这一算法的实现过程。从中不难看出，沿着主多边形的边线所标示的方向搜集顶点序列的过程相当于用裁剪多边形去裁主多边形，而沿着裁剪多边形的边线所标示的方向搜集顶点序列的过程则相当于用主多边形去裁裁剪多边形，因此，Weiler-Atherton 算法也称为双边裁剪法，算法的实质是求出两个多边形互相重叠部分。

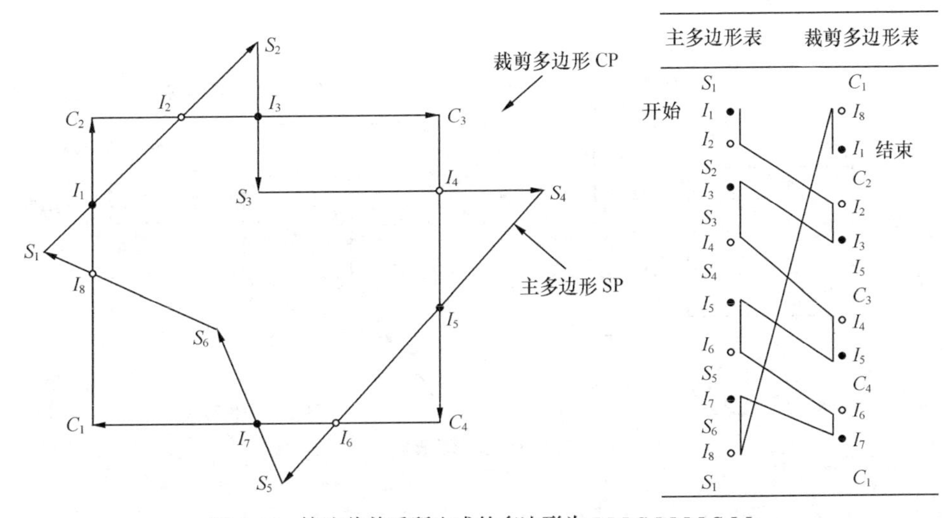

图 5-43　算法裁剪后所生成的多边形为 $I_1I_2I_3S_3I_4I_5I_6I_7S_6I_8I_1$

Weiler-Atherton 算法也常被用于三维隐面消除算法中，由于这时裁剪多边形不再作为窗口使用，而是作为遮挡面使用，这时的目标是希望保留主多边形在裁剪多边形之外的部分，即不被遮挡的部分，因此，算法需稍加改动后方可使用，改动的方法是：从出点开始跟踪，遇出点沿 SP 裁，遇进点则沿 CP 裁。

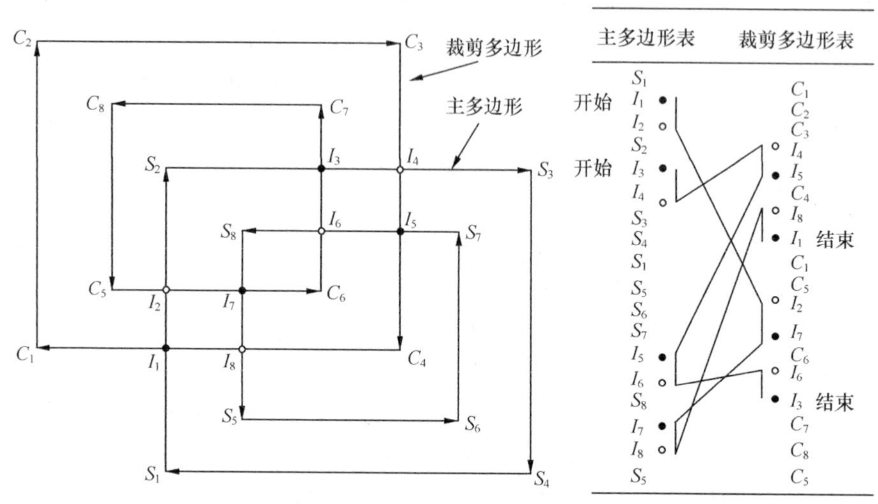

图 5-44　算法裁剪后所生成的多边形为 $I_1I_2I_7I_8I_1$ 和 $I_3I_4I_5I_6I_3$

5.7　三维线段裁剪

为了去掉物体中不需要显示的部分，在显示之前可先在三维空间中对物体用三维裁剪体进行三维裁剪。常用的三维裁剪体为有长方体和四棱台，如图 5-45 所示。长方体适用于平行投影和轴测投影，四棱台适用于透视投影。这两种裁剪体均为六面体，包括左侧面、右侧面、顶面、底面、前面和后面。

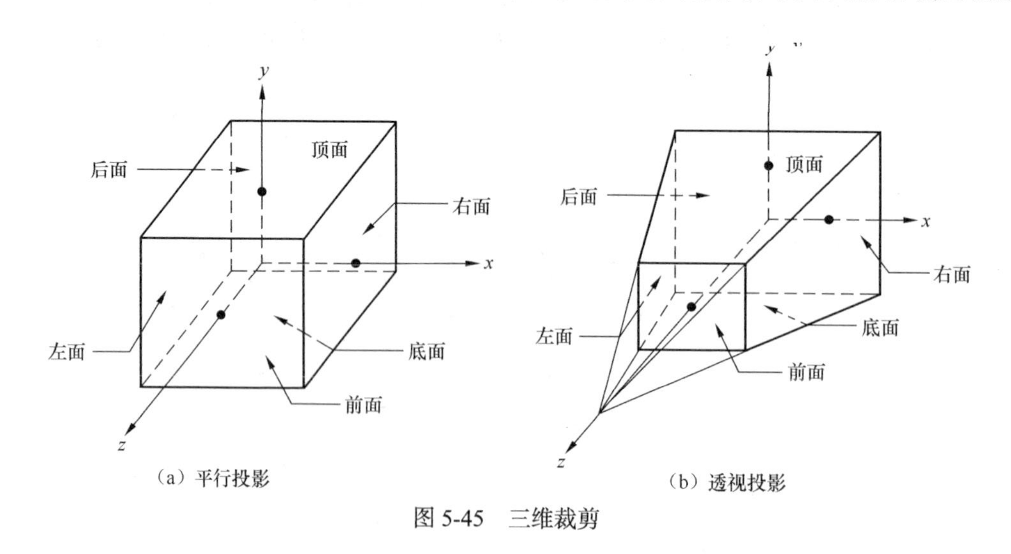

图 5-45　三维裁剪

5.7.1　平行投影中的三维裁剪

对于平行投影，二维图形裁剪的编码裁剪法和中点分割裁剪法可以直接推广到三维裁剪中。

在三维编码裁剪算法中，需采用六位端点编码，即将空间直线的端点相对于长方体裁剪窗口（其位置可由$(x_{\min}, y_{\min}, z_{\min})$和$(x_{\max}, y_{\max}, z_{\max})$唯一确定）的 6 个面，转换为 6 位二进制代码，然后，采用简单的逻辑判断，舍弃线段在裁剪体以外的部分，保留其在裁剪体内的部分，必要时与裁剪面求交（如图 5-46（a）所示，求出交点(x_1, y_1, z_1)和(x_2, y_2, z_2)），然后对其进行分段处理。

对于平行投影，规范化后的长方体裁剪窗口的 6 个面的方程分别为

$$y=1; y=-1; x=1; x=-1; z=1; z=-1$$

因此，编码规则如图 5-46 所示，具体描述如下：

当线段端点位于裁剪体的左侧时，即 $x<-1$ 时，第 0 位置为 1，否则置为 0。

当线段端点位于裁剪体的右侧时，即 $x>1$ 时，第 1 位置为 1，否则置为 0。

当线段端点位于裁剪体的下方时，即 $y<-1$ 时，第 2 位置为 1，否则置为 0。

当线段端点位于裁剪体的上方时，即 $y>1$ 时，第 3 位置为 1，否则置为 0。

当线段端点位于裁剪体的前方时，即 $z>1$ 时，第 4 位置为 1，否则置为 0。

当线段端点位于裁剪体的后方时，即 $z<-1$ 时，第 5 位置为 1，否则置为 0。

如果线段的两端点的编码都为 0，则此线段的两端点可见，于是，此线段可见。如果两端点编码逐位逻辑与不为 0，则线段为完全不可见线段。如果两端点编码逐位逻辑与为 0，则线段可能部分可见或完全不可见，这时，需将线段对裁剪体求交才能确定。

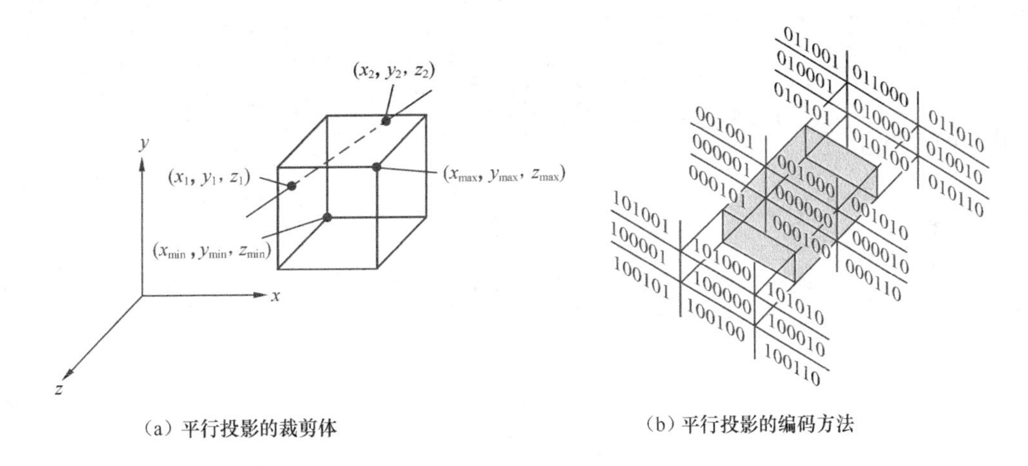

（a）平行投影的裁剪体　　（b）平行投影的编码方法

图 5-46　平行投影的裁剪体及其编码方法

5.7.2　透视投影中的三维裁剪

透视裁剪体的俯视图如图 5-47 所示，其中，右侧面的方程为

$$x=\frac{x_R}{z_Y-d}(z-d)=a_1 z+a_2$$

或写成

$$x-a_1 z-a_2=0 \tag{5-64}$$

其中

$$a_1=\frac{x_R}{z_Y-d}, a_2=-a_1 d$$

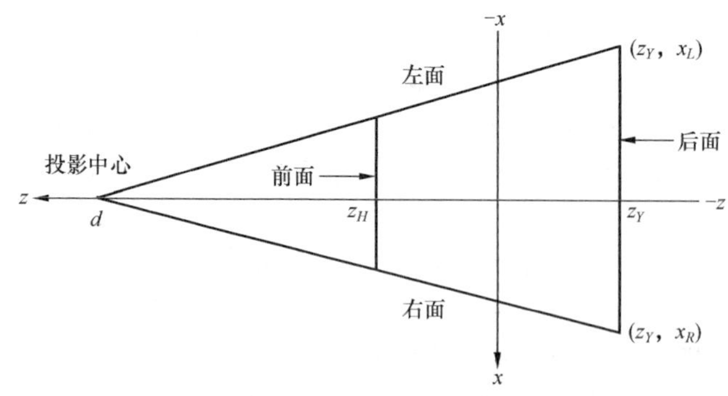

图 5-47　透视裁剪体的俯视图

左侧面的方程为

$$x - b_1 z - b_2 = 0 \tag{5-65}$$

其中

$$b_1 = \frac{x_L}{z_Y - d}, b_2 = -b_1 d$$

顶面的方程为

$$y - c_1 z - c_2 = 0 \tag{5-66}$$

其中

$$c_1 = \frac{y_T}{z_Y - d}, c_2 = -c_1 d$$

底面的方程为

$$y - e_1 z - e_2 = 0 \tag{5-67}$$

其中

$$e_1 = \frac{y_B}{z_Y - d}, e_2 = -e_1 d \tag{5-68}$$

前面的方程为

$$z - z_H = 0 \tag{5-69}$$

后面的方程为

$$z - z_Y = 0$$

先将点 $P(x, y, z)$ 的坐标代入右侧面方程式的左侧，可得判别函数如下：

若 $f_R = x - a_1 z - a_2 > 0$，表明点 P 位于该平面的右方。

若 $f_R = x - a_1 z - a_2 = 0$，表明点 P 位于该平面上。

若 $f_R = x - a_1 z - a_2 < 0$，表明点 P 位于该平面的左方。

同理，对于左侧面，其判别函数如下：

若 $f_L = x - b_1 z - b_2 < 0$，表明点 P 位于该平面的左方。

若 $f_L = x - b_1 z - b_2 = 0$，表明点 P 位于该平面上。

若 $f_R = x - a_1 z - a_2 < 0$，表明点 P 位于该平面的左方。

对于顶面，其判别函数如下：

若 $f_T = y - c_1 z - c_2 > 0$，表明点 P 位于该平面的上方。

若 $f_T = y - c_1 z - c_2 = 0$，表明点 P 位于该平面上。

若 $f_T = y - c_1 z - c_2 < 0$，表明点 P 位于该平面的下方。

对于底面，其判别函数如下：

若 $f_B = y - e_1 z - e_2 < 0$，表明点 P 位于该平面的下方。

若 $f_B = y - e_1 z - e_2 = 0$，表明点 P 位于该平面上。

若 $f_B = y - e_1 z - e_2 > 0$，表明点 P 位于该平面的上方。

对于前侧面，其判别函数如下：

若 $f_H = z - z_H > 0$，表明点 P 位于该平面的前方。

若 $f_H = z - z_H = 0$，表明点 P 位于该平面上。

若 $f_H = z - z_H < 0$，表明点 P 位于该平面的后方。

对于后侧面，其判别函数如下：

若 $f_Y = z - z_Y < 0$，表明点 P 位于该平面的后方。

若 $f_Y = z - z_Y = 0$，表明点 P 位于该平面上。

若 $f_Y = z - z_Y > 0$，表明点 P 位于该平面的前方。

当 $d \to \infty$ 时，即投影中心在无穷远处时，裁剪体将趋于长方体，相应的判别函数也变成长方体的判别函数。

5.8　本章小结

本章重点介绍了二维、三维图形的几何变换及投影变换的基本原理和方法，同时还介绍了各种窗口的线段裁剪算法、多边形裁剪算法，以及三维裁剪算法的基本原理，这些都是真实感图形显示的基础。通过几何变换，可以将场景中的物体放置到恰当的位置后再予以显示，通过投影变换可以将三维图形在二维的显示屏幕上进行显示，裁剪保证在屏幕的视图区内只显示用户感兴趣的图形，对于视图区以外的图形不予以显示。各种裁剪算法都有其各自的应用场合。

习题 5

5.1　简述为什么在图形几何变换中要采用齐次坐标技术。

5.2　写出相对于图形重心（x_0,y_0）的二维比例变换。

5.3　写出点（x_1,y_1）绕任意点（x_0,y_0）逆时针旋转 45° 角的变换矩阵。

5.4　什么是平面几何投影？平面几何投影如何分类？平行投影与透视投影有什么不同？

5.5　比较 Cohen-Sutherland 裁剪算法、中点分割裁剪算法和 Liang-Barsky 裁剪算法的优缺点及应用场合。

5.6　采用 Weiler-Atherton 双边裁剪算法，用有孔的多边形窗口 $C_1C_2C_3C_4C_5C_6C_7C_8$，对图 5-48 所示的多边形 $S_1S_2S_3$ 进行裁剪，要求画出主多边形和裁剪多边形的环形链表，并在表中画出跟踪画线的裁剪过程。

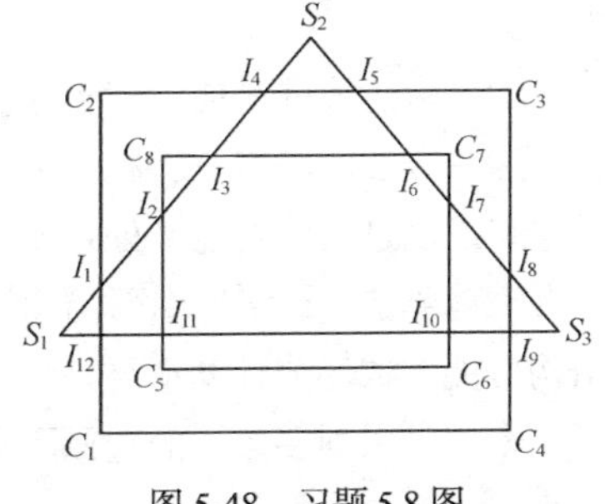

图 5-48　习题 5.8 图

第 6 章 实体几何造型基础

6.1 多面体模型和曲面模型

6.1.1 多面体模型

在三维计算机图形学发展的初期，场景中的景物通常由多面体模型表示。可以通过如下方法生成多面体模型。

（1）由设计者交互生成。

（2）通过三维激光扫描仪在实物表面上测得一系列离散点后由算法生成。

（3）由参数曲面离散生成。

表示多面体模型的最普遍方式就是使用一组包围物体内部的表面多边形。用顶点坐标集和相应属性参数可以给定一个多边形表面。每个多边形的数据输入后都被存储在多边形数据表中。多边形数据表可分两组来组织：几何表和属性表。几何表包括物体的几何数据（如顶点坐标等）和用来标识多边形表面空间取向的参数（如表面外法线方向）。属性表包括物体透明度、表面反射系数及纹理特征方面的参数。

物体的几何数据通常以层次结构存储，如图 6-1（a）所示。每个面由指向多边形表的指针来索引，每个多边形则由指向顶点表的指针来索引，每个多边形需存储的信息如图 6-1（b）所示，具体包含如下信息。

（1）多边形的顶点表：存储每个顶点所在景物在局部坐标系中的三维坐标及每个顶点处的法向量，该法向量记录景物表面在该采样点处的真实法向，该信息在 Phong 明暗处理算法中用到。

（2）多边形的法向量表：存储多边形所在平面的真实法向量，该法向量在背面剔除中用到。

这种方法的缺点是：相邻多边形的共享边在上述数据结构中没有得到显式表达，这使得同一条边在绘制过程中可能被处理两次。由于许多传统的多边形绘制算法，如 Sutherland-Hodgman 多边形裁剪算法、z 缓冲隐面消除算法等都把多边形当成是独立的绘制对象，因此，采用上述层次结构可能导致部分计算重复。

采用一系列多边形的边而不是多边形本身来表示一个物体可以克服上述缺陷。在这种基于边的表示方法中，每条边的表示如图 6-2 所示，边数组的每个元素包含 4 个指针，分别指向对应边的两个顶点和它邻接的两个多边形法向量。

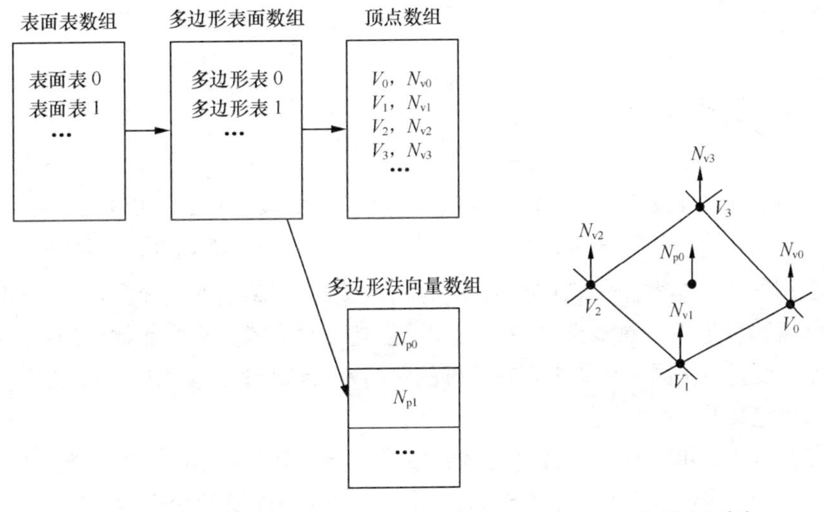

（a）层次数据结构信息　　　　（b）多边形信息

图 6-1　绘制多面体所需的层次数据结构信息

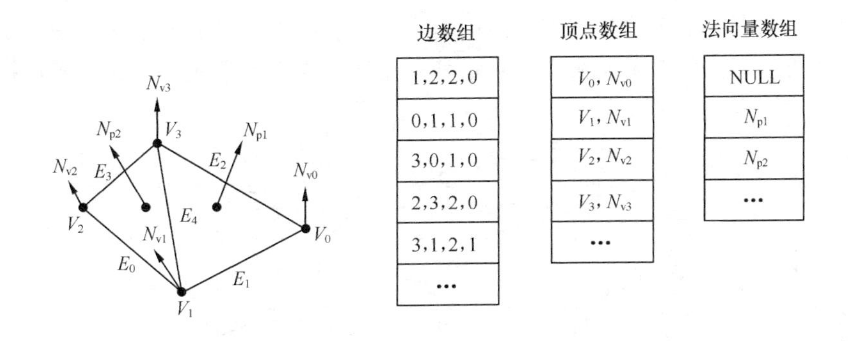

（a）多边形信息　　　　（b）基于边的数据结构信息

图 6-2　基于边的绘制方法所需的数据结构信息

由于一个多边形可能有任意数目的顶点，但每条边只有两个顶点，并由两个多边形共享，共享边在这种数据结构中只保存和处理一次，因此，这种方法能够更有效地表示物体，且数据结构更简单。这种方法的缺点是图形绘制只能基于扫描线算法。

多面体模型大大简化并加速了物体的表面绘制和显示，正因如此使得这种方法很受欢迎。目前，许多商用的动画软件，如 Alias、Wavefront、Softimage、Maya、3DMAX 等都提供了生成多面体模型的手段，在图形绘制时，曲面通常被离散为三角形，因为三角形的多边形曲面片可以确保任一多边形的顶点都在一个平面上，而对于有 4 个或 4 个以上顶点的多边形，其顶点可能会不在同一个平面上，处理这种情况的一个简单方法就是将多边形剖分成三角形。在实时图形显示中，场景的绘制大多由硬件 z 缓存消隐算法来完成，许多图形加速卡都提供硬件 z 缓存消隐功能，每秒钟可以显示成千上万甚至上百万个三角形。

当物体表面是拼接而成时，用网格函数来给定表面片更方便一些。一些图形软件标准如 PHIGS、OpenGL 等均提供了可快速生成多边形网格（Polygon Mesh）模型的函数。例如，给定 n 个顶点时，用三角形条函数可以生成 $n-2$ 个三角形条，如图 6-3 所示，再如，给定 n 行 m 列顶点时，可以产生$(n-1)\times(m-1)$个四边形网格，如图 6-4 所示。

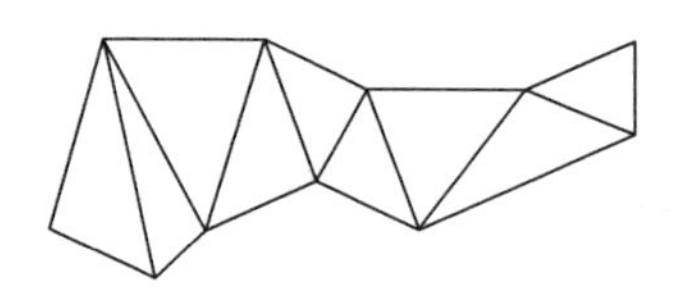

图 6-3　由 9 个三角形和 11 个顶点相连而成的三角形带

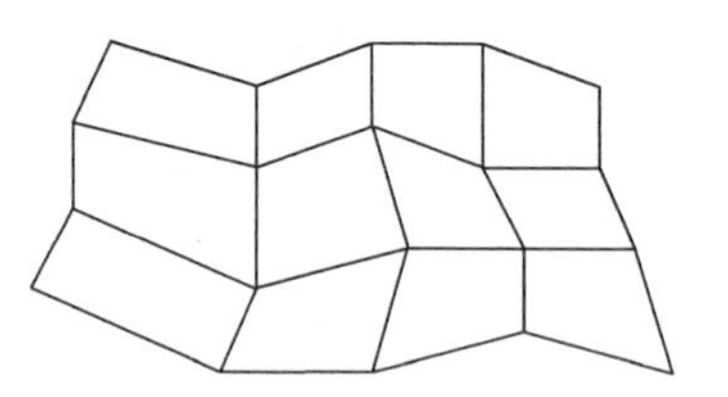

图 6-4　由 12 个四边形和 5 × 4 个顶点形成的四边形网格

多面体模型的优点是数据结构相对简单，集合运算、明暗图的生成和显示速度快。虽然多面体可以以任意精度逼近任意复杂的曲面物体，但是，它毕竟只是曲面物体的一种近似逼近表示，存在误差，而且由于同一系统中存在精确的曲面表示和近似的多面体逼近表示这两种物体表示，违背了几何定义的唯一性原则。

例如，如图 6-5 所示，当一个曲面物体由多面体近似逼近表示时，采用光亮度插值或表面法向插值技术（参见第 8 章）对表面进行绘制，可以获得光滑的表面绘制效果，但如果曲面的曲率较高而采用的多边形较少时，则会在轮廓边上呈现不光滑性，这是用多面体逼近曲面物体时的主要视觉缺陷。若要提高表示的精度，其中一个解决方法是增加离散平面片的数量，即用更多的多边形面片来表示物体中的高曲率表面。表示一个细节较丰富的物体，可能需要数以万计的多边形，从而带来庞大的计算量和存储量，影响计算速度，给计算机存储管理也带来麻烦。

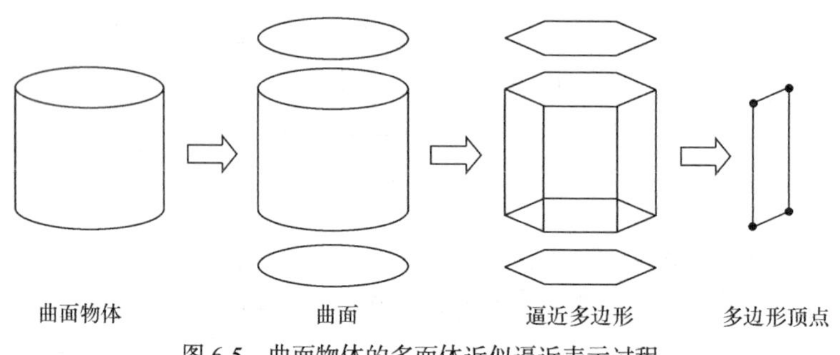

图 6-5　曲面物体的多面体近似逼近表示过程

另外，采用多面体表示的曲面物体被放大后会失去原有的精度，导致几何走样现象的发生；同时，也很难把一个二维纹理映射到由许多多边形离散表示的景物表面上。显然，为了解决上述问题，需要在几何造型系统中采用精确的形体表示模型。

6.1.2　曲面模型

三维几何造型包括两个分支，第一个分支为曲面造型，它研究在计算机内如何描述一张曲面，如何对曲面的形状进行控制与显示。第二个分支为实体造型（Solid Modeling），虽然它起步较晚，但其与曲面造型是平行发展的，彼此之间几乎没有影响，实体造型着重研究如何在计算机内定义、表示一个三维物体。如果只有曲面造型，或者说只有组成物体的一张张表面，就无法计算和分析物体的整体性质，如物体的体积、重心等，也不能将这个物体作为一个整体去考察它与其他物体之间相互关联的性质，如两个物体是否相交，不相交物体之间的最短距离是多少等。反之，如果只有实体造型，将无法对物体的外部形状进行准确地描述和控制。因此，曲面造型和实体造型是相互支撑、相互补充的。

物体的曲面模型可以由数学函数来定义，包括二次曲面、超二次曲面、隐函数曲面等，也可以由用户输入一系列离散的数据点来确定参数曲面，如 Coons 曲面、B 样条曲面、NURBS 曲面等，由于这种参数曲面表示方法具有造型灵活、控制方便、容易剖分、形状与所选坐标系无关等特性，因此，常用于表示雕塑物体的外形，尤其在汽车、飞机、船舶等外形设计、动画、CAD/CAM 等领域得到广泛应用。

参数曲面在第 4 章中已经介绍，这里只介绍由数学函数来定义的曲面。最常见的这类曲面就是用二次方程描述的二次曲面，包括球面、椭球面、抛物面、双曲面，其中，球面和椭球面通常作为图形系统中构造复杂物体的基本要素。

在直角坐标系中，球心在原点、半径为 r 的球面定义为满足如下方程的点（x,y,z）的集合。

$$x^2+y^2+z^2=r^2 \tag{6-1}$$

对计算机图形应用而言，使用纬度 φ 和经度 θ 把球面方程描述成如下参数形式更方便。

$$\begin{cases} x=r\cos\varphi\cos\theta & -\pi/2\leqslant\varphi\leqslant\pi/2 \\ y=r\cos\varphi\sin\theta & -\pi\leqslant\theta\leqslant\pi \\ z=r\sin\varphi \end{cases} \tag{6-2}$$

在上述方程中，参数 φ 和 θ 的定义域是对称的，如图 6-6（a）所示。也可以将其表示成如图 6-6（b）所示的标准球面坐标形式，这时，φ 看成是余纬度，其定义域为：$0\leqslant\varphi\leqslant\pi$，$\theta$ 的定义域为：$0\leqslant\theta\leqslant 2\pi$。如果令 $\varphi=\pi u$ 和 $\theta=2\pi v$，还可以将球面方程表示成定义域为 $u,v\in[0,1]$ 的参数方程。

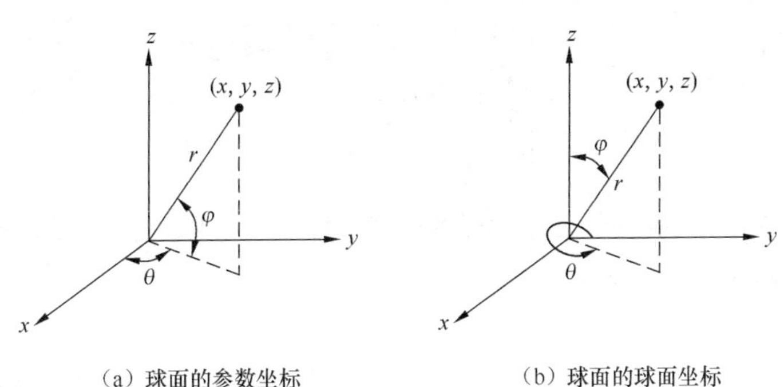

（a）球面的参数坐标　　（b）球面的球面坐标

图 6-6　球面的两种坐标表示

椭球面可看成是球面的一种扩展，中心在原点的椭球面方程为

$$\left(\frac{x}{r_x}\right)^2+\left(\frac{y}{r_y}\right)^2+\left(\frac{z}{r_z}\right)^2=1 \tag{6-3}$$

用纬度 φ 和经度 θ 表示的参数方程为

$$\begin{cases} x=r_x\cos\varphi\cos\theta & -\pi/2\leqslant\varphi\leqslant\pi/2 \\ y=r_y\cos\varphi\sin\theta & -\pi\leqslant\theta\leqslant\pi \\ z=r_z\sin\varphi \end{cases} \tag{6-4}$$

超二次曲面是在二次曲面方程中引入附加参数而得到的曲面方程，因此，它可以看成是二次曲面的推广，附加参数的引入使得用户通过超二次曲面对物体形状的控制更加灵活方便。

例如，在椭球方程中引入两个指数参数得到的超二次椭球面为

$$\left[\left(\frac{x}{r_x}\right)^{2/s_2}+\left(\frac{y}{r_y}\right)^{2/s_2}\right]^{s_2/s_1}+\left(\frac{z}{r_z}\right)^{2/s_1}=1 \qquad (6\text{-}5)$$

将该方程改写成相应的参数形式为

$$\begin{cases} x = r_x\cos^{s_1}\varphi\cos^{s_2}\theta & -\pi/2 \leqslant \varphi \leqslant \pi/2 \\ y = r_y\cos^{s_1}\varphi\sin^{s_2}\theta & -\pi \leqslant \theta \leqslant \pi \\ z = r_z\sin^{s_1}\varphi \end{cases} \qquad (6\text{-}6)$$

当参数 $s_1 = s_2 = 1$ 时，即为普通的椭球面。若 $r_x = r_y = r_z$，则当 s_1 和 s_2 由 0 渐变为 ∞ 时，超二次曲面形状由双四棱锥渐变为球，然后再渐变为立方体。

有些物体在运动或靠近其他物体时，其表面形状会发生变化，具有柔性形状和一定程度的流动性，这类物体包括人体肌肉、水滴和其他液体等，这些物体通常被称为柔性物体（Blobby Objects）。现已开发了几种用分配函数来表示柔性物体的建模方法。一种方法是采用 Gauss 密度函数的组合来对物体建模，这里的表面函数定义为

$$f(x,y,z)=\sum_k b_k \mathrm{e}^{-a_k r_k^2}-T=0 \qquad (6\text{-}7)$$

其中，$r_k^{\ 2}=\sqrt{x_k^{\ 2}+y_k^{\ 2}+z_k^{\ 2}}$，参数 T 为指定的阈值，参数 a 和 b 用于调整物体的形状。

另一种方法是采用元球（metaball）模型，它使用在几个区间内取 0 而非指数衰减形式的二次密度函数的组合来对物体建模，其表示为

$$f(r)=\begin{cases} b(1-3r^2/d^2) & 0<r\leqslant d/3 \\ \dfrac{3}{2}b(1-r/d)^2 & d/3<r\leqslant d \\ 0 & r>d \end{cases} \qquad (6\text{-}8)$$

现在，许多动画软件都提供了基于元球的造型工具，来生成那些不适合用多边形或样条函数来模拟的物体，如人体肌肉、器官、液体等。

6.2 线框模型、表面模型和实体模型

几何造型系统中描述物体的三维模型有线框模型、表面模型和实体模型 3 种。计算机图形学和 CAD/CAM 领域中最早用来表示物体的模型就是线框模型，它将形体表示成一组轮廓线的集合，用顶点和棱边来表示物体，只需建立三维线段表，数据结构简单，处理速度快，但因无“面”的信息，所以它所表示的图形含义不确切，具有二义性，与三维形体之间不存在一一对应关系。例如，如图 6-7（a）所示的长方体和圆柱体的线框模型既可以与如图 6-7（b）所示的表面模型相对应，也可以与如图 6-7（c）所示的表面模型相对应。再如，对如图 6-8 所示的打了一个方孔的长方体，可以有 3 种不同的理解，因为无论从 3 个方向中的哪一个方向打一个方孔，其线框模型的显示结果都是一样的，如图 6-8 所示。此外，线框模型还不能正确表示表面含有曲面的物体，不能表示出曲面的侧影轮廓线，因此，三维线框模型不适合真实感显示和数控加工等应用，应用范围一般只局限于计算机绘图。

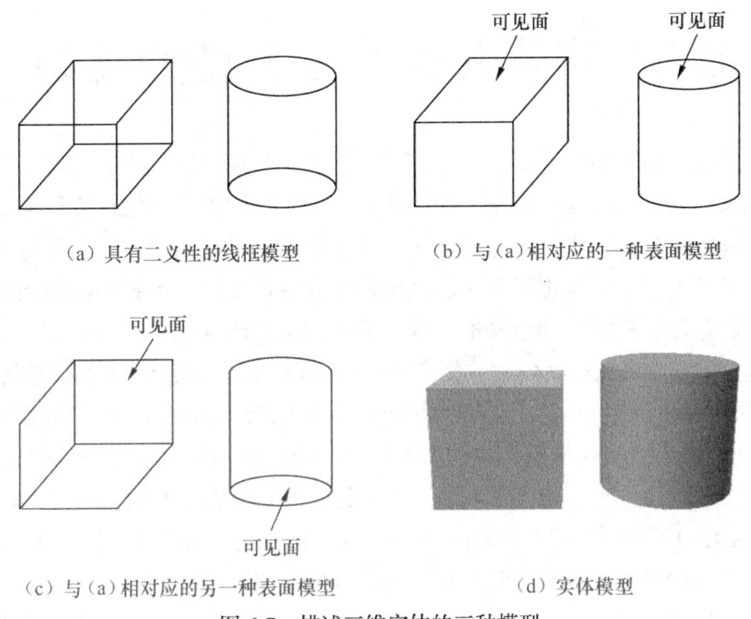

（a）具有二义性的线框模型　　（b）与（a）相对应的一种表面模型

（c）与（a）相对应的另一种表面模型　　（d）实体模型

图 6-7　描述三维实体的三种模型

表面模型将形体表示成一组表面的集合，形体与其表面一一对应，避免了线框模型的二义性问题，能表示那些无法用线框来构造的形体表面，能满足真实感显示和数控加工等需求。但由于在该模型中只有面的信息，因此如果在如图 6-7（b）所示的长方体表面模型上打一个孔，那么可以看到其内部是一个空洞；另一方面由于表面模型没有明确定义物体究竟位于表面的哪一侧，因此，无法计算和分析物体的整体性质（如体积、重心等）及其作为整体与其他物体之间的关联性质（如是否相交等），这就限制了表面模型在工程分析中的应用。

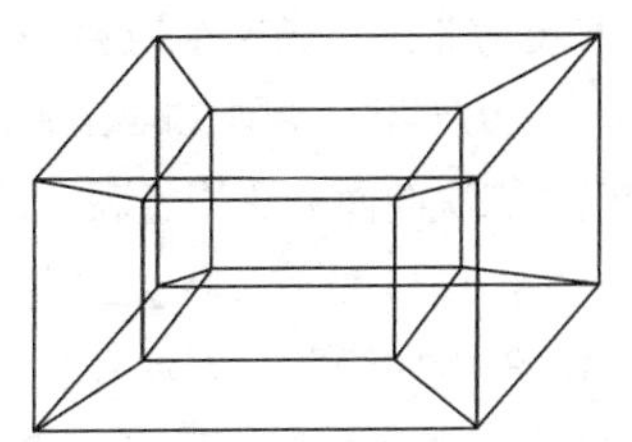

图 6-8　用线框模型表示的有二义性的物体

在几何造型中，最高级的模型是如图 6-7（d）所示的实体模型。从表面上看，实体模型类似于经过消除隐藏线的线框模型，或经过消除隐藏面的表面模型，但实质上，它们是截然不同的。线框模型好似物体的骨架，表面模型好似物体的皮肤，它们所保存的三维形体信息都不完整。实体模型才是“有血有肉”的物体模型，它包含了描述一个实体所需的较多信息，如几何信息、拓扑信息等，几何信息包含基本形状定义参数，拓扑信息包含几何元素之间的相互连接关系。因此，只有实体模型才能完整表示物体的所有形状信息，并且无歧义地确定某一个点是在物体外部、内部或表面上。实体模型使得物体的实体特性在计算机内得到完整而无二义性的定义，其完整性使得单一的模型表示可用于实现所有的 CAD/CAM 任务，其无二义性保证了 CAD/CAM 的自动化。实体造型系统是 CAD/CAM 领域实现工程设计与制造集成化和自动化的重要手段。

线框模型、表面模型和实体模型都属于规则形体的建模方法，所生成的形体完全以数据形式来描述，如以 8 个顶点表示的立方体、以中心点和半径表示的球等，它以数据文件的形式存在。

对于不规则形体，则通常用一个过程和相应的控制参数描述形体，这种三维实体的建模方法称为过程模型。如用一些控制参数和一个生成规则描述的植物等，它以一个数据文件和一段代码的形式存在，通常用于模拟山、水、花、草等模糊复杂的自然景物，将在第 7 章中介绍。

6.3 实体几何造型系统的发展

实体造型（Solid Modeling）可看作是第五代几何造型技术，它是研究三维几何实体在计算机中的完整信息表示的模型和方法的技术。前四代分别为手工绘图、二维计算机绘图、三维线框系统和曲面造型。从它诞生到现在，虽然只经历了三十多年的发展，但由于实体造型技术研究的迅速发展和计算机硬件性能的大幅度提高，已经出现了许多以实体造型作为核心的实用化系统，在航空航天、汽车、造船、机械、建筑和电子等行业得到了广泛的应用。

实体造型是为适应 CAD/CAM 的需求而发展起来的。对实体造型技术的研究可以追溯到 20 世纪 60 年代，那时只是研究如何将形状较为简单、规则的形体通过并、交、差等集合运算组成较为复杂的形体。20 世纪 70 年代初期，相继出现了一些实体造型系统，如英国剑桥大学的 BUILD-1 系统，德国柏林工业大学的 COMPAC 系统，日本北海道大学的 TIPS-1 系统和美国 Rochester 大学的 PADL-1、PADL-2 系统等，其中比较值得一提的是 BUILD-1 系统及其 5 年后推出的 BUILD-2 系统，但遗憾的是这些系统都没有公开使用，而且开发小组后来也解散了，其中一部分人组建了 Shape Data 公司。这些早期的实体造型系统有一个共同的特点是：都在计算机内提供物体的完整的几何定义，因而可以随时提取所需要的信息，支持 CAD/CAM 过程的各个方面，如计算机绘图、应力分析、数控加工等，为 CAD/CAM 一体化提供了可能性。但是早期的实体造型系统是用多面体表示形体，还不能支持精确的曲面表示。

1978 年，英国 Shape Data 公司开发出实体造型系统 ROMULUS，并在 ROMULUS 中首次引入精确的二次曲面方法用于表示几何形体。1980 年，Evans & Sutherland 公司兼并 Shape Data 公司后将 ROMULUS 投放市场。20 世纪 80 年代末，出现了 NURBS 曲线曲面设计方法，NURBS 方法不仅能对已有的曲线曲面表示方法（如 Bézier 方法、B 样条方法等）进行统一表示，而且还能精确表示二次曲线曲面。正是由于 NURBS 的这种强大的表示能力，于是其后出现的几何造型系统都纷纷采用了 NURBS 方法用于精确表示几何形体，国际标准化组织也将 NURBS 作为定义工业产品形状的唯一数学方法。在其后出现的几何造型系统中，最有代表性的两个几何造型系统当属 Parasolid 和 ACIS，它们都是在 ROMULUS 基础上发展起来的。其中，Parasolid 是 1985 年由 Shape Data 公司开发的，ACIS 是由美国 Spatial Technology 公司于 1990 年首次推出的。Parasolid 和 ACIS 并不是面向最终用户的应用系统，只是用户用于开发自己的应用系统的平台。目前，许多流行的商用 CAD/CAM 软件，如 Unigraphics、Solidedge、Solidworks、MDT 等，都是在 Parasolid 或 ACIS 的基础上开发出来的。

实体造型系统的出现使得设计人员可以直接在三维空间中进行产品的设计、修改、观察，使设计活动变得简单、直观和高效。早期的几何造型系统只支持正则形体的造型，但 20 世纪 90 年代以后，支持线框、曲面、实体统一表示的非正则形体造型已成为几何造型技术的主流。

6.4 实体的定义与运算

6.4.1 实体的定义

只有对什么是实体有确切的定义之后，才能在计算机内正确地表示、构造实体，并检查所构造的实体的有效性。

首先，来看表示实体的基本几何元素有哪些。表示实体的基本几何元素主要有以下几种。

（1）顶点

形体的顶点（Vertex）位置是用点（Point）来表示的。点是用于几何造型的零维几何元素。用计算机存储、管理、输出形体的实质就是对表示形体的有序点集及其连接关系的处理。一维空间中的点用一元组 $\{x\}$ 表示；二维空间中的点用二元组 $\{x, y\}$ 表示；三维空间中的点用三元组 $\{x, y, z\}$ 表示。在齐次坐标系下，n 维空间中的点用 n+1 维向量来表示。

（2）边

边（Edge）是用于几何造型的一维几何元素，其中，对正则形体而言，边是两个邻面的交集，对非正则形体而言，边有可能是多个邻面的交集。边的形状可以是直线，也可以是曲线。直线边的方向由起始顶点指向终止顶点。曲线边可用一系列控制点或型值点来描述，也可用曲线方程（隐式、显式或参数形式）来描述。

（3）面

面（Face）是形体上一个有限、非零的区域，是用于几何造型的二维几何元素。面由一个外环和零或若干个内环来界定其范围，一个面可以无内环，但必须有一个且只有一个外环。面有方向性，一般用其外法线方向作为该面的正向。面的形状可以是平面，也可以是曲面。平面用平面方程来描述。曲面用控制多边形或型值点来描述，也可用曲面方程（隐式、显式或参数形式）来描述。

（4）环

环（Loop）是有序、有向边（直线段或曲线段）组成的面的封闭边界。确定面的最大外边界的环称为外环，外环边通常按逆时针方向排序，确定面中内孔边界的环称为内环，内环边通常按顺时针方向排序。基于这种定义，在面上沿一个环前进，其左侧总在面内，右侧总在面外。

（5）体

体（Body）是用于几何造型的三维几何元素，它是由封闭表面围成的空间，其边界是有限面的并集。

几何造型就是通过对点、线、面、体等几何元素，经平移、放缩、旋转等几何变换和并、交、差等集合运算，产生实际的或想象的物体模型。

那么，如何保证实体的有效性呢？一个无效的实体当然也不具备可加工性，要保证实体的有效性和可加工性，形体必须是正则的，那么什么是正则形体（Regularized Object）呢？

美国 H. B. Voelcker 和 A. A. G. Requicha 等人为了描述正则形体，引入了二维流形（2-manifold）的概念。所谓二维流形是指这样一些面，其上任意一点都存在一个充分小的邻域，该邻域与平面上的封闭圆盘是同构的，即在该邻域与圆盘之间存在连续的一一映射。

对于任一形体，如果它是三维欧氏空间 R^3 中非空、有界的封闭子集，且其边界是二维流形（即该形体是连通的），我们称该形体为正则形体，否则称为非正则形体。

根据点集拓扑理论，三维形体可以看成是空间中点的集合。因此，要想得到一个正则形体，首先要将三维形体的点集分成内部点集和边界点集两部分，先找出形体的内部点集，然后形成形体内部点集的闭包[1]，这样就能得到一个正则形体。换句话说，正则形体是由其内部的点集和紧紧

[1] 对给定的集合 S 和点 x，x 是 S 的闭包点，当且仅当 x 属于 S，或 x 是 S 的极限点。极限点是指点 x 的邻域必须包含“不是 x 自身的”这个集合的点。因此，所有极限点都是闭包点，但不是所有的闭包点都是极限点。不是极限点的闭包点就是孤点。也就是说，点 x 是孤点，若它是 S 的元素，且存在 x 的邻域，该邻域中除了 x 没有其他的点属于 S。集合 S 的闭包是所有 S 的闭包点组成的集合。

包裹这些点集的表皮组成的。图 6-9 所示为按照上述方法从一个二维形体的开集到形成其内部点集的闭包的全过程。

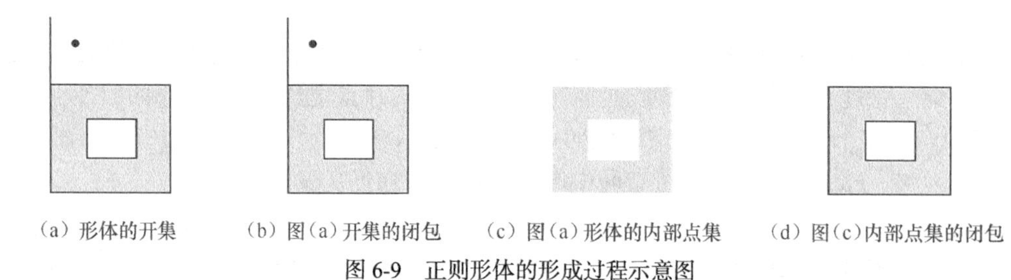

（a）形体的开集　（b）图（a）开集的闭包　（c）图（a）形体的内部点集　（d）图（c）内部点集的闭包

图 6-9　正则形体的形成过程示意图

正则形体应具有如下性质。

（1）刚性。它指的是一个不变形的实体，不能随实体的位置和方向而发生形状变化。

（2）维数的一致性。它指的是三维空间中的实体的各部分均应是三维的，也就是说：点至少和 3 个面（或 3 条边）邻接，不允许存在孤立点；边只有两个邻面，不允许存在悬边；面是形体表面的一部分，不允许存在悬面。

而对非正则形体而言，点可以与多个面（或边）邻接，也可以是聚集体、聚集面、聚集边或孤立点，边可以有多个邻面、一个邻面或没有邻面，面可以是形体表面的一部分，也可以是形体内的一部分，也可以与形体相分离。

例如，图 6-10（a）所示的形体存在悬面，图 6-10（b）所示的形体存在悬边，图 6-10（c）所示的形体有一条边有两个以上的邻面，图 6-10（d）所示的形体中点 P 的邻域不是单连通域，因此，它们均为非正则形体。

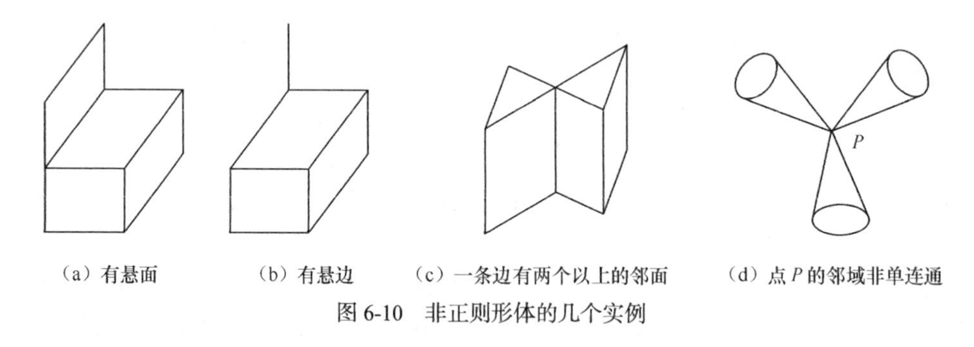

（a）有悬面　（b）有悬边　（c）一条边有两个以上的邻面　（d）点 P 的邻域非单连通

图 6-10　非正则形体的几个实例

（3）有限性。它指的是一个实体必须占据有限的三维空间。

（4）边界的确定性。它指的是根据实体的边界能区分出实体的内部和外部。

（5）封闭性。它指的是经过一系列刚体运动和任意次序的集合运算之后，实体仍保持其同等的有效性。

正则形体的表面是实体的所有空间点集中的子集，它应具有如下性质。

（1）连通性。它指的是位于实体表面上的任意两个点都可用实体表面上的一条路径连接起来。

（2）有界性。它指的是实体在有限空间内是可定义的，即实体表面可将空间分成互不连通的两个区域，其中一个区域是有界的。

（3）非自交性。它指的是实体的表面不能自交。

（4）可定向性。表面的两侧可明确地定义出属于实体的内侧还是外侧。

如图 6-11 所示的克莱茵瓶（Klein Bottle）就是一个自交且不可定向的封闭曲面的例子。之所以说它是不可定向的，是因为克莱茵瓶没有内部和外部之分。如图 6-12 所示的莫比乌斯带（Mobius Band）则是一个单边不可定向的例子。Mobius 提出一种确定多面体表面是否具有可定向性的方法，就是将实体的每个表面的边环定义一个一致的方向（如逆时针方向），这样，每条边会得到两个指示方向的箭头，如图 6-13 所示，当且仅当每条边在每个方向都具有一个箭头时，该实体表面才是可定向的。

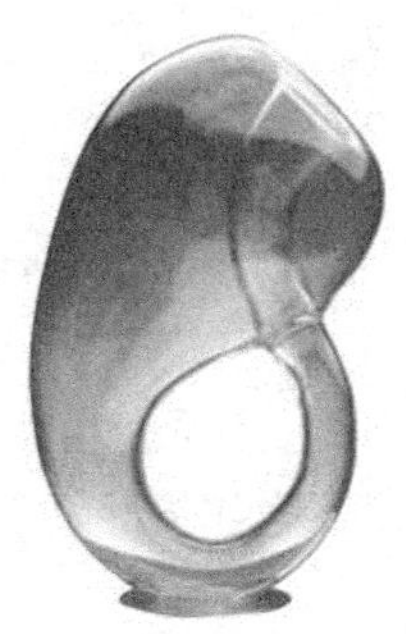

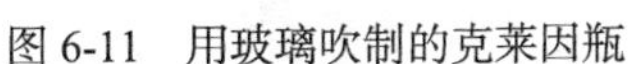

图 6-11 用玻璃吹制的克莱因瓶

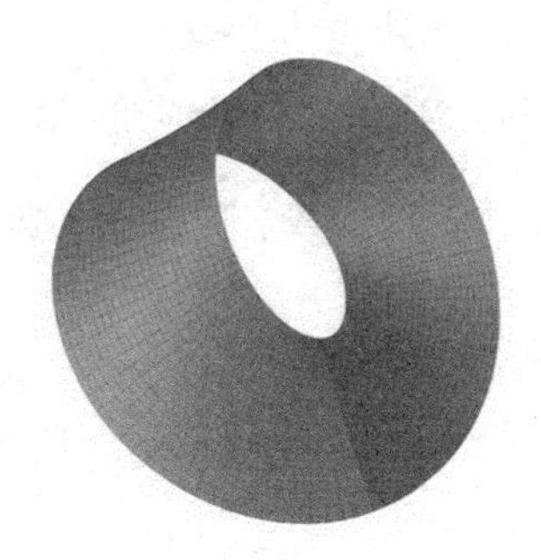

图 6-12 莫比乌斯带

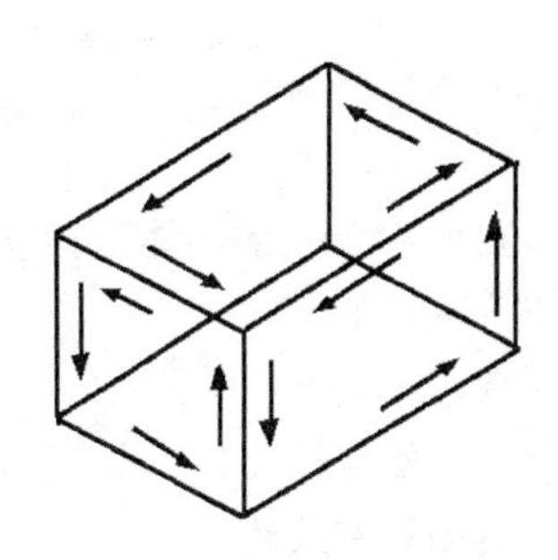

图 6-13 可定向的确定方法

（5）封闭性。实体表面的封闭性是由多面体表面网格元素之间的拓扑关系决定的，即每条边有且仅有两个邻面，有且仅有两个顶点，围绕任何一个面的边环具有相同数目的顶点和边。

这些性质保证了实体形状的合理性，并可作为一组准则用于实体造型系统中。

基于正则形体表示的实体造型形体只能表示正则的三维"体"，低于三维的形体是不能存在的。这样，线框模型中的"线"，表面模型中的"面"，都是实体造型系统中所不能表示的。但在实际应用中，有时候人们希望在系统中也能处理像形体中心轴、剖切平面这样低于三维的形体，这就要求造型系统的数据结构能统一表示线框、表面、实体模型，或者说要求几何造型系统能够处理非正则形体，于是产生了非正则造型技术。

在正则几何造型系统中，要求形体是正则的。在非正则形体造型系统中，线框、表面和实体 3 种模型被统一起来，允许对维数不一致的几何元素进行存取、求交等操作，扩大了几何造型的形体覆盖域。本书只讨论正则实体造型技术。为叙述方便，除非特殊指明，否则在以后章节中，均将正则实体简称为实体。

6.4.2 欧拉公式与欧拉运算

设形体表面由一个平面模型给出，且 v、e、f 分别表示其顶点、边和面的个数，那么 $v-e+f$ 是一个常数，它与形体表面划分形成平面模型的方式无关，该常数称为欧拉（Euler）特征。

对于任意的简单多面体，其面 f、边 e、顶点 v 的数目满足下面的公式。

$$v-e+f=2 \tag{6-9}$$

这就是著名的欧拉公式。它描述了一个简单多面体的面、边和顶点数目之间的关系。所谓"简单多面体"是指所有那些能连续变形成为球体的多面体。凸多面体是简单多面体的一个子集，它没有凹入的边界，多面体完全落在任一多边形表面的同一侧。但环形多面体不是一个简单多面体。不难看出，图 6-14 所示的形体均满足欧拉公式。

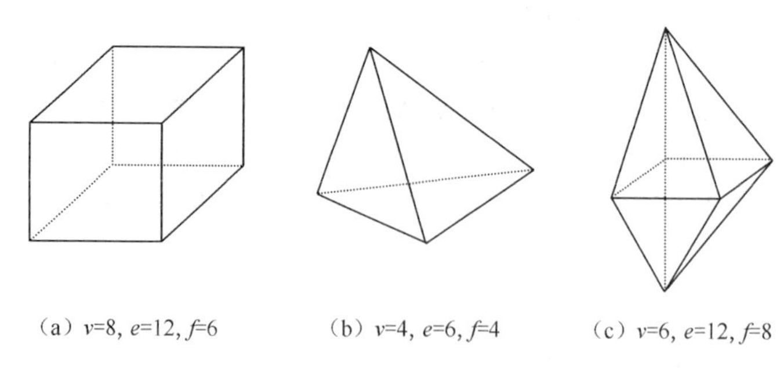

图 6-14　满足欧拉公式的简单多面体

满足欧拉公式的物体称为欧拉物体。增加或者删除面、边和顶点以生成新的欧拉物体的过程，称为欧拉运算。

需要指出的是，欧拉公式只是检查实体有效性的一个必要条件，而不是充分条件。因此，在对形体进行欧拉运算时，除了要满足欧拉公式（6-9）以外，还必须满足以下附加条件，才能够保证实体的拓扑有效性。

（1）所有面是单连通的，其中没有孔，且被单条边环围住。

（2）实体的补集是单连通的，没有洞穿过它。

（3）每条边完全与两个面邻接，且每端以一个顶点结束。

（4）每个顶点都至少是 3 条边的汇合点。

例如，在图 6-15（a）所示图形中，在一个长方体上增加了一条边（1，2），相应地增加了一个面，因此，该形体仍满足欧拉公式。再如，在图 6-15（b）所示图形中，在一个长方体上方增加了一个顶点，相应地增加了两条边和一个面，虽然该实体仍然满足欧拉公式，但必须注意的是，边（1，5）和（2，5）并没有邻接两个面，在顶点 5 处只有两条边相交，而边（1，2）又邻接了 3 个面，所以，生成的新实体是一个有悬面的长方体，显然，它不再是一个有效的实体。如图 6-15（c）所示，通过再增加两个边（3，5）和（4，5），使结果净增两个边和两个面（原有的由边（1，2）、（2，3）、（3，4）和（4，1）定义的面不再存在），可以纠正这种情况。

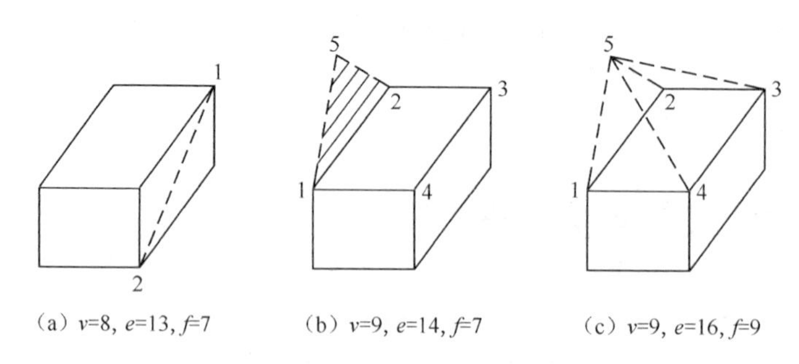

图 6-15　在立方体上的欧拉运算

对于非简单多面体，欧拉公式是否成立呢？让我们先来看如图 6-16（a）所示的例子，这是一个有一个贯穿的方孔和一个非贯穿的方孔的立方体，这时有：$v=24$，$e=36$，$f=15$，显然，$v-e+f\neq 2$，对如图 6-16（b）所示的只有一个贯穿的方孔而无内孔的长方体而言，同样不满足该公式，这说明欧拉公式不适用于非简单多面体，但是，对欧拉公式进行扩展得到的广义欧拉公式可以适用于非简单多面体。

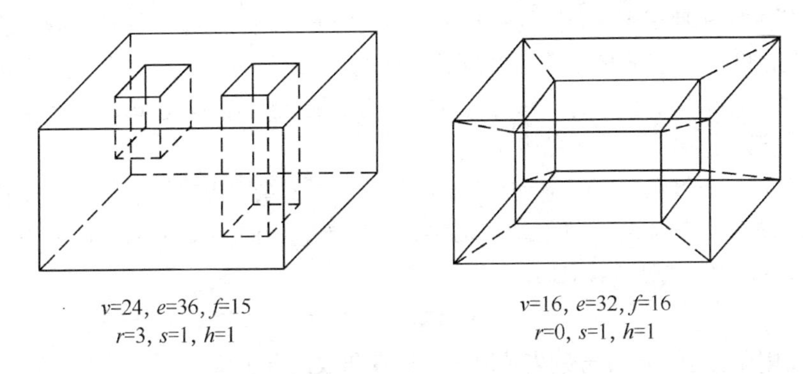

图 6-16　满足广义欧拉公式的非简单多面体

对于正则形体，设形体所有表面上的内孔总数为 r ，贯穿形体的孔洞数为 h ，形体非连通部分的总数为 s ，则形体满足如下广义欧拉公式

$$v - e + f - r = 2(s - h) \tag{6-10}$$

广义欧拉公式（6-10）给出了形体的点、边、面、体、孔、洞数目之间的关系，它仍然只是检查实体有效性的必要条件，而非充分条件。

欧拉公式不仅适用于平面多面体，还适用于任意与球拓扑等价的封闭曲面。只要在该曲面上构造适当的网格，将实体的表面表示为曲面体网格、曲线段和顶点即可。欧拉公式是检查任意实体拓扑有效性的有用工具。

6.4.3　实体的正则集合运算

并（Union）、交（Intersection）、差（Difference）等集合运算是构造复杂物体的有效方法，也是实体造型系统中的非常有用的工具。集合并对应于某些机械加工中的焊接或装配，集合差对应于机械加工中的切削加工，集合交无直接的对应工序。Requicha 在引入正则形体概念的同时，还定义了正则集合运算的概念。

为什么在正则实体造型中，不使用普通的并、交、差等集合运算，而要使用正则集合运算呢？这是因为正则形体经过普通的集合运算后可能会产生悬边、悬面等低于三维的形体，即会产生无效物体，而正则集合运算可以保证集合运算的结果仍是一个正则形体，即丢弃悬边、悬面等。

先以如图 6-17（a）所示的二维平面上的物体 A 和 B 为例，来说明这一问题，在实施集合运算形成物体 C 之前，先将物体 A 和 B 放到图 6-17（b）所示的位置上，则执行普通集合理论的交运算的结果如图 6-17（c）所示，因为这一结果中有一条悬边，不具有维数的一致性，即不满足正则形体的定义及其应满足的性质，所以它不是一个有效的二维形体，只有去掉这条悬边，得到的如图 6-17（d）所示的结果才是有效的，具有维数的一致性。

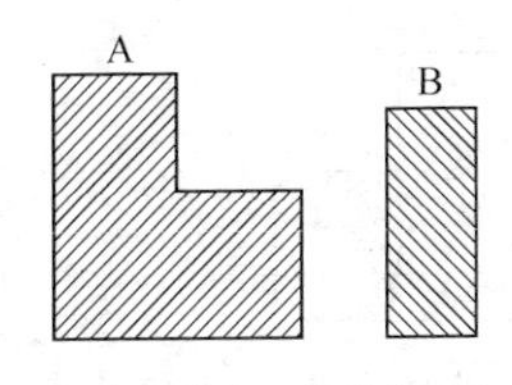

（a）物体 A 与物体 B

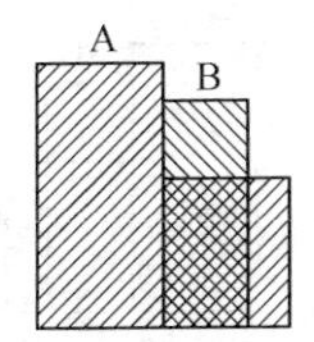

（b）放置 A、B 两物体

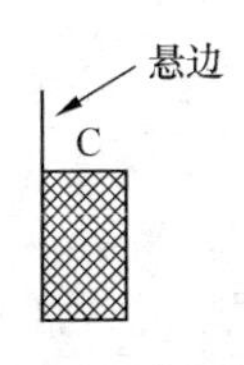

（c）普通集合的交运算

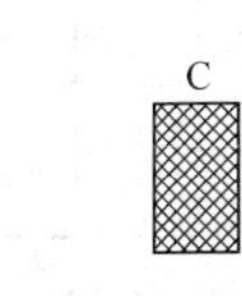

（d）正则集合的交运算

图 6-17　普通集合的交运算和正则集合的交运算

那么，怎样才能实现正则集合运算呢？一种间接的方法是：先按照普通的集合运算计算，然后，再用一些规则对集合运算的结果加以判断，删去那些不符合正则形体定义的部分，如悬边、悬面等，以得到正则形体。另一种方法是通过定义正则集合算子的表达式，直接得到符合正则形体定义的运算结果，这是一种直接的方法。

任何物体都可用三维欧氏空间中点的集合来表示。但三维欧氏空间中任意点的集合却不一定对应于一个有效的物体，如一些孤立的点的集合、线段、曲面等。设有三维空间中的一个点集 A，那么称 $r \cdot A$ 为 A 的正则点集，且有

$$r \cdot A = b \cdot i \cdot A \tag{6-11}$$

其中，r 表示正则化算子，b、i 分别表示取闭包运算和取内点运算。

于是，可将正则集合运算定义为

$$A \quad op^* \quad B \quad = r \cdot (A \quad op \quad B) \tag{6-12}$$

正则并为

$$A \bigcup^* B = r \cdot (A \bigcup B) \tag{6-13}$$

正则交为

$$A \bigcap^* B = r \cdot (A \bigcap B) \tag{6-14}$$

正则差为

$$A -^* B = r \cdot (A - B) \tag{6-15}$$

其中，$\bigcup^*$、$\bigcap^*$、$-^*$ 分别代表正则化的并、交、叉集合运算。

下面以正则交集合运算为例进行说明。符合正则形体定义的实体，是三维空间中的点的正则点集，可以用它的边界点集和内部点集来表示，即写成

$$A = bA \bigcup iA \tag{6-16}$$

其中，A 为符合正则形体定义的实体，bA 代表 A 的边界点集，iA 代表 A 的内部点集。

设 A、B 为三维空间中的两个实体，普通集合交运算为

$$C = A \bigcap B \tag{6-17}$$

式（6-17）也可以写成

$$C = (bA \bigcap bB) \bigcup (iA \bigcap bB) \bigcup (bA \bigcap iB) \bigcup (iA \bigcap iB) \tag{6-18}$$

由于 $C^* = (bC \bigcap iC)$，因此，必须找出 bC 和 iC 的子集，组成一个有效的实体 C^*，而 C^* 的候选部分必须从式（6-18）的各候选项中获得。

任何新物体的边界必定都是由初始物体的边界线段所组成的，从图 6-18 不难看出，为了保证集合运算生成的物体的有效性，正则交的内部点集应为图 6-18（d）中阴影所示的部分，即为 $iA \cap iB$，而正则交的边界点集应由图 6-18（a）中粗实线所示边界中的有效部分以及图 6-18（b）和（c）中粗实线所示的部分共同组成，即为：$\text{Valid}_b (bA \bigcap bB) \bigcup (iA \bigcap bB) \bigcup (bA \bigcap iB)$。

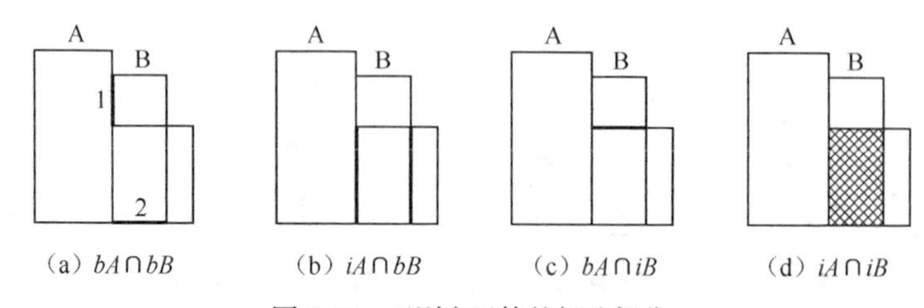

（a）$bA \cap bB$　（b）$iA \cap bB$　（c）$bA \cap iB$　（d）$iA \cap iB$

图 6-18　正则交运算的候选部分

剩下的问题就是如何确定两个相交物体的重叠边界中的有效部分，对图 6-18 所示的实例，就是确定图 6-18（a）中粗实线所示边界中的有效部分的问题。如果对物体的边界采用一致的方向约定，那么，在两个相交物体的重叠边界上，如果某点处的切矢同向，则重叠边界线段就是 $A\cap^* B$ 的有效边界，否则，就是无效的边界。例如，在图 6-18（a）中，物体 A 和物体 B 在边界线段 1 处的切矢是反向的，而在边界线段 2 处是同向的，因此，线段 1 不是 $A\cap^* B$ 的有效边界，而线段 2 是 $A\cap^* B$ 的有效边界。

综上所述，正则交运算的结果为

$$A\cap^* B = \text{Valid}_b(bA\cap bB)\cup(iA\cap bB)\cup(bA\cap iB)\cup(iA\cap iB) \tag{6-19}$$

它不仅适用于二维物体，还适用于一维、三维及 n 维物体。

图 6-19（a）中所示物体 A 与 B 的正则并、交、差运算的结果分别如图 6-19（b）、（c）、（d）所示。请读者按照上面的方法自己进行推导验证。

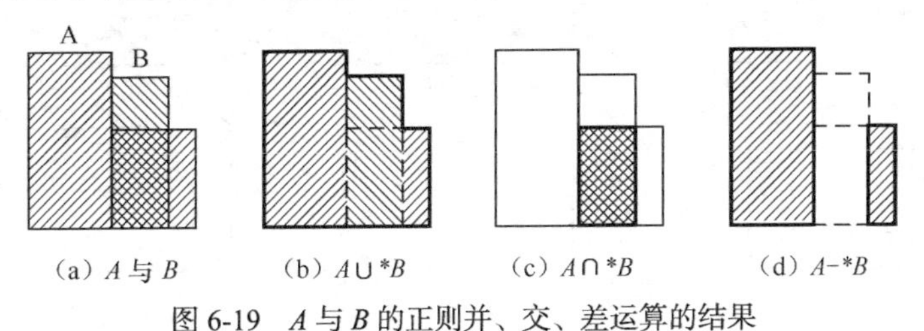

（a）A 与 B　（b）$A\cup{}^*B$　（c）$A\cap{}^*B$　（d）$A-{}^*B$

图 6-19　A 与 B 的正则并、交、差运算的结果

6.5　实体的表示方法

6.5.1　实体的边界表示

边界表示（Boundary Representation）也称为 BR 表示或 BRep 表示，它是几何造型中最为成熟、无二义性的表示方法，也是当前 CAD/CAM 系统中的最主要的表示方法。由于物体的边界与物体是一一对应的，因此，确定了物体的边界也就确定了物体本身。实体的边界通常由表面的并集来表示，面的边界是边的并集，而边又是由顶点来表示的。由平面多边形表面组成的物体，称为平面多面体，由曲面片组成的物体，称为曲面体。图 6-20 所示为一个边界表示的实例。

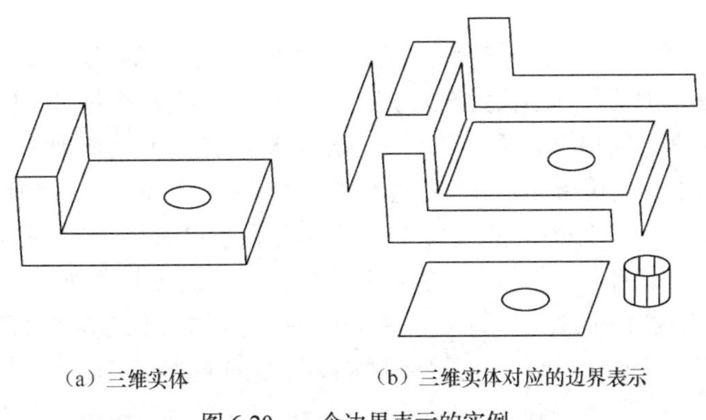

（a）三维实体　（b）三维实体对应的边界表示

图 6-20　一个边界表示的实例

边界表示的一个重要特点是它描述形体的信息，包括几何信息（Geometry）和拓扑信息

（Topology）两方面信息。拓扑信息描述形体的几何元素（顶点、边、面）之间的连接关系、邻近关系及边界关系，它们形成物体边界表示的“骨架”；而几何信息则犹如附着在“骨架”上的肌肉，它主要描述形体的几何元素的性质和度量关系，如位置、大小、方向、尺寸、形状等信息。由于使用者要频繁地对实体的点、边、面等信息进行查找或修改，并希望尽快地了解这些操作的影响和结果，因此，边界表示的数据结构问题是一个非常重要的问题。

如图 6-21 所示，一个多面体表示的实体的表面、棱边、顶点之间的连接关系有 9 种类型。在这 9 种不同类型的拓扑关系中，至少需要选择使用其中的两种才能表示一个实体的完整的拓扑信息。采用较少的关系类型进行组合来表示一个实体，所需的存储空间小，但对数据的查找时间长；反之，则所需的存储空间大，但对数据的查找时间短。因此，究竟采用哪几种关系的组合来表示实体取决于实体造型系统中的各项运算和操作对数据结构提出的要求。

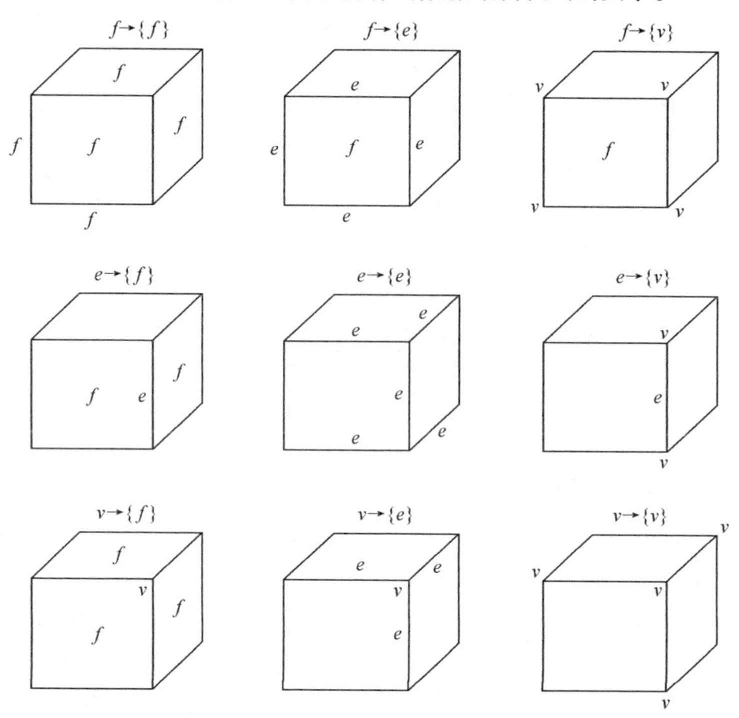

图 6-21　表面、棱边、顶点之间的拓扑关系

在各种边界表示的数据结构中，比较著名的有半边数据结构、翼边数据结构、辐射边数据结构等。

下面以使用较多的翼边数据结构为例来说明边界表示法中各种数据是如何组织在一起的。翼边数据结构最早是由美国斯坦福大学 B.G.Baumgart 等人于 1972 年提出来的，是以边为核心来组织数据的一种数据结构。它用指针记录每一边的两个邻面（即左外环和右外环）、两个顶点、两侧各自相邻的两个邻边（即左上边、左下边、右上边和右下边）。如图 6-22 所示，在棱边 e 的数据结构中包含有两个顶点指针，分别指向 e 的两个顶点 $V1$ 和 $V2$，e 被看作是一条有向线段，$V1$ 为棱边 e 的起点，$V2$ 为棱边 e 的终点。此外，在棱边 e 的数据结构中还应包含两个环指针，分别指向棱边 e 所邻接的两个表面上的环：左外环和右外环。这样就确定了棱边 e 与相邻表面之间的拓扑关系。为了能从棱边 e 出发找到它所在的任一闭合面环上的其他棱边，在棱边 e 的数据结构中又增设了 4 个边指针，其中的两个指针分别指向在左外环中沿逆时针方向所连接的下一条棱边（即左上边）和沿顺时针方向所连接的下一条边（即左下边），另外两个指针分别指向在右外环中沿逆时针方向所连接的下一条棱边（即右下边）和沿顺时针方向所连接的下一条边（即右上边）。用这一数据结构表示多面体模型是完备的，但它不能表示带有精确曲面边界的实体。

由于翼边数据结构在边的构造与使用方面比较复杂，因此，人们对其进行改进，提出了半边数据结构。目前，半边数据结构已成为边界表示的主流数据结构。如图 6-23 所示，半边数据结构与翼边数据结构的主要区别在于：它将一条物理边拆成拓扑意义上方向相反的两条边来表示，使其中每条边只与一个邻接面相关。由于半边数据结构中的边只表示相应物理边的一半信息，所以称其为半边。

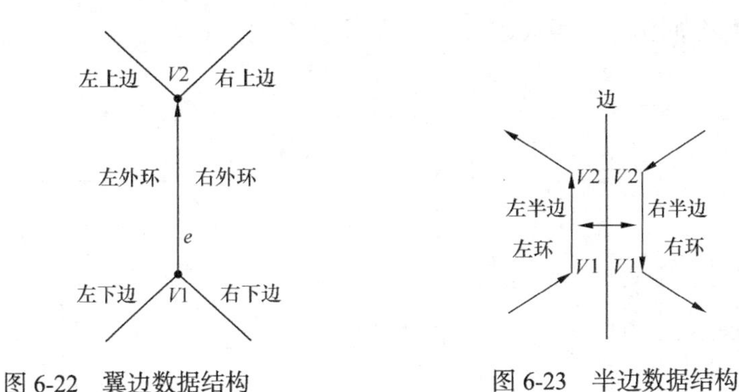

图 6-22　翼边数据结构　　图 6-23　半边数据结构

辐射边数据结构是 1986 年 Weiler 为表示非正则形体而提出的一种数据结构。除了上述以边为核心组织的数据结构外，还有以面为核心组织的数据结构，限于篇幅，这里不再一一介绍。

边界表示的优点是：显式表示形体的顶点、棱边、表面等几何元素，加快了绘制边界表示的形体的速度，而且比较容易确定几何元素间的连接关系，形体表示覆盖域大，表示能力强，适于显示处理，几何变换容易，而且容易实现对物体的各种局部操作。例如，只需提取被倒角的边和与它相邻两面的有关信息即可执行倒角运算时，不必修改形体的整体数据结构。这种表示方法的缺点是：数据结构及其维护数据结构的程序比较复杂，需要大量的存储空间；同时，边界表示不一定对应一个有效形体，有效性难以保证。

6.5.2　实体的分解表示

1. 空间位置枚举表示

实体的分解表示也称为空间分割（Spatial Subdivision）表示，空间分割表示的一种简单直观的方法就是空间位置枚举表示（Spatial-Occupancy Enumeration），这种方法的基本思想就是：首先在空间中定义一个能包含所要表示的物体的立方体，立方体的棱边分别与 x,y,z 轴平行；然后，如图 6-24 所示，将其均匀划分为一些单位小立方体，用三维数组 $C[x][y][z]$表示物体，数组中的元素与单位小立方体是一一对应的。当 $C[x][y][z] = 1$ 时，表示对应的小立方体空间被实体占据，反之，当 $C[x][y][z] = 0$ 时，表示对应的小立方体空间没有被实体占据。

空间位置枚举表示方法的优点是：它可以表示任何形状的物体，而且简单，容易实现物体间的并、交、差集合运算，容易计算物体的整体性质（如体积等）。但其缺点是：它是物体的一种非精确表示，而且占用的存储空间较大，例如，将立方体均匀划分成 1024×1024×1024 个单位小立方体时，将需要 1024×1024×1024 = 1Gbit 的存储空间；同时，这种表示对物体的边界没有显式地解析表达，不适于图形显示，对物体进行几何变换（如非 90° 的旋转变换）也比较困难，因此，实际中很少采用。

2. 八叉树表示

八叉树（Octrees）表示是对空间位置枚举表示方法的一种改进，即将物体所在的立方体空间均匀划分成一些单位小立方体改进为将其自适应划分成一些不同大小的立方体，然后将其表达为一种树形层次结构。

八叉树法表示形体的算法如下。

（1）首先对形体定义一个外接立方体，作为八叉树的根节点，对应整个物体空间，然后把它分解成8个子立方体，并对子立方体依次编号为0，1，2，…，7，分别对应八叉树的8个节点，各子立方体的编码方法如图6-25所示。

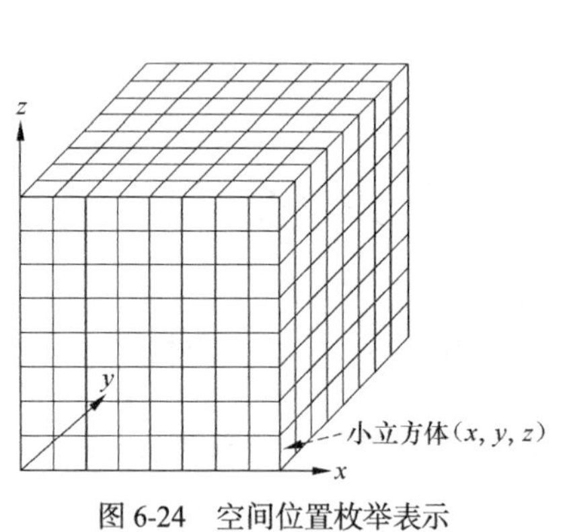

图6-24　空间位置枚举表示

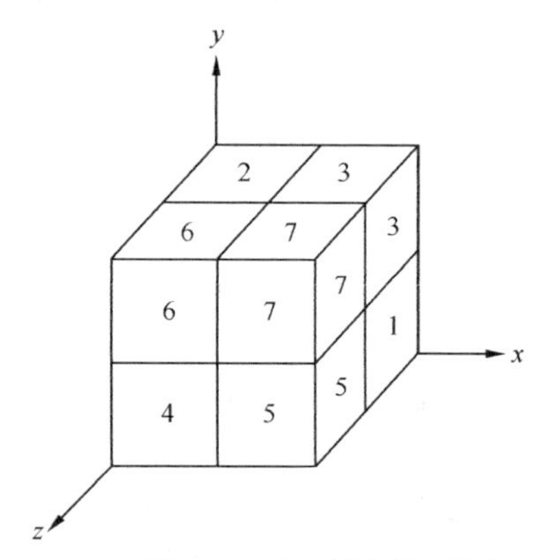

图6-25　八叉树的节点编码

（2）如果子立方体单元完全被物体占据，则将该节点标记为F（Full），停止对该子立方体的分解。

（3）如果子立方体单元内部没有物体，则将该节点标记为E（Empty）。

（4）如果子立方体单元被物体部分占据，则将该节点标记为P（Partial），并对该子立方体进行进一步分解，将它进一步分割成8个子立方体，对每一个子立方体进行同样的处理。

（5）当分割生成的每个小立方体均被标记为F或E以后，算法结束。否则，如果标记为P的每个小立方体的边长均为单位长度，这时应将其重新标记为F后再结束算法。

图6-26所示为八叉树表示形体的一个实例。

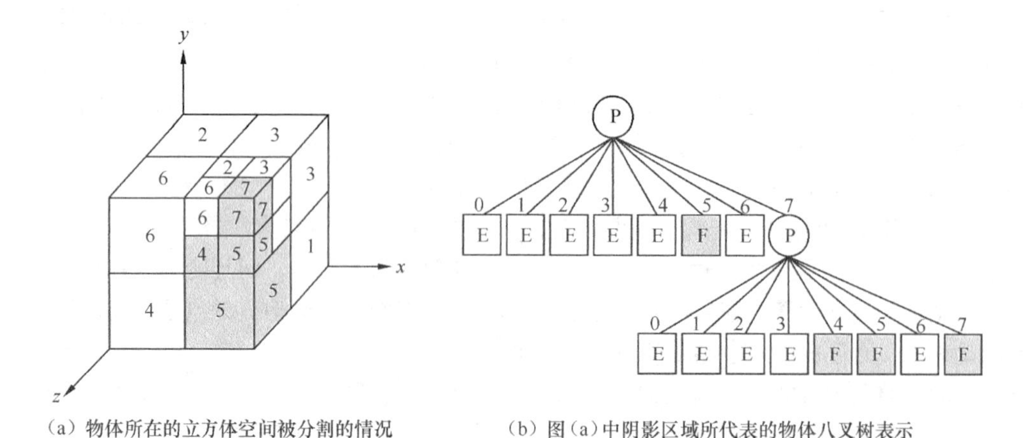

（a）物体所在的立方体空间被分割的情况　　（b）图（a）中阴影区域所代表的物体八叉树表示

图6-26　八叉树表示的实例

八叉树表示法的优点是：可以表示任何物体，且形体表示的数据结构简单，容易实现物体间的集合运算，对形体执行并、交、差运算时，只需同时遍历参加集合运算的两形体相应的八叉树，无需进行复杂的求交运算，容易计算物体的整体性质（如体积等）。但缺点也是很明显的，主要是它只能近似表示形体，不易获取形体的边界信息，不适于图形显示，对物体进行几何变换（如非 90° 的旋转变换）比较困难，虽然八叉树表示比空间位置枚举表示所需占用的存储空间少，但仍然相对较多。

3. 单元分解表示

单元分解（Cell Decomposition）法，是对前两种分解方法的进一步改进，即将分解为单一体素改进为分解为多种体素。空间位置枚举表示是将同样大小的立方体组织在一起来表示物体，八叉树表示是将不同大小的立方体组织在一起表示物体，而单元分解表示则是将多种体素组织在一起表示物体。如图 6-27 所示，将图 6-27（a）和（b）中的两种基本体素组织在一起就可以表示图 6-27（c）中的物体。或者说，虽然对于图 6-27（c）中的物体无法直接用一种基本体素来表示，但是可以将其进行单元分解，然后表示为图 6-27（a）和（b）中的两种基本体素的并集。

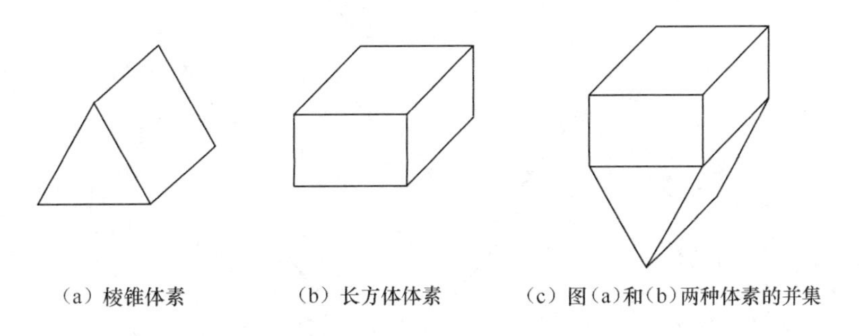

图 6-27　单元分解表示的实例

单元分解表示方法的优点是：表示简单，基本体素可以按需选择，表示范围较广，可以精确表示物体。缺点是：由于分解的方法很多，所以物体的表示不唯一，不过都无二义性。

6.5.3　实体的构造实体几何表示

构造实体几何（Constructive Solid Geometry，CSG）表示法是由美国 Rochester 大学的 H.B.Voeleker 和 A.A.G.Requicha 等人首次提出来的一种实体表示方法。它的基本思想是通过对基本体素定义各种运算而得到新的实体。其运算可以为几何变换或正则化的并、交、差集合运算。常用的体素有长方体、立方体、圆柱、圆锥、圆台、棱锥、棱柱、环、球等，在某些功能较强的系统中，还可以通过扫描表示法产生一些实体，然后将这些实体作为 CSG 表示的体素使用。

日本北海道大学 TIPS-1 系统中采用了用半空间（Half Space）的集合运算结果来定义体素的方式，一个无限延伸的面可以将三维空间分割成两个无限区域，每个区域均称为半空间。半空间可以用 $\{P \mid f(x,y,z) \leqslant 0\}$ 来表示，其中，$f(x,y,z) \leqslant 0$ 表示点集 P 内点所需满足的关系，$f(x,y,z)=0$ 代表一空间解析曲面，空间内任一凸体可以用一组半空间的交来构成。

利用 CSG 方法创建一个三维实体的具体步骤是：首先要确定用于构造三维实体的初始体素集，然后每次操作时，从中选择两个体素，按一定相对位置关系放置到空间某位置；然后对其进行体素的并、交、差集合运算，集合运算生成一新的形体，利用基本体素和每一步新创建的新形体的组合，继续构造新的形体，直到形成最后所需要的三维实体时为止。

对于用上述方法生成的三维实体，可以将其表示成一棵有序的二叉树，根节点表示最终的形体，其终端节点可以是体素，也可以是形体变换参数，非终端节点可以是正则集合运算，也可以是几何变换（平移和/或旋转）操作，这种运算或变换只对紧接其后的叶子节点（子形体）起作用。每棵子树（非变换叶子节点）表示其下两个节点组合及变换的结果，这种树称为 CSG 树。

图 6-28 所示为一个 CSG 树的例子。CSG 树的叶节点为用于构造实体的基本体素，中间节点为并、交、差正则集合运算。对并操作（用∪*表示），新物体合并了两个基本体素的内部区域。对交操作（用∩*表示），新物体是两个基本体素内部区域的公共部分。对差操作（用–*表示），新物体是从一个体素中减去另一个体素后余下的部分。

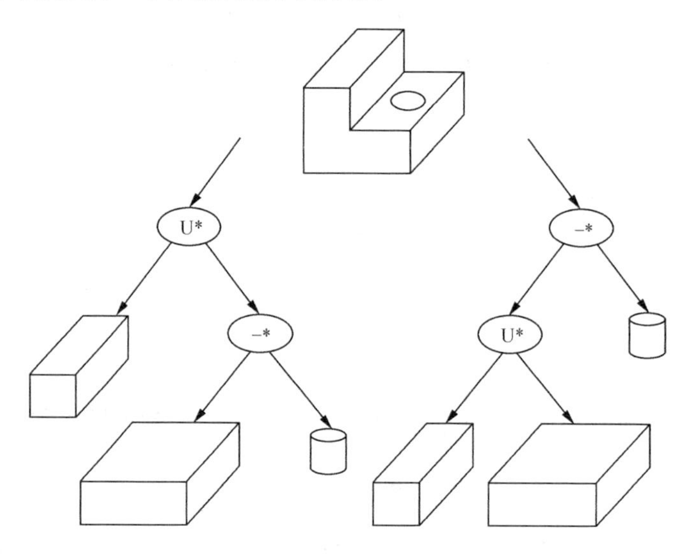

图 6-28　CSG 树表示的实例

CSG 表示方法的优点是：物体表示和数据结构简单、直观，数据量比较小，内部数据的管理比较容易，所表示形体的形状容易被修改，还可以用作图形输入的一种手段，容易计算物体的整体性质（如体积、重心等），它所表示的物体的有效性是由基本体素的有效性和集合运算的正则性而自动得到保证的。但其缺点是：对形体的表示受体素的种类和对体素操作的种类的限制，也就是说，CSG 方法表示形体的覆盖域有较大的局限性；虽然 CSG 树表示的物体是无二义性的，但表示物体的 CSG 树并不是唯一的；由于 CSG 树只定义了它所表示物体的构造方式，但它不存储顶点、棱边、表面等信息，形体的有关边界信息是隐含地表示在 CSG 树中的，因此，显示与绘制 CSG 表示的形体需要较长的时间；同时求交计算也很麻烦。

6.5.4　实体的扫描表示

扫描表示（Sweep Representations）也称为推移表示，是基于一个基体（一般是一个封闭的二维区域）沿某一路径运动而产生形体。可见，扫描表示需要两个分量，一个是被运动的基体，另一个是基体运动的路径。如果是变截面的扫描，还要给出截面的变化规律。将一个二维区域沿某一路径运动得到的物体称为 sweep 体。

根据扫描路径和方式的不同，可将 sweep 体分为以下几种类型。

1. 平移 sweep 体

如图 6-29 所示，将一个二维区域沿着一个矢量方向（线性路径）扫描指定的距离，这样得到的曲面称为平移 sweep 体，或称拉伸体。

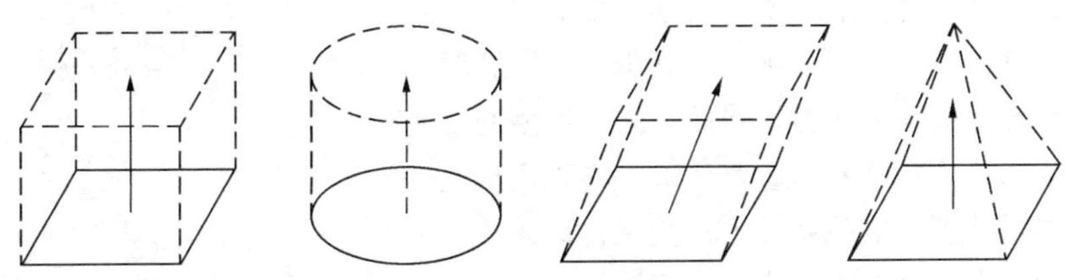

图 6-29　对于给定的矢量方向用平移 sweep 构造实体

2. 旋转 sweep 体

如图 6-30 所示，将一个二维区域绕某一给定的旋转轴旋转一特定角度（如一周），这样得到的曲面称为旋转 sweep 体，或称回转体。

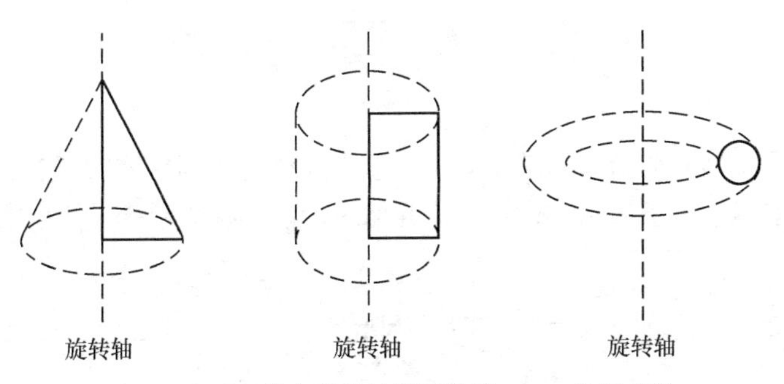

图 6-30　对于给定的旋转轴用旋转 sweep 构造实体

3. 广义 sweep 体

将任意剖面沿着任意轨迹扫描指定的距离，扫描路径可以用曲线函数来描述，并且可以沿扫描路径变化剖面的形状和大小，或者当移动该基面通过某空间时变化剖面相对于扫描路径的方向，这样就可以得到包括不等截面的平移 sweep 体和非轴对称的旋转 sweep 体在内的广义 sweep 体。图 6-31 所示的曲面物体就是广义 sweep 体的例子。

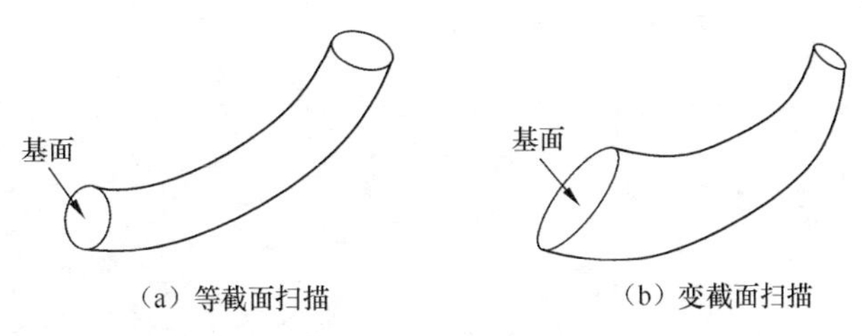

（a）等截面扫描　　（b）变截面扫描

图 6-31　扫描体的扫描路径为曲线时得到的广义 sweep 体

扫描表示方法的优点是：简单、直观，且适合于作为图形输入的一种手段。其主要缺点是：对物体作几何变换比较困难，不能直接获取形体的边界信息，表示形体的覆盖域非常有限。

6.5.5 实体的元球表示

实体的元球表示是指用相互重叠的球体表示实体的形状，如图6-32所示。元球造型是隐式曲面造型中的一种非常重要的技术。由于元球具有光滑、自动融合等优点，它非常适合于构造人体、动物及其他一些有机体。而这对于传统的几何造型技术来讲是十分困难的。元球造型通常通过元球的添加、减少、变换和调整参数等操作来实现。

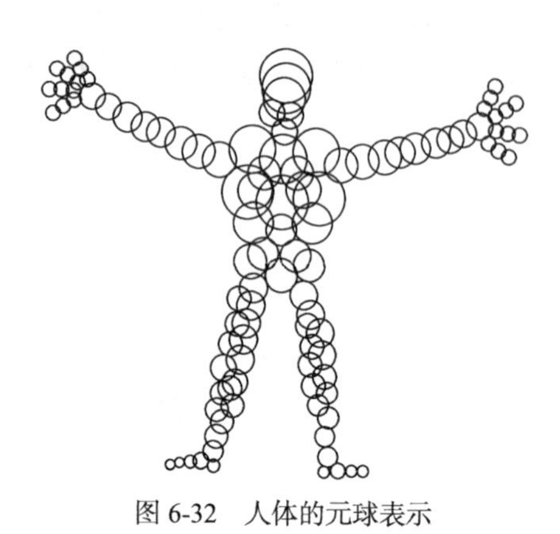

图6-32　人体的元球表示

元球表示的特点是，数据描述方法简单，球体只需要球心和半径两个参数就能完全确定。由于球体还有一个非常特殊的性质，即球体的平行投影总是圆，因此用球体表示三维物体（尤其是人体）还具有计算速度快、所需内存小的优点。

6.6 本章小结

本章重点介绍了实体几何造型的基本方法，重点介绍了正则形体的概念、欧拉公式、正则集合运算，以及边界表示、分解表示、构造实体几何表示、扫描表示等常用的实体表示方法。

习题6

6.1　什么是正则形体？

6.2　为什么在正则实体造型中，不使用普通的并、交、差等集合运算，而要使用正则集合运算？

6.3　欧拉公式是检查实体有效性的充分条件吗？请举例说明。

6.4　在实体的分解表示中，都有哪几种表示方法？它们各自的优缺点是什么？

6.5　与传统的几何造型方法相比，特征造型的特点是什么？

第7章 自然景物模拟与分形艺术

计算机艺术是科学与艺术相结合的一门新兴的交叉学科，包括绘画、音乐、舞蹈、影视、装潢、广告、书法模拟、服装设计、工业设计、印刷装帧、电子出版物等众多领域。它向人们提供了一种全新的艺术创作手段，使艺术家置身于全新的作画环境，屏幕代替了纸和画布，电子合成颜色代替了调色板，设计出许多高明的艺术家也难以设计出来的线条和颜色，令人叹为观止，向人们展示了全新的艺术思想和艺术作品，在纺织印染、广告印刷、工业设计、邮票制作、服装及计算机美术教学等许多方面显示出广阔的应用前景。以 Lindermayer 提出的植物生长模型为基础的 L 系统理论，Barnsley 研究的迭代函数系统理论，Mandelbrot 集和 Julia 集理论等都曾作为计算机艺术设计的理论基础，国内许多专家学者也在这方面做了大量研究工作。在计算机艺术中，尤其值得一提的是分形艺术，它以一种全新的艺术风格展现给人们，使人们认识到分形艺术和传统艺术一样符合和谐、对称等美学标准，它是科学上的美和美学上的美的有机结合。

7.1 分形几何的基础知识

7.1.1 分形几何学的产生

两千多年来，古希腊人创立的欧氏几何学，一直是人们认识自然物体形状的有力工具，以至于近代物理学的奠基者、伟大的科学家伽利略曾断言："大自然的语言是数学，它的标志是三角形、圆和其他几何图形。"

然而事实上，传统的欧氏几何学的功能并非人们想象的那样强大，它所描述的只是那些光滑的、可微性的规则形体。这类形体在自然界里只占极少数。自然界里普遍存在的形体大多数是不规则的、不光滑的、不可微的，如蜿蜒起伏的山脉，弯曲迂回的河流，参差不齐的海岸，坑坑洼洼的地面，纵横交错的树枝，袅袅升腾的炊烟，悠悠漂泊的白云，杂乱无章飘移的粉尘……真是五花八门、千姿百态。以雪花为例，人们通常都认为雪花的形状呈现为六角星形，但用放大镜仔细观察六角雪花就会发现，其实其并不是一个简单的六角星形，由于在结晶过程中所处环境不同而导致它们会呈现出如图 7-1 所示的复杂形状。

图 7-1 自然界的雪花图案

对上述这些具有复杂精细结构的自然景物，用传统的欧氏几何理论来描绘已无法实现了，人们需要的是一种新的数学工具。1906 年，瑞典数学家 H.Von Koch 在研究构造连续而不可微函数时，提出了一种可用来构造和描述雪花的曲线，即 Koch 曲线。它的构造方法为：如图 7-2 所示，将一条线段去掉其中间的 1/3，然后用正三角形的两条边（它的长为所给线段长的 1/3）去代替，不断重复上述步骤，得到的极限曲线就是 Koch 曲线。显然，Koch 曲线处处连续，但又处处是尖点，处处不可微，不难证明它的周长为无穷，而面积却为 0，可见，传统的几何学方法对 Koch 曲线很难处理。

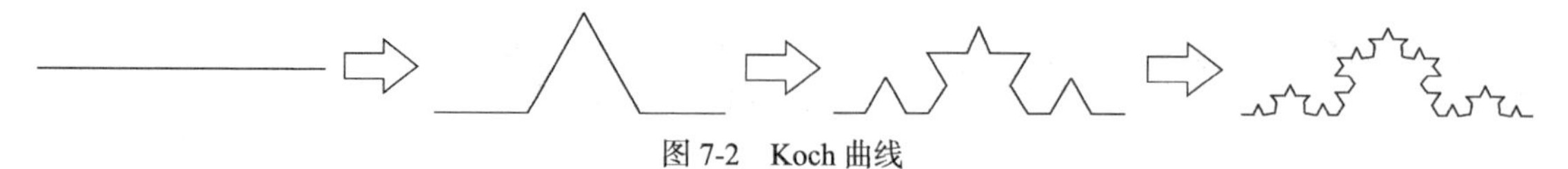
图 7-2　Koch 曲线

如果以所给线段的长为边长做成一个正三角形，然后在这个正三角形每条边上实施上述变换，即可得到如图 7-3 所示的 Koch 雪花图案。这也是一个极有趣的图形，如果假定原正三角形边长为 a，则可以算出上面每步变换后的 Koch 雪花图案的周长为

$$3a, \frac{4}{3}\times 3a, \left(\frac{4}{3}\right)^2 \times 3a, \cdots \to \infty$$

而它所围成的面积分别为

$$S = \frac{\sqrt{3}}{4}a^2$$

$$S + \frac{3}{4}\times\frac{4}{9}S, S + \frac{3}{4}\times\frac{4}{9}S + \frac{3}{4}\times\left(\frac{4}{9}\right)^2 S, \cdots \to \frac{2\sqrt{3}}{5}a^2$$

这就是说，Koch 雪花的周长趋于无穷大，而其面积却趋于定值。

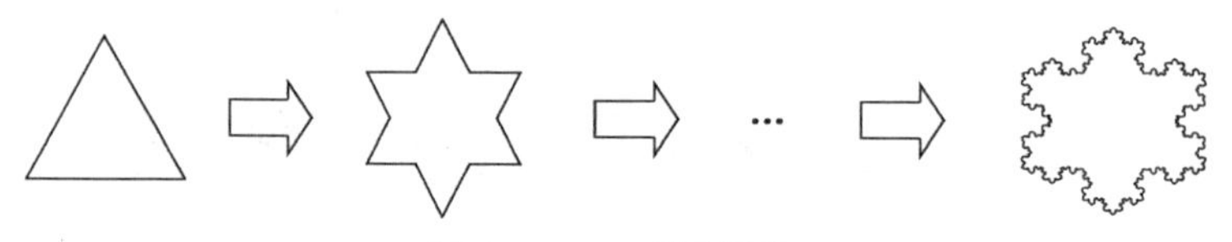
图 7-3　Koch 雪花图案

从 20 世纪 60 年代开始，现代分形理论的奠基人 B.B.Mandelbrot（图 7-4 所示为 Mandelbrot 的画像）重新研究了这个问题，他将雪花与海岸线、山水、树木等自然景物联系起来，找出了其中的共性。1967 年，法国数学家 Mandelbrot 在英国的《科学》杂志上发表文章提出一个“英国的海岸线有多长？”的问题，初看起来，这个问题的解答似乎很简单，即只要经过实际测量后算出测量结果总长度即可。但正确的答案却令人吃惊：海岸线的长度是不确定的，海岸线的长度依赖于测量单位的长度。如图 7-5 所示，若用 100 千米为单位来测量海岸线，则得到的只是海岸线真实长度的一个近似，因为一切短于 100 千米的迂回曲折都被忽略了。改为以 50 千米为单位来测量，则由于这时能测出原来被忽略的较小的迂回曲折,因此,所测得的长度将较按 100 千米为单位时大。当所用的测量单位尺寸无限变小时，所得到的海岸线长度是无限增大的。

Mandelbrot 对其研究后发现，之所以会有这样的结果是因为海岸线有一个很重要而有趣的性质，即自相似性。在不同高度观察到的海岸线的形态大体是相同的，其曲折复杂程度是相似的，也就是说，海岸线的任一小部分都包含有与整体相同的相似细节，从高空到低空，虽然观察范围缩小了，但此范围内的曲折情况也更加清楚了。自相似性是许多自然现象（如树木的分支、血管的分布）和社会现象（如社会组织的分布）的特征，它反映了从宏观尺度到微观尺度上事物在结构、形状和变化规律等方面的相似性。

图 7-4　Mandelbrot 画像

（a）测量尺度为 100 千米　　（b）测量尺度为 50 千米

图 7-5　不同测量尺度测得的海岸线长度不同

如何来定量地刻画这种自相似性呢？1975 年的一天，Mandelbrot 翻看儿子的拉丁语课本看到 fractus（其拉丁词根含义是“细片的、破碎的、分裂的、分数的”）这个词时，突然受到启发，决定根据这个词创造一个新词，于是有了 fractal 这个英文词和分形或分数维的概念。后来法文词、德文词也都这样写。同年他用法文出版了专著《分形对象：形、机遇与维数》。1977 年出版了该书的英译本《分形：形、机遇与维数》。1982 年又出版了此书的增补本，改名为《大自然的分形几何学》。

7.1.2　分形维数与分形几何

维数是几何形体的一种重要性质。欧氏几何学描述的都是整数维的对象：点是零维的，线是一维的，面是二维的，体是三维的。在各种拓扑变换（包括拉伸、压缩、折叠、扭曲等）下，这些几何对象的维数是不变的，我们称这种维数为拓扑维数。拓扑维数只能取整数，表示描述一个对象所需的独立变量的个数，例如，在直线上确定一个点需要 1 个坐标，在平面上确定一个点需用 2 个坐标，在三维空间中确定一个点需用 3 个坐标，等等。

除拓扑维数外，还有度量维数，度量维数是从测量的角度来定义的。《楚辞・卜居》中说：“夫尺有所短，寸有所长”。这是说事物都有其自己的特征尺度，要用适宜的尺度去测量。用寸来量度细菌，用尺来量度万里长城，前者过长，后者又嫌太短。所以，精确地描述世界中的现象需要有“尺度”的观念。尺度也称标度（Scale）。定量描述自然现象时，必须从特征尺度入手。

对于一个有确切维数的几何体，若用与其维数相同的“尺”去度量，可得到确切数值；若用低于其维数的“尺”去度量，结果为无穷大；若用高于其维数的“尺”去度量，结果就会为零。可见，维数和测量有密切关系。

从测量的角度看，维数是可变的。例如，在银河系外的宇宙空间看地球，由于地球的大小可以忽略不计，因此，可将地球看成是零维的点。再近一些，进入太阳系后，乘航天飞机在太空沿地球轨道飞行，这时所看到的地球可看成是三维的球。再近一些，站在地球表面，地球在我们人眼中就变成了二维的平面。这说明，当我们从不同尺度去观察对象时，对象的维数是变化的。正如测量海岸线的长度一样，只有确定用什么样的刻度尺去测量，才能得到确定的结果。

从测量的角度来重新理解维数的概念，就会很自然地得出分数维数的概念。让我们先来看一个简单的例子。

设有一根单位长度的一维线段 L，若将它的边长扩大到原来的 3 倍，则可得到 3 个原始对象（单位长度为 A 的线段），即有：$3L=3^1 \cdot L$。再看二维平面上的一个边长为单位长度的正方形 P，若将其边长扩大到原来的 3 倍，则可得到 9 个正方形，即有：$9P=3^2 \cdot P$。对于三维空间中的一个边长为单位长度的正方体 V，若将其边长扩大到原来的 3 倍，则可得到 27 个立方体，即有：$27V=3^3 \cdot V$。按上述关系得到的总的原始对象个数可以表达为

$$M = B^D \tag{7-1}$$

其中，B 指放大倍数，M 是总个数，D 相当于对象的维数。

将式（7-1）换一种写法有

$$D = \ln M / \ln B \tag{7-2}$$

以上是从放大（或者说“填充”）的角度看问题，还可以从它的反面即细分（或者说“铺砌”）的角度去看。设 N 为每一步细分的数目，S 为细分时的放缩倍数，则分数维 D 可以定义为

$$D = \frac{\ln N}{\ln(1/S)} \tag{7-3}$$

以前面提到的 Koch 曲线为例，它的每一步细分线段的个数为 4，而细分时的放缩倍数为 1/3，因此，Koch 曲线的分数维为：$D = \ln4/\ln3 = 1.2619$。而如果按照欧氏几何的方法，将一条线段四等分，则 $N = 4$，$S = 1/4$，$D = 1$。一般来说，二维空间中的一个分形曲线的维数介于 1 和 2 之间，三维空间中的一个分形曲线的维数介于 2 和 3 之间。

这就是简单的盒维数。对于一条复杂的分形曲线（用集合 A 表示），可以采用下面的方法确定其维数：首先，用一个矩形将集合 A 覆盖住，再以 S 为边长，将此矩形均匀地划分为矩形网格，然后开始计数，逐一数出这样的网格数目 N，只要网格中含有集合 A 的任何一部分时，均可计数。根据 S 和 N，盒维数可由式（7-3）算出其近似值，也可以根据由不同的 S 和 N 得到的一组数据在双对数坐标系下画出的直线，计算其斜率来确定集合 A 的盒维数。

现在已经有许多种维数计算公式，常见的有盒维数、容量维数、豪斯道夫维数、信息维数、关联维数、填充维数、李雅普诺夫维数等。其中，1919 年 F.Hausdorff（1868—1942）提出的豪斯道夫维数的理论性很强，为维数的非整化提供了理论基础，但实际背景较少，在很多情形下难以用计算方法求得。在实际应用中，经常应用的是盒维数，它能够通过实验近似地计算，并且在一些比较“规则”的分形集上，这种维数的值与豪斯道夫维数是相等的。

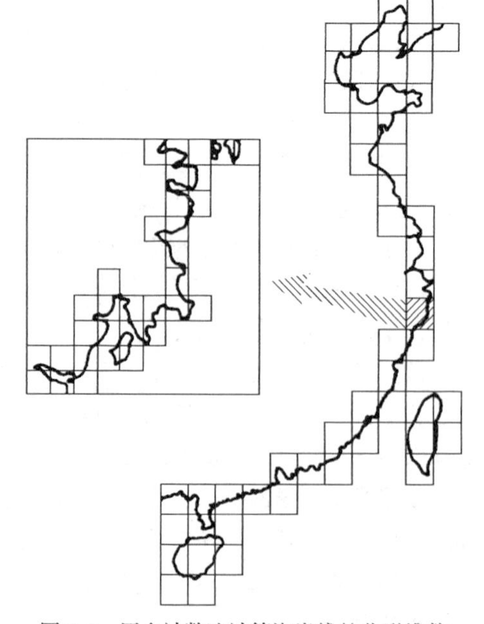

图 7-6　用盒计数法计算海岸线的分形维数

例如，对于像海岸线这样复杂的分形曲线，我们可以用盒计数法（Box-counting Method）来计算其盒维数。如图 7-6 所示，取边长为 r 的小盒子（可以理解为拓扑维为 d 的小盒子），把分形曲线覆盖起来。由于分形曲线的不规则性，所以，有些小盒子没有曲线覆盖，有些小盒子覆盖了分形曲线的一部分。数一数有多少小盒子是非空的，将非空盒子数记为 $N(r)$。然后缩小盒子的尺寸 r，重新计算 $N(r)$ 的值，所得的 $N(r)$ 值自然要增大。以 r 为横坐标，以 $N(r)$ 为纵坐标，将这些测量值对应的点用一条光滑的曲线逼近，通过观察发现，与维数定义有关的函数关系是幂指数关系，简称幂律

（Power law），如图 7-7（c）所示。由于如图 7-7（b）所示的指数关系通常使用半对数坐标即可将其转换为直线（线性）表示，因此如图 7-7（c）所示的幂指数关系使用双对数坐标即可将其转换为直线（线性）表示。在双对数坐标系下，计算该直线的斜率的绝对值，即为待测分形曲线的盒维数。

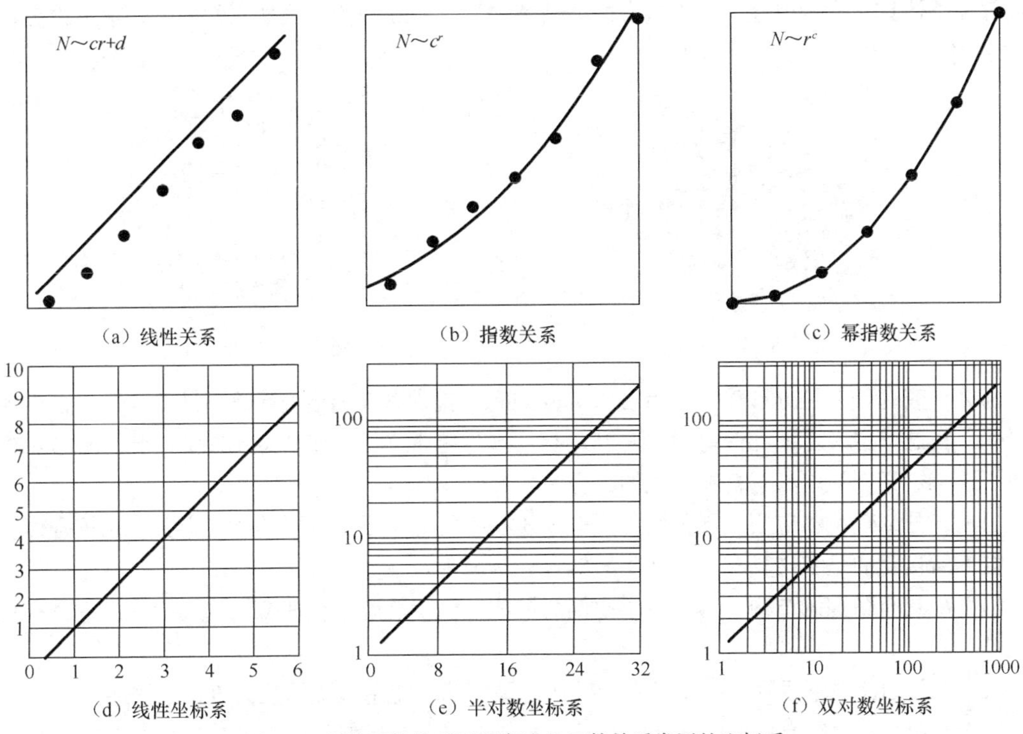

图 7-7　几种函数关系及研究这些函数关系常用的坐标系

不同方法定义的分形维数的概念，从不同的角度描述了分形图形的不规则性、复杂或粗糙程度，它不是通常欧氏维数的简单扩充，而是被赋予了许多崭新的内涵。每个分形集都对应着一个以某种方式定义的分形维数，分形维数之所以有多种定义，是因为还没有找到对任何事物都适用的定义。例如，容量维所表示的不规则程度，相当于一个物体占据空间的本领。一条光滑的直线，不能占领空间，但 Koch 曲线有无穷的长度，比光滑的直线有更多的褶皱，拥挤在一个有限的面积里，占领了一定的空间，这时，它已不同于一条直线，但又小于一个平面。所以其大于一维，又小于二维，它的容量维为 1.2619。

建立了分形维数的概念，就可以理解为什么用传统的几何方法去度量英国海岸线的长度时，得不到准确结果，以及为什么用不同的测量尺度度量会有不同的结果。

分形理论是非线性科学研究领域中一个十分活跃的分支，其本质是一种新的世界观和方法论，它揭示了有序与无序的统一，确定性与随机性的统一，被认为是科学领域中继相对论、量子力学之后，人类认识世界和改造世界的最富有创造性的第三次革命。

目前，分形理论已被广泛应用在自然景物的逼真模拟、海图制作、图像压缩编码、地震预报、信号处理等领域，并在这些领域内取得了令人瞩目的成绩。

7.1.3　什么是分形

要想理解什么是分形，需要从什么是曲线谈起，直观上人们通常认为有长无宽的线叫曲线，显然这不是定义，有时甚至是矛盾的。1890 年，意大利数学家 G. Peano 构造了一种奇怪的曲线，如图 7-8 所示，它能够通过正方形内的所有点，是有面积的，这一研究结果令当时的数学界非常吃惊。1891 年，大数学家 D. Hilbert 构造的 Hilbert 曲线（见图 7-9）与 Peano 构造的曲线具有相同的性质，它们都很曲折，处处连续但却不可导，是有面积的，能够填充一个二维空间，并且它的局部和整体具有自相似性。后来这类曲线被统称为 Peano 曲线。虽然它们的豪斯道夫维数都是整数 2，但它们却是典型的分形曲线。

图 7-8　Peano 曲线

图 7-9　Hilbert 曲线

那么，究竟什么是分形呢？开始时，Mandelbrot 把那些豪斯道夫维数不是整数的集合称为分形，然而，在这个定义之下，某些显然为分形的集合却被排除在外（如 Peano 曲线）。于是，Mandelbrot 修改了这个定义，强调具有自相似性的集合为分形。

目前，分形理论和应用发展很快，但至今还没有关于什么是分形的统一定义，比较合理、也普遍被人所接受的是定义具有如下性质的集合 F 为分形。

（1）F 具有精细的结构，有任意小比例的细节，也就是说，在任意小的尺度下，它总有复杂的细节。

（2）F 是如此地不规则，以至于它的整体与局部都不能用传统的几何语言来描述。

（3）F 通常有某种自相似的性质，这种自相似性可以是近似的或者是统计意义下的。

（4）一般地，F 的某种定义之下的分形维数大于它的拓扑维数。

（5）在大多数令人感兴趣的情形下，F 通常能以非常简单的方法定义，由迭代过程产生。

这里，应该指出的是，自相似性只是分形的一种外在表现和特征，并且是相对的，而层次的多重性与不同层次的规则的统一性才是分形的本质特征。以树为例，只有将小的枝杈与整棵树比较才能找到自相似性，如果任意拿一段树干与其他部分相比，也照样没有自相似性。

7.2　分形图形的生成方法

传统的欧氏几何研究的是在旋转、平移、对称变换下各种不变的量，如角度、长度、面积、体积等，它使用方程描述具有光滑表面和规则形状的物体，适用于人造物体的建模。而被誉为大自然的几何学的分形几何理论使用过程（如递归、迭代）对具有不规则几何形态的物体进行建模，主要适用于自然景物的模拟。可以说，分形几何在极端有序与真正混沌之间提供了一种中间可能性，它的最显著特征是：看起来十分复杂的事物，大多数情况下可以用具有较少参数的简单公式来描述。下面对几种常用的分形图形生成方法进行介绍。

7.2.1　随机插值模型

随机插值模型是 1982 年 Alain Fournier、Don Fussell 和 Loren Carpenter 提出的一种分形图形生成方法，它能有效地模拟海岸线和山等自然景象，不是事先决定各种图素和尺度，而是用一个随机过程的采样路径作为构造模型的手段。

例如，构造二维海岸线，可以选择控制海岸线大致形状的若干初始点，再在相邻两点构成的线段上取其中的点，并沿垂直连线方向随机偏移一个距离，再将偏移后的点与该线段两端点分别连成两个新线段。重复上述步骤，可以得到如图 7-10 所示的一条迂回曲折的有无穷细节的海岸线，其曲折程度由随机偏移量控制，同时随机偏移量也决定了海岸线分数维数的大小。

在三维情况下，可通过类似过程构造山的模型。一般通过多边形（如三角形）细分的方法来构造分形山，如图 7-11 所示，在一个三角形的三边上随机各取一点，沿垂直方向随机偏移一段距离得到 3 个新的点和连接形成的 3 个新的三角形，再将这 3 个新的点相互连接，又得到 4 个新的三角形，如此反复，即可生成有皱褶的山峰。山峰的褶皱程度由其分数维数控制。

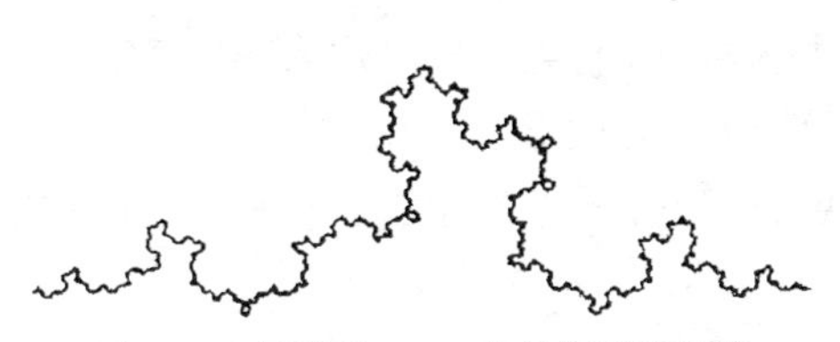

图 7-10　用随机 Koch 曲线模拟海岸线

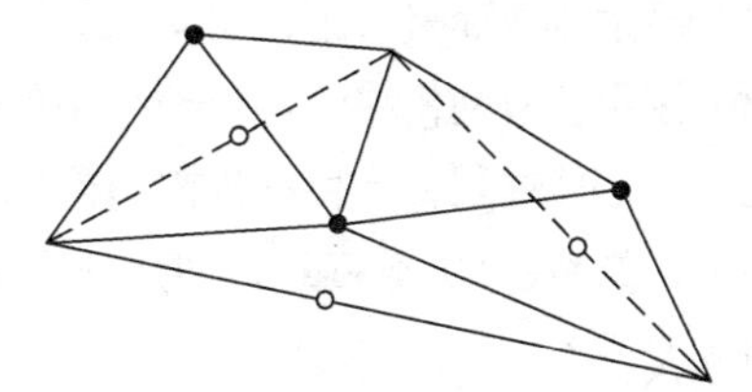

图 7-11　分形山峰

7.2.2　迭代函数系统

迭代函数系统（Iterated Function System，IFS），是美国佐治亚理工学院 Demko 和 Barnsley 等人首创的一种绘制分形图形的方法。在 SIGGRAPH'85、SIGGRAPH'88 等国际会议上，Demko 和 Barnsley 等人曾做过有关 IFS 的专题报告。

对于一个变换 $T: R^n \to R^n$，如果有 $T(x+y)=T(x)+T(y)$，且 $T(\lambda x)=\lambda T(x)$，其中，$x, y \in R^n$，$\lambda \in R$，则称变换 T 为线性变换。如果当且仅当 $x=0$ 时，有 $T(x)=0$，则称 T 为非奇异变换。如果变换 $f: R^n \to R^n$ 具有形式 $f(x)=T(x)+b$，其中，T 为非奇异变换，b 为 R^n 中一点，那么称 f 为仿射变换。

通常，将平面到平面的仿射变换 $f: R^n \to R^n$ 写成如下矩阵表示形式

$$f\begin{bmatrix} x \\ y \end{bmatrix} = \begin{bmatrix} a & b \\ c & d \end{bmatrix}\begin{bmatrix} x \\ y \end{bmatrix} + \begin{bmatrix} e \\ f \end{bmatrix} \tag{7-4}$$

其中，a,b,c,d,e,f 为实常数。若令

$$\boldsymbol{A}=\begin{bmatrix} a & b \\ c & d \end{bmatrix} \quad \boldsymbol{X}=\begin{bmatrix} x \\ y \end{bmatrix} \quad \boldsymbol{B}=\begin{bmatrix} c \\ d \end{bmatrix}$$

则式（7-4）可以写成如下形式

$$f(\boldsymbol{X}) = \boldsymbol{AX} + \boldsymbol{B}$$

设给定一个仿射变换 f，对任意向量 $\boldsymbol{x}$ 和 $\boldsymbol{y}$，如果存在 $s \in [0,1)$，满足

$$\|f(\boldsymbol{x}) - f(\boldsymbol{y})\| \leqslant s \cdot \|\boldsymbol{x} - \boldsymbol{y}\| \tag{7-5}$$

其中，$\|\boldsymbol{x}-\boldsymbol{y}\| = \sqrt{(x_1-y_1)^2+(x_2-y_2)^2}$，$\boldsymbol{x}=[x_1 \quad x_2]^T$，$\boldsymbol{y}=[y_1 \quad y_2]^T$，则 s 称为压缩因子，使得式（7-5）成立的最小实数 s 称为 Lipschitz 常数，因 $s<1$，因此仿射变换 f 被称为收缩仿射变换（Contractive Affine Transformation）。

正交变换保持几何图形的度量性质（向量的夹角，点与点之间的距离，图形的面积等）不变，而仿射变换一般会改变几何图形的度量性质。例如，仿射变换可以使图形在不同方向有不同程度的缩放比例（如可将圆变成椭圆等），如果图形经仿射变换后，面积变小，那么此仿射变换是收缩

的，相反，如果面积变大，那么此仿射变换是扩张的。

人们把若干个收缩仿射变换的组合称为迭代函数系统，因此，一个二维的IFS由两部分组成，一个是收缩仿射变换的集合$\{f_1, f_2, \cdots, f_n\}$，一个是概率的集合$\{p_1, p_2, \cdots, p_n\}$，其中，$f_i: R^2 \to R^2\ (i=1,2,\cdots,n)$，$p_1+p_2+...+p_n=1$，且$p_i>0$。通常记IFS为$\{f_i, p_i: i=1,2,\cdots,n\}$。记$f_i$的Lipschitz常数为$s_i$，如果有下式成立

$$s_1^{p_1}\cdot s_2^{p_2}\cdot s_3^{p_3}\cdots s_n^{p_n}<1$$

则称$\{f_i, p_i: i=1,2,\cdots,n\}$是收缩仿射变换的IFS码。

IFS方法是确定性算法和随机性算法相结合的一种方法，利用IFS方法生成分形图像的步骤如下：

（1）确定仿射变换f_i，这些仿射变换也可看成是一些迭代规则，它们是确定性的。

（2）确定概率向量p_i，（$p_1+p_2+\cdots+p_n=1$，且$p_i>0$）。

（3）按照相应的概率，随机地从仿射变换集中选择一个仿射变换f_i作为迭代规则迭代一次，不断重复此迭代过程，产生的极限图形就是所要绘制的分形图形。

其中，步骤（1）最重要，如何确定仿射变换f_i，使得一个平面图像F在f之下变成与其相似的图像$\tilde{F}$呢？

分形几何学中有一个定理：每一个迭代函数系统都定义了一个唯一的分形图形，这个分形图形称为该迭代函数系统的吸引子（Attractor）。这个定理称为收缩影射不动点原理。IFS方法之所以能产生逐渐逼近吸引子的图像，是以拼贴定理为依据的。拼贴定理可描述如下。

设$\{f_i, p_i: i=1,2,\cdots,n\}$是收缩仿射变换的IFS码，令$s<1$为变换$f_i$的最大Lipschitz常数，$T$为$R^2$的一个给定的闭合的有界子集，对任意$\varepsilon>0$，如果选择的变换$f_i$满足

$$h(T, \bigcup_{i=1}^{n} f_i(T))<\varepsilon$$

其中，$h(T, \bigcup_{i=1}^{n} f_i(T))$为平面上两个闭合的有界子集$T$和$\bigcup_{i=1}^{n} f_i(T)$之间的豪斯道夫距离，则有

$$h(T,G)<\frac{\varepsilon}{1-\varepsilon}$$

其中，G为IFS的吸引子。

拼贴定理表明，只要变换f_i是收缩性仿射变换，而且选择恰当，那么迭代的结果可以保证目标图像T与吸引子G任意接近。

综上所述，IFS的基本思想是：注重几何对象的总体形态，并认定几何对象的总体结构与局部细节，在仿射变换意义下，具有自相似性，这一过程可以迭代地进行下去，直到得到满意的造型。根据前面的分析可知，由于仿射变换$\{f_i: i=1,2,\cdots,n\}$确定了吸引子，因此，选取恰当的变换对造型的结果极其重要。但由于对于一个特定的图像，变换的选取并不容易，因此，IFS方法的反问题，即如何对给定的图像寻找恰当的变换f_i，有更重要的意义。在实际绘图时，概率$\{p_i: i=1,2,\cdots,n\}$也起到很重要的作用，虽然理论上吸引子与概率无关，但控制概率，就是控制拼贴图形各部分的落点密度，使图形在有限迭代步数内显现出浓淡虚实不同的绘制效果。

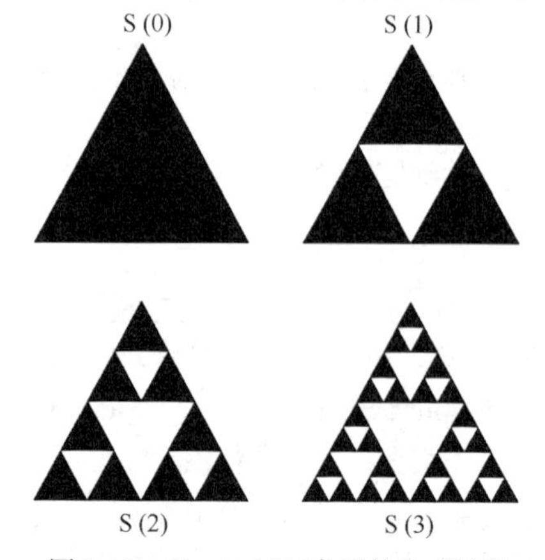

图7-12　Sierpinski三角形的生成过程

下面来看几个典型的例子。首先来看Sierpinski三角形的例子。直观地观察，Sierpinski三角形的生成过程如下：如图7-12所示，先将一个三角形（用S(0)表示）的

各边中点连接起来，得到 4 个小三角形，将中间的三角形区域去掉（用 S(1)表示），然后，将其余 3 个小三角形再各自剖分成 4 个更小的三角形，分别去掉中间的区域（用 S(2)表示），依此类推，重复上述步骤，无限绘制下去，得到的就是 Sierpinski 三角形。

用 IFS 方法生成 Sierpinski 三角形的步骤如下。

（1）按表 7-1 确定仿射变换 f_i。

（2）确定表 7-1 中对应仿射变换的概率向量 p_i： $p_1 = p_2 = p_3 = 1/3$。

（3）通过迭代过程绘制 Sierpinski 三角形。

表 7-1　Sierpinski 三角形的仿射变换参数

f	a	b	c	d	e	f	p_i
f_1	0.5	0	0	0.5	0	0	0.333
f_2	0.5	0	0	0.5	0.5	0	0.333
f_3	0.5	0	0	0.5	0.25	0.5	0.334

用 IFS 方法生成的 Sierpinski 三角形如图 7-13 所示。

（a）按表 7-1 所示的概率生成的 Sierpinski 三角形

（b）将表 7-1 所示概率修改为 0.1，0.45，0.45 后生成的 Sierpinski 三角形

图 7-13　用 IFS 方法生成的 Sierpinski 三角形

再来看一个稍微复杂一点的例子，即蕨子叶。在这个例子中，除了植物的叶子是通过 3 个仿射变换及相应的概率向量决定之外，还附加了“绘制梗”的条件，把这个条件也写成一个仿射变换 $f_0(x)$，并相应增加一个概率分量 p_0。如果仿射变换集 $\{f_i : i = 0,1,2,\cdots,n\}$ 对应的概率向量集为 $\{p_i : i = 0,1,2,\cdots,n\}$，则令 $\tilde{p}_i = p_i/(1-p_0)$，其中，$0 \leqslant p_0 \leqslant 1$，于是 $\{\tilde{p}_i : i = 1,2,\cdots,n\}$ 是 $\{f_i : i = 1,2,\cdots,n\}$ 相应的概率向量。

Barnsley 给出的变换如表 7-2 所示。

表 7-2　Barnsley 蕨的仿射变换参数

f	a	b	c	d	e	f	p_i
f_0	0	0	0	0.16	0	0	0.01
f_1	0.85	0.04	−0.04	0.85	0	1.6	0.85
f_2	0.2	−0.26	0.23	0.22	0	1.6	0.07
f_3	−0.15	0.28	0.26	0.24	0	0.44	0.07

用表 7-2 所示的仿射变换绘制的 Barnsley 蕨如图 7-14 所示。从这个例子可看出，要产生一个复杂的图形需要的数据并不多。Barnsley 蕨对应的迭代函数系统只有 24 个参数，但这 24 个参数却决定了一个高度复杂的精细结构。如果以 8bit 代表一个系数，那么 192bit 就可以代表一片蕨子叶，可见压缩比是很大的。因此，IFS 方法除了用于绘制植物、树、云等自然景物图像本身以外，在图像数据压缩方面也表现出巨大的潜力。

增减仿射变换 f_i，可以改变最终植物的形态。即使不改变作为迭代规则的仿射变换 f_i，采用同样的程序，只改变仿射变换 f_i 的参数也可以生成完全不同的植物形态。例如，将表 7-2 所示的 Barnsley 蕨的仿射变换参数修改为如表 7-3 所示，那么生成的蕨子叶图将如图 7-15 所示。再如按表 7-4 所示的仿射变换参数可生成如图 7-16 所示的树冠，而修改其中的几个参数如表 7-5 所示，则生成的是如图 7-17 所示的六角枫叶。

图 7-14　Barnsley 蕨

图 7-15　蕨子叶

图 7-16　树冠

图 7-17　六角枫叶

表 7-3　蕨子叶的仿射变换参数

f	a	b	c	d	e	f	p_i
f_0	0	0	0	0.25	0	−0.14	0.02
f_1	0.85	0.02	−0.02	0.83	0	1	0.84
f_2	0.09	−0.28	0.3	0.11	0	0.6	0.07
f_3	−0.09	0.25	0.3	0.09	0	0.7	0.07

表 7-4　树冠的仿射变换参数

f	a	b	c	d	e	f	p_i
f_0	0.01	0	0	0.45	0	0	0.05
f_1	−0.01	0	0	−0.45	0	0.4	0.15
f_2	0.42	−0.42	0.42	0.42	0	0.4	0.4
f_3	0.42	0.42	−0.42	0.42	0	0.4	0.4

表 7-5　六角枫叶的仿射变换参数

f	a	b	c	d	e	f	p_i
f_0	0.01	0	0	0.45	0	0	0.05
f_1	−0.01	0	0	−0.45	0	0.2	0.15
f_2	0.12	−0.82	0.42	0.42	0	0.2	0.4
f_3	0.12	0.82	−0.42	0.42	0	0.2	0.4

分别按表 7-6～表 7-11 所示的仿射变换参数生成的分形图如图 7-18（a）～（f）所示。用 OpenGL 函数实现的 Sierpinski 海绵和 Sierpinski 金字塔分别如图 7-19 和图 7-20 所示。

表 7-6　枫叶的仿射变换参数

f	a	b	c	d	e	f	p_i
f_0	0.6	0	0	0.6	0.18	0.36	0.25
f_1	0.6	0	0	0.6	0.18	0.12	0.25
f_2	0.4	0.3	−0.3	0.4	0.27	0.36	0.25
f_3	0.4	−0.3	0.3	0.4	0.27	0.09	0.25

表 7-7　分形树的仿射变换参数

f	a	b	c	d	e	f	p_i
f_0	0.05	0	0	0.6	0	0	0.1
f_1	0.05	0	0	−0.5	0	1	0.1
f_2	0.46	0.32	−0.386	0.383	0	0.6	0.2

续表

f	a	b	c	d	e	f	p_i
f_3	0.47	−0.154	0.171	0.423	0	1	0.2
f_4	0.43	0.275	−0.26	0.476	0	1	0.2
f_5	0.421	−0.357	0.354	0.307	0	0.7	0.2

表 7-8　鱼群的仿射变换参数

f	a	b	c	d	e	f	p_i
f_0	0.25	0	0	0.5	0	0	0.154
f_1	0.5	0	0	0.5	−0.25	0.5	0.307
f_2	−0.25	0	0	−0.25	0.25	1	0.078
f_3	0.5	0	0	0.5	0	0.75	0.307
f_4	0.5	0	0	−0.25	0.5	1.25	0.154

表 7-9　丢勒（Durer）五边形仿射变换参数

f	a	b	c	d	e	f	p_i
f_0	0.382	0	0	0.382	0.3072	0.619	0.2
f_1	0.382	0	0	0.382	0.6033	0.4044	0.2
f_2	0.382	0	0	0.382	0.0139	0.4044	0.2
f_3	0.382	0	0	0.382	0.1253	0.0595	0.2
f_4	0.382	0	0	0.382	0.492	0.0595	0.2

表 7-10　C 曲线的仿射变换参数

f	a	b	c	d	e	f	p_i
f_0	0.5	−0.5	0.5	0.5	0	0	0.5
f_1	0.5	0.5	−0.5	0.5	0.5	0.5	0.5

表 7-11　龙曲线的仿射变换参数

f	a	b	c	d	e	f	p_i
f_0	0.824074	0.281482	−0.212346	0.864198	−1.882290	−0.110607	0.8
f_1	0.088272	0.520988	−0.463889	−0.377778	0.785360	8.095795	0.2

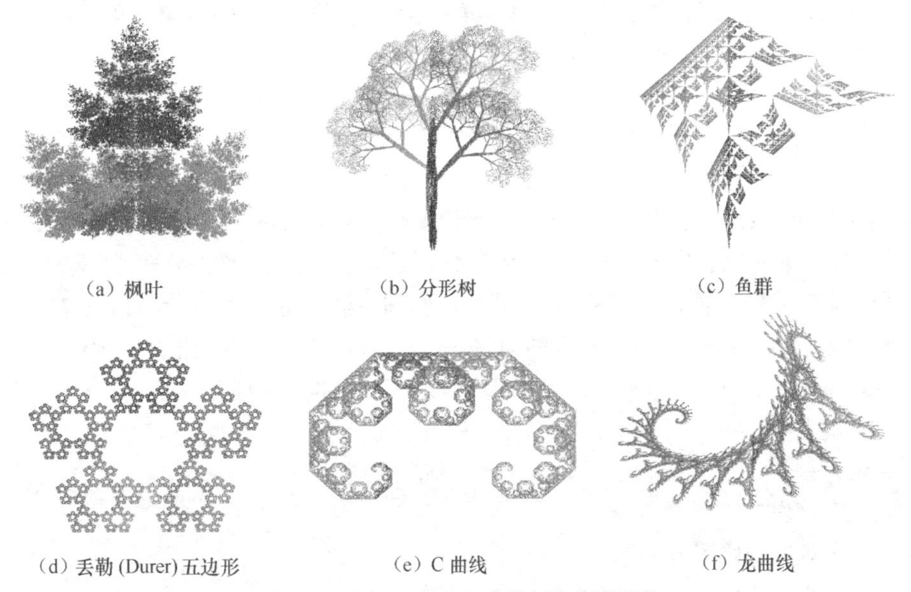

（a）枫叶　（b）分形树　（c）鱼群

（d）丢勒 (Durer) 五边形　（e）C 曲线　（f）龙曲线

图 7-18　用 IFS 方法生成的各种分形图形

图 7-19　Sierpinski 海绵

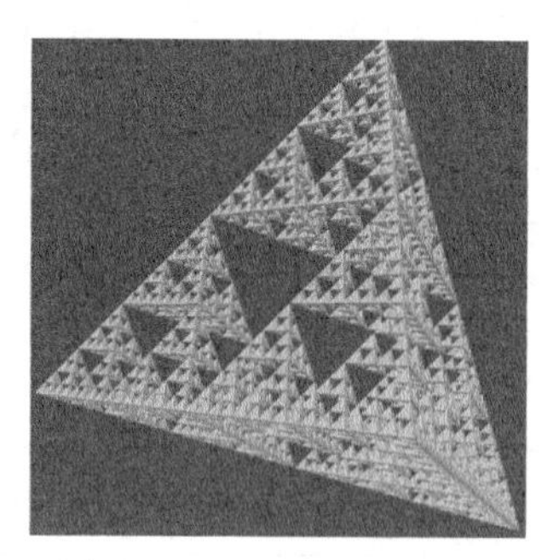

图 7-20　Sierpinski 金字塔

7.2.3　L 系统

1968 年，美国生物学家 Lindenmayer 提出植物生长的数学模型，后来被数学家、计算机科学家发展成为以他的名字命名的形式语言，即 L 系统。1990 年，The Algorithm Beauty of Plant 一书出版，它详细总结了 Lindenmayer 领导的理论生物学小组和 Prusinkiewicz 领导的计算机图形学小组做的大量研究工作，后来由 Smith 等人将 L 系统引入图形学，形成分形生成和模拟自然景物的一种典型方法。

L 系统是一种形式语言，它通过对符号串的解释才能转化为造型的工具。根据形式语言上下文关系的不同，L 系统可以分为 3 类：0L 系统、1L 系统和 2L 系统。0L 系统中的“0”为“与上下文无关”之意；1L 系统仅考虑单边的文法关系，即左相关或右相关，在植物的生态模拟中，左相关文法用于模拟植物从根向叶、茎的传播过程，右相关文法用于模拟从叶到茎、根的传播过程；2L 系统同时考虑左边和右边文法关系。本书只介绍最简单的 0L 系统。

下面通过一个例子加以说明。13 世纪数学家 Fibonacci，借用兔子的理想化繁衍问题，定义了如下两条规则。

（1）仔兔（baby）记为 b，仔兔出生一年后变为成兔，成兔（adult）记为 a，该规则记为：$b \to a$。

（2）成兔在每年年末生一对仔兔，该规则记为：$a \to ab$。

根据上述两条规则，可以得到一个序列：第一年为 b，第二年为 a，第三年为 ab，第四年为 aba，第五年为 $abaab$，依此类推，得到如下字符串序列

$$b, a, ab, aba, abaab, abaababa, abaababaabaab, abaababaabaababaababa \cdots$$

这一规律体现为数字序列就是

$$1,\ 1,\ 2,\ 3,\ 5,\ 8,\ 13,\ 21\cdots$$

一个字符串 0L 系统可以用一个有序的三元组集合 $G = <V, \omega, P>$来表示，其中，V 表示字符表，ω 为一非空单词（由 V 中字符组成的字符串），对应于初始图，称作公理，P 是产生式 $a \to x$ 的有限集合，字母 a 和单词 x 分别称为产生式的前驱和后继，规定对任何字母 $a \in V$，至少存在一个非空单词 x，使得 $a \to x$。若对给定的前驱 $a \in V$，无明确解释的产生式，则规定 $a \to a$ 这个特殊的产生式属于 P，对每个 $a \in V$，当且仅当恰好有一个非空单词 x，使得 $a \to x$，则称 0L 系统是确定的，记为 D0L 系统，其中，“D”为“确定”之意。

因此，设计一个 D0L 系统，包括如下 3 个步骤。

（1）定义字符表 V。

（2）给出公理即初始图 ω。

（3）定义产生式或生成元 P。

例如，对于兔子的理想化繁衍问题，定义字符表，$V=\{a,b\}$，$\omega=\{b\}$，对 a 有 $a\rightarrow ab$，对 b 有 $b\rightarrow a$，于是有：$P=\{a\rightarrow ab,\ b\rightarrow a\}$，于是得到一个 D0L 系统。兔子的理想化繁衍过程还可以解释为理想化的树枝生长过程，用于模拟植物分支的拓扑结构以及各种分形曲线的生成过程。

在用 L 系统模拟植物分支拓扑结构时，还可以加上一些几何属性，如线段的长度、线段的转角等，即把几何解释加进植物形态与生长的描述过程。

L 系统的符号串也称为“龟图”，龟图的状态用三元组（x,y,β）来表示。其几何解释为：设想一只乌龟在平面上爬行，其状态用（x,y,β）描述，其中，x,y 为乌龟所在位置的直角坐标，β 为乌龟爬行方向。L 系统中规定了很多具有相应几何意义的字符，常见的有如下几种。

字符 F：表示向前移动一步，同时画线。若爬行步长为 d，则乌龟由当前状态（x,y,β）变为下一状态（$x+d\cos\beta,y+d\sin\beta,\beta$），或者说从 (x,y) 向 $(x+d\cos\beta,y+d\sin\beta)$ 画一条长为 d 的直线段。

字符 G：表示向前移动一步，但不画线。

字符+：表示向右转 ϑ 角（规定逆时针方向为角度的正方向，顺时针方向为角度的负方向），即乌龟由当前状态（x,y,β）变为下一状态 $(x,y,\beta-\vartheta)$。

字符-：表示向左转 ϑ 角，即乌龟由当前状态（x,y,β）变为下一状态 $(x,y,\beta+\vartheta)$。

字符[：表示将当前乌龟爬行的状态信息（包括所在位置和方向等）压入堆栈。

字符]：表示从堆栈中弹出一个状态作为乌龟的当前状态，但不画线。

例如，为了生成 Koch 曲线，可设计 D0L 系统如下。

（1）定义字符表 V：$\{F,+,-\}$。

（2）给出公理即初始图 ω：F。

（3）定义生成元 P：$F\rightarrow F-F++F-F$。

当 ϑ 取值为 60° 时得到的 Koch 曲线的生成过程如图 7-21 所示。其中，$n=0$ 为初始图，对本例而言，n=1 既为生成元，也为根据初始图第一次生成的图形。

基于 Koch 曲线的生成原理，当初始图 ω 取为三角形，用 F–F–F 表示，产生式 P 仍为 $F\rightarrow F-F++F-F$ 时，可得到如图 7-3 所示的雪花曲线。

对于如图 7-22 所示的 Koch 岛，可定义初始图 ω 为 F–F–F–F，生成元为 $F\rightarrow F+F-F-FF+F+F-F$，$\vartheta=90°$，令步长 d 在相邻两级子图之间缩短为原来的 1/4，规定后继多边形端点之间的距离等于前驱线段的长度，则 Koch 岛的生成过程如图 7-22 所示。

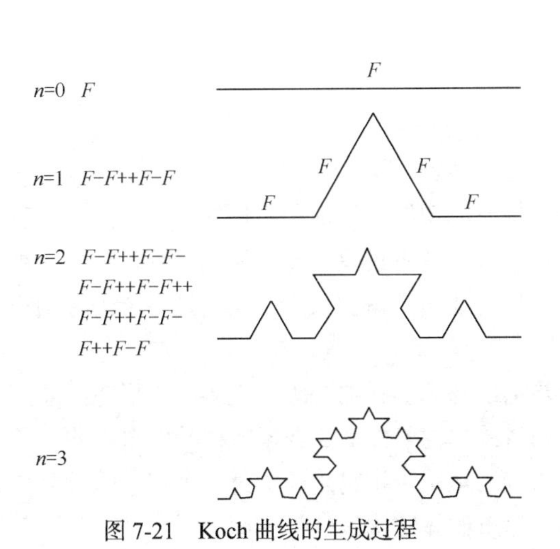

图 7-21　Koch 曲线的生成过程

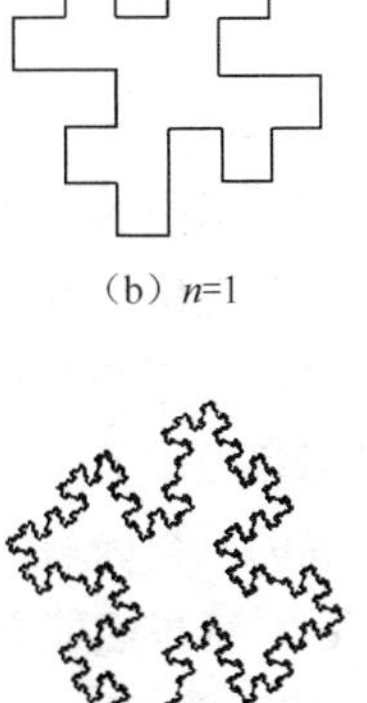

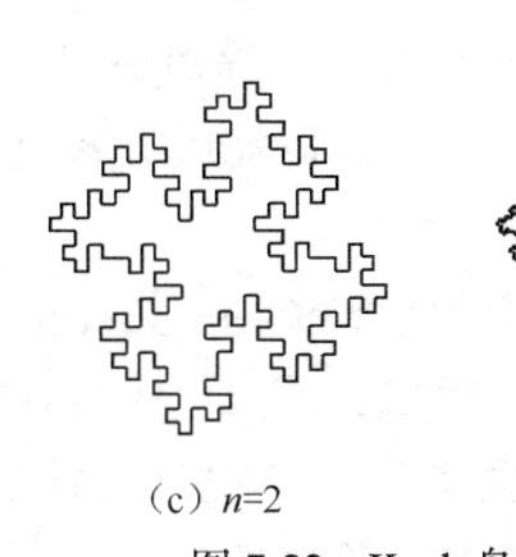

（a）初始图　（b）n=1　（c）n=2　（d）n=3

图 7-22　Koch 岛的生成过程

对于图 7-23 所示的四方内生树的例子，可定义初始图 ω 为 $F+F+F+F$，生成元为 $F\to FF+F++F+F$，$\vartheta=90°$。

前面例子中的曲线由字符串定义，相应于一笔画成的曲线，但对于某些无法用一笔画出的具有分支结构的图形（如植物等），使用堆栈技术，即在字符表中使用另外两个字符[和]，可以更方便地以更简单的方式对其进行描述。

例如，当 $\omega=\{F\}$，$P=\{F\to F[+F]F[-F]F\}$时，图 7-24（a）所示为初始状态，字符串 $F[+F]F[-F]F$ 表示图 7-24（b）所示的树枝，字符串 $F[+F]F[-F]F[+F[+F]F[-F]F]F[+F]F[-F]F[-F[+F]F[-F]F]F[+F]F[-F]F$ 表示图 7-24（c）所示的树枝。利用这种方法，读者可以重新设计图 7-23 所示的生成元。

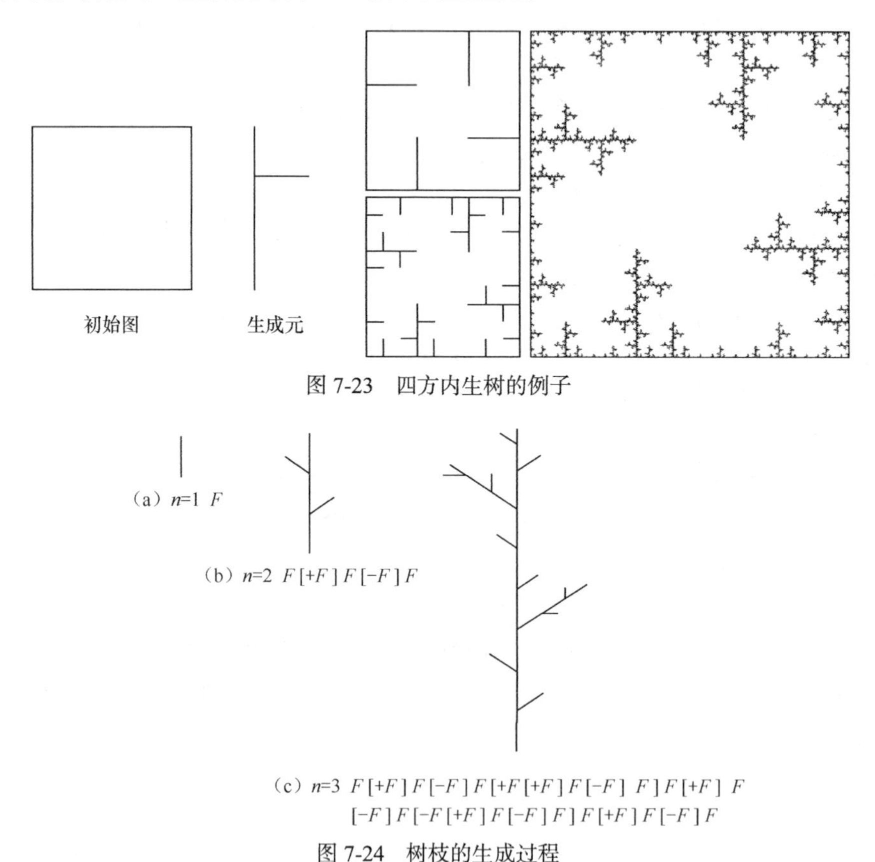

图 7-23　四方内生树的例子

图 7-24　树枝的生成过程

定义不同的生成元可以得到不同的植物形态，如图 7-25 所示。

从以上例子可以看出，设计 L 系统的过程是根据自相似结构形成信息压缩的一个过程，利用设计好的 L 系统进行绘制的过程则是信息压缩的逆过程，或者说是信息复原的过程。如何从被描述的对象提取最少量的信息以完成 L 系统的设计，目前还研究得比较少，但这是一个十分困难而有意义的研究课题。

L 系统虽然能有效给出植物的拓扑结构，但要想绘制真实感的二维、三维植物形态，还必须结合几何造型技术。例如，若要生成逼真的树干和树枝的柱状曲面、花瓣或树叶的自由曲面等，还需要使用曲面造型技术。目前，L 系统最成功的应用是用于植物生长的过程模拟，除此之外，它还被应用到其他自然景物模拟、电子线路设计、建筑群体结构设计等方面。

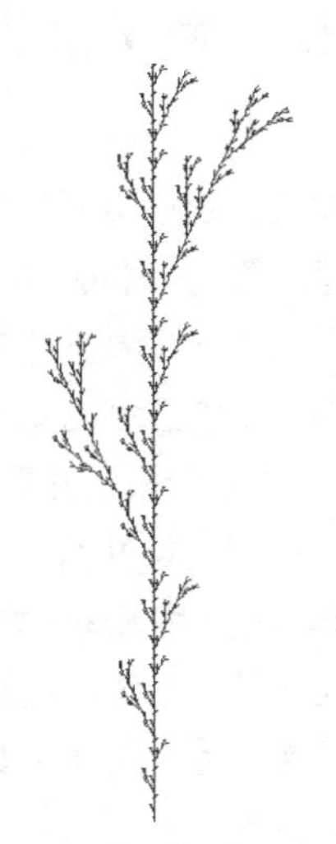

F→F［+F］F［-F］［F］
旋转角度为 25，迭代次数为 4

F→F［+F］F［-F］［F］
旋转角度为 25，迭代次数为 5

F→F［+F］F［-F］F
旋转角度为 25，迭代次数为 4

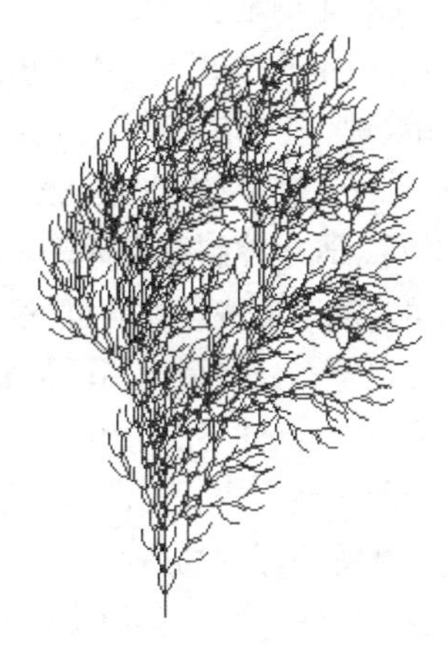

F→FF+［+F-F-F］-［-F+F+F］
旋转角度为 25，迭代次数为 3

F→FF-［-F+F+F］+［+F-F-F］
旋转角度为 25，迭代次数为 3

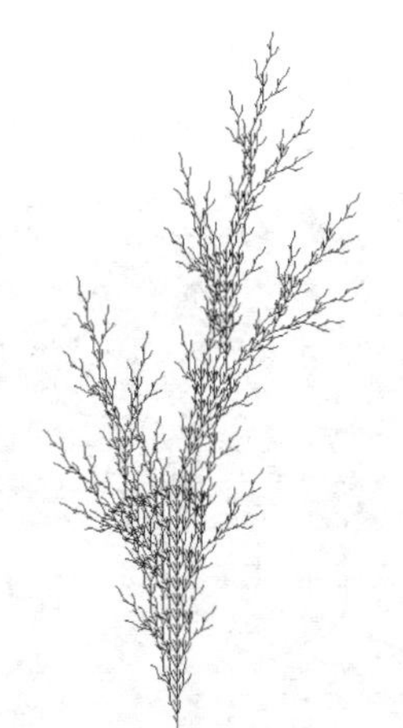

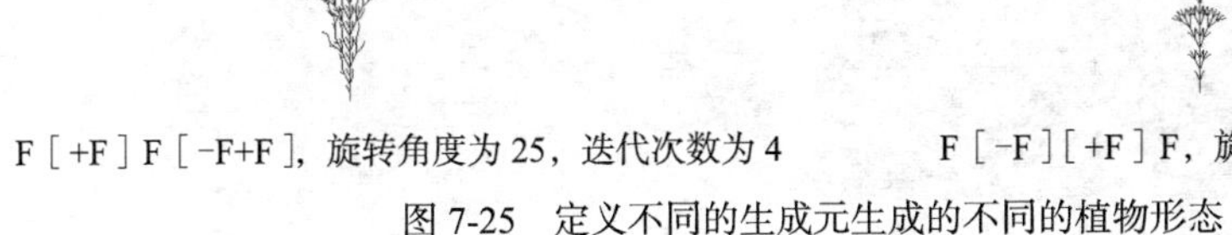

F［+F］F［-F+F］，旋转角度为 25，迭代次数为 4

F［-F］［+F］F，旋转角度为 25，迭代次数为 5

图 7-25　定义不同的生成元生成的不同的植物形态

7.2.4 粒子系统

粒子系统（Particle System）是 W.T.Reeves 于 1983 年提出的一种模拟不规则模糊自然景物的方法，尤其擅长模拟不规则物体的随机动态特性（如火焰、烟雾、下雨、行云、远处随风摇曳的树林和草丛等），因此它能够比较理想地模拟动态的、结构随时间波动非常强的模糊自然景物。

粒子系统的主要思想是：巧妙地将造型和动画结合为一个有机的整体，用单个的随时间变化的粒子作为景物造型的基本元素；每个粒子都有一定的生命周期，要经历从“出生”、“生长”到“死亡”这 3 个阶段，并采用随机过程的方法来实现粒子在“出生”、“生长”、“死亡”3 个阶段的不确定性；在生长过程中，粒子的属性被随机地改变。因此，粒子系统并不是一个简单的静态系统，其本质是一种随机模型。

为表达粒子系统的随机性，Reeves 采用了一些简化的随机过程来控制系统中粒子的数量、形状、特征及运动，对每个具有随机属性的粒子，根据给定的平均期望值和最大方差确定其属性参数的变化范围，即

$$Parameter = MeanParameter + \mathrm{rand}() \times VarParameter \tag{7-6}$$

然后，在该范围内随机地确定它们的值。式（7-6）中，*Parameter* 代表粒子系统中的任一需随机确定的参数，这些参数包括粒子的初始位置、初始大小、初始形状、初始速度、初始运动方向、初始颜色、初始透明度、初始纹理、生命周期等，rand()为分布于[−1,1]的均匀随机函数，*MeanParameter* 为该参数的均值，*VarParameter* 为其方差。根据给定的粒子平均数目和方差，可用式（7-6）来计算每一时刻进入系统的粒子数目，通过控制每一时刻进入系统的粒子数目来控制系统中总的粒子数目。

用粒子系统模拟动态自然景物的过程如下。

（1）生成新的粒子，分别赋予不同的属性以及生命周期，并将它们加入到系统中。

（2）删去系统中老的已经死亡的粒子。

（3）根据粒子的属性，按适当的运动模型或规则，对余下的存活粒子的运动进行控制。

（4）绘制当前系统中存活的所有粒子。

粒子系统的最初引入是为了模拟火焰，跳动的火焰被看做是一个喷出许多粒子的火山。1985 年，Reeves 和 Blau 又进一步发展了粒子系统，并惟妙惟肖地模拟了小草随风摇曳的景象。其后，它不仅在模拟动态模糊自然景物方面得到广泛应用，而且还成功地应用于包括 Alias/Wavefront、Maya、Softimage、3DMAX 在内的大部分动画软件中，用于电视电影的特技制作，如模拟火光、烟雾、烟花等特殊光效。用粒子系统模拟的各种效果包括火焰、烟花、雪花飘落、瀑布等，如图 7-26 所示。

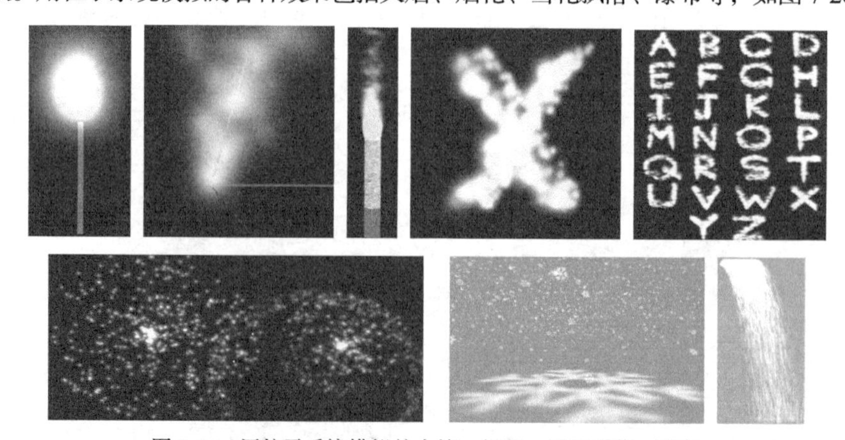

图 7-26 用粒子系统模拟的火焰、烟花、雪花飘落、瀑布

7.3　Julia 集与 Mandelbrot 集

7.3.1　概述

动力系统中的分形集是近年分形几何中最为活跃和引人入胜的一个研究领域。动力系统的奇异吸引子通常都是分形集，它们产生于非线性函数的迭代和非线性微分方程中。

1963 年，麻省理工学院的气象学家洛伦兹（E. N. Lorenz）在研究大气环流的对流运动时，采用下面的具有 3 个变量的常微分方程组进行了计算。

$$\begin{cases} \mathrm{d}x/\mathrm{d}t = 10(-x+y) \\ \mathrm{d}y/\mathrm{d}t = 28x - y + xz \\ \mathrm{d}z/\mathrm{d}t = xy - 8z/3 \end{cases} \tag{7-7}$$

在数值计算中，洛伦兹对中间结果进行舍入，然后再送回计算机中计算，结果非常出乎意料。通过对结果的深入分析和绘图（见图 7-27），洛伦兹对混沌运动有以下两个重要发现：（1）对初值的极端敏感性；（2）解并不是完全随机的，而是局限在状态空间的某个集合体上，称为混沌吸引子，也称为奇异吸引子。后来人们将这个奇异吸引子以他的名字来命名，称为洛伦兹吸引子，方程（7-7）被称为洛伦兹方程。

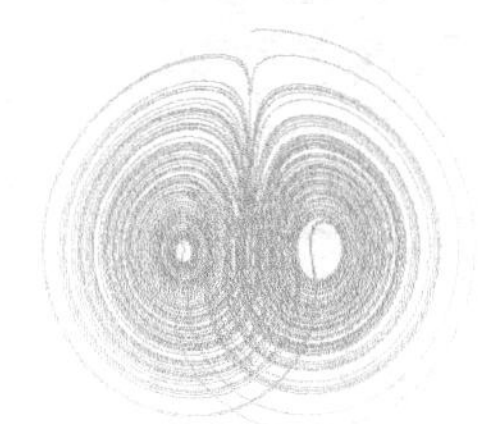

（a）沿 x 轴方向投影的洛伦兹吸引子

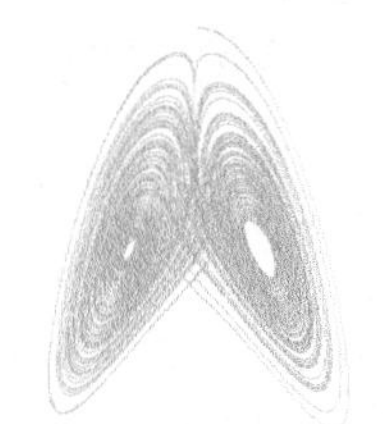

（b）沿 y 轴方向投影的洛伦兹吸引子

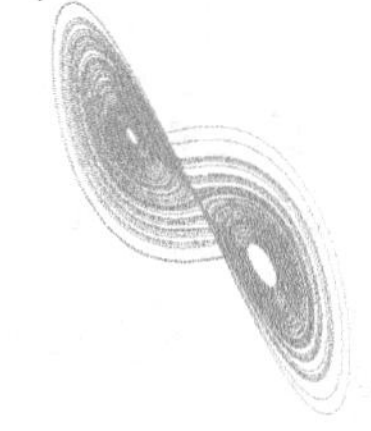

（c）沿 z 轴方向投影的洛伦兹吸引子

图 7-27　洛伦兹吸引子

动力系统中的另一类分形集来自于复平面上解析映射的迭代。G. Julia 和 P. Fatou 于 1918～1919 年开始这一研究。他们发现，解析映射的迭代把复平面划分成两部分，一部分为 Fatou 集，另一部分为 Julia 集。由于当时还没有计算机，因此，在随后的 50 年内，这方面的研究没有很大进展。计算机出现以后，这一研究才重获生机。1980 年，Mandelbrot 用计算机绘制了以他名字命名的 Mandelbrot 集的第一张图。

7.3.2　Julia 集与 Mandelbrot 集

Julia 集和 Mandelbrot 集都来自于复数的非线性映射 $z \to z^2 + c$，由一个带有常数 c 的简单复变函数 $f(z) = z^2 + c$ 的迭代可以生成一个具有奇异形状的分形。

记 $f^k(w)$ 为 w 的第 k 次迭代 $f(f(...(f(w))))$，则如果 $f(w) = w$，就称 w 为 f 的不动点。如果存在某个大于或等于 1 的整数 p，使得 $f^p(w) = w$，则称 w 为 f 的周期点，使 $f^p(w) = w$ 最小的 p 称为 w 的周期，并称 w，$f(w)$，…，$f^p(w)$ 为周期 p 的轨道。设 w 为周期为 p 的周期点，且 $(f^p)'(w) = \lambda$，这里一撇表示复变微商。

如果 λ=0，则称点 w 为超吸引的；如果 $0 \leqslant |\lambda| < 1$，则称点 w 为吸引的；如果 $|\lambda| = 1$，则称点 w

为中性的；如果$|\lambda|>1$，则称点 w 为斥性的。f 的 Julia 集 $J(f)$ 可以定义为 f 的斥性周期点集的闭包。当函数 f 很明确时，用 J 代替 $J(f)$。f 在 J 上表现出“混沌”的性质，而且 J 通常为分形。

作为特例，当 c=0 时，复变函数 $f(z)=z^2+c$ 从初始复数值 z_0 开始迭代所产生的序列为

$$z_0, z_0^2, z_0^4, z_0^8, \cdots$$

（1）如果序列中数的模越来越小，且趋于 0，则表示 0 是 $z \to z^2$ 的吸引子，复平面上所有与该吸引子距离小于 1 的点都产生趋向于吸引子 0 的序列。

（2）如果序列中数的模越来越大，且趋于∞，则表示无穷是 $z \to z^2$ 的吸引子，复平面上所有与原点距离大于 1 的点都产生趋向于∞的序列。

（3）以与原点相距为 1 的点作为初值，产生的序列总出现在 0 与∞两个吸引子区域之间的边界上，此时边界恰为复平面上的单位圆。仅在这种情况下，J 不是分形。

现在着重讨论 $c \neq 0$ 的情形，即对于复变函数 $f(z)=z^2+c$，c 取为不等于 0 的较小的复数，这时，如果 z 也较小，则 $f(z)=z^2+c$ 从初始复数值 z_0 开始迭代，所产生的序列 $f^k(z)$ 趋于 f 的接近于 0 的不动点，而如果 z 较大，则 $f^k(z)$ 趋于∞。虽然 Julia 集也是这两类不同表现形式的点集之间的分界，但这一边界不再像 c=0 时那样，它不再是简单的圆周，而是非光滑的图像（如图 7-28（a）～（b）所示），甚至可能也不再是一个简单的圆周的变形，而是由无穷多个变形闭曲线组成的分形曲线，如图 7-28（c）～（f）所示。

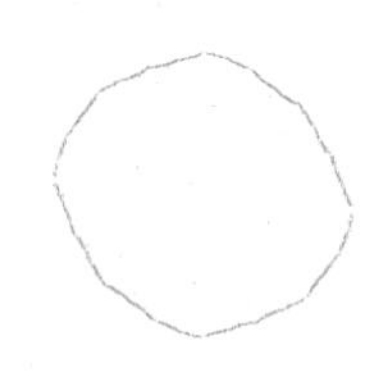

（a）c=0.1−0.1i，f 有吸引不动点，J 为拟圆

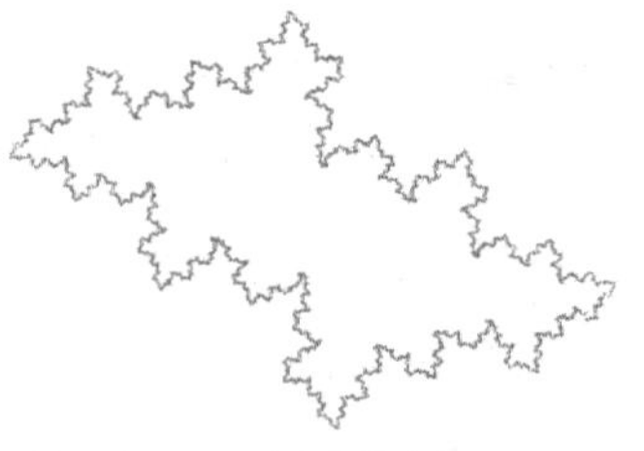

（b）c=0.5−0.1i，f 有吸引不动点，J 为拟圆

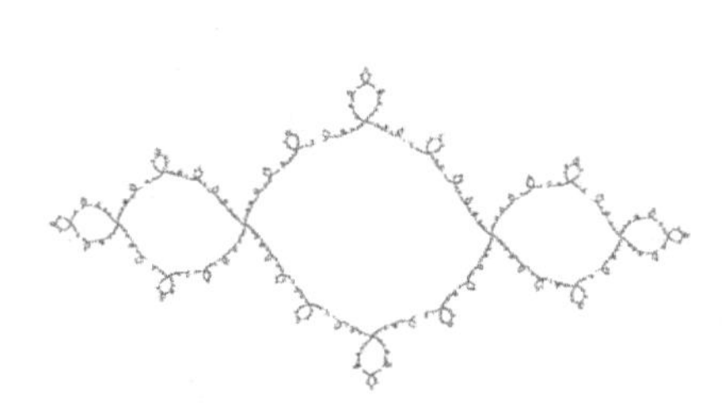

（c）c=1.0−0.05i，f 有周期为 2 的吸引轨道

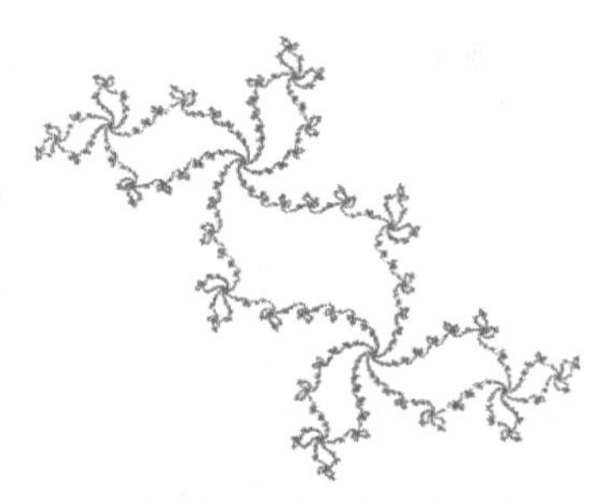

（d）c=0.2−0.75i，f 有周期为 3 的吸引轨道

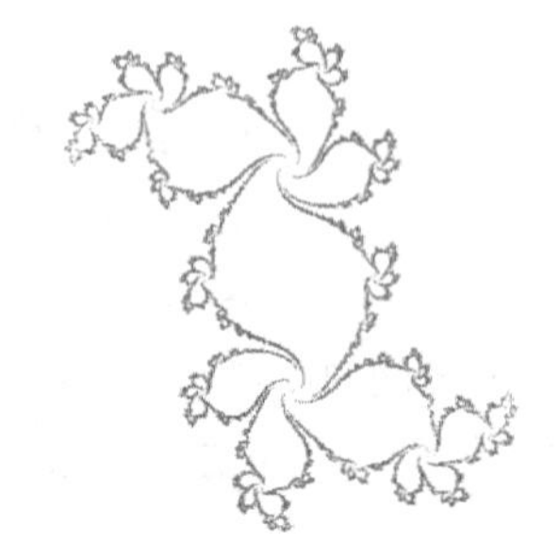

（e）c=0.25−0.52i，f 有周期为 4 的吸引轨道

（f）c=0.5−0.55i，f 有周期为 5 的吸引轨道

图 7-28　由 $f(z)=z^2+c$ 生成的一组 Julia 集

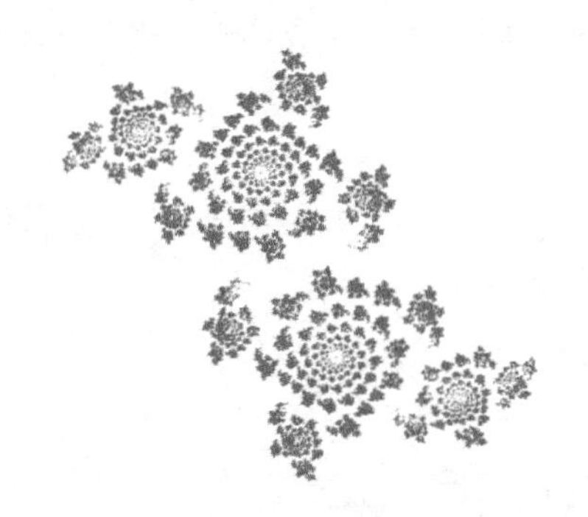

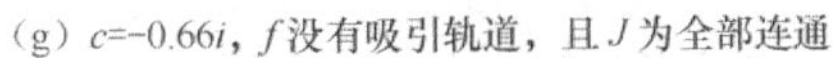

(g) $c=-0.66i$，f 没有吸引轨道，且 J 为全部连通

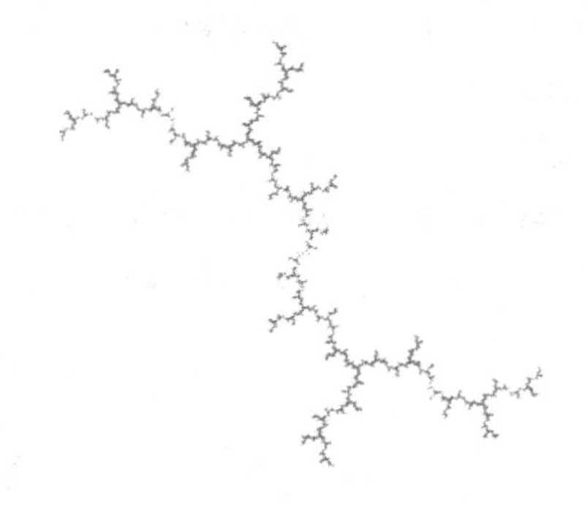

(h) $c=-i$，f 为无圈曲线

图 7-28　由 $f(z)=z^2+c$ 生成的一组 Julia 集（续）

将上述图形的边界放大，将会出现更精细的结构，它们与图像的整体性质相似，这种局部暗含整体的“全息”性质便是自相似性。

一般来说，对 c 的不同选择，可以产生不同形状的所谓边界，数学上称其为 Julia 集（简称 J 集）。能使 f 的 Julia 集连通的复参数 c 在复平面上所构成的点集，称为 Mandelbrot 集（简称 M 集），如图 7-29 所示。

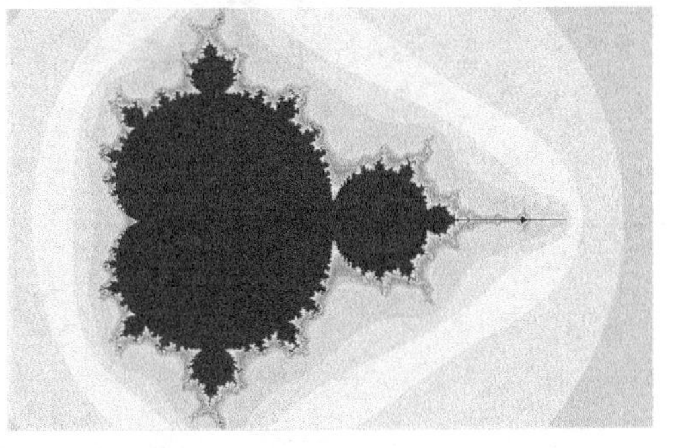

图 7-29　复映射 $z\to z^2+c$ 生成的 Mandelbrot 集

从 M 集图可以看出，它有着非常复杂的结构，一个明显的特征就是：一个主要的心形图与一系列圆盘形的“芽苞”突起连在一起，每一个芽苞又被更细小的芽苞所环绕，以此类推。然而，这并非全部，事实上，还有精细的“发丝状”分枝从芽苞向外长出，这些细如发丝的分枝在它的每一段上都带有与整个 M 集相似的微型样本。计算机绘制的图形很容易遗漏掉这些细节。

M 集包含了关于 Julia 集构造的大量信息。随着复参数 c 在复平面上变化，J 集的构造将会随之发生变化。可以证明，当 c 在 M 集的主心形图上时，$J(f)$ 为简单闭曲线，这样的曲线有时被称为拟圆，如图 7-28（a）～（b）所示。当 c 在 M 集的芽苞上或在心形图的边界上时，$J(f)$ 有不同周期的吸引轨道，如图 7-28（c）～（f）所示。当 c 在 M 集的芽苞与心形图接触的“颈部”时，$J(f)$ 包含一系列把它的边界与不同的周期点连接起来的“卷须”，没有吸引轨道，且为全不连通，如图 7-28（g）所示。当 c 在 M 集的一个“发状”分枝上时，$J(f)$ 可能是无圈曲线，即具有树状形式，如图 7-28（h）所示。

为在计算机上生成 J 集和 M 集的分形图形，令 $z=x+y\mathrm{i}$，将复平面上点 z_k 与 xy 平面上的点 (x_k,y_k) 相对应，然后由复二次迭代过程 $z_{n+1}={z_n}^2+c$，分离出 z 和 c 的实部与虚部，即

$$x_{k+1}=x_k^2-y_k^2+p$$
$$y_{k+1}=2x_k y_k+q$$

其中，$c=p+q\mathrm{i}$，这就是从 $z_k(x_k,y_k)$ 到 z_{k+1} (x_{k+1},y_{k+1}) 的迭代公式。用屏幕上不同的点即 z_k 作为初值反复进行迭代，由此产生的 z_k 序列将会出现收敛和发散两种情况，通过设置最大迭代次数 N 和判断收敛与发散用的阈值 M 来对屏幕上的点进行着色，即对那些迭代到 N，而 z_k 的模值仍未超过阈值 M 的，则认为该 z_k 值是收敛的，反之则认为是发散的。对于收敛的点用某种固定颜色显示，而对于发散的点根据其发散速度的快慢用不同的色调显示，这样就形成了一幅彩色的 Julia 集图像。令 $z_k=0$，对不同的 c 值进行迭代，则可生成 M 集图像。

根据上述J集和M集图像的生成原理，给出如下的J集和M集生成算法。假设监视器的分辨率是$a\times b$，可显示的颜色数为$N+1$种，分别用数字$0,1,2,\cdots,N$表示，其中，0表示黑色。则J集的生成算法如下。

（1）选定参数$c=p+q\mathrm{i}$，并设$x_{\min}=y_{\min}=-1.5$，$x_{\max}=y_{\max}=1.5$使得图形在指定范围内显示，同时，取M为一个相对较大的数，例如，取M=100。令

$$\Delta x=\frac{x_{\max}-x_{\min}}{a-1}$$

$$\Delta y=\frac{y_{\max}-y_{\min}}{b-1}$$

（2）对所有点(n_x,n_y)（其中，$n_x=0,1,2,\cdots,a-1$，$n_y=0,1,2,\cdots,b-1$），完成如下循环。

Step1：令$x_0=x_{\min}+n_x\cdot\Delta x,y_0=y_{\min}+n_y\cdot\Delta y,k=0$。

Step2：根据$x_{k+1}=x_k^2-y_k^2+p$，$y_{k+1}=2x_ky_k+q$，从(x_k,y_k)迭代计算出(x_{k+1},y_{k+1})，并使k值增1。

Step3：计算$r=x_k^2+y_k^2$。如果$r>M$，则用颜色k显示点(n_x,n_y)，并转至下一点，重复以上步骤；如果$k=N$，则用固定颜色0（黑色）显示点(n_x,n_y)，并转至下一点，重复以上步骤；如果$r\leqslant M$，且$k<N$，则转至Step2，继续迭代。

M集的生成算法如下。

（1）选定$p_{\min}=-2.25$，$p_{\max}=0.75$，$q_{\min}=-1.5$，$q_{\max}=1.5$，使得图形在指定范围内显示，并取M=100，且令

$$\Delta p=\frac{p_{\max}-p_{\min}}{a-1}$$

$$\Delta q=\frac{q_{\max}-q_{\min}}{b-1}$$

（2）对所有点(n_x,n_y)（其中，$n_x=0,1,2,\cdots,a-1$，$n_y=0,1,2,\cdots,b-1$），完成如下循环。

Step1：令$p_0=p_{\min}+n_x\cdot\Delta p,q_0=q_{\min}+n_y\cdot\Delta q,k=0,p_0=q_0=0$。

Step2：根据$x_{k+1}=x_k^2-y_k^2+p$，$y_{k+1}=2x_ky_k+q$，从(x_k,y_k)迭代计算出(x_{k+1},y_{k+1})，并使k值增1。

Step3：计算$r=x_k^2+y_k^2$。如果$r>M$，则用颜色k显示点(n_x,n_y)，并转至下一点，重复以上步骤；如果$k=N$，则用颜色0（黑色）显示点(n_x,n_y)，并转至下一点，重复以上步骤；如果$r\leqslant M$，且$k<N$，则转至Step2。

由于上述算法是逐点迭代逐点着色，当分辨率很高时，迭代所需的计算量将会变得非常大，因此有必要研究图形的快速显示算法，考虑到很多图形中存在颜色连续的局部区域，同时受牛顿二分法思想的启发，这里作者在参考文献[26]中提出一种J集的快速生成算法，用于提高图形的显示速度。因为是不断将横、纵坐标同时进行二分，即将平面区域进行四分来判断是否为颜色单一区域并进行填充，因此，不妨将其称之为“区域四分法”。

假设监视器的分辨率是$(a+1)\times(b+1)$，即$x=0,1,2,\cdots,a$，$y=0,1,2,\cdots,b$，首先，取屏幕4个顶点（0,0），（a,0），（0,b），（a,b），假定用这4个顶点作为初值迭代后计算出的颜色值分别为$n1$，$n2$，$n3$，$n4$，则“区域四分法”的原理是：先判断颜色值$n1$，$n2$，$n3$，$n4$是否全部相等，如果全部相等，则将这4个顶点围成的矩形用该颜色逐点填充着色；否则将这个矩形区域再进行四分，如图7-30所示，将屏幕分成1区、2区、3区和4区。先处理1区，将1区的4个顶点进行初值迭代后计算出的颜色值$n1$，$c2$，$c3$，$c4$进行比较，如果全部相等，则按此颜色逐点对1区进行填充着色，否则再四分，直到无需再四分时逐点着色将1区画完，然后，依此原理将2区、3区和4区画完。

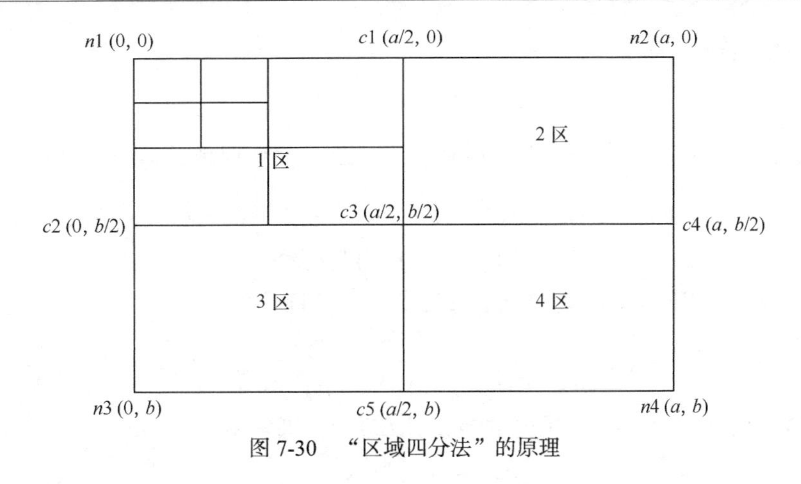

图 7-30 “区域四分法”的原理

7.3.3 广义 Julia 集与 Mandelbrot 集

非线性科学家首先研究的是形如 $z \to z^2 + c$ 之类的复映射，但除了二次映射，是否可以考虑任意多项式的映射，或者三角函数、指数函数，甚至对数函数的映射呢？当然可以，这样得到的图形可以粗略地称为广义 M 集和广义 J 集。图 7-31（a）、（b）所示为复指数映射 $z \to ce^z$ 的 M 集和 J 集，图 7-31（c）所示的是复映射 $z \to z^4 + c$ 的 M 集，图 7-31（d）是复映射 $z \to z^5 + c$ 的 M 集。

（a）复指数 Mandelbrot 集

（b）复指数 Julia 集

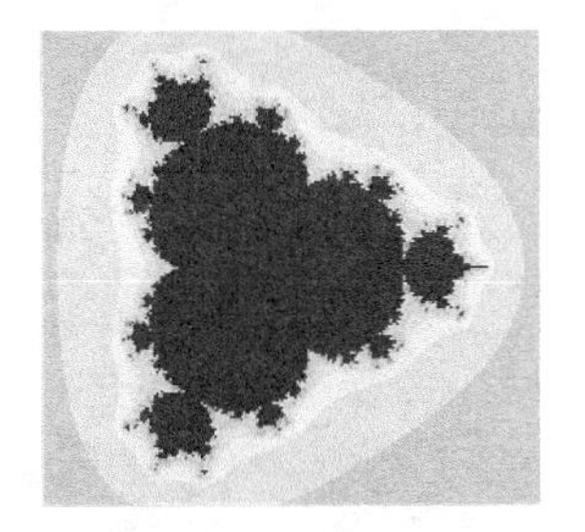

（c）复映射 $z \to z^4 + c$ 的 M 集

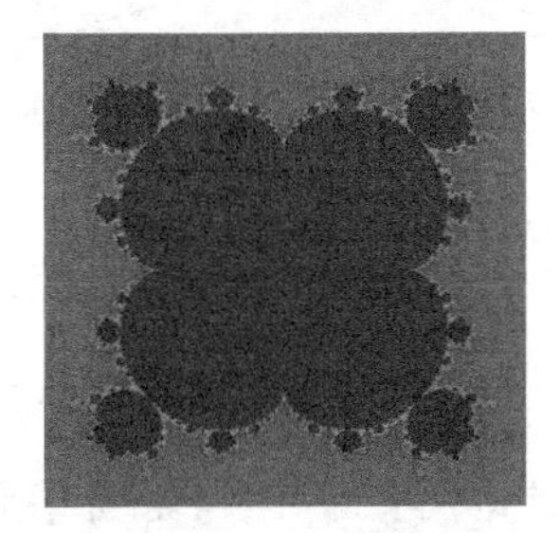

（d）复映射 $z \to z^5 + c$ 的 M 集

图 7-31 广义 Mandelbrot 集

7.4 复平面域的 Newton-Raphson 方法

7.4.1 概述

Newton-Raphson 方法（简称牛顿迭代法）是求解多项式方程根的基本方法，设 $p(x)$ 为具有

连续导数的函数，若

$$f(x)=x-p(x)/p'(x)$$

假设在解上 $p'(x)\neq 0$，并适当选取 x 的初值，则迭代 $f^k(x)$ 收敛于 $p(x)=0$ 的解。

Cayley 提出了在复平面上的研究方法。设 p 为具有复系数的多项式，定义有理函数 f 为

$$f(z)=z-p(z)/p'(z)$$

则由 $p(z)/p'(z)=0$ 给出的 f 的不动点是 p 的包含 ∞ 在内的零点。

对 $f(z)$ 求导数，有

$$f'(z)=p(z)p''(z)/p'(z)^2 \tag{7-8}$$

如果 $p'(z)\neq 0$，则 p 的零点 z 是 f 的超吸引不动点。通常用

$$A(\omega)=\{z:f^k(z)\to\omega\}$$

表示零点 ω 的吸引域，即在牛顿迭代下所有收敛于 ω 的初始点集。由于零点是吸引的，因此，$A(\omega)$ 是一个包含零点 ω 的开区域。

对多项式适用的 Julia 集理论，对有理函数也几乎同样适用。主要区别在于：若 f 为有理函数，$J(f)$ 不一定有界，且有时也可能有内部点，并表现出更为复杂的无限精细的自相似结构。

一种简单的情形为二次多项式

$$p(z)=z^2-c$$

它的零点为 $\pm\sqrt{c}$，此时，牛顿迭代公式变为

$$f(z)=(z^2+c)/2z$$

于是

$$f(z)\pm\sqrt{c}=(z\pm\sqrt{c})^2/2z$$

从而有

$$\frac{f(z)+\sqrt{c}}{f(z)-\sqrt{c}}=(\frac{z+\sqrt{c}}{z-\sqrt{c}})^2$$

因此，如果 $\left|z+\sqrt{c}\right|/\left|z-\sqrt{c}\right|<1$，则 $\left|f^k(z)+\sqrt{c}\right|/\left|f^k(z)-\sqrt{c}\right|\to 0$，且当 $k\to\infty$ 时，$f^k(z)\to-\sqrt{c}$。同理，如果 $\left|z+\sqrt{c}\right|/\left|z-\sqrt{c}\right|>1$，则 $f^k(z)\to\sqrt{c}$。所以，Julia 集是零点（$-\sqrt{c}$）和零点 $\sqrt{c}$ 的垂直平分线，即 $\left|z+\sqrt{c}\right|=\left|z-\sqrt{c}\right|$，而且 $A(-\sqrt{c})$ 和 $A(\sqrt{c})$ 分别为两侧的半平面，或者说 Julia 集是这两个吸引域的边界。

再看三次多项式的例子，对如下特殊情形

$$p(z)=z^3-1$$

有 3 个零点，分别为：1，$\mathrm{e}^{\mathrm{i}2\pi/3}$，$\mathrm{e}^{\mathrm{i}4\pi/3}$。这时牛顿函数为

$$f(z)=\frac{2z^3+1}{3z^2}$$

$\rho(z)=z\mathrm{e}^{\mathrm{i}2\pi/3}$ 是绕原点 120°的旋转变换，容易验证有下式成立

$$f(\rho(z))=\rho(f(z))$$

可见，绕原点 120° 的旋转变换把每个零点 ω 相应的 $A(\omega)$ 都映射到 $A(\omega\mathrm{e}^{\mathrm{i}2\pi/3})$ 上，所以，Julia 集有关于原点对称的三部分，且为 3 个吸引域的边界。同理，可以分析得到 $p(z)=z^4-1$ 有 4 个零点：1，$\mathrm{e}^{\mathrm{i}\pi/2}$，$\mathrm{e}^{\mathrm{i}\pi}$，$\mathrm{e}^{\mathrm{i}3\pi/2}$，如图 7-32 所示，其 Julia 集有关于原点对称的四部分，且为 4 个吸引域

的边界。

图 7-32　对 $p(z)=z^4-1$ 进行牛顿迭代绘制的 Julia 集

如果一个图形具有 $2\pi/n$ 的旋转不变性，则称该图形具有 n 向对称性。根据上述分析可知，对 n 阶多项式 $p(z)=z^n-1$，用牛顿迭代法得到的 Julia 集具有 n 向对称性。

7.4.2　改进的 Newton–Raphson 方法生成分形艺术图形

本节着重介绍作者在参考文献[27]中提出的利用复平面域 Newton-Raphson 方法生成分形艺术图形的方法。

用牛顿迭代法对多项式 $p(z)$ 进行迭代求解通常是把前一个 z 值的输出作为下一个 z 值的输入代入 $z_{k+1}=z_k-p(z_k)/p'(z_k)$，反复运算得到复数 z_k 的序列。当给定初值 z_0 后，经反复迭代，产生的 z_k 序列将会出现收敛和发散两种情况。

设迭代求解精度为 ε（如 10^{-6}），在迭代过程中，对于收敛的点，用模 $|z_k-z_{k-1}|<\varepsilon$ 来识别，而对于那些迭代到一定次数 $|z_k-z_{k-1}|$ 仍未小于 ε 的点，则可认为是发散的。为了标识具有不同收敛速度的点，可将发散的那些点用同一种色调表示，而将收敛的点用不同的色调表示，这样就可生成一幅彩色的分形图形，而图形上任一点的色彩和把该点作为迭代初值求解所需的迭代次数相对应。

设显示器分辨率为 $a\times b$，可显示 N 种不同的色彩灰度值，并设迭代求解精度为 ε，最大迭代次数为 *MaxIter*。算法的伪码描述如下。

```
xmin = ymin = -1.5; xmax = ymax = 1.5;
dx = (xmax-xmin)/(a-1);
dy = (ymax-ymin)/(b-1);
for (x=0; x<a; x++)
  for (y=0; y<b; y++)
   {
     xk = xmin + x * dx;
     yk = ymin + y * dy;
     取复点 zk = xk + yki 作为迭代初值;
     k = 0;
     do{
         按迭代公式 zk+1 = zk - p(zk) / p'(zk)计算 zk+1;
         计算模值 modulo = | zk+1- zk|;
         zk = zk+1;
         k++;
     }while (modulo >= ε && k < MaxIter);
     if (modulo < ε) 用颜色 k 显示点(xk,yk);
```

```
    else if (k == MaxIter) 用某一固定颜色显示点(xk, yk);
}
```

按照上述算法固然可以生成具有自相似性的美丽分形，但它们完全是按照自身规律生成固定形式的图形。例如，图 7-32 所示为当 $p(z)=z^4-1$ 时，按此方法生成的分形图形，观察图形可见它具有明显的对称性质，且每两个零点的吸引域间的边界区域极为复杂，不是一条整齐的边界线，而是由 n（这里 n=4）条分形“链”组成，呈现出一系列的自相似结构。

根据前面的分析已经知道，对 n 阶多项式 $p(z)=z^n-c$，用牛顿迭代法得到的 Julia 集具有 n 向对称性，即此类分形图形的对称性主要由 $p(z)$ 的阶次 n 来决定。而 $p(z)$ 中复常数 c 的改变不影响图形的整体结构特点，只影响其吸引不动点的位置，使 $J(f)$ 发生一定角度的旋转，因此，限制了它在艺术图形设计中的应用。

这里介绍作者研究的一种用牛顿迭代法生成分形艺术图形的方法。考虑到分式线性映射 $\omega=1/z$ 在扩充的复平面上是一一对应的，且为具有保圆性和保对称性的保角映射，受此思想启发，作者提出将分式线性映射思想引入上述复迭代过程，即将牛顿函数 $f(z)$ 取倒数，并在迭代过程中嵌入控制参数，从而得到一种新的分形图形生成算法。

令

$$F(z)=\frac{1}{f(z)}=\frac{p'(z)}{zp'(z)-p(z)} \tag{7-9}$$

对上式求导后，有

$$F'(z)=\frac{p(z)p''(z)}{(zp'(z)-p(z))^2} \tag{7-10}$$

比较式（7-8）和式（7-10），可以发现其分子部分完全相同，说明当 $zp'(z)\neq p(z)$ 时，p 的零点 z 是 F 的超吸引不动点，也就是说当 $p'(z)\neq 0$ 且 $zp'(z)\neq p(z)$ 时，p 的零点 z 既是 f 的超吸引不动点，也是 F 的超吸引不动点。

图 7-32 所示就是当 $p(z)=z^4-1$ 时，按上述 $F(z)$ 进行迭代生成的分形图形，可见它仍保持原图形的 n 向对称性。然而，无论是按 $f(z)$ 还是按 $F(z)$ 进行迭代，所生成的分形图形均是按其自身规律生成，缺少外部控制其变化的参数，为使生成的图形更富于变化且能由设计者参与调整这种变化，作者提出在 $F(z)$ 表达式中嵌入两个控制参数 α、β。

令

$$F(z)=\frac{F_a(z)}{F_b(z)}=\frac{R_e(F_a)+I_m(F_a)i}{R_e(F_b)+I_m(F_b)i}$$

则在 $F(z)$ 中嵌入控制参数 α、β 后，有

$$F(z)=\frac{\alpha\cdot R_e(F_a)+I_m(F_a)i}{\beta\cdot R_e(F_b)+I_m(F_b)i}$$

其中，α、β 为经验参数，$\alpha=\beta=1$ 是未嵌入控制参数时的特例。由于 α、β 的嵌入改变了迭代函数 $F(z)$ 的收敛速度，还可能使原本收敛的点变为发散的，或者原本发散的点变为收敛的，因而导致图形产生变化，而这种变化正是作为艺术图形设计所需要的，因此 α、β 的适当调整并配合复常数 $c=p+q$i 以及 x_{min}，x_{max}，y_{min}，y_{max} 的选取可得到许许多多令人惊叹不已的美丽分形，如图 7-33 和图 7-34 所示。这些图形有的像鲜花散落池边，有的似蝴蝶翩翩起舞，有的如海边的彩色鹅卵石珠链成串……令人浮想联翩，给人以艺术创作的灵感。

这些漂亮的分形图案不但可以用于制作贺卡、电话 IC 卡、邮票，还可用于时装设计。

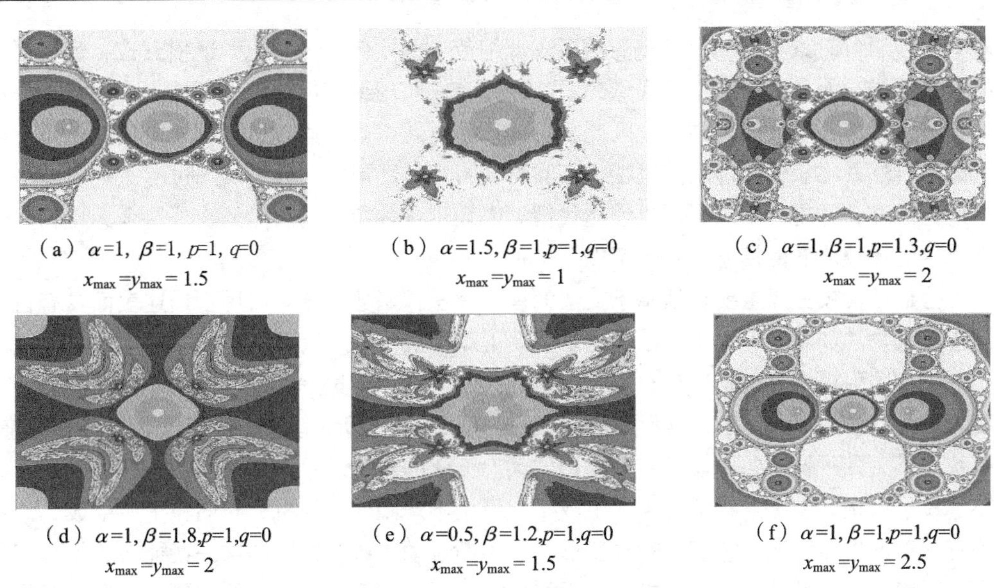

（a）$\alpha=1,\ \beta=1,\ p=1,\ q=0$　$x_{max}=y_{max}=1.5$

（b）$\alpha=1.5, \beta=1, p=1, q=0$　$x_{max}=y_{max}=1$

（c）$\alpha=1, \beta=1, p=1.3, q=0$　$x_{max}=y_{max}=2$

（d）$\alpha=1, \beta=1.8, p=1, q=0$　$x_{max}=y_{max}=2$

（e）$\alpha=0.5, \beta=1.2, p=1, q=0$　$x_{max}=y_{max}=1.5$

（f）$\alpha=1, \beta=1, p=1, q=0$　$x_{max}=y_{max}=2.5$

图 7-33　用 $p(z)=z^4-1$ 生成的艺术图形

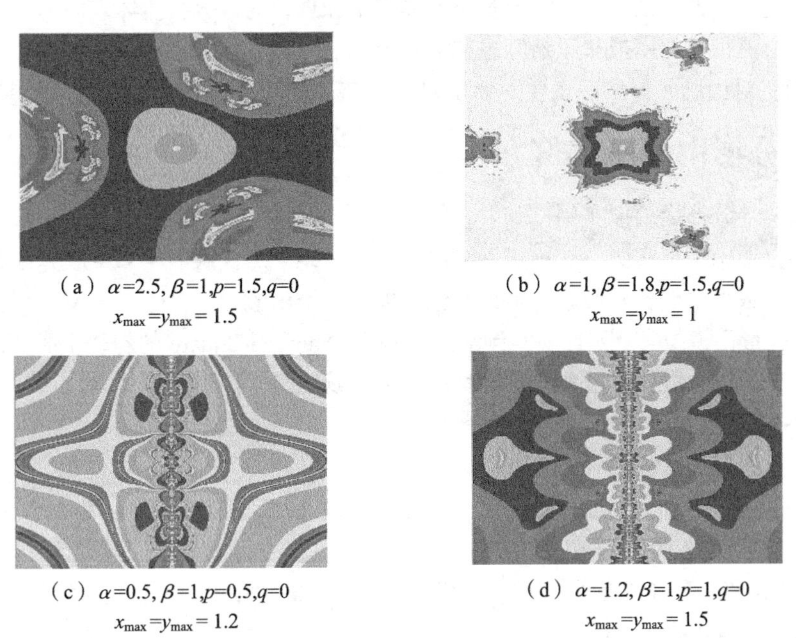

（a）$\alpha=2.5, \beta=1, p=1.5, q=0$　$x_{max}=y_{max}=1.5$

（b）$\alpha=1, \beta=1.8, p=1.5, q=0$　$x_{max}=y_{max}=1$

（c）$\alpha=0.5, \beta=1, p=0.5, q=0$　$x_{max}=y_{max}=1.2$

（d）$\alpha=1.2, \beta=1, p=1, q=0$　$x_{max}=y_{max}=1.5$

图 7-34　用 $p(z)=z^3-1$ 生成的艺术图形

7.5　自然景物模拟实例

大自然向人类展示其美丽多变形态的同时，也提出了难以回答的问题：怎样描述复杂的自然景象？如何生成和再现自然景象？艺术家和科学家均在不断地探索和努力，试图寻求这些问题的答案。自然景物形态多样，其外在表现形式千变万化、纹理错综复杂，其表面通常包含丰富的细节或具有随机变化的形状，因此很难用传统的几何曲线和曲面来描述或逼近。自然景物和自然现象的模拟一直以来都是计算机图形学中最具挑战性的问题之一。

对于蕴含于自然景物中的无穷多的随机纹理细节，即使选择最简化的造型方式，也需要一个庞大的数据结构，而且随着观察者视点的不断接近，该纹理细节也会变得更加复杂，数据结构中存储的细节信息将会很快陷入枯竭，因此，用静态数据结构来描述自然景物的方法通常是不可取的。考虑到自然景物表面纹理的随机性特征和时变特征，图形学研究者均通过基于随机过程理论的方法进行研究，并提出了一系列过程迭代模型来表示各种特定的自然景物。迄今为止，用于描述自然景物的比较成熟的模型主要包括以下 4 种。

（1）分形迭代模型。主要包括基于文法的模型和迭代函数系统。可用于描述表面具有自相似特征的自然景物，如花草、树木、山脉、烟云、火焰等。

（2）纹理映射模型。包括颜色纹理模型、几何纹理模型和过程纹理模型，颜色纹理模型可描述景物表面的各种色彩和图案；几何纹理模型可描述景物表面所呈现的各种凹凸不平的纹理细节；而过程纹理模型则可描述各种规则和不规则的动态变化的自然现象，如水波、云、火、烟雾等。

（3）粒子系统模型。景物被定义为由成千上万个不规则的、随机分布的粒子所组成，而每个粒子均有一定的生命周期，它们不断改变形状、不断运动。粒子系统的这一特征，使得它充分体现了不规则模糊物体的动态性和随机性，很好地模拟了火、云、水、森林和原野等自然景物。

（4）物理过程模型。该类方法完全基于流体力学原理，通过分析流体表面的受力特征来模拟各类流体现象，能很好地模拟非压缩气态和液态流体。

本节后面将对山脉、树木、雨雪、水流和气流等自然现象，给出相应的模拟算法和实例。

7.5.1 分形山模拟实例

本节给出两个分形山模拟实例：

（1）二维分形山模拟实例。这一实例给出了基于一维中点变换的轮廓生成算法和颜色填充算法。通过变换参数可生成各种形态、多种颜色深度的二维山形图。

（2）三维分形山模拟实例。这一实例给出了基于 Diamond-Square 的轮廓生成算法，可生成多种逼真的三维山形图，并就其着色问题和特效生成问题进行了探讨和模拟。

1. 二维分形山模拟实例

（1）设计思想及算法描述

首先给定由若干种子点构成的初始种子点集合以及初始高度因子 h、缩放倍数 b 和迭代次数 n 等参数，然后对种子点集合进行如下迭代运算。

步骤 1：求出当前种子点集合中每对相邻种子点连线的中点坐标 (x, y) 。生成一个新的种子点 (X,Y) 并加入种子点集合

$$\begin{cases} \boldsymbol{X} = \boldsymbol{x} \\ \boldsymbol{Y} = \boldsymbol{y} + \boldsymbol{r} \times \boldsymbol{h} \end{cases} \tag{7-11}$$

其中 r 为（-1,1）之间的随机数。

步骤 2：判断是否达到最大迭代次数 n，若达到则转 Step5，否则转 Step3。

步骤 3：修正高度因子 h，使 $h = h / b$ 。

步骤 4：转 Step1 进行下一次迭代。

步骤 5：将种子点集合中所有点按 X 坐标从小到大顺序连接，生成二维山形轮廓。

步骤 6：按给定的灰度值填充由轮廓和地平线组成的封闭区间。

步骤 7：算法结束。

例如，给定两个初始种子点 $P1(X1,Y1)$ 和 $P2(X2,Y2)$ ，设定初始高度 h 和缩放倍数 b。如

图 7-35 所示。

P1 (X1, Y1)　　　　　　　　　　　　　　P2 (X2, Y2)

图 7-35　初始轮廓图形

进行一次迭代，取随机数 r，在 $P1P2$ 中间生成一个新的种子点 $P(X,Y)$，其中 $X=\frac{X1+X2}{2}, Y=r\times h+\frac{Y1+Y2}{2}$，如图 7-36 所示。

进行第二次迭代，修正高度因子，取随机数 $r1$，$r2$，在 $P1P$ 和 $PP2$ 之间生成两个新的种子点并加入到种子点集合，顺序连接各个种子点后生成如图 7-37 所示的轮廓图形。

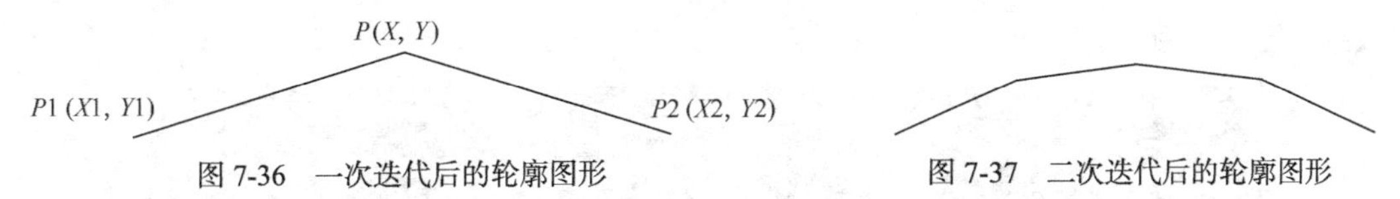

图 7-36　一次迭代后的轮廓图形　　　　图 7-37　二次迭代后的轮廓图形

如果初始种子点集合以及初始高度因子选择恰当，在经过适当的迭代次数即可生成效果较好的二维山形轮廓。

（2）算法实现及讨论

通过 VC++实现上述算法，生成如图 7-38 所示的二维山形模拟器。

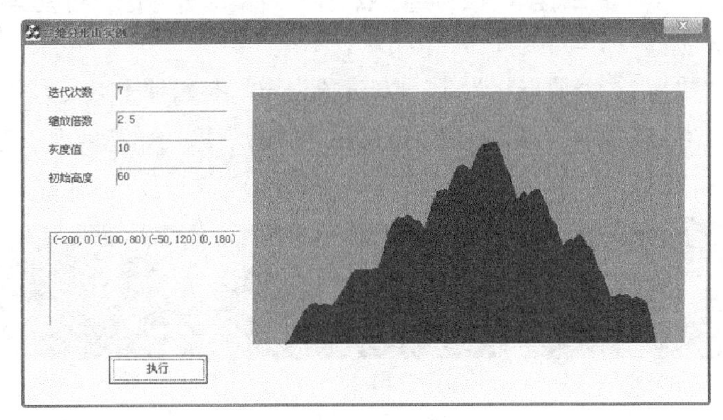

图 7-38　二维山形模拟器

此模拟器的各个参数的取值应遵循以下规则。

① 种子点的 y 坐标应该大于等于零。

② 灰度值为整形，取值范围为[0,255]，值越大颜色越浅，0 是黑色，255 是白色。

③ 通过初始种子点集合生成的轮廓应与实际山形轮廓相似。

下面从迭代次数、缩放倍数和初始高度的不同取值对模拟器的运行效果和效率进行分析。

① 对迭代次数的分析。通过多次试验得出如下结论：迭代次数越低，生成的山形棱角越明显，山形越简单，迭代次数越高生成的山形越细腻，细节越丰富，一般在 5～8 次效果较佳。

示例：取缩放倍数为 2.5，初始高度因子为 80，灰度值为 10，种子点集为$\{(-200,0),(-100,80),(-50,120),(0,180),(50,150),(100,100),(150,50),(200,0)\}$。进行 1 次、3 次、7 次迭代后的结果如图 7-39 所示。

② 对缩放倍数的分析。通过多次试验得出如下结论：缩放倍数越小，生成的山形毛刺越多；缩放倍数越大，毛刺越少，越平滑，但过大后由于几乎无任何随机突起，生成的山形就会成棱形，

真实感较差。取缩放倍数为[2,4]效果较佳。

（a）1 次迭代效果

（b）3 次迭代效果

（c）7 次迭代效果

图 7-39　不同迭代次数运算后生成的效果

示例:取迭代次数为 8,初始高度因子为 60,灰度值为 10,初始种子点集为$\{(-200,0),(-150,70),(-100,120),(-50,50),(0,15),(50,40),(100,90),(150,30),(200,0)\}$，取缩放倍数为 1.3、2.5 和 10 时的生成效果如图 7-40 所示。

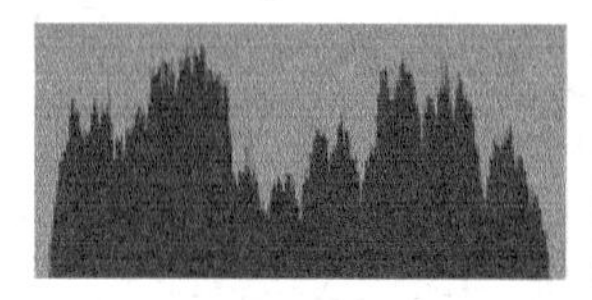
（a）b=1.3

（b）b=2.5

（c）b=10

图 7-40　取不同缩放倍数后生成的效果

③ 对初始高度因子的分析。通过多次试验得出如下结论：初始高度越大，生成的山形越平滑；反之，凹凸感越强烈。至于其最佳取值如何应该和种子点集综合考虑，可根据所有种子点的平均高度值来进行参考，选择一个与之合适的初始高度因子。

示例：取迭代次数为 8，缩放倍数为 2.5，灰度值为 10，初始种子点集为$\{(-200,0),(-150,70),(-100,120),(-50,50),(0,15),(50,40),(100,90),(150,30),(200,0)\}$，取初始高度因子为 10、70 和 120 时的生成效果如图 7-41 所示。

（a）h=10

（b）h=70

（c）h=120

图 7-41　取不同初始高度因子后生成的效果

2. 三维分形山模拟实例

（1）设计思想及算法描述

本节采用的算法是在著名的 Diamond-Square 算法的基础上做了一些改进得到的。具体描述如下。

步骤 1：先给定空间正方形（或四面体）。图 7-42 所示为该空间正方形的垂直投影，在描述时先用二维坐标定义该投影，再为各点定义一个高度，可以为 0，也可以不为 0 也不相等（该情况的 $ABCD$ 就为空间四面体），各点的两个投影坐标和一个高度值构成该点的空间三维坐标。设各顶点坐标为：$A(Xa,Ya,Ha)$,$B(Xb,Yb,Hb)$,$C(Xc,Yc,Hc)$,$D(Xd,Yd,Hd)$，另外定义一初始高度因子 h 和一缩放倍数 b。

步骤 2：进行迭代，先求出正方形面 $ABCD$ 的中心点 $O(Xo,Yo)$，并为该点随机生成一个高度值 $Ho=(Ha+Hb+Hc+Hd)/4+h\cdot r$（$r$ 为随机数），于是得到空间中心点 $O(Xo,Yo,Ho)$。再分别求出 4 个边的中点，中点高度值取为边的两端点高度的平均值 $h\cdot r$。这样所得到的形体垂直投影如图 7-43 所示。

步骤 3：修正高度因子 $h=h/b$，用 Step2 的方法分别对这 4 个小正方形进行处理。

步骤 4：重复以上过程直到达到所期望的山形细腻程度。

步骤 5：把生成的所有点连接起来，得到三维山形的轮廓。

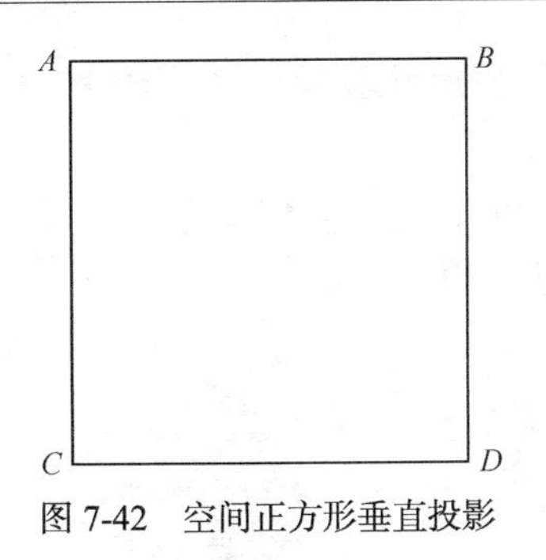

图 7-42　空间正方形垂直投影

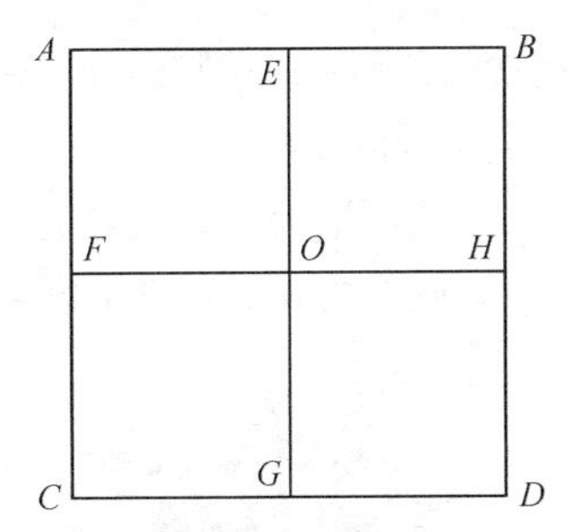

图 7-43　一次迭代后形体垂直投影

（2）算法实现及讨论

通过 VC++实现上述算法，先建立一个边表，边表中每条边由其两个端点构成，并对每条边赋予一个编号，每个四边形由构成该四边形的四条边的编号表示，每次迭代后更新边表。生成如图 7-44 所示的三维山形模拟器。

下面分别从迭代次数 n 和缩放倍数 b 两个方面进行讨论。

① 对迭代次数的分析。

示例：取缩放倍数为 2，初始正方形边长为 130 像素，顶点高度皆为 0，随机数范围为[−0.67,1.33]。迭代次数取 2、5 和 7 时某一随机生成效果如图 7-45 所示。

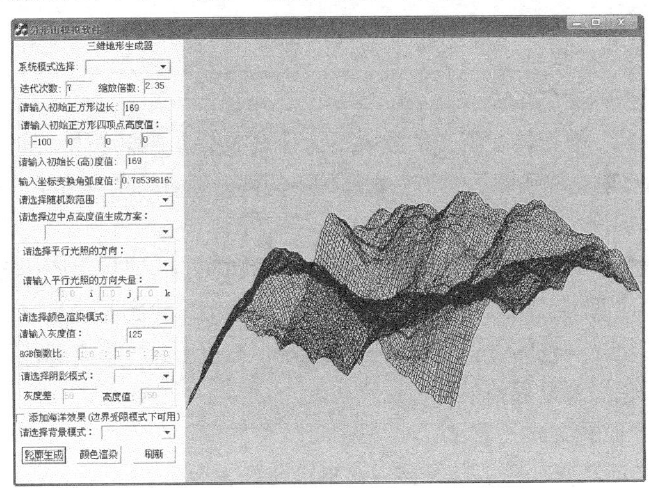

图 7-44　三维山形模拟器

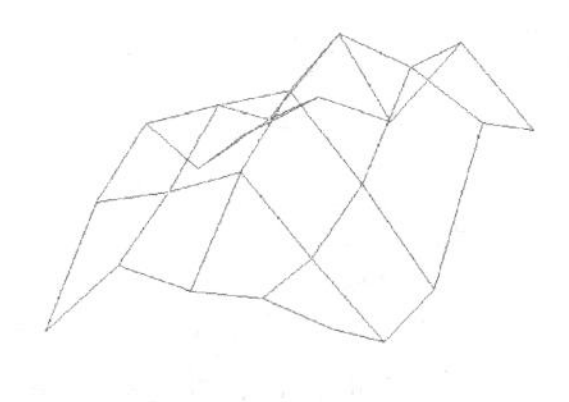

（a）2 次迭代效果

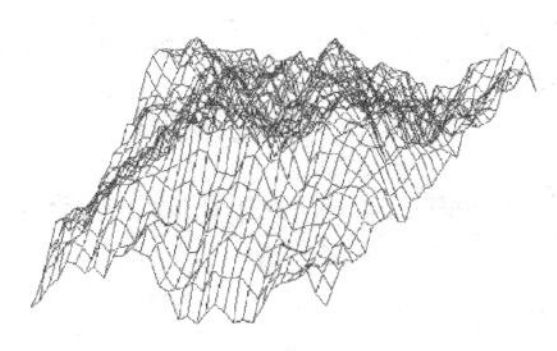

（b）5 次迭代效果

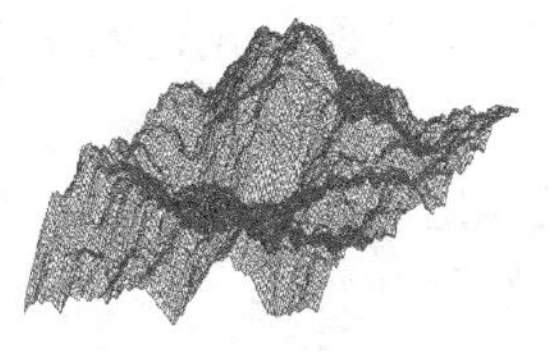

（c）7 次迭代效果

图 7-45　不同迭代次数下的生成轮廓效果

通过多次试验可得出如下结论。

a. 迭代次数越高生成山形的细节越丰富，轮廓也更生动。

b. 迭代次数很低时生成的图形基本上就是山形的大致轮廓，如果在此基础上再进一步迭代，生成的山形也只是在已生成的大体轮廓的基础上再去添加细节。

c. 迭代次数越高程序运行时间开销越大，可根据计算机配置选择合适的迭代次数。

② 对缩放倍数的分析。

示例：取迭代次数为 7，初始正方形边长为 130 像素，顶点高度皆为 0，随机数范围为[−0.67,1.33)。缩放倍数取 1.6、2.3 和 4 时某一随机生成效果如图 7-46 所示。

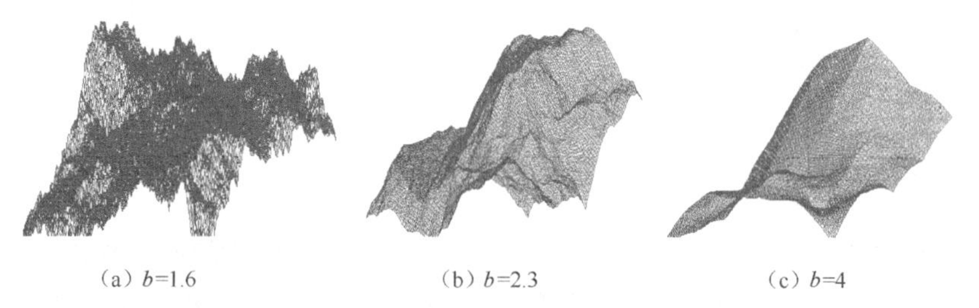

（a）b=1.6　（b）b=2.3　（c）b=4

图 7-46　取不同缩放倍数后生成的轮廓效果

通过多次试验可得出如下结论。

a. 缩放倍数越大，高度因子减小得越快，山形越平滑；反之山形突起感越强烈。

b. 缩放倍数低于 1.6 就无法形成山形，高于 6 后生成图也不能作为山形使用，但可用其生成各种图案或者模拟某些过于平滑的特殊地形，如某些人工平滑地貌、水面等。

c. 缩放倍数的最佳值为 2～3。

3. 三维分形山渲染效果

（1）基于光照模型的颜色填充

仔细想想空间中的一个物体在阳光的照射下为什么能给人三维形体的感觉呢？很简单，这主要是因为物体的表面反射光线强度不均匀，物体的不同部分反射的光线强度不一样，有明暗之分，在视觉上给人以立体感。

上节生成的三维分形山的轮廓是由大量空间四边形构成的，连接每四边形任意一对角线就可将每个空间四边形分成两个三角形，因此可把该三维分形山形轮廓看成是由所有若干三角形面片构成，对该分形山形填充颜色的过程就是分别对这些小三角形面片填充颜色的过程。

本节所采用的颜色填充过程如下：

① 先定义平行光源的方向矢量 d。

② 根据三角形三个顶点的坐标计算该三角形面片的方向矢量 m。

③ 计算 d 与 m 的夹角余弦值。

④ 计算三角形面片填充颜色的灰度值，并进行填充。采用如下公式

$$g = G_0 \times |\cos(\theta)| \tag{7-12}$$

其中，G_0 为预定义灰度常量，θ 为向量 d 与 m 之间的夹角。

（2）阴影效果的实现

当山体受到某物体遮挡时，没有被遮挡的部分颜色明亮，而受到遮挡的部分颜色则会变暗。这种阴影的形成和形状跟遮挡物体形状，山体自身形状以及光照方向均有关联。此处采用简化的方法考虑阴影的生成，不考虑遮挡物体的形状，把其峰顶线看成直线，从原山形自身的形状和光照方向来考虑，假设光照沿高空向 y 轴正向 45° 进行照射。

经仔细分析发现阴影线（山形上的阴影部分和非阴影部分的交线）形状和山形上每个小三角形面上所有点的 y 坐标平均值有关，该值越大，也即局部山体越凹，该三角面和障碍物距离越远，于是产生的阴影线越低。

实现过程如下，预定义障碍物在山形上投影的平均高度为 H，并取每个小三角面上任意一点 $A(x,y,h)$，在给每个小三角面着色时进行判断，若 $y<H-0.2y+0.2x$，降低灰度值用深色填充；否则用正常色或浅色填充。生成阴影效果的山形效果如图 7-47 所示。

图 7-47　分形山形的阴影效果

（3）实现效果分析

这里主要从颜色渲染参数和模式选择等方面进行讨论，并给出对应的生成效果图。

① 对平行光照方向的分析。模型中已经预置几种特殊的光照方向，即沿 X 轴方向、沿 Y 轴方向、沿 H 轴方向、沿（1,1,1）方向。其中沿 Y 轴方向与沿 X 轴方向的效果较类似，沿 H 轴方向效果很暗，立体感不好，沿（1,1,1）方向的效果最佳，山形的表面较平滑细腻。图 7-48 所示为不同光照方向下的生成效果，其基本参数为：迭代次数=8，缩放倍数=2.25，包括图片背景。

② 对颜色模式选择的分析。模型中已经给出几种调试色彩：自然青、深绿色、黑白、深绿网格、黑白网格、黄昏模式、雪景模式。图 7-49 所示为黄昏模式和雪景模式的生成效果。

③ 生成轮廓对颜色渲染的影响效果分析。迭代次数越高轮廓越细腻，每个小三角面越小，故颜色深浅渐变效果也好。通过多次实验可知，迭代次数在 8 次及 8 次以上颜色渲染的效果差别不大；另一方面，缩放倍数对颜色渲染的效果影响很大。通过实验可知，当缩放倍数小于 2.0 时，渲染成的山形棱角很多，多用于模拟石林类的山体效果；当缩放倍数大于 4.0 时，渲染成的山形过于平滑，因此最佳缩放倍数应为 2～3。在实际运用时，当迭代次数较低时，可取稍大的缩放倍数，当迭代次数较高时，应取稍小的缩放倍数，可取得较好的渲染效果。

（a）光照方向为 y 轴方向，深绿色

（b）光照方向为（1,1,1），黄昏色

（c）光照方向为（2,2,1），自然青色

图 7-48　不同光照方向下的渲染效果

（a）黄昏模式

（b）雪景模式

图 7-49　不同颜色模式下的生成效果

图 7-50 所示为在边界不受限制的情况下，取迭代次数为 8，不同缩放倍数时的渲染效果。

（a）缩放倍数=2.0

（b）缩放倍数=3.5

图 7-50　相同迭代次数，不同缩放倍数条件下的渲染效果

另外，在边界高度受限模式下，生成的山体皆从地平面开始的，和现实情况很相似，添加海洋效果后会更逼真，图7-51所示为两组边界高度受限模式下的渲染效果。

（a）黄昏模式，光照方向（2,2,1）

（b）海洋效果模式，光照方向（1,1,1）

图7-51　边界高度受限模式下的渲染效果

7.5.2　植物形态模拟实例

分形方法、粒子系统方法和基于图像的绘制方法是生成植物形态最常见的方法。本节主要针对分形方法给出植物形态的生成实例。植物形态的分形模拟方法主要包括L系统和迭代函数系统两类。

（1）基于L系统的植物形态模拟

L系统的符号串也称“龟图”，龟图状态用三元组（X,Y,D）表示，其中X和Y分别代表横坐标和纵坐标，D代表当前的朝向。令δ表示角度增量，h表示步长。符号串的图形学解释如表7-12所示。

表7-12　L系统的符号规定与解释

符　　号	图 形 解 释
F	从当前位置向前走一步，同时画线
G	从当前位置向前走一步，但不画线
+	从当前方向向左转δ角度
−	从当前方向向右转δ角度
|	原地转向180°
[	将当前状态压入堆栈
]	栈顶状态弹出堆栈并作为当前状态

由于植物是分叉结构，故L系统产生植物结构与产生分形图有所区别，需要增加将分叉处的当前信息压入堆栈进行存储以及从堆栈中弹出信息的过程。

对于分叉结构的植物形体，主要包括以下几个部分。

① 根节点：可从该节点出发生成整个植物形体。

② 内部节点：至少包含一个后继节点的节点。

③ 叶子节点：植物形体的末端节点。

④ 直枝：表示植物形体的主干。

⑤ 侧枝：表示植物形体的分叉。

例如，符号串F+F[−F]F[+F]F的图形学解释如图7-52所示。

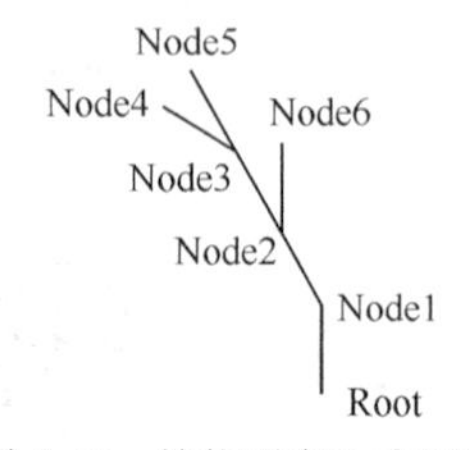

图7-52　植物形态生成图例

步骤1：F，从Root节点出发，垂直画一个直线段（初始角度为90°），到达Node1节点。

步骤2：+，改变运动方向为90°+δ。

步骤3：F，从Node1节点出发，沿当前方向画一个直线段，到达Node2节点。

步骤4：[，节点Node2的状态压入堆栈。

步骤 5：−，改变运动方向为 $90°+\delta-\delta=90°$。

步骤 6：F，从节点 Node2 出发，沿当前方向画一个直线段，到达 Node6 节点。

步骤 7：]，从堆栈中弹出节点 Node2 的状态作为当前状态。

步骤 8：F，从节点 Node2 出发，沿方向 $90°+\delta$ 画一个直线段，到达 Node3 节点。

步骤 9：[，节点 Node3 的状态压入堆栈。

步骤 10：+，改变运动方向为 $90°+\delta+\delta$。

步骤 11：F，从节点 Node3 出发，沿方向 $90°+\delta+\delta$ 画一个直线段，到达 Node4 节点。

步骤 12：]，从堆栈中弹出节点 Node3 的状态作为当前状态。

步骤 13：F，从节点 Node3 出发，沿方向 $90°+\delta$ 画一个直线段，到达 Node5 节点。

事实上，对于复杂的植物形态，其符号串表示通常过于冗长；另一方面，在实际模拟过程中，我们很难确定某一植物形态确定的符号串表示。为了更好地体现植物生长的随机性特征和生长过程，通常引入产生式规则，在每次迭代过程中，可将定义好的产生式规则应用到当前的符号串，从而生成新的符号串，以此模拟生长后的植物形态。例如，若定义产生式规则 F→F+F，则符号串 F+F[−F]F[+F]F 迭代以此后的结果将变化为：F+F+F+F[−F+F]F+F[+F+F]F+F，通过该符号串可生成更为复杂的植物形态。通常，要生成一个形态较为复杂的植物形态，需要对初始符号串进行多次迭代。

通过 VC++程序实现上述算法，可任意定义符号串和产生式规则，观察植物形态的生长过程，下面给出两组植物形态的生成过程。

示例 1：设初始符号串为 F，产生式为：F→F[+F]−F[−F]+F；迭代 3 次、5 次、7 次、9 次后生成的效果如图 7-53 所示。

示例 2：设初始符号串为 F，产生式为：F→F[−F][+F]F；迭代 3 次、5 次、7 次、9 次后生成的效果如图 7-54 所示。

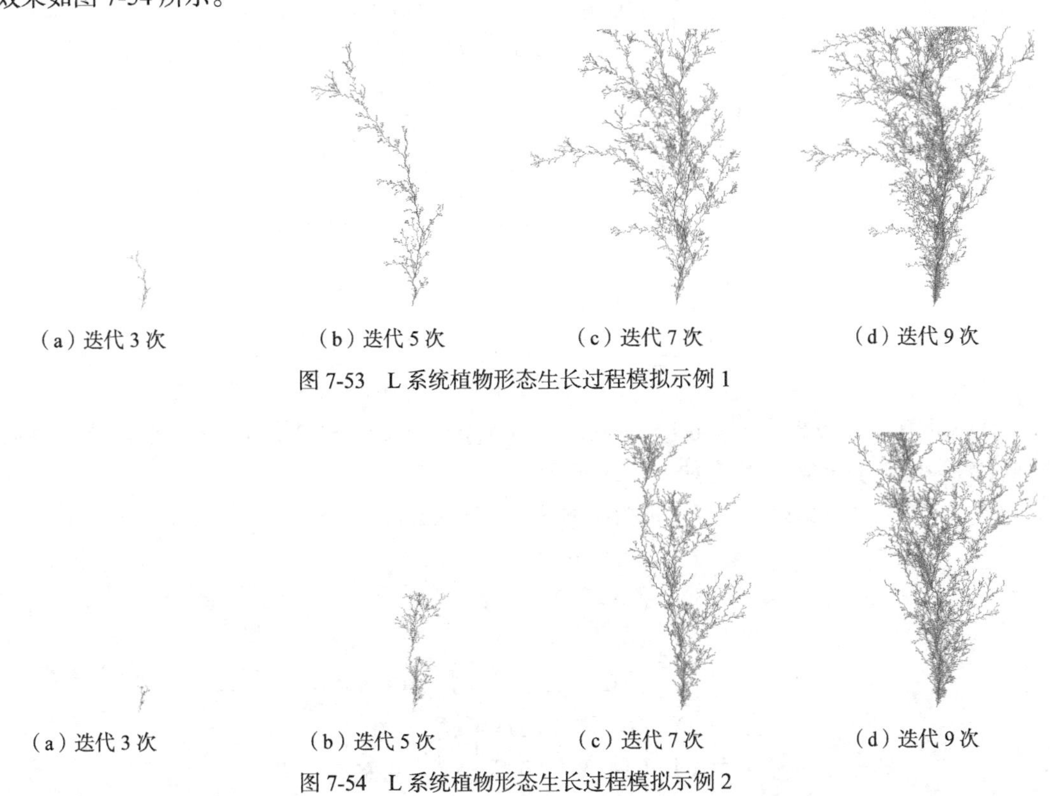

（a）迭代 3 次　（b）迭代 5 次　（c）迭代 7 次　（d）迭代 9 次

图 7-53　L 系统植物形态生长过程模拟示例 1

（a）迭代 3 次　（b）迭代 5 次　（c）迭代 7 次　（d）迭代 9 次

图 7-54　L 系统植物形态生长过程模拟示例 2

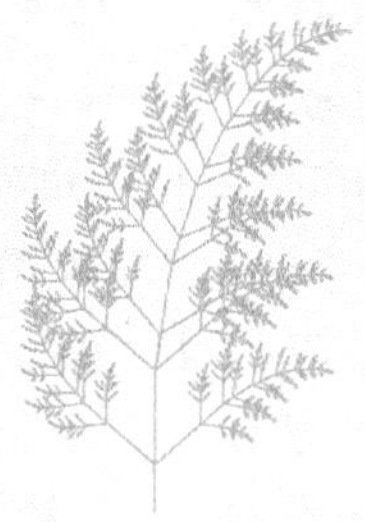

L 系统除了能模拟树的整体形态，还可模拟植物的叶片结构，取初始符号串为 F，产生式为：F→F[+F]-F，迭代过程中每次行进的步长等比例逐渐递减，直到步长缩减到预先设定的阈值，迭代过程结束，生成的叶片结构如图 7-55 所示。如果利用双缓存技术，在图形生成的过程中不断调整初始角度，可生成随风摇曳的叶片效果。

图 7-55 L 系统生成植物叶片

（2）基于迭代函数系统的植物形态模拟

采用 IFS 随机迭代算法也可生成植物形态。设 IFS 系统由一个压缩仿射变换集 $X=\{w_1,w_2,\cdots,w_N\}$ 和对应概率集 $P=\{p_1,p_2,\cdots,p_N\}$ 组成，其中

$$\sum_{j=1}^{N} p_j = 1, p_j > 0, j=1,2,\cdots,N$$

$$w_j\begin{pmatrix}x\\y\end{pmatrix}=\begin{pmatrix}a_j & b_j\\c_j & d_j\end{pmatrix}\begin{pmatrix}x\\y\end{pmatrix}+\begin{pmatrix}e_j\\f_j\end{pmatrix}, j=1,2,\cdots,N \tag{7-13}$$

选取任意一点 $x_0\in X$ 为初始点，然后随机选取上述集合中的一个点作为 $x_i\in X$。最终得到序列 $\{x_i\}\subset X$，并且收敛于 IFS 的吸引集，绘制点集中的所有点即可得到 IFS 分形图形。

采用 IFS 随机迭代算法，根据概率通过随机数选择相应的仿射变换，通过迭代可生成分形植物形态。下面给出通过 IFS 方法生成植物形态的几个实例。

① 实例 1：压缩仿射变换集合包括如下 6 个变换函数。

$$w_1\begin{pmatrix}x\\y\end{pmatrix}=\begin{pmatrix}0.05 & 0\\0 & 0.6\end{pmatrix}\begin{pmatrix}x\\y\end{pmatrix}+\begin{pmatrix}47.5\\40\end{pmatrix}$$

$$w_2\begin{pmatrix}x\\y\end{pmatrix}=\begin{pmatrix}0.07 & 0\\0 & -0.65\end{pmatrix}\begin{pmatrix}x\\y\end{pmatrix}+\begin{pmatrix}46.5\\117\end{pmatrix}$$

$$w_3\begin{pmatrix}x\\y\end{pmatrix}=\begin{pmatrix}0.536 & -0.386\\0.45 & 0.46\end{pmatrix}\begin{pmatrix}x\\y\end{pmatrix}+\begin{pmatrix}61.8\\9.9\end{pmatrix}$$

$$w_4\begin{pmatrix}x\\y\end{pmatrix}=\begin{pmatrix}0.47 & -0.154\\0.171 & 0.423\end{pmatrix}\begin{pmatrix}x\\y\end{pmatrix}+\begin{pmatrix}41.9\\5.55\end{pmatrix}$$

$$w_5\begin{pmatrix}x\\y\end{pmatrix}=\begin{pmatrix}0.433 & 0.275\\-0.25 & 0.476\end{pmatrix}\begin{pmatrix}x\\y\end{pmatrix}+\begin{pmatrix}0.85\\24.9\end{pmatrix}$$

$$w_6\begin{pmatrix}x\\y\end{pmatrix}=\begin{pmatrix}0.418 & 0.383\\-0.5 & 0.321\end{pmatrix}\begin{pmatrix}x\\y\end{pmatrix}+\begin{pmatrix}-9.199\\64.9\end{pmatrix}$$

对应的概率分布为：$p_1=0.1,p_2=0.1,p_3=0.2,p_4=0.2,p_5=0.2,p_6=0.2$。选择迭代次数为 32000 次，得到的分形植物形态如图 7-56 所示。

② 实例 2：压缩仿射变换集合包括如下 6 个变换函数。

$$w_1\begin{pmatrix}x\\y\end{pmatrix}=\begin{pmatrix}0.0 & 0.015\\0 & 0.4\end{pmatrix}\begin{pmatrix}x\\y\end{pmatrix}+\begin{pmatrix}0\\0\end{pmatrix}$$

$$w_2\begin{pmatrix}x\\y\end{pmatrix}=\begin{pmatrix}0.75 & 0.015\\0 & 0.751\end{pmatrix}\begin{pmatrix}x\\y\end{pmatrix}+\begin{pmatrix}0\\0.175\end{pmatrix}$$

$$w_3\begin{pmatrix}x\\y\end{pmatrix}=\begin{pmatrix}0.577 & 0.275\\-0.3 & 0.577\end{pmatrix}\begin{pmatrix}x\\y\end{pmatrix}+\begin{pmatrix}0\\0.08\end{pmatrix}$$

$$w_4\begin{pmatrix}x\\y\end{pmatrix}=\begin{pmatrix}0.433 & -0.275\\0.275 & 0.433\end{pmatrix}\begin{pmatrix}x\\y\end{pmatrix}+\begin{pmatrix}0\\0.11\end{pmatrix}$$

$$w_5\begin{pmatrix}x\\y\end{pmatrix}=\begin{pmatrix}0.78 & -0.01\\0.07 & 0.75\end{pmatrix}\begin{pmatrix}x\\y\end{pmatrix}+\begin{pmatrix}-0.22\\0.357\end{pmatrix}$$

$$w_6\begin{pmatrix}x\\y\end{pmatrix}=\begin{pmatrix}0.697 & -0.01\\0.07 & 0.76\end{pmatrix}\begin{pmatrix}x\\y\end{pmatrix}+\begin{pmatrix}0.521\\0.267\end{pmatrix}$$

对应的概率分布为：$p_1=0.21, p_2=0.35, p_3=0.22, p_4=0.22, p_5=0.0, p_6=0.0$。选择迭代次数为 32000 次，得到的分形植物形态如图 7-57 所示。

图 7-56 IFS 植物模拟实例 1

图 7-57 IFS 植物模拟实例 2

7.5.3 雨雪现象的模拟实例

粒子系统方法和过程纹理方法是模拟雨雪等自然现象的较好的方法，本节给出了采用粒子系统方法对雨雪等动画场景的模拟过程。

粒子系统（Particle system）是迄今为止被认为模拟不规则模糊物体的最成功的一种图形生成算法。粒子系统采用了一套完全不同于以往造型、绘制系统的方法来构造、绘制景物。景物被定义为由成千上万个不规则的、随机分布的粒子所组成，而每个粒子均有一定的生命周期，它们不断改变形状、不断运动。粒子系统的这一特征，使得它充分体现了不规则模糊物体的动态性和随机性，很好地模拟了诸多类型的自然景观。

粒子系统并不是一个简单的静态系统，随着时间的推移，系统中已有粒子不仅不断改变形状、不断运动，而且不断有新的粒子加入，并有旧的粒子消失。为模拟生长和死亡过程，每个粒子均被赋予一定的生命周期，它将经历出生、成长、衰老和死亡的过程。同时，为使粒子系统所表示的景物具有良好的随机性，与粒子有关的每一个参数均将受到一个随机过程的控制。因而它可以与任何描述物体运动和特征的模型结合起来。

下面介绍构造粒子系统的基本步骤。

（1）粒子的生成

粒子的生成通常通过随机过程来控制，要控制每个时间间隔内要新增的粒子数目，该值将直接影响模拟对象的密度。可通过下述两种方法来控制新粒子数目。

第一种方法指定每帧画面新粒子平均数 *MeanParticles* 及最大变化范围 *VarParticles*，第 j 帧中生成的粒子数量 $NumParticles_j$ 可表示为

$$NumParticles_j = Meanparticles + \mathrm{rand}() \times VarParticles$$

第二种方法指定窗口单位面积上的新粒子平均数 *MeanParticles* 及最大变化范围 *VarParticles*，当前窗口中需要生成的粒子数量 $NumParticles_W$ 可表示为

$$NumParticles_W = (Meanparticles + \mathrm{rand}() \times VarParticles) \times WindowArea$$

（2）粒子的属性

对于每个新产生的粒子，系统必须为其指定相应属性。粒子的属性一般包括粒子初始位置、粒子初始速度、加速度、粒子形状、粒子颜色，粒子透明性以及粒子生命周期等。在自然景观模拟中，粒子的各个属性取值必须满足待描述自然现象的物理特征。

（3）粒子的运动与变化

在粒子系统中，粒子要在三维空间中运动，而且随着时间的变化，其颜色，大小，透明性等方面也会发生变化。为了表现所有这些属性的动态变化，需要按特定物理规律进行计算。

（4）粒子的消失

当粒子某一属性达到其规定的阈值时，该粒子将从粒子系统中消失，同时释放其占有的资源。

通常采用位移映射技术来构造和绘制雨雪场景。位移映射技术能够产生复杂的几何细节，允许用户采用位移映射图或者位移绘制器来描述曲面的几何细节，并对所映射的曲面添加真正的位移细节，这是位移映射与凹凸纹理的根本区别，位移映射能添加真实的几何细节，而凹凸纹理只对映射曲面不同部位的法向量做扰动。位移映射技术的一个最显著的特征就是只有在绘制的时候，几何细节才会被添加，因此，可以自适应地根据具体位置选择可见几何细节的精细程度，以减小场景绘制的几何复杂度。

（1）基于粒子系统的雨景模拟

本节只考虑简单的雨景模拟，不考虑风力场的作用，在运动过程中，每个雨点粒子的速度保持均匀或保持固定加速度。雨景模拟过程中需重点考虑如下几个方面的因素。

① 粒子数量的控制，每一帧生成的新粒子数量基本保持稳定，或有很小的随机变化，遵循如下规律。

$$NumParticles_j = N_0 + \text{rand}() \times VarParticles$$

其中常量 N_0 表示每一帧生成的基本粒子数。

② 粒子的基本形态。绘制过程中采用如图 7-58 所示的雨点纹理，通过位移映射技术将该纹理图像映射到特定的粒子区间内。

图 7-58　雨点纹理图

③ 雨点粒子的数据结构。由于在模拟过程中未考虑复杂物理因素的影响，在此选择一种简单数据结构来表示雨点粒子，该数据结构表示如下。

```
struct RainParticle
{
  float lifeCycle;   // 粒子的生命周期
  float velocity;    // 粒子运动的速度，只考虑垂直速度
  int x,y,z;        // 粒子位置
};
```

④ 雨点粒子的运动模型。在场景中，为了保证模拟效果，我们预设一个有限空间，雨滴从一个有限的高度开始匀速（或匀加速度）降落，到达某一高度（高度阈值）后雨滴粒子的生命周期结束。

⑤ 算法描述。

```
For each new frame
    Step1：生成一定数量的新粒子，对各个属性赋初值；
    Step2：根据雨点粒子的运动规律，更新场景中所有粒子的速度、位置和生命周期；
    Step3：在每个新的位置绘制基本图元，并进行位移映射；
    Step4：删除已经死亡的粒子，释放其占用的资源。
End
```

根据上述算法进行雨景模拟，图 7-59 所示为不同 N_0 取值下的模拟效果。

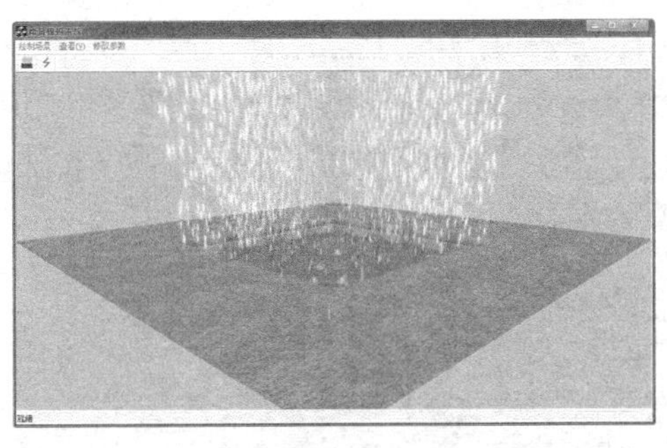

（a）N_0=100

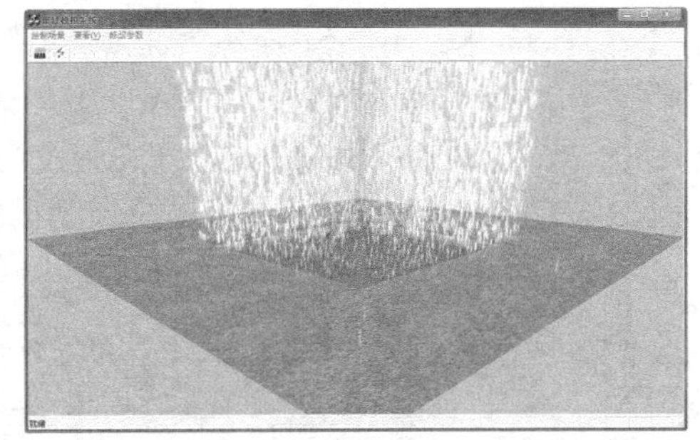

（b）N_0=1000

图 7-59　基于粒子系统的雨景模拟

（2）基于粒子系统的雪景模拟

在雪景模拟过程中，不仅考虑了降雪过程的模拟，还模拟了积雪的效果，考虑了风力场的作用，在运动过程中，每个雪花粒子以均匀速度或保持固定加速度向下降落，同时保持匀速的旋转。

雪景模拟过程中需重点考虑如下几个方面的因素。

① 粒子数量的控制。每一帧生成的新粒子数量基本保持稳定，或有很小的随机变化，遵循如下规律

$$NumParticles_j = N_0 + \text{rand}() \times VarParticles$$

其中常量 N_0 表示每一帧生成的基本粒子数。

② 粒子的基本形态。绘制过程中采用如图 7-60 所示的 3 种雪花纹理，通过位移映射技术随机将任意纹理图像映射到特定的雪花粒子区间内。

图 7-60　雪花纹理图

③ 雪花粒子的数据结构。由于在模拟过程中未考虑复杂物理因素的影响，因此选择一种简单数据结构来表示雨点粒子，该数据结构表示如下。

```
struct Snowarticle
{
    float lifeCycle;        // 粒子的生命周期
    float x,y,z;            // 粒子位置
    float xrot,yrot,zrot;   //粒子的旋转角度
    float DropSpeed;        //粒子的降落速度
    float AngleSpeed;       //粒子的旋转速度
    int TextureIndex;       //粒子对应的纹理索引
};
```

④ 雪花粒子的运动模型。在场景中，为了保证模拟效果，我们预设一个有限空间，雪花从一个有限的高度开始匀速（或匀加速度）降落，同时保持一定速度的旋转，到达某一高度（高度阈值）后雪花粒子的生命周期结束。

⑤ 算法描述。

```
For each new frame
    Step1：生成一定数量的新粒子，对各个属性赋初值；
    Step2：根据雪花粒子的运动规律，更新场景中所有粒子的速度、位置和生命周期；
    Step3：在每个新的位置绘制基本图元，并进行位移映射；
    Step4：删除已经死亡的粒子，释放其占用的资源。
End
```

模拟时可通过修改雪花粒子数量、雪花密度、旋转速度及雪花下降速度等参数来仿真不同外

界条件下雪景的效果。图 7-61 所示为部分模拟效果，其中图 7-61（a）表示风速为 0、下落速度为 2、密度为 300 时的仿真效果；图 7-61（b）表示风速为 2、下落速度为 2、密度为 300 时的仿真效果；图 7-61（c）表示风速为 6、下落速度为 6、密度为 500 时的仿真效果；图 7-61（d）表示风速为 8、下落速度为 8、密度为 1000 时的仿真效果。

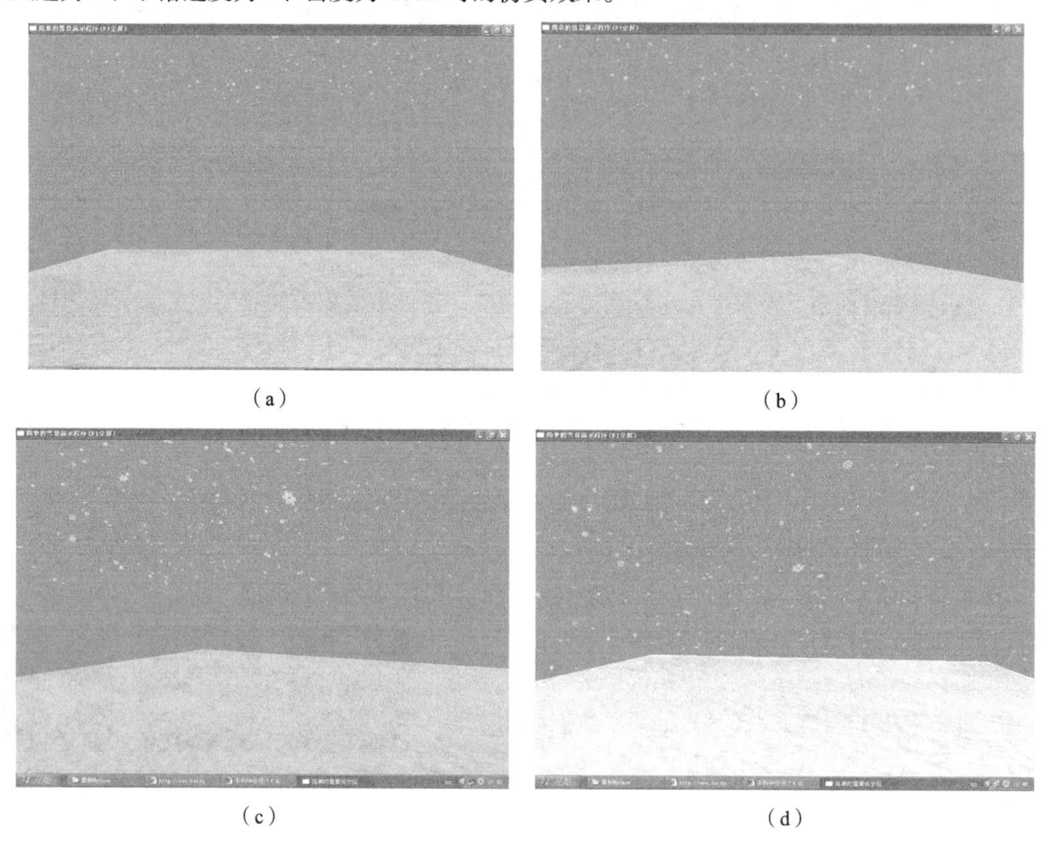

图 7-61　基于粒子系统的雪景模拟

7.5.4　液态流体模拟实例

本节只考虑简单液态流体的模拟实例，首先分析喷泉和瀑布这两种液态流体运动的特点，遵循粒子系统的基本原理和方法，建立喷泉和瀑布模型。喷泉模拟中采用多种粒子基本图元进行绘制，体现了粒子系统的灵活性。在进行瀑布模拟时，为了使模拟效果更加真实，采用由一小段粒子运动轨迹形成的线段作为瀑布基本绘制单元。

1. 基于粒子系统的喷泉模拟

现实中普通喷泉是由某个源头喷射出一股或者多股水柱，而后水柱受周围环境的影响做运动。在水柱下落过程中，伴有水花效果。喷泉水柱的变化属于一种不规则物体，在做着符合某种规律的运动，再加上喷泉水柱的水花效果，很自然地可以将这类运动场景用粒子系统方法来实现。

（1）喷泉粒子的运动分析

从喷泉运动过程可以看出，喷泉的水柱由源头喷出后会根据速度大小上升至最高点后回落，回落过程轨迹是一条曲线。根据对喷泉运动轨迹的分析，我们得到一个近似物理模型：喷泉水柱初始在竖直方向做向上的减速运动，而后会在合力作用下做抛物线运动。粒子运动轨迹简单表示如图 7-62 所示。

（2）喷泉粒子的属性设置

根据上述粒子运动情况简单分析，可知喷泉粒子必须具有以下属性：粒子速度、粒子生命期、粒子位置、粒子类型（判断是否应该消亡）。以上几个基本属性可以刻画出粒子的运动情况，但是现实中的喷泉还给人一种朦胧的雾化效果，为了体现这一点，喷泉粒子还需要具有淡化值这个属性。在运动过程中随着时间推移，粒子不断淡化，直至消失。这样，判断粒子是否应该消亡不仅仅由其生命期决定，在未到达粒子生命期极限时，还要时刻检测粒子当前状态是否达到淡化阈值，如果满足了淡化阈值的限制，同样将粒子从系统中删除。

（3）喷泉粒子属性的更新

假设喷泉水柱由系统中坐标原点发出，那么粒子的发射源也定义在坐标原点，每一时刻粒子从粒子源不断发射。设定新发射的粒子具有水平方向的速度，当喷泉发射多股水柱时，其俯视示意图如图 7-63 所示。

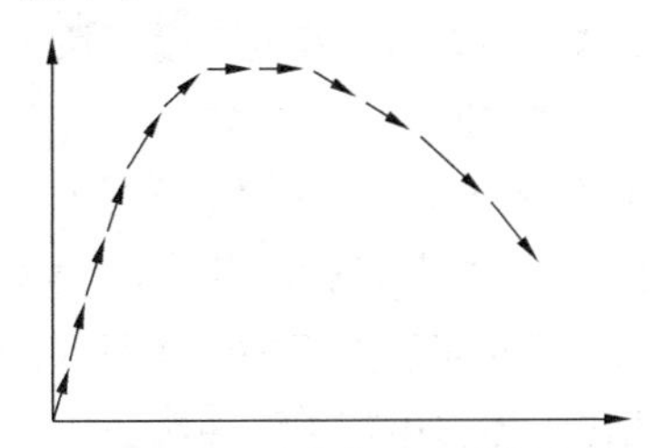

图 7-62　喷泉粒子运动轨迹

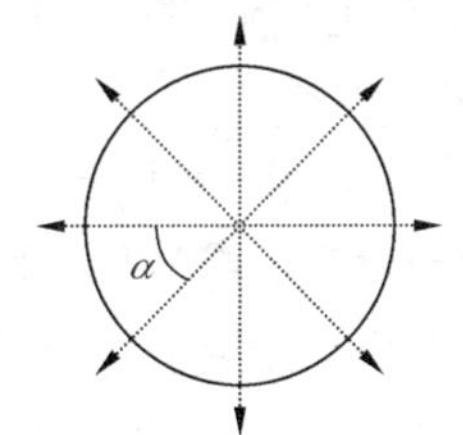

图 7-63　喷泉发射方向示意图

图中角度 α 是每股喷泉间隔角度，在计算喷泉速度和方向变化时要用到。在这里 α 可取平均值，即如果喷泉柱数为 N，则 $\alpha = 2\pi / N$。

对于本节描述的喷泉模型，粒子在重力场中运动，一直受重力及空气阻力作用，在合力作用下粒子上升到最高点，速度为零，而后做类自由落体运动。但是因为在初始化时设定了水平方向的速度，合成后粒子运动轨迹类似于抛物线。具体的速度及位置计算可以遵循牛顿运动定律得出。

粒子速度计算公式如下：

$$\begin{cases} v_x = v_x + \Delta t \cdot f / m \\ v_y = v_y + \left(g + f / m\right) \cdot \Delta t \\ v_z = v_z + \Delta t \cdot f / m \end{cases} \tag{7-14}$$

其中重力方向向下，阻力与粒子速度方向相反。粒子在上升过程中竖直方向合加速度取负值，大小为 $9.8 + f / m$（f 阻力在这里代表数值，为正值，即阻力与重力方向相同）；在下降过程中粒子速度增加，加速度大小为 $9.8 - f / m$（f 阻力在这里代表数值，为负值，即阻力与重力方向相反）。

粒子位置坐标计算公式如下：

$$\begin{cases} P_x = P_x + v_x \cdot \Delta t \\ P_y = P_y + v_y \cdot \Delta t \\ P_z = P_z + v_z \cdot \Delta t \end{cases} \tag{7-15}$$

如果不考虑阻力，粒子在 x 和 z 方向做匀速直线运动，在竖直方向做加速运动，加速度仅仅是重力加速度时，速度和位置坐标计算公式如下：

$$\begin{cases} v_x = v_x \\ v_y = v_y + g \cdot \Delta t \\ v_z = v_z \end{cases} \tag{7-16}$$

$$\begin{cases} P_x = v_x \cdot t \\ P_y = v_y + \dfrac{1}{2}gt^2 \\ P_z = v_z \cdot t \end{cases} \tag{7-17}$$

（4）喷泉粒子的显示

经过以上部分对喷泉粒子属性的分析以及计算，最后将系统中满足显示条件的粒子绘制出来，即如果当前喷泉粒子生命期大于零，则此粒子可能需要显示，否则直接从粒子链表中删除，以节省系统资源；如果当前粒子生命期大于零，但是淡化值达到了规定的阈值，那么说明此粒子已经淡化到不可见，同样可以省略不进行绘制，也认为已经从系统中删除；对于还具有生命期并且淡化值仍能保证其可见的粒子，系统对其进行绘制。

一般粒子系统的基本图元是比较简单的几何形体，如球体、立方体、多边形、点、线等，但是比较适合渲染喷泉水滴情况的以球体为佳，也可以选择多面体以及点、线等基本图元。我们所采用的图元粒子主要有点元、线元、多边形纹理以及球体这四种，具体绘制方法表述如下。

① 点元粒子：根据当前时刻粒子的位置，在粒子位置处以一定的颜色绘制出点，粒子位置不断变化，点的显示位置不断变化，体现出粒子运动轨迹，而点的颜色就代表了粒子属性显示淡化值。

② 多边形粒子：以当前时刻粒子位置作为中心绘制多边形，并将能够体现水花效果的纹理映射到多边形上，粒子位置变化，多边形位置也跟随变化，体现出粒子运动轨迹。

③ 球体粒子：同样，以粒子位置作为球心，以最接近水珠的颜色，如青色，进行小球体的绘制，粒子淡化效果在颜色中体现。

④ 线元粒子：计算出当前粒子的位置，然后根据粒子运动公式得到下一时刻粒子的位置，两点之间连线得到的线段作为粒子轨迹图元，线元长度为两位置之间的距离，线元会沿着粒子运动轨迹进行移动。用线元来表示喷泉粒子其实是将喷泉粒子小距离的运动轨迹变化来体现全部的运动，这样进行渲染的粒子运动看起来更加具有连续性。

（5）模拟效果

喷泉模拟结果如图 7-64 所示，其中（a）为采用多边形纹理的绘制结果，（b）为采用小球体作为喷泉粒子，（c）中粒子基本图元是小线段，（d）中是以点元作为粒子图元的绘制结果。可以看出，后面 3 幅实验结果图中喷泉水柱数发生变化，是在第一幅图的基础上增加了水柱后的效果，而且从图中给出的效果来看，喷泉粒子采用点元来表示结果并不理想，采用小球体作为基本绘制图元能得到最好的效果。

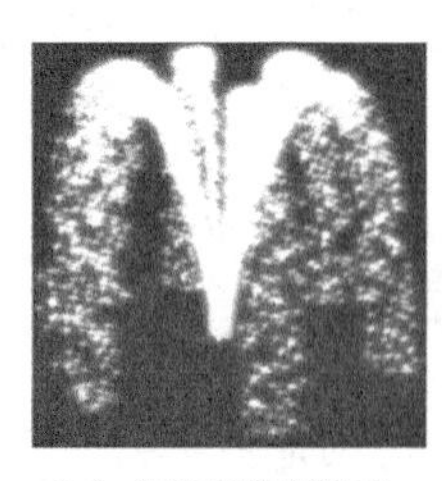

（a）多边形纹理粒子

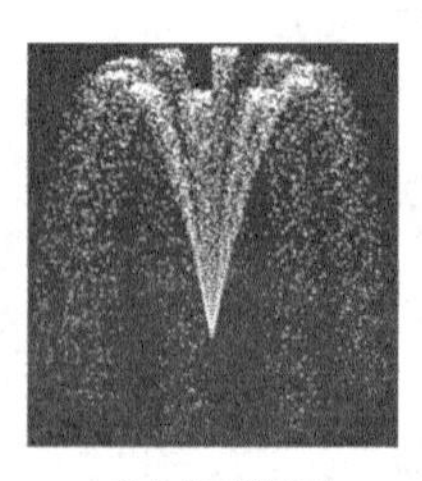

（b）圆球粒子

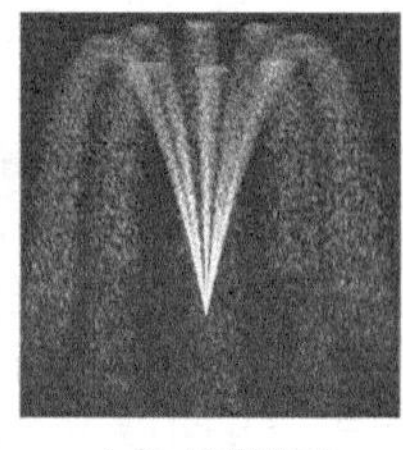

（c）线元粒子

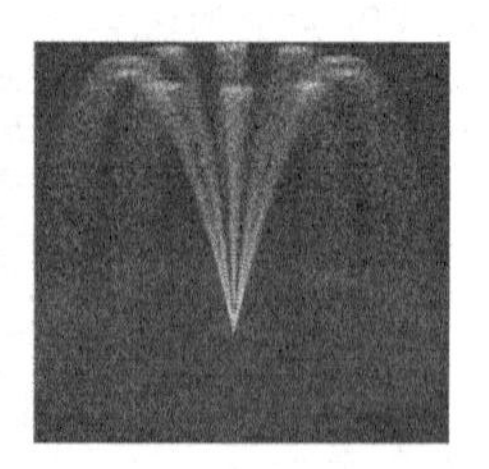

（d）点元粒子

图 7-64　不同粒子的喷泉绘制

2. 基于粒子系统的瀑布模拟

同模拟喷泉过程相似，在进行瀑布模拟之前也先分析一下瀑布水流的运动：瀑布从源头倾泻出一道或者多道水流，而后水流受重力作用飞流而下。在水流下落过程中，同样伴有水花飞溅等效果，而且在水流飞速下落的过程中，可能会与岩石等障碍物发生碰撞而改变运动方向。瀑布水流运动和喷泉运动一样可以看做不规则物体运动，其运动同喷泉从最高点再向下回落时情况相似，也是做抛物线运动，故可以将这类运动用粒子系统方法来实现。

（1）瀑布粒子运动分析

瀑布水流从高处以一定初速度在重力等外力的作用下开始向下做抛物线运动，根据对其运动轨迹的分析，可以得到一个近似物理模型，即水流以随机确定的初速度从瀑布源头开始做向下的抛物线运动。粒子在下落过程中，或者因障碍物的撞击改变运动方向，或者因生命期及淡化值达到规定阈值而消亡。粒子运动轨迹简单表示如图 7-65 所示。

（2）瀑布粒子属性设置及更新

根据上述粒子运动情况的简单分析，可知瀑布粒子具有同喷泉粒子几乎相同的属性：粒子速度、粒子生命期、粒子位置、粒子类型（判断是否应该消亡）及粒子淡化值。以上这些基本属性可以刻画出粒子的运动情况，具体实现时瀑布粒子的结构体与喷泉粒子也很相似，只是由于规模不同，在粒子结构设计上略有不同。

此处在粒子结构定义中设置了一个指向“child”的指针，这在实现中有特别的作用：瀑布源头在同一时刻生成大量粒子，这些粒子组成一个链表。链表中的每一个粒子又是另一个链表的头，在下一时刻，粒子在重力场的作用下发生位移，与此同时粒子源又在生成新的粒子，新粒子插入为链表头，前一时刻的粒子即定义为头的“child”，不断循环，直到某粒子因生命周期结束被删除。这样瀑布粒子随着时间的推移形成了一个二维网格，如图 7-66 所示。

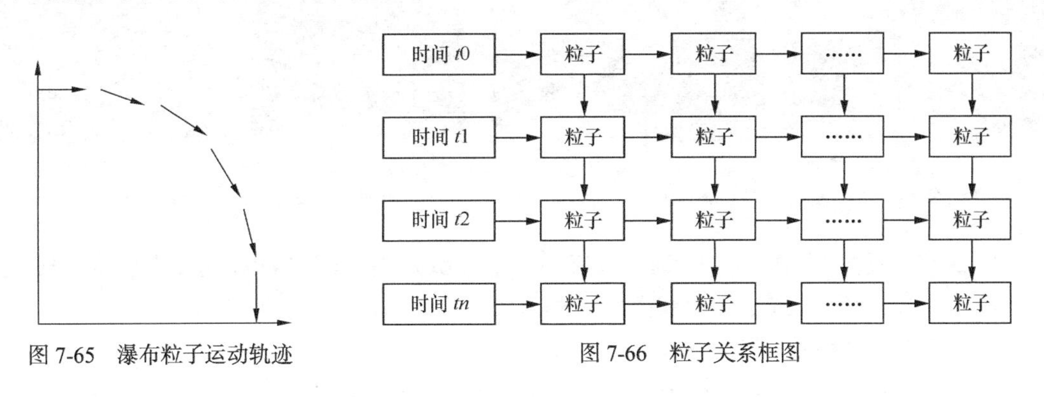

图 7-65　瀑布粒子运动轨迹

图 7-66　粒子关系框图

（3）瀑布粒子的选取及实验结果

在喷泉模型中进行粒子绘制时选用了多种几何体作为粒子基本图元，在进行瀑布绘制时，为了达到瀑布飞流直下的效果，只选取了线元作为粒子图元，线元长度即为粒子在一个时间步长内的位移。由于线元长度由粒子在两个时间点的位置决定，沿着粒子的运动轨迹前进，可以减少部分计算开销。瀑布模拟效果如图 7-67 所示。

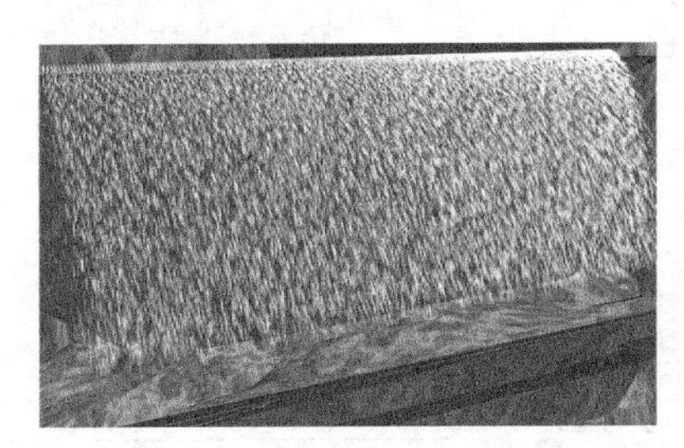

图 7-67　瀑布效果图

7.5.5 气态流体模拟实例

气态流体也是流体现象的一种，它所包含的内容涉及自然界所有的气流现象，就总体而言，气流场的表现形式主要有云彩、烟雾和火焰 3 种。

（1）云彩：云彩没有确定的“源头”，它是水蒸气凝聚的结果，其表现形式主要有层云、卷云和积云，如图 7-68 所示。

（a）层云

（b）卷云

（c）积云

图 7-68　云彩的分类

（2）烟雾：根据“烟源”的有无可分为有源烟雾和无源烟雾两种，如图 7-69 所示，具体的表现形式有烟卷的烟、烟囱的烟、大面积燃烧物冒烟等。

（a）有源烟雾

（b）无源烟雾

图 7-69　烟雾的分类

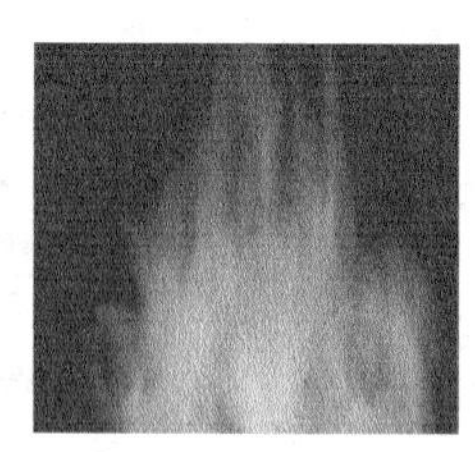

（a）有源火焰

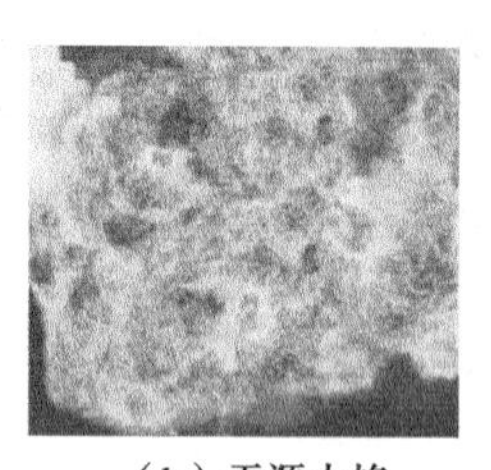

（b）无源火焰

图 7-70　火焰的分类

（3）火焰：根据“焰源”有无可分为有源火焰和无源火焰，如图 7-70 所示，具体的表现形式有火柴的点火、蜡烛的火焰、篝火的火焰、枪口的喷火及大面积的爆炸和火场等。

气态流场作为流体的一种，具有以下特征：

① 易流动和易变形特征；② 随机性和湍流特征；③ 易扩散特征。

下面将以火焰为例，通过基于细胞自动机的火焰生成模拟，说明气态流体的模拟方法。

（1）细胞近邻的定义

在三维的细胞空间内，细胞的近邻有很多，为了描述方便，我们考虑二维网格内细胞近邻的情况。这里，我们选用图 7-71 所示网格内宽度为 3 的方形区域为近邻细胞区，将最邻近的 9 个细胞作为近邻细胞。这样，细胞 (i,j) 的 9 个近邻细胞可表示为

$$\{(i+m,j+n)\,|\,-1\leqslant m,n\leqslant 1\} \qquad (7\text{-}18)$$

	$(i-1,j-1)$	$(i-1,j)$	$(i-1,j+1)$	
	$(i,j-1)$	(i,j)	$(i,j+1)$	
	$(i+1,j-1)$	$(i+1,j)$	$(i+1,j+1)$	

图 7-71　二维网格内细胞近邻的定义

（2）细胞自动机的状态变量

细胞自动机的原理是按一定的状态转移规则进行状态转换，从而达到仿真的目的，因此有必要给空间内的每个细胞确定相应的状态变量。针对气流场中火焰扩散

的仿真，可确定如下几个变量来表示每个细胞的状态。

① 状态变量 $s_{i,j}^t$ 表示细胞(i,j)在 t 时刻的局部温度，其取值为 0～255。$s_{i,j}^t$ =0 表示细胞(i,j)在 t 时刻未开始燃烧，$s_{i,j}^t$ =255 表示细胞(i,j)在 t 时刻停止燃烧。

② 状态变量 $u_{i,j}^t$ 表示细胞(i,j)在 t 时刻燃料供应的情况，它是取值为 0 或 1 的二值变量。$u_{i,j}^t$ =1 表示细胞(i,j)在 t 时刻有新的燃料供给，$u_{i,j}^t$ =0 则表示没有新的燃料供给。

③ 状态变量 $v_{i,j}^t$ 表示细胞(i,j)在 t 时刻的流动方向，其取值的个数取决于网格的维数。

设 t 时刻细胞(i,j)的状态变量集合为 $C_{i,j}^t$，那么 $C_{i,j}^t$ 可以表示为 $t-1$ 时刻细胞(i,j)的所有近邻细胞状态变量集的函数

$$C_{i,j}^t = F\left(\left\{C_{i+m,j+n}^{t-1} \mid -1 \leqslant m,n \leqslant 1\right\}\right) \tag{7-19}$$

此处 $C_{i,j}^t = \left\{\tau_k \mid 1 \leqslant k \leqslant p\right\}$。

在上面的表示中，t 表示仿真的时间步 $(t \geqslant 0)$，F 表示状态转移函数，(i,j)表示当前细胞；$(i+m, j+n)$ 表示细胞(i,j)的近邻细胞，$C_{i+m,j+n}^{t-1}$ 表示 $t-1$ 时刻近邻细胞的状态变量集，p 表示细胞状态变量的个数。

各细胞利用 $t-1$ 时刻的近邻状态变量集，按函数 F 确定时刻 t 的状态，并在时刻 t 一起进入指定状态。所以，只要确定 $t=0$ 时刻的全体细胞的状态，则以后任一时刻的状态都可通过状态转换函数计算得到。

（3）细胞自动机的状态迁移规则

细胞自动机的状态迁移必须按照一定的状态迁移规则进行，此处将模拟火焰扩散现象的细胞自动机状态迁移规则分成以下 4 类。

[规则 1]在有燃料供给的情况下，若细胞(i,j)未燃烧，且其近邻细胞中已经燃烧的细胞个数 A 大于某一阈值 C1 时，令细胞(i,j)开始燃烧；当无燃料供应时，不管 A 的值如何，细胞(i,j)均不燃烧。这一规则如式（7-20）所示。其中阈值 C1 直接关系到细胞的燃烧，所以称其为“着燃参数”。

当状态变量 $s_{i,j}^{t-1}=0$ 时

$$s_{i,j}^t = \begin{cases} [A/C1] & \text{if} \quad u_{i,j}^{t-1}=1 \\ 0 & \text{if} \quad u_{i,j}^{t-1}=0 \end{cases} \tag{7-20}$$

其中 A 表示细胞 (i,j) 的所有近邻中 $s_{i,j}^t \neq 0$ 的细胞个数，[ ] 表示高斯符号。

[规则 2]当细胞所具有的燃料全部燃尽时，细胞局部温度变为 0，即当 $s_{i,j}^{t-1}=255$ 时

$$s_{i,j}^t = 0 \tag{7-21}$$

[规则 3]当细胞处于燃烧过程中时，首先，假设存在由近邻 $(i+m, j+n)$ 热传导引起的温度变化，用式（7-22）计算出近邻温度 $s_{i+m,j+n}^{t-1}$ 的平均值 $B1$；然后，用式（7-23）所示的规则，考虑当 (i,j) 细胞处有燃料供应时由燃料燃烧引起的升温，把关于温度上升的常数 $C2$ 加到 $B1$ 上得到温度 $B2$，当细胞 (i,j) 无燃料供应时，可直接把 $B1$ 作为 $B2$；最后，利用式（7-24）所表示的规则，若 $B2$ 小于 255 时，把 $B2$ 当作细胞 (i,j) 下一时刻的温度 $s_{i,j}^t$。若 $B2$ 大于 255 时，则认为燃烧结束，下一刻温度表示为 $s_{i,j}^{t-1}$=0（与规则 2 相同）。由于式（7-23）中的参数 $C2$ 与温度的上升直接相关，所以称其为“温度上升参数”。

当 $s_{i,j}^{t-1}=1 \sim 255$ 时

$$B1 = \left[\sum_{m,n=-1}^{1} s_{i+m,j+n}^{t-1} / p\right] \tag{7-22}$$

$$B2=\begin{cases}B1+C2 & \text{if}\quad u_{i,j}^{t-1}=1\\ B1 & \text{if}\quad u_{i,j}^{t-1}=0\end{cases} \tag{7-23}$$

$$s_{i,j}^{t}=\begin{cases}B2 & \text{if}\quad B2<255\\ 0 & \text{if}\quad B2\geqslant 255\end{cases} \tag{7-24}$$

[规则 4]流的表示。根据表示细胞(i,j)流向的状态变量$v_{i,j}^{t}$可确定(i,j)的上流细胞$(i+m,j+n)$。并用式（7-25）所表示的规则把细胞$(i+m,j+n)$的局部温度$s_{i+m,j+n}^{t-1}$作为细胞(i,j)下一时刻的温度。

$$s_{i,j}^{t}=s_{i+m,j+n}^{t-1} \tag{7-25}$$

在该方法中，状态迁移函数F的计算量与细胞空间中细胞个数成正比，并且，各细胞为执行一次状态迁移所需的计算量根据条件的不同而有所变化，但是，最多时也不过p+1 次加法运算及常数除法和高斯运算各两次。

根据上面描述的规则，就可以以细胞的局部温度状态变量为基础对火焰进行仿真，让不同的温度表现为不同的颜色。细胞由于燃烧发光，温度较低时呈红色，随着温度的升高经过橙色、黄色、白色，最终呈现出青色。虽然颜色分布可直接由黑体辐射计算，但由于我们所采用的温度$s_{i,j}^{t}$并不是真正物理意义上的温度，所以不能直接采用黑体辐射公式计算。这样，在细胞(i,j)远离焰源的过程中，其颜色随着温度的降低由白色变为黄色，并经历亮红变为暗红。

考虑到由温度扩散引起的图像各点颜色需由 RGB 分量来体现，因此我们针对上面的温度分布规则及火焰的颜色分布特征，给出了颜色基值函数及颜色分布函数

$$\begin{cases}r_{\mathrm{b}}=255+255+255-(255-s_{i,j}^{t})\cdot C\\ g_{\mathrm{b}}=255+255-(255-s_{i,j}^{t})\cdot C\\ b_{\mathrm{b}}=255-(255-s_{i,j}^{t})\cdot C\end{cases} \tag{7-26}$$

$$R_{i,j}^{t}=\begin{cases}1.0 & \text{if}\quad r_{\mathrm{b}}\geqslant 255\\ r_{\mathrm{b}}/255 & \text{if}\quad 0<r_{\mathrm{b}}<255\\ 0 & \text{if}\quad r_{\mathrm{b}}\leqslant 0\end{cases} \tag{7-27}$$

$$G_{i,j}^{t}=\begin{cases}1.0 & \text{if}\quad g_{\mathrm{b}}\geqslant 255\\ g_{\mathrm{b}}/255 & \text{if}\quad 0<g_{\mathrm{b}}<255\\ 0 & \text{if}\quad g_{\mathrm{b}}\leqslant 0\end{cases} \tag{7-28}$$

$$B_{i,j}^{t}=\begin{cases}1.0 & \text{if}\quad b_{\mathrm{b}}\geqslant 255\\ b_{\mathrm{b}}/255 & \text{if}\quad 0<b_{\mathrm{b}}<255\\ 0 & \text{if}\quad b_{\mathrm{b}}\leqslant 0\end{cases} \tag{7-29}$$

其中C为常数比例因子，可视不同的应用情况而定。

根据上面的颜色分布函数即可求得各个时刻细胞空间内细胞的颜色分布情况，使细胞温度的扩散表现为细胞空间内颜色的扩散，进而表现出可变形气流场火焰的扩散特征。

（4）火焰生成仿真及分析

根据前面叙述的基于细胞自动机的火焰生成算法，用 IRIS Performer 作为编程工具，在 SGI（Indigo2）工作站上进行火焰仿真的结果如图 7-72 所示。从仿真结果可以看出，在给定细胞运动路径的情况下，由该算法生成的火焰在形状上较为真实。

通过对细胞自动机的原理进行分析可知，上面所描述的基于细胞自动机的火焰生成算法可以推广到包括烟雾在内的所有气流场生成仿真中，仿真的方法是只需修改细胞个体的部分参数即可。我们在修改其颜色分布和运动轨迹参数的基础上，将上述算法推广到烟雾的仿真上，仿真结果如

图 7-73 所示，由于所用的基本模型一致，所以其性能参数不变，仿真的烟雾在形状上也比较真实。

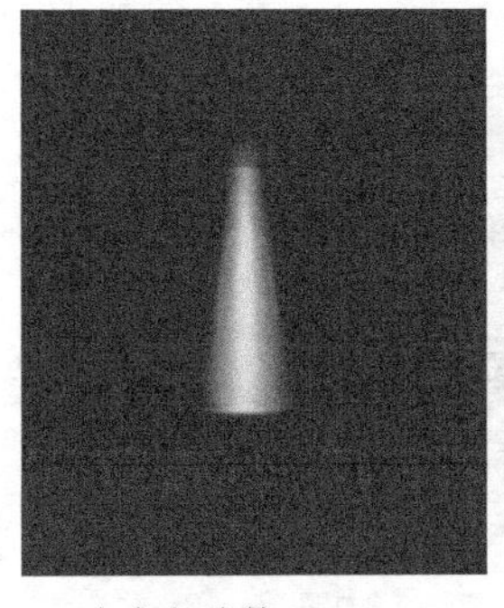

（a）细胞数=10000

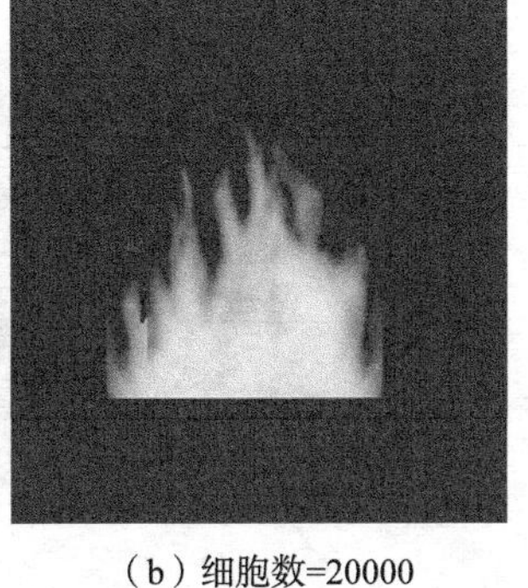

（b）细胞数=20000

图 7-72　基于细胞自动机的火焰仿真结果

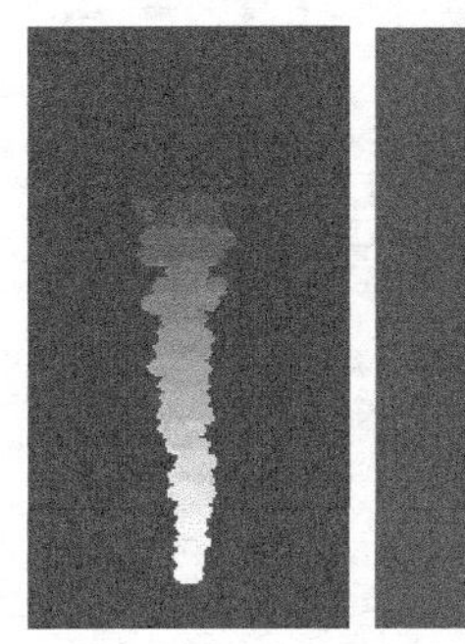

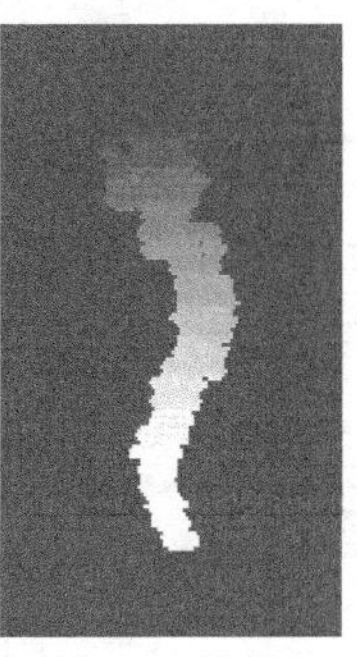

图 7-73　基于细胞自动机的烟雾仿真结果

7.6　本章小结

本章重点介绍了分形几何的一些基本概念和方法，首先介绍了分形几何学的产生、分形与分形维数的概念，然后介绍了随机插值模型、迭代函数系统、L 系统、粒子系统等模糊复杂的自然景物的模拟方法，最后还介绍了 Mandelbrot 集、Julia 集的生成方法以及基于改进的 Newton-Raphson 方法生成分形艺术图形的方法。

习题 7

7.1　对任意指定的迭代次数，写出生成 Koch 雪花曲线的程序。

7.2　请编程实现用 IFS 方法生成如图 7-18 所示的各种分形图形，要求在程序界面上由用户选择输入仿射变换的数量、仿射变换的参数以及相应的概率向量。

7.3　请编程实现用 L 系统生成如图 7-25 所示的不同的植物形态，要求在程序界面上由用户选择输入初始状态、生成元、旋转角度、迭代次数等参数。

7.4　请用 OpenGL 编程用粒子系统实现火焰的生成与显示。

7.5　请编程实现由复映射 $z \to z^2+c$ 生成的 Julia 集，要求在程序界面上由用户选择输入复常数 c 的实部和虚部的值。

7.6　请编程实现 Mandelbrot 集的绘制，并通过鼠标选择 Mandelbrot 集上的指定的点来画出相应的 Julia 集图形，观察 Mandelbrot 集与 Julia 集之间的关系。

7.7　请编程实现 Mandelbrot 集的绘制，并通过鼠标选择 Mandelbrot 集上的指定的矩形区域来对所选区域内图形进行逐级放大，观察其更精细的结构。

7.8　请编程用如图 7-30 所示的 Julia 集快速生成算法显示 Julia 集图形，并与未使用快速算法生成的 Julia 集进行对比。

7.9　请编程实现用改进的 Newton-Raphson 方法生成如图 7-33 所示的分形艺术图形。

第 8 章 真实感图形显示

8.1 三维图形显示的基本流程

三维图形显示的基本流程如图 8-1 所示。具体地，用计算机生成连续色调的真实感图形必须完成以下 4 项基本任务。

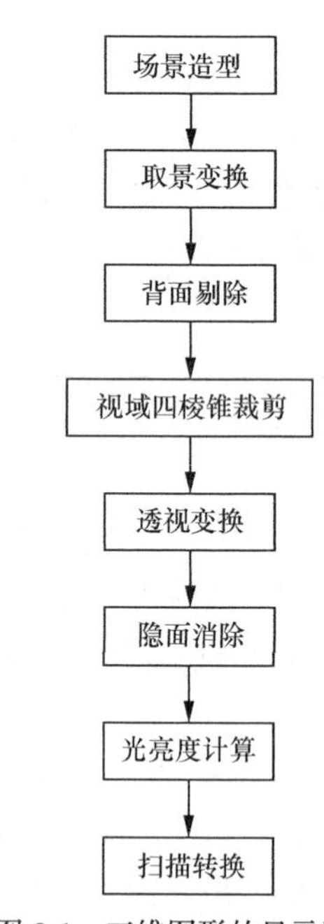

图 8-1　三维图形的显示流程

1. 场景造型

这是生成真实感图形的第一步，所谓造型即采用数学方法建立三维场景的几何描述，将它们输入并存储到计算机中。关于三维实体造型的基本方法已经在第 6 章中进行了介绍。

2. 取景变换和透视投影

三维几何对象是在场景坐标系中建立的，将几何对象从三维场景坐标系变换到三维观察坐标系中，需要进行一系列坐标变换，这些变换称为取景变换。将几何对象的三维观察坐标转换到二维成像平面（显示屏幕）上的像素位置，这一变换称为投影变换，在真实感图形生成中，通常都使用透视投影变换。

3. 隐藏面消除和视域四棱锥裁剪

隐藏面消除就是确定场景中的所有可见面，只保留视点可以观察到的表面，将视域之外或被其他物体遮挡的不可见面消去，这要用到本章所要介绍的隐藏面消除算法和第 5 章介绍的三维裁剪算法。

4. 计算场景中可见面的光亮度和颜色

这是生成真实感图形的最后一个步骤，即根据基于光学物理的光照模型计算可见面投射到观察者眼中的光亮度大小和颜色分量，并将它扫描转换成适合图形设备的颜色值，从而确定投影画面上每一个像素的颜色，最终生成图形。

8.2 取 景 变 换

在取景变换中涉及两个坐标系，即场景坐标系和观察坐标系。下面分别对其进行介绍。之后介绍取景变换的步骤。

1. 场景坐标系

场景坐标系包括场景的局部坐标系和场景的世界坐标系（整体坐标系）。在进行造型和动画设计时，在物体上或物体附近建立一个局部坐标系，可以给物体的表示和运动的描述带来许多方便和灵活之处。例如，如图 8-2 所示，对于立方体，可把局部坐标系置于其中心或顶点处。对于旋转体，对于圆柱体，可使其旋转轴与局部坐标系的 z 轴重合。

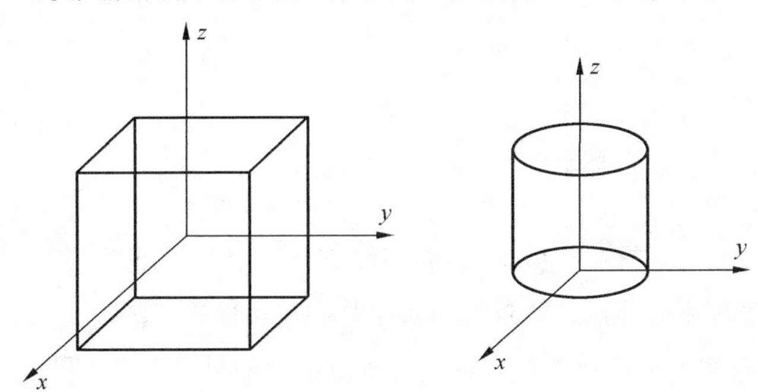

图 8-2　立方体和圆柱体的局部坐标系

在局部坐标系中完成物体的造型后，下一步就是把它放入待绘制的场景，即场景的世界坐标系中，从而定义物体之间的相互位置。

如果物体被设置了动画，那么动画系统将提供一个随时间变化的变换矩阵，该变换矩阵逐帧把物体变换到场景的世界坐标系中。

2. 观察坐标系

观察坐标系也称为摄像机坐标系，或者视点坐标系，它是完成取景变换所需建立的第一个坐标系。建立观察坐标系，首先要确定观察参考点，即视点的位置，并将视点位置取为视点坐标系的原点，此点可以看成是观察者将要走过去用照相机对物体拍照的点，视点可以设在任何位置，但通常都将此点选在靠近物体的表面。其次，要确定观察方向，即视线方向，一般取深度坐标轴即 z_e 轴的正向作为视线方向，原则上视线方向可以朝向任何一个方向，但这里为了简便起见，将视线方向设为总是指向场景坐标系的原点。最后，要确定观察平面即视平面的位置，一般取过视点且垂直于视线方向的平面即 $x_e o y_e$ 平面作为视平面。

场景坐标系和观察坐标系的位置关系如图 8-3 所示。场景坐标系一般取右手坐标系，而观察坐标系则通常取左手坐标系（在某些图形标准中也使用右手坐标系），这是因为，平常人们在二维图纸上绘图时，绘图坐标系的原点一般都在图纸的左下角，x_e 轴自原点水平向右，y_e 轴自原点垂直向上，这比较符合人们的观察习惯。同时，当人们观察空间某一物体时，视点与物体之间的距离大小实际上是反映了物体与观察者距离的远近，这个距离应在观察坐标系中的深度坐标轴上得到体现，即当该距离较远时，深度坐标值应较大，反之，当该距离较近时，深度坐标值应较小。因此，当取 z_e 轴的正向作为深度坐标轴、$x_e o y_e$ 平面作为视平面时，在视平面上，取 y_e 轴指向画面的上方，x_e 轴方向则应指向画面的右方，也就是说，观察坐标系取为左手坐标系。

3. 取景变换

将物体投影到观察平面之前，必须将场景坐标系中的点转换到观察坐标系中。将场景坐标系中的点 $P(x_w, y_w, z_w)$ 转换到观察坐标系中的点 (x_e, y_e, z_e) 的过程称为取景变换，也称视向变换，它是包括平移和旋转的一系列几何变换的级联，用矩阵形式表示取景变换为

$$\begin{bmatrix} x_e & y_e & z_e & 1 \end{bmatrix} = \begin{bmatrix} x_w & y_w & z_w & 1 \end{bmatrix} \cdot \boldsymbol{V}$$

式中，$\boldsymbol{V}$ 为取景变换矩阵。

假设视点位置为 $E(C_x, C_y, C_z)$，即 $E(C_x, C_y, C_z)$ 为视点坐标系原点在场景坐标系中的坐标，则取景变换矩阵 $\boldsymbol{V}$ 可由以下步骤的变换复合而成。

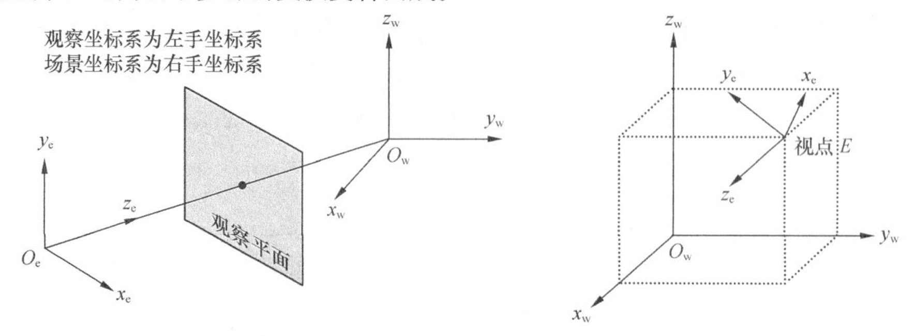

图 8-3　场景坐标系和观察坐标系的位置关系

步骤 1：将场景坐标系的原点从场景坐标系平移到视点位置 $E(C_x, C_y, C_z)$，这时在 3 个坐标轴上的平移量为视点位置的 3 个坐标值，如图 8-4 所示。如果固定原场景坐标系的原点不动，将场景坐标系中的点变换到新坐标系中，那么变换后的新点的坐标值应为原值减去这个平移量，所以，该平移变换 $\boldsymbol{T}_1$ 为

$$\boldsymbol{T}_1 = \begin{bmatrix} 1 & 0 & 0 & 0 \\ 0 & 1 & 0 & 0 \\ 0 & 0 & 1 & 0 \\ -C_x & -C_y & -C_z & 1 \end{bmatrix}$$

步骤 2：如图 8-4 所示，将经过平移后的坐标系绕 x_e 轴逆时针旋转 90°，使新坐标系的 y_e 轴垂直向上，z_e 轴垂直指向原景物坐标系的 x_wOy_w 平面，结果如图 8-5 所示，相应地，景物上的点顺时针旋转 90°，变换矩阵为

$$\boldsymbol{T}_2 = \begin{bmatrix} 1 & 0 & 0 & 0 \\ 0 & \cos(-90°) & \sin(-90°) & 0 \\ 0 & -\sin(-90°) & \cos(-90°) & 0 \\ 0 & 0 & 0 & 1 \end{bmatrix} = \begin{bmatrix} 1 & 0 & 0 & 0 \\ 0 & 0 & -1 & 0 \\ 0 & 1 & 0 & 0 \\ 0 & 0 & 0 & 1 \end{bmatrix}$$

步骤 3：如图 8-5 所示，将经过前两次变换后的坐标系绕 y_e 轴顺时针旋转 φ 角，使新坐标系的 z_e 轴垂直指向原景物坐标系的 z_w 轴，结果如图 8-6 所示，相应地，景物上的点逆时针旋转 φ 角，变换矩阵为

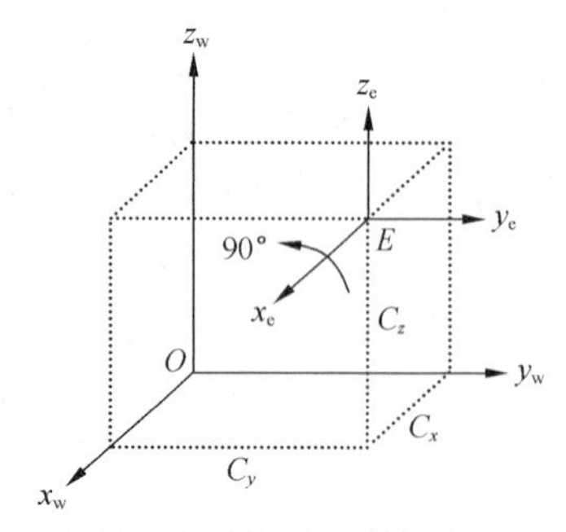

图 8-4　场景坐标系的原点平移到了视点位置 E

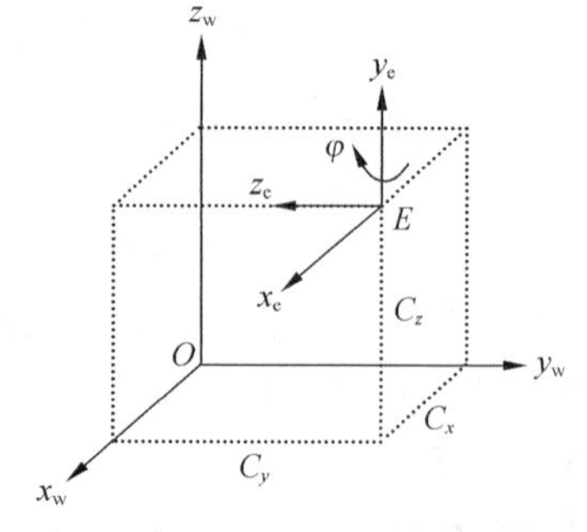

图 8-5　平移后的坐标系绕 x_e 轴逆时针旋转了 90°

$$\boldsymbol{T}_3 = \begin{bmatrix} \cos\varphi & 0 & -\sin\varphi & 0 \\ 0 & 1 & 0 & 0 \\ \sin\varphi & 0 & \cos\varphi & 0 \\ 0 & 0 & 0 & 1 \end{bmatrix}$$

其中

$$\sin\varphi=\frac{C_x}{\sqrt{C_x^{\ 2}+C_y^{\ 2}}}\qquad \cos\varphi=\frac{C_y}{\sqrt{C_x^{\ 2}+C_y^{\ 2}}}$$

步骤 4：如图 8-6 所示，将经过前 3 次变换后的坐标系绕 x_e 轴逆时针旋转 θ 角，使新坐标系的 z_e 轴指向原景物坐标系的原点，结果如图 8-7 所示，相应地，景物上的点顺时针旋转 θ 角，变换矩阵为

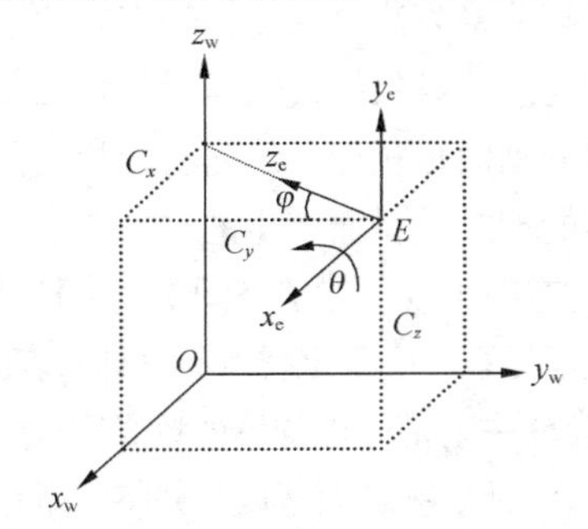

图 8-6　坐标系绕 y_e 轴顺时针旋转了 φ 角

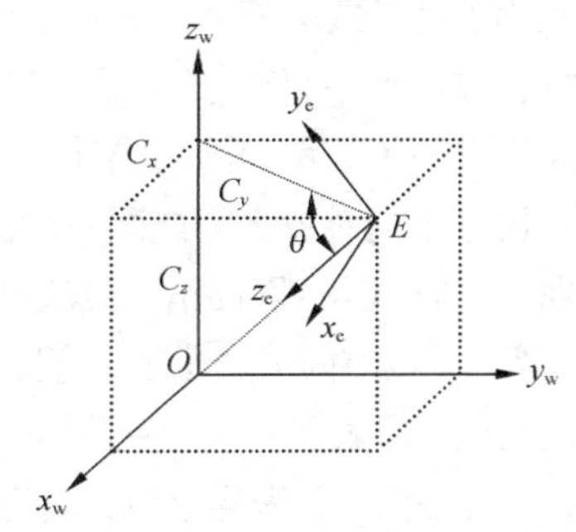

图 8-7　坐标系绕 x_e 轴逆时针旋转了 θ 角

$$\boldsymbol{T}_4=\begin{bmatrix}1 & 0 & 0 & 0\\0 & \cos\theta & -\sin\theta & 0\\0 & \sin\theta & \cos\theta & 0\\0 & 0 & 0 & 1\end{bmatrix}$$

其中

$$\sin\theta=\frac{C_z}{\sqrt{C_x^{\ 2}+C_y^{\ 2}+C_z^{\ 2}}}\qquad \cos\theta=\frac{\sqrt{C_x^{\ 2}+C_y^{\ 2}}}{\sqrt{C_x^{\ 2}+C_y^{\ 2}+C_z^{\ 2}}}$$

步骤 5：如图 8-7 所示，经过上述一系列变换后，已经将新坐标系的原点放置到了视点位置，并使得新坐标系的 z 轴指向了原景物坐标系的原点，y 轴指向了画面的上方，仅差 x 轴指向未达到指定要求，为了使新坐标系成为左手坐标系，应调整 x 轴指向，使其由指向画面的左方变为指向画面的右方，只要对 x 轴作对称变换即可，变换矩阵为

$$\boldsymbol{T}_5=\begin{bmatrix}-1 & 0 & 0 & 0\\0 & 1 & 0 & 0\\0 & 0 & 1 & 0\\0 & 0 & 0 & 1\end{bmatrix}$$

经过上述 5 次变换后，实现了将场景坐标系中的点 P（x_w，y_w，z_w）向观察坐标系中的点（x_e，y_e，z_e）的转换，即实现了取景变换，总的变换矩阵为上述 5 个基本变换矩阵的级联，即

$$\boldsymbol{V}=\boldsymbol{T}_1\cdot\boldsymbol{T}_2\cdot\boldsymbol{T}_3\cdot\boldsymbol{T}_4\cdot\boldsymbol{T}_5$$

8.3　隐藏面的消除

在真实感图形生成中，最复杂、最困难的问题之一就是从立体实物的图像中消去其隐蔽的部分。在实际生活中，不透明的物体挡住了从隐蔽部分发出的光线，以致人们看不见这些部分，然而，在计算机生成图形的过程中，当把物体投影到屏幕坐标系时，是不会出现这种自动消去隐蔽部分的情况的。为了消去这些隐蔽部分以建立更真实的图像，就必须对物体实施隐面消除算法，

即给定视点和视线方向，确定场景中哪些物体的表面是可见的，哪些是被遮挡不可见的。

隐面消除算法在 20 世纪 70 年代讨论得最多，现在已日趋成熟，消隐问题的复杂性促使许多不同的算法出现，其中相当一部分是针对某些特定的应用问题设计的。所有隐面消除算法都涉及各景物表面离视点距离的排序问题，一个物体离视点越远，它就越有可能被另一个距视点较近的物体所遮挡。因此，消隐问题可看成是一个排序问题，消隐算法的效率在很大程度上取决于排序的效率。利用各种形式的相关性（或者说连贯性）也是提高消隐算法效率的一种有效的措施，例如，在光栅扫描显示一幅图像时，一条扫描线的显示通常与前一条扫描线的显示很相似，所以有扫描线相关性；为了显示动画而设计的图像序列中，相继的画面很相似，从而有帧相关性；对象相关性则是由于不同对象之间或同一对象的不同部分之间的相互关系而产生的。

按实现方式的不同，隐面消除算法可分为两大类：景物空间（或称对象空间）消隐算法和图像空间消隐算法。景物空间消隐算法是直接在景物空间（视点坐标系）中确定视点不可见的表面区域，并将它们表达成同原表面一致的数据结构。而图像空间消隐算法则是处理物体的投影图像，即在投影屏幕上，以屏幕像素为采样单位，确定投影于每一像素的可见景物表面区域，并将其颜色作为该像素的显示光亮度。前者注意力集中于景中各物体之间的几何关系，以确定哪些物体的哪些部分是可见的；而后者则集中于向屏幕投影后最终形成的图像，从中确定在每个光栅像素中何者为可见。

从理论上说，在景物空间消隐算法中，画面的每一个对象都需要与画面中的其他对象一一比较，其所需计算量将随画面中的对象（不论其是否可见）的个数以平方率增长。而对于图像空间消隐算法来说，画面中的每一个对象必须与屏幕坐标系中的每一个像素进行比较，其计算量为 nN，其中，n 为画面中的对象数（体、面、边），而 N 为屏幕的像素个数。一般地，通常有 $n<N$（N 可为 1024^2），所以，景物空间算法比图像空间算法的计算量要小。但是，随着景物复杂程度的增加，由于图像空间消隐算法易于利用画面的相关性，所以，图像空间消隐算法所需计算量的增加要比景物空间消隐算法所需计算量的增加慢得多，也就是说，图像空间算法的实现效率更高，因此，在实际应用中，图像空间消隐算法更常用。正因为如此，人们设计出了很多在图像空间中实现的消隐算法，如画家算法、深度缓冲器算法、扫描线相关算法、Warnock 算法、Weiler-Atherton 算法、浮动水平线算法等。虽然有多种隐面消除算法，但却没有一种算法是绝对最佳的算法，有些算法的内存开销较大，有些算法的处理时间较长，另一些算法则是针对不同的景物类型或适应不同复杂程度的图像而设计的，如为产生实时图像设计的算法，与为得到高度逼真的图像设计的算法相比，其设计目标就很不相同。

8.3.1 背面剔除算法

在取景变换之前，为了提高取景变换的效率，常常要剔除因背离视点方向而不可见的景物表面，这称为背面剔除（Back-plane Culling）。决定一个多边形是否背离视点方向，只需做一简单的几何测试，测试步骤如下。

步骤 1：计算多边形的法向向量 $\boldsymbol{N}$ 和视线向量 $\boldsymbol{V}$，如图 8-8 所示。

步骤 2：计算法向向量 $\boldsymbol{N}$ 和视线向量 $\boldsymbol{V}$ 的夹角 ϑ 的余弦，即

$$\cos\vartheta = \boldsymbol{N}\cdot\boldsymbol{V}$$

步骤 3：根据 $\cos\vartheta$ 判断背向视点的多边形表面，如果 $\cos\vartheta<0$，即 $\vartheta>90°$，则该多边形表面为背面，是不可见的，

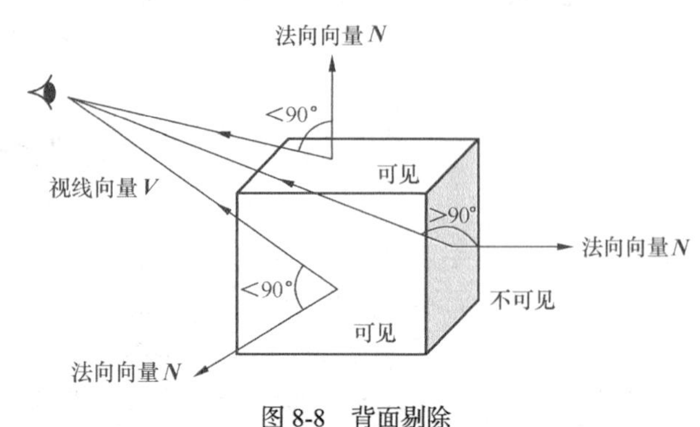

图 8-8 背面剔除

可从用于作取景变换的场景多边形集合中删除。

8.3.2　画家算法

一幅绘画作品所显示的画面是场景中各个物体经过消隐处理后的结果，这个结果是画家将场景中各个物体由远至近一层一层描绘在画面上的结果。1972 年，M.E.Newell 等人受画家由远至近作画的启发，提出了一种基于优先级队列的景物空间消隐算法，称为画家算法。

画家算法的基本步骤如下。

步骤 1：按照场景中各景物多边形离视点由远至近的顺序生成一个优先级队列，据视点距离远的多边形优先级低，排在队列的前端，据视点距离近的多边形优先级高，排在队列的后端。若场景中任何两个多边形表面在深度上均不重叠，则各多边形表面的优先级顺序可完全确定。

步骤 2：从队列中依次取出多边形，计算该多边形表面的光亮度，并将其写入帧缓冲器中，该队列中离视点较近的景物表面的光亮度将覆盖帧缓冲器中原有的内容。当队列中的所有多边形的光亮度都计算完毕并写入帧缓冲器后，就得到了消隐后的场景图像。所以画家算法也被称为优先级表算法。

画家算法的核心是对多边形按照离视点的远近进行快速、正确地排序，然后，先画出被遮挡的多边形，后画不被遮挡的多边形，用后画的多边形覆盖先画的多边形，从而达到自动消隐的目的。因此，多边形排序的过程就是要不断地找出被其他多边形遮挡的多边形。可按照如下方法找出被其他多边形遮挡的多边形。

首先按多边形顶点 z 坐标的极小值 z_{min} 由小到大对多边形进行一次初步的排序（因场景坐标系是右手坐标系，视点在 z 轴正向，所以离视点远的 z 值小）。这次排序的结果可能不是正确地反映客观事实，所以还需要进行确认与调整。

设 z_{min} 最小的多边形为 S，它暂时排在优先级队列的最前端。除 S 外，队列中其他的多边形记为 T。现在要做的工作就是判断是否存在 T 被 S 遮挡。若有，则 S 和 T 互换位置。然后重复这样的判断，直至确认在整个队列中不再有 T 被 S 遮挡。

判断 T 是否被 S 遮挡是通过比较多边形 S 的顶点 z 坐标的极大值 S_{zmax} 和队列中某个多边形 T 的顶点 z 坐标的极小值 T_{zmin} 的大小关系来完成的。若 $S_{zmax}<T_{zmin}$，则 S 肯定不会遮挡 T，当前的排列顺序是正确的。如果对于队列中的每一个 T 都满足 $S_{zmax}<T_{zmin}$，则可以确认 S 的优先级是最低的。如果队列中存在某一个多边形 T，使得 $S_{zmax}<T_{zmin}$ 不成立，则需要做进一步的检查，以确认 T 是否被 S 遮挡。对以下 5 种情况进行检查，可以确认 S 不遮挡 T。

（1）S 和 T 在 xoy 平面上投影的包围盒在 x 方向上不相交，如图 8-9（a）所示。

（2）S 和 T 在 xoy 平面上投影的包围盒在 y 方向上不相交，如图 8-9（b）所示。

（3）S 的各顶点均在 T 的远离视点的一侧，如图 8-9（c）所示。

（4）T 的各顶点均在 S 的靠近视点的一侧，如图 8-9（d）所示。

（5）S 和 T 在 xoy 平面上的投影不相交，如图 8-9（e）所示。

以上 5 项检查中只要有一项成立，则可以断定 S 不遮挡 T，否则不能保证 S 不遮挡 T，这时就要在优先级队列中交换 S 和 T 的次序，然后重复以上的工作，直至确认队列中的第一个多边形 S 不再遮挡队列中的任何其他多边形 T。

这里需要指出的是，由于从（1）到（5）的每项检查所需的工作量是递增的，所以在算法实现时，检查的顺序一定要按照上述书写的顺序进行，一旦满足其中之一，立即停止检查，以避免进行不必要的检查。

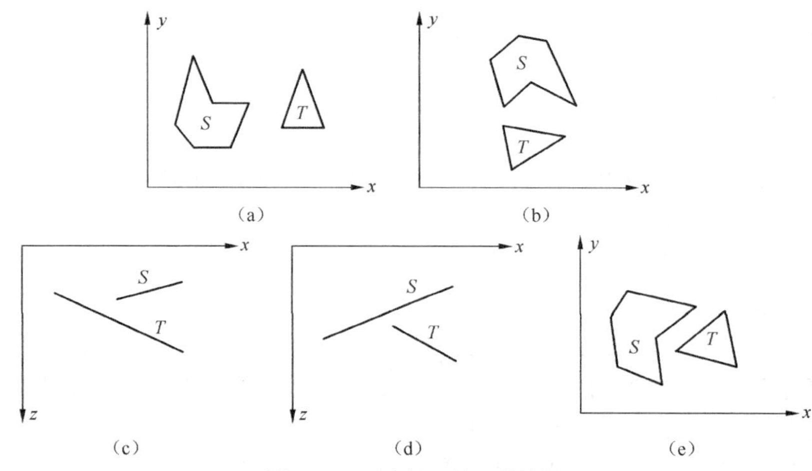

图 8-9　S 不遮挡 T 的五种情况

在实际应用中，如果 S 和 T 不能使上述 5 项检查均成立，那么就要在优先级队列中交换 S 和 T 的次序，而如果新的 S 和 T 仍然不能使上述 5 项检查均成立，那么将会发生由于不断交换 S 和 T 的次序而导致上述检查不收敛的情况。如图 8-10 所示，3 个多边形是相互遮挡的，不可能找到一个多边形不被另一个多边形遮挡。

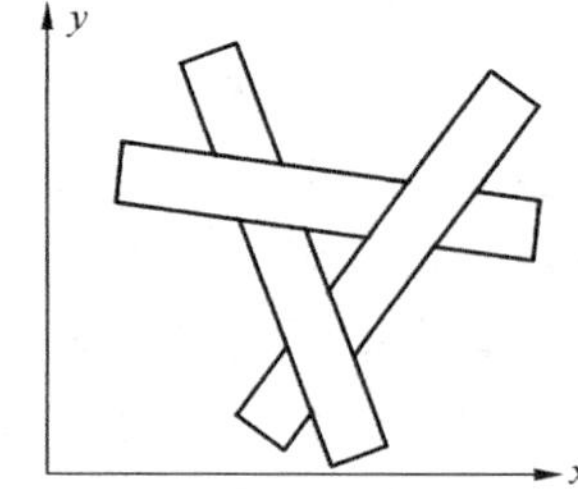

图 8-10　相互遮挡的情况

为了避免这种不收敛现象的发生，通常采用的方法是将多边形 S 沿多边形 T 的平面一分为二，然后将原多边形 S 从多边形队列中删除，而将 S 一分为二后得到的两个多边形加入到多边形队列中，这样就可以最终得到一个确定的优先级队列。这种处理方法还适用于多边形相互贯穿的情况。

采取这项措施可以解决不收敛的问题，但只有在发现上述不收敛现象发生时才需要采取该项措施。那么，怎样才能知道发生了不收敛现象呢？一种简单的方法是：在优先级最低的多边形将要交换顺序时对其做一个标记，当有标记的多边形又将被换成优先级最低的多边形时，就表明发生了不收敛现象。

画家算法特别适于解决图形的动态显示问题，例如，飞行训练模拟器中要显示飞机着陆时的情景，这时场景中的物体是不变的，只是视点在变化。因此只要事先把不同视点的景物的优先级队列算出，然后再实时地采用画家算法来显示图形，就可以实现图形的快速消隐与显示。

8.3.3　Weiler-Atherton 算法

Weiler-Atherton 算法是基于 Weiler-Atherton 多边形裁剪操作的一种景物空间消隐算法，算法的基本步骤如下。

步骤 1：先进行初步的深度预排序，即将变换到屏幕坐标系中的景物表面多边形按各顶点的 z 最小值进行排序，形成景物多边形表。

步骤 2：以当前具有最大 z 值（即离视点最近）的景物表面作为裁剪多边形 P_c。

步骤 3：用 P_c 对景物多边形表中排在后面的景物表面进行裁剪，产生内部多边形 P_{in} 和外部多边形 P_{out}。如图 8-11 所示，裁剪多边形 P_c 将主多边形 P_s 裁剪为内部多边形 P_{in} 和外部多边形 P_{out}。

步骤 4：如图 8-12 所示，由于多边形顶点离视点最近的多边形表面不一定是真正排在最前面的可见面，因此，需比较 P_c 与内部多边形 P_{in} 的深度，检查 P_c 是否是真正离视点较近的多边形。如果是，则 P_c 为可见表面，而位于裁剪多边形 P_c 之内的多边形 P_{in} 为当前视点的隐藏面，可以消去该隐藏面；如果不是，则选择 P_{in} 为新的裁剪多边形，重复步骤 3。

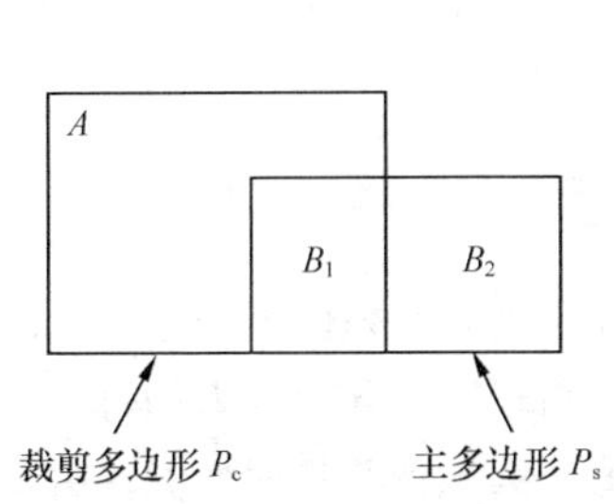

图 8-11　裁剪多边形 P_c 将主多边形 P_s 裁剪为内部多边形 B_1 和外部多边形 B_2

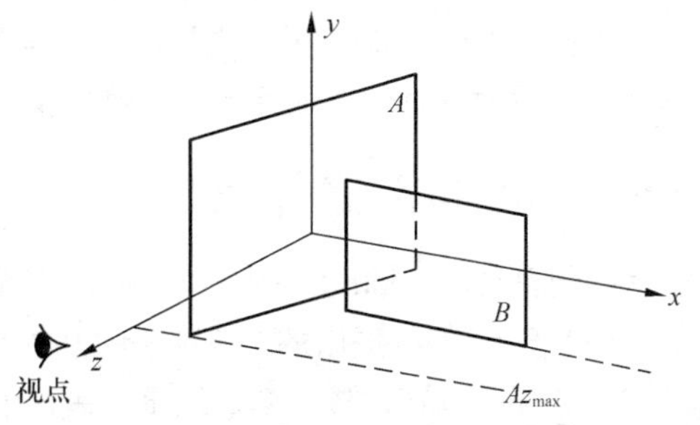

图 8-12　景物表面的深度预排序

步骤 5：将位于裁剪多边形之外的景物表面 P_{out} 组成外裁剪结果多边形表，取表中深度最大即排在最前面的表面为裁剪多边形，重复步骤 3，继续对表中其他景物表面进行裁剪。

步骤 6：上述过程递归进行，直到外裁剪结果多边形表为空时为止。

8.3.4　BSP 树算法

BSP（Binary Space Partitioning）树算法是一种基于 BSP 树对景物表面进行二叉分类的有效的景物空间消隐算法，与画家算法类似，BSP 树算法也是将景物多边形从远至近往屏幕上绘制，特别适合在场景中物体位置固定不变仅视点移动的场合。

BSP 算法的基本步骤如下。

步骤 1：先在场景中选取一剖分平面 P_1，将场景空间分割成两个半空间。它相应地把场景中的景物分成两组，相对于视点而言，一组景物多边形位于 P_1 的前面，另一组景物多边形位于 P_1 的后面，如果有物体与 P_1 相交，就将它分割为两个物体分别标识为 A 和 B，于是，如图 8-13 所示，景物 A 和 C 位于剖分平面 P_1 的前侧，而景物 B 和 D 位于剖分平面 P_1 的后侧。再用平面 P_2 对所生成的两个子空间继续进行分割，并对每一子空间所含景物进行分类。上述空间剖分和景物分类过程递归进行，直至每一子空间中所含景物少于给定的阈值为止。

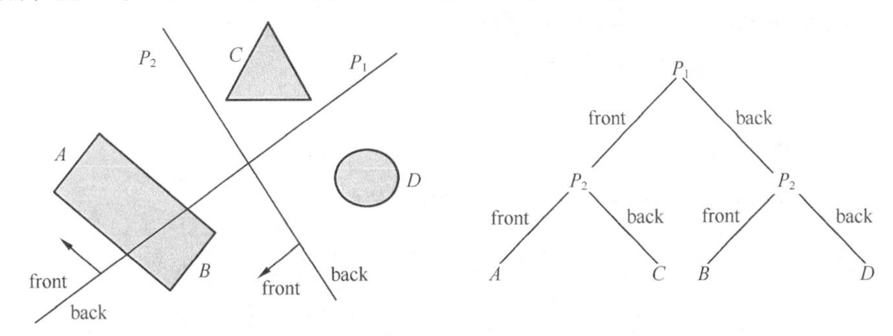

图 8-13　由平面 P_1 和 P_2 形成的空间剖分和 BSP 树表示

步骤 2：将上述空间剖分和景物分类结果表示为一棵 BSP 树，在这棵树上，景物位于叶节点，场景中位于剖分平面前面的景物作为左分支，位于剖分平面后面的景物作为右分支。

步骤 3：对于由多边形表面组成的场景，可选择某一多边形所在平面作为分割平面，这样就可以用该平面方程来区分各个多边形顶点的前后位置关系。随着每个多边形作为分割平面，最后可生成一棵 BSP 树，当 BSP 树构造完成后，依据视点的位置，对场景中每一分割平面所生成的两个子空间进行分类。其中，包含视点的子空间标识为“front”，位于分割平面另一侧的子空间标识为“back”。事实上，建立场景 BSP 树的过程就是对场景所含的景物表面递归地进行二叉分类的过程。

步骤4：递归搜索该BSP树，优先绘制标识为“back”的子空间中所含的景物，这样可使得前面的物体覆盖后面的物体，从而实现物体的消隐。

8.3.5 深度缓冲器算法

深度缓冲器算法（Depth-Buffer Algorithm）是一种简单而且有效的图像空间隐面消除算法，它是由Catmull于1975年提出的。该算法的基本思想是：将投影到显示屏上的每一个像素所对应的多边形表面的深度进行比较，然后取最近表面的属性值作为该像素的属性值。由于视点通常位于z轴上，z坐标值代表各物体距投影平面的深度，因此可用一个Z缓冲器（Z-buffer）来记录位于投影屏幕上此像素点的最靠近视点的那个多边形表面的深度，同时将此多边形表面的亮度值保存在帧缓冲器中。因此，深度缓冲器只是帧缓冲器的扩充，深度缓冲器算法也称为Z缓冲器算法。

深度缓冲器算法的基本步骤如下。

步骤1：将场景中的所有多边形通过取景变换、透视变换变换到屏幕坐标系中，即将物体描述转化为投影坐标，这时多边形表面上的每个点(x,y,z)均对应于投影平面上正交投影点(x,y)。因此，对于位于投影平面上的每个像素点(x,y)，物体的深度比较可通过它们z值的比较来实现。

步骤2：初始化深度缓冲存储器和帧缓冲器。由于深度缓冲存储器用于存储各像素点(x,y)所对应的深度值，帧缓冲器用于存储各像素点(x,y)的属性值（亮度或颜色值），因此，深度缓冲器应初始化为离视点最远的最大z值（观察坐标系是左手坐标系，视点在坐标系原点，所以离视点远的z值大），帧缓冲器应初始化为背景的属性值。

步骤3：按下述流程依次处理场景中的每一个多边形，即

```
for（场景中的每一个多边形）
{
    扫描转换该多边形;
    for（多边形所覆盖的每一个像素点(x, y)）
    {
        计算多边形在该像素点的深度值z(x, y);
        if ( z(x, y) < 深度缓冲器中对应此像素点(x, y)的z值)
        {
            把多边形在(x, y)处的深度值z(x, y)存入深度缓冲器中的(x, y)处;
            把多边形在(x, y)处的属性值存入帧缓冲器中的(x, y)处;
        }
    }
}
```

当所有的多边形都处理完毕后，帧缓冲器中的内容即为消除隐藏面后的图像。

具体实现时，深度缓冲器和帧缓冲器可以定义成两个大小相同的二维数组，其行数和列数就是屏幕的分辨率。

对于一个给定的多边形，它在某一点(x,y)的深度值z可由平面方程$ax+by+cz+d=0$求出，即$z=(-ax-by-d)/c$。在求出某一顶点的z值后，可利用增量法求出其他点的z值，即

$$z(x+\Delta x,y)=z(x,y)-\Delta x\cdot a/c$$

$$z(x,y+\Delta y)=z(x,y)-\Delta y\cdot b/c$$

由于$\Delta x=1$，$\Delta y=1$，a，b，c为定值，若记$\Delta x\cdot a/c$为C_1，$\Delta y\cdot b/c$为C_2，则上式可表示为

$$z(x+\Delta x, y) = z(x, y) - C_1$$
$$z(x, y+\Delta y) = z(x, y) - C_2$$

深度缓冲器算法本质上是一种基分类，它首先计算景物表面的各采样点，先根据它们在图像空间中的 (x, y) 坐标确定其所属像素，对于投影于同一像素的采样点，比较其深度值并对这些深度值进行排序，求出其中的最小值作为可见点。

深度缓冲器算法的优点如下。

（1）思想简单。在像素级上以近物代替远物，可轻而易举地消除隐藏面并准确显示复杂曲面之间的交线。

（2）计算量呈线性复杂度 $O(n)$，这里 n 是场景中景物表面采样点的数目，所以该算法可以胜任显示较复杂的画面。

（3）由于景物表面上的可见点可按任意次序写入深度缓冲器和帧缓冲器，所以无需对组成场景的各景物表面片预先作深度优先级排序，从而省去了深度预排序时间。

（4）易于硬件实现。现在许多图形工作站上都配置由硬件实现的深度缓冲器算法，以便于图形的快速生成和实时显示。目前，很多个人计算机上都装有基于深度缓冲器算法的图形加速卡。事实上，深度缓冲器算法已成为计算机图形学中的标准算法。

但是，深度缓冲器算法也存在着如下一些缺点。

（1）该算法需要很大的存储空间。例如，像素数目为 500 × 500，深度值采用浮点类型（4 字节），则除了刷新缓冲器外，还需要 500 × 500 × 4 =1M 字节的额外存储空间。

（2）在实现反走样、透明和半透明等效果方面存在困难，并由此会产生巨大的时间开销。例如，在处理透明或半透明效果时，由于在帧缓冲器内的同一像素点上可见表面的写入顺序是不确定的，所以可能导致画面上的局部错误。

在寻求克服这些缺点的方法时，提出了其他一些消除隐藏面的新算法。例如，通过进行最小最大测试，可以迅速排除两个画面重叠的情况，从而使得需要相对测试的多边形平面数目大大减少。

最小最大测试的基本思想为：把多边形的最小 x 坐标与另一个多边形的最大 x 坐标相比较，若前者大于后者，则这两个多边形不可能重叠，如图 8-14（a）所示，这种比较对 y 值也同样适用，当考虑深度重叠时，则对 z 值也适用。

如果两个多边形在 x 和 y 方向都不重叠，它们就不可能互相遮蔽，这种二维的 xy 最小最大测试，通常也称为边界方框测试。

当最小最大测试不能指出两个多边形为相互分离（见图 8-14（b））时，它们仍然有可能是不重叠的，这时，如图 8-14（c）所示，可通过将一个多边形的每条边线与另一个多边形的每条边线相比较来测试它们是否相交，即对每条边线进行最小最大测试。

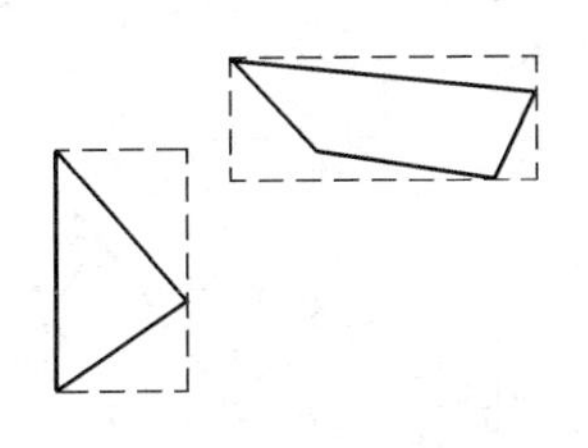
（a）测试不重叠

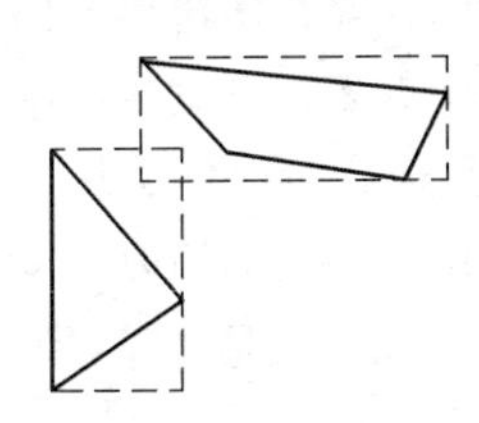
（b）测试无确定结果

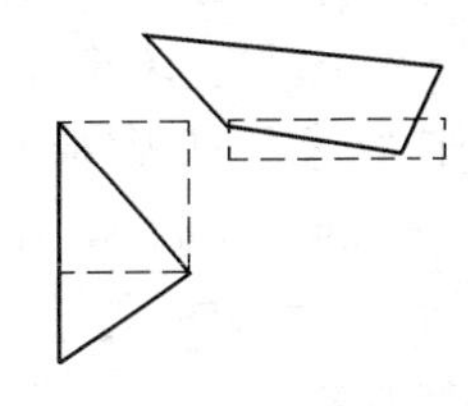
（c）对边线测试

图 8-14　最小最大测试

另外，为了降低对存储空间的需求，可以将图像空间划分为 4、16 甚至更多的子正方形或条状区域，使得算法所需的存储量减少。在最小的情况下，采用只对应一条扫描线的深度缓冲器就可使需要的存储量最小，这涉及下一小节要介绍的扫描线相关算法。

8.3.6 扫描线 Z 缓冲器算法

扫描线 Z 缓冲器算法的思想是：按扫描线顺序处理一帧画面，在由视点和扫描线所决定的扫描平面（*xoz* 平面）上解决消隐问题。

扫描线 Z 缓冲器算法的流程如下。

```
for (各条扫描线)
{
    将扫描线帧缓冲器 f_buf 置成背景色;
    将扫描线深度缓冲器 Z_buf 置成最大值;
    for (各个多边形)
    {
       求出该多边形与当前扫描线的相交区间;
       for (相交区间内各个像素点)
       {
         计算多边形在该处的深度值 z ;
         if (多边形在该处的深度值 z <Z_buf 在该处的值)
         {
            用多边形在该处的深度值 z 取代 Z_buf 在该处的值;
            用多边形在该处的亮度值取代 f_buf 在该处的值;
         }
       }
    }
    用 f_buf 的内容显示当前扫描线;
}
```

由上可见，扫描线 Z 缓冲器算法只是深度缓冲器算法的一维版本，在此算法中深度缓冲器所需的存储空间仅为：屏幕水平分辨率×每个深度值所占的存储位数。

尽管扫描线 Z 缓冲器算法可以极大地降低深度缓冲器算法的空间代价，但它的运算量还是很大的。例如，在处理每一条扫描线时，都要检查所有的多边形是否与其相交，若相交还要计算相交区间内每个像素点的深度值，所以在算法实现时，还需要采用其他一些措施来降低运算量。

首先，要建立一个多边形 *y* 桶和一个边 *y* 桶，这两个桶的深度（行数）是相同的，都等于显示屏幕的扫描线数。其中，多边形 *y* 桶用于存放多边形，存放的原则是：对于一个多边形，根据多边形顶点中最小的 *y* 坐标，确定多边形在多边形 *y* 桶中的位置。多边形 *y* 桶的数据结构包括：多边形的编号 *ID*，多边形顶点 *y* 坐标的最大值，以及指向存储在多边形 *y* 桶中的同一行的下一个多边形的指针。根据多边形编号可以从定义多边形的数据表中取出多边形的平面方程 $ax+by+cz+d=0$ 的系数 a，b，c，d，多边形的边、多边形的顶点坐标、多边形的颜色 *color* 等属性信息。多边形的 *y* 桶如图 8-15 所示。

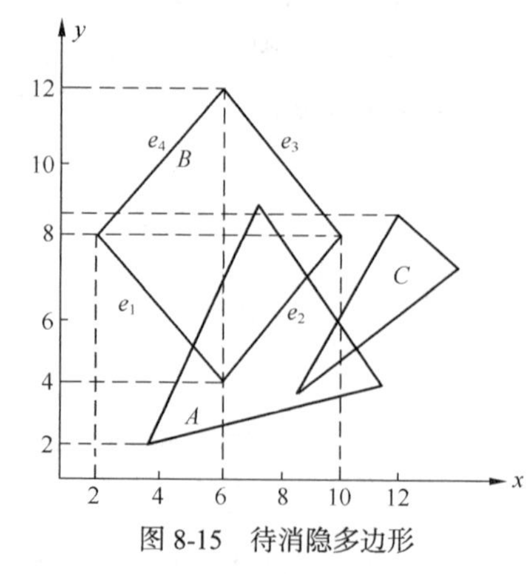

图 8-15　待消隐多边形

边 *y* 桶用于存放多边形的边，存放的原则是：对于一个多边形的边，根据边的两端点中较小的 *y* 值，确定边在 *y* 桶中的位置。多边形的边 *y* 桶的数据结构内包括：边的

两个顶点中 y 坐标的最大值、该边在 xoy 平面上的投影和相邻的两条扫描线交点的 x 坐标值之差 Δx，y 值较小的那个端点的 x 坐标值和 z 坐标值，指向存于边 y 桶的同一行的下一个边的指针。图 8-16 所示的多边形 B 的边 y 桶如图 8-17 所示。

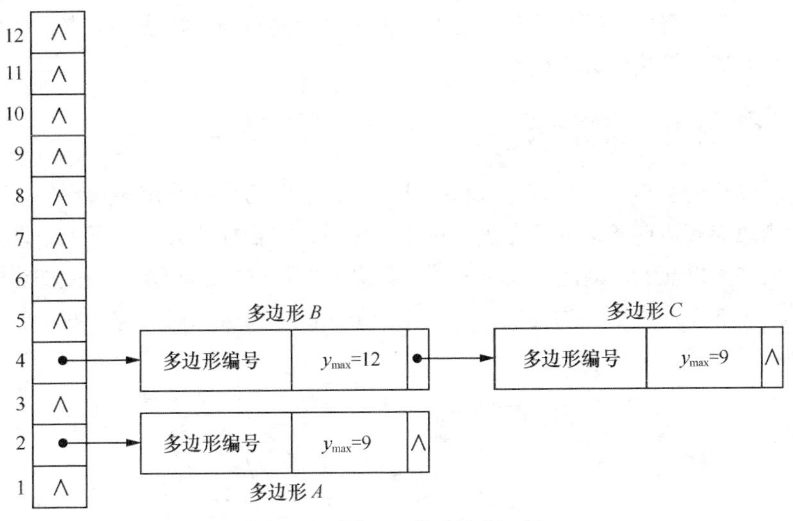

图 8-16　图 8-15 的多边形 y 桶

其次，要建立一个活性多边形表和一个活性边表。活性多边形表中存放与当前正在处理的扫描线相交的各个多边形的信息，包括：多边形的编号 ID，多边形顶点中最大的 y 坐标，指向边 y 桶的指针。活性边表中存放多边形与当前正在处理的扫描线相交的各个边的信息，包括以下内容。

x_L：左侧边与扫描线的交点的 x 坐标值。

Δx_L：左侧边与两条相邻扫描线交点的 x 坐标之差。

y_{lmax}：左侧边两个端点中最大的 y 值。

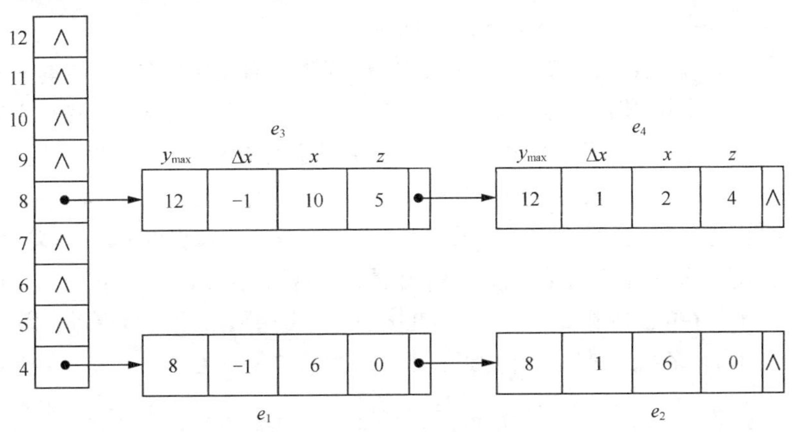

图 8-17　图 8-15 多边形 B 的边 y 桶

x_R：右侧边与扫描线的交点的 x 坐标值。

Δx_R：右侧边与两条相邻扫描线交点的 x 坐标之差。

y_{rmax}：右侧边两个端点中最大的 y 值。

z_L：左侧边与扫描线的交点处多边形的深度值。

Δz_x：沿扫描线向右（即 x 正方向）前进一个像素点时，多边形所在平面深度的增量。当多边形所在平面的平面方程表示为 $ax+by+cz+d=0$ 时，$\Delta z_x = -a/c(c \neq 0)$。

Δz_y：沿 y 方向向下（即 y 负方向）移过一条扫描线时，多边形所在平面深度的增量。当多边形所在平面的平面方程表示为 $ax+by+cz+d=0$ 时，$\Delta z_y = b/c(c \neq 0)$。

ID：边对所在的多边形的编号。

活性边表的引入使得可以按照增量方法对投影多边形的边与扫描线的交点以及多边形各点深度进行计算，从而提高算法的计算效率。

8.3.7 区间扫描线算法

区间扫描线算法的基本思想是在一条扫描线上，以区间为单位确定多边形的可见性，具体地说，把当前扫描线与多边形各边的交点进行排序，然后，将扫描线分为若干个子区间，在小区间上确定可见线段并予以显示。因此，区间扫描线算法不需要扫描线帧缓冲器。如图 8-18 所示，扫描线 1 与 *A*、*B*、*C* 3 个多边形的边相交，形成 7 个子区间。那么如何确定这些小区间的颜色呢？可按如下 3 种情况来考虑。

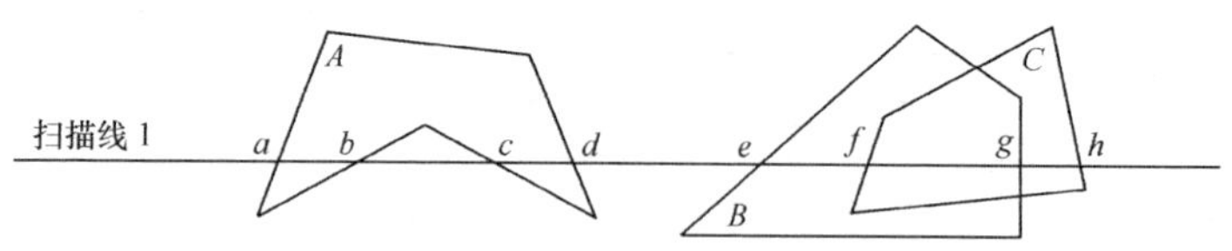

图 8-18　扫描线与多边形边的交

（1）当小区间上没有任何多边形（如图 8-18 所示的小区间[*d*,*e*]）时，用背景色显示该小区间。

（2）当小区间上只有一个多边形（如图 8-18 所示的小区间[*a*,*b*]、[*c*,*d*]、[*e*,*f*]、[*g*,*h*]）时，用对应多边形在该小区间内的颜色来显示该小区间。

（3）当小区间存在两个或两个以上的多边形（如图 8-18 所示的小区间[*f*,*g*]）时，必须通过深度测试判断哪个多边形是可见的，然后，用可见多边形的颜色来显示该小区间。如果允许物体表面相互贯穿，那么还必须求出它们在 *xoz* 扫描平面上的交点，用这些交点把该小区间分成更小的子区间，再在这些子区间上决定多边形的可见性。

如图 8-19（a）所示，*A*、*B*、*C* 3 个多边形在 *xoy* 投影平面上相互重叠，这时，只能从它们与扫描平面的交线才能看出它们在空间中的相互位置。如果各多边形与 *xoz* 扫描平面的交线互不相交，如图 8-19（b）所示，可以不必将小区间再细分为更小的子区间，而如果各多边形与 *xoz* 扫描平面的交线相交，则需要将小区间再细分为更小的子区间，为了在这些更小的子区间内确定多边形的可见性，可以在这些子区间内任取一采样点，在该点处离视点更近的那个多边形就是在该子区间内可见的多边形，而其他多边形在该子区间内均为不可见。如图 8-19（c）所示，以小区间[*d*,*e*]为例，多边形 *B* 和 *C* 在[*d*,*e*]内相交于一点 *g*，在[*d*,*g*]内，多边形 *C* 离视点更近，因此多边形 *C* 是可见的，而在[*g*,*e*]内，多边形 *B* 离视点更近，因此多边形 *B* 是可见的。

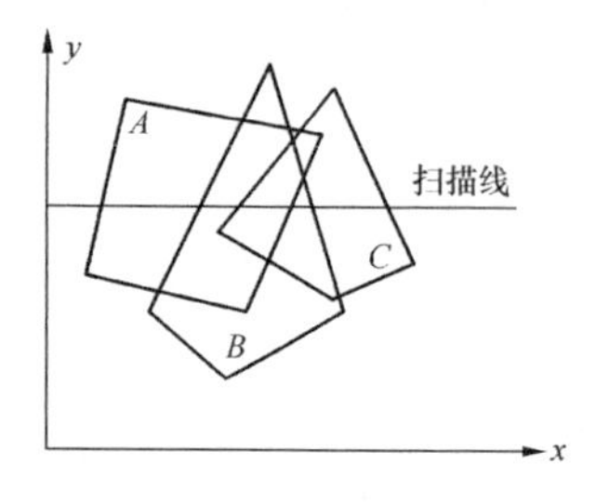

（a）多边形在屏幕上的投影

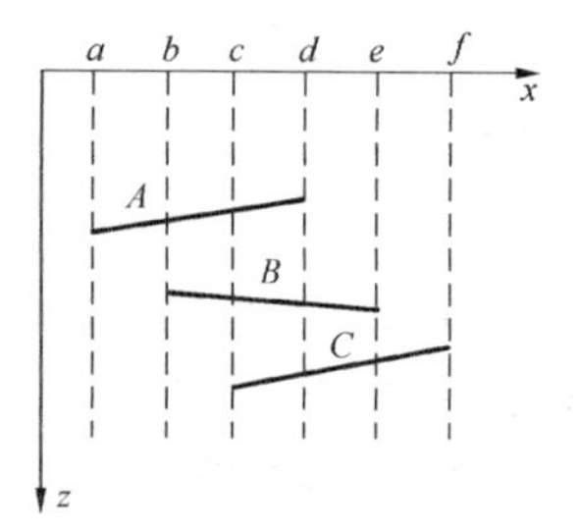

（b）无贯穿的多边形

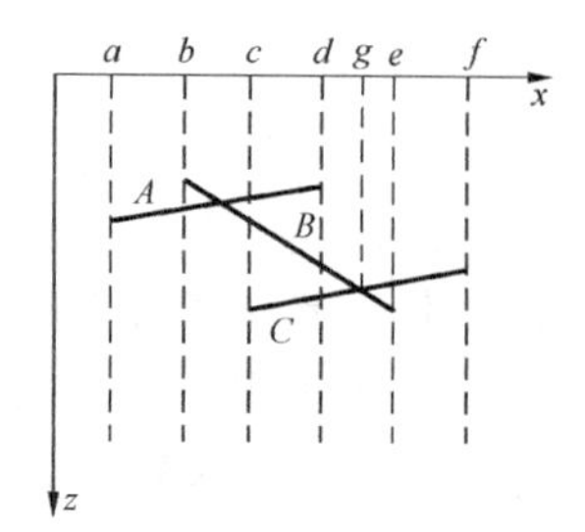

（c）相互贯穿的多边形

图 8-19　扫描线的区间细分

区间扫描线算法也可通过建立活性多边形表和活性边表，并用增量法来提高交点的计算效率。

8.3.8　Warnock 算法

在进行消隐处理时，有一点是十分明显的，这就是物体表面的可见部分或不可见部分存在着区域连贯性，即若一处可见，则其周围就有相当的区域是可见的，否则其周围就有相当的区域是不可见的。Warnock 算法就充分利用了区域的连贯性，将视野集中于包含面片的区域，并将整个观察范围细分成越来越小的矩形单元，直至每个单元仅包含单个可见面片的投影或不包含任何面片，因此，Warnock 算法也称为区域细分（Area-Subdivision）算法，它实质上是一种分而治之的算法。Warnock 算法既适于消去隐藏线，又适于消去隐藏面。下面以消去隐藏面为例介绍 Warnock 算法。

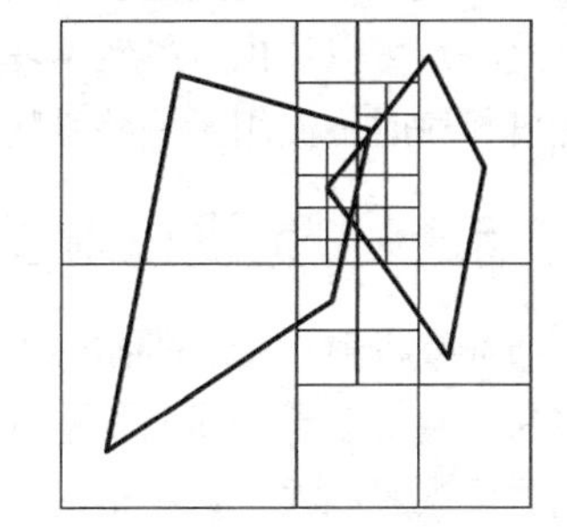

图 8-20　区域四等分为 4 个子窗口

Warnock 算法的基本思想是：首先观察整个窗口区域（严格说来是视区），如果窗口内的景物已经足够简单，简单到可以直接显示输出，则称该窗口为单纯的，否则为非单纯的。例如，窗口内没有任何可见物体，或者窗口已被一个可见面片完全充满，这时的窗口就是单纯的。如图 8-20 所示，将非单纯的窗口四等分为 4 个子窗口，对每个子窗口再进一步判别是否是单纯的，直到窗口单纯或窗口边长已缩减至一个像素点为止，这一过程类似于组织一棵四叉树，这样，即使是一个 1024×1024 分辨率的视图被细分 10 次以后，也能使每个子窗口覆盖一个像素。

算法中最重要的一步就是判别窗口是否单纯，这就要分析窗口与物体的所有投影后的多边形面片之间的关系，如图 8-21 所示，多边形面片与窗口之间的关系可分为以下 4 种。

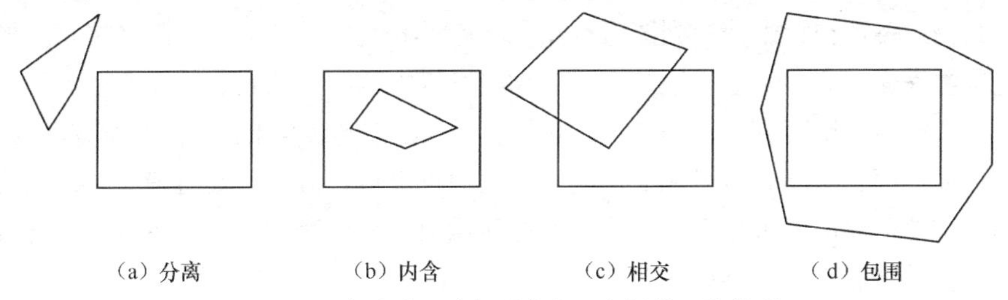

图 8-21　多边形面片与观察窗口之间的 4 种关系

（1）分离，即多边形面片在窗口之外。

（2）内含，即多边形面片完全处在窗口之内。

（3）相交，即多边形面片与窗口相交，部分位于窗口内，部分位于窗口外。

（4）包围，即多边形面片完全包含整个窗口。

根据这 4 种类别可以判断面片的可见性，于是，Warnock 算法的基本步骤就可以描述如下。

步骤 1：对每个窗口进行判断，若画面中所有多边形均与此窗口分离，即此窗口为空，则按背景光强或颜色直接显示而无需继续分割。

步骤 2：若窗口中仅包含一个多边形，则窗口内多边形外的区域按背景光强或颜色填充，多边形内按多边形相应的光强或颜色填充。

步骤 3：若窗口与一个多边形相交，则窗口内多边形外的区域按背景光强或颜色填充，相交多边形内位于窗口内的部分按多边形相应的光强或颜色填充。

步骤 4：若窗口被一个多边形包围且窗口内无其他的多边形，则窗口按此包围多边形相应的光强或颜色填充。

步骤 5：若窗口至少被一个多边形包围且此多边形距离视点最近，则窗口按此离视点最近的包围多边形的相应光强或颜色填充。

步骤 6：若以上条件都不满足，则继续细分窗口，并重复以上测试。

上述前 4 条准则概括了单一多边形与窗口的关系，用它们可以减少分割窗口的次数。第 5 条是消隐的关键，它要找出包围窗口的多边形中距视点最近的一个。具体实现时，可将面片根据它们距离视点的最小距离先进行深度排序，然后，对观察窗口内的每一包围面片，计算其最大深度，如果某一包围面片距视点的最大深度小于该区域内其他所有面片的最小深度，则该包围面片必然遮挡了此窗口内的其他包围多边形，所以应该用它的光强或颜色写入帧缓冲存储器的相应位置。从这一点可以看出，虽然 Warnock 算法本质上是一种图像空间消隐算法，但在完成多边形面片的深度排序时也使用了一些景物空间的操作。

8.3.9 光线投射算法

光线投射（Ray Casting）算法是建立在几何光学基础之上的一种非常有效的表面可见性判别算法。它对于包含曲面、特别是球面的场景有很高的效率。光线投射算法是基于以下思想提出来的：观察者能看见景物是由于光源发出的光照射到物体上的结果，其中一部分光到达人的眼睛引起视觉。到达观察者眼中的光可由物体表面反射而来，也可通过表面折射或透射而来。若从光源出发跟踪光线，则只有极少量的光能到达观察者的眼睛，可见，这样处理计算的效率很低。因此，Appel 提出从视点出发或者说从像素出发，仅对穿过像素的光线进行反向跟踪，当光线路径到达一个可见的不透明物体的表面时，停止追踪。

如图 8-22 所示，假设观察者（即视点）位于 z 轴正向上，投影平面（即屏幕）垂直于 z 轴，首先需要将景物通过透视投影变换到图像空间，然后沿光线路径（即从视点经屏幕光栅中某像素的中心到达景物表面的方向）进行跟踪，决定它与场景中的哪一景物表面相交。由于光线可能与场景中的多个物体表面相交而形成多个交点，因此，需求出该光线与景物表面的所有可能的交点，将这些交点按深度排序，由于具有最大 z 值的交点离视点最近，因此，具有最大 z 值的交点对应的面就是屏幕上该像素对应的可见面，该像素处的显示值由相应物体的属性决定。对屏幕上的所有像素都进行如上处理后，算法结束。

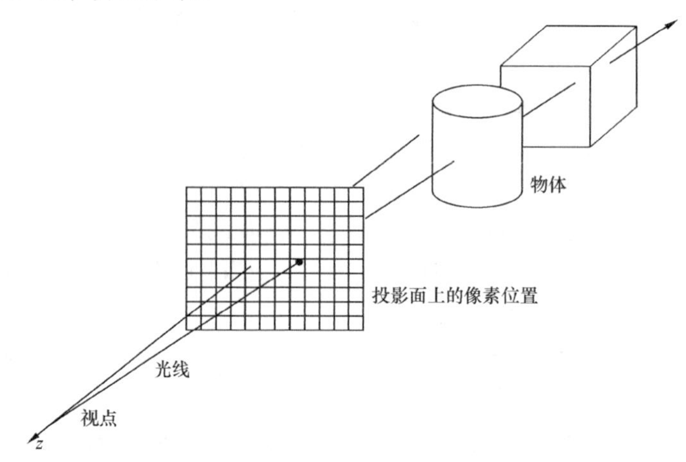

图 8-22　反向跟踪一条穿过像素点的光线示意图

从上述过程可以看出，光线投射算法可看作是深度缓冲器算法的一种变形。在深度缓冲器算法中，每次处理一个多边形表面，并对面上的每个投影点计算深度值，将其与以前保存在该点的深度值进行比较，取离视点最近的多边形面片作为该像素所对应的可见面片。在光线投射算法中，每次处理的是一个像素，沿光线的投射路径计算出该像素所对应的所有面片的深度值。

8.4　阴影生成

前面介绍的消隐算法都是针对那些相对于视点不可见的点、线、面来讲的，对于判别为不可见的点、线、面（透明和半透明物体除外）都予以消除，即不显示。事实上，在实际的真实感图形生成中，视点、光源以及物体之间的位置关系主要有以下 3 种情况。

（1）这些点、线、面从视点可见，从光源也可见，即被测点与视点之间没有任何物体遮挡。

（2）这些点从视点可见，从光源不可见。

（3）在多光源的情况下，有些点、线、面相对于部分光源可见，相对于另一部分光源不可见。

对于第一种情况，只需根据光源的方向和强度、视点位置、物体表面的朝向和材质属性等，利用光照模型计算出该点的光亮度即可。对于第二种情况，通常只要对屏幕上的相应像素置上该机器的最大像素值即可。在精度要求高的场合，还需计算相邻物体的反射光。对于第三种情况，必须综合考虑以上两种情况。

判断以上各类点的过程通常称为阴影测试。因为环境中的每一个物体的每一个面都必须测试，所以，阴影测试所需的计算量是相当大的。当观察方向与光源方向重合时，观察者是看不到任何阴影的，可以不进行阴影测试，当二者不一致，或者光源多且光源体制比较复杂时，就会出现阴影，因此必须进行阴影处理。由于阴影能给出物体相对关系的信息，所以，这样可使人感受到画面上景物的远近深浅，从而极大地增强画面的真实感。

观察结果证明，阴影由两部分组成：本影和半影。本影是景物表面上那些没有被光源直接照射的区域，它通常呈现为全黑的轮廓分明的区域，而半影则为景物表面上那些被某些特定光源直接照射但并非被所有特定光源直接照射的区域，或者说是可接收到分布光源照射的部分光线的区域，半影通常位于本影周围，呈现为半明半暗的区域。显然，单个的点光源只能产生本影，位于有限距离内的分布光源才可同时产生本影和半影。图 8-23 所示为一个圆形面光源产生的本影和半影。由于计算半影首先要确定线光源和面光源中对于被照射点未被遮挡的部分，然后再计算光源的有效部分向被照射点辐射的光能，因此，半影的计算比本影要复杂得多。在真实感图形的生成中，为避免大量的阴影计算，通常只考虑由点光源形成的本影。

由于阴影相对于光源来说是不可见的，而相对于视点来说是可见的，因此，计算阴影的过程相当于两次消隐过程：一次是对每个光源进行消隐，求出对光源而言不可见的面或区域；另一次是对视点的位置进行消隐，求出对视点而言可见的面。那些对视点而言为可见，而对光源而言不可见的面或区域就是阴影面或阴影区域。

阴影区域的明暗程度和形状与光源有密切的关系。例如，对于如图 8-24 所示的长方体而言，假设单一点光源位于无穷远处，且位于长方体的前面的左上方，视点位于长方体的前面的右上方，这时产生的本影包括两种情况：一种是因物体自身的遮挡而使光线照射不到它上面的某些可见面即自身阴影面，另一种是因不透明物体遮挡光线使得场景中位于该物体后面的物体或区域受不到光照射而形成的投射阴影。自身阴影面可用背面剔除的方法求出，即假设视点在点光源的位置，计算得到的物体的自身隐藏面就是自身阴影面。投射阴影可从光源处向物体的所有可见面投射光线，将这些面投影到场景中得到投影面，再将这些投影面与场景中的其他平面求交线即可得到阴影多边形。在数据结构中记录这些阴影多边形的信息，然后再按视点位置对场景进行相应的处理以获得所要求的视图，这样做的好处是：改变视点的位置，第一次消隐过程不必重新计算，也就是说，若要得到多幅视图，只进行一次阴影计算即可。

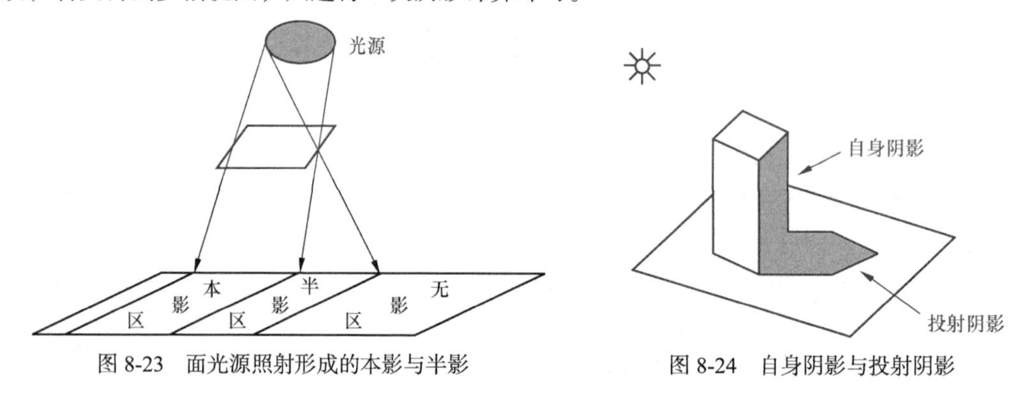

图 8-23　面光源照射形成的本影与半影　　　图 8-24　自身阴影与投射阴影

8.5　基本光照模型

在自然界中，当来自光源和周围环境的入射光照射到景物表面上时，光可能被吸收、反射或透射。正是朝向视线方向的反射或透射的那部分光使景物可见。对于观察者而言，当反射光或透射的那部分光进入人眼中时，在该物体的可见面上将会产生自然光照效果，这时可见面上的不同点的光强是不一样的，从而产生物体的立体感。在计算机图形学中，为了表现出这种自然光照效果，使通过计算机绘制出的物体具有真实感，就需要根据光学物理的有关定律建立一个数学模型去计算景物表面上任意一点投向观察者眼中的光亮度的大小。这个数学模型就称为光照明模型（Illumination Model），简称光照模型。

根据光照明模型推导原理的不同，可分为两种：几何光照模型和物理光照模型。几何光照模型以几何光学原理为基础，在其公式推导过程中假设多个理想条件，其数学表达形式简单，一般为经验模型，精度较低，主要用于图像渲染领域。而物理光照模型的基础是电磁波反射理论，精度较高，能客观地描述光照物理现象，但其数学表达形式复杂，一般用于光谱分析等物理领域。

几何光照模型分为局部光照模型和整体光照模型。局部光照模型是在假定景物表面为不透明、且具有均匀的反射率的条件下，模拟光源直接照射在景物表面所产生的光照效果，它可以表现由光源直接照射在景物的漫反射表面上形成的连续明暗色调、镜面高光效果以及由于景物相互遮挡而形成的阴影等。而整体光照模型除了模拟上述效果外，还考虑周围环境对景物表面的影响，即可以模拟出镜面映像、透明、光的折射以及相邻景物表面之间的色彩辉映等较为精致的光照效果，有兴趣的读者可参阅其他参考书籍。

一个不透明、不发光的物体之所以是可见的，就是因为它的表面将周围环境中发光物体（以下称之为光源）所发出的光线反射到观察者眼中。当然，投射到该物体表面上的光线不仅直接来自于光源，而且可能间接来自于光源，即光源的光线投射到其他物体表面（如房屋的墙壁）之后产生反射，反射光再投射到该物体表面。直接产生光线的光源常被称为发光体，而反射其他光线的反射面则被称为反射光源。由此可见，一个物体表面上的光照效果往往是多个不同类型的光源共同照射的综合效果，它不仅取决于物体表面的材料、表面的朝向以及它与光源之间的相对位置，而且还取决于光源的性质。光源的性质包括它向周围辐射光的光谱分布、空间光亮度分布及光源的几何形状。显然，日光灯与白炽灯所发出的光具有不同的光谱分布，前者偏青色，后者偏黄色。不同结构和形状的光源具有不同的空间分布，探照灯发出定向的平行光，而磨砂灯泡则向四周发出均匀、柔和的光亮。从几何形状来看，光源可分为 4 类：点光源、线光源、面光源和体光源，其中点光源最简单。

点光源的光线由中心点均匀地向四周散射，尽管在实际生活中很难找到真正的点光源，自然界中的大多数光源并不是理想的点光源，而是具有一定尺寸大小的光源，但当一个光源距离我们所观察的物体足够远（如太阳），或者一个光源的大小要比场景中的物体大小要小得多（如蜡烛）时，则可把这样的光源近似地看成点光源。由于采用点光源容易确定到达被照射点的光能大小，阴影计算也较为简单，因此在计算机图形学中，常假定用点光源照明。

不符合上述条件的光源不能简单地当作点光源，因为这样在计算物体表面各点的光强时会产生较大的误差，从而降低所显示物体的真实感。这时可以将实际光源近似为若干个点光源的组合，然后分别计算这些点光源在物体表面产生的光强并加以叠加，从而获得实际物体表面各点的光强。例如在计算室内物体表面光强时，屋顶的日光灯光就可近似为若干个点光源的线性排列组合。

根据物理学的知识，光其实是一种能量，是能量的一种表现形式。当光线投射到一个不透明的物体表面时，它的能量一部分会被反射出来，另一部分则被物体表面吸收。反射能量与吸收能量的比例取决于物体表面的材质。颜色较暗的物体将会吸收较多的入射光的能量。表面光滑的物体则反射较多的入射光能量。当光线投射到一个透明的物体上时，它的能量一部分被反射，而另一部分将折射进入物体。反射光能量与折射光能量的比例也是取决于透明物体的材质。需要指出的是，尽管折射光能量也进入到物体内部，但折射与吸收这两个概念是有区别的。折射光是以光的形式进入物体内部，而且最终还要射出物体之外。吸收则是将光能转化成其他形式的能量（如热能）存储于物体内部。

物体表面的反射光和透射光的光谱分布决定了物体表面所呈现的颜色，反射光和投射光的强弱则决定了物体表面的明暗程度。而反射光和投射光又取决于入射光的强弱、光谱组成以及物体表面的属性。物体表面的属性如光滑程度、透明性、纹理等决定了入射光线中不同波长的光被吸收和反射的程度。例如，当白光照射在一涂有青色颜料的白纸上时，青色涂料表面之所以呈现为青色，是因为它吸收了红光，而反射了除红光以外的所有其他波长的光，如果用红光照射，那么它将呈现为黑色。通常我们都是假设入射光为白光来谈论物体的颜色的，可见离开光来讨论物体的颜色是没有任何意义的。

假设环境由白光照射，而且不考虑透射光，这样得到的光照模型为简单的局部光照模型。在简单的局部光照模型中，物体的可见面上的光照效果仅由其反射光决定，从某个点光源照射到物体表面上，再反射出来的光一般是由漫反射光、镜面反射光及环境反射光组成的。以下分别介绍这几种光照效果的模型建立。

8.5.1　环境光模型

环境光（Ambient Light）也称背景光或泛光，简言之，就是从周围环境（如墙壁、天空等）的各个方向投射来的光，它没有空间或方向上的特征，均匀地照射在物体的各个不同的表面上，并等量地向各个方向反射，因此，环境光代表一种分布光源。

精确地模拟环境光很耗时，通常可采用如下的模型来近似地模拟环境光的照射效果。

$$I = k_\alpha I_\alpha \tag{8-1}$$

其中，参数 k_α（在 0～1 取值）为物体表面环境光的漫反射系数，I_α 为场景中的环境光光强。由式（8-1）可知，场景中每个物体表面对环境光反射的强度与入射光的入射方向、观察者的观察方向以及物体表面的朝向都无关，而仅与环境光的强度和物体表面对环境光的反射系数有关，即仅与物体表面的材质属性有关。由于不同的材质属性吸收和反射的入射光不同，因此，各物体表面上的反射光强也会有所不同。

在日常生活中，透过厚厚云层的阳光、手术中的无影灯等都适于用环境光来模拟，这种光照在物体表面上时，阴影不显著，且同一物体的不同区域的差异也不显著。由于用环境光计算得到的反射光与入射光的入射方向、观察者的观察方向以及物体表面的朝向都无关，因此环境光模型的缺点是不够真实，例如，我们无法确定一个圆是代表一个球面还是代表一个圆盘，这种图就好像我们在黑夜中借助星光观察没有照明的建筑物一样，只能辨认出它的位置、大小和轮廓，却无法辨认它的细节。虽然环境光的实际用途并不大，但在调试阶段（如调试变换、投影、求交、消隐程序），可节省不必要的明暗计算。

8.5.2 Lambert 漫反射模型

由于环境光对物体的照射使其各个面具有同样的亮度，只能为景物表面产生一个平淡的明暗效果，使观察者很难辨别景物各个面的层次，所以在绘制三维场景时很少仅考虑环境光的作用，通常至少要用一个点光源来照射物体。所谓点光源，是指它向各个方向均匀地发出光的射线，该光线被物体表面各点漫反射后向各个方向以同等光强发散。各点反射光的强度除了与点光源强度和物体表面的反射系数有关外，还与物体各面的朝向有关，但与观察者的观察方向无关，即观察者从不同角度观察到的反射光具有同样的亮度，这样的反射光称为漫反射光，这样的物体表面称为理想漫反射体（Ideal Diffuse Reflectors）。自然界中的绝大多数景物为理想漫反射体。

一个理想的漫反射物体在点光源照射下的光的反射规律可用 Lambert 余弦定律来表示。根据 Lambert 余弦定律，一个理想漫反射体上反射出来的漫反射光的强度同入射光与物体表面法向之间夹角的余弦成正比的，即

$$I = k_{\mathrm{d}} I_{1} \cos\theta \tag{8-2}$$

其中，I 为景物表面在被照射点 P 处的漫反射光的光强，k_{d} 称为漫反射系数或漫反射率（Diffuse Reflectivity），它取决于物体表面材质的属性，I_{1} 为点光源所发出的入射光的光强，θ 为入射光与物体表面法向之间的夹角，它介于 0°～90°。

如图 8-25 所示，仅当入射角 θ 在 0°～90°即 $\cos\theta$ 为 0～1 时，点光源才照亮物体表面，当入射角 θ 为 0°时，光源垂直照射在物体表面上，此时的反射光的光强最大。若 θ 大于 90°即 $\cos\theta$ 为负值时，则光源将位于物体表面之后，此时，该光源对被照射点的光强贡献为 0。

当光线以相同入射角照射在不同材料的景物表面时，由于不同材料的表面具有不同的漫反射率，使得这些表面呈现出不同的颜色，所以，漫反射系数 k_{d} 实际上是关于物体颜色的函数。

若物体表面在被照射点处的单位法向量为 $\boldsymbol{N}$，P 点到点光源的单位向量为 $\boldsymbol{L}$，则有 $\cos\theta = \boldsymbol{N} \cdot \boldsymbol{L}$，于是式（8-2）可表达为如下的向量形式：

$$I = k_{\mathrm{d}} I_{1} (\boldsymbol{N} \cdot \boldsymbol{L}) \tag{8-3}$$

如前所述，当 θ 大于 90°时，认为对应的表面处于光源照不到的阴影中，此时，该光源对被照射点的光强贡献为 0。但在实际中，处于阴影中的物体表面明暗度为 0 的现象很少见，因为虽然这部分物体表面不能直接从光源接受光的照射，但一般也会通过周围物体，如墙壁、地面、天空甚至空气的反射接受一部分光，因此，采用如式（8-3）所示的公式计算物体表面的漫反射光的光强，与对实际场景的观察是有一定误差的，因为它相当于在一个完全黑暗的房间里照射于物体上的一小束光所产生的效果。所以，在实际使用时，通常采用环境反射光来模拟环境光的照明效果，这里假定环境反射光是均匀入射的漫反射光，并用一个常量 $k_{\alpha} I_{\alpha}$ 来表示其强度，于是，可得适用于漫反射体的简单光照明模型为

$$\begin{cases} I = k_\alpha I_\alpha + k_d I_1(\boldsymbol{N} \cdot \boldsymbol{L}) & 0° \leqslant \theta \leqslant 90° \\ I = k_\alpha I_\alpha & \theta > 90° \end{cases} \tag{8-4}$$

用式（8-4）所示的漫反射模型渲染的小球如图 8-26 所示。

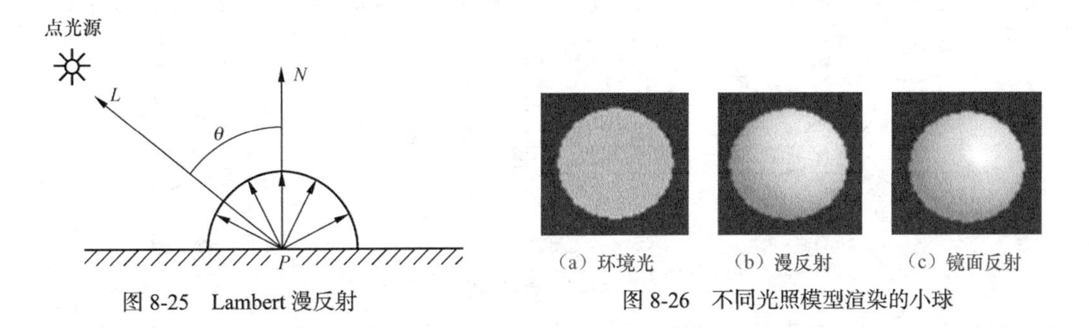

图 8-25 Lambert 漫反射

图 8-26 不同光照模型渲染的小球

8.5.3 镜面反射和 Phong 模型

对于漫反射体，如粗糙的纸张、石灰粉的白墙等，利用式（8-4）计算其反射光强就足够了。但是对于非漫反射体，如光滑的塑料、擦亮的金属等，受到光线照射后给人的视觉不应该那样呆板，而应呈现出特有的光泽。例如，当一个点光源照射一个金属球时，球面上就会出现一块特别亮的“高光（High Light）”区域，它是光源在金属球面上产生的镜面反射光投射到观察者眼中的结果。物体表面越光滑，高光区越小，随亮度增加，有时甚至会变成一个高光点，而且与漫反射光不同的是：镜面反射光在空间的分布具有一定的方向性，它们朝空间一定方向汇聚。因此，表面上的高光区域范围与强度会随着观察者观察角度的不同而变化，这种现象就称为镜面反射（Specular Reflection）。用环境光模型、漫反射模型及镜面反射模型渲染的小球如图 8-26 所示。

在任何一个有光泽的表面上，都可以观察到由镜面反射形成的“高光”效应。镜面反射光是物体的外表面对入射光的直接反射，镜面反射光沿着镜面反射的主方向最强，在该方向四周逐渐衰减形成一定的空间分布，也就是说，观察者观察到的镜面反射光的光强不仅取决于入射光，而且与观察者的观察方向有关，即观察者只有位于一定的方向上，才能看到明亮的镜面反射光。当视点位于镜面反射方向附近时，观察者观察到的镜面反射光光强较强，反之偏离了这一方向，观察者观察到的镜面反射光光强较弱，甚至观察不到镜面反射光。

按照光的反射定律，反射光线和入射光线对称地分布于表面法向的两侧。对于一个理想的反射体（纯镜面），入射到物体表面上的光严格地遵循光的反射定律单向地反射出去，如图 8-27（a）所示。对于一般的光滑表面，由于在微观上物体表面面元是由许多朝向不同的微小平面组成，因此，其镜面反射光分布于物体表面镜面反射方向的周围，如图 8-27（b）所示。一般而言，光滑表面的镜面反射范围较小，而粗糙的物体表面有较大的镜面反射范围，如图 8-27（c）所示。

值得注意的是，镜面反射光与入射光具有相同的性质，例如，当白光照射在蓝色的光滑物体表面上时，反射生成的高光仍为白色，而不是蓝色。

在图 8-27 中，我们用 $\boldsymbol{L}$ 表示指向点光源的单位矢量，$\boldsymbol{R}$ 表示一个理想镜面反射方向上的单位矢量，$\boldsymbol{V}$ 为指向视点的单位矢量，角度 α 是观察方向 $\boldsymbol{V}$ 与镜面反射方向 $\boldsymbol{R}$ 之间的夹角，$\boldsymbol{N}$ 和 θ 的含义同图 8-25。

1973 年，Phong Bui Tuong 在他的博士论文中提出一个计算镜面反射光光强的经验公式，称为 Phong 镜面反射模型，或简称为 Phong 模型，Phong 模型采用余弦函数的幂次来模拟一般光滑

表面的镜面反射光光强的空间分布，即

$$I = w(\theta) I_1 \cos^n \alpha \tag{8-5}$$

其中，I 为观察者观察到的镜面反射方向上的镜面反射光光强；I_1 为入射光的光强；$w(\theta)$ 为物体表面的镜面反射系数，它是入射角 θ 和入射光波长的函数，在实际使用时，一般将其取为 0～1 的

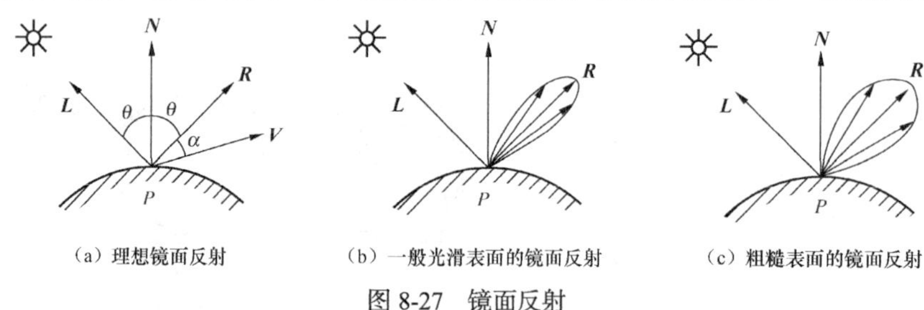

图 8-27　镜面反射

常数，用 k_s 表示；α 为镜面反射方向与视线方向的夹角，它介于 0°～90°；n 称为镜面高光指数，由被观察物体表面材质的光滑程度决定，利用如图 8-28 所示的 $\cos^n \alpha$ 曲线特性，可以模拟镜面反射光在空间的会聚程度。对于较光滑的物体表面（如金属、玻璃等），镜面反射光光强的空间分布较集中，即高光域范围较小，这时镜面高光指数 n 宜取较大的值（大于 100 或更大）。反之，对于粗糙的物体表面（如纸张、粉笔等），镜面反射光光强的空间分布较分散，即高光域范围较大，这时镜面高光指数 n 宜取较小的值（小于或接近于 1）。

由于 $\boldsymbol{V}$ 和 $\boldsymbol{R}$ 是观察方向和镜面反射方向的单位矢量，可以用点积 $\boldsymbol{V} \cdot \boldsymbol{R}$ 来计算 $\cos\alpha$ 的值，假定镜面反射系数用常数 k_s 表示，则物体表面上某点的镜面反射光的光强还可用下式来表示，即

$$I = k_s I_1 (\boldsymbol{V} \cdot \boldsymbol{R})^n \tag{8-6}$$

在实际使用时，由于 $\boldsymbol{V} \cdot \boldsymbol{R}$ 计算不方便，为减少计算工作量，我们可以进行一些假设和近似，例如，假设光源在无穷远处，视点也在无穷远处，于是，向量 $\boldsymbol{L}$ 和 $\boldsymbol{V}$ 可以认为是一个常量，可用 $\boldsymbol{N} \cdot \boldsymbol{H}$ 来近似代替 $\boldsymbol{V} \cdot \boldsymbol{R}$，其中，$\boldsymbol{H}$ 为将入射光反射到观察者方向的理想镜面的法向量，显然有

$$\boldsymbol{H} = \frac{\boldsymbol{L} + \boldsymbol{V}}{2}$$

如图 8-29 所示，β 为 $\boldsymbol{H}$ 和 $\boldsymbol{N}$ 之间的夹角，α 为 $\boldsymbol{R}$ 和 $\boldsymbol{V}$ 之间的夹角，则有

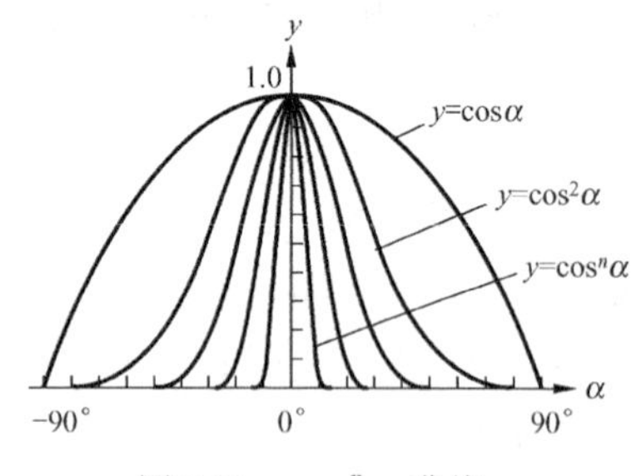

图 8-28　$\cos^n \alpha$ 曲线

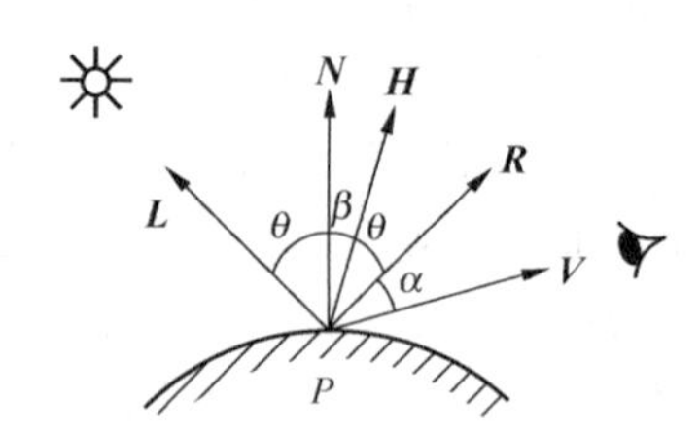

图 8-29　Phong 模型中涉及的各个向量的方向

$$\theta + \beta = \frac{2\theta + \alpha}{2}$$

于是

$$\beta = \alpha / 2$$

尽管 β 和 α 并不相等，但由于 α 的取值影响的是镜面反射光的高光域范围，因此可通过调整镜面高光指数 n 来对镜面反射光的高光域进行补偿。于是，式（8-6）还可以写成

$$I = k_s I_1 (\boldsymbol{N} \cdot \boldsymbol{H})^n$$

由于光源和视点都假设在无穷远处，所以，在用上式计算物体上任何一点的亮度时，$\boldsymbol{L}$ 和 $\boldsymbol{V}$ 都保持不变，因此，$\boldsymbol{H}$ 是一个常量，也就是说，只要计算一次 $\boldsymbol{H}$ 的值即可，这就是用 $\boldsymbol{N}\cdot\boldsymbol{H}$ 来近似代替 $\boldsymbol{V}\cdot\boldsymbol{R}$ 的好处。

将 Phong 关于镜面反射光的经验模型和 Lambert 漫反射模型结合起来，就得到单一点光源照射下的 Phong 光照模型的表达式，即

$$I = k_\alpha I_\alpha + k_d I_1 \cos\theta + k_s I_1 \cos^n \alpha \tag{8-7}$$

如果在场景中放置多个点光源，则可以在任意表面点上叠加各个光源所产生的光照效果，从而得到多个点光源照射下的 Phong 光照模型的表达式为

$$I = k_\alpha I_\alpha + \sum_{i=1}^{m} I_{li}(k_d \cos\theta_i + k_s \cos^n \alpha_i) \tag{8-8}$$

其中，m 表示对场景有贡献的点光源的总个数，I_{li} 为第 i 个点光源所发出的入射光的光强，θ_i 为第 i 个点光源所发出的入射光与物体表面法向之间的夹角，α_i 为对应第 i 个点光源的镜面反射光方向与视线方向的夹角。

为了保证每个像素的光强不超过某个上限，一种简单的方法是对光强计算公式（8-8）中的各项设置上限，若某项计算值超过该上限，则将其取值为该上限；另一种方法是通过将各项进行规范化即除以最大项的绝对值来控制总光强的上溢。

由于光的传播是以距离的平方进行衰减的，即某表面点的光强与该点离光源的距离的平方成反比，这里 d 为被照射点与光源之间的距离，因此，要想得到真实感的光照效果，在光照模型中，应考虑光的衰减效应。然而，采用因子 $1/d^2$ 来进行光强度衰减计算，得到的简单的点光源照明模型并不能反映真实的光照效果，因为当点光源离被照射表面较远时，$1/d^2$ 变化不大，不能表现光的衰减效果；而当点光源离被照射表面非常近时，$1/d^2$ 又变化太大，使光强度变化太大，导致生成不真实的光照效果。所以实际中，通常采用线性或二次多项式函数的倒数的光衰减模型来解决上述问题，即

$$f(d) = \frac{1}{a_0 + a_1 d} \tag{8-9}$$

或

$$f(d) = \frac{1}{a_0 + a_1 d + a_2 d^2} \tag{8-10}$$

其中，a_0, a_1, a_2 均为常数，用户可以对其调整以获得不同的光照效果，常数项 a_0 可用于防止当 d 很小时 $f(d)$ 太大。

考虑光强衰减效应的基本光照模型可表示为

$$I = k_\alpha I_\alpha + \sum_{i=1}^{m} f(d_i) I_{li}(k_d \cos\theta_i + k_s \cos^n \alpha_i) \tag{8-11}$$

其中，d_i 为第 i 个点光源到物体表面上点的距离。

8.5.4　简单的透明模型

当物体透明时，不但会反射光，而且还会透射光，即可通过它看到其背后的物体。许多物体，如玻璃杯、花瓶、水等都是透明或半透明的，考虑光的折射可以模拟真实的透明效果。

1．折射的几何定律

如图 8-30 所示，当光照射在透明物体表面时，它的一部分被反射，另一部分被折射。根据斯涅耳（Snell）定理，折射光线与入射光线位于同一平面内，且入射角与折射角之间的关系如下

$$\eta_{\mathrm{i}}\sin\theta_{\mathrm{i}}=\eta_{\mathrm{r}}\sin\theta_{\mathrm{r}}$$

其中，θ_{i}为入射角，θ_{r}为折射角，η_{i}为入射介质（通常为空气）的折射率，η_{r}为折射介质的折射率。

2. 折射对视觉产生的影响

折射导致光的传播方向发生改变，将会影响到物体的可见性。如图 8-31 所示，设物体 1 和 2 的折射率相等，且大于周围介质的折射率，物体 3 和物体 4 为不透明体，那么在观察点 a，物体 3 原来是不可见的，考虑折射的影响后，物体 3 变为可见的了，而在观察点 b，物体 3 原来是可见的，考虑折射的影响后，物体 3 变为不可见的了。

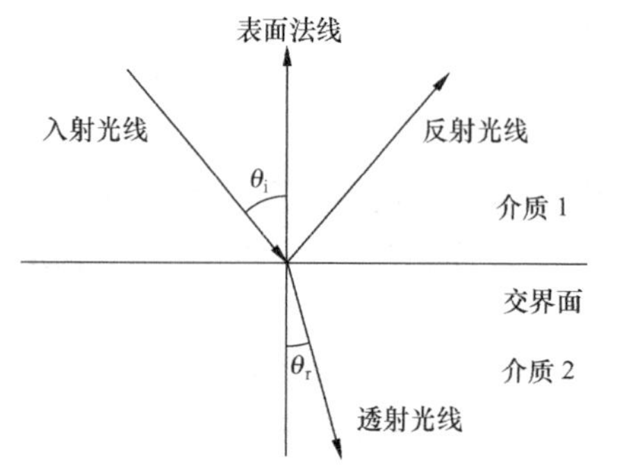

图 8-30　折射的几何定律示意图

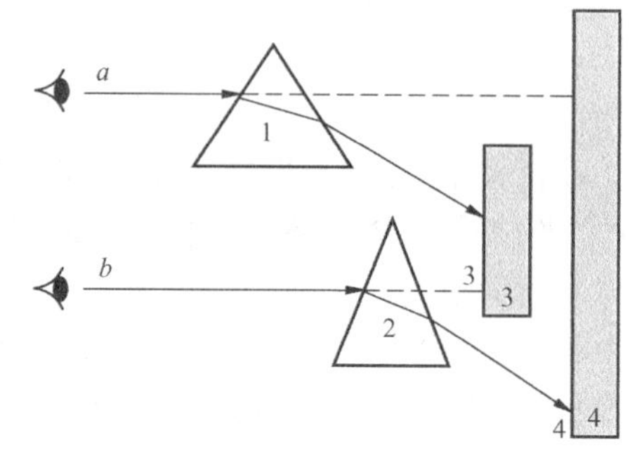

图 8-31　折射现象对视觉产生的影响

精确模拟折射现象，需要大量的计算，很费时间，所以，在简单透明模型中，不考虑折射的影响，即假设各物体间的折射率不变，折射角总是等于入射角，这种简化的处理方法加速了光强度的计算，同时对于较薄的多边形表面也可以生成合理的透明效果。

3. 简单的透明模型

Newell 和 Sanche 提出的简单透明模型为：当使用除深度缓冲器算法以外的任何隐面消除算法（如扫描线算法）时，假设视线交于一个透明物体表面后，再交于另一物体表面，如图 8-32 所示，在两个交点处的光强分别为I_1和I_2，则综合光强可表示为光强I_1和I_2的线性组合（即加权和），即有如下关系式

$$I=T_{\mathrm{p}}I_1+(1-T_{\mathrm{p}})I_2 \qquad 0\leqslant T_{\mathrm{p}}\leqslant 1$$

其中，T_{p}为第一个物体表面的透明度，T_{p}=0 表示完全透明，T_{p}=1 表示不透明。

图 8-32　不考虑折射的简单的透明模型

若第二个物体表面也是透明面，则算法递归地进行下去，直到遇到不透明面或背景时为止。

值得注意的是：这种线性近似算法不适用于曲面物体，这是因为在曲面的侧影轮廓线上，如花瓶的轮廓线边缘处，材料的厚度减少了透明度，这时可采用 Kay 提出的基于曲面法矢量的 Z 分量的简单非线性近似算法。详见相关的参考书籍。

8.6　整体光照模型

上一节介绍的光照明模型仅考虑了光源直接照射在物体表面产生的反射光导致的光照效果，没有考虑到反射光作为新的间接光源还将导致新的进一步的光照效果等实际现象，忽略了光能在环境景物之间传递时对照明效果的影响，因此，简单光照模型不能很好地模拟光的折射、反射和阴影等，也不能模拟镜面映像、相邻景物表面之间的色彩辉映等较为复杂、精致的效果。而在实际场景中，照射到物体上的光线，不仅有从光源直接照射来的，也有经过其他物体的反射和折射

来的，如图 8-33 所示，在视点所看到的 A 点的亮度由两部分组成：一部分是从光源直接照射到物体 1 的 A 点，经漫反射和镜面反射到达视点的光强，这部分光称为直接光照，可以用前面介绍的简单光反射模型或透射模型即局部光照明模型来模拟；另一部分是物体 2 表面上的 B 点对光源的反射光，经 A 点的反射到达视点的光强，这部分光称为整体光照，需要用整体光照模型来模拟。用整体光照模型可以表现透明体的透明效果以及镜面物体的镜面映像效果。

典型的整体光照模型包括 Whitted 模型、光线跟踪模型和辐射度模型，这里只介绍 Whitted 模型。Whitted 模型是由 Whitted 于 1980 年提出的一个整体光照模型。在该模型中，Whitted 认为：物体表面向空间某个方向 V 辐射的光强 I 由 3 部分组成，如图 8-34 所示，一是由光源直接照射引起的反射光光强 I_{local}，二是其他物体从 V 的镜面反射方向 R 来的环境光 I_{r} 投射到物体表面上产生的镜面反射光，三是其他物体从 V 的规则透射方向 T 来的环境光 I_{t} 通过透射在透明物体表面上产生的规则透射光。

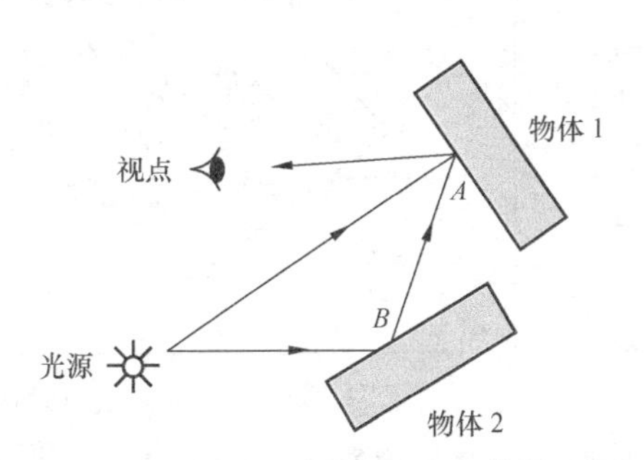

图 8-33　A 点的亮度由直接光照和整体光照形成

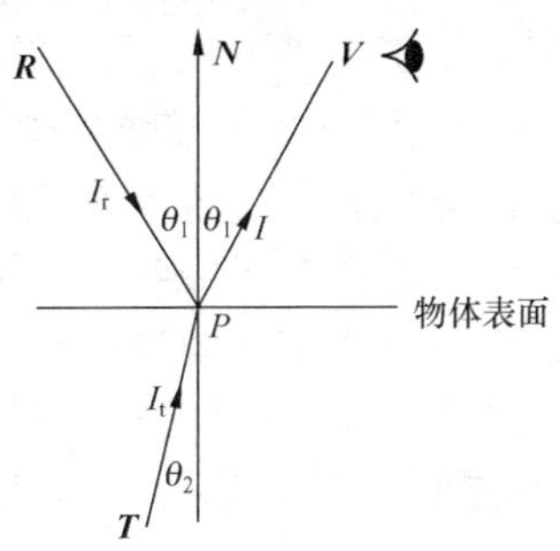

图 8-34　整体光照模型

Whitted 整体光照模型可表示为

$$I = I_{\text{local}} + I_{\text{global}} = I_{\text{local}} + k_{\text{r}} I_{\text{r}} + k_{\text{t}} I_{\text{t}} \qquad (8\text{-}12)$$

其中，k_{r} 和 k_{t} 分别为反射系数和透射系数，与物体的材料属性有关，取值范围均在 0 和 1 之间。上式中的 I_{local} 可以通过 Phong 局部光照模型直接计算得到，所以，应用 Whitted 整体光照模型的难点是计算 I_{r} 和 I_{t}。I_{r} 和 I_{t} 分别是来自视线向量 V 的镜面反射方向 R 和规则透射方向 T 的环境光亮度。这里所说的环境光亮度是指由于场景中其他物体表面向该物体表面 P 点辐射的光亮度，应与局部光照模型中的环境光区分开来，也就是说，它不是指来自周围物体的漫反射，而是指物体间的镜面反射。

Whitted 整体光照模型是一个递归的计算模型，为求解这一模型，Whitted 在提出模型的同时还提出了光线跟踪技术来专门求解这一模型。光线跟踪技术将在 8.9 节介绍。

8.7　多边形表示的明暗处理

8.7.1　Gouraud 明暗处理

一般地，逼真性越强，采用的光照模型就越复杂，计算量也就越大，因此，在设计模型时，要兼顾精度和成本两个方面的要求。但有时这种折衷也很困难，因为人类视觉系统的特点，会影响对逼真性的视感，所以必须防止模型中能导致搅乱观察者视感的近似法，如马赫带（Mach-Band）效应对由多边形表示的曲面的影响特别明显，它妨碍了人的眼睛自然、流畅地感受一幅画面。

在计算机图形学中，常用多边形网格来逼近和表示曲面，这样在一个多边形内部所有点的法线矢量是相同的，但是不同多边形的法线矢量却是不同的。这样采用 Phong 光照明模型计算得到的曲面光照效果就呈现出不连续的光亮度跳跃变化。如何解决这个问题呢？一种方法就是用尽可能小的多边形来逼近和表示曲面，从而使曲面光照效果中存在的不连续的光亮度跳跃变化小于人类视觉的分辨率。毫无疑问，这种方法将导致计算量和计算时间的大幅度上升。这时应用 Gouraud 提出的明暗处理方法就可以用较小的计算量获得较理想的曲面光照效果。

Gouraud 明暗处理的基本思想是对离散的光亮度采样进行双线性插值以获得一个连续的光亮度函数。Gouraud 明暗处理的具体做法是：先计算出多边形顶点处的光亮度值，以其作为曲面光亮度的采样点，然后再通过对多边形顶点的双线性插值来计算出多边形内任意点的光亮度值。若采用扫描线绘制算法，则可在绘制的同时沿当前扫描线进行双线性插值。双线性插值是一种简便易行的插值方法，它首先用多边形顶点的光亮度值线性插值得到当前扫描线与多边形边的交点处的光亮度值，然后用交点处的光亮度值再进行一次线性插值最终得出当前扫描线位于多边形内每一像素点的光亮度值。

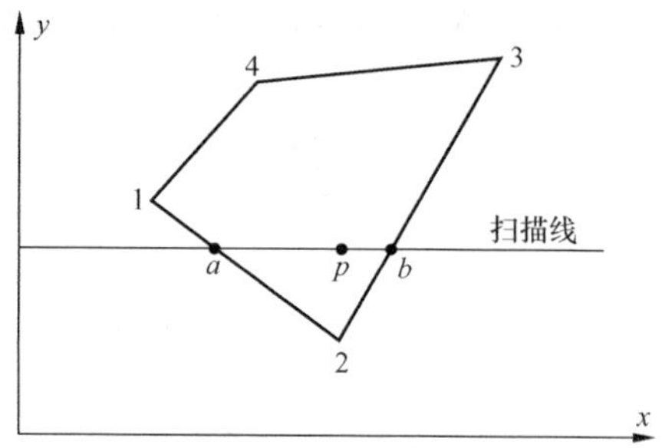

图 8-35　光亮度的双线性插值

图 8-35 显示出一条扫描线与多边形相交，交点为 a、b，p 是扫描线上位于多边形内的线段 ab 上的任一点。设多边形 1、2、3 这 3 个顶点的光亮度值分别为 I_1、I_2、I_3，则 a 点的光亮度值 I_a 可通过对 I_1 和 I_2 的线性插值得到，b 点的光亮度值 I_b 可通过对 I_2 和 I_3 的线性插值得到，p 点的光亮度值 I_p 可通过对 I_a 和 I_b 的线性插值得到。设 (x_1,y_1)、(x_2,y_2)、(x_3,y_3) 分别为顶点 1、2、3 的坐标，(x_a,y_a)、(x_b,y_b)、(x_p,y_p) 分别为点 a、b、p 的坐标，于是有

$$I_a = \frac{y_a - y_2}{y_1 - y_2} I_1 + \frac{y_1 - y_a}{y_1 - y_2} I_2$$

$$I_b = \frac{y_b - y_2}{y_3 - y_2} I_3 + \frac{y_3 - y_b}{y_3 - y_2} I_2$$

$$I_p = \frac{x_b - x_p}{x_b - x_a} I_a + \frac{x_p - x_a}{x_b - x_a} I_b$$

在进行双线性插值时可使用增量法，这样每一步计算就仅仅包含一次加法。例如，在上例中，沿扫描线从左向右计算 ab 区间上所有像素点的光亮度值。设 I_a 和 I_b 已经确定，则 ab 区间上前后两个相邻像素点中后一个像素点 $(x+1,y)$ 的光亮度值 I' 可利用前一个像素点 (x,y) 的光亮度值 I 计算得到，即

$$I' = I + \frac{I_a - I_b}{x_a - x_b} = I + \Delta I$$

由于在同一条扫描线上 ΔI 是一个常数，所以计算同一条扫描线上相邻像素点的光亮度值所需要进行的仅仅是一次加法运算而已。

同理，计算某边在相邻扫描线上的后继点也可使用增量法，若某边上点 (x,y) 的光亮度被插值为

$$I = \frac{y - y_2}{y_1 - y_2} I_1 + \frac{y_1 - y}{y_1 - y_2} I_2$$

则沿该边在下一条扫描线 $y+1$ 上的点的光亮度值为

$$I' = I + \frac{I_1 - I_2}{y_1 - y_2} = I + \Delta I'$$

Gouraud 明暗处理可以与隐藏面消除算法相结合，沿每条扫描线填充可见多边形。采用 Gouraud 明暗处理不但可以克服用多边形表示曲面时带来的曲面光照效果呈现不连续的光亮度跳跃变化的问

题，而且所增加的运算量极小。Gouraud 明暗处理的这个特点使其被广泛应用于实时图形生成中。

在 Gouraud 明暗处理中，多边形顶点的光亮度值通过 Phong 光照明模型计算而得到，而采用 Phong 光照明模型的关键就是计算该点的法向矢量值，这时就出现了一个新的问题，即在用平面多边形来逼近和表示曲面时，一个顶点往往是属于多个多边形，而这些多边形的法向矢量值肯定是不同的，那么多边形顶点的法向矢量值该如何选取呢?

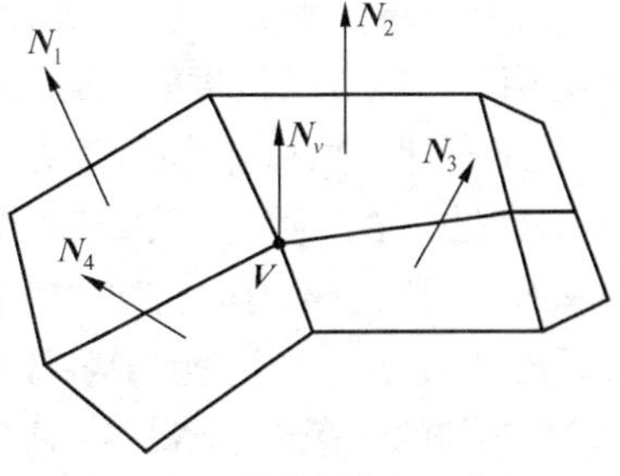

图 8-36 计算顶点的法向量

如图 8-36 所示，一种简单的方法就是在多边形各顶点处对共享该顶点的所有多边形面片的法向矢量值取平均值作为该顶点的法向矢量值，即对所有顶点进行如下运算。

$$\boldsymbol{N}_v = \sum_{k=1}^{n} \boldsymbol{N}_k \Big/ \left| \sum_{k=1}^{n} \boldsymbol{N}_k \right|$$

8.7.2 Phong 明暗处理

虽然 Gouraud 明暗处理方法简单易行，但它只适用于简单的漫反射光照模型，不能正确地模拟由镜面反射所形成的高光形状，而且线性光强度插值还会造成在光亮度变化不连续的边界处出现过亮或过暗的条纹，即产生“马赫带效应”。采取将物体表面分割成许多小多边形面片的方法，可以在一定程度上减轻马赫带效应，但更好的方法是 Phong 明暗处理方法。

Phong Bui Tuong 于 1973 年在他的博士论文中提出一种能够真实地表现物体表面的高光效应并能减轻马赫带效应的明暗处理方法，后来这种新的明暗处理方法被称为 Phong 明暗处理方法。Phong 明暗处理方法的基本步骤如下。

步骤 1：计算多边形顶点处曲面法向矢量的平均值以近似表示曲面的弯曲性。

步骤 2：对离散的多边形顶点法向矢量进行双线性插值。

步骤 3：将插值得到的连续的法向矢量代入 Phong 光照明模型，根据光照模型沿扫描线计算多边形表面上各点对应的投影像素的光亮度值。

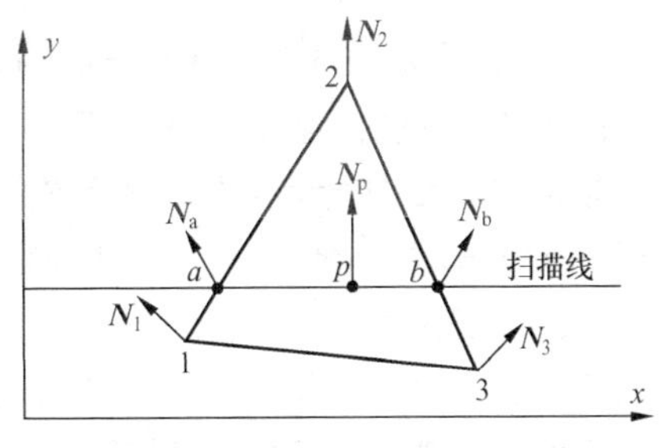

图 8-37 法向矢量的双线性插值

这里，法向矢量的双线性插值同前述的光亮度双线性插值的计算方法是类似的，如图 8-37 所示，设多边形 1、2、3 这 3 个顶点处的法向矢量分别为 $\boldsymbol{N}_1$、$\boldsymbol{N}_2$、$\boldsymbol{N}_3$，则 a 点处的法向矢量 $\boldsymbol{N}_a$ 可通过对 $\boldsymbol{N}_1$ 和 $\boldsymbol{N}_2$ 的线性插值得到，b 点的法向矢量 $\boldsymbol{N}_b$ 可通过对 $\boldsymbol{N}_2$ 和 $\boldsymbol{N}_3$ 的线性插值得到，p 点的法向矢量 $\boldsymbol{N}_p$ 可通过对 $\boldsymbol{N}_a$ 和 $\boldsymbol{N}_b$ 的线性插值得到。

$$\boldsymbol{N}_a = \frac{y_a - y_2}{y_1 - y_2}\boldsymbol{N}_1 + \frac{y_1 - y_a}{y_1 - y_2}\boldsymbol{N}_2$$

$$\boldsymbol{N}_b = \frac{y_b - y_2}{y_3 - y_2}\boldsymbol{N}_3 + \frac{y_3 - y_b}{y_3 - y_2}\boldsymbol{N}_2$$

$$\boldsymbol{N}_p = \frac{x_b - x_p}{x_b - x_a}\boldsymbol{N}_a + \frac{x_p - x_a}{x_b - x_a}\boldsymbol{N}_b$$

同理，沿扫描线各像素处的法向矢量可按增量方式计算，即扫描线 ab 区间上前后两个相邻像素点中后一个像素点 $(x+1, y)$ 的法向矢量 $\boldsymbol{N}'$ 可利用前一个像素点 (x, y) 的法向矢量 $\boldsymbol{N}$ 计算得到。

$$\boldsymbol{N}' = \boldsymbol{N} + \frac{\boldsymbol{N}_a - \boldsymbol{N}_b}{x_a - x_b} = \boldsymbol{N} + \Delta\boldsymbol{N}$$

而沿某边在该点(x,y)的下一条扫描线$y+1$上的点的法向矢量为

$$\boldsymbol{N}' = \boldsymbol{N} + \frac{\boldsymbol{N}_1 - \boldsymbol{N}_2}{y_1 - y_2} = \boldsymbol{N} + \Delta\boldsymbol{N}'$$

由于 Phong 明暗处理方法是沿扫描线在每一像素上都根据法向矢量线性插值所得的法向矢量按光照模型计算像素的光亮度值，因此，它能较好地在局部范围内模拟物体表面的弯曲性，可以得到较好的曲面绘制效果，尤其是使镜面高光显得更加真实，同时，它还大大地降低了马赫带效应。但是由于 Phong 明暗处理方法在本质上仍然属于线性插值方法，因此光亮度函数的一阶不连续性仍将导致马赫带效应，但总的说来要比 Gouraud 方法改善很多。另一方面，由于 Phong 明暗处理方法在插值得到法向矢量后仍需要按 Phong 光照明模型计算各像素点的光亮度值，所以与 Gouraud 明暗处理方法相比，Phong 明暗处理方法所需的计算量要大得多，这一点影响了 Phong 明暗处理方法在实时图形生成中的应用。

8.8 半色调技术

半色调明暗处理技术是在光强等级范围较小的输出设备上输出图像的一种常用技术，它通过将多个像素单元组合起来表示一种强度值以获得较多的灰度等级数目，从而提高图像的视觉分辨率。其原理是基于这样一种生理现象：当我们观察一个包含几个像素的小区域时，眼睛往往通过取整或将细节取平均而得到一个总体的灰度效果。因而，一些输出设备特别是黑白打印机，可以利用这种视觉效果来再现多灰度级图像，利用这种方法再现的图像称为半色调图像。半色调技术在色染、纺织、彩色打印、印刷等领域中得到了广泛应用。

8.8.1 模式单元法

模式单元法（Halftone Patterns）指用矩形区域中像素的不同排列模式来代表不同的像素灰度等级，即是用点的稀密程度来表现明暗的一种方法，该方法可显示的灰度等级数目取决于矩形模式单元中所包含的像素数目以及系统能显示的灰度等级数目。在二级灰度系统中，若每个单元中包含$n \times n$个像素，则可表示n^2+1种灰度等级。如图 8-38 所示，用 2 × 2 的像素网格即一个包含 4 个像素的模式单元可以表示 5 个灰度等级，其中，全部像素置为 off（0，白色）的模式 0 表示的灰度等级最低，全部像素置为 on（1，黑色）的模式 4 表示的灰度等级最高，而模式 1 至模式 3 表示介于白色和黑色之间的灰度等级。如图 8-39 所示，用 3 × 3 的像素网格可以表示 10 个灰度等级。

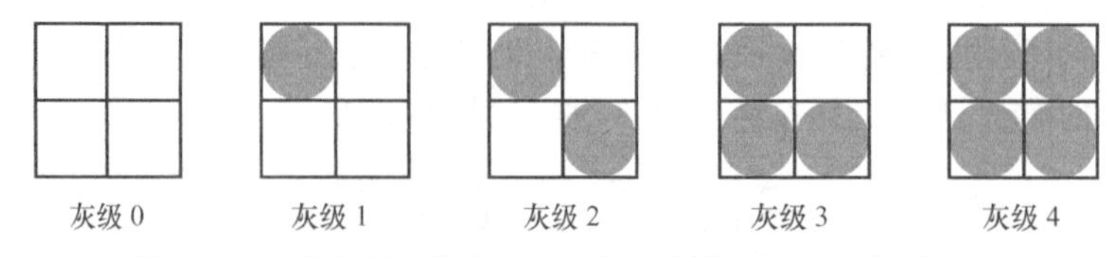

图 8-38　二级灰度系统中表示 5 个灰度等级的 2×2 像素网格

值得注意的是，在设置像素模式时，应遵循以下原则。

（1）尽量使模式单元中置为 on 的像素靠近模式单元的中心，随着灰度等级的增大，置为 on 的像素可以逐渐从中心向外扩展。

（2）避免使用对称的模式，不要在模式中使用水平或垂直的点列，否则，会引入原始图像中没有的轮廓线效果。

（3）避免使用分散、孤立的像素设置模式，在打印机等硬拷贝输出设备上输出时，孤立像素

的复制效果较差。

例如，图 8-40 所示的集中设置模式都是不好的模式。

虽然使用 $n \times n$ 像素模式增加了可以再现的灰度等级数目，但是图像的视觉分辨率的改善是以牺牲图像的空间分辨率为代价的，因此，只有在图像分辨率低于输出设备分辨率时，这种结果才是可以接受的。例如，对于一个 512 × 512 的显示屏幕，采用 2 × 2 像素网格模式表示一个像素的灰度后，只能显示 256 × 256 个像素，x 和 y 方向上的分辨率都减少到原来的 1/2。

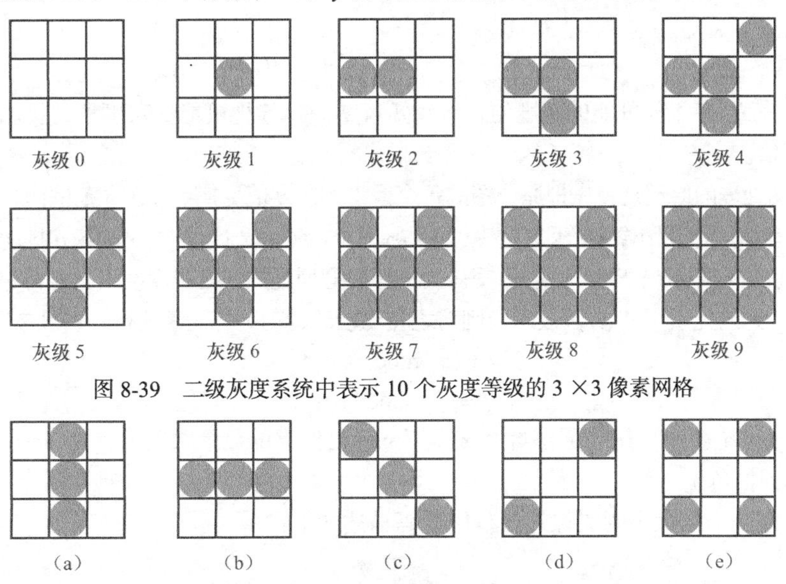

图 8-39　二级灰度系统中表示 10 个灰度等级的 3 ×3 像素网格

图 8-40　不好的设置模式举例

书刊和杂志上的半色调图像是在高质量的纸张上以 100～300dpi 的分辨率印制的，即每英寸印制 100～300 个点，报纸则使用较低质量的纸张和较低的分辨率（50～90dpi）。

8.8.2　抖动技术

抖动（Dithering）是将多灰度级图像数据转换成能反映其灰度变化的黑白二值图像的一种较为实用的方法，它可以在不降低图像空间分辨率的情况下提高图像的视觉分辨率。目前有两种抖动处理方法：模式抖动（Pattern Dithering）处理和误差扩散（Error Diffusion）方法。

1. 模式抖动

模式抖动就是将固定模式的抖动噪音添加于像素之上以柔化其灰度运算，简单地说就是在图像中引入一个随机误差，在每一像素的灰度与所选阈值比较之前，将这一误差加到该像素的灰度值上。目前，有很多算法可用于模拟抖动噪声的随机分布，最常见的是 Jarvis 提出的有序抖动矩阵方法，这种方法将误差模式看成一个矩阵，这个矩阵常被称为抖动矩阵，抖动矩阵的构造要求是矩阵中的相邻元素的值相差越大越好，矩阵中每个元素的值只出现一次。一个 $n \times n$ 的抖动矩阵可以用于再现 n^2 个灰度等级，其中，每个元素为 0 到 $n^2 - 1$ 之间的不同的正整数。

一个 $2n \times 2n$ 的有序抖动矩阵 $\boldsymbol{D}_{2n}$ 可由低阶的抖动矩阵 $\boldsymbol{D}_n$ 按下式递归生成：

$$\boldsymbol{D}_{2n} = \begin{bmatrix} 4\boldsymbol{D}_n & 4\boldsymbol{D}_n + 2\boldsymbol{U}_n \\ 4\boldsymbol{D}_n + 3\boldsymbol{U}_n & 4\boldsymbol{D}_n + \boldsymbol{U}_n \end{bmatrix} \qquad n \geqslant 1$$

其中

$$\boldsymbol{D}_1 = [0]$$

$U_n = \begin{bmatrix} 1 & \dots & 1 \\ \dots & & \dots \\ 1 & \dots & 1 \end{bmatrix}$ 为所有元素都为 1 的 $n \times n$ 单位矩阵。

例如：

$$D_2 = \begin{bmatrix} 0 & 2 \\ 3 & 1 \end{bmatrix} \qquad D_4 = \begin{bmatrix} 0 & 8 & 2 & 10 \\ 12 & 4 & 14 & 6 \\ 3 & 11 & 1 & 9 \\ 15 & 7 & 13 & 5 \end{bmatrix}$$

其中，抖动矩阵 D_2 有 4 种可能的灰度值，抖动矩阵 D_4 有 16 种可能的灰度值，抖动矩阵 D_8 有 64 种可能的灰度值。

Jarvis 抖动处理的原理是：先把原位图的每个像素的灰度值变换到 $[0, n^2]$ 范围内，然后将误差模式以重复的棋盘格式加到图像中，即将图像中每 $n \times n$ 个像素的灰度值与一个 $n \times n$ 抖动矩阵中的相应元素进行比较以决定显示的灰度值，设原图像第 x 行第 y 列处的像素灰度值用 $I(x, y)$ 表示，抖动矩阵 D_n 中第 i 行第 j 列的元素用 $d_n(i, j)$ 表示，则与之相比较的抖动矩阵元素的行、列号按照下式计算

$$i = (x \mod n) + 1$$

$$j = (y \mod n) + 1$$

如果 $I(x, y) < d_n(i, j)$，则将原图像第 x 行第 y 列处像素的显示灰度值置为 on（1，黑色），否则置为 off（0，白色）。

该方法处理 $M \times N$ 大小的图像的流程用伪码描述如下：

```
for (x = 0; x < M; i++)
{
    for (y = 0; y < N; y++)
    {
        i = (y mod n) + 1;
        j = (x mod n) + 1;
        if (I(x, y) < D(i, j))
            pixel(x, y) = Black;
        else
            pixel(x, y) = White;
        Display pixel(x, y);
    }
}
```

2. 误差扩散

Jarvis 抖动的优点是速度快，而且随着 n 的增加，图像并不丢失它的空间分辨率，相应的视觉分辨率却可以提高到 n^2 个灰度等级。但其缺点是处理效果不如误差扩散（Error Diffusion）效果好，Jarvis 抖动处理后的图像上会出现一种被称为“赝象（Artifact）”的模式图案。误差扩散处理的效果好，赝象问题得到明显改善，但缺点是处理速度慢。

误差扩散的原理很简单，我们可以从单个像素的角度来理解误差扩散，它的含义是：将一个给定像素单元处的灰度值与显示像素灰度值之间的误差分散到当前像素的右方或下方的像素中去。例如，有一个灰度比例的像素，现在要通过将其与阈值比较转换成一个单色的像素，假设阈值 T 介于黑与白的正中间，因为最高灰度级为白色 255，最低灰度级为黑色 0，所以阈值 T 为 127，再假设该像素的灰度值为 150，那么比较的结果是将这一像素转换为白色的像素，不过却有 23 的误差，它是该像素的灰度值与阈值之间的差值。如果该误差被周围的像素分散了，那么在最终得

到的图像上，该误差将不会太引人注目。考虑到每个像素都可能有误差，经过这种误差扩散所得到的一系列黑白点看上去就很像与原灰度成比例的图像。这种通过将误差分散到相邻像素可以改善图像细节的原因，在于它保存了图像所固有的信息。

下面介绍几种常用的误差扩散算法。

（1）Floyd-Steinberg filter 是一种最通用的误差扩散方法，是由 Floyd 和 Steinberg 在 1975 年提出的。Floyd-Steinberg filter 的误差扩散简图如图 8-41 所示。

已知某像素 x 与阈值之间的误差为 *error*，由于图 8-41 中所有的数字加起来为 16，所以该图表示有 7/16 的误差加到 x 右边的像素，有 3/16 的误差加到 x 左下方的像素，有 5/16 的误差加到 x 正下方的像素，而剩下的 1/16 的误差加到 x 右下方的像素。当像素 x 被处理完以后，将重复这个过程，从上到下、从左到右处理原图像的下一个像素。Floyd-Steinberg filter 方法的优点是只需要位移和加减法就能实现，所以其比下面其他两种算法的速度快一些，而且由于误差是向右方和下方扩散，因此它只需一次扫描即可将全部像素点亮，无需进行反向跟踪。

	x	7
3	5	1

图 8-41　Floyd-Steinberg filter 的误差扩散示意图

这种处理的流程用伪码描述如下：

```
for (x = 0; x < M; i++)
{
    for (y = 0; y < N; y++)
    {
      if (I(x, y) < T)
      {
          pixel(x, y) = Black;
          error = I(x, y) - Black;
      }
      else
      {
          pixel(x, y) = White;
          error = I(x, y) - White;
      }
      Display pixel(x, y);
      I(x, y+1) = I(x, y+1) + 7/16*error;
      I(x+1, y-1) = I(x+1, y-1) + 3/16*error;
      I(x+1, y) = I(x+1, y) + 5/16*error;
      I(x+1, y+1) = I(x+1, y+1) + 1/16*error;
    }
}
```

（2）Stucki filter 对 Floyd-Steinberg filter 进行了一点改进，它能与更多的像素“通信”，将误差扩散给更多的点，但缺点是处理速度慢。Stucki 的误差扩散的简图如图 8-42 所示。

（3）Burkes filter 是对 Floyd-Steinberg filter 和 Stucki filter 的折中，其简图如图 8-43 所示。

		x	8	4
2	4	8	4	2
1	2	4	2	1

图 8-42　Floyd-Steinberg filter 的误差扩散示意图

		x	8	4
2	4	8	4	2

图 8-43　Floyd-Steinberg filter 的误差扩散示意图

以前的四色喷墨打印机，只能输出两种阶调（0 或 255）的墨滴，近年来发展的高保真彩色打印（Hi-Fi Color Printing）技术，通过增加每种墨水可输出的阶调数，使打印机能输出更多阶调的墨滴，同时使用多色误差扩散算法扩大了输出设备所能再现的颜色范围或色彩表现力，使得输出的图像具有更为平滑的阶调。多色误差扩散指的是分别使用误差扩散法处理 CMY（K）图像的每一个颜色通道，然后将生成的各个半色调色平面叠合在一起而形成彩色半色调图像。例如，相对于四色打印机而言，六色打印机通过引入淡青和淡品红色将墨水数增加为 6 种颜色，并使用六色多阶误差扩散算法大大提高了其打印图像的色彩表现力，输出的图像阶调也更加平滑。分别使用四色二阶半色调、六色二阶半色调、六色多阶半色调打印国际标准 RGB 图像的局部效果的对比如图 8-44 所示。

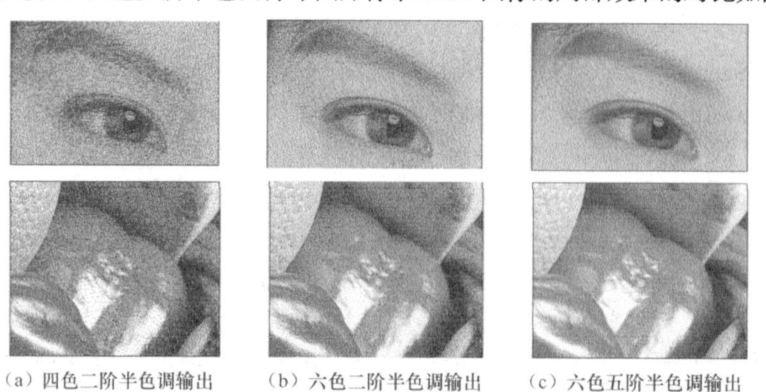

（a）四色二阶半色调输出　（b）六色二阶半色调输出　（c）六色五阶半色调输出

图 8-44　四色二阶、六色二阶和六色多阶半色调打印国际标准 RGB 图像的局部效果的对比

8.9　光线跟踪技术

8.9.1　光线跟踪的基本原理

光线跟踪（Ray Tracing）是生成高度真实感图形的一种常用算法，它采用整体和局部光照模型，能真实地模拟场景中光的反射与透射，表现镜面物体的镜面映像、透明体的透明效果及物体间的阴影。算法简单，实现方便。

1979 年，Kay 和 Whitted 将光线跟踪算法和整体光照模型结合起来，提出光线跟踪算法，不仅为每个像素寻找可见面，还跟踪光线在场景中的反射和折射，并计算它们对总光强的贡献。这种基于 Whitted 整体光照模型的光线跟踪算法为可见面判别、明暗处理、透明处理及多光源照明处理等提供了可能。在前面介绍的光线投射算法中，被跟踪的光线仅从每个像素跟踪到离它最近的景物为止，而光线跟踪算法通过跟踪多条光线在场景中的路径，以得到多个景物表面所产生的反射和折射影响，因此光线跟踪算法是光线投射算法的延伸。

光线跟踪算法的基本思想是：如图 8-45（a）所示，首先，在景物空间中，从视点逆着光线的方向，向视平面上的像素点作射线 V，以确定这一点的亮度。射线 V 与场景中景物 A 的最近交点为 P_1 点，P_1 点在光源直接照射下的光亮度 I_{local} 用局部光照模型计算。由于景物 A 的表面对光有镜面反射，而且还是个透明物体，因此，在交点 P_1 处，还要考虑物体间的反射光或透射光对 P_1 点光亮度的贡献。由式（8-12）整体光照模型可知，点 P_1 朝向 P_1V 方向的光亮度由光源直接照射到 P_1 点的光亮度 I_{local}、从镜面发射方向 R 照射到 P_1 点的光亮度 k_rI_r，以及从规则透射方向 T 照射到 P_1 点的光亮度 k_tI_t 这 3 部分组成。为了计算周围环境向 P_1 点发射的镜面反射光 k_rI_r 和规则透射光 k_tI_t，从 P_1 点出发继续跟踪 P_1V 的镜面反射方向 R 和规则透射方向 T 的光线，这时求得它们与景物 B 的交点 P_r 以及与景物 C 的交点 P_t。在计算交点 P_r 和 P_t 处的光亮度时，同样，除了要考虑由光源直接照射引起的局部光照效果以外，还要考虑周围环境对这两点产生的整体光照效果，因此，需要继续从 P_r 和 P_t 点出发向相应点的 R 方向和 T 方向跟踪光线，并重复上述光线跟踪过程，直到满足下述任一条件时为止。

（1）光线与光源相交。

（2）光线与背景相交。

（3）被跟踪的光线对首交点处的光亮度贡献趋近于 0。

上述光线跟踪过程可以用一棵二叉树（称为光线树）来表示。对应于图 8-45（a）光线跟踪过程的光线树如图 8-45（b）所示。

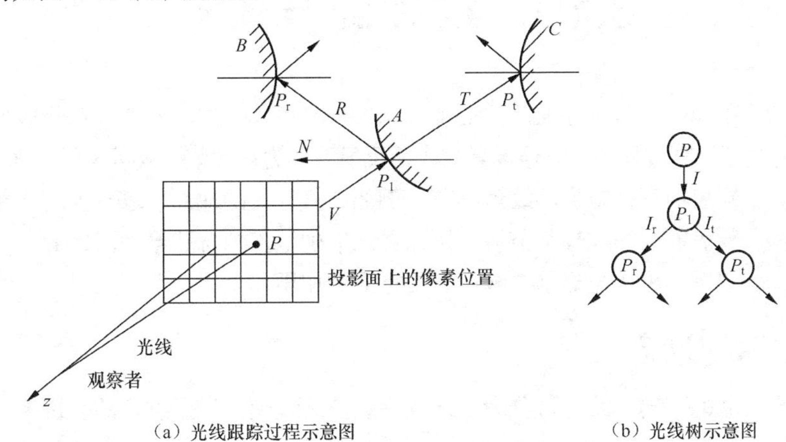

（a）光线跟踪过程示意图　　（b）光线树示意图

图 8-45　光线跟踪算法的原理示意图

光线跟踪算法的优点是能模拟景物表面间的镜面反射、规则透射及透明体阴影等复杂精致的整体光照效果。其主要缺点为：它是对环境中景物的理想化处理，不能模拟色彩渗透（颜色辉映现象）现象，以及环境的镜面反射和透射光引起的漫反射效果；同时，由于要生成一棵庞大的光线树而耗时很多，算法速度慢，而且容易引起图形的细节丢失等反走样现象，其原因来自于光线跟踪算法对屏幕上点的离散采样，因为算法只对穿过像素中心点的光线进行跟踪，而忽略了穿过像素其他各内点投向视点的大量光线。光线跟踪算法的这种采样特性和局部光照模型的不完善性，使得生成的场景过分“整洁”，阴影明显而尖锐。

8.9.2　光线跟踪的求交计算

由于在光线跟踪算法中，需要从视点出发通过屏幕发射大量的光线，并对它们一一进行跟踪，并进行大量的直线与曲面的求交计算，从而导致总计算量的快速上升。Whitted 认为，产生一个图像，75%的时间是花在光线与物体的求交计算上，对于复杂图形，这个比例可达 95%，可见，光线跟踪算法所需的计算量是十分惊人的，因此，提高求交计算的速度是提高光线跟踪算法效率的关键。为了提高光线跟踪算法的效率，从硬件的角度，可以利用并行流水线、多处理机系统进行光线跟踪；从软件算法的角度，可采用场景的分层次表示和包围体技术来减少光线与景物表面不必要的求交计算，从而提高求交计算的效率。

所谓场景的分层次表示，是指将场景中所有表面按景物组成和景物间的相对位置分层次组织成一棵景物树。树的根结点表示整个场景，各叶结点表示由若干景物表面组成的一个个局部场景。而包围体技术就是将场景中各物体用如图 8-46 所示的形状简单的包围体（如包围球或包围盒）包起来，先进行相交测试。由于对于包围盒或包围球这样的简单包围体，判断光线与包围体有无交点比较容易，所以这样做可以避免大量的不必要的求交运算。

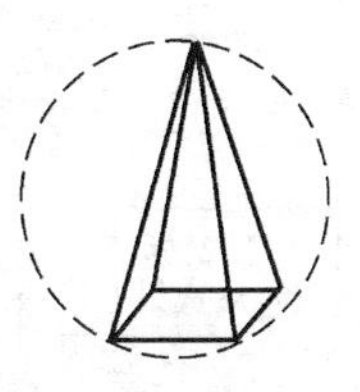

（a）包围盒

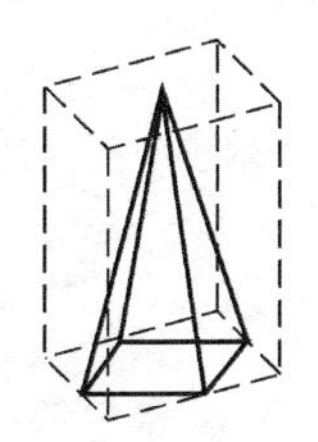

（b）包围球

图 8-46　包围体技术

除了简单包围体技术外，还有很多关于改进的光线跟踪技术，用于减少求交运算，以提高光线跟踪算法的效率。限于篇幅，这里不再介绍，有兴趣的读者可参阅相关的文献和书籍。

8.10 纹理细节模拟

前面介绍的简单光照明模型存在的问题是只能模拟颜色单一的、光滑的景物表面，这是因为在景物表面的光亮度计算过程中，它假设景物表面反射系数为一常数，只考虑了表面法向的变化。而实际生活中，景物表面存在丰富的纹理细节，例如，大理石的地面、家具上的木纹、器皿上的图案等，在这些景物表面添加纹理细节后，可以更加准确地模拟自然景物。因此，景物表面纹理细节的模拟在真实感图形生成与显示中起着非常重要的作用。

8.10.1 纹理分类

根据纹理定义域的不同，纹理可分为二维纹理和三维纹理，根据纹理的表现形式不同，纹理可分为颜色纹理、几何纹理和过程纹理。颜色纹理是指呈现在物体表面上的各种花纹、图案和文字等，如外墙装饰花纹、墙上贴的字画、器皿上的图案等都可用颜色纹理来模拟。几何纹理指基于景物表面微观几何形状的表面纹理，如桔子皮、树干、岩石、山脉等表面呈现的凸凹不平的纹理细节。过程纹理是指表现各种规则或不规则的动态变化的自然景象，如水波、云、火、烟雾等。

8.10.2 颜色纹理

表面图案（Surface Patterns）的描绘，是指将一幅平面图案描绘到物体表面并进行三维真实感图形显示的过程。物体表面有图案，意味着物体表面的各点呈现不同的色彩和亮度，而这是由物体表面的反射或透射系数决定的。因此，在物体表面绘上图案，也就是改变物体表面有关部分的反射或透射系数。用这种方法得到的纹理就称为颜色纹理。

待映射到物体表面的平面图案可以看成是一种二维纹理模式，这个二维纹理模式定义在一个平面区域上，该平面区域上的每一点处，均定义有一灰度值或颜色值，该平面区域称为纹理空间。被映射的物体表面一般用参数曲面或者多边形网格来表示，称为景物空间。如何建立纹理空间上的点与景物表面上的点之间的映射关系呢？这就要通过二维纹理映射（Texture Mapping）技术来实现。二维纹理映射的实质就是从二维纹理平面到三维景物表面的一个映射。

首先来看如何定义纹理模式。纹理模式有连续法和离散法两种定义方法。连续法是用数学函数解析地表达，函数的定义域就是纹理空间。离散法是用各种数字化图像来离散定义的，可用程序生成、扫描输入或者通过交互式系统绘制得到。纹理模式可用纹理空间坐标系 (u,v) 中表示光亮度值的一个矩形数组来定义，场景中的物体表面是在 (s,t) 参数坐标系中定义的，投影平面上的像素点是在 (x,y) 笛卡尔坐标系中定义的，纹理空间、景物参数空间及屏幕空间的坐标参照系统之间的关系如图 8-47 所示。

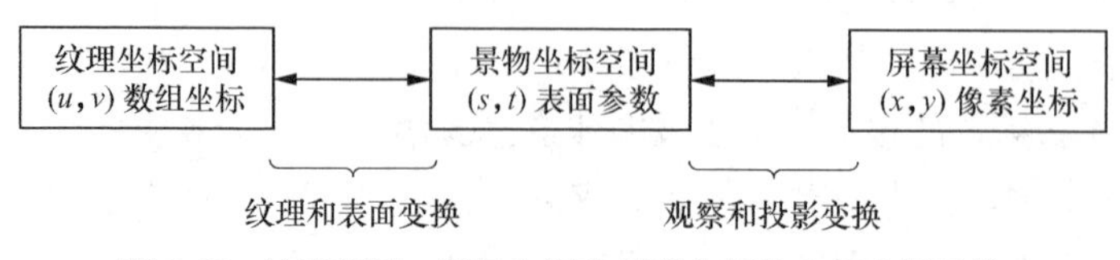

图 8-47 纹理空间、景物空间和屏幕空间的坐标参照系统

其次来看如何实现二维纹理映射。我们可以用两种方法来实现二维纹理映射，一种是将纹理

模式从二维纹理空间映射到景物表面，然后再映射到屏幕空间（投影平面），另一种是将屏幕空间的像素区域映射到景物表面，然后再映射到二维纹理空间，如图 8-48 所示。但是，在从二维纹理空间向屏幕空间映射时，由于选中的纹理面片常常与映射的像素边界不匹配，需要计算像素的覆盖率，因此，由像素空间向纹理空间映射是最常用的纹理映射方法，它避免了像素分割计算，并能简化反走样操作。其基本方法包括如下几个步骤。

步骤 1：通过计算观察投影变换的逆变换 M_{vp}^{-1} 将屏幕像素的 4 个角点映射到景物坐标空间中可见的物体表面上，通过纹理映射变换的逆变换 M_T^{-1} 将景物坐标空间映射到纹理坐标空间，以确定景物表面上任一可见点 P 在纹理空间中对应的纹理坐标位置 (u,v)，纹理坐标决定哪一个纹理像素值分配给点 P。

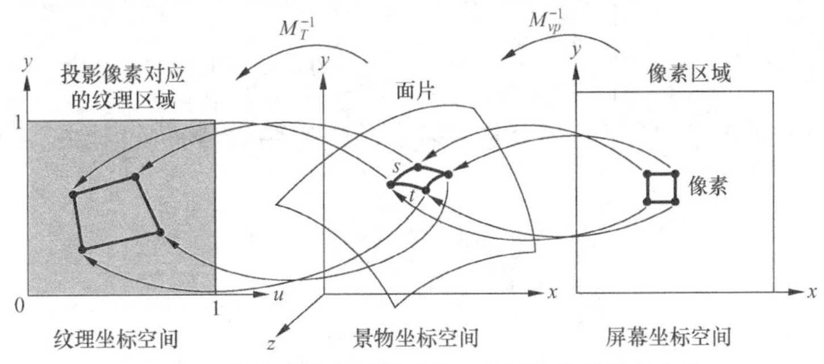

图 8-48　将像素区域投影至纹理空间的纹理映射方法

当景物表面是多边形时，可以直接给定多边形顶点的纹理坐标，对于顶点之间的区域，通过对纹理坐标进行插值，来确定该多边形区域内特定位置的纹理坐标。

当物体表面是参数曲面时，需要确定参数与纹理坐标之间的关系，其基本问题就是如何定义二维纹理映射函数。后面我们将以圆柱面为例来说明如何定义二维纹理映射函数。

步骤 2：对投影像素区域所覆盖的纹理坐标空间中的四边形内的所有纹理像素的值计算其加权平均值，将该加权平均值作为景物表面 P 点的漫反射系数，按照光照模型计算出景物表面 $P\ (x,y)$ 点的亮度或颜色值，或者用该加权平均值对原来的漫反射系数进行"调制"，以达到与景物的原表面亮度或色彩进行混合的视觉效果。

值得注意的是，纹理映射的定义与景物的表示方式有关，而且不是唯一的，因此，不同的定义方法产生的映射效果各不相同。

下面再来看二维纹理映射函数的建立过程。从数学的观点来看，二维纹理映射函数可用下式描述。

$$(u, v) = F(x, y, z) \qquad (u, v)\in \text{TextureSpace}$$

由于景物参数曲面的定义

$$(x,y,z) = f(s,t)$$

定义了一个二维参数空间到三维景物空间的映射关系，所以，当通过线性变换将纹理空间 (u,v) 和景物的参数空间 (s,t) 等同起来时，纹理映射就等价于景物参数曲面自身定义的逆映射，即 $(u,v) = f^{-1}(x,y,z)$。对简单的二次曲面来说，其纹理映射可解析地表达。但对复杂的高次参数曲面来说，其逆映射往往无法解析表达，一般采用数值求解技术来离散求得。

以高为 h、半径为 r 的圆柱面的纹理映射为例，以 (θ,ψ) 为参数的圆柱面的参数方程可表示为

$$\begin{cases} x = r\cos\theta \\ y = r\sin\theta \\ z = h\psi \end{cases} \qquad \begin{matrix} 0\leqslant\theta\leqslant 2\pi \\ 0\leqslant\psi\leqslant 1 \end{matrix} \tag{8-13}$$

可通过下述线性变换将该圆柱面纹理空间 $[0,1]\times[0,1]$ 与参数空间 $[0,2\pi]\times[0,1]$ 等同起来，即

$$\begin{cases} u = \dfrac{\theta}{2\pi} \\ v = \psi \end{cases} \tag{8-14}$$

得到以 (u,v) 为参数的圆柱面的参数方程为

$$\begin{cases} x = r\cos(2\pi u) \\ y = r\sin(2\pi u) \\ z = hv \end{cases} \quad \begin{matrix} 0 \leqslant u \leqslant 1 \\ 0 \leqslant v \leqslant 1 \end{matrix} \tag{8-15}$$

当 $r=h=1$ 时，有

$$\begin{cases} x = \cos(2\pi u) \\ y = \sin(2\pi u) \\ z = v \end{cases} \quad \begin{matrix} 0 \leqslant u \leqslant 1 \\ 0 \leqslant v \leqslant 1 \end{matrix} \tag{8-16}$$

于是，由该圆柱面的参数方程计算其逆变换，可以得到从景物空间到纹理空间的纹理映射函数表达式为

$$\begin{cases} u = \tan^{-1}(y/x) \\ v = z \end{cases} \tag{8-17}$$

或者写为

$$(u,v) = \begin{cases} (y,z) & \text{if} \quad x = 0 \\ (x,z) & \text{if} \quad y = 0 \\ (\dfrac{\sqrt{x^2+y^2}-|y|}{x}, z) & \text{otherwise} \end{cases} \tag{8-18}$$

同理，半径 $r=1$ 的球面的参数方程为

$$\begin{cases} x = \cos(2\pi u)\cos(2\pi v) \\ y = \sin(2\pi u)\cos(2\pi v) \\ z = \sin(2\pi v) \end{cases} \quad \begin{matrix} 0 \leqslant u \leqslant 1 \\ 0 \leqslant v \leqslant 1 \end{matrix} \tag{8-19}$$

由该球面的参数方程计算其逆变换，可得到从景物空间到纹理空间的纹理映射函数表达式为

$$(u,v) = \begin{cases} (0,0) & \text{if} \quad (x,y) = (0,0) \\ (\dfrac{1-\sqrt{1-(x^2+y^2)}}{x^2+y^2}x, \dfrac{1-\sqrt{1-(x^2+y^2)}}{x^2+y^2}y) & \text{otherwise} \end{cases} \tag{8-20}$$

将一个木纹纹理映射到一个正方体上的效果如图 8-49（a）所示，将一个世界地图映射到一个球面上的效果如图 8-49（b）所示。

（a）本纹纹理及其映射到正方体表面的效果

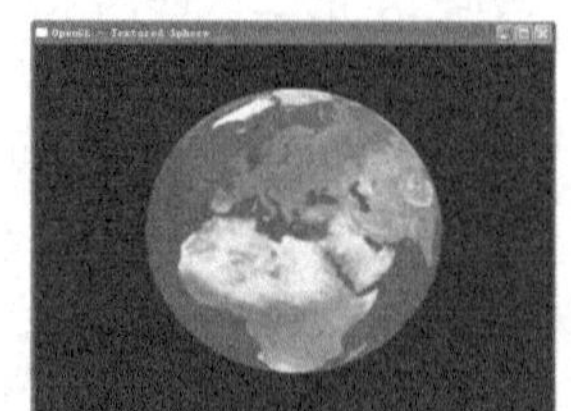

（b）世界地图纹理及其映射到球体表面的效果

图 8-49　纹理图像及其映射到景物表面后的效果

8.10.3　几何纹理

前面介绍的纹理映射技术只考虑了表面的颜色纹理，即只能在光滑表面上描绘各种事先定义的花纹图案，但不能表现由于表面的微观几何形状凹凸不平而呈现出来的粗糙质感，如植物和水果（桔子、草莓和葡萄干等）的表皮等。由于将这种细微的表面凹凸表达为数据结构既很困难，也没有必要，因此，通常用一种特殊的方法来模拟它，以得到逼真的视觉效果，满足人们视觉观察的需要。在实际中，这种效果都用几何纹理来表现，几何纹理也称凹凸纹理。

1878 年，Blinn 提出一种无需修改表面几何模型，就能模拟表面凹凸不平效果的有效方法，称为凹凸映射（Bump Mapping）技术。它的基本原理是：通过对景物表面各采样点的位置附加一个扰动函数，对其作微小的扰动，来改变表面的微观几何形状，从而引起景物表面法向量的扰动。由于表面光亮度是景物表面法向量的函数，所以上述法向量的扰动必将导致表面光亮度的突变，使得原来法线方向的光滑而缓慢的变化方式变得剧烈而短促，通过光照与显示就形成了物体表面凹凸不平的真实感效果。值得注意的是：并非任一扰动方法都能获得逼真的凹凸纹理效果，一个好的扰动方法应使扰动后的法向量不依赖于表面的朝向和位置。不论表面如何运动或观察者从哪一方向观察，扰动后的表面法向量均保持不变。

设景物表面由下述参数矢量方程定义

$$\boldsymbol{Q} = \boldsymbol{Q}(u,v)$$

如图 8-50（a）所示，设 $\boldsymbol{Q}_u$ 、$\boldsymbol{Q}_v$ 分别为 $\boldsymbol{Q}$ 沿 u 、v 方向的偏导数，则表面在任一点 (u,v) 处的单位法向量为

$$\boldsymbol{N} = \boldsymbol{N}(u,v) = \frac{\boldsymbol{Q}_u \times \boldsymbol{Q}_v}{|\boldsymbol{Q}_u \times \boldsymbol{Q}_v|}$$

为了得到扰动后的法向量 $\boldsymbol{N}'$，我们可在景物表面每一采样点 (u,v) 处沿其法向量 $\boldsymbol{N}$ 附加一个微小的扰动增量，从而生成一张新的表面，它可表示为

$$\boldsymbol{Q}'(u,v) = \boldsymbol{Q}(u,v) + P(u,v)\boldsymbol{N}$$

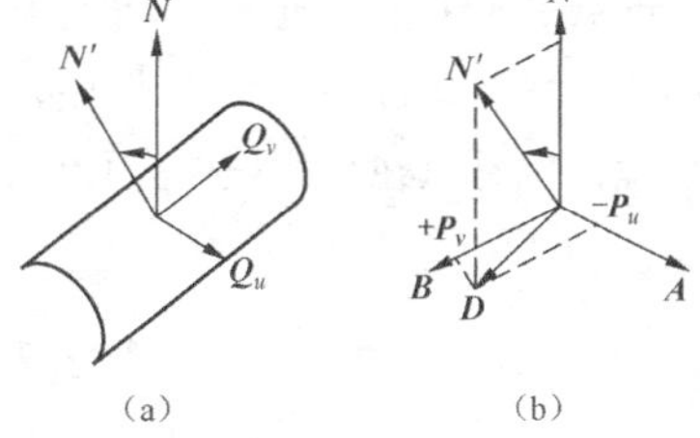

图 8-50　法向扰动及其几何意义

其中，$P(u,v)$ 是用户定义的扰动函数，它可以任意选择，如简单的网格图案、字符位映射、z 缓冲器图案或手绘图案，当 $P(u,v)$ 不能用数学方法描述时，可用一个二维 (u,v) 查找表列出 $P(u,v)$ 在若干点处的值，其他点的值可用双线性插值法获得。

$\boldsymbol{Q}'(u,v)$ 在表面单位法向量 $\boldsymbol{N}$ 方向上增加凹凸效果，扰动后的表面法向量为

$$\boldsymbol{N}' = \boldsymbol{Q}_u' \times \boldsymbol{Q}_v'$$

假定 $P(u,v)$ 为连续可微函数，则有

$$\boldsymbol{Q}_u' = \frac{\partial}{\partial u}(\boldsymbol{Q} + P\boldsymbol{N}) = \boldsymbol{Q}_u + P_u\boldsymbol{N} + P\boldsymbol{N}_u$$

$$\boldsymbol{Q}_v' = \frac{\partial}{\partial v}(\boldsymbol{Q} + P\boldsymbol{N}) = \boldsymbol{Q}_v + P_v\boldsymbol{N} + P\boldsymbol{N}_v$$

因扰动函数 $P(u,v)$ 很小，故上两式最后一项可以略去，于是扰动后的表面法向量可以近似表示为

$$\boldsymbol{N}' \approx \boldsymbol{Q}_u \times \boldsymbol{Q}_v + P_u(\boldsymbol{N} \times \boldsymbol{Q}_v) + P_v(\boldsymbol{Q}_u \times \boldsymbol{N}) + P_u P_v(\boldsymbol{N} \times \boldsymbol{N})$$

因 $\boldsymbol{N} \times \boldsymbol{N} = 0$，于是有

$$\boldsymbol{N}' = \boldsymbol{N} + P_u(\boldsymbol{N} \times \boldsymbol{Q}_v) + P_v(\boldsymbol{Q}_u \times \boldsymbol{N}) = \boldsymbol{N} - P_u\boldsymbol{A} + P_v\boldsymbol{B}$$

其中，$\boldsymbol{A}$、$\boldsymbol{B}$ 为表面法向量的扰动项，$\boldsymbol{A} = \boldsymbol{Q}_v \times \boldsymbol{N}$，$\boldsymbol{B} = \boldsymbol{Q}_u \times \boldsymbol{N}$，令 $\boldsymbol{D} = -P_u\boldsymbol{A} + P_v\boldsymbol{B}$，则扰动后的法向量为

$$\boldsymbol{N}' = \boldsymbol{N} + \boldsymbol{D}$$

此公式即为 Blinn 的法向量扰动公式，其几何意义如图 8-50（b）所示。

8.10.4 过程纹理

从原理上说，三维纹理也称实体纹理，可采用与二维纹理一样的方式定义。一种是基于离散采样的数字化纹理定义方式，另一种是用一些简单的可解析表达的数学模型来描述一些复杂的自然纹理细节，即用过程式方法将纹理空间中的值映射到物体表面，因此，用这种方法生成的三维纹理称为过程纹理（Procedure Texture）。第一种方法在二维纹理中得到了广泛的应用，但因存储三维空间区域中的三维数字化纹理需要一个庞大的三维数组，对高分辨率纹理来说，其内存耗费更是不堪忍受，因此，通常不采用为一个三维空间区域中的所有点保存其纹理值的方法，而是采用第二种方法来生成实体纹理。过程纹理可以处理三维物体的剖面图，如砖块、圆木头等，它用与物体外表面相同的纹理进行绘制，另外，也可用其他过程式方法在二维物体表面上建立纹理。

例如，木纹函数可采用一组共轴圆柱面来定义体纹理函数，即把位于相邻圆柱面之间的点的纹理函数值交替地取为“明”和“暗”，这样景物内任意一点的纹理函数值可根据它到圆柱轴线所经过的面个数的奇偶性而取为“明”和“暗”。但这样定义的木纹函数过于规范，Peachey 通过引入扰动（Perturbing）、扭曲（Twisting）和倾斜（Tilting）这 3 个简单的操作克服了这一缺陷。

再如，Perlin 于 1985 年提出一种用来近似描述湍流现象的经验模型，他用一系列的三维噪声函数的叠加来构造湍流函数，并将其成功地应用于大理石、火焰及云彩等自然纹理的模拟中。

Fourier 合成技术也已成功地被用于模拟水波、云彩、山脉和森林等自然景象，它通过将一系列不同频率、相位的正弦（或余弦）波叠加来产生所需的纹理模式，既可以在空间域中合成所需的纹理，也可以在频率域中合成纹理。

8.11 本章小结

本章首先介绍了三维图形显示的基本流程；然后介绍了如何通过取景变换将景物坐标系下的景物转换到视点坐标系下，如何在景物空间中对物体进行消隐处理，如何在图像空间中对投影多边形进行消隐处理，以及阴影生成的基本原理；最后介绍了光照模型、Gouraud 和 Phong 多边形的明暗处理算法、用于打印的半色调技术、基于整体光照模型的用于模拟环境镜面反射和规则透射的光线跟踪技术，以及颜色纹理、几何纹理和过程纹理等纹理细节模拟方法的基本原理。

习题 8

8.1 真实感图形显示的基本流程是什么？在每一步中用到的坐标系是什么坐标系？

8.2 试比较几种常见的隐面消除算法的优缺点。

8.3 简述阴影成生成的基本原理，并说明什么是本影，什么是半影。

8.4 常见的几种光照模型有哪几种？它们都能模拟哪种光照效果？是如何模拟的？

8.5 简述 Gouraud 明暗处理与 Phong 明暗处理的基本原理，并说明其异同点。

8.6 在什么情况下，需要使用半色调技术？试比较抖动矩阵和误差扩散两种方法的优缺点。

8.7 简述光线跟踪算法的基本思想。

8.8 颜色纹理、几何纹理和过程纹理都适合于描述哪类物体的纹理特征？

第 9 章 颜色科学基础及其应用

真实感图形绘制的效果，在很大程度上取决于对颜色的处理和正确表达。因此，要生成具有高度真实感的图形，就必须考虑被显示物体的颜色。颜色科学是一门非常复杂的学科，它涉及物理学、心理学、美学等许多领域。现代软件设计和多媒体应用中几乎都使用了非常丰富的颜色，可见，颜色在软件设计、图像处理及计算机图形学中都占有非常重要的地位。

9.1 颜色的基本知识

无论是远古的石器时代，还是当今的信息时代，视觉始终是人类获取信息的最重要的途径。今天，人类视觉已被摄像机、照相机、显示器、扫描仪和打印机等图像再现设备大大地拓展和延伸了，它们记录现实的世界，也创造虚拟的画面，然而，所有这些都必须依赖于对“色彩”的正确理解与准确表达。颜色在视觉通信中起着至关重要的作用，一方面，它可以大大地加强信息的有效性；另一方面，如果使用不当也足以损害这种有效性。

9.1.1 颜色的基本概念

首先，考虑颜色本身，简单地讲，颜色是一种波动的光能形式，从光学角度看，光在本质上是电磁波。将不同波长的光波组合在一起就能产生我们视为颜色的效果。英国科学家牛顿（Newton）于 1666 年通过用三棱镜做实验证明了白光是所有可见光的组合。他发现，把太阳光经过三棱镜折射，然后投射到白色屏幕上，会显出一条像彩虹一样美丽的色光带谱，从红开始，依次是橙、黄、绿、青、蓝、紫 7 种单色光，如图 9-1 所示，这种现象称为色散。这条依次按波长顺序排列的彩色光带，就称为光谱（Spectrum）。

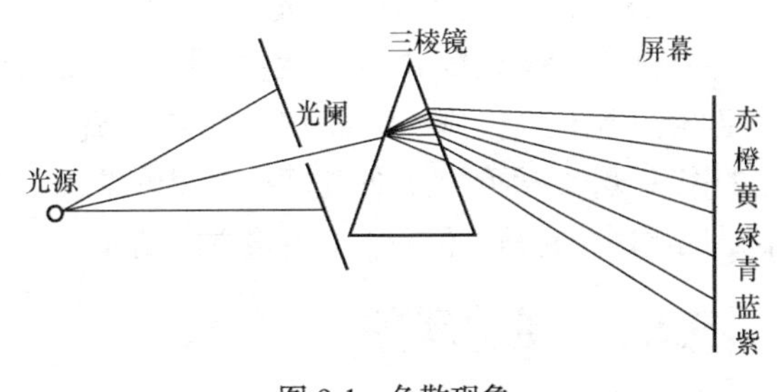

图 9-1　色散现象

人眼看不到某些波长的光，如红外光波长太长，人眼无法看到，而紫外线波长太短，也无法看到，其余光波构成了可见光谱。可见光谱为连续光谱，但为了表示方便起见，将其分成红、橙、黄、绿、青、蓝、紫七色光谱。如图 9-2 所示，人的视觉系统所能接受的可见光谱的波长在 380～780nm（1nm 为 10^{-9}m），这段光波叫做可见光。在这段可见光谱内，不同波长的辐射引起人们的不同色彩感觉。但光谱与颜色的对应是多对一的，光谱分布不同而看上去相同的两种颜色称为条件等色。

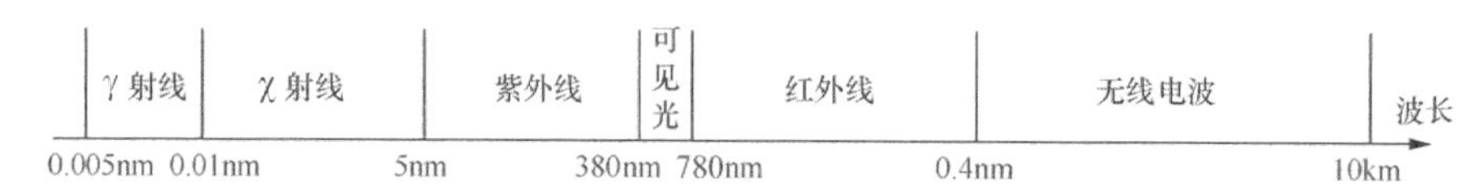

图9-2 电磁波的种类与可见光

可见光的波长与其颜色的大致对应关系如表9-1所示。

表9-1 单色光与波长的对应关系

单 色 光	波长λ（nm）	代 表 波 长
红（Red）	780～630	700
橙（Orange）	630～600	620
黄（Yellow）	600～570	580
绿（Green）	570～500	550
青（Cyan）	500～470	500
蓝（Blue）	470～420	470
紫（Violet）	420～380	420

在七色光谱中不论减少哪一种光再将其合成，都不可能得到原来的白光，而是带色的光。因此，用白光照射物体时，当其反射率因波长而改变时，看到的物体就会带色。例如，红色物体不反射紫色～黄色的光，只反射红光，因而感觉它是红色。这就是说，颜色是白光因物体反射或透射被“损坏”所造成的，可以说“色是被损坏的光”，没有光也就无所谓颜色，改变照射光的颜色（波长），也就改变了我们所看到的物体的颜色。因此，艺术家们认为“物体的颜色是伟大的光赋予的”。日常生活中，我们所看到的五彩缤纷的世界正是由于各种物体吸收了太阳光中的一部分波长的光而反射了太阳光中的另一部分波长的光造成的。

从心理生物学角度讲，颜色由色相（Hue）、饱和度（Saturation）和亮度（Luminance）或明度（Lightness）决定。色相是一种颜色区别于另一种颜色的“质”的特征，指我们通常所说的红、橙、黄、绿、青、蓝、紫等。饱和度是指颜色的纯度，在某种颜色中添加白色，相当于减少其饱和度。虽然在概念上难以区分明度和亮度，但一般认为明度是指由本身不发光而只能反射光的物体所引起的视觉性质（黑—白），而亮度则是指发光物体本身所发出的光为人眼所感知的有效强度（亮—暗，高—低），物体的明度或亮度取决于人眼对不同波长的光信号的相对灵敏度，例如，白天时人眼对550nm左右波长的光（黄绿色）最为敏感，而对蓝色光最不敏感。

从心理物理学角度讲，可以用主波长（Dominant Wavelength）、纯度（Purity）、和亮度（Luminance）来定量地说明颜色的概念。主波长对应于颜色的色调，光的颜色由其主波长决定。纯度对应于颜色的饱和度，一种颜色光的纯度指该颜色光的（主波长的）纯色光与白色光的比例。亮度与光的能量成比例，它是单位面积上所接收的光强。

9.1.2 视觉现象

物体的颜色不仅取决于物体本身，还与光源、周围环境及观察者的视觉系统甚至人的心理因素等因素有关。颜色的感知是一种心理物理现象，它是光经过与周围环境的相互作用后到达人眼，并经一系列物理和化学变化转换为人眼所能感知的电脉冲的结果；同时它还是一种心理生理现象，有许多心理因素会影响视觉系统对当前景物颜色的主观判断，将这些因素介绍如下。

1. 同时对比

当人们由日光下进入较暗的房屋时，首先感到一片漆黑，约过几分钟后，才逐步恢复视觉，这种适应能力被称为暗适应性。同样地，当人们离开较暗的房间来到日光下时，开始时也是什么都看不清楚，但渐渐地又能分辨物体了，这种适应性被称为亮适应性。人眼对亮光的适应时间比对暗光的适应时间要短得多，它仅需 1～2s，而暗适应则需 20～30s，而且，即使对于同样亮度的刺激，由于其背景亮度的差异，使得人眼所感受到的主观亮度感觉也不一样的，这种效应被称为同时对比。这种由亮度差别引起的同时对比，可称为亮度对比。而色度对比是指人眼对颜色的感觉由于受到邻近颜色的影响而产生变化的现象，主要表现如下。

（1）同时性颜色对比

这种对比使每种颜色在其邻近区域互相影响，并诱导出它的补色，或者使颜色向另一种颜色的补色方向变化。在色相上，彼此把自己的补色加到另一方色彩上，两种颜色越接近补色，对比越强烈；在明度上，导致同样亮度的一种颜色，在亮背景下显得更暗，而在暗背景下则显得更亮，如图 9-3 所示。

图 9-3　同时对比

（2）继时性颜色对比

将一颜色纸片放在一背景色上，注视一段时间后，拿走颜色纸片，会在背景上看到原纸片颜色的补色，这种现象称为继时性颜色对比。例如，看了绿色再看黄色时，黄色就有鲜红的感觉。另外，当人眼对某一种颜色适应以后，再观察另一种颜色时，后者会发生变化，而带有人眼已适应的颜色光的补色成分。例如，在暗背景上投射一束黄光，观察者理应视为黄色，但当人眼对大块面积的强烈红光注视一段时间后，再看黄光，它就会呈现出绿色，过一段时间后，人眼又会从红光的适应中恢复过来，绿色逐渐变淡，终于又呈现为原来的黄色。

2. 对比灵敏度

设目标物的亮度为 I，人眼刚能分辨出亮度差别所需的最小亮度差值为 ΔI，一般说来，ΔI 是 I 的函数，当 I 增大时，ΔI 也需要增大，在相当宽的亮度范围内，$\Delta I / I$ 为一常数，这个比值用 Weber 比表示，被称为对比灵敏度。当亮度 I 很强或很弱时，这个比值就不再保持为常数。

人眼对明暗程度所形成的“黑”与“白”的感觉具有相对性，还表现在不同环境亮度下对同样亮度的主观感觉并不相同。也就是说，在有背景时，对比灵敏度不仅与目标物的亮度 I 有关，而且与背景亮度 I_0 有关。因此，在以人眼观察为主的图像处理系统中，为了适应人眼的视觉特性，往往要对图像的亮度值先进行对数运算的预处理。

3. 视觉分辨率

对于空间上或时间上两个相邻的视觉信号，人们能分辨出二者存在的能力称为视觉系统的分辨率。仅当颜色的色调发生变化时，在光谱的蓝—黄区段，人眼可以分辨出其主波长仅相差 1nm 的两种不同颜色，而在可见光谱的两端附近，波长需要改变 10nm 左右人眼才能看出颜色的变化。如果只改变颜色的饱和度，则视觉系统分辨颜色的能力更为有限，例如，人眼对红色、紫色只能分辨出 23 种不同的饱和度，而对黄色仅能分辨 16 种不同的饱和度。人眼对亮度细节的分辨率要高于对彩色细节的分辨率，例如，如果把刚好能分辨的黑白条纹换成亮度相同而颜色不同的彩色条纹，就不能分辨出条纹来。如果换成红绿相间的条纹，则会由于人眼的空间分辨混色效应而表现出一片黄颜色。当被观察物体的运动速度增加时，视觉分辨率也会下降。

4. 视觉暂留特性

实验证明，人眼对亮度的感觉不会随着光刺激的消失而立即消失，而是按近似的指数规律逐渐减少，这就是人眼的视觉暂留特性，也称视觉惰性。电影的原理就是利用了人眼的视觉暂留特性，由每秒 24 帧图形的连续播放形成物体的运动而使人眼感觉不到画面的闪烁。

5. 马赫带效应

当人们在观察一条由均匀黑的区域和均匀白的区域形成的边界时，人眼感觉到的是在亮度变化部位附近的暗区和亮区中分别存在一条更黑和更亮的条带，如图 9-4 所示，当亮度发生跃变时，可看到有一种边缘增强的感觉，视觉上会感到边缘的亮侧更亮些，暗侧更暗些，这就是所谓的马赫带（Mach-Band）效应，它是由人眼的带通滤波特性引起的。

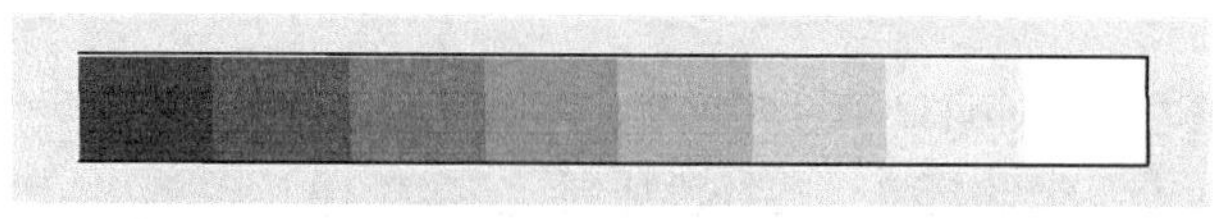

图 9-4 马赫带效应

还有其他一些心理因素，如社会压力、不同地域人群的不同文化背景等也会使人们对颜色的理解有所不同，因而，颜色的形成是一个复杂的物理和心理相互作用的过程，它涉及光的传播特性、人眼结构及人脑心理感知等内容。

9.1.3 颜色视觉的机理

究竟人是通过怎样的机理感受颜色的呢？自古以来这就是一个很有趣的研究课题，至今已有许多假说。在迄今为止提出的假说中最有说服力的有两种，一是杨-亥姆霍兹（Young- Helmholtz）的三基色理论；另一个是赫林（Hering）的对立颜色理论。

三基色理论（Trichromatic Theory）也称三色学说，是 1802 年由 Young 提出，并于 1894 年由 Helmholtz 进行定量研究而发展形成的。它是建立在通过适当混合红、绿、蓝色就能再现几乎所有的颜色这一实验基础上的，并不是理论推导出的学说。三基色理论认为：在人眼视网膜上，存在 3 种不同的颜色感受器，即锥体细胞，分别对红、绿、蓝 3 种光最敏感，每种锥体细胞分别与脑皮层中的 3 种不同的神经细胞相连，当锥体细胞接受刺激后，激发神经反映，才在大脑中被解释为颜色。德国 Helmholtz 补充 Tomas Young 的理论，认为：光谱的不同部分能引起 3 种锥体细胞不同强弱比例的刺激，人眼所看到的任何色彩都是光刺激 3 种锥体细胞后形成的总刺激的结果。例如，黄色是红色和绿色锥体细胞同时响应而产生的。该论点的提出，使得人眼可以看到红、绿、蓝 3 种色彩以外的单色光得到更合理的解释。这 3 种锥体细胞的光谱灵敏度曲线如图 9-5 所示，它是由科学家直接在外科手术中摘掉的视网膜单个细胞上测量得到的。由图 9-5 可以看出，这些锥体细胞的光谱灵敏度的波长范围是相互重叠的，尤其是在中、长波响应处，因此，缺少任何其中一种都会造成所谓的“色盲”（Color Blindness），缺少感受红色的锥体细胞，称为红色盲，缺少感受绿色的锥体细胞，称为绿色盲。曲线还显示，人眼对蓝光的灵敏度远远低于对红光和绿光的灵敏度。实验表明，在 3 种锥体细胞的共同作用下，人眼对波长为 550nm 左右的黄绿色光最为敏感。

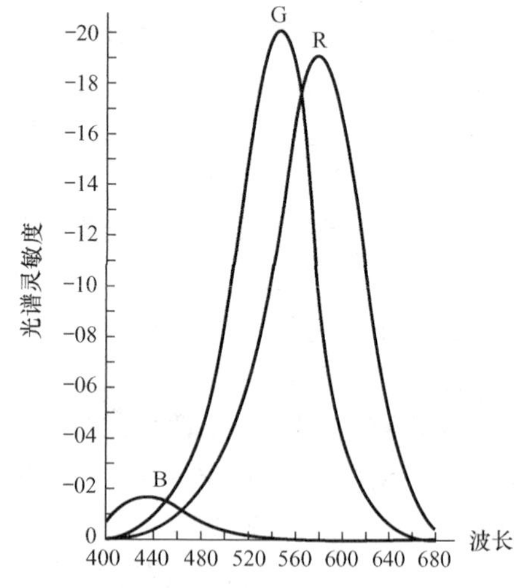

图 9-5 3 种锥体细胞的光谱灵敏度曲线

Young-Helmholtz 的三基色理论的最大优点是可以充分解释说明各种色彩的混合现象，解决色彩再现问题，如彩色电影、彩色电视的色彩复制都是在这个理论基础上发展起来的；而其所提出的 3 种感光细胞的假设，也通过实验得到了证明。该理论的缺点是不能满意地解释色盲现象。Helmholtz 认为色盲是因为缺少某一种（单色盲）或某两种、甚至 3 种（全色盲）锥状细胞所造成的，所以按照其理论，红色盲、绿色盲和蓝色盲是可以单独存在的，但是事实上所有红色盲的人几乎同时也是绿色盲，也就是说红色盲的人一般都不能分辨红色和绿色，称为红—绿色盲；同时根据该理论推断，红—绿色盲者应该不会有黄色感觉——因为红—绿色盲是缺乏红色和绿色锥状细胞的，而黄色色彩感觉是由红色和绿色锥状细胞感应形成，但是事实上红—绿色盲者一样有黄色感觉；另外还有一种现象是该理论所无法解释的：3 种感光细胞同时作用才会有中性色（白色或灰色）的感觉，而色盲者至少缺乏其中一种锥状细胞，理论上就不该有中性色的感觉，但事实上即使是全色盲的人也照样有明度或中性色的感觉。

1878 年，德国的生理学家 Ewald，根据精神物理学的研究观察发现，红—绿、黄—蓝、黑—白总是呈现对立关系的色彩现象；也就是说红和绿、黄和蓝、黑和白不可能同时存在于任何的色彩感觉当中，例如，有带黄的红色而无带绿的红色。于是，Hering 提出了对立颜色理论（Opponent Colors Theory），该理论认为：在人眼视网膜上存在着响应红—绿、黄—蓝、白—黑的 3 种光接受器，所有的颜色特性都由这些光接受器的响应量的比例来表示。由于对立颜色理论认为有红、绿、黄、蓝 4 种基色，因此也称为四色学说。

Hering 的对立颜色理论可以很好地解释三基色理论无法解释的色盲现象。按照 Hering 的对立颜色理论，色盲是由于缺乏一对视素或两对视素的结果。如果缺乏红—绿视素，则是红绿色盲，如果两对彩色视素均不存在，则是全色盲。由于色盲现象是因为人眼的某一对（红—绿或黄—蓝）或两对对立色反应作用过程无法进行而造成的，所以色盲常常成对出现，即色盲通常是红—绿色盲或是黄—蓝色盲，而两对的对立色反应作用过程无法进行时，则产生全色盲现象。

Hering 的对立颜色理论还能解释负后像和同时颜色对比等视觉现象。这是因为当某一色彩刺激停止时，与该色彩相关的视素的对立过程开始活动，因而产生其对立色即补色。而当视网膜正发生某一对视素的破坏作用时，其相邻部分便会发生建设作用，从而产生同时颜色对比现象。

三基色理论无法解释的另一个现象就是——色彩为什么总存在一个与之相反的补色？按照对立颜色理论，任何色彩感知都取决于 3 组对立颜色的响应，其中红—绿和黄—蓝两组对立颜色响应值的组合决定其色调，黑—白响应值决定其明度，也就是说任何一个色彩都存在一个响应值，分别有一个与之大小相等而极性相反的另一色彩与之相对应，因此由响应值相等、极性相反的对立颜色融合而成的两个色彩的色调也是相反的，互为补色的色彩就是这样的一对色彩。

虽然 Hering 的对立颜色理论能很好地解释人眼的各种视觉现象，而且国际照明委员会 CIE 的 $L^* a^* b^*$、Luv 等色彩空间坐标都是应用 Hering 提出的对立颜色理论由红—绿、黄—蓝、黑—白 3 个坐标所组成的，由 A.Hard 等人于 1960 年研究并已被瑞典作为国家标准的自然颜色系统（Natural Color System，NCS）也是以这一理论为基础建立的，但该理论也有其缺点，即对于红、绿、蓝三基色能够产生所有光谱色彩这种现象，三基色理论能够很好地解释，而对立颜色理论却不能给出满意的解释。

正因如此，长久以来在色彩视觉理论（Color Vision Theory）方面，Young-Helmholtz 的三色学说与 Hering 的四色学说，一直处于对立的地位。近几十年来，在实验的基础上，人们对这两个学说有了进一步的认识，并将这两个学说逐步统一，形成了现代的阶段学说。阶段学说最早是由 G.E.Muller 和 Judd 提出的，他们将三色学说和四色学说加以统一和相互配合，并对人眼色彩视觉现象做了更完整的解释。

现代神经生理学研究证实了在视网膜上确实存在着 3 种不同的颜色感受器，即分别对红、绿、蓝 3 种光敏感的锥体细胞。同时在视神经传导通路的研究中发现，视神经系统中可以发出 3 种反应，即光反应、红—绿反应和黄—蓝反应。因此，可以认为视网膜上的锥体细胞是一个三色系统，而在视觉信息向大脑皮层视觉中枢的传导通路中则变成了四色机制。

如图 9-6 所示，阶段学说将颜色视觉的形成过程解释为两个阶段。第一阶段可以用 Young-Helmholtz 的三基色理论及色光混合实验来解释视觉色彩的混合现象，当光线进入人眼视网膜时，3 种锥体细胞中的感色物质分别选择吸收不同波长光谱的辐射，并根据光刺激量独自产生色彩（红、绿、蓝）和明度（黑或白）的反应。第二阶段用 Hering 的对立颜色理论来解释人眼对色彩的感知，即在神经兴奋由锥体细胞向视神经细胞传递的过程中，这 3 种反应重新组合形成红—绿、黄—蓝、黑—白这 3 对对立性的神经反应。

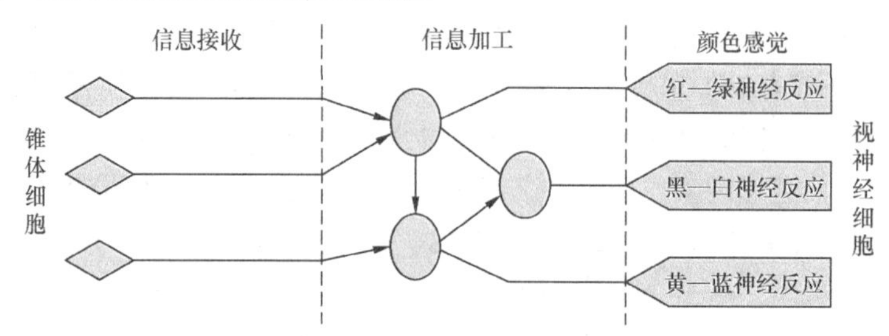

图 9-6　阶段学说对颜色视觉的形成过程的解释示意图

9.2　常用的颜色空间

通常，我们用三维空间中的一点来表示一种颜色，用这种方式描述的所有色彩的集合称为颜色空间（Color Space），由于任何一个颜色空间都是可见光的一个子集，所以，任何一个颜色空间都无法包含所有的可见光。一般地，对于不同的应用领域，我们使用不同的颜色空间。下面介绍几种常用的颜色空间及其相互转换方法。

9.2.1　与图形处理相关的颜色空间

1. RGB 加色空间

基于三刺激理论，人眼通过 3 种可见光对视网膜的锥状细胞的刺激来感受颜色，这些光在波长为 630nm（红色）、530nm（绿色）和 450nm（蓝色）时的刺激达到高峰，通过光源中的强度比较，我们感受到光的颜色。这种视觉理论是视频监视器使用红、绿、蓝三基色显示颜色的基础，称为 RGB（Red/Green/Blue）颜色空间，它主要应用于 CRT 显示器、扫描仪、数码相机等设备，在真实感图形绘制系统中得到了广泛应用。

我们可以用如图 9-7 所示的由 R、G、B 坐标轴定义的单位立方体来描述 RGB 颜色空间，坐标原点代表黑色，坐标点（1，1，1）代表白色，坐标轴上的顶点代表三个基色，而其余的顶点代表每一个基色的补色。灰色即中性色由立方体的原点到白色顶点的主对角线上的点来表示。

由于 RGB 是加性基色，所以 RGB 颜色空间属于加性色彩空间，表明可以通过红、绿、蓝三基色色光的适当相加混合，来调配出该颜色域内的其他所有颜色。发光物体表现颜色时，都遵循色光相加混色法。当等量的红、绿、蓝 3 种色光叠加时，可以得到以下关系式，其色光叠加关系如图 9-8 所示。

$$\begin{cases} R+G+B=W \\ G+B=C \\ B+R=M \\ G+R=Y \end{cases}$$

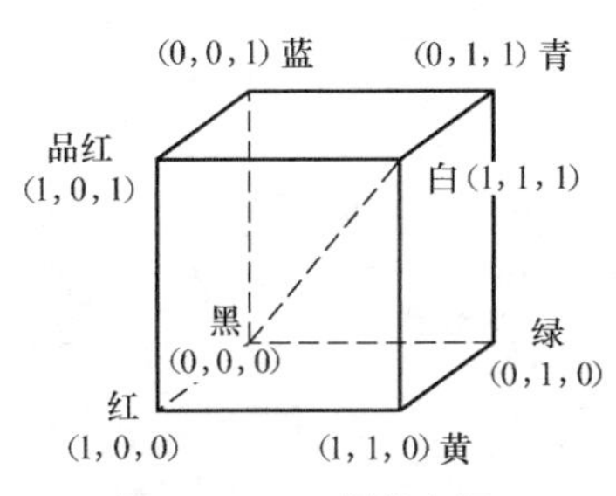

图 9-7　RGB 颜色空间

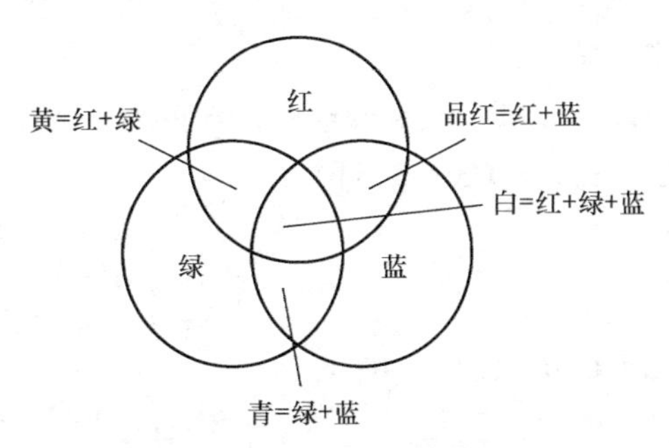

图 9-8　三基色色光的叠加关系

当不等量的三基色色光相叠加时，则产生中间过渡色，所以，发光物体发出的不同波长的色光叠加后所得到的结果相当于将这些波长的色光简单相加所得到的颜色，这种混色得到的色刺激的明亮度是各成分之和，因此称为加色法混色（Additive Mixing）。用于加色法混色的不同的 3 种色刺激称为加色法混色的基色（Additive Primaries），通常采用红、绿、蓝作为三基色。

在 RGB 色彩空间中，只要给 R、G、B 3 个分量一个合适的指标，便可以用数字的方式来度量所有的颜色。通常，我们以 0～255 共 256 个数值来描述一个基色，0 表示没有色光即黑色，255 表示该色色光最强，这样中间的过渡色就被平分为 255 等份，可以得到 256 种灰度等级的红（或绿，或蓝）颜色。如果一种基色用 8 位二进制数即一个字节来表示的话，那么一种 RGB 色彩在计算机中的存储就需要 3 个字节。我们所说的计算机显示器能达到 24 位真彩色就是指这台显示器可以表现 2^{24}（即 1.67×10^{7}）种色彩。

尽管近年来出现了 LCD（Liquid Crystal Display）等许多新的显示技术，但就目前显示器市场来看，彩色 CRT 显示器仍占主流地位，它的基本工作原理是使用阴极射线管（CRT）产生光束，显示器玻璃屏内层涂有红、绿、蓝 3 种彩色荧光粉（Phosphors），红、绿、蓝 3 只电子枪射出的电子束以不同速度打在相应的荧光粉涂层上，电子与荧光粉的碰撞激发了荧光粉，使荧光粉振动并发光，从而产生了不同的颜色。从原理上而言，这种方法产生的颜色不会有任何缺陷，但事实并非如此，原因如下。

（1）荧光粉的组成存在内在的颜色缺陷。

（2）显示器色温高，接近色谱的蓝端，并易于使显示结果偏蓝。

（3）显示器玻璃的外形易使观察的颜色异常。

（4）系统不稳定性会使工作期间及显示器寿命期内产生意外的颜色偏移。

因此，显示器所显示的 RGB 颜色值常常需要进行 γ 校正后才能使用。

另外，由于 RGB 空间所覆盖的颜色域取决于显示器荧光粉的颜色特性，因此，不同的 RGB 显示器具有不同的颜色覆盖域，也就是说相同的 RGB 值在不同的显示器上显示的颜色是略有差别的，即 RGB 颜色是依赖设备的。

2. sRGB 颜色空间

色彩管理初期主要是在 Apple 公司的设备间使用 ColorSync 操作系统级的色彩管理系统，而不能在个人计算机上使用，于是 1997 年，Microsoft 公司与 HP 公司联合确立了基于个人计算机的 32 位的 sRGB （Standard Red Green Blue）颜色空间，1999 年，IEC（国际电气标准会议）将其标准化，使其成为国际性标准。Microsoft 与 HP 新近发表的 sRGB64，允许采用 64 位来描述色彩。现在，sRGB 颜色空间已被许多软件、硬件厂商所采用，逐步成为许多扫描仪、低档打印机和软件的默认色彩空间。

sRGB 在个人计算机的 Windows 系统中使用的伽玛值是 2.2，白点为 6500K，它有很好的感知能力，可以与绝大多数计算机、各种图形图像软件、视频及打印设备进行匹配，给个人计算机用户带来了很大方便。

可以通过如下变换将线性 RGB 转换为 sR′G′B′。

当 $R, G, B \leqslant 0.0031308$ 时

$$\begin{cases} R'_{\text{sRGB}} = 12.92 \times R \\ G'_{\text{sRGB}} = 12.92 \times G \\ B'_{\text{sRGB}} = 12.92 \times B \end{cases}$$

当 $R, G, B > 0.0031308$ 时

$$\begin{cases} R'_{\text{sRGB}} = 1.055 \times R^{(1.0/2.4)} - 0.055 \\ G'_{\text{sRGB}} = 1.055 \times G^{(1.0/2.4)} - 0.055 \\ B'_{\text{sRGB}} = 1.055 \times B^{(1.0/2.4)} - 0.055 \end{cases}$$

$$\begin{cases} R_{8\text{bit}} = \text{round}\,(255.0 \times R'_{\text{sRGB}}) \\ G_{8\text{bit}} = \text{round}\,(255.0 \times G'_{\text{sRGB}}) \\ B_{8\text{bit}} = \text{round}\,(255.0 \times B'_{\text{sRGB}}) \end{cases}$$

将 sR′G′B′转换为线性 RGB 的变换规则如下。

$$\begin{cases} R'_{\text{sRGB}} = R_{8\text{bit}} / 255.0 \\ G'_{\text{sRGB}} = G_{8\text{bit}} / 255.0 \\ B'_{\text{sRGB}} = B_{8\text{bit}} / 255.0 \end{cases}$$

当 $R'_{\text{sRGB}}, G'_{\text{sRGB}}, B'_{\text{sRGB}} \leqslant 0.04045$ 时

$$\begin{cases} R = R'_{\text{sRGB}} / 12.92 \\ G = G'_{\text{sRGB}} / 12.92 \\ B = B'_{\text{sRGB}} / 12.92 \end{cases}$$

当 $R'_{\text{sRGB}}, G'_{\text{sRGB}}, B'_{\text{sRGB}} > 0.04045$ 时

$$\begin{cases} R = ((R'_{\text{sRGB}} + 0.055) / 1.055)^{2.4} \\ G = ((G'_{\text{sRGB}} + 0.055) / 1.055)^{2.4} \\ B = ((B'_{\text{sRGB}} + 0.055) / 1.055)^{2.4} \end{cases}$$

在 sRGB 模式中工作具有以下优点。

（1）节省内存，提高性能。

（2）具有更大的设备独立性。

sRGB 颜色空间的缺点是，它拥有较小的色域空间，对显示器等有较大色域范围的设备而言，其色彩再现范围会受到较大的限制。

3. Apple RGB 颜色空间

Apple RGB（1998）是苹果公司早期为 Apple 的 13 英寸特丽珑（Trinitron）显示器制定的色彩空间，主要在 Adobe 的一些出版软件里使用，其色域空间比 sRGB 并不大多少。因为这种显示器已经很少使用，这一标准已逐步淘汰。

4. Adobe RGB 颜色空间

Adobe RGB 颜色空间主要应用于在 Photoshop 中，它是应用在印前领域的最好的色彩空间。其具备非常大的色域空间，并且它的色彩空间全部包含了 CMYK 的色域空间，这样就为以后的输出和分色印刷提供了极大的方便，可以更好地还原原稿的色彩。

5. Wide Gamut RGB 颜色空间

Wide Gamut RGB 提供了一个比 Adobe RGB 更广的色彩空间，这种空间的色域包括几乎所有的可见色，比典型的显示器能准确显示的色域还要宽。由于这一色彩范围中的很多色彩不能在 RGB 显示器或打印机上准确再现，给色彩调整带来了一定的不便，所以，这一色彩空间并没有太大实用价值。

如图 9-9 所示，sRGB、Adobe RGB（1998）和 Wide Gamut RGB 这 3 种 RGB 颜色空间相比，Wide Gamut RGB 的色域最大，Adobe RGB（1998）的色域次之，而 sRGB 的色域最小。

6. CMY 颜色空间

以红、绿、蓝的补色青（Cyan）、品红（Magenta）、黄（Yellow）为基色的 CMY 颜色空间是彩色摄影、彩色印刷、彩色打印等领域常用的颜色空间，与 RGB 颜色空间相比，二者不同的是，RGB 颜色空间是基于光源发光和色光相加原理来产生颜色的，而 CMY 颜色空间是基于反射光或透射光的成分来决定颜色的，因此，它属于减性色彩空间，是白光相继通过青色、品红和黄色光吸收介质后所重现的彩色光。而彩色打印机、打样机、照排机一般采用 CMY 颜色空间来表达色彩。为了产生真正的黑色，实际中更为常用的是 CMYK 颜色空间。

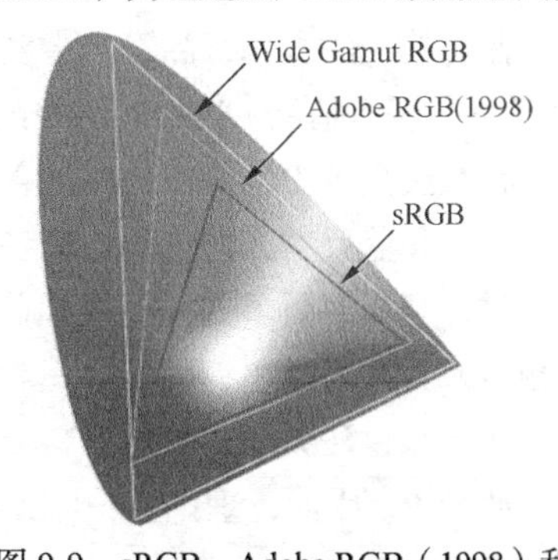

图 9-9 sRGB、Adobe RGB（1998）和 Wide Gamut RGB 颜色空间的对比

不发光物体表现颜色时一般遵循色光相减混色法。照射在颜色样品上的光可描述为红、绿和蓝的组合，而颜色样品可描述为所用颜料的组合，由于部分光波被吸收，所以我们看到的只是反射的光，如图 9-10 所示。以青色颜料为例，当一束白光照射在青色颜料上时，由于它只吸收红光而反射绿光和蓝光，因而表现为绿光和蓝光的加色光即青色。如果一张白纸上同时涂有黄和品红色颜料，则因黄色颜料吸收绿光，品红颜料吸收蓝光，故它只反射红光，从而最终表现为红色。同样，我们得到以下等量混合关系式，CMY 三基色减色关系如图 9-11 所示。

$$
\begin{cases}
C+M+Y=K \\
M+Y=R \\
Y+C=G \\
C+M=B
\end{cases}
$$

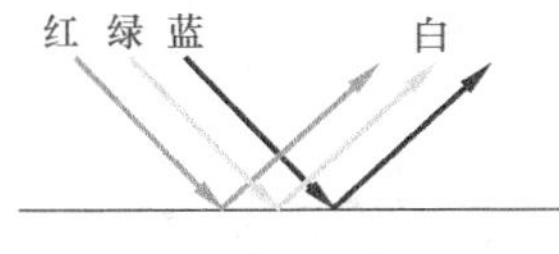

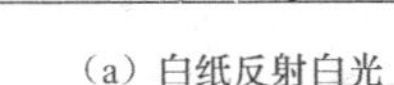

（a）白纸反射白光

（b）白纸上涂黄色油墨反射黄光

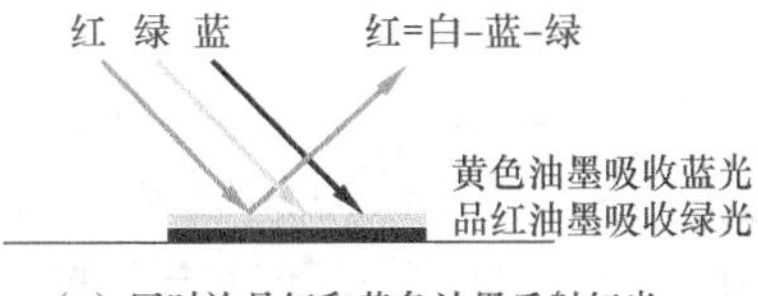

（c）同时涂品红和黄色油墨反射红光

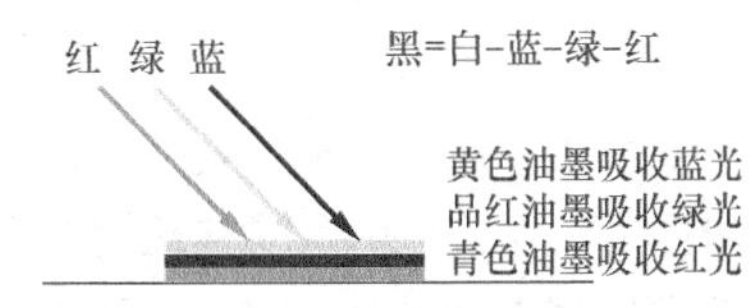

（d）同时涂品红、黄色、青色油墨不反射光

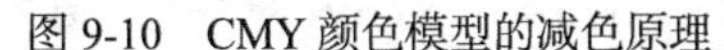

图 9-10 CMY 颜色模型的减色原理

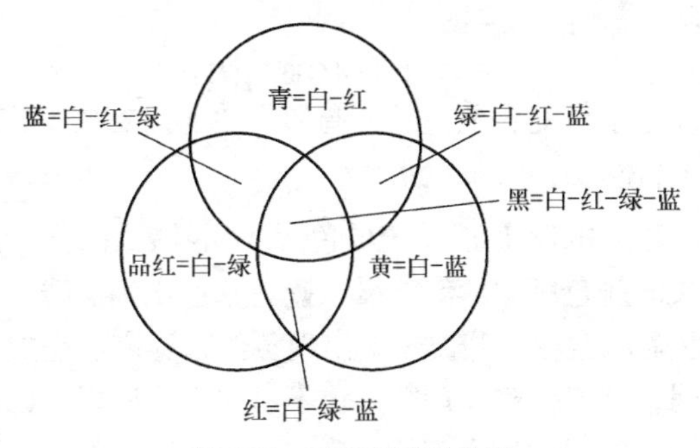

图 9-11 三基色减色关系

利用滤色片或颜料等光吸收介质产生颜色的方法称为减色法混色（Subtractive Mixing）。将用于减色法混色的3种吸收介质称为减色法混色的基色（Subtractive Primaries），一般采用相当于红、绿、蓝的补色的青色、品红色、黄色。青色（也称减“红”基色）吸收光谱中的红色成分，品红（也称减“绿”基色）吸收光谱中的绿色成分，黄色（也称减“蓝”基色）吸收光谱中的蓝色成分。

在减法混色中，每一种减性基色都控制它所吸收的光谱波段的颜色，三者的密度变化分别控制红、绿和蓝反射光的比例，即各减性基色的密度大时，将分别吸收更多的红、绿和蓝成分，密度小时，则反射更多的红、绿和蓝成分。理论上，一张白纸上同时涂有密度较大的青、品红和黄色颜料，会产生黑色，而如果三者的密度较小时，则将产生介于黑与白二者之间的各种灰色。

按照减色法原理，青色颜料 C 从白光中吸收红光 R，品红色颜料 M 吸收绿光 G，黄色颜料 Y 吸收蓝光 B，因此，理论上，RGB 颜色空间与 CMY 颜色空间之间存在如下关系。

$$\begin{cases} C = 255 - R \\ M = 255 - G \\ Y = 255 - B \end{cases}$$

上述关系是建立在纯理论基础上的，实际中，由于打印墨水的纯度、黏度、表面张力，纸张的墨水吸收性、干燥性、浸透速率、纸面的光滑平整程度及抖动方式的不同等因素的影响，这种纯理论上的对应关系在实际应用时存在很大的误差。即使不打印任何墨水，不同类型的纸张的白度和亮度也是不同的，例如，当 $C=M=Y=0$，即白纸上不打印任何墨水时，理论上测得的（R,G,B）三刺激值应为（255,255,255），但事实上，对不同类型的白纸所测得的（R,G,B）三刺激值之间存在很大区别。因此，从 RGB 颜色空间向 CMY 颜色空间转换时，除了要进行色域补偿外，还要在标准颜色空间中对监视器和打印机的标准白之间的差别进行补偿。

9.2.2 与设备无关的颜色空间

1. CIE XYZ 颜色空间

在混色系统中，如果存在这样3种颜色，用适当比例的这3种颜色混合，可以获得白色，而且这两种颜色中的任意两种颜色的不同组合都不能生成第三种颜色，那么称具有这种性质的3种颜色为三原色或三基色。国际照明委员会（Comission International d’Eclairage，CIE）于1931年根据如下基准确定了 RGB 色度系统。

（1）设定三基色[R]、[G]、[B]为$\lambda_R = 700.0$nm，$\lambda_G = 546.1$nm，$\lambda_B = 435.8$nm 的单色光。

（2）三基色[R]、[G]、[B]的明度系数之比用光度量单位表示时为1.0000∶4.5907∶0.0601。也就是说，在该表色系统中以明度系数分别为1.0000光瓦、4.5907光瓦、0.0601光瓦的三基色[R]、[G]、[B]进行加色法混色时，会得到1.0000+4.5907+0.0601=5.6508光瓦的等能白光，称[R]、[G]、[B]为三基色单位。

对任意彩色光 F，配色方程为

$$F=R[\mathrm{R}]+G[\mathrm{G}]+B[\mathrm{B}]$$

其中，R,G,B 的比例关系决定了所配彩色光的色调和饱和度，R,G,B 的数值决定了所配彩色光的亮度，其亮度正比于$1.0R + 4.5907G + 0.0601B$。

图9-12所示为 CIE 确定的 RGB 色度系统的色彩匹配函数$\bar{r}(\lambda)$，$\bar{g}(\lambda)$，$\bar{b}(\lambda)$，它表示用于匹配可见光谱中任意主波长的颜色所需的红、绿、蓝三基色比例曲线。

如图9-12所示的色匹配函数在某些波长上出现负值，这表示需加负的色光才能匹配出目标色，而实际中不存在负光强，这不仅难于理解，也不易实现。所以，CIE 于1931年在制定 RGB 色度系统的同时，为了使色匹配函数均为正值又确定了一种假想的“标准色度观察者”的原刺激

[X]、[Y]、[Z]，得到 XYZ 色度系统，称为 CIE1931 标准色度系统，因是基于 2° 视场的色匹配实验，所以也称为 2° 视场 XYZ 色度系统，其色匹配函数 $\overline{x}(\lambda)$，$\overline{y}(\lambda)$，$\overline{z}(\lambda)$ 如图 9-13 所示。

若已知某色光的光谱分布为 S(λ)，则利用如图 9-13 所示的 CIE XYZ 色度系统的标准色匹配函数可以按下式求出该色光在 CIE XYZ 中的三刺激值。

$$\begin{cases} X = \int_{380}^{780} S(\lambda)\overline{x}(\lambda)\mathrm{d}\lambda \\ Y = \int_{380}^{780} S(\lambda)\overline{y}(\lambda)\mathrm{d}\lambda \\ Z = \int_{380}^{780} S(\lambda)\overline{z}(\lambda)\mathrm{d}\lambda \end{cases}$$

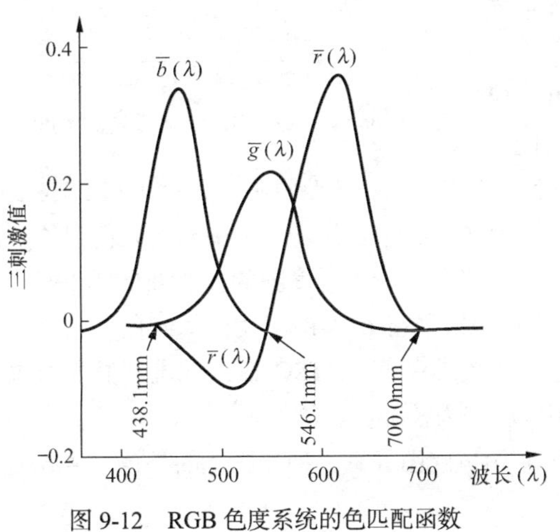

图 9-12　RGB 色度系统的色匹配函数

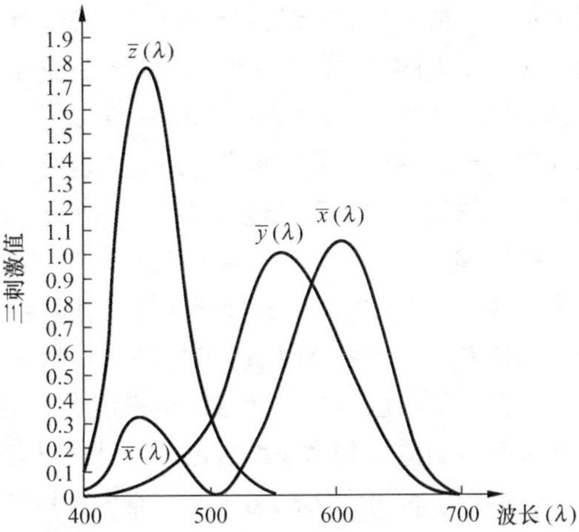

图 9-13　CIE-XYZ 色度系统的标准色匹配函数

考虑到纺织品染色等领域需在更大视场中观察色度，1964 年 CIE 又制定出 10° 视场的“标准色度观察者”，而对于电视和传真，2° 视场的“标准色度观察者”数据已经足够。

XYZ 色度系统给出了定义各种颜色的国际标准，使得 XYZ 成为一种独立于设备的颜色系统。在 XYZ 色度系统中，任何一种颜色 F 都可以表示为

$$F = X[\mathrm{X}] + Y[\mathrm{Y}] + Z[\mathrm{Z}]$$

其中，X、Y、Z 指出为匹配 F 所需标准基色的量，即颜色 F 在 CIE XYZ 标准色度系统中的三刺激值。

同一颜色 F 的 CIE RGB 三刺激值 (R,G,B) 与 CIE XYZ 三刺激值 (X,Y,Z) 可通过如下两个公式进行相互转换。

$$\begin{bmatrix} X \\ Y \\ Z \end{bmatrix} = \begin{bmatrix} 2.7689 & 1.7518 & 1.1302 \\ 1.0002 & 4.5907 & 0.0600 \\ 0.0000 & 0.0565 & 5.5943 \end{bmatrix} \begin{bmatrix} R \\ G \\ B \end{bmatrix}$$

$$\begin{bmatrix} R \\ G \\ B \end{bmatrix} = \begin{bmatrix} 0.4185 & -0.1587 & -0.0828 \\ -0.0912 & 0.2524 & 0.0157 \\ 0.0009 & -0.0025 & 0.1786 \end{bmatrix} \begin{bmatrix} X \\ Y \\ Z \end{bmatrix}$$

为了能在二维平面上表示色彩间的关系，需要将 X、Y、Z 进行规范化，即令

$$x = \frac{X}{X+Y+Z}, y = \frac{Y}{X+Y+Z}, z = \frac{Z}{X+Y+Z}$$

由于这里 $x+y+z=1$，因此，每一颜色可用 $x-y$ 平面上的一个点来表示，而 z 可由 $z=1-x-y$ 计算得到。因 x 和 y 仅依赖于色彩和纯度，所以 x 和 y 称为色度值。当我们将可见光谱中颜色的色度值 x 和 y 在 $x-y$ 平面上用对应的点描绘出来时，得到了如图 9-14 所示的 CIE 色度图。

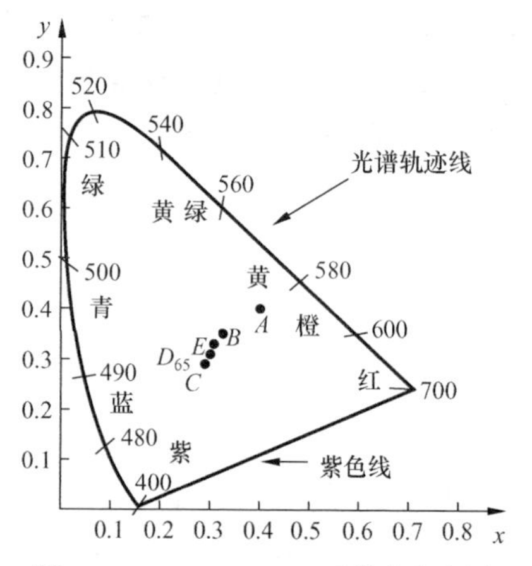

图 9-14　1931 CIE XYZ 系统的色度图

图中的舌形曲线代表所有可见光波长的轨迹，即可见光谱的轨迹。弯曲部分上每一点，对应光谱中某种纯度为百分之百的色光。沿线标明的数字表示该位置处所对应的色光的主波长，从最右边的红色开始，沿边界逆时针前进，依次是黄、绿、青、蓝、紫等颜色。连接光谱轨迹两端点的直线称为紫色线，舌形曲线外表示不存在的色彩，因而 (x,y,z) 为 $(1,0,0)$ 、$(0,1,0)$ 、$(0,0,1)$ 仅是 3 种假想的基色，舌形曲线内部的点表示所有可能的可见颜色的组合。等能白光点位于 $x=y=z=1/3$ 处的 E 点；CIE 标准照明体 A 代表在 2856K 时充气钨灯丝的暖色，位于色度图的 $(0.448,0.408)$ 处；标准照明体 B 代表中午阳光的光色，位于色度图的 $(0.349,0.352)$ 处；标准照明体 C 代表阴天天空的光色，位于色度图的 $(0.310,0.316)$ 处；标准照明体 D_{65} 位于色度图的 $(0.313,0.329)$ 处，代表黑体辐射器在 6504K 时发出的光色，它是一种略带青蓝色的白色。PAL 制式的电视监视器用 D_{65} 作为校准白色，NTSC 制式的电视监控器原来采用标准照明体 C 作为校准白色，但目前也有采用 D_{65} 作为校准白色的。

色度图也称为“色的地图”，它有多种用途，可利用色度图计算一种光谱色的补色、主波长和色饱和度等，具体方法如下。

（1）从当前颜色点向标准白色点作一条射线，该射线与对侧光谱轨迹线的交点即为其补色（Complementary Colors）的波长，它们按一定比例相加混合可得白色。

（2）从标准白色点向当前颜色点作一条射线，该射线与位于颜色同侧的光谱轨迹线的交点即为其主波长，如果该射线交于紫色线上，则在可见光谱中找不到该颜色相应的主波长，此时，其主波长可用其补色的光谱值附以后缀 c 表示。

（3）纯色光或全饱和色光位于光谱轨迹线上，其色纯度为 100%，而校准白色的色纯度为 0%。任一中间颜色的色纯度等于该颜色点与校准白色点之间的距离除以校准白点与该颜色主波长对应的纯色光点之间的距离。

2. CIE $L^*a^*b^*$ 颜色空间

如图 9-15 所示，由于在 CIE XYZ 颜色空间的 xy 色度图中各等色差域即麦克亚当（MacAdam）椭圆对应的坐标变化量很不均匀，对于相同的距离有时出现较大的感知上的差异，有时又呈现出难以分辨的很小的感知上的差异，这种不均匀性给衡量颜色差别带来不便。理想情况是在任何位置上麦克亚当椭圆都是半径相同的圆，对于亮度相等的颜色，这种在色度图上距离相等所感知的颜色差异也相等的色度图称为均匀色度图（Uniform Chromaticity Scale Diagram）。显然，色度图的均匀性是很重要的，因此迄今为止报导了许多实验结果。

例如，1963 年，Wyszechi 提出了一种利用现有的 CIE 1960 uv 色度图的均匀色空间，1964 年为 CIE 所采用，称为 CIE 1964 $U^*V^*W^*$ 色彩空间，这一色彩空间直到 1976 年 CIE 推荐新的色彩空间之前一直在产业界广泛应用。为了改进和统一颜色评价的方法，同时结束使用多种不同颜色空间的混乱状态，1976 年 CIE 推荐了两种新的均匀颜色空间。即 CIE1976 $L^*a^*b^*$ 和 $L^*u^*v^*$ 颜色空间。现在，CIE1976 $L^* a^* b^*$ 颜色空间已为世界各国正式采纳，成为国际通用的测色标准。虽然在这两种色彩空间中麦克亚当椭圆仍然存在，但大小差异已减小。

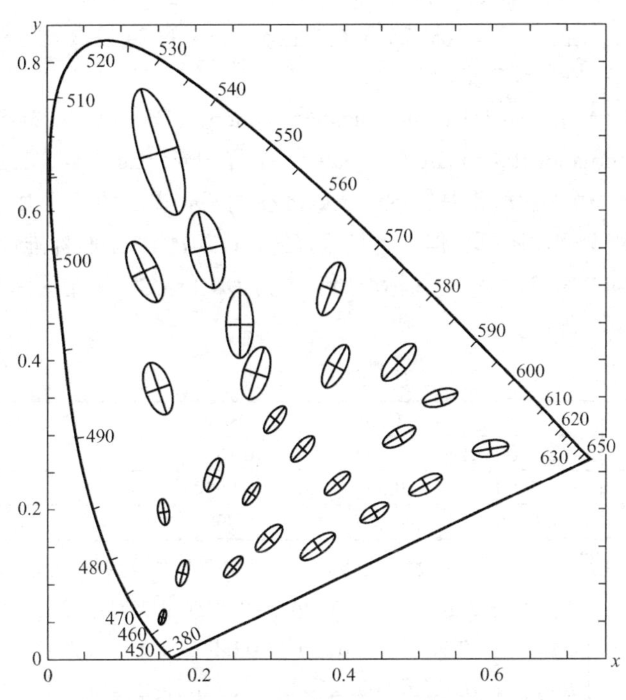

图 9-15　CIE-XYZ 色度图中的麦克亚当椭圆

从 CIE XYZ 色度系统到 CIE $L^* a^* b^*$ 色度系统的转换关系为

$$\begin{cases} L^* = 116(Y/Y_0)^{1/3} - 16 \\ a^* = 500((X/X_0)^{1/3} - (Y/Y_0)^{1/3}) \\ b^* = 200((Y/Y_0)^{1/3} - (Z/Z_0)^{1/3}) \end{cases}$$

当 X/X_0 或 Y/Y_0 或 $Z/Z_0 < 0.008856$ 时，这一转换关系为

$$\begin{cases} L^* = 903.3(Y/Y_0) \\ a^* = 3893.5(X/X_0 - Y/Y_0) \\ b^* = 1557.4(Y/Y_0 - Z/Z_0) \end{cases}$$

其中 X_0, Y_0, Z_0 为 2° 视场下 CIE 标准照明体 D_{65} 的三刺激值，$X_0 = 95.0170$，$Y_0 = 100.0$，$Z_0 = 108.8130$。L^* 表示心理明度，值在 0～100 之间变化；a^*、b^* 为心理色度，其中，a^* 为红色和绿色两种基色之间的变化区域，数值在−120～+120 之间变化，b^* 为黄色到蓝色两种基色之间的变化区域，数值在−120～+120 之间变化。

从上式转换中可以看出：从 X、Y、Z 向 L^*、a^*、b^* 变换，经过立方根函数的非线性变换后，原来的马蹄形光谱轨迹不再保持。转换后的空间用笛卡儿直角坐标系来表示，形成了对立色坐标描述的心理颜色空间，如图 9-16 所示。在这一坐标系统中，$+a^*$ 表示红色，$-a^*$ 表示绿色，$+b^*$ 表示黄色，$-b^*$ 表示蓝色，颜色的明度由 L^* 的百分数来表示。

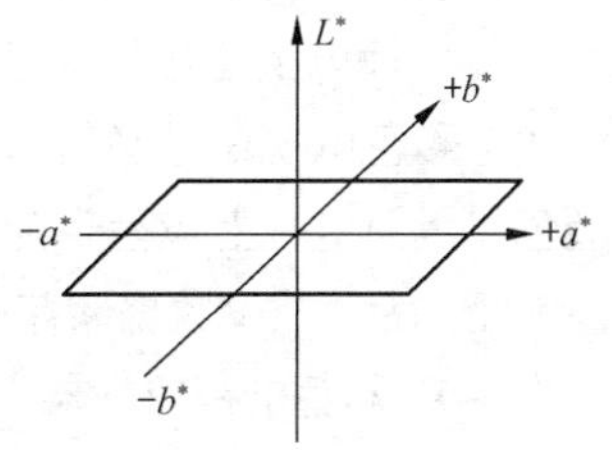

图 9-16　$L^* a^* b^*$ 直角坐标系

颜色 (L_1^*, a_1^*, b_1^*) 与颜色 (L_2^*, a_2^*, b_2^*) 的色差 ΔE_{ab} 可按下式计算。

$$\Delta E_{ab}=\sqrt{(L_1^*-L_2^*)^2+(a_1^*-a_2^*)^2+(b_1^*-b_2^*)^2}$$

很多专业的图形设计软件都支持 CIE L^* a^* b^* 色彩模式。在目前通用的位图文件格式中，只有 TIFF 格式支持 L^* a^* b^* 24 位真彩，这种 24 位真彩色和 RGB 的 24 位真彩色有很大差别。

3. ITU–R BT.709 RGB 颜色空间

国际通信联盟（International Telecommunications Union，ITU）制定的标准 ITU-R BT.709 定义了 RGB 颜色空间（International Standard Calibrated RGB Color Space，ITU-R BT.709RGB）。ITU-R BT.709RGB 颜色空间与微软公司和 Hewlett-Packard 公司联合提出的基于 IEC61966-2-1 国际标准的 sRGB 颜色空间的观测光源不同，但二者是兼容的，ITU-R BT.709 标准规定的 RGB 数据是按如下标准和条件描述的 RGB 颜色空间：标准照明体为 D_{65}（sRGB 使用的标准照明体为 D_{50}）；其基色的色度坐标如表 9-2 所示。

表 9-2　ITU-R BT.709 标准

	Red	Green	Blue	D_{65} White Point
x	0.6400	0.3000	0.1500	0.3127
y	0.3300	0.6000	0.0600	0.3290
z	0.0300	0.1000	0.7900	0.3583

ITU-R BT.709RGB 数据是由 XYZ 经如下的一系列变换得到的。首先进行如下颜色空间变换。

$$\begin{bmatrix} R_{709} \\ G_{709} \\ B_{709} \end{bmatrix}=\begin{bmatrix} 3.2410 & -1.5374 & -0.4956 \\ -0.9692 & 1.8760 & 0.0416 \\ 0.0556 & -0.2040 & 1.0570 \end{bmatrix}\begin{bmatrix} X/100.0 \\ Y/100.0 \\ Z/100.0 \end{bmatrix}$$

然后，将 R_{709},G_{709},B_{709} 信号按如下光电变换特性转换为 $R'_{709},G'_{709},B'_{709}$ 信号。

$$V'=\begin{cases} 1.099\times V^{0.45}-0.099 & 0.018\leqslant V<1.0 \\ 4.50\times V & 0.0\leqslant V<0.018 \end{cases}$$

其中，V 代表 R_{709},G_{709},B_{709}，V' 代表 $R'_{709},G'_{709},B'_{709}$。

最后将上述浮点数值通过下述变换得到整数描述的 RGB 值 $R_{8\text{bit}},G_{8\text{bit}},B_{8\text{bit}}$。

$$\begin{cases} R_{8\text{bit}}=255\times R'_{709} \\ G_{8\text{bit}}=255\times G'_{709} \\ B_{8\text{bit}}=255\times B'_{709} \end{cases}$$

这种编码隐含的目标是一个标准的视频监视器，因此，它是设备独立的颜色空间。

9.2.3 电视系统颜色空间

1. 彩色电视制式

数字电视和计算机不同，不采用 RGB 颜色空间，而是采用一个亮度信号（Y）和两个色差信号的颜色空间，其主要原因是标准彩色电视广播系统受到下列条件的制约。

（1）广播电视信号的带宽是有限的，例如，我国每一频道的带宽约为 8MHz，美国约为 6MHz。

（2）彩色电视信号必须与标准的黑白电视兼容，这就要求在彩色电视上看起来完全不同的两种颜色在黑白电视上应呈现为不同的灰度。

因此，为了减少数据储存空间和数据传输带宽，同时又能非常方便的兼容黑白电视（两个色差信号为零），彩色电视监视器不使用红、绿、蓝 3 种信号，而是使用其组合信号。电视信号的标准也称为电视的制式。目前各国的电视制式不尽相同，如表 9-3 所示。世界上现行的彩色电视制式有 3 种：NTSC（National Television System Committee）制、PAL（Phase Alternation Line）制和 SECAM 制。

表 9-3 彩色电视国际制式

TV 制式	NTSC	PAL	SECAM
帧频（Hz）	30	25	25
行 / 帧	525	625	625
亮度带宽（MHz）	4.2	6.0	6.0
色度带宽（MHz）	1.5(I)，0.6(Q)	1.3(U)，1.3(V)	>1.0(U)，>1.0(V)
标准光源	C	D_{65}	D_{65}

NTSC 制是 1952 年由美国国家电视标准委员会（National Television Standards Committee，NTSC）指定的彩色电视广播标准，它采用正交平衡调幅的技术方式，故也称为正交平衡调幅制。美国、加拿大等大部分西半球国家，以及日本、韩国、菲律宾等均采用这种制式。PAL 制式是前西德在 1962 年指定的彩色电视广播标准，它采用逐行倒相正交平衡调幅技术，克服了 NTSC 制相位敏感造成色彩失真的缺点。前西德、英国等一些西欧国家，以及新加坡、澳大利亚、新西兰等国家采用这种制式。SECAM 是法文的缩写，意为顺序传送彩色信号与存储恢复彩色信号制式，是由法国在 1956 年提出，1966 年制定的一种新的彩色电视制式。它也克服了 NTSC 制相位失真的缺点，但采用时间分隔法来传送两个色差信号。使用 SECAM 制的国家主要集中在东欧和中东一带。

2. European YUV 颜色空间

PAL 制和 SECAM 制的彩色电视监视器使用 YUV 颜色系统，由一个亮度信号 Y 和两个色差信号 U、V 组成。采用 YUV 颜色空间的重要性在于它的亮度信号 Y 和色度差信号 U、V 是分离的。如果只有 Y 信号分量而没有 U、V 分量，那么这样表示的图像就是黑白灰度图像。彩色电视采用 YUV 颜色空间正是为了用亮度信号 Y 解决彩色电视机与黑白电视机的兼容问题，使黑白电视机也能接收彩色电视信号。在发送端通过编码器按下式将 RGB 三基色信号转换为 YUV 视频信号

$$\begin{bmatrix} Y \\ U \\ V \end{bmatrix} = \begin{bmatrix} 0.299 & 0.587 & 0.114 \\ -0.147 & -0.289 & 0.436 \\ 0.615 & -0.515 & -0.1 \end{bmatrix} \begin{bmatrix} R \\ G \\ B \end{bmatrix}$$

在接收端通过解码器按下式将 YUV 视频信号转换为 RGB 三基色信号

$$\begin{bmatrix} R \\ G \\ B \end{bmatrix} = \begin{bmatrix} 1 & 0 & 1.14 \\ 1 & -0.39 & -0.58 \\ 1 & 2.03 & 0 \end{bmatrix} \begin{bmatrix} Y \\ U \\ V \end{bmatrix}$$

由于 PAL 制式的电视监视器采用 D_{65} 作为校准白色，PAL 制式的红、绿、蓝三基色在 CIE XYZ 系统中的色度坐标分别为（0.64,0.33.0.03）、（0.29,0.60,0.11）、（0.15,0.06,0.79），因此，从 PAL-RGB 颜色系统到 CIE XYZ 颜色系统的变换为

$$\begin{bmatrix} X \\ Y \\ Z \end{bmatrix} = \begin{bmatrix} 0.431 & 0.342 & 0.178 \\ 0.222 & 0.707 & 0.071 \\ 0.020 & 0.130 & 0.939 \end{bmatrix} \begin{bmatrix} R \\ G \\ B \end{bmatrix}$$

其逆变换为

$$\begin{bmatrix} R \\ G \\ B \end{bmatrix} = \begin{bmatrix} 3.065 & -1.394 & -0.476 \\ -0.969 & 1.876 & 0.042 \\ 0.068 & -0.229 & 1.070 \end{bmatrix} \begin{bmatrix} X \\ Y \\ Z \end{bmatrix}$$

YCrCb颜色空间是由YUV颜色空间衍生而来的颜色空间，其中Y仍为亮度，而Cr和Cb则是将U和V做少量调整而得到的，Cr表示红色分量，Cb表示蓝色分量。Cr反映了RGB输入信号红色部分与RGB信号亮度值之间的差异，而Cb反映的是RGB输入信号蓝色部分与RGB信号亮度值之间的差异。YCrCb颜色空间主要用于数字电视系统，网络上的JPEG图片也采用此颜色空间。在人脸检测中也常常用到YCrCb颜色空间，因为一般的图像都是基于RGB颜色空间的，在RGB颜色空间中人脸的肤色受亮度影响很大，所以很难将肤色点从非肤色点中分离出来，即肤色点是离散的点，中间嵌有很多非肤色点，从而为肤色区域的标定带来了困难。由于YCrCb颜色空间受亮度影响较小，因此将RGB颜色空间转换为YCrCb颜色空间，可以忽略Y（亮度）对人脸肤色的影响，使肤色点易于聚类，形成一定的形状，有利于人脸区域的识别。此外各色人种的肤色在CrCb上分布的差异不大。

YCrCb颜色空间和RGB颜色空间可以相互转换，从RGB到YCrCb的颜色空间转换公式为

$$\begin{bmatrix} Y \\ C_b \\ C_r \end{bmatrix} = \begin{bmatrix} 0.299 & 0.587 & 0.114 \\ -0.1687 & -0.3313 & 0.5 \\ 0.5 & -0.4187 & -0.0813 \end{bmatrix} \begin{bmatrix} R \\ G \\ B \end{bmatrix} + \begin{bmatrix} 0 \\ 128 \\ 128 \end{bmatrix}$$

反之，从YCrCb到RGB的颜色空间转换公式为

$$\begin{bmatrix} R \\ G \\ B \end{bmatrix} = \begin{bmatrix} 1 & 0 & 1.402 \\ 1 & -0.34414 & -0.71414 \\ 1 & 1.772 & 0 \end{bmatrix} \begin{bmatrix} Y \\ C_b - 128 \\ C_r - 128 \end{bmatrix}$$

3. American YIQ 颜色空间

NTSC制式的彩色电视监视器使用YIQ颜色系统。考虑到带宽的限制，YIQ系统中3个分量的选取是非常严格的，第一个分量表示亮度信息，它等价于CIE XYZ基色系统中的Y分量，而色度信息则结合在第二和第三个分量中。考虑到与黑白电视兼容的需要以及人眼对亮度信息比对色度信息敏感，Y分量占据了NTSC视频信号的大部分带宽（为4MHz），同时，Y信号中红、绿、蓝三基色以适当比例混合以获得标准的亮度曲线。第二个分量I称为同相信号，包含了从橙到青的色彩信息，包含了十分重要的皮肤色调，因此，占1.5MHz的带宽。而第三个分量Q称为正交信号，包含了从绿到品红的色彩信息，只占0.6MHz的带宽。这样对3个分量进行设置的好处是在固定频带宽度的条件下，最大限度地扩大了传送的信息量，这在图像数据的压缩、传送、编码和解码中起着非常重要的作用。

一个RGB信号可以通过NTSC编码器转换成NTSC视频信号，从RGB值到YIQ值的变换可由下述方程来表示。

$$\begin{bmatrix} Y \\ I \\ Q \end{bmatrix} = \begin{bmatrix} 0.299 & 0.587 & 0.114 \\ 0.596 & -0.274 & -0.322 \\ 0.212 & -0.523 & 0.311 \end{bmatrix} \begin{bmatrix} R \\ G \\ B \end{bmatrix} \quad (9\text{-}1)$$

一个NTSC视频信号可以通过NTSC解码器转换成RGB信号，从YIQ值到RGB值的变换可使用式（9-1）的逆变换得到。

$$\begin{bmatrix} R \\ G \\ B \end{bmatrix} = \begin{bmatrix} 1 & 0.956 & 0.623 \\ 1 & -0.272 & -0.648 \\ 1 & -1.105 & 1.705 \end{bmatrix} \begin{bmatrix} Y \\ I \\ Q \end{bmatrix}$$

由于NTSC制式的电视监视器采用标准照明体C作为校准白色，NTSC制式的红、绿、蓝三基色在CIE XYZ系统中的色度坐标分别为（0.67,0.33.0.00），（0.21,0.71,0.08），（0.14,0.08,0.78），

因此，从 NTSC-RGB 颜色系统到 CIE XYZ 颜色系统的变换为

$$\begin{bmatrix} X \\ Y \\ Z \end{bmatrix} = \begin{bmatrix} 0.607 & 0.174 & 0.200 \\ 0.299 & 0.587 & 0.114 \\ 0.00 & 0.066 & 1.116 \end{bmatrix} \begin{bmatrix} R \\ G \\ B \end{bmatrix}$$

其逆变换为

$$\begin{bmatrix} R \\ G \\ B \end{bmatrix} = \begin{bmatrix} 1.910 & -0.532 & -0.288 \\ -0.985 & 1.999 & -0.028 \\ 0.058 & -0.118 & 0.898 \end{bmatrix} \begin{bmatrix} X \\ Y \\ Z \end{bmatrix}$$

9.3　色彩设计

9.3.1　色彩的情感

当我们从事色彩设计的时候，最想了解的就是：如何有效地使用色彩。例如，用什么色彩会产生什么效果，用什么色彩代表什么情感，色彩如何搭配才好看等。

色彩能使观察者产生各种情感，不同年龄、爱好、文化修养的观察者所感知的色彩情感是不同的，虽然这里参杂着一些个人主观因素，但其中也有一定的共性可循。在软件设计时，应根据一般人对色彩感知的情感效果去选择和运用色彩。

色彩的情感主要表现在以下几个方面。

（1）色彩的冷暖感

例如，红、橙、黄系列的颜色会使人联想到太阳，火焰、热血等，因此，给人一种温暖、热烈、活跃的感觉，称为暖色调，而蓝、绿、紫系列的颜色可使人联想到海洋、蓝天、冰雪、月夜等，给人一种阴凉、宁静、深远的感觉，因而称为冷色调。

（2）色彩的重量感

色彩的重量感主要取决于颜色的明度，明度高、较淡的颜色显得轻，明度低、较深的颜色显得重，观察者喜欢的颜色感觉轻，不喜欢的颜色则感觉重。在色彩设计中，可以利用色彩的轻重感来达到视觉平衡与稳定的需要。

（3）色彩的尺寸感

明度高的颜色和暖色具有扩散的作用，给人以胀大的感觉，明度低的颜色和冷色具有内聚的作用，给人以缩小的感觉。色彩设计中，可以利用这一特性改变物体的尺度和体积感觉，以取得形体大小和色彩面积关系上的视觉协调。

（4）色彩的距离感

不同的颜色在不同背景的对比作用下，会在感觉上产生距离上的差异。一般地，当前景色与背景色明度对比较大或者前景色与背景色色调相差较大时，会有进的感觉，反之则会有退的感觉。色彩设计中，可利用此特性创造色彩的层次感，突出某些重要的色彩信息，同时，可丰富色彩变化，加深某些色彩的色彩印象。

（5）色彩的软硬感

色彩的软硬感取决于色彩的明度和纯度。明色软，暗色硬；中纯度色感软，高纯度和低纯度色感硬；黑与白色感硬，中性灰色感软。

（6）色彩的情绪感

不同的颜色会对人的生理和心理情绪产生不同的影响，例如，蓝色有使人情绪稳定、放松的作用，绿色能够缓解视觉疲劳，紫色有镇定的作用，褐色有升高血压的作用，红色使人兴奋，还有增加食欲的作用，明度高而鲜艳的暖色容易使人疲劳，明度低而柔和的冷色，给人以稳重和宁静的感觉，暖色调的色彩使人兴奋，冷色调的色彩使人平静，明亮的暖色给人以轻快活泼的感觉，深暗浑浊的冷色给人以忧郁沉闷的感觉。色彩设计中，应合理地运用这些特性，烘托出适应人的情绪要求的色彩气氛。

9.3.2 面向色彩设计的 HSV 颜色模型

在计算机图形学中，用户经常需要为光源和景物设置适当的颜色，这就需要一个良好的界面使得用户可以直接操作、选择各种颜色。然而，无论是 RGB 还是 CMYK 色彩空间，都是面向硬件的，用户使用起来很不方便，很难想象某一（R,G,B）值与颜色的准确对应关系。其实，对于用户而言，还有一种更易于被接受的面向用户的表色方式——孟塞尔（Munsell）显色系统，它是由美国画家 Munsell 于 1905 年提出、1930 年末由美国光学学会（OSA）色度委员会将其进行尺度修正后形成的，在美国和日本得到广泛应用，并被日本采纳为工业标准。

与其他以采用光的混色实验求出与某一颜色相匹配所需要的色光混合量为基础的混色系统不同的是：Munsell 显色系统是以标准物体（如色卡）的色外观为基础、并建立在人类对色彩感知基础上的显色系统。

建立在 Munsell 显色系统基础上的 HSV（Hue/Saturation/Value）颜色空间是用色相、饱和度和亮度这 3 种人眼对颜色变化所感知的主观物理量来描述色彩的一种主观颜色空间，它对应于画家的配色方法。

色相就是我们通常所说的红、蓝、紫等，是使一种颜色区别于另一种颜色的要素。但色相不等于色调。色相是指颜色的基本相貌，其是颜色彼此区别的最主要、最基本的特征，它表示颜色质的区别，从光的物理刺激角度来看，色相是指某些不同波长的光混合后，所呈现的不同色彩表象。从人的颜色视觉生理角度来看，色相是指人眼的 3 种感光细胞受不同刺激后引起的不同颜色感觉。因此，色相是表明不同波长的光刺激所引起的不同颜色心理反应，它对应于光学中的主波长（Dominant Wavelength），色相可以利用分光反射率曲线的形状来表示。

饱和度对应于光学中的纯度（Purity）。一种颜色光的纯度是定义该颜色光的（主波长的）纯色光与白色光的比例。每一种纯色光都是 100%饱和的，因而不包含白色光。可见光谱中的各种单色光是最纯的颜色。在纯色中加入白光成分相当于减少该颜色的饱和度。物体颜色的饱和度取决于该物体表面对光谱辐射的选择性反射的能力，物体对光谱某一较窄波段的反射率高，而对其他波长的反射率很低或没有反射，这一颜色的饱和度就高。

亮度指光的强度（Luminance）。但明度不等于亮度。由光度学可知，颜色的亮度被描述为光的能量，是可以用光度计测量的、与人视觉无关的客观数值，而明度则是从感觉上来说明颜色性质的，是颜色的亮度在人们视觉上的反映。一般认为，彩色物体表面的反射率高，它们的亮度就大。

色相、饱和度和亮度之间的关系可用如图 9-17 所示的三角形来表示。

若将每一纯色的三角形排列在黑白轴线的周围，就构成了如图 9-18 所示的圆柱坐标系中的一个圆锥形子集。圆锥的顶面对应于 V=1，所代表的颜色较亮。色相 H 由绕 V 轴的旋转角给定，红色对应角度 0°，绿色对应于角度 120°，蓝色对应于角度 240°，红、绿、蓝这 3 种颜色分别和它们的补色青、品红、黄相差 180°。饱和度 S 的取值从 0～1，由于 HSV 颜色空间所表示的颜色域只是 CIE 色度图的一个子集，所以这个空间中饱和度为 100%的颜色，其纯度一般小于 100%。

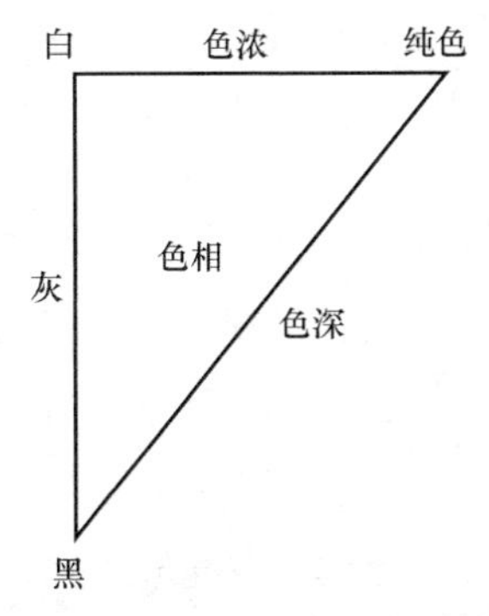

图 9-17　色相、色浓和色深之间的关系

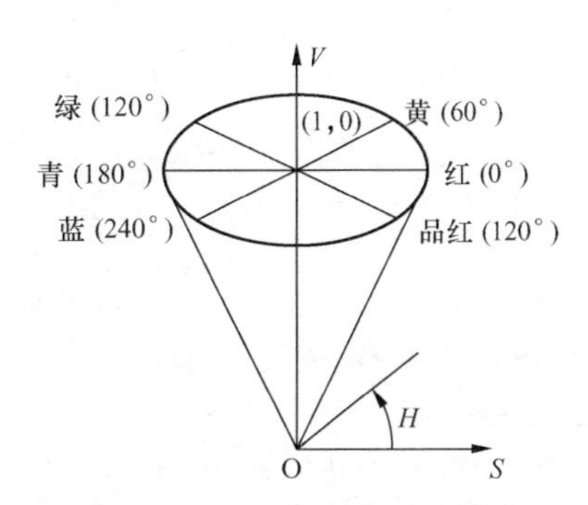

图 9-18　HSV 颜色模型示意图

色彩设计的效果取决于色彩之间的合理配置，它要求色彩设计者既要了解人的生理和心理特性，又要有一定的美学基础，才能获得理想的颜色设计效果。例如，将 Munsell 色环上邻近的色相（如红与橙、青与蓝等）配置在一起，由于色相差异小，明暗对比弱，因而缺乏生动感、鲜明感和吸引力，而 Munsell 色环中相距 180° 的互补色（如红与绿、黄与紫等）放置在一起，又会形成强烈、鲜明的对比效果，具有强烈的刺激性，Munsell 色环中相距 130° 左右的对比色（如橙与绿、红与紫等）放置在一起，对比不强烈，可以取得色彩感觉的平衡。另外，作为一种规则，使用较少的颜色一般比使用较多的颜色更能产生令人满意的显示结果。总之，只有按一定的色域关系和配色规律，才能获得和谐的配色效果。

9.3.3　HSV 与 RGB 的相互转换及其应用

由于 HSV 利用颜色空间对色彩效果进行调节更简单直观，所以在色彩校正中常用到这种空间，但只有将用户提供的 HSV 颜色参数转换为 RGB 值后才能输出到彩色监视器用于显示，因此，需要进行从 RGB 颜色空间到 HSV 颜色空间的转换。可以利用 RGB 与 HSV 颜色空间之间的转换进行颜色设计。从 RGB 到 HSV 的颜色空间转换公式如下。

$$
\begin{aligned}
&H=\begin{cases}\arccos\dfrac{(R-G)+(R-B)}{2\sqrt{(R-G)^2+(R-B)(G-B)}} & B\leqslant G\\[2ex] 2\pi-\arccos\dfrac{(R-G)+(R-B)}{2\sqrt{(R-G)^2+(R-B)(G-B)}} & B>G\end{cases}\\
&S=\frac{\max(R,G,B)-\min(R,G,B)}{\max(R,G,B)}\\
&V=\frac{\max(R,G,B)}{255}
\end{aligned}
\tag{9-2}
$$

为了避免三角函数运算，用下式代替式（9-2）。

$$
H=\begin{cases}5+b\ \text{当}R=\max(R,G,B),G=\min(R,G,B)\\ 1-g\ \text{当}R=\max(R,G,B),G\neq\min(R,G,B)\\ 1+r\ \text{当}G=\max(R,G,B),B=\min(R,G,B)\\ 3-b\ \text{当}G=\max(R,G,B),B\neq\min(R,G,B)\\ 3+g\ \text{当}B=\max(R,G,B),R=\min(R,G,B)\\ 5-r\ \text{当}B=\max(R,G,B),R\neq\min(R,G,B)\end{cases}
$$

其中，r,g,b 是 R,G,B 的归一化值，归一化方法如下。

$$\begin{cases} r = \dfrac{\max(R,G,B)-R}{\max(R,G,B)-\min(R,G,B)} \\ g = \dfrac{\max(R,G,B)-G}{\max(R,G,B)-\min(R,G,B)} \\ b = \dfrac{\max(R,G,B)-B}{\max(R,G,B)-\min(R,G,B)} \end{cases}$$

RGB 与 HSV 颜色空间的转换程序如下。

```
//实现 RGB→HSV 转换
//入口参数：HSV[0]：色度（0～360），HSV[1]：饱和度（0～1），HSV[2]：亮度（0～1）
//RGB[0]：红色分量（0～1），RGB[1]：绿色分量（0～1），RGB[2]：蓝色分量（0～1）
//返回值：0 表示转换失败，1 表示转换成功
#define bigger(a,b)   (a>b?a:b)
#define smaller(a,b)  (a<b?a:b)
int RGB2HSV(float RGB[], float HSV[])
{
    float min,max,Rrel,Grel,Brel;

    HSV[0] = HSV[1] = HSV[2] = 0;
    max = bigger(RGB[0],bigger(RGB[1],RGB[2]));
    min = smaller(RGB[0],smaller(RGB[1],RGB[2]));
    if (!max) return 0;
    else HSV[2] = max;
    HSV[1] = (max - min) / max;
    if (!HSV[1]) return 0;
    Rrel = (max - RGB[0]) / (max - min);
    Grel = (max - RGB[1]) / (max - min);
    Brel = (max - RGB[2]) / (max - min);
    if (RGB[0] == max) {
        if (RGB[1] == min)  HSV[0] = 5 + Brel;
        else HSV[0] = 1 - Grel;
    }
    else if (RGB[1] == max) {
        if (RGB[2] == min)  HSV[0] = 1 + Rrel;
        else HSV[0] = 3 - Brel;
    }
    else {
        if (RGB[0] == min)  HSV[0] = 3 + Grel;
        else HSV[0] = 5 - Rrel;
    }
    HSV[0] = HSV[0] * 60;
    return 1;
}
//实现 HSV→RGB 转换
//入口参数：HSV[0]：色度（0～360），HSV[1]：饱和度（0～1），HSV[2]：亮度（0～1）
//RGB[0]：红色分量（0～1），RGB[1]：绿色分量（0～1），RGB[2]：蓝色分量（0～1）
//返回值：无
void HSV2RGB(float HSV[], float RGB[])
{
  float subcolor,huestep,var1,var2,var3;
  int maincolor;

  huestep = HSV[0] / 60;
  if (huestep == 6) huestep = 0;
  maincolor = (int) huestep;
```

```
    subcolor = huestep - maincolor;
    var1 = (1- HSV[1]) * HSV[2];
    var2 = (1 - HSV[1] * subcolor) * HSV[2];
    var3 = (1 - (HSV[1] * (1 - subcolor))) * HSV[2];
    switch (maincolor) {
       case 0: RGB[0] = HSV[2];
               RGB[1] = var3;
               RGB[2] = var1;
               break;
       case 1: RGB[0] = var2;
               RGB[1] = HSV[2];
               RGB[2] = var1;
               break;
       case 2: RGB[0] = var1;
               RGB[1] = HSV[2];
               RGB[2] = var3;
               break;
       case 3: RGB[0] = var1;
               RGB[1] = var2;
               RGB[2] = HSV[2];
               break;
       case 4: RGB[0] = var3;
               RGB[1] = var1;
               RGB[2] = HSV[2];
               break;
       case 5: RGB[0] = HSV[2];
               RGB[1] = var1;
               RGB[2] = var2;
               break;
    }
}
```

利用如下循环，可以将 256 色调色板中的颜色设置为：饱和度和亮度相同的不同色相，按照赤、橙、黄、绿、青、蓝、紫的变化顺序进行排列，如图 9-19 所示。

```
for (i=1; i<256; i++)
{
   hsv[i][0] = (int)(i * 360.0 / 256.0);
   hsv[i][1] = 1;
   hsv[i][2] = 0.9;
   hsv2rgb(hsv[i], rgb[i]);
   r = 64 * rgb[i][0];
   g = 64 * rgb[i][1];
   b = 64 * rgb[i][2];
}
```

图 9-19　按照赤、橙、黄、绿、青、蓝、紫顺序排列的调色板

而利用下述循环，则可以将 256 色调色板中的颜色设置为：256 个颜色按照亮度相同而饱和度由低向高变化被分成 8 组，每一组中的 32 个颜色的饱和度相同，而色相按照赤、橙、黄、绿、青、蓝、紫的变化顺序进行排列。

```
for (i=0; i<8; i++)
{
   for (j=0; j<32; j++)
   {
      if (i == 0 && j == 0)
      {
         hsv[0][0] = 0;
         hsv[0][1] = 0;
         hsv[0][2] = 0.9;
         hsv2rgb(hsv[0], rgb[0]);
```

```
            r = 64 * rgb[0][0];
            g = 64 * rgb[0][1];
            b = 64 * rgb[0][2];
            continue;
          }
          hsv[i*32+j][0] = (int)(j * 360.0 / 32.0);
          hsv[i*32+j][1] = 0.3 + 0.1 * i;
          hsv[i*32+j][2] = 0.9;
          hsv2rgb(hsv[i*32+j], rgb[i*32+j]);
          r = 64 * rgb[i*32+j][0];
          g = 64 * rgb[i*32+j][1];
          b = 64 * rgb[i*32+j][2];
        }
    }
```

此外，RGB 和 HSV 颜色模型还在基于内容的图像检索与分类等应用领域有着极其重要的应用。

9.3.4 数字图像颜色类型

矢量图是用数学的方式来描述和记录的图形，如机械图、电路图等。Autodesk 公司开发的 AUTOCAD 软件特别适于绘制和解释这类图形。其优点是对其编辑比较容易，缺点是很难描述真实感很强的彩色图形，而位图则特别适合于描述具有真实感的自然图像。

位图是由描述每个像素的数据组成的，可以采用扫描等方式来获取其图像数据。记录位图中每个像素点所需要的位数称为图像深度，它决定了彩色图像中可出现的最多颜色数，或者灰度图像中的最大灰度等级数，但其并不代表显示器可以显示的色彩数（即显示深度）。因此，显示一幅图像时，屏幕上呈现的色彩效果与图像深度和显示深度都有关。当显示深度大于图像深度时，屏幕上显示的色彩能真实地反映原始图像文件的色彩效果。当显示深度等于图像深度时，如果使用真彩色图形显示模式，或显示调色板与文件中自带的调色板一致时，那么，屏幕上显示的色彩也能真实地反映原始图像文件的色彩效果，否则，屏幕上显示的色彩会出现失真。当显示深度小于图像深度时，屏幕上显示的图像色彩也会出现失真。

常用的 RGB 彩色图像有以下 3 种色彩类型。

1. 真彩色

如果图像中的每个像素值都分成 R、G、B 3 个基色分量，当图像深度为 24 时，R、G、B 各用 8bit 来表示，每个基色分量可有 2^8=256 级灰度，于是，总共可产生 2^{24}=16 M 种颜色，这样产生的色彩可以反映原图的真实色彩，因此，称为真彩色（True-Color）。

2. 伪彩色

伪彩色图像的每个像素值实际上是一个索引值，该索引值作为色彩查找表 CLUT（Color Look-Up Table）中某一项的入口地址，根据该地址可查找出实际 R、G、B 的灰度值。这种用查找映射的方法产生的色彩称为伪彩色（Pseudo-Color）。VGA 显示系统中的调色板就相当于色彩查找表。

3. 调配色

调配色（Direct-Color）的获取是将每个像素点的 R、G、B 分量分别单独作为索引值，经相应的色彩查找表找出各自的基色灰度，用查表找到的 R、G、B 灰度值调配出该像素的颜色值。与伪彩色相比，虽然都采用查找表，但伪彩色是把整个像素值作为索引地址进行查找变换，而调配色是对 R、G、B 分量分别进行查找变换。因此，调配色的效果一般比伪彩色好。与真彩色相比，虽然都采用 R、G、B 分量来决定基色灰度，但调配色的基色灰度是由 R、G、B 经查找变换后得到，而真彩色则直接用 R、G、B 值来决定像素的颜色值。

9.4　颜色再现与色彩管理

9.4.1　颜色再现的目标

Hunt 和 Fairchild 将颜色再现的目标划分为以下 5 个层次。

（1）一般颜色再现（Color Reproduction）。

（2）满意色再现（Pleasing Color Reproduction）。

（3）色度学色再现（Colorimetric Color Reproduction）。

（4）颜色外观色再现（Color Appearance Reproduction）。

（5）最喜欢色再现（Preferred Color Reproduction）。

这些概念具有不同的意义，一般情况下所指的颜色再现是指成像设备具有颜色再现的基本能力，再现的颜色和原稿可能会有很大的不同，当用户对拥有彩色成像设备的喜悦逐渐消失的时候，用户将会期望更高水平的颜色再现。

满意色再现指的是再现结果令客户满意的颜色再现，颜色再现系统的精度并不是主要的，但是可以有效地调整到不被绝大多数客户拒绝的程度。

色度学色再现是指在相同观测光源下，通过对系统的校准和特征化以获得与原稿一致的或用户期望的三刺激值，这时再现结果将在平均观察者水平上与原稿匹配。这种色度转换可分为相对色度转换和绝对色度转换。二者间的区别在于对匹配前超出目标色域的颜色的处理方式的不同。前者用边界色来代替超出色域的颜色，后者则将这部分颜色压缩到目标色域中去。彩色印刷和彩色打印色再现一般以色度学色再现作为颜色再现的基本目标，不同媒体之间的颜色变换，用得最多的也是色度学色再现，例如，用于显示器的调整，以保证在不同显示器上获得色度相同的色彩等。

颜色外观色再现是指在原稿和再现图像的观察条件（包括标准白、光源、环境、图像大小）改变的情况下，保持颜色外观的一致性，即在图像复制过程中，根据输出设备的色域，调整转换比例，以求色彩在视觉感知上的一致，从而保持原稿色彩的相对关系。这种颜色再现常用于还原要求较高的连续色调原稿。

最喜欢色再现是指观测者认为最满意的色再现，与观测者心理状态、文化素质、周围环境、原稿类型和大小有关，它常与审美要求有关。人类肌肤、天空、草原、森林、大海的色再现，是最重要的自然色再现，人类视觉第一印象是色彩，自然界五彩缤纷的颜色，经人眼以记忆色留在大脑，以审美要求为目标时，对于这些自然色的颜色再现就要用最喜欢色再现。这种颜色再现要求在输出设备限制的色彩空间内，产生最纯最饱和的色彩，而不再追求获得与原稿或显示器相同的色彩，也不以不同输出设备间的色彩匹配为目标。

总之，颜色再现的目标最终还是依赖于图像的类型和用户的目的，不同类型的图像和不同的应用场合，需要不同层次的色再现。例如，对于普通用户而言，到外地旅游时拍摄彩色照片后，不可能也没必要再回到旅游地点，将冲印后的结果与原稿直接进行比较判断，这时只要能达到满意色再现就可以被用户所接受了。颜色外观色再现则常用于原稿和再现图像的观察条件差别很大的场合，而最喜欢色再现常用于创意性较强的商业印刷场合。但在某些要求苛刻的商务应用场合，如网上购物、远程医疗诊断等，则要求绝对真实地再现原稿的颜色，这时需要实现色度学色再现，如果观察条件差异较大色度学色再现无法保证颜色外观色再现，就需要实现颜色外观色再现，在这种情况下再现图像与原稿丝毫的颜色偏差都可能给用户带来不必要的经济损失。

9.4.2 颜色再现的科学性与艺术性

当前的颜色再现技术是一项计算机技术与艺术审美调整相结合的特殊技术。因为从质量的客观性来说，图像再现的色彩效果一般是以直观的视觉效果为基准的。

在某些场合下，图像颜色的再现往往更强调反映艺术家、客户、读者不同层次的审美情趣和要求以及生活印象和商品特色，并以此作为评价再现质量的外观标准。因此，在通过特定的技术和方法达到正确再现原稿的基础上，往往还要对图像色彩做些审美调整。即根据用户的不同需求和复制产品的种类和不同用途，对复制的色彩做些特殊调整，以实现用户的所想即所得。例如，对公益广告一类原稿，应以实物为依据，根据印象色和视觉效果进行艺术性调整，对画面中的重要色做些适度的夸张和渲染，如天空和海洋色可以处理得比实际天空和海洋色更蓝一些，香山红叶、苹果等可以处理得更红一些，草地和树木可以更绿一些，以增强色彩的艺术感染力，使之符合人们的欣赏心理和审美情趣，达到观赏者在不与原稿直接对比的情况下，从再现的图像色彩获得愉悦舒适的视觉效果，对这种被摄影家称为人为色彩和自然色彩的视觉心理色彩的调整是非常重要的，也是非常严格的。对绘画、艺术摄影等一类艺术性原稿，则应以原作为依据，使二次原稿尽可能接近原作的基调，突出画面的主色调，把色彩处理得真实、自然、协调，尽量再现原作的艺术特色和风格，使之既符合艺术家的欣赏心理，又表现出复制品的艺术质量。以上这种审美调整，就需要使计算机技术与艺术相融合，因此，计算机彩色图像复制也称之为是对原稿的二度创作，它要求彩色复制者既要掌握计算机的应用技术，又要有一定的审美能力，才能获得理想的复制效果。

9.4.3 颜色再现质量的评价

根据 T.J.W.M.Janssen 的观点，图像满足有用（Usefulness）和自然（Naturalness）需求的程度决定了图像的质量。满足有用需求的程度可称为可懂度，满足自然需求的程度可称为逼真度，即被评价图像与原稿的偏离程度。再现图像是被拒绝还是被接受，取决于再现的色彩与原稿的匹配程度以及满足用户标准的程度。

目前，对于图像质量的评价方法仍然是以主观评价为主，依靠长期从事颜色科学研究工作的色彩专家，对照用于检测颜色再现质量的国际标准图像的颜色，用对比目测法进行评价，在色调、亮度、饱和度、阶调范围、对比度、清晰度、纹理、灰平衡等方面，对再现色彩与原稿进行综合对比考察，然后给出评价的结论。因此，所评价出的图像质量不仅与图像本身的特性有关，而且还与观察者对颜色的判断和理解能力以及观察条件有关。尽管如此，对比目测法仍是目前最常用的方法。

一种较为客观的评价图像复制质量的方法是：通常计算 CIE $L^* a^* b^*$ 值得到复制品与参考样张之间的色差 ΔE_{ab} 值，来评价复制颜色与目标颜色之间的差别有多大。在色彩复制质量要求上，根据国家标准局颁布的装潢印刷品 GB7705—87（平印）、GB7706—87（凸印）、GB7707—87（凹印）的国家标准，对彩色装潢印刷品的同批同色色差要求为：一般产品为 ΔE_{ab}≤5.00～6.00，精细产品为 ΔE_{ab}≤4.00～5.00。

9.4.4 为什么要进行色彩管理

或许每个用过数码相机的人都会有这样的经历：照片传输到计算机，在屏幕上显示的效果与在数码相机的 LCD 上看到的情形大相径庭，而在打印或冲印之后又会是全然不同的另外一种样子。同时，我们还会在实际应用中发现，不同的扫描仪扫描同一幅图像，会得到不同的色彩数据；不同型号的显示器显示同一幅图像，会有不同的显示结果；彩色打印时使用不同型号的墨水，输出的结果不一样；甚至使用同样型号的墨水而使用不同类型的纸张，也会导致不同的结果。这是什么原因呢？答案是：颜色是设备相关的，从拍摄输入到在计算机屏幕上显示，再到打印或冲印输出的这个颜色传递的过程中，缺乏有效的色彩管理。随着越来越多的人开始通过网络来订购产品，这个问题已经深入到所有与颜色通信和视觉交流有关的领域。

在传统的印刷中，彩色制版是采用电子分色机完成的，由于电子分色机是封闭式的，即从彩色扫描头输入到记录头输出是一次性完成的，因此不存在色彩管理问题。随着计算机及外部设备的发展，出现了彩色桌面系统，通过扫描仪、摄像机、数码相机等输入设备将图像输入计算机，在计算机中录入文字，进行图像处理、图文混排等操作，再通过彩色打印机输出，不仅提高了质量，而且使用方便、快捷。

由于彩色图像处理系统是个开放性的系统，系统的组成灵活机动，也就是说，可以使用甲方生产的扫描仪，使用乙方生产的显示器，使用丙方生产的打印机等。不同厂商生产的设备组合成一个系统，如何在从扫描仪原稿输入到打印输出的过程中保持色彩的一致性呢？诚然，对颜色的质量控制是至关重要的。

影响颜色在传递过程中发生变化的因素是很多的，不同设备的颜色特性有所差异，而且由于使用环境和设备状态的影响，即使是同一台设备，它的颜色特征也具有相对的不稳定性，甚至还包括人为的因素，因为每个人对颜色的感觉是不同的，即使是同一个人在不同的照明条件下，对颜色的感觉也是不同的。因此，为了保证色彩信息在传递过程中的稳定性、可靠性和连续性，使色彩再现结果与所使用的颜色再现设备无关，即对于相同的彩色数据，不管是用什么系统输出，都获得相同的颜色再现效果，图像处理系统必须进行色彩管理。

色彩管理（Color Management System, CMS），顾名思义，指的是通过对色彩信息的正确解释和处理，实现对色彩的有效控制，以便使颜色再现具有精确性、稳定性和可预见性。要正确而完善地复制原稿，真正实现色彩的“所见即所得”，即所得到的打印或印刷复制品与所见到的原稿相一致，实现图像色彩在经扫描仪或数码相机、显示器、打印机或印刷设备传递时不发生色彩失真，就必须形成一个环境，使支持这一环境的各种设备、材料在色彩信息的传递方面相互匹配。色彩管理系统就是管理这一环境的应用系统，是管理各设备、材料间的颜色特性转换关系的一种管理系统。

色彩管理的主要目的就是实现不同颜色空间之间的转换，以保证同一图像的色彩从输入到显示、再到输出所表现的颜色外观尽可能地匹配，最终达到原稿与复制品的色彩的和谐一致。客观地说，色彩管理就是在色彩失真最小的前提下将图像的色彩数据从一个颜色空间转换到另一个颜色空间的过程，换句话说，色彩管理中的颜色转换并不能提供 100%一致的色彩，只能是发挥设备或材料所能提供的最理想的色彩，同时让使用者能够预知颜色复制的结果。例如，软式打稿（Soft Proofing），就是利用彩色显示屏（RGB 色彩）模拟 CMYK 四色打印或印刷的色彩。

9.4.5 基于 ICC 标准的色彩管理

1. ICC 标准的产生和意义

早期的计算机系统是没有色彩管理的，随着诸如 Internet 在线分类购物、彩色印刷、出版及多媒体等色彩密集应用的增加，人们已经开始意识到开发通用的色彩管理系统的重要性，20 世纪 90 年代以后，出现了苹果电脑的 ColorSync 1.0 色彩管理，但仅局限于苹果设备之间的色彩控制。传统的封闭式的色彩管理方法如图 9-20 所示，图中的每个箭头表示一个独特的色彩转换程序。

传统的封闭式的色彩管理方法的缺陷是：复杂多样的数据来源和数字化手段增加了色彩管理的难度，而且这种管理的难度将随设备数量的增加而呈指数级增长；另一方面，不同厂家生产的设备有不同的颜色特征，支持不同标准的色彩管理，互不兼容，这就给系统的集成带来很大困难，在已经受到色彩不稳定性困扰的情况下，使得色彩管理变得更加困难和复杂。

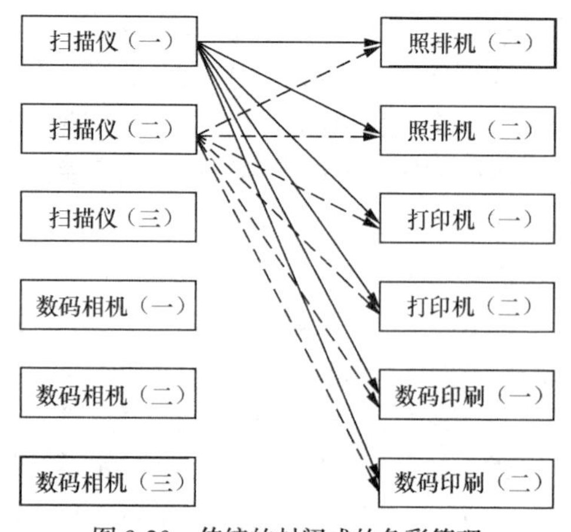

图 9-20 传统的封闭式的色彩管理

为解决新产品间的色彩管理兼容性问题，适应用户集成来自不同厂商的设备以及频繁地重构系统的需求，1993 年 Adobe、Apple、Kodak、FOGRA、Microsoft、Silicon Graphics、Sun Microsystem、Taliget 等公司发起成立了国际色彩联盟（International Color Consortium，ICC），开始共同研究一种通用的开放式的色彩管理方法，从而促成ICC标准的产生。ICC 规定了一个用于描述设备颜色特征的标准文件格式 Profile（颜色描述档案，或称颜色特征描述文件），它记录了该设备颜色空间到 CIE XYZ 颜色空间之间的转换关系。为了在开放的架构中实现设备独立的色彩再现（Device Independent Color Reproduction），必须让各个设备的色彩信号在共同的通用平台上进行定义。ICC 借助于一个虚拟的、与设备无关的颜色空间作为颜色空间转换的中间颜色空间，这个中间颜色空间也称作 Profile 的连接空间（Profile Connection Space，PCS），它起到一种通用平台的作用，然后，通过建立设备颜色空间与 PCS 的联系，使得任意两种设备间的颜色匹配，都经由 PCS 来完成，以实现对色彩的开放性管理，使得色彩传递不依赖于彩色设备，从而解决色彩匹配的设备独立性问题。CIE XYZ 或 CIE $L^*a^*b^*$ 颜色空间通常被用作 PCS。一旦建立了设备颜色空间与 PCS 之间的转换关系，当设备更换或有新的设备添加到系统中时，只需将该设备转换到 PCS，即可实现不同设备间的颜色传递，而不必考虑向什么设备传递。

对设备建立 Profile 文件的过程称为设备的特征化。Profile 文件包括设备颜色空间向 PCS 转换的色彩查找表以及设备的关键属性方面的相关信息。目前不同的生产商已推出了多种软件，用于生成扫描仪、显示器、打印机、打样机和印刷机的 Profile 文件。有了设备的 Profile 文件以后，当需要从一种设备颜色空间转换到另一种设备颜色空间时，只要通过第一种设备的 Profile 文件从该设备颜色空间颜色转换到 CIE XYZ 颜色空间，再通过第二种设备的 Profile 文件从 CIE XYZ 颜色空间转换到第二种设备的颜色空间，就可以实现颜色的转换了。采用这种方法后，各种彩色再现设备都处在同一标准颜色空间下，只要建立了向 CIE XYZ 标准颜色空间转换的 Profile 文件，就可以将颜色在任意设备间进行转换，并获得统一的颜色外观。

当系统中的输入输出设备种类繁多时，这种用标准颜色空间作为中心过渡颜色空间的开放式色彩管理结构，将形成如图 9-21 所示的辐射状转换关系，设备与设备之间的无穷组合转换关系转变成

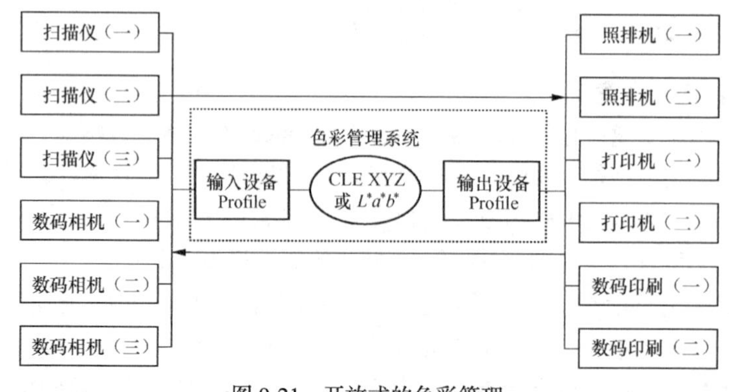

图 9-21 开放式的色彩管理

设备空间和标准颜色空间的一一对应关系，只需为每个设备建立一个 ICC Profile，系统便可轻松地管理色彩，不仅大大简化了匹配转换的复杂性，而且系统的组成也将非常灵活，无论是哪一个厂家生产的设备，只要有了描述设备颜色特征的 Profile 文件，该设备就可以很容易地添加到系统中去。

现在，ICC 已有超过 50 个著名公司加入成为会员，同时有很多新产品支持 ICC Profile。

2. 色彩管理的基本流程

色彩管理必须遵循如下 3 个基本步骤。

（1）设备校准

由于设备对环境因素（如温度、湿度等）的敏感性，为了保证色彩信息传递过程中的稳定性、可靠性和可持续性，要求按照设备制造商所提供的设备颜色特征描述文件，对输入输出设备的颜色特性进行校准（Calibration），以保证它们处于标准工作状态。

① 输入校准。输入校准指的是对输入设备（如扫描仪）的亮度、对比度、RGB 三基色的白平衡进行校准，以保证对同一份原稿，不论什么时候输入，都应当获得相同的图像数据。

② 显示器校准。显示器的校准分物理校准和软件校准两个环节，严格的显示器校准过程不能简单地依靠肉眼观察，必须使用专门的校准设备和工具软件。著名色彩管理技术公司 GretagMacbeth 推出的 Eye-one Match 软件配合 Eye-one Display 屏幕测色器，就是用于校准显示器色彩的工具。

③ 输出校准。输出校准包括对打印机、照排机、印刷机和打样机的校准，在印刷与打样校准时，必须使设备所用纸张、油墨等印刷材料符合标准。

（2）设备特征化

每个颜色再现设备，甚至是彩色物料（如油墨等），都有一定的颜色再现范围（Color Gamut）或色彩表现能力。例如，利用柯达、爱克发、富士公司提供的标准原稿及这些原稿的标准数据，通过扫描仪来输入这些原稿，扫描数据与标准原稿数据的差值就反映了扫描仪的颜色特征；利用一些软件，可以测出显示器的色温，然后在屏幕上生成一些色块，这些色块信息就反映了显示器的颜色特征；利用软件在计算机中生成一个含有数百个色块的图像，然后将图像在输出设备上输出，如果输出设备是打印机就直接打样，是印刷机就先出胶片、打样再印刷，对这些输出的图像进行测量即反映出打印设备的颜色特征。

为了实现准确的颜色空间转换和匹配，必须对设备进行特征化（Characterization）处理。设备特征化的目的就是确定设备或物料的颜色再现范围，并以数学方式将校准后的设备的颜色特征记录下来，以便用于色彩转换。利用色度计或分光光度计进行颜色测量，并为设备创建 Profile 文件的过程，就是设备特征化的过程。Profile 文件定义了设备的颜色特征信息，通过这些信息可以获取所使用设备能够显示、捕捉和重现的色彩范围。

设备颜色特征描述文件可以由两种途径获得。

第一种途径是在购置设备时，生产厂商随设备一起提供的 Profile，它可以满足该设备一般的色彩管理要求，在安装设备的应用软件时，Profile 就装入系统了。

第二种途径是使用专门的 Profile 制作软件，按照现有设备的实际情况，生成 Profile 文件，这样生成的文件通常比较准确，也较为符合用户的实际情况。由于设备、材料和工艺流程的状态会随时间发生变化或偏移。因此，需要每隔一段时间重新制作更新 Profile，以适应当时的颜色特征状况。

（3）颜色空间转换

颜色空间转换（Color Conversion）是在对设备进行校准的基础上，利用设备的颜色特征描述文件，以与设备无关的标准颜色空间为媒介，实现系统中不同设备颜色空间之间的转换和颜色的匹配，这是色彩管理的最后一步，也是最核心的一步。由于输出设备的色域要比原稿、扫描仪、显示器的色域窄，因此，在色彩转换时，需要进行色域压缩映射。ICC 协议定义了 4 种色域压缩方法用于处理输出色域以外的颜色。

① 感觉法：根据输出设备的色域大小调整色域压缩比例，以求保持颜色的相对关系以及色彩在感觉上的一致性。通常用于连续色调的照片图像中，因为这些图像不需要非常准确的色彩还原。Profile 文件的缺省方式是感觉法。

② 相对色度法：将源色空间的白点与目标色空间的白点相关联，同时颜色的压缩与目标 Profile 文件的白点相关联，即改变白点的定标，所有颜色也随之而做相应的改变。在许多情况下，相对色度法会比感觉法产生更满意的效果。

③ 突出饱和度法：对饱和度进行非线性压缩。其目的是在设备限制的情况下，得到高饱和度的颜色，而不要求再现结果完全忠实于原稿。该方法主要是为商业图片而设计的。

④ 绝对色度法：准确地在整个色彩范围内进行颜色匹配，复制源设备的色彩到目标设备上，输出色域内的颜色在转换后保持不变，而把超出输出色域的颜色用色域边界的颜色代替。输出色域和输入色域相近时，采用这种方法可以得到理想的再现效果。绝对色度法对于复制色彩信号条是最好的，对于软打样来说是最有用的。

综上所述，色彩管理就是通过一系列的色彩测量工具对设备进行检测，并画出设备的色度或色域特性曲线，然后对照独立于设备的色彩空间，建立设备的颜色特征描述文件 Profile。利用 Profile 文件，将颜色从源设备色彩空间转换到一个虚拟的、与设备无关的色彩空间中，最后再将颜色从虚拟的、与设备无关的色彩空间转换到目标设备色彩空间中去，从而保证色彩信息在输入输出设备之间的正确传递。

9.4.6 色彩管理系统分类

广义上的色彩管理系统包括：支持色彩管理的操作系统（如 Apple 的 ColorSync、Microsoft 的 ICM2 等）、色彩管理软件、设备的颜色特征描述文件、支持色彩管理的应用软件，以及色彩管理流程中涉及的所有硬件设备（如电脑、彩色屏幕、打印机、印刷机及测色仪器等）。

从软件提供的方式上看，色彩管理软件主要有以下 3 种类型。

（1）独立的色彩管理软件。

（2）随设备捆绑销售的色彩管理软件。

（3）内置在应用软件中的色彩管理软件。

Canon 公司的 CMM Pro 就是独立的色彩管理软件，它以 CCM（Canon Color Matching）为核心，根据不同的需要做成颜色特征描述文件。

随扫描仪或打印机等外设捆绑在一起销售的色彩管理软件是目前最多的一类。例如，世界知名的印前设备发展及制造商 Linotype-Hell 公司是最早发展色彩管理的公司，1997 年被 Heidelberg CPS 公司收购，由其开发的 LinoColor 软件与该公司的彩色扫描仪一起销售，Apple 公司的 ColorSync 2.0 和 Microsoft 公司的 Windows98 都使用了 LinoColor 的色彩管理技术，Agfa 公司的 ColorTone 和 PhotoFlow 是该公司扫描仪附带的软件，Canon 公司的 ColorGear、WCC2 和 CCM 等都是嵌入打印机驱动程序中的色彩管理软件。这些软件一般是专用的，也就是说只能用于该公司的设备，不能被其他公司的产品使用。

第三类色彩管理软件是某些应用软件的一部分，在使用这些软件的同时，它们就已经起作用了，如 Kodak 公司的 Kodak Precision 色彩管理软件通常内置在 PhotoCD 软件和 PageMaker 应用软件里，QuarkXpress 软件中内置 EFI 公司开发的 EfiColor 彩色管理软件，其他许多专业出版应用软件如 Adobe Photoshop、Illustrator、Freehand 等也都支持色彩管理。其中，Photoshop 软件的色彩管理特性是由显示器设置（Monitor Sctup）、印刷油墨设置（Printing Inks Setup）和分色设置来控制的。

目前国内外已有许多公司开发色彩管理系统，虽然 ICC 制定了描述设备颜色特征的 ICC Profile，但是各公司在一些标准下开发出来的色彩管理系统，对设备的色彩管理能力各不相同，对设备之间的颜色空间转换与色彩匹配性能各异，各个系统都有其擅长的色彩管理部分和不同程度的缺陷。

9.5　基于 ICC Profile 的色彩管理

9.5.1　ICC Profile 的类型及文件结构

为了实现众多设备环境中的色彩信息共享，国际色彩协议组织制定了一个跨平台与系统的 ICC 标准。在这一标准中，共制定了 7 类设备 Profile 文件的格式和类型，最常见的是输入设备、显示设备、输出设备这 3 类基本设备的 Profile 文件，另外，还有设备连接、色彩空间转换、抽象、指定色彩 4 类附加的 Profile 文件。

颜色特征描述文件 Profile 既可作为独立的文件形式出现，也可以作为图像的嵌入文件，无论哪种形式，其中的地址字段都是相对于 Profile 的初始字节而言的。

以独立文件形式出现的 Profile 文件的结构如图 9-22 所示。

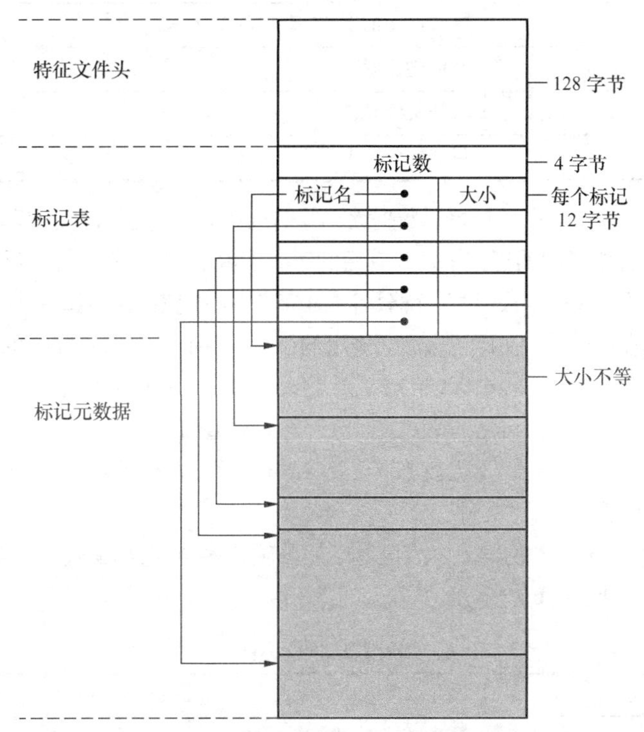

图 9-22　Profile 文件的结构

独立的 Profile 文件主要由 3 部分组成：特征文件头、标记表和标记元数据。

文件头包含该 Profile 文件的基本信息，如文件大小、色彩管理方法的类型、版本号、设备类型、设备的颜色空间、特征连接空间、操作系统、设备生产厂商、色彩还原目标、光源色度数据等，共占 128 个字节。具体的 Profile 文件头数据结构如表 9-4 所示。

表 9-4　Profile 文件头结构

字节偏移	内容
0...3	特征文件大小
4...7	色彩管理模型的类型
8...11	特征文件版本号
12...15	设备类型
16...19	设备色彩空间
20...23	特征连接空间
24...25	首次创建时间
36...39	特征文件标志'acsp'
40...43	工作平台或操作系统
44...47	色彩管理模型优化选项
48...51	设备制造商
52...55	设备模型
56...63	设备属性，如媒质类型
64...67	描述方式，如感觉法、色度法、饱和度等
68...79	PCS 照明的 XYZ 值，必须为 D_{50}
80...83	文件创建者
84...99	特征文件号
100...127	保留部分，设为 0

标记表包含标记的数量、存贮位置、数据大小等信息，而不包含标记的具体内容。标记表的头 4 个字节记录 Profile 文件中所列的标记个数，其后的每一项占 12 个字节，每一项的格式都是一样的，由标记名、偏移量和标记大小组成，每一部分各占 4 字节，标记表的结束就是标记元数据的开始。标记元数据是按照标记表的说明，在标记表后面规定的位置上存储色彩管理需要的各种信息，标记元数据的排列没有固定的次序。标记表中标记的出现次序没有规定，标记的数据量大小随标记信息的复杂程度而异。具体的各种标记都有自己的格式，但对于不同类型的 Profile 都应包含一些必要的标记，用以保证色彩再现过程的顺利进行，下面就不同类型 Profile 所必需的标记及其功能进行逐一说明。

（1）输入设备颜色特征描述文件

输入 Profile 分为 3 类：单色输入、三色基于矩阵输入和 N 色基于查找表输入，各自要求的标记分别如表 9-5（a）、（b）、（c）所示。

表 9-5（a）　单色输入所需标记

标记名	描述
profileDescriptionTag	对 Profile 的固定描述
grayTRCTag	灰色调再现曲线
mediaWhitePointTag	媒质 XYZ 白点
copyrightTag	7 位 ASCII 码 Profile 版权信息
chromaticAdaptationTag	转换实际照明源下的 XYZ 值到 PCS 照明，仅在实际照明非 D_{50} 时使用

表 9-5（b）　三色基于矩阵输入所需标记

标 记 名	描 述
profileDescriptionTag	对 Profile 的固定描述
redMatrixColumnTag	TRC/matrix 转换中矩阵的第一列
greenMatrixColumnTag	TRC/matrix 转换中矩阵的第二列
blueMatrixColumnTag	TRC/matrix 转换中矩阵的第三列
redTRCTag	红色调再现曲线
greenTRCTag	绿色调再现曲线
blueTRCTag	蓝色调再现曲线
mediaWhitePointTag	媒质 XYZ 白点
copyrightTag	7 位 ASCII 码 Profile 版权信息
chromaticAdaptationTag	转换实际照明源下的 XYZ 值到 PCS 照明， 仅在实际照明非 D_{50} 时使用

表 9-5（c）　*N* 色基于查找表输入所需标记

标 记 名	描 述
profileDescriptionTag	对 Profile 的固定描述
AToB0Tag	可以应用多维查找表的设备模型，设备到 PCS，8 位或 16 位
mediaWhitePointTag	媒质 XYZ 白点
copyrightTag	7 位 ASCII 码 Profile 版权信息
chromaticAdaptationTag	转换实际照明源下的 XYZ 值到 PCS 照明，仅在实际照明非 D_{50} 时使用

（2）显示设备颜色特征描述文件

显示 Profile 也包含 3 类：单色，三色基于矩阵和 *N* 色基于查找表。其中，前两种格式与输入 Profile 的相应类型一样，而 *N* 色基于查找表的显示 Profile 略有不同，具体如表 9-6 所示。

表 9-6　*N* 色基于查找表显示所需标记

标 记 名	描 述
profileDescriptionTag	对 Profile 的固定描述
AToB0Tag	可以应用多维查找表的设备模型，设备到 PCS，8 位或 16 位
BToA0Tag	可以应用多维查找表的设备模型，PCS 到设备空间，8 位或 16 位
mediaWhitePointTag	媒质 XYZ 白点
copyrightTag	7 位 ASCII 码 Profile 版权信息
chromaticAdaptationTag	转换实际照明源下的 XYZ 值到 PCS 照明，仅在实际照明非 D_{50} 时使用

（3）输出设备颜色特征描述文件

输出 Profile 分为单色和彩色的两种类型，因为输出的匹配过程仅能用查找表这一种方法，所以不存在矩阵变换。彩色的输出 Profile 与单色的输出 Profile 格式相同，所以，下面只给出彩色输出 Profile 要求的标记，如表 9-7 所示。

表 9-7　彩色输出所需标记

标 记 名	描 述
profileDescriptionTag	对 Profile 的固定描述
AToB0Tag	可以应用多维查找表的设备模型，设备到 PCS，8 位或 16 位。感觉法

续表

标　记　名	描　　述
BToA0Tag	可以应用多维查找表的设备模型，PCS到设备空间，8位或16位。感觉法
gamutTag	色域外数据处理，8位或16位数据
AToB1Tag	可以应用多维查找表的设备模型，设备到PCS，8位或16位。色度法
BToA1Tag	可以应用多维查找表的设备模型，PCS到设备空间，8位或16位。色度法
AToB2Tag	可以应用多维查找表的设备模型，设备到PCS，8位或16位。饱和度法
BToA2Tag	可以应用多维查找表的设备模型，PCS到设备空间，8位或16位。饱和度法
mediaWhitePointTag	媒质XYZ白点
copyrightTag	7位ASCII码Profile版权信息
chromaticAdaptationTag	转换实际照明源下的XYZ值到PCS照明，仅在实际照明非D_{50}时使用

（4）其他颜色特征描述文件

Profile除了上述3个常见的基本类型外，还有另外4种类型：设备连接Profile、色彩空间Profile、抽象Profile和指定色彩Profile，其所需标记分别如表9-8～表9-11所示。

为了省去额外的PCS颜色空间转换，两个设备的Profile文件，可以通过一个工具融合到一个设备连接Profile文件中。也就是说，设备连接Profile提供不经过PCS（如CIE XYZ或CIE $L^*a^*b^*$颜色空间）的设备色彩空间之间的直接转换机制。色彩空间Profile不涉及具体的设备，是纯理论上的色彩空间到PCS的转换。抽象Profile涉及的是两种PCS之间的转换。向同一种设备的色彩转换可能会有不同的处理方法，指定色彩Profile为色彩管理人员提供了PCS到多种可选的设备表达方式的处理机制。

表9-8　设备连接Profile所需标记

标　记　名	描　　述
profileDescriptionTag	对Profile的固定描述
AToB0Tag	实际的转换参数结构，8位或16位。感觉法
profileSequenceDescTag	Profile序列的数组描述
copyrightTag	7位ASCII码Profile版权信息

表9-9　色彩空间Profile所需标记

标　记　名	描　　述
profileDescriptionTag	对Profile的固定描述
BToA0Tag	PCS到色彩空间的逆向转换参数结构，8位或16位。感觉法
AToB0Tag	实际的转换参数结构，色彩空间到PCS，8位或16位。感觉法
mediaWhitePointTag	媒质XYZ白点
copyrightTag	7位ASCII码Profile版权信息
chromaticAdaptationTag	转换实际照明源下的XYZ值到PCS照明，仅在实际照明非D_{50}时使用

表9-10　抽象Profile所需标记

标　记　名	描　　述
profileDescriptionTag	对Profile的固定描述
AToB0Tag	实际的转换参数结构，8位或16位。感觉法
mediaWhitePointTag	媒质XYZ白点
copyrightTag	7位ASCII码Profile版权信息
chromaticAdaptationTag	转换实际照明源下的XYZ值到PCS照明，仅在实际照明非D_{50}时使用

表 9-11　　　　　　　　　　　　　指定色彩 Profile 所需标记

标 记 名	描　述
profileDescriptionTag	对 Profile 的固定描述
namedColor2Tag	PCS 与指定色彩的可选设备描述
mediaWhitePointTag	媒质 XYZ 白点
copyrightTag	7 位 ASCII 码 Profile 版权信息
chromaticAdaptationTag	转换实际照明源下的 XYZ 值到 PCS 照明，仅在实际照明非 D_{50} 时使用

9.5.2　基于 ICC Profile 的颜色空间变换

色彩管理的基础就是 ICC Profile，它是一种跨平台与系统的文件格式，其定义了色彩在不同设备颜色空间上进行匹配所需要的色彩数据。每一个 Profile 文件至少包含下面一对核心数据。

（1）设备相关的色彩数据（如某显示设备独有的 RGB 色彩数据）。

（2）根据设备相关的色彩数据得到的与设备无关的色彩数据。

为了降低 Profile 文件的大小，并不是所有的颜色都包含在色彩转换数据表中。这意味着当一个颜色不在目标 Profile 文件的色彩查找表中时，需要通过插值算法来实现其向目标色彩空间的转换。

1. 从 RGB 到 CIE XYZ 色彩空间的转换

由 RGB 向 CIE XYZ 颜色空间的转换如图 9-23 所示。

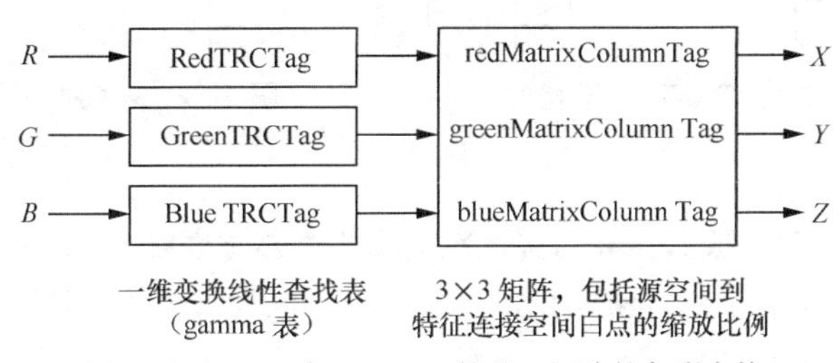

图 9-23　RGB 到 CIE XYZ 的基于矩阵的色彩变换

由 RGB 空间到 CIE XYZ 空间的变换的数学模型如下：

$$\begin{cases} linear_r = redTRC[device_r] \\ linear_g = greenTRC[device_g] \\ linear_b = blueTRC[device_b] \end{cases}$$

$$\begin{bmatrix} X \\ Y \\ Z \end{bmatrix} = \begin{bmatrix} redMatrixX & greenMatrixX & blueMatrixX \\ redMatrixY & greenMatrixY & blueMatrixY \\ redMatrixZ & greenMatrixZ & blueMatrixZ \end{bmatrix} \begin{bmatrix} linear_r \\ linear_g \\ linear_b \end{bmatrix}$$

由 CIE XYZ 空间到 RGB 空间的变换的数学模型如下：

$$\begin{bmatrix} linear_r \\ linear_g \\ linear_b \end{bmatrix} = \begin{bmatrix} redMatrixX & greenMatrixX & blueMatrixX \\ redMatrixY & greenMatrixY & blueMatrixY \\ redMatrixZ & greenMatrixZ & blueMatrixZ \end{bmatrix}^{-1} \begin{bmatrix} X \\ Y \\ Z \end{bmatrix}$$

$$\begin{cases} device_r = redTRC^{-1}[1] & (linear_r > 1) \\ device_r = redTRC^{-1}[linear_r] & (0 \leqslant linear_r < 1) \\ device_r = redTRC^{-1}[0] & (linear_r < 0) \end{cases}$$

$$\begin{cases} device_g = greenTRC^{-1}[1] & (linear_g > 1) \\ device_g = greenTRC^{-1}[linear_g] & (0 \leqslant linear_g < 1) \\ device_g = greenTRC^{-1}[0] & (linear_g < 0) \end{cases}$$

$$\begin{cases} device_b = blueTRC^{-1}[1] & (linear_b > 1) \\ device_b = blueTRC^{-1}[linear_b] & (0 \leqslant linear_b < 1) \\ device_b = blueTRC^{-1}[0] & (linear_b < 0) \end{cases}$$

2. 从 CIE XYZ 到 CMYK 色彩空间的转换

无论是从 CIE XYZ 向 CMYK 色彩空间转换（见图 9-24），还是从 CMYK 向 CIE XYZ 色彩空间转换（见图 9-25），都要用到色彩查找表（Color Look Up Table，CLUT）。对于源色彩空间来说，先要给出每一维空间上的格点（Grid Point）个数，它决定了 CLUT 中可以直接查到的颜色数量，还要给出源色彩空间的色彩通道数目 n（如源色彩空间为 CIE XYZ，则通道数为 3），以及目标色彩空间的色彩通道数目 m（如输出色彩空间为 CMYK，则通道数为 4）。

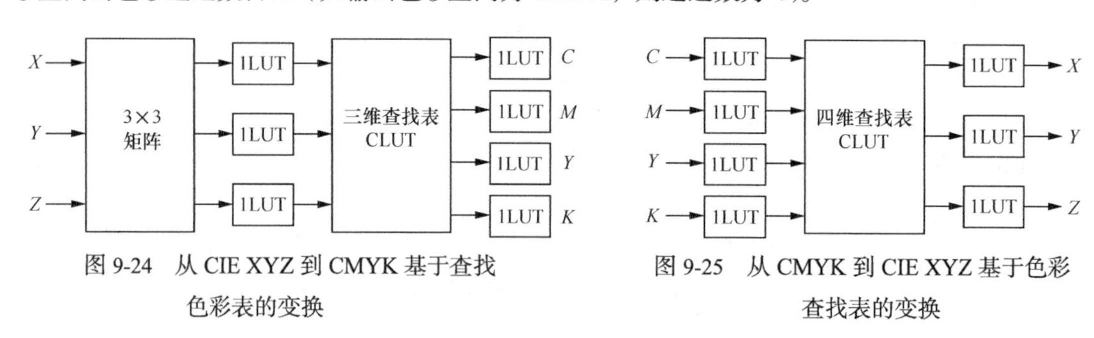

图 9-24　从 CIE XYZ 到 CMYK 基于查找色彩表的变换

图 9-25　从 CMYK 到 CIE XYZ 基于色彩查找表的变换

查找表的结构由 n 维数组定义（n 为源色彩空间的色彩通道数），每一个数组元素为目标色彩空间对应的刺激值，其大小为 m 个刺激值的描述单位。假设每个颜色刺激值以 16bit（2byte）来存储，则整个查找表的大小为

$$CLUTSize = (GridPoints^{InputChannels} \times OutputChannels \times 2)\ \text{byte} \qquad (9\text{-}3)$$

在源色彩空间与目标色彩空间确定的情况下，其输入与输出的通道数也相继确定，因此，源色彩空间格点数的选择将直接影响到查找表的大小，进而影响到整个 Profile 文件的大小。假设源色彩空间为 CMYK，目标色彩空间为 CIE XYZ，且格点数选择为 256，那么由式（9-3）可得出查找表的大小为 24GB，这是个非常惊人的数字。由于存储空间的限制，格点数不能太多，在该限制条件下，就会出现部分颜色在查找表中找不到相对应位置的情况，解决此问题的方法就是采用插值算法。然而，具体的插值公式，在 ICC Profile 的规格说明中并没有进行具体描述，这一部分是属于色彩管理系统中 Profile 以外需要处理的一个重点问题。

在 ICC Profile 的规格说明中共提供了 4 种带有查找表的结构类型，称为多功能表（Multi-function Table）：lut8Type（单位数据为 8 位）、lut16Type（单位数据为 16 位）、lutAToBType（单位数据为 8 位或 16 位，适用范围更广，可认为是前两种的扩充）和 lutBToAType（lutAToBType 的反向变换）。下面以 lut8Type 举例说明，具体见表 9-12。其余结构类似。

表 9-12　lut8Type 编码

字节偏移量	内　容	编 码 类 型	附 加 说 明
0	'mft1'(6D667431h)		精确到 1 字节的多功能表类型签名

续表

字节偏移量	内　容	编 码 类 型	附 加 说 明
4	置 0		保留位
8	输入通道数	uInt8Number	
9	输出通道数	uInt8Number	
10	色彩查找表格点数	uInt8Number	各维格点数相同
11	00h		保留的填充位
12	矩阵参数 e00	S15Fixed16Number	
16	矩阵参数 e01	S15Fixed16Number	
20	矩阵参数 e02	S15Fixed16Number	
24	矩阵参数 e10	S15Fixed16Number	
28	矩阵参数 e11	S15Fixed16Number	
32	矩阵参数 e12	S15Fixed16Number	
36	矩阵参数 e20	S15Fixed16Number	
40	矩阵参数 e21	S15Fixed16Number	
44	矩阵参数 e22	S15Fixed16Number	
48	输入表	uInt8Number[...]	一维输入表
m+1	色彩查找表	uInt8Number[...]	多维查找表
n+1	输出表	uInt8Number[...]	一维输出表

其中，uInt8Number 代表无符号 8 位整型，s15Fixed16Number 代表 32 位带符号小数（15 位整数+16 位小数）。

使用此种多功能表的数据处理流为

矩阵→一维输入表→多维查找表→一维输出表

3. 从 RGB 到 CMYK 色彩空间的转换

依据 ICC Profile 的说明文档，从 RGB 到 CMYK 空间的转换需要两个各自对应的 Profile 文件，但二者所用的 PCS 必须统一，目前以 CIE $L^*a^*b^*$ 作为 Profile 连接空间的较多。首先利用线性转换设备 RGB 值，即使用 RGB 的 Profile 文件，利用文件内部提供的矩阵找到与输入值对应的 XYZ 值，再利用 CMYK 的 Profile 文件，采用查表插值的方法得到与 XYZ 值对应的 CMYK 输出值。

4. 从 CMYK 到 RGB 色彩空间的转换

与 RGB 到 CMYK 的颜色转换相反，首先采用查表插值法得到与 CMYK 值对应的 XYZ 与设备无关的中间结果值，然后，利用 RGB 向 XYZ 变换矩阵的逆变换，作用于中间结果值，得到线性 RGB 值，再将线性的 RGB 值转换为设备的 RGB 值。墨水模拟就属于此类应用，该技术是利用彩色显示屏（RGB 色彩）模拟四色印刷（CMYK 色彩）之色彩，Photoshop 中提供了此项功能。

9.5.3　ICC Profile 的局限性

虽然基于 ICC Profile 的色彩管理系统是目前普遍认为最理想的色彩管理解决策略，但它并不能对所有应用提供一个完备的解决方案，在实际应用中还存在着如下问题和局限性。

（1）嵌入到文档和图像中的 Profile 能够使色彩信息在迁移于不同的计算机、网络甚至操作系统时可以自动地被解释，虽然这样易于管理，但由于增大了文件的尺寸，而导致系统额外的开销，因此，只适用于高级用户，大多数用户并不需要这个层次上的灵活性和控制。

（2）目前大多数的图像文件格式不能支持 Profile 的嵌入。

（3）有许多应用实际上并不鼓励用户在他们的文件中添加任何数据，尤其是在 Web 应用中。一方面，如果 Web 站点的每个图像都来自不同的地方，用户不得不每次都为每个图像下载指定设备的 Profile，这对某些用户是非常痛苦和费时的事情；另一方面，如果 Web 站点不支持色彩管理，色彩匹配必须到 Web 服务器上去完成，这意味着 Web 服务器对每一个用户都要传递同一图像的不同色彩匹配结果。

（4）不同的色彩管理系统之间的 ICC Profile 不会完全兼容，主要是因为色彩测试工具、ICC Profile 生成工具、参考色等的差异。

（5）缺乏支持大多数色彩管理系统的通用的 Profile 生成工具。

（6）由于颜色不仅是设备相关的（Device-dependent），还是介质相关的（Media-dependent），这就意味着对于每一种介质（如墨水、纸张等）都需要测试大量颜色值，以便生成相应的 Profile，所需花费的时间对许多应用来说是难以忍受的。

因此，就目前状况来看，基于 ICC Profile 的色彩管理系统仅在某种程度上改善了颜色控制的现状，但离人们的期望值还相差很远。

9.6 色彩匹配

色彩管理系统的一个核心问题，就是在保持色彩一致性（无损失或尽可能少的损失）的基础上，实现颜色在不同色彩空间之间的转换。这种算法称为色彩匹配（Color Matching）。

9.6.1 彩色喷墨打印机工作原理

进入信息时代以来，人们对文字和图像的生成、传递要求越来越高，从古代手工刻字到近代的电子制版输出，无疑都在解决这一问题。针式击打式打印机的出现似乎解决了这个问题，但是由于其噪声较大，且分辨率低，加之色带印字数量有限，导致其输出结果不尽如人意。激光打印机显著提高了打印质量，但是由于其原理和结构都比较复杂（必须有充电、曝光、显影、转印和定影等过程），其体积和成本很难降到大多数人所能接受的程度。20 世纪 70 年代末，Canon 公司耗资 500 亿日元，经过 10 余年的研究和完善，成功地将喷墨技术应用到打印机、传真机、复印机和桌面印刷系统等涉及到输出文字和图像的设备上。

激光打印机输出彩色时，必须曝光 4 次，在鼓的同一位置涂上 4 种颜色的碳粉，最后定影，难度相当大。而彩色喷墨打印机（Ink-jet Printer）的喷墨打印技术使得彩色输出更为简单，可以将 4 排喷头并行排列，分别在一个位点上输出 C、M、Y、K 四基色的彩色墨水，其彩色输出的易实现性、高分辨率和低噪声等性能提高了系统输出设备的性能价格比。

喷墨打印机是借助内装墨水的喷头，在打印信号的驱动下，向打印纸喷射墨水而实现字符及图形打印的。根据墨水喷射时驱动方式的不同，该类打印机可分为压电式和热气泡式两种。Canon 公司的 BJ（Bubble Jet）喷墨打印机就是采用热气泡式打印的，它在喷头的管壁上设置了加热电极，加上一定高度和宽度的电脉冲加热，管壁的一侧生成气泡，进墨水处加一负压，借助于气泡的膨胀，将墨滴喷射到纸上。

9.6.2 影响色彩匹配质量的因素分析

除喷头的设计和打印分辨率对打印质量有一定的影响外，墨水和纸张特性对打印质量也有很大的影响。因此，打印机的色域也包含了纸张、墨水等的综合影响。

1. 墨水特性对打印质量的影响

一方面由于用于彩色喷墨打印的三基色墨水不是理想的纯色，导致出现打印后的颜色偏差；另一方面喷墨打印机的特殊结构和工作原理决定了墨水的黏度和表面张力也会影响打印的质量。一般而言，低温时墨水的黏度高，高温时黏度低，温度变化时，墨水黏度也发生变化，使墨水的喷射不稳定。若墨水的黏度过高，墨水喷射速度将减慢，墨滴不会直射出去，而是散乱地附着在纸上。若墨水的表面张力过低，喷射出的墨滴将发生歪曲，同时，过低的表面张力也容易使墨水外泄，造成污染。

2. 纸张特性对打印质量的影响

喷墨打印中打印点的形成主要由墨滴的喷射，与纸面接触、碰撞后形成墨滴，以及墨滴沿纸纤维的空隙被吸收、浸透、干燥、附着等环节组成，所以，纸张的墨水吸收性、干燥性、浸透速率、纸面光滑平整程度等都直接影响打印质量。例如，墨水浸透率太小时，形成的打印点小，使点与点之间出现间隙，导致打印图像出现白线。而浸透率过大时，形成的点又过大，相邻点间发生重叠覆盖现象，使打印图像变暗和变模糊。此外，不同类型的打印纸在白度（Whiteness）和亮度（Lightness）方面的特殊性也会影响打印质量。

3. 墨水纸张之间的相互作用

加色法得到的混色光亮度高于原有任一色光，而减色法混色刚好相反。当入射光在穿过打印在纸张上的墨水层到达纸面，并从墨水层重新射入空气中时，将在墨水层—空气的分界面和纸面之间来回发生多重内反射，引起入射光能的衰减及非线性的光吸收，从而导致从屏幕色转换为打印色后在颜色的亮度和饱和度方面有一定程度的下降。我们常常会发现打印出来的图像色彩不及原来计算机屏幕上显示的图像鲜亮就是这个原因。

对于透明胶片和透明的基色墨水等均匀的吸收物质，光的吸收和衰减遵循朗伯（Lamber）定律和比尔（Beer）定律这两个物理定律。朗伯定律指出，在一定的波长下，光的吸收量与吸光介质的厚度 d 成正比。比尔定律指出，在一定的波长下，光的吸收量与吸光介质中含有的吸收物质的浓度 c（单位体积内含墨水的数量）成正比。合在一起表示的朗伯-比尔定律为：光的衰减的对数与吸收介质的厚度和吸收介质中含有的吸收物质的浓度成比例，具体数学表达式如下。

$$\log\frac{I_i}{I_r}=k\cdot c\cdot d$$

其中，k 称为吸光指数，它与吸收物质的分子结构和照射光的波长有关。对中性灰色物质，k 近似为常数，而对于彩色物质，k 随波长而变，对于不同波长的色光，k 值差异很大。

朗伯-比尔定律是在理想条件下推出的，它只考虑了墨水的吸收性，而没有考虑实际打印中的许多复杂因素，更没有考虑承印物如纸张等对墨水的影响，因而产生了理论计算与实际情况的差异。尽管如此，朗伯-比尔定律仍在打印领域和印刷科学中有着广泛的应用。对高散射性、非均匀的吸收物质应按照 Kubelka-Munk 理论处理，但 Kubelka-Munk 理论只适用于非半色调样本。

4. 墨水层间的相互作用

在实际的半色打印中，不同颜色的墨水是逐层打印的，不同层墨水之间存在着“渗透”与“覆盖”现象，上层墨水对下层墨水的覆盖使下层墨水的减色功能减弱，而下层墨水对上层墨水的“渗透”作用又会使上层墨水的减色功能加强，从而导致多层墨水的密度值低于独立墨水层的密度值之和，混色墨水的视觉效果不等于单色墨水视觉效果的简单叠加。

9.6.3 色彩匹配的难点

色彩再现的一个主要目标就是：保证从原稿扫描输入到计算机屏幕显示，再到彩色打印输出的过程中，色彩信息的无失真传递，达到“所见即所得”（What You See Is What You Get，WYSIWYG）。例如，将所看见的原稿通过数码相机或扫描仪输入计算机中，在计算机显示器的屏幕上将其再现为具有相同视觉效果的显示图像，或者将在一种制式的显示器上所见到的图像在另一种制式的显示器上得到相近的图像再现效果（RGB→RGB 转换），或者将在显示器屏幕上所见到的图像通过彩色打印机得到相同颜色外观的打印输出图像（RGB→CMYK 转换）等，这一系列问题都涉及到颜色空间的转换问题，而其中尤以从 RGB 到 CMYK 的颜色空间转换最为困难，难点主要表现在以下几个方面。

（1）不同种类的颜色再现设备使用不同的色彩空间对色彩进行描述，无论是显示器的 RGB 色彩空间还是打印机的 CMYK 色彩空间都不可能再现所有人眼可以感觉到的色彩范围，不同系统所能再现的颜色范围可以重叠，但是往往并不匹配，这就是所谓的色域不匹配（Color Gamut Mismatch）问题。

如图 9-26 所示，RGB 和 CMYK 两个颜色空间的大小不一致，而且是一种不完全重叠的交叉关系，CIE XYZ 是色彩空间的全集，范围最大，RGB 是 XYZ 中可用于屏幕显示的部分，范围其次，CMYK 是 XYZ 中的可打印部分，范围最小。由于从 RGB 到 CMYK 变换后的空间有一定的减小，RGB 空间中必定有些颜色无法在 CMYK 空间中正确表达，通常采用近似的方法对这些颜色进行处理，这就意味着这种变换是不可逆的，而且还会因两种不同的 RGB 颜色被转换成相同的 CMYK 颜色而造成转换后色彩细节的丢失。即便是两种设备都工作于 RGB 颜色空间，由于不同厂家使用不同的 RGB 三基色系统，它们所能再现的颜色域也会略有差异，同样，工作于 CMYK 颜色空间的打印机的色域随其所使用的打印技术的不同而不同，即使是同一台打印机也会因其所使用的色料和纸张类型的变化而变化。

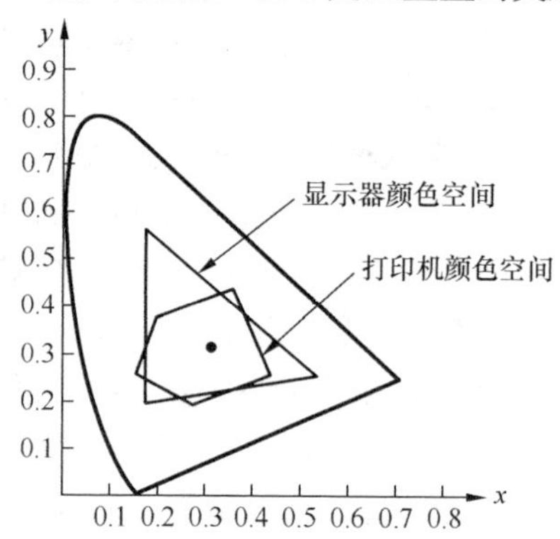

图 9-26 不同颜色空间的色域示意图

（2）RGB 和 CMYK 两个颜色空间的颜色组合数非常庞大，RGB 空间为 256^3（16M），CMYK 空间为 256^4（4096M），所以，理论上要建立由输入 RGB 值到输出 CMYK 值的查找表应该印制和测量大概 256^4 种不同的色块，这显然是不现实的。由于打印机的高度非线性，如果要将色块数限制在一个实用的范围内，那么只有测定足够数量（一般至少需要 1000 个）的颜色样本才能保证颜色查找表的合理精度，同时还必须用复杂的插值算法来计算表中没有的数据。

（3）RGB 和 CMYK 空间的非线性特点，导致 RGB 或 CMYK 空间中距离相近的两点在实际的颜色表达上可能有较大的差别，而距离较远的两点，却可能具有相近的颜色，这使得很难找到一个合适的非线性函数来精确地模拟从 RGB 到 CMYK 的转换关系。

（4）打印机的颜色特性不仅是非线性的，也是多参数的。彩色打印不仅要考虑打印机的颜色特性，还要考虑打印过程中的颜色传递，如分辨率的转换、墨水、纸张的特性以及半色打印时网点扩大的影响等。打印机的机械特性、基色墨水输出的先后次序、不同厂家生产的墨水和纸张的特性以及墨水与打印介质之间的相互作用都是影响打印质量的重要因素。设备对环境（如温度和湿度等）变化的敏感性也会对打印结果产生影响，从而增加了从 RGB 加色空间到 CMYK 减色空间变换的难度。

9.6.4 常用的色彩匹配方法

常用的色彩匹配方法主要有以下几类。

1. 物理建模法

实验建模法是基于测量数据建立设备间颜色转换的统计数据模型，而物理建模法是应用复杂的数学模型解释设备物理特性的差异，虽然只需少量的测试数据，但因设备的非线性，建立一个好的物理模型是非常困难的。最早使用的 Neugebauer 方程法是 1937 年由纽根堡（Neugebauer）为解决从加色空间到减色空间的转换而提出的一种物理建模法，它根据网点印刷品的格拉斯曼（Grassmann）叠加原理，通过在白纸上 CMY 网目的 8 种叠加方式来表示 CIE 标准三刺激值 XYZ。

因为按 Neugebauer 方程建立的打印机模型是预测给定 CMY 输入值的反射光值（即 XYZ 标准颜色值），所以它是从打印机颜色空间 CMYK 到设备无关颜色空间的一个前向数学模型，即模型的输出值是设备控制值（如 CMY）的函数，而实际中，它的逆向模型才是有用的。而由于模型关于设备控制值是不可分解的，模型的逆变换不能靠数学推导，只能靠数值计算，通常采用 Newton-Raphson 法或最速下降法来逆解 Neugebauer 方程，这样就不可避免地会遇到收敛性问题以及无解或者多解的问题。

另一方面，由于真正的打印过程并不是按照 Neugebauer 方程所建立的打印机物理模型来进行的，实际的半色打印过程包含了很多 Neugebauer 模型没有考虑的因素，如光在纸和墨水层中的穿透与散射（Yule-Nielsen 效应）等，这必然导致模型预测值与实际测量值之间的偏差，因此，Neugebauer 方程法的性能是相当有限的。实际应用时，使用这种方法为打印机定性，通常离不开经验性的参数调整。虽然很多文献都讨论了提高 Neugebauer 模型精度的改进方法，但精度的改善常常是依赖更复杂的计算，使得这些方法很不实用，因此，在图像艺术和印刷业等对图像质量有较高要求的应用中，人们宁愿使用需要大量测量的查表插值方法。

2. 实验建模法

最早使用的实验建模方法是一种被称为 Masking 的色彩匹配方法，其实质就是一种线性矩阵转换方法，用最小二乘方法计算变换矩阵中的参数，虽然简单，但转换精度较低，往往要使用非线性补偿技术来对线性变换结果进行校正，计算代价太高。统计回归分析法也是一种常用的设备校准方法，但校准的精度也很有限。

近年来，随着人工神经网络技术的发展，人们开始利用神经网络的非线性映射能力来解决具有多因素、多重非线性和高维复杂度特性的色彩再现问题，如用神经网络确定颜色空间之间的转换关系、用神经网络方法代替查找表法逆解 Neugebauer 方程、用神经网络校准分光光度计等。该方法的优点是无需根据色彩学基本理论建立显式的非线性转换关系，如果样本精度较高、网络结构设计合理，则这种方法可达到接近于查表法的精度，并且所需的存储空间和样本测试工作量低于查表法，其缺点是 BP 网络的收敛速度慢、易陷入局部最优、网络参数对训练样本的敏感性、容易产生过学习问题、计算代价高等。

联合使用神经网络和遗传算法是解决 BP 网络局部最优问题的一种常用方法，但也可利用径向基函数神经网络来克服这一缺陷。由于 BP 网络收敛速度慢，因此，有些研究者使用 CMAC（Cerebellar Model Articulation Controller）网络来对扫描仪和打印机进行校准和特征化，CMAC 网络是通过局部权值调整来学习的，所以有增量学习和收敛速度快、泛化能力强的优点，易于用硬件实现，缺点是需要克服输入数据域的量化误差问题。

3. 查表插值技术

多维查表转换是目前彩色打印领域中应用最广泛的一种方法。目前，打印机的特征化通常都采用查表的方式。符合 ICC 标准的设备特征描述文件 Profile，就是通过先进行一个线性矩阵变换然后再进行查表插值校准的方法来完成从设备相关颜色空间到设备无关颜色空间的转换的。当用户使用不同类型的设备时，模型法易于根据新设备的特性更新 Profile 文件，而查表法则需要大量的颜色测量才能完成 Profile 文件的更新。

如前所述，精确的查找表方法应该使用一个 256×256×256 大小的表来映射三维空间中的一个 24bit 的输出，这显然是不现实的。因此，多维查找表法通常是先把设备相关颜色空间均匀划分成 $N×N×N$ 个小立方体，然后测出所有格点的三刺激值，从而建立一个设备相关颜色空间到设备独立颜色空间的多维彩色查找表。

查找表的转换精度取决于查找表的密度大小，使用格点密度较大的查找表时，其处理速度较快，但缺点是存储代价高，而且需要大量的颜色测量，是一般用户难以忍受的。若使用格点密度较小的查找表，则需要使用复杂的插值算法计算非格点上的值，常用的多维插值技术包括基于均匀栅格结构（Grid Structure）的三线性（Tri-linear）插值、四面体（Tetrahedral）插值、锥体（Pyramid）插值、均匀序列线性插值（Sequential Linear Interpolation，SLI）技术等。查找表法的主要缺点是在某些点上很难得到平滑的输出结果，且输出结果不易调整。因此，在实际应用中，通常要在精度、速度、存储容量以及计算复杂度之间进行折中处理。有些研究者尝试采用联合使用变换矩阵和查表插值相结合的方法来解决这一矛盾，也有研究者尝试利用 ASIC 芯片来提高颜色空间转换的处理速度。

9.7 黑色生成与灰度平衡

目前，CMY 三色打印已经很少使用，更多的是使用 CMYK（Cyan/Magenta/Yellow/Black）四色打印，为什么要在打印中增加黑色墨水呢？

理想情况下，等量的青、品红和黄色墨水混合在一起将因吸收所有的色光而产生黑色，但事实上，由于所有的打印墨水都含有一些杂质和不纯色，导致青、品红、黄色墨水的光谱分布与理想情况相差较大，所以这 3 种基色墨水的等量混合实际产生的是一种混浊的棕褐色，因此，在彩色打印时常常需要加入一种黑色墨水，才能产生真正的黑色。添加适量黑色墨水的时候，不仅可以得到饱和的黑色色调、稳定中性灰平衡、有利于中性灰的再现、避免其中间调到暗调的偏色问题，还可以提高图像暗调区域的对比度，使暗调区域的图像轮廓更加清晰，提高暗调的质感效果。同时，用便宜的黑色墨水代替部分较为昂贵的三基色墨水，这样可以大大降低打印成本，并给高速打印创造了条件。

在四色打印中，由于引入了黑色墨水 K，因此，需要解决如下几个问题。

（1）如何计算 K 的用量？

对于一幅特定的画面究竟应产生多少 K，才能保证打印出来的画面既干净美观又层次分明？黑色 K 加入太少，达不到产生真正黑色的目的，而加入太多，又使画面显得太脏太暗。

（2）如何解决引入黑色墨水 K 后导致的墨量增加问题？

由于打印纸张所允许覆盖的墨水总量是有限的，一般称之为总墨量极限，因此，如果使用墨量过多，就会出现一系列问题，如打印时墨水不能正常干燥，使纸张粘在一起；纸被打透；墨水飞出墨盒，造成污染等。

原则上，四色打印时的总墨水覆盖量范围为 0～400%，四色墨水都以 100%打印时就得到 400%的覆盖量。但这个上限几乎是罕见的，无论承印物的质量如何，都不应印出 400%的总墨量。这个上限一般介于 260（普通纸）和 320（高品质纸）之间。因此，为了限制打印的总墨量，引入 K 色后，必须相应地减少 CMY 墨水的使用量。

通常采用底色去除（Under Color Removal，UCR）或灰成分取代（Gray Component Replacement，GCR）方法解决这个问题。UCR 是指去除中性灰区域的彩色，即只有接近中性灰的区域的 CMY 才用黑色代替；而 GCR 不受此限制，它将彩色看成是含有中性灰成分的量，用黑色代替这些中性灰成分再现该颜色。这两种方法都可以达到产生真正黑色的目的，同时，又可起到节约墨水使用量的作用。

经典的 GCR 方法是用理论上的灰度平衡关系进行灰成分取代，即用 K 代替等量的 CMY 来产生中性灰色，即

$$\begin{cases} K = \min(C, M, Y) \\ C' = C - K \\ M' = M - K \\ Y' = Y - K \end{cases}$$

例如，假设等量的 CMY 可产生中性灰，而一块深红色的区域又恰好是由打印 20%的青色墨水、50%的品红色墨水和 50%的黄色墨水形成的，那么如图 9-27 所示，采用四色打印时，就不必打印 120%（20%+50%+50%）的总墨水量，而只需打印 20%的黑色墨水、30%的品红色墨水和 30%的黄色墨水。

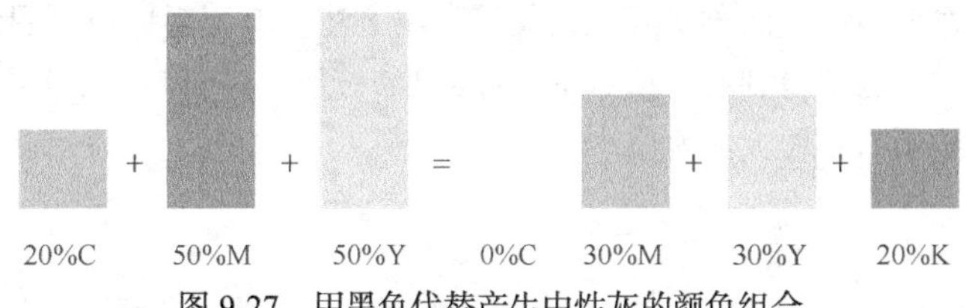

图 9-27　用黑色代替产生中性灰的颜色组合

进行灰成分取代后，打印所需的总墨水量由原来的 120%降到了 80%，减少了墨水使用总量，降低了打印成本；同时，由于黑色墨水的密度高于其他彩色墨水，在混合色区域用黑色墨水代替 3 种彩色墨水后，由于打印总墨水量降低，可以避免墨层在暗调区域的堆积，使墨水打印后能快速干燥，减少粘脏现象，满足高速打印的需求；同时还能使暗调区域层次分明，提高画面的对比度、满足人们对文字的视觉要求。

现在推荐使用 GCR 的安全范围是 50%～80%，例如，50%的 GCR 设置就是将通常由彩色墨水打印的灰成分去除 50%，并增加等量的黑色墨水补偿。

当主要对象由中性灰或金属色组成时，可生成中等或较为浓重的黑色。但对于像夜景这样的低调图像，应尽量保留其色彩细节，如果黑色用得过于浓重，则会损失色彩细节。而对于大多数细节都很亮的高调图像，如果加入太多的黑色，会使图像变模糊并出现颗粒。用大量黑色取代彩色后，将有平淡暗调和丢失细节的危险，为了弥补这一不足，保持暗调区域颜色的饱和度，可采用底色增益（Under Color Addition，UCA）恢复中性暗调区域的一些彩色，即在暗调区域去除一些黑色，在保证不会超过墨水量极限值的情况下，加入少量 CMY 三色，它与 GCR 的处理方式恰好相反，但只在较暗的中性颜色区域中发生作用。

黑色 K 在图像颜色外观中起重要作用，在四色打印中，最难处理的也是黑色，这主要源于以下两个问题。

（1）如何正确有效利用引入黑色墨水 K 后出现的双重黑色打印机制（Dual Black Printing Mechanisms）？

一般来说，黑色墨水在高光和中间调部位几乎没有使用的必要，只有在中间调以上到暗调这一段才有必要使用。因此，正确地引入黑色墨水，是指对原稿中性灰成分能使用适量的黑色墨水，而对原稿的彩色部分做到无黑色墨水。这样，既能保证暗调区域层次分明，又能保证亮调区域细节逼真，从而提高打印图像的整体亮度和颜色对比度。

（2）如何获取正确的灰度平衡关系？

灰度平衡（Gray Balance）或称中性灰平衡（Neutral Balance）的目的就是用 CMY 墨水的适当组合产生正确的中性灰色。获取正确的灰度平衡关系是提高四色色彩匹配质量的关键。

实际应用中，为了处理简便，通常都使用理论上的灰度平衡关系，即用 K 代替等量的 CMY 来产生黑色。这一方法的主要优点是无需样本测试，但由于等量的 CMY 并不产生真正的黑色，因此进行等量代替后，可能使某些彩色细节出现偏色，同时，这种方法也不具备对墨水纸张特性的学习能力和适应性。

另一种常用的方法是在等量的 CMY 附近打印大量的混色样本色块，通过逐一与 1%～100%变化的 K 色样本的颜色外观进行比较，找到与 K 色样本相匹配的 CMY 样本（可称之为对比目测法），然后建立灰度平衡关系的查找表，该方法的主要缺点是所需测试的样本数量大。

理论上，确定正确的灰度平衡关系，需要遍历整个 $100\times100\times100$（100^3）的三维样本空间，这种搜索的代价不仅体现在算法巨大的时间和空间代价，同时也体现在巨大的样本测试工作量上。作者研究了两种灰度平衡关系学习方法，有兴趣的读者见参考文献[32]。

为了得到照片质量的打印结果，近年来，使用六色或更多色的高保真打印（Hi-Fi Printing）技术有了较大的发展。

9.8 本章小结

本章首先介绍了颜色科学的基础理论知识，包括颜色视觉的机理、常用的颜色空间及色彩设计等内容，然后，重点介绍了色彩管理的概念、为什么要进行色彩管理、ICC 标准的产生、基于 ICC Profile 的色彩管理方法、常用的色彩匹配方法及基于科学发现的色彩匹配方法等内容。

习题 9

9.1 迄今为止提出的最有说服力的两种颜色理论是哪两种？它们各有什么优缺点？

9.2 常用的与设备有关的颜色空间有哪些？与设备无关的颜色空间有哪些？为什么要提出与设备无关的颜色空间？

9.3 在色彩设计中常用的颜色模型是什么颜色模型？

9.4 为什么要进行色彩管理？ICC 标准是如何产生的？

9.5 为什么要进行 CMYK 四色打印？黑色墨水引入的目的和好处是什么？

第 10 章 计算机动画

计算机动画是计算机图形学和艺术相结合的产物，它是在传统动画的基础上，伴随着计算机硬件和图形算法的发展高速发展起来的一门高新技术，它综合利用计算机科学、艺术、数学、物理学、生物学和其他相关学科的知识在计算机上生成动态连续的画面，在计算机动画所生成的虚拟世界中，物体并不需要真正去建造，物体、虚拟摄像机的运动也不会受到什么限制，动画师可以随心所欲地创造他的虚幻世界，因而计算机动画给人们提供了一个充分展示个人想象力和艺术才能的新天地。在《侏罗纪公园》《终结者Ⅱ》《指环王》和《阿凡达》等优秀电影中，我们可以充分领略到计算机动画的高超魅力。现在，计算机动画不仅可应用于影视特技、商业广告、电视片头、动画片、电脑游艺场所，还可应用于计算机辅助教育、军事、飞行模拟等应用领域。

10.1 动画技术的起源、发展与应用

10.1.1 动画技术的起源与发展

传统的图片动画于 1831 年由法国人 J. A. Plateau 发明，他用一部称为 Phenakistoscope 的机器产生了运动的视觉效果，这部机器包括一个放置图画的转盘和一些观看用的窗口。1834 年，英国人 Horner 发展了上述思想，发明了称为 Zoetrope 的机器，这种设备有一个可旋转的圆桶，圆桶边缘有一些槽口，将画片置于设备内壁上，当圆桶旋转时，观众可通过槽口看到画片上的画面，从而产生动画的视觉效果。其后，法国人 E.Reynaud 对 Zoetrope 进行了改进，将圆桶边缘上的槽口用置于圆桶中心可以旋转的镜子来代替，构成称为 Praxinoscope 的设备。

1892 年 E.Reynaud 在巴黎创建了第一个影剧院 Optique，但第一部运动的影片《滑稽的面孔》是 1906 年由美国人 J. S. Blackton 制作完成的。1909 年美国人 W.McCay 制作的名为《恐龙专家格尔梯》的影片，被认为是世界第一部卡通动画片。虽然这部片子时间很短，但 McCay 却用了大约一万幅画面。

计算机动画是 20 世纪 60 年代中期发展起来的。在 20 世纪的最后十年里，计算机动画在好莱坞掀起了一场电影技术的风暴。1987 年由著名的计算机动画专家塔尔曼夫妇领导的 MIRA 实验室制作了一部七分钟的计算机动画片《相会在蒙特利尔》，再现了国际影星玛丽莲 · 梦露的风采。1988 年，美国电影《谁陷害了兔子罗杰?》中二维动画人物和真实演员的完美结合，令人叹为观止。1991 年詹姆斯 · 卡梅隆导演的美国电影《终结者Ⅱ》中那个追赶主角的穷凶恶极的液态金属机器人从一种形状神奇地变化成另外一种形状的动画特技镜头，给观众留下了深刻的印象。1993 年，斯皮尔伯格导演了影片《侏罗纪公园》，这部刻画会跑、会跳、神气活现的史前动物恐龙的影片，因其

出色的计算机特技效果而荣膺该年度的奥斯卡最佳视觉效果奖。

1996年，世界上第一部完全用计算机动画制作的电影《玩具总动员》上映，影片中所有的场景和人物都由计算机动画系统制作，虽然该片的剧情和人物举止并无过多可圈可点之处，但它的真正意义在于给电影制作开辟了一条全新的道路。

1998年是全三维CG影片丰收的一年，《昆虫的一生》和《蚁哥正传》都获得了观众的首肯，尤其是《蚁哥正传》中蚁哥Z-4195和芭拉公主在野外一先一后被枝叶上落下的水珠吸入其中、之后又随着水珠落地奋力挣脱出来的镜头，代表了当时全三维CG电影制作的最高水准。

我国的计算机动画技术起步较晚。1990年的第11届亚洲运动会上，首次采用了计算机三维动画技术来制作电视节目片头。从那时起，计算机动画技术在国内影视制作方面迅速发展。

随着计算机性能的提高、计算机动画技术的发展和计算机动画系统制作动画成本的降低，如今，计算机动画不仅成为了电影电视中不可缺少的组成部分，而且还深入到我们的生活中，不少电脑爱好者可以轻松地利用计算机动画制作软件在自已的个人电脑上制作原创的动画作品。

10.1.2 计算机动画的应用

目前在我国，计算机动画在很多领域都得到了广泛的应用，具体有以下方面。

1. 广告制作

早期的电视广告大多以拍摄作为重要的制作手段，而现在更多的则用三维动画或三维动画与摄像相结合的制作方式。20世纪90年代，计算机三维动画技术在我国悄然兴起，首先就被应用在电视广告制作上。1990年北京召开的第11届亚运会的电视转播中，国内首次采用三维动画技术制作了有关的电视节目片头。如今，在电视的广告中，到处都可以看到用三维动画软件制作的镜头，这已不再稀奇。

2. 建筑装潢设计

建筑装潢设计在国内目前也是一个计算机动画应用相当广泛的领域，例如，在进行装潢施工之前，可以通过三维软件的建模、着色功能先制作出多角度的装饰效果图，供用户观察装潢后的效果。如果用户不满意，可以要求施工人员改变施工方案，不仅节约了时间，还避免了浪费。

3. 影视特技制作

计算机动画技术还被广泛用于电影电视中的特技镜头的制作，产生以假乱真而又惊险的特技效果，如模拟大楼被炸、桥梁坍塌等。例如，影片《珍珠港》中的灾难景象以及影片《黑客帝国》中的火人都是由计算机动画软件制作的。

4. 电脑游戏制作

电脑游戏制作在国外比较盛行，有很多著名的电脑游戏中的三维场景与角色就是利用一些三维动画软件制作而成的，在国内还处于发展阶段。

5. 其他方面

三维动画在其他很多方面同样得到了应用。例如，在国防军事方面，用三维动画来模拟火箭的发射，进行难度高、危险性大的飞行模拟训练等，不仅非常直观有效，而且安全，节省资金。计算机动画技术在工业制造、医疗卫生、法律（如事故分析）、娱乐、可视化教学、生物工程、艺术等方面同样有一定的应用。

10.1.3 计算机动画的未来

最早的动画影片采用程序设计语言编程制作，或者用只有计算机专家才能理解的交互式系统制作。此后，用户界面良好的交互式系统不断发展，使得艺术家们不需要太多的计算机专家的参与就可以制作影片，面向动画师的界面良好的交互式系统吸引了那些害怕技术问题、特别是不愿意用计算机编程的艺术家们，但是同时也限制了人们的创造力，而用计算机编程可以有效地开发计算机的潜能，从而产生更强的特技效果。利用人工智能理论研制功能更强的面向用户的动画系统，基于自然语言描述的脚本用计算机自动产生动画，即文景转换，是目前比较热门的研究课题。

计算机动画发展到今天，无论在理论还是在应用上都已取得了巨大的成功，目前，正向着功能更强、速度更快、效果更好、使用更方便等方向发展，例如，在建筑效果图制作方面，随着虚拟现实技术的发展，照片式效果图将会被三维漫游动画录像所替代。在电脑游戏制作方面，一些特殊硬件的发展，如阵列处理机、图形处理机等，这些技术的成熟将有助于推动计算机三维动画从真实性向带有纹理、反射、透明和阴影等真实感效果的三维实时动画方向发展。

谈到计算机动画的未来，也许最令人激动不已的当属影视制作领域了。美国沃尔特·迪斯尼公司就曾预言，21 世纪的明星将是一个听话的计算机程序，它们不再要求成百上千万美元的报酬或头牌位置。其实，这里所指的“听话的计算机程序”就是虚拟角色，也称为虚拟演员（Virtual Actor），广义上它包含两层含义，第一层含义是指完全由计算机塑造出来的电影明星，如《蚁哥正传》中的蚁哥，《精灵鼠小弟》中的数字小老鼠，电影《最终幻想》中的虚拟演员艾琪等。虚拟演员第二层含义是指借助于电脑使已故的影星“起死回生”，重返舞台。

全三维 CG 电影仍然代表着电影业的希望与未来，随着计算机科学技术的发展，终有一天全三维 CG 电影会具备向传统影片（包括采用 CG 技术的影片）发起挑战的实力。

10.2　传统动画

10.2.1　什么是动画

什么是动画？世界著名的动画大师 John Halas 曾经说过：“动画的本质在于运动”，也有人称之为“动的艺术”。下面是大家普遍认可的两个定义。

（1）所谓动画是指将一系列静止、独立而又存在一定内在联系的画面（通常称之为帧，Frame）连续拍摄到电影胶片上，再以一定的速度（一般不低于 24 帧/s）放映影片来获得画面上人物运动的视觉效果。

（2）动画就是动态地产生一系列景物画面的技术，其中当前画面是对前一幅画面某些部分所做的修改。

不过，虽然计算机动画采用和传统动画相似的策略，但随着计算机动画技术的发展，尤其是以实时动画为基础的视频游戏的出现，这些定义已很不全面了，显然，那种认为动画就是运动的观点是非常局限的，因为动画不只是产生运动的视觉效果，还包括变形（如一个形体变换成另一个形体）、变色（如人物脸色的变化、景物颜色的变化）、变光（如景物光照的变化，灯光的变化）等。

10.2.2　传统动画片的制作过程

传统动画主要是生产二维卡通动画片，每一帧都是靠手工绘制的图片，卡通（Cartoon）的意思就是漫画和夸张，动画采用夸张拟人的手法将一个个可爱的卡通形象搬上银幕，因而动画片也称为卡通片。其生产过程是相当复杂的，往往需要投入大量的人力。

卡通动画片通常是在演播室中制作的，它的一般制作过程可简述如下。

（1）创意：为了描述故事的情节，需要故事梗概、电影剧本和故事版3个文本，首先要有故事梗概，用于描述故事的大致内容，其次要有电影剧本，它详细描述了一个完整的故事，但其不包括任何拍片的注释。与真人表演的故事片的剧本相比，动画片剧本中一般不会出现冗长、复杂的人物对话，而是着重通过人物的动作，特别是滑稽、夸张的动作，来激发观众的想象，达到将主题思想诉诸观众的目的。这一点是真人表演的故事片所无法比拟的。导演在阅读剧本之后，绘制出配有适当解说词以表现剧本大意的一系列主题草图，这就是故事版，它由大量描写特定情节并配有适当解说词的片段组成，每个片断又包括一系列有一定地点和角色的场景，而场景又被划分成一个个镜头。

（2）设计：根据故事版，确定具体的场景，设计角色的动作，完成布景的绘画，并画出背景的设计草图。

（3）音轨：在传统动画中，音乐要与动作保持同步，所以要在动画制作之前完成录音工作。

（4）动画制作：动画制作的核心是帧的制作。在这一阶段，主动画师负责画出一些关键的控制画面，这些画面被称为关键帧。通常一个主动画师负责一个指定的角色。

（5）插补帧制作：关键帧之间的中间帧，称为插补帧。主动画师绘制完关键帧以后，先由助理动画师画出一些插补帧，剩下的插补帧则由插补员来完成。助理动画师的工作比插补员的工作需要更多的艺术创造，而插补员的工作则相对简单、机械。

（6）静电复制和墨水加描：使用特制的静电复制摄像机将铅笔绘制的草图转移到醋酸纤维胶片上，画面上的每个线条必须靠手工用墨水加描。

（7）着色：由专职人员将动画的每一帧画面用颜色、纹理、明暗和材质等效果表现出来。不仅对运动的人物角色着色，还要对静态的背景着色。这里，背景是个泛称，它指的是在运动的人物角色之后或之前静止不动的景物。每个背景制作人员必须保证用与原始设计相一致的风格来绘制背景。

（8）检查与拍摄：检查所有画面是否都绘制、描线和着色正确。在确认正确无误后，将其送交摄制人员将动画拍摄到彩色胶片或电视录像带上。

电影拍摄与电视拍摄的基本原理是相同的，但也有不同之处，主要表现在以下两方面。

① 存储介质不同。对于电影拍摄，图像是存储在电影胶片上的，而对于电视拍摄，图像则是存储在录像带上的。

② 播放速度不同。电影是按每秒24帧进行拍摄和播放的，而对于电视，不同制式的电视动画片的播放速度是不同的，例如，PAL制的电视是按每秒25帧进行播放的，NTSC制的电视是按每秒30帧进行播放的。

（9）剪辑：在拍摄完成后，观看样片以寻找错误。若有错误，则指出并加以改正，然后重新制作、拍摄。否则，由导演和剪辑人员对其进行剪辑等后期制作。在后期制作阶段，对由醋酸纤维材料制成的胶片的处理需要在多个实验室中用化学方法进行冲洗和曝光处理。通常的编辑工作主要是胶片的汇总、分类及拼接。一般地，奇数序号的镜头被剪接在A卷胶片上，而偶数序号的镜头被剪接在B卷胶片上，这种方法易于在后期制作中添加淡入淡出处理。

（10）配音及复制：在导演对目前的影片满意后，编辑人员和导演开始选择音响效果来配合影片中的人物动作。在所有音响效果都选定并能很好地与人物动作同步后，编辑和导演要进行声音复制，即将人物对话、音乐和音响都混合在一个声道内，并记录在胶片或录像带上。

10.2.3 动作特效与画面切换方式

一般情况下，动画的拍摄和播放速度应该是一致的。对于特殊效果的实现，可通过控制动画的拍摄和播放速度来实现。例如，按高速拍摄，并按正常速度播放时，将会产生慢动作的效果；而按低速拍摄，并按正常速度播放时，将会产生快动作的效果。

运动序列中的画面切换与过渡方式主要有以下几种。

（1）直接切换：是一种最简单的镜头过渡方式，突然以另一镜头来替换，不产生特殊效果。在影片中，镜头是逐次切换的，观众对这种方式已经习以为常。

（2）推拉，或称变焦（Zoom）：改变摄像机的镜头焦距，或将摄像机接近或远离物体，达到使物体变大或变小的效果。

（3）摇移（Pan）：即将摄像机水平地从一点转到另一点。

（4）俯仰（Tilt）：即将摄像机垂直地从一点转到另一点。

（5）淡入（Fade-in）：在一个情节开始时，场景渐渐从黑暗处显现，即由后向前，由模糊变清晰，称为淡入。在影片的片头中最常用。

（6）淡出（Fade-out）：在一个情节结束时，场景渐渐变暗，直到全黑，即由前向后，由清晰变模糊，称为淡出。

（7）软切，也称溶镜（Dissolve）：第一个镜头随着时间而溶化在第二个镜头中，即第一个镜头的最后一格淡出，第二个镜头的第一格淡入。

（8）交叉淡化：除重叠部分不是同时出现以外，与溶镜类似。

（9）滑入，也称抹擦（Wipe）：第二个镜头取代第一个镜头时，借助银幕边缘上小区域逐渐扩大来进行画面过渡，将后一个场景逐渐滑入到前一个场景画面中，与溶镜和交叉淡化不同的是，前后两幅画面不重叠。场景分界线之间可能出现的几种形式如图 10-1 所示。

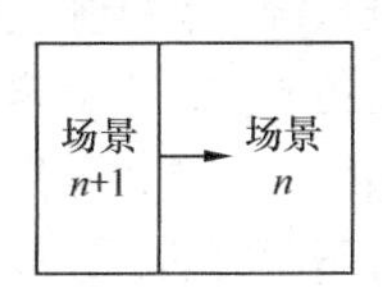

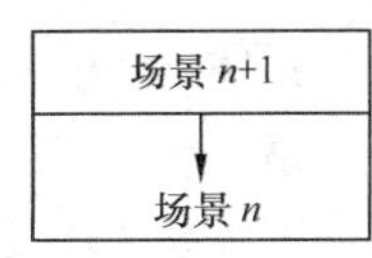

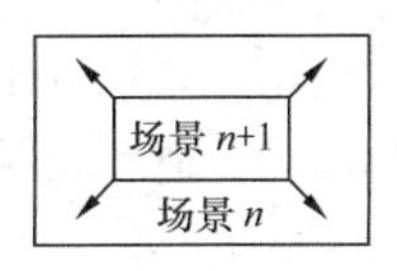

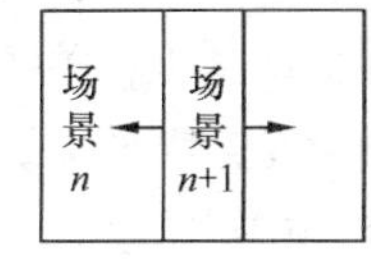

图 10-1 滑入效果图

10.3 计算机动画

10.3.1 计算机在动画中所起的作用

对于电影、电视上的动画片，画面变化的典型频率是 24 帧/s，要制作半小时的动画片，需要制作 4 万多张画面，用传统的手工方法，完成这些画面是相当费时费事的。随着计算机技术的高速发展，特别是图形图像和动画技术的进步，许多动画片的制作已经采用了计算机辅助的手段。所谓计算机动画就是利用传统动画的基本原理，结合科学与艺术，突破静态、平面图像的限制，利用计算机创作出栩栩如生的动画作品。

在计算机动画发展的早期，其与传统动画的区别主要表现在帧的制作上，即关键帧通过数字化采集方式得到，或者用交互式图形编辑器生成，对于复杂的形体还可以通过编程来生成，同时，插补帧不再由助理动画师和插补员来完成，而是由计算机自动完成。插补帧的制作，包括复杂的运动也由计算机直接完成。例如，Peter Foldes 的计算机动画片《饥饿》就是基于插补技术来制作完成的，这一技术的要点是：先给计算机提供两幅关键帧，然后由计算机去构造和生成它们的中间变化图像。由于在传统动画的制作过程中，为了表现运动或形状变化的效果，需要手工绘制大量的图像序列，用计算机辅助制作动画，代替手工插补工作，极大地方便了动画制作人员，缩短了动画片的制作周期，其意义是十分重大的。

随着计算机图形学三维造型技术和计算机动画技术的发展，计算机在动画制作的其他方面也发挥了重要的作用。例如，在着色方面，画面图像可以通过交互式计算机系统由用户选择颜色，指定着色区域，并由计算机完成着色工作，既方便快捷，又便于修改。在拍摄方面，可以用计算机控制一部摄像机的运动，也可以用编程的方法形成虚拟摄像机模拟摄像机的运动。在后期制作阶段，可以用计算机完成编辑和声音合成工作。

一个计算机辅助制作动画的系统与动画师的关系就像文字处理机与文字作家的关系一样，他们都致力于使使用者集中精力从事艺术创造，并减少创作过程中的繁杂劳动。

10.3.2 计算机动画系统的分类

计算机动画系统的分类有很多方法，根据系统的功能可将计算机动画系统分为如下级别。

一级：仅用于交互式造型、着色、存储、检索以及修改画面，其作用相当于一个图形编辑器。

二级：可用于计算并生成插补帧，并沿着某一设定的路径移动一个形体，这些系统通常考虑了时间因素，它们主要用来代替插补员的工作。

三级：可以给动画师提供一些形体的操作，例如，对景物或景物中的形体做平移、旋转等运动，或者模拟摄像机镜头做水平、垂直或靠近、远离形体的各种虚拟摄像机操作。

四级：提供定义角色的途径，即定义动画的形体，但这些形体的运动可能是不太自然的。

五级：具有学习能力，比上述系统的功能更强、更丰富，这一级系统具有智能化的特点。

计算机辅助动画也称关键帧动画，它是用计算机来辅助传统动画的制作，上面定义的二级计算机动画系统就是典型的关键帧动画。造型动画通常是三级或四级系统，它不仅可以绘画，而且可以在三维空间中进行多种表现形式的操作。目前，五级系统还没有研制成功，还有待于人工智能技术的发展。

10.3.3 计算机辅助二维动画

计算机辅助二维动画与传统动画制作的原理类似，只是计算机辅助二维动画的制作流程更灵活一些。不同的动画软件有着不同的制作流程，下面只介绍一个比较通用的制作流程。

（1）设计脚本。设计每一个镜头的安排和同步定时动作，并将其输入到计算机中存储。

（2）绘制关键画面或者按动画标准摄取手稿图像。利用图像编辑工具绘制关键画面，或者使用扫描仪输入动画师在纸上画出的画稿。

（3）将绘制或摄取的图像转换成透明画面，以便这些画面在同一帧里或背景上可以叠加多层，分别在不同的层中对相应层中的画面进行控制，而不影响其他层中的画面以及整个帧的画面清晰度。

（4）使用动画系统提供的功能对关键帧画面进行插值得到中间画面，并执行实时预演功能，以观看动作是否符合要求，所有图像可以通过鼠标操作在数秒内重新定位而无需再进行摄取。

（5）使用动画系统提供的调色板和渲染系统对制作的画面进行着色渲染。

（6）将通过扫描仪或摄像机输入的背景以及摄像机的移动（如全方位推拉、摇移等）分配到镜头的每一帧，当所有摄像机指令都记录到计算机中之后，动画软件就将这些画面和背景自动组合起来形成帧，并生成一系列文件，对这些文件进行编辑，以产生特殊的效果。

（7）对所有画面组成的序列文件检查无误后，将其输出到录像带上。

可见，在计算机辅助二维动画中，尽管着色可让计算机来完成，但由于它仍然是基于人的手在平面上绘制的，所以画面的效果在很大程度上还是取决于人的绘画水平的，而且绘画的过程只是在二维平面中表现，因此，二维动画的表现力受到较大的限制。

10.3.4　计算机辅助三维动画

所谓三维动画，就是利用计算机进行动画的设计与创作，产生真实的立体场景与动画。三维动画的制作方式与二维动画相比有着本质的不同，它不像二维动画那样，仅仅是用计算机的鼠标在二维的屏幕上绘画，而是去模拟一个真实的摄影舞台，这个舞台上既包括拍摄的主体对象，还包括灯光、背景、摄像机等。计算机三维动画的制作过程如下。

（1）根据要求进行创意，形成动画制作的脚本。

（2）按照创意要求，利用三维动画软件所提供的各种工具和命令，在计算机内建立画面中各种物体的三维线框模型（当然，造型和图像的来源也可以通过扫描仪输入或摄像机抓帧得到）。建立物体三维模型的原理来自于计算机图形学中有关曲线、曲面及三维几何造型的算法。一般地，三维动画软件不仅提供了建模命令，还提供交互式的修改命令，用于修改三维模型上的点、线、面及三维模型本身，这些修改命令的基本原理来自于计算机图形学中的几何变换原理。

（3）在线框模型的基础上，确定并调整物体的颜色、材质、纹理等属性，使三维模型与真实的物体看上去一致。

（4）调整好物体的颜色、材质、纹理等属性后，必须将场景中配上光才能看出其真实的效果。如果没有光，再好的颜色和材质也不能表现出逼真的效果。即使用了光，如果用得不好，也会影响其效果。一般动画软件中都提供平行光、聚光灯和球镜光 3 种光照效果。

（5）由于动画的核心是运动，因此调整好材质和光照效果后，还要模拟虚拟摄像机的运动，对准目标对象，让目标对象运动起来。设置物体的运动的方法有关键帧法、运动轨迹法、变形法和关节法等。其中，以关键帧法和变形法最为常用。关键帧法用于设定物体对象的位置变化、比例放缩、旋转和隐藏等变化；变形法用于设定物体对象的形状变化。

（6）对按上述方法生成的动画进行预演，以观看动画效果是否符合设计要求，否则对其进行修改，直到符合设计要求为止。

（7）对制作完的动画进行加工处理，包括背景图像的处理、声音的录入以及声音与动画的同步处理等。

（8）将以图像文件的形式存储在计算机中的图像序列录制到录像带上。

从以上过程可以看出，三维动画与二维动画不同，它完全是在三维空间里制作，通过制作虚拟的物体，设计虚拟的运动，丰富画面的表现力，达到真实摄像无法实现的动画制作效果。

10.3.5　实时动画和逐帧动画

在计算机制作的影片中，图像往往都很复杂，而且真实感强，这意味着制作一帧需要几分钟的时间甚至更长，这些帧录制好后，以每秒 24 帧的速度放映，这是逐帧动画的原理。而在计算机游戏中，动画的生成是直接的，用户可以用交互式的方式让画面中的形体快速移动，这就是实时动画。它要求把用户的现场选择直接地、实时地变成现实，即用户作决定的时刻就是实现的时刻，响应结果是直接反映到计算机屏幕上的，因此，实时动画无需录制。

实时动画受到计算机能力的限制，一幅实时图像必须在少于 1/15s 内绘制完毕并显示到屏幕上，才能保证画面不闪烁，产生连续运动的视觉效果，而由于计算机的速度、存储容量、字长、指令系统及图形处理能力等因素的限制，在这么短的时间内，计算机只能完成简单的计算，可见，"时间"是一个致命的限制。一种解决的方案是：先利用逐帧动画系统非实时地生成动画序列中的每一帧画面，并将这些画面保存在帧缓冲存储器中，然后用一个实时程序，实时地显示这些保存在帧缓冲存储器中的画面，从而在屏幕上展现实时放映动画的效果，这种技术称为实时放映技术。目前，还不能实现带有纹理、反射、透明和阴影等真实感效果的三维实时动画。

10.4 计算机动画中的常用技术

10.4.1 关键帧技术

关键帧（Key Frame）技术直接来源于传统的动画制作方法，在传统动画的制作中，动画师常常采用关键帧技术来设计角色的运动过程，出现在动画中的一段连续的动作，实际上是由一系列静止的画面表现的，如果把这一系列画面逐帧绘制出来，会耗费大量的时间和人力。因此，动画师通常需要从这些静止画面中选出少数的几帧画面加以绘制。由于被选出的画面一般都出现在动作变化的转折点处，对这段连续动作起着关键的控制作用，因此常称之为关键帧。在传统动画中，高级动画师设计完关键帧以后，由助理动画师设计得到中间画面。计算机动画技术出现以后，则改由计算机通过对关键帧进行插值生成中间画面，这种动画技术称为关键帧技术，它适用于对刚体运动的模拟。

关键帧技术最初只用来插值帧与帧之间卡通画的形状，后来发展成为可通过对运动参数插值实现对动画的运动控制，如物体的位置、方向、颜色等的变化，即通过定义物体的属性参数变化来描述物体运动。因此，关键帧插值问题的实质为关键参数的插值问题。但是与一般的纯数学插值问题不同的是：一个特定的运动从空间轨迹来看可能是正确的，但从运动学角度看则可能是错误的。因此，关键帧插值要求产生的运动效果足够逼真，并能给用户提供方便有效的对物体运动的运动学特性进行控制的手段，如通过调整插值函数来改变运动的速度和加速度等。

下面来看几个具体的例子。

（1）匀速运动的模拟。如图 10-2 所示，假定需在时间段 t_1 与 t_2 之间插入 n（$n=5$）帧，则整个时间段被分为 $n+1$ 个子段，其时间间隔为

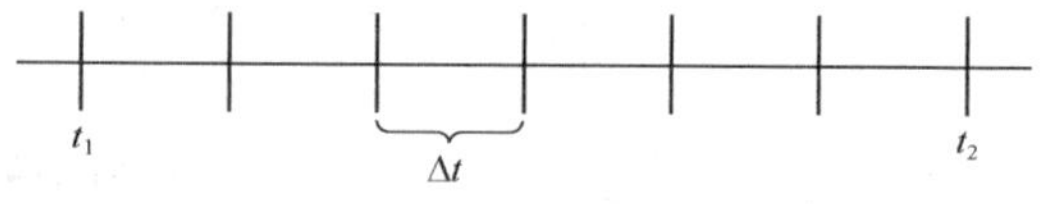

图 10-2　匀速运动的插值帧时刻

$$\Delta t = (t_2 - t_1) / (n + 1)$$

于是，任一插值帧的时刻为

$$t_{fj} = t_1 + j\Delta t \qquad j = 1, 2, \cdots, n$$

根据 t_j 可确定物体的坐标位置和其他物理参数。

（2）加速运动的模拟。模拟加速运动，可使用如图 10-3 所示的函数来实现帧间时间间隔的增加，即

$$1 - \cos\theta \qquad 0 < \theta < \pi/2$$

这时，第 j 个插值帧的时刻为

$$t_{fj} = t_1 + \Delta t(1-\cos(j\pi/(2(n+1)))) \qquad j=1,2,\cdots,n$$

（3）减速运动的模拟。模拟减速运动，可使用如图 10-4 所示的三角函数来实现帧间的时间间隔的减少为

$$\sin\theta \qquad 0<\theta<\pi/2$$

这时，第 j 个插值帧的时刻为

$$t_{fj} = t_1 + \Delta t\sin(j\pi/(2(n+1))) \qquad j=1,2,\cdots,n$$

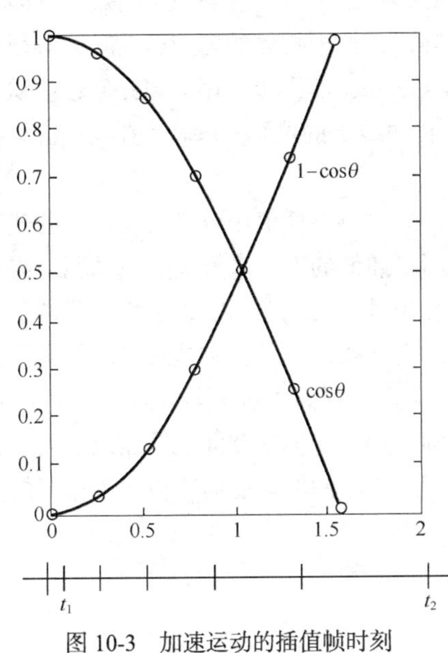

图 10-3　加速运动的插值帧时刻

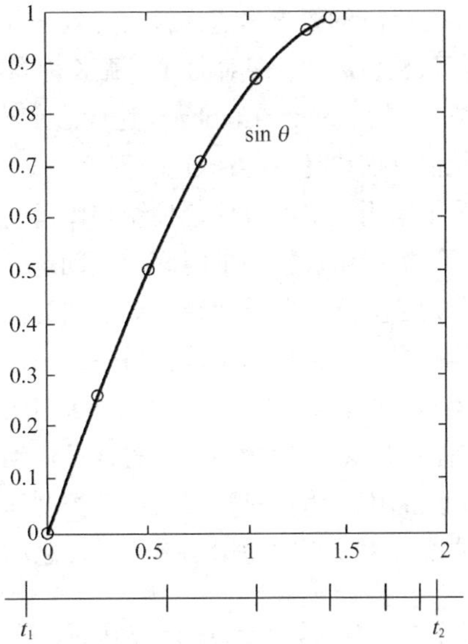

图 10-4　减速运动的插值帧时刻

（4）混合增减速运动的模拟。可使用如图 10-5 所示的函数来实现先加速后减速的运动模拟，即

$$(1-\cos\theta)/2 \qquad 0<\theta<\pi$$

这时，第 j 个插值帧的时刻为

$$t_{fj} = t_1 + \Delta t(1-\cos(j\pi/(n+1))) \qquad j=1,2,\cdots,n$$

用关键帧技术制作的动画存在的主要问题如下。

1. 交互响应慢

由于物体的真实行为受它所处环境状态的影响，轻微地修改动画剧本，如移动或添加一个物体，都需要将整幅动画重新制作，从而降低了动画系统的灵活性和交互的速度，在制作虚拟现实、电脑游戏和交互式教学工具时存在困难。

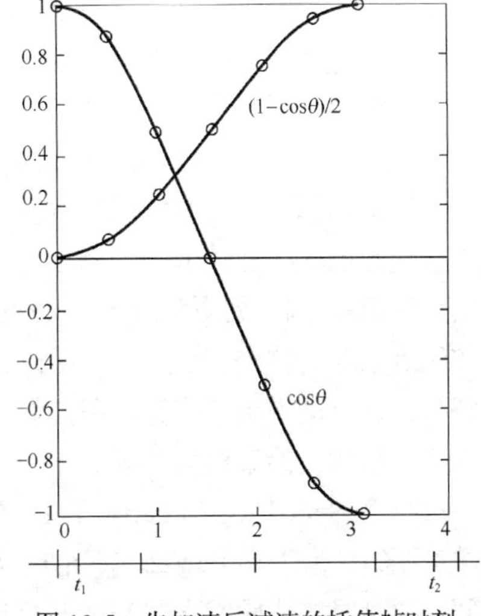

图 10-5　先加速后减速的插值帧时刻

2. 物体运动的物理正确性和自然真实性难以保证

由于关键帧插值不考虑物体的物理属性和力学特性，因此，插值得到的运动不一定是合理的，物体运动的物理正确性和自然真实性只能依赖动画师的技巧，如果动画师水平不高，就会出现不自然、不真实、不协调的运动效果。

尽管如此，关键帧技术仍然是目前最常用的动画设置方法。

10.4.2 样条驱动技术

基于运动学描述，通过用户事先指定一条物体运动的轨迹（通常用三次参数样条表示）来指定物体沿该轨迹运动，这种方法称为样条驱动动画，也称运动轨迹法。其所要解决的基本问题就是要通过对样条曲线等间隔采样，求出物体在某一帧的位置，从而生成整个动画序列。但是，如果直接在参数空间对样条进行等间隔采样，由于等间距的参数不一定对应等间距的弧长，即不一定满足等距离的要求，这样就会导致运动的不均匀性。因此，模拟物体的匀速运动时，必须对样条进行弧长参数化，即对曲线以弧长为参数重新参数化。Guenter 等人提出用 Gauss 型数值积分法计算弧长，用 Newton-Raphson 迭代法来确定给定弧长点在曲线上的位置，并采用查找表记录参数点弧长值以加快计算的速度。

为了让用户能够方便地控制物体运动的运动学特性，通过调整插值函数来改变运动的速度和加速度，需要解决插值的时间控制问题，Steketee 提出用双插值的方法来解决这一问题。需要由用户分别独立指定两条曲线来对物体的运动进行控制：一条是空间轨迹曲线，也称位置样条，它是物体位置对关键帧的函数；另一条是速度曲线，也称运动样条，它是关键帧对时间的函数。为了求得某一时刻物体在空间轨迹曲线上的位置，首先要从运动样条上找到给定时刻对应的弧长（即关键帧），然后使物体沿位置样条运动该弧长距离，即可得到物体在空间轨迹曲线上的位置。这种方法的优点为：对物体的运动控制非常直观方便，可以用不同的速度曲线应用于相同的空间轨迹曲线，生成不同的运动效果，反之亦然。

10.4.3 Morphing 和 FFD 变形技术

计算机动画中另一类重要的运动控制方式是变形技术。Morphing 和自由格式变形（Free-Form Deformation，FFD）是两类最常用的变形方法。许多商用动画软件如 Softimage、Alias、Maya、3DS MAX 等都使用了 Morphing 和 FFD 变形技术。

Morphing 是指将一个给定的数字图像或者几何形状 S 以一种自然流畅的、光滑连续的方式渐变为另一个数字图像或者几何形状 T。在这种渐变过程中，中间帧兼具 S 和 T 的特征，是 S 到 T 的过渡形状。它适用于物体拓扑结构不发生变化的变形操作，只要给出物体形变的几个状态，如两个物体或两幅画面之间特征的对应关系和相应的时间控制关系，物体便可以沿着给定的插值路径进行线性或非线性的形变。例如，如果给定两个有同样数目顶点的折线，那么利用线性插值可以给出从第一个折线到第二个折线的光滑过渡，如图 10-6 所示。由于它是通过移动物体的顶点或者控制点来对物体进行变形的，所以，它是一种与物体表示有关的变形技术。Morphing 技术在电影特技处理方面得到了广泛应用，如电影《终结者 II》中的机械杀手由液体变为金属人，再由金属人变为影片中的其他角色等。

FFD 是 Sederberg 和 Parry 于 1986 年提出的一种变形技术，这种方法引入了一种基于三变量 B 样条体的变形工具 Lattice，不用对物体直接变形，而是把要变形的物体嵌入一个称为 Lattice 的空间，通过对物体所嵌入的 Lattice 空间进行变形，使嵌入在其中的物体也随着 Lattice 进行变形，这里，物体的变形是任意的，可由动画师任意控制，因此，它是一种间接的与物体表示无关的变形方法，特别适合于柔性物体的动画设置。与 Morphing 方法相比，FFD 变形方法对变形的可控性更强，FFD 现已成为同类变形方法中最实用、应用最广泛的一种变形方法。其主要缺点是：缺乏对变形的细微控制，如模拟人脸表情动画等效果不够理想。

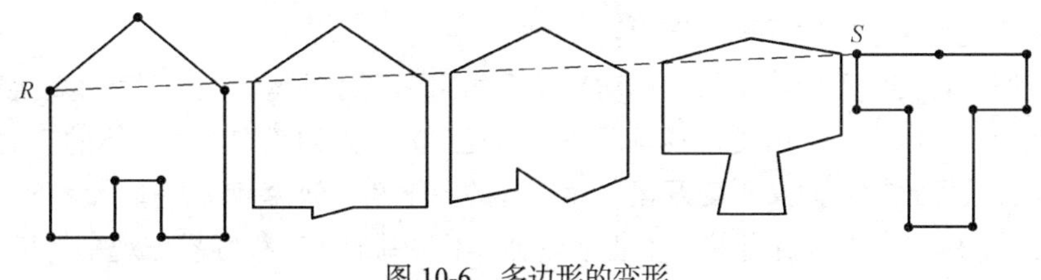

图 10-6 多边形的变形

10.4.4 运动捕获技术

运动捕获技术（Motion Capture）是由加拿大士丹尼电脑动画研究院研究成功的一种动画技术，堪称为动画技术的一大突破。目前，运动捕获已成为现代高科技电影不可缺少的工具。例如，在 1998 年放映的获奥斯卡视觉效果成就奖的电影《泰坦尼克号》中，沉船时乘客从船上落入水中的许多惊险镜头就是利用运动捕获技术并用计算机进行合成的，这种方法避免了实物拍摄中的高难度、高危险动作。

运动捕获的过程是这样的：经过训练的真实演员按导演的要求做着各种不同的动作，他们身上挂满了感应器，这些感应器连着一台计算机，他们的动作被转换为数字信息记录到计算机中，计算机搜集这些数据后将信息传递到工作室，然后结果被 3D 化，在计算机中以线条形式表现出来，形成电影中角色的基础，再为此增加皮肤和外壳之后，那些无生气的线条就成为了栩栩如生的虚拟角色。运动捕获技术除了用于捕获人体全身的动作以创作影片人物逼真的运动效果外，也可用于捕获诸如人的面部表情、手部关节等局部的动作。例如，在全三维 CG 影片《最终幻想》中，运动捕获得到的关节运动数据和脸部表情动画数据使得影片中的角色栩栩如生，如同真人一样。

利用计算机设计角色造型时，动画师通过手工方式对关键帧中每个造型的姿态特别是表情进行精细的调整，以获得生动的表情动画，不但要求动画师必须具有丰富的经验和高超的技巧，而且其效率低，易出错，很不直观，难以达到生动、自然的效果。基于动作捕捉技术的表演动画（Performance Animation）技术的诞生彻底改变了这一局面。它综合运用计算机图形学、电子、机械、光学、计算机视觉、计算机动画等技术捕捉表演者的动作甚至表情，用这些动作或表情数据直接驱动动画角色模型，使角色模型做出与表演者一样的动作和表情，并生成最终所见的动画序列。与传统动画制作技术相比，表演动画的优点是生成的动画质量高，真实自然，速度快，制作成本低，控制灵活，易于产生特殊的动画效果，如改变动作与角色模型的对应关系，所有动作可以通过创建动作数据库进行存储，一次表演的动作存于素材库中，可被多次修改使用，用以驱动新的角色模型。

现在，运动捕获技术已广泛应用在医学康复动作分析、运动员的动作训练、电影特技、商业广告及视频电子游戏等领域里。

10.4.5 其他动画技术

除了前面介绍的在计算机动画中常用的几种技术之外，还有几种动画技术也比较常用，如过程动画、关节动画和人体动画、基于物理模型的动画等技术。

过程动画是指物体的运动和变形可由一个过程来控制，通常要基于一定的数学模型或物理规律（如弹性理论、动力学、碰撞检测等）对物体的运动进行控制。虽然过程动画也可能涉及物体的变形，但它与柔性物体的变形不同，过程动画中物体的变形需要遵循一定的数学模型或物理学规律，即物体的变形不是任意的。第 7 章中介绍的粒子系统、L 系统和第 8 章中介绍的 Fourier

等理论常用于水波运动的模拟，三维森林、草叶随风飘动的模拟，以及火光、烟雾等特殊光效的模拟，在影视特技等应用中发挥重要作用。

与几何造型、真实感图形绘制及其他动画技术相比，人体的运动控制技术的发展相对滞后。由于人体具有 200 个以上的自由度，其运动是相当复杂的，人的肌肉随着人体的运动而变形，人的个性、表情等既细致微妙而又千变万化，而常规的数学和几何模型又不适合表现人体的各种形态与动作，同时，由于人类对自身的运动非常熟悉，不协调的运动很容易被观察者所察觉。因此，人体的造型与动作模拟尤其是引起关节运动的肌肉运动模拟以及脸部表情模拟是相当困难的，正因如此，关节动画和人体动画一直是最困难和最具挑战性的课题之一。

基于物理模型的动画技术是 20 世纪 80 年代后期发展起来的。目前许多动画软件如 Softimage、Maya 等都具备这种基于动力学的动画制作功能。由于基于物理模型的动画技术考虑了物体在真实世界中的属性，如具有质量、转动惯矩、弹性、摩擦力等，并基于动力学原理来自动产生物体的运动。当场景中的物体受到外力作用时，牛顿力学中的标准动力学方程可用来自动生成物体在各个时间点的位置、方向及其形状，因此，基于物理模型的动画技术特别适合于对自然物理现象的模拟，如刚体运动模拟、塑性物体变形运动及流体运动模拟等。这种方法的优点是：动画设计者不必关心物体运动过程的细节，只要确定物体运动的物理特性和约束条件（如质量、外力等），物体的运动就可以计算出来，并且通过改变物体运动的物理特性和约束条件就可以对物体的运动进行控制。该方法的主要缺陷是计算复杂度相对较高。

10.5 动画文件格式

10.5.1 GIF 格式

GIF（Graphics Interchange Format）即“图形交换格式”，是 20 世纪 80 年代美国一家著名的在线信息服务机构 CompuServe 开发的。GIF 格式采用了无损数据压缩方法中压缩比率较高的 LZW 算法，因此，它的文件尺寸较小。GIF 格式还增加了渐显方式，用户可以先看到图像的大致轮廓，然后随着传输过程的继续而逐步看清图像中的细节部分，从而适应了用户的“从朦胧到清楚”的观赏心理，因此，特别适合作为 Internet 上的彩色动画文件格式。

10.5.2 FLI/FLC 格式

FLIC 是 Autodesk 公司在其出品的 Autodesk Animator / Animator Pro / 3D Studio 等 2D/3D 动画制作软件中采用的彩色动画文件格式，FLIC 是 FLC 和 FLI 的统称，其中，FLC 是 FLI 的扩展格式，采用了更高效的数据压缩技术，其分辨率也不再局限于 FLI 的 320 像素×200 像素。FLIC 文件采用行程编码（RLE）算法和 Delta 算法进行无损数据压缩，首先压缩并保存整个动画序列中的第一幅图像，然后逐帧计算前后两幅相邻图像的差异或改变部分，并对这部分数据进行 RLE 压缩，由于动画序列中前后相邻图像的差别通常不大，因此，可以得到很高的数据压缩比。目前，它已被广泛用于计算机动画和电子游戏应用程序。

10.5.3 SWF 格式

SWF 是 Micromedia 公司（在 2005 年被 Adobe 公司收购）在其出品的 Flash 软件中采用的矢量动画格式，它不采用点阵而是采用曲线方程描述其内容，因此，该格式的动画在缩放时不会失真，非常适合描述由几何图形组成的动画，如教学演示等。由于这种格式的动画能用比较小的存储量来表现丰富的多媒体素材，并且还可以与 HTML 文件充分结合，添加 MP3 音乐，因此被广泛地应用于网页制作。Flash 动画是一种“准”流（Stream）形式的文件，即用户可以不必等到动画文件全部下载到本地后再观看，而是可以边下载边观看。

10.5.4　AVI 格式

AVI 英文全称为 Audio Video Interleaved，即音频视频交错格式，是微软公司开发的将语音和影像同步组合在一起的文件格式。一般采用帧内有损压缩，因此画面质量不是太好，且压缩标准不统一，但其优点是可以跨平台使用。AVI 文件目前主要应用在多媒体光盘上，用来保存电影、电视等各种影像信息，有时也出现在 Internet 上，供用户下载、欣赏影片的精彩片段。

10.5.5　MOV 格式

MOV 是美国苹果公司开发的音频、视频文件格式，其默认的播放器为 QuickTime Player，该格式支持 RLE、JPEG 等压缩技术，提供了 150 多种视频效果和 200 多种声音效果，能够通过 Internet 提供实时的数字化信息流、工作流和文件回放，其最大特点是存储空间要求小和跨平台性，不仅支持 MacOS，还支持 Windows 系列。采用有损压缩方式的 MOV 格式文件的画面质量较 AVI 格式要稍好一些。

10.6　计算机上的二维动画软件简介

Adobe 公司出品的 Flash 是计算机二维动画软件中的后起之秀。它不仅支持动画、声音和交互功能，其强大的多媒体编辑能力还可以直接生成主页代码。由于用 Flash 制作的动画是矢量动画，不论把它放大多少倍，它都不会失真，Flash 提供的透明技术和物体变形技术使创建复杂的动画更加容易，为 Web 动画设计者提供了丰富的想象空间。虽然 Flash 本身不具备三维建模功能，但用户可以在 Adobe Dimensions 中创建三维动画，然后将其导入 Flash 中合成，最值得一提的是它采用的流式播放技术，使得动画可以边下载边演示，克服了目前网络传输速度慢的缺点，因而 Flash 目前被广泛用于制作网页动画。图 10-7 所示为用 Flash 制作的跳舞的苹果卡通动画中的片断。图 10-8 所示为几个 Flash 动画作品。

图 10-7　用 Flash 制作的动画片段——跳舞的苹果卡通动画

计算机上的二维动画制作软件还有 Animator Studio、COOL 3D、Fireworks 等，它们各自的功能特点不同，因而制作的动画风格也不同。比较著名的是美国 Autodesk 公司 1995 年推出的集图像处理、动画设计、音乐编辑、音乐合成、脚本编辑和动画播放于一体的二维动画设计软件 Animator Studio。以前，计算机上没有合适的软件用于三维动画作品的后期制作，许多后期制作工具要到特技机上去完成，很不方便。Autodesk 公司在此之前推出的二维动画软件 Animator 和 Animator Pro 虽然提供了对图像或动画编辑的后期制作手段，但是由于其分辨率或颜色数的限制，并不能满足广播级动画制作的要求。Autodesk 公司在此之前推出的三维动画软件 3D Studio 的 Video Post 提供了一些后期制作的工具，但由于过于简单而不能满足实际应用的需求。Animator Studio 有效地解决了这些问题，它不仅可以对三维动画作品进行后期制作（编辑和配音等），而且还可以用于二维动画的制作。

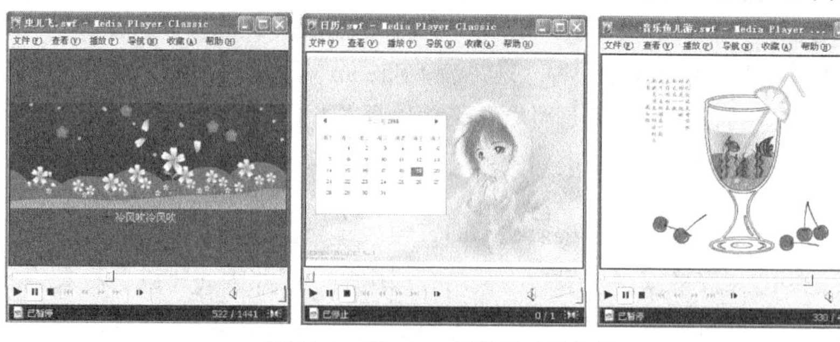

图 10-8　用 Flash 制作的动画作品

10.7　常用的三维动画软件简介

10.7.1　3D Studio 与 3ds Max

由于初期的计算机动画都是在价格昂贵的 SGI、SUN 等工作站上进行开发的，因此具有成本高、应用范围窄等缺点。20 世纪 80 年代末，美国 Autodesk 公司开发了集造型设计、运动设计、材质编辑、渲染和图像处理于一体的运行于个人计算机 DOS 系统下的三维动画软件 3D Studio（3 Dimension Studio，简称 3DS，译成中文应该是“三维影像制作室”），3DS 使用户可以在不高的硬件配置下制作出具有真实感的图形和动画。1990 年 Autodesk 推出 3DS 的 V1.0 版本，1992 年推出一个正式的商用版本 V2.0，与当时 SGI 工作站上运行的 Alias 软件相比，虽然功能相对简单，且制作出来的三维动画效果也不如 Alias，但由于其价格低廉而很快进入我国，并在国内得到广泛的应用。1993 年，推出 V3.0 版本，在算法和功能上都有较大改进，1994 年推出 V4.0 版本，这是 3D Studio 在 DOS 中的最后一个版本。

考虑到进入 20 世纪 90 年代后 Windows 9x 操作系统的发展以及 DOS 下的动画设计软件在颜色深度、内存、渲染和速度上存在的不足，Autodesk 公司从 1993 年 1 月开始着手开发 3D Studio MAX（简称 3ds Max），1996 年 4 月开发成功了 3ds 系列的第一个 Windows 版本即 3ds Max 1.0，从 1997 年到 1999 年间，Autodesk 公司又陆续推出了 3ds Max R2、3ds Max R3，新版本不仅提高了系统的性能，而且还支持各种三维图形应用程序开发接口，包括 OpenGL 和 Direct3D，同时还针对 Intel Pentium Pro 和 Pentium II 处理器进行了优化，特别适合用于 Intel Pentium 多处理器系统。图 10-9 所示是一个利用 3ds Max 制作的建筑效果图。

从 2000 年发布的 4.0 版开始，软件名称改写为小写的 3ds Max，3ds Max 4 主要在角色动画制作方面有了较大提高。其后又陆续推出 3ds Max 5、3ds Max 6、3ds Max 7、3ds Max 8、3ds Max 9、3ds Max 2008、3ds Max 2009、3ds Max 2010。在 3ds Max 系列的版本中增加了 NURBS 建模功能，使设计师自由创建复杂的曲面；上百种新的光线及镜头特效充分满足了设计师的需要；面向建筑、工程、结构和工业设计的 3DS VIZ 还可以满足建筑建模等工程设计的需要，特别适合于在工程设计行业进行初始化造型及工业产品的概念化设计。从 3ds Max 9 开始，软件开始支持 64 位技术，提供了全新的光照系统、更多的着色器、增强的头发和衣服功能（包括在视图中设计发型的能力），提升了渲染的质量和速度，为数字艺术家提供了下一代游戏开发、可视化设计以及影视特效制作的强大工具，此外还通过 FBX 文件格式改善了与 Autodesk Maya 的兼容性。

由于 3ds Max 对硬件的要求不高，能稳定运行在 Windows 系统上，且易学易用，因而成为三维动画制作的主流产品，并被广泛运用于三维动画设计、影视广告设计、室内外装饰设计等领域。科幻电影《迷失太空》中的绝大多数特技镜头都是用 3ds Max 完成的。灾难大片《后天》中的冰霜效果以及《黑客帝国Ⅲ》中的火人和闪电特效就是用 3ds Max 生成的。

（a）在 3DS MAX 中赋材质加灯光渲染后的建筑图

（b）在 Photoshop 中加完配景后的建筑图

图 10-9　用 3ds Max 设计的建筑图

10.7.2　Softimage 3D

加拿大的 Softimage 公司于 1996 年被 Microsoft 公司收购以后，将工作站上的动画软件 Softimage 移植到了 Windows NT 下，推出了 Softimage 3D for Windows NT。1998 年又被 Avid 公司收购。

Softimage 3D 的用户界面设计很有特色，它采用直觉式进行界面设计，菜单被安排在屏幕的四周，各模块共享的菜单置于屏幕两侧的上方，避免复杂的操作界面对用户造成的干扰，它提供的快捷键可以使用户很方便地在建模、动画、渲染等部分之间进行切换。

在 Softimage 3D 3.8 以上版本中，还增加了 Mental Ray 渲染器和粒子系统功能。Mental Ray 渲染器不仅具有很高的渲染质量，可以着色出具有照片品质的图像，而且还具有很快的渲染速度。同时，它还具有超强的动画能力，支持自由格式变形技术等多种动画技术，可以产生非常逼真的运动，让用户轻松地调整动画，并实时地看到动画调整后的结果。

Softimage 3D 杰出的动作控制技术，深受导演们的青睐，许多导演都用它来完成电影中的角色动画，如《侏罗纪公园》里身手敏捷的速龙、《闪电悍将》里闪电侠那飘荡的斗篷、《狮子王》中的角马，都是用 Softimage 3D 设计生成的。

10.7.3　Maya 3D

加拿大的 Alias 和美国的 Wavefront 曾是工作站三维动画制作行业的两大著名软件公司，先是美国的 Wavefront 公司兼并法国的 TDI 公司，美国的 SGI 公司兼并加拿大的 Alias 公司，其后是 Alias 兼并 Wavefront 改名成为 SGI 属下的加拿大 Alias/Wavefront 公司，2005 年该公司又被 Autodesk 收购，使得 Alias Maya 变成了 Autodesk Maya。

20 世纪 90 年代，Alias 的建模功能比较强，Softimage 的渲染和动画功能比较强，1998 年推出的三维动画软件 Maya 3D 综合了这两个软件的优势，例如，与 Alias 相比，Maya 3D 在交互的方便性和图形绘制效率等方面都有了显著的提高，同时它还克服了 Alias 的弱点，引进了许多新的动画工具，如FFD技术等，极大地增强了景物的三维变形功能。粒子系统已经成为当今动画软件的重要组成部分，它的丰富程度也就成为动画软件功能强弱的集中体现，Maya 3D有着强大的粒子系统，它拥有更加完备的参数设置功能，还可以让动画师根据建模的形状定义粒子的形态，轻松模拟树枝在风中飘舞、玻璃瓶砸碎在水泥地上碎裂等现象，从而大大增强了粒子系统的艺术表现力。此外，Maya 3D还采用面向对象的设计方法和OpenGL的图形执行方式，提供非常优秀的实时反馈表现能力，提供新颖的流线型工作流程，不仅具有优越的系统运行速度，还具有十分出色的开放性，允许用户方便地对系统进行扩展，以满足用户特定的制作要求，因此，Maya 3D问世后不久便很快成为电脑动画业所关注的焦点之一。

Maya 3D提供了强大的三维人物建模工具，使得它创作出的人物栩栩如生，所以，在其问世后不久就在《一家之鼠》《101斑点狗》《泰坦尼克号》《恐龙》等大片中一展身手。除了影视方面的应用，Maya在三维动画制作、影视广告设计、多媒体制作甚至游戏制作领域也都有出色的表现。

随着个人计算机的计算速度和三维图形能力的快速提升，许多商用动画软件公司及时地推出了动画软件的个人计算机版本，使得原来只能运行于高档 SGI工作站上的价格昂贵的动画软件可以在个人计算机上运行。其中，Maya 3D现已发展到支持Windows Vista 的Maya2008版本，可以在Windows、Mac OS X和Linux系统上运行。

10.7.4 LIGHTWAVE 3D

LIGHTWAVE 3D在好莱坞所具有的影响一点也不比Softimage和Alias差，目前它的最新版本是5.5版，包含了动画制作者所需要的各种先进的功能，如光线追踪（Raytracing）、动态模糊（Motion Blur）、镜头光斑特效（Lens Flares）、反向运动学（Inverse Kinematics，IK）、NURBS建模（MetaNurbs）、合成（Compositing）、骨骼系统（Bones）等。

由于它的价格非常低廉，而品质又非常出色，同时，它又是全球唯一支持大多数工作平台的3D系统，在Intel（Windows NT/95/98）、SGI、Sun MicroSystem、PowerMac、DEC Alpha等各种平台上都有一致的操作界面，既可运行于高端的工作站系统，还可运行于个人计算机，这些特点使其成为许多公司的首选。影片《泰坦尼克号》中的泰坦尼克号模型，就是用 LIGHTWAVE 3D制作的。据统计，目前在电影与电视的三维动画制作领域中，使用LIGHTWAVE 3D的比例大大高于其他软件，甚至连Softimage 3D也甘拜下风。Digital Domain 、Will Vinton、Amblin Group、Digital Muse、Foundation等著名公司，也纷纷采用LIGHTWAVE 3D来进行创作。

最后，需要指出的是动画的后期处理也是动画制作中非常重要的环节之一，后期处理包括抠像、合成、图像Morphing、特殊光效等影视片段剪辑与特技处理功能。例如，在电影《阿甘正传》中，阿甘与美国总统肯尼迪握手的镜头就是借助于动画后期处理软件采用一种"偷梁换柱"的方法实现的，首先，在肯尼迪接见运动员的历史纪录片中，将其中的一个人物用特技抠像的方法抠去，然后由演员在蓝幕前表演，再将演员合成到纪录片中。用于动画后期制作的软件主要有：Discreet Logic 公司的Flint，Softimage公司的Eddie，Alias公司的Composer，Adobe公司的After Effects、Premiere等。

10.8 本章小结

本章首先介绍了计算机动画的起源、发展与应用，传统动画、计算机辅助二维、三维动画的制作流程，然后重点介绍了关键帧、样条驱动、Morphing 和 FFD 变形、运动捕获等计算机动画中常用的技术，最后简要介绍了动画文件格式和常用的二维、三维动画软件。

习 题 10

10.1　简述三维动画技术的发展过程和主要的应用领域。

10.2　简述逐帧动画与实时动画的主要区别。

10.3　简述计算机在动画中所起的作用。

10.4　简述常用的动画技术及其基本原理。

10.5　利用自己熟悉的动画软件，制作一个卡通动画片段。

10.6　举例说明计算机动画在影视特技制作方面的应用。

第 11 章 基于图像的三维重建

众所周知，人类感知的大部分信息是通过视觉获得的，并且在真实的世界里，人们所感受到的是三维信息，如何更好地表现这些三维信息一直是人们关心的热门话题。自然界的物体都是三维的，人类通过双眼来获得物体的三维立体信息，但对于一般的摄影系统，只能把三维的物体信息以二维的形式记录下来，丢失了其中大量的三维信息。而随着信息技术的不断发展，人们对信息的获取已经不再局限于二维平面图像，而是逐渐转向三维立体图像。对形体的三维重建方面的研究正是在这种情况下提出的。三维重建研究的是如何通过物体的二维信息获得物体在空间中的三维信息。它是一项多学科的综合技术，集计算机图形学、图像处理技术、信息合成技术、显示技术等诸多技术于一体。

随着计算机视觉理论的逐渐成熟，从图形中获取物体表面三维信息的算法已经达到了实际应用的阶段，立体视觉技术、光度立体技术等一系列图形算法可以自动地从图像中提取三维结构的信息，而这些技术需要的设备仅仅是数码相机，所以通过应用计算机视觉理论，从真实物体的图像中恢复物体的三维结构的技术是得到物体三维模型的比较廉价的手段，这就是基于图像的三维重建。

相对于传统的重建方法，基于图像的三维重建具有简单、灵活、可靠、适用范围广等特点。基于图像的三维重建及可视化技术在遥感、手术规划、虚拟现实、计算机动画、显微摄影学、三维测量、计算流体力学、有限元分析、军事模拟等方面都有重要的应用，具有广阔的应用前景。对基于图像的三维重建的研究，具有重要的学术意义和应用价值。

研究基于图像的三维重建的理论意义和实际应用意义深远，具体体现在以下几个方面。

（1）基于图像的三维重建技术改变了传统图形学中的建模和绘制流程、方法，因此，基于图像三维重建技术的深入研究有可能改变我们以往的认识和理念。

（2）基于图像的三维重建研究是一个交叉领域，涉及计算机图形学、计算机视觉、计算机图像处理等诸多学科，因此，对基于图像建模技术的深入研究可以推动各个学科的发展，并促进这些学科的交叉融合。

（3）相对于其他建模方法，基于图像建模技术在创建具有高度真实感的三维模型上具有巨大的优势，在诸多领域中具有极其广阔的应用前景。

11.1 基于图像的三维重建技术简介

现实世界在空间上是三维的，但利用现有图像采集设备所能获取的图像都是二维的，虽然在这些图像中包含某些形式的三维空间信息，但要用这些空间信息进行进一步的应用处理，就必须采用三维重建技术，从二维图像中有效合理地提取并构建三维信息。三维重建技术能利用二维图像中的有效三维信息构造具有真实感的三维模型，从而促进图像和三维图形技术在各个领域深入的广泛的应用。

20 世纪 70 年代中期，以 Marr、Barrow 和 Tenenbaum 为代表的一些研究者提出了视觉计算理论来描述视觉过程，其中心内容是从图像中恢复出物体的三维形状。20 世纪 80 年代中后期，随着计算机视觉相关应用研究的不断深入，大量空间几何的方法和物理知识被应用到立体视觉的研究中来，并引入了主动视觉方法，采用了距离传感器和融合技术。由于这种方法可直接取得深度图像或者通过移动（摄像机移动或物体移动）获取深度图像，使得很多病态问题得以解决。到了 20 世纪 90 年代初，立体视觉的研究开始趋于成熟，尤其近年来，立体视觉取得了很大的进展，主要表现在区域匹配、特征匹配新算法、遮挡处理、多摄像机立体视觉、实时立体视觉等方面。

通常，三维建模方法主要分为以下 3 种类型。

（1）利用传统的几何造型技术直接构造模型，其中表现较为突出的几何造型技术包括实体造型、CAGD、隐式曲面、细分曲面等。目前，人们常用的比较优秀的建模软件有 3D MAX、Maya、Multigen Creator 及 AutoCAD 等。它们的共同特点是利用一些基本的几何元素，通过一系列几何操作，来构造复杂的几何场景。其优点是可以精确地构造许多人造物体的三维模型，生成一些奇异的渲染效果，此外，还可让用户更好地控制照明和纹理。但该类方法也有其显著的缺点：第一，建模时必须充分掌握场景数据，如大小比例、相对位置等；第二，操作较复杂，自动化程度低，建模周期长；第三，对于不规则形体，模型真实感不强。

（2）利用三维扫描设备直接获取真实景物的表面采样点，这些三维扫描设备大多基于激光时间测距或三角测量原理进行工作。该类方法采用具有测距功能的设备来获取物体的三维信息，可获得比较精确的三维空间数据，适用于复杂机械零件等的建模，其优点是精度高，使用简单方便，且建模时间少，不足之处是设备昂贵，携带不方便。

（3）利用相机（摄像机）拍摄得到的真实场景的图像（或视频）实现景物的三维重建，此类方法称为基于图像的三维重建技术（Image-Based Modeling，IBM）。通过对场景或者目标物体采集的一系列图像，重建出具有照片级真实感的场景或者物体模型，由于所需要的设备比较简单，自动化程度相对较高，因此该类方法具有很高的实用价值。

需要说明的是，我们通常所说的基于图像的建模是指利用图像来恢复出物体的几何模型，这里的图像包括真实照片、渲染图像、视频图像及深度图像等；而广义上的基于图像建模技术还包括从图像中恢复出物体的视觉外观、光照条件及运动学特性等多种属性，其中的视觉外观是指由表面纹理和反射属性所决定的模型视觉效果等。

虽然图像是二维数据，但在场景或物体的图像中可以找到许多线索，从而可以获得图像中的几何信息。场景中物体所具有的线索，称为“被动线索”。而根据建模或重建的需要创造出来的线索，则称为“主动线索”。

使用主动线索的方法可以分为两类。第一类利用场景中已知形状的物体或者某些简单几何元素之间的关系进行建模。另一类则是使用物体的轮廓信息，从不同的角度获取三维物体的一系列图像，从每张图像中均可以抽取出物体的轮廓，从投影中心发出的经过轮廓点的射线构成了一个锥壳，所有这些锥体的交集称为物体的视觉包络（Visual Hull）。对于凸物体而言，这种方法简单可靠。利用物体轮廓建模一般需要较多的图像。

被动线索法是指在自然光条件下获得三维信息的方法，包括明暗恢复形状法、纹理恢复形状法等；而基于多幅图像的三维重建方法还包括立体视觉法、运动图像序列法、光度立体学方法等。

基于图像的三维重建技术需要的成本低，灵活性高，又能实现简单的三维建模功能。下面对各个方法进行简要描述和分析。

11.1.1 明暗恢复形状法

明暗恢复形状法即从明暗灰度恢复形状（Shape From Shading, SFS），其主要任务是利用单幅图像中物体表面的明暗灰度变化来恢复表面各点的相对高度和表面法向量等参数值。对实际图像而言，其表面点的亮度受到许多因素的影响，如光源参数和摄像机位置等，为了简化问题，传统方法进行了如下假设。

（1）光源为无限远处点光源。

（2）反射模型为 Lambert 漫反射模型。

（3）成像几何关系为正交投影。

在这种假设下，物体表面点的光亮度 E 仅仅由该点光源的方向余弦决定。

通常，只从该模型所确定的 SFS 问题是病态的，为消除其病态性，必须对其表面形状进行约束。现有的 SFS 算法基本上都假设所研究的对象为光滑表面物体，即认为物体表面高度函数是二阶连续的。实际上，通过这种假设，已经对其表面形状进行了约束，将物体表面反射模型和物体的光滑表面模型相结合，再利用一些已知的条件，就构成了 SFS 问题的正则化模型。根据建立正则化模型的方式不同，现有 SFS 算法大致可分为最小值方法、演化方法、局部算法和线性化方法。

11.1.2 纹理恢复形状法

由于纹理可以帮助确定表面的取向进而恢复表面的形状，所以从纹理恢复形状（Shape From Texture）方法也是一种重建三维表面的方法。但是要满足一定的条件，在获取图像的透视投影过程中，原始的纹理结构有可能发生变化，这种变化随纹理所在表面朝向的不同而不同，因而带有物体表面朝向的信息。常用的基于纹理的重建方法根据纹理的变化可以分为以下三类。

（1）基于纹理元尺寸变化的重建。

（2）基于纹理元形状变化的重建。

（3）基于纹理元之间关系变化的重建。

另外，将纹理方法和立体视觉方法结合，称为纹理立体技术，它通过同时获得场景的两幅图像来估计景物表面的方向，避免了复杂的对应点匹配问题。

从纹理恢复形状通常可以分为以下 4 个步骤。

（1）在图像上找到具有纹理元的区域。

（2）确定纹理的特性。

（3）计算纹理的变化。

（4）根据纹理的变化计算表面方向。

11.1.3 光度立体学方法

光度立体学方法（Photometry Stereo Method）的关键是图像中各点的亮度方程，即辐照方程，

描述为

$$I(x,y) = k_{\mathrm{d}}(x,y)S \cdot N(x,y) \tag{11-1}$$

其中 I 是表面点的亮度，S 为光源向量，N 为表面法向量，k_{d} 为表面反射系数。式（11-1）只能提供一个约束，而表面法向量 N 有两个位置分量，如没有附加信息则无法根据图像的辐照方程恢复表面的方向。这种方法是在不改变相对位置的前提下，利用不同的光照条件得到多幅图像，从而得到多个辐照方程。求解后得到物体的表面法向量 N，从而实现三维重建。

由于摄像机与物体的相对位置没有变化，故无需进行图像间的匹配计算。但因式（11-1）给出的只是一个比较理想化的约束关系，且 k_{d} 的经验性也很强，所以实际效果不会很好。

11.1.4　运动图像序列法

运动可以用运动场来描述，运动场由图像中每个点的运动矢量构成。根据目标或者相机的运动可以获得对应的图像变化，由这些变化，可获得相机和目标间的相对运动以及场景中多个目标间的相互关系。

当相机和目标间有相对运动时所产生的亮度变化称为光流（Optical Flow），光流可以表达图像的变化，它既包括了被观察物体运动的信息，也包括了相关的结构信息。通过对光流的分析可以确定场景三维结构和观察者与运动物体之间的相对运动。故求解光流方程，可以求出景物表面方向，从而重建三维景物。

11.1.5　立体视觉法

计算机立体视觉是运用两个和多个摄像机对同一景物从不同位置图像采样进而从视差中恢复深度信息的技术。

立体视觉法主要是利用几何原理实现三维信息恢复，受场景物理属性干扰较小，能较精确地恢复场景的三维信息。人们两眼在视点上存在着一些差别，通过这种差别可判断物体的相对深度，这种现象称为立体视差。通过对这种立体视差进行模拟来实现三维信息恢复的过程，称为立体视觉模拟。可采用射影几何原理根据同一物体的两幅图像生成物体上特征点的空间位置来模拟立体视觉。

立体视差运用摄像机对同一景物从不同的位置进行图像采样，匹配出相应像点，计算出视差，然后采用基于三角测量的方法恢复深度信息，其基本原理如图 11-1 所示。

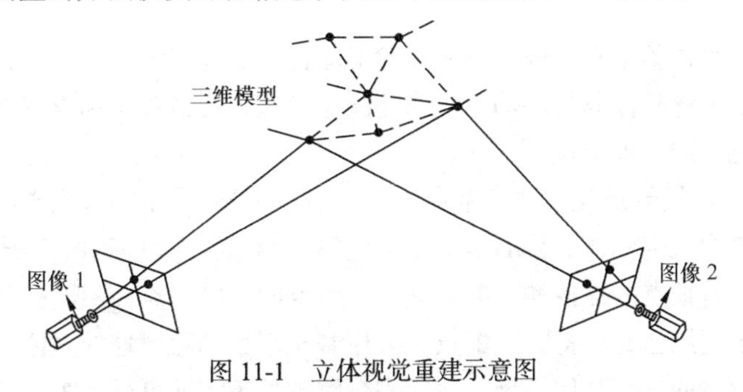

图 11-1　立体视觉重建示意图

11.1.6　各种三维重建方法的比较

三维重建方法各有优缺点，对各类方法进行分析比较的结果如表 11-1 所示。

表 11-1　　各种三维重建方法的比较

重建方法	自动化程度	难易程度	重建质量	重建速度	适合领域
明暗恢复形状法	很高	较易实现	效果不好	很快	简单曲面重建
纹理恢复形状法	一定程度自动化	算法要求高，较难	效果不好	一般	简单曲面重建
光度立体学方法	一定程度自动化	算法要求高，较难	很精确的恢复曲面	较慢	简单曲面重建
运动图像序列法	一定程度自动化	较易实现	与图像采样密度有关	很慢	凸物体重建，需要较大采样密度
立体视觉法	完全自动化	算法要求高，较难	很精确的恢复物体曲面	很慢	适用立体图像序列

11.2　基于图像三维重建的基本步骤

在传统的计算机图形学中，场景通常描述为由基本的几何元素组成，进而定义出场景中光源的属性和分布、物体表面对光照的反射属性以及绘制所需的光照明模型，最后通过光线跟踪、辐射度等绘制算法生成具有真实感的场景图像，这一方法的基本绘制流程如图 11-2 所示。该方法主要存在两个方面的问题。第一，复杂场景的绘制过程涉及大量复杂的光照计算，因此难以满足实时绘制和用户交互的要求。第二，人为指定的光源属性和模型表面的反射属性带有实验性质，难以保证绘制图像的真实感。

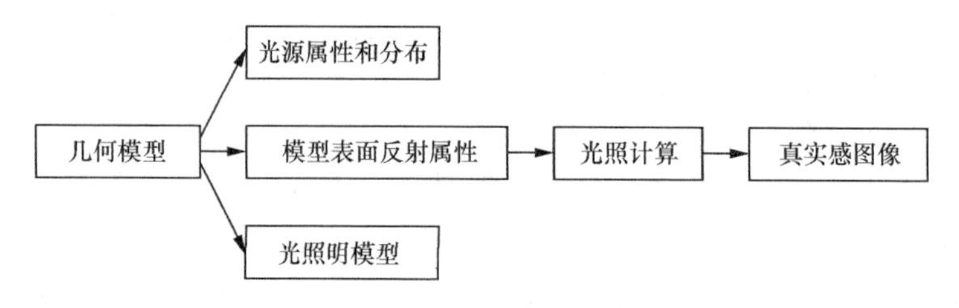

图 11-2　传统图形学模型绘制基本流程图

基于图像的三维重建的基本任务就是从采集的图像中提取三维空间信息，重建物体或者场景的三维几何模型，由于重建任务可能基于不同的图像类型、图像数量和重建方法，所以基于图像的三维重建并没有统一的处理流程。

图 11-3 所示为立体视觉重建方法的基本流程，将同一场景从不同视点摄取的两幅采样图像作为输入，首先进行摄像机定标，其目的是为了确定每一幅采样图像相对于三维场景的方位和相机采样参数；然后进行特征点的提取和匹配，建立对于空间中同一点在不同的采样图像中投影点间的对应关系；第三步利用已经获得的匹配点，采用基于双目测距原理的立体视觉方法对空间点进行三维重建，得到重建的三维几何模型；最后进行纹理处理，即可得到需要的三维重建模型。

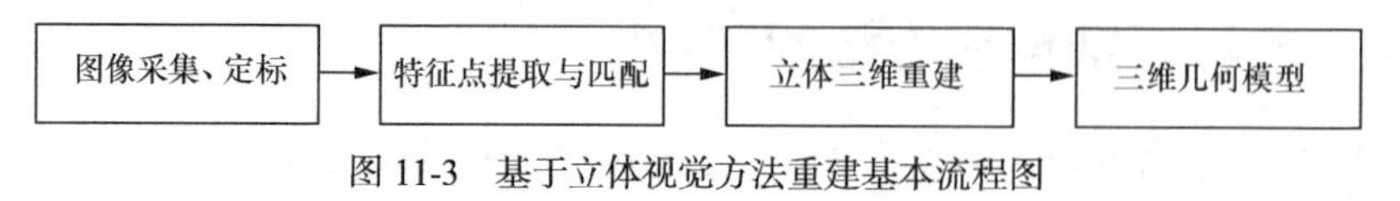

图 11-3　基于立体视觉方法重建基本流程图

在基于图像建模方法中，首先要重新构建出场景或者目标物体的几何模型，进而可以通过如下两种方式获取景物的视觉外观。

（1）基于图像建模方法直接从图像中为重建的几何模型抽取纹理并对表面进行纹理映射，从而简单、快速地生成具有高度真实感的表面细节，这样可以避免传统图形学绘制流程中复杂的光照计算过程，解决长期以来困扰人们的绘制速度与真实感之间的矛盾。

（2）基于图像建模方法还可以为重建几何模型恢复出表面反射属性及光照条件，从而为模型绘制过程提供最直接的现实依据，因此可以达到人为指定反射属性和光照条件时无法取得的逼真效果，并能实现改变场景中光照条件时的真实感绘制。基于图像重建模型的绘制流程如图 11-4 所示。

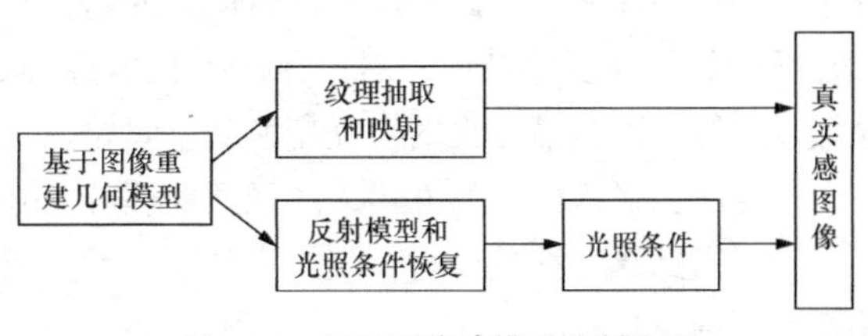

图 11-4　基于图像建模的绘制流程

11.3　图像采集及摄像机定标

三维重建的任务就是从二维图像中恢复出三维结构，进而重现物体的原貌，而二维图像的采集方法选择和采集设备参数选择将影响重建工作的效率和效果，这是重建研究中所有工作的前提和基础。

11.3.1　图像采集

要对场景或者目标物体进行重建，首先要获得其基本数据，如图像的深度、场景或者目标物体之间的相对位置和几何关系等，所以第一步任务就是通过相机（摄像机）对需要重建的场景或者目标物体进行图像采样。

图像采集的方式主要有以下几种。

（1）单摄像机方法，利用摄像机相对目标场景、物体的移动来获取图像。

（2）双摄像机方法，利用两个摄像机从不同角度对同一个目标物体进行图像采样。

（3）多摄像机方法，利用多个摄像机对场景或者目标物体从各个角度进行图像采样。

下面的实例采用单摄像机采集方法进行图像采样，如图 11-5 所示。

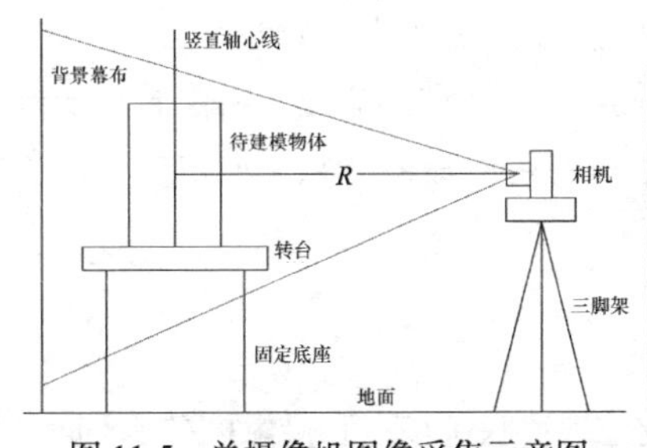

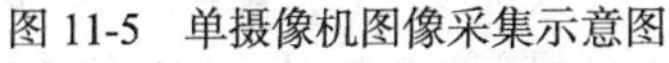
图 11-5　单摄像机图像采集示意图

图 11-6　采样图像

在该采集方法中，将待重建的物体固定在一个旋转平台上，摄像机位置固定，利用平台的转动，通过摄像机对采样物体进行采样。这种方法的优点主要是采样物体和摄像机间的位置相对固定，便于计算摄像机的外参数，对后续的重建工作提供了便利。采样图像如图 11-6 所示。

11.3.2 图像预处理

采集的原始图像中通常含有噪声，需要进行预处理，消除其中的噪声和多余的图像信号。图像预处理包含图像变换、细节增强及图像恢复。目的是提高图像数据的信噪比、进行背景抑制等，以减轻后续处理的压力。目前主要的处理技术有两种：空间域处理法和频率域处理法。空间域处理法主要在空间域内对像素灰度进行运算处理，如高通滤波、中值滤波等方法；频率域处理法是指在图像的某种变化域内，对图像的变化值进行处理运算，如对图像先进行傅里叶变换，再在频域内进行滤波，最后将图像反变换到空间域。

按照图像像素处理的方式，图像预处理可以分为以下几种形式。

（1）点运算：在处理时，仅输入各个像素的灰度进行运算。运算过程中，各像素之间不发生关系，处理过程是独立的。

（2）邻域运算：在对各个像素处理时，输入的不仅包括像素本身的灰度，还有以该像素为中心的邻域中其他像素的灰度，这种方式称为邻域运算。

（3）并行运算：对各个像素进行相同的处理运算方式。其特点是处理速度快，但是仅限于处理结果与处理顺序无关的场合。

（4）串行运算：相对于并行运算而言，是指按照规定的次序对图像中的像素进行处理。

（5）迭代运算：反复进行多次相同处理的运算方式。应用范围是一次运算不能达到处理目的的情况。

（6）窗口运算：图像的信息量很大，为减少处理时间，在可能的情况下，常常采用窗口运算来代替全图运算。所谓窗口运算就是对图像特定的矩形区域进行某种运算。

（7）模板运算：对图像中特定形状的区域进行某种运算的方式称为模板运算。这里的模板是指特定形状的区域，它常常是图像中的一个局部子图像，因此，模板实质上是一个二维数组。模板与窗口相比，除了两者形状不同之外，窗口仅规定一个处理范围，而模板是子图像。

（8）帧运算：以上各种运算都是在一个图像中进行的，图像与图像之间没有关系，通常一副完整的图像称为一帧，在两幅或多幅图像之间进行运算产生一副新图像的处理称之为帧运算。帧运算可以看成是一种图像合成处理，运算时将两幅或者多幅图像中的对应点用位逻辑运算或者算术运算方法进行合成。

图像预处理的主要过程如下。

（1）灰度化，颜色由彩色转化为黑白色的过程称为灰度化。在 RGB 颜色模型中，如果 $R = G = B$，则颜色（R,G,B）表示一种黑白颜色，其中 $R=G=B$ 的值变化为灰度值。

（2）平滑化，图像生成和传输的过程中常受到各种噪声的干扰和影响而使图像质量变差，为了抑制噪声，改善图像质量，必须对图像进行平滑处理，可在空间域或者频率域中进行，在平滑噪声时应尽量不损害图像边缘及细节。

11.3.3 摄像机定标

计算机立体视觉系统中，被采样物体在图像上每一点的位置反映了该点和摄像机投影平面之间的位置关系。这些位置上的相互关系由摄像机几何模型决定，该几何模型的参数被称为摄像机参数。这些参数必须经过实验和计算来确定，这个计算过程为摄像机定标。具体地讲，就是通过建立待重建物体上某一点与像点的对应关系模型来计算成像系统内外几何参数及光学参数，从而获取模型参数的过程。一旦建立了这种对应关系，就可以通过二维像点坐标推出空间点的三维世界坐标；或反之。

（1）坐标系的选择

在摄像机模型中，需要定义的坐标系主要有 3 个：图像坐标系、摄像机坐标系和世界坐标系。如图 11-7 所示。

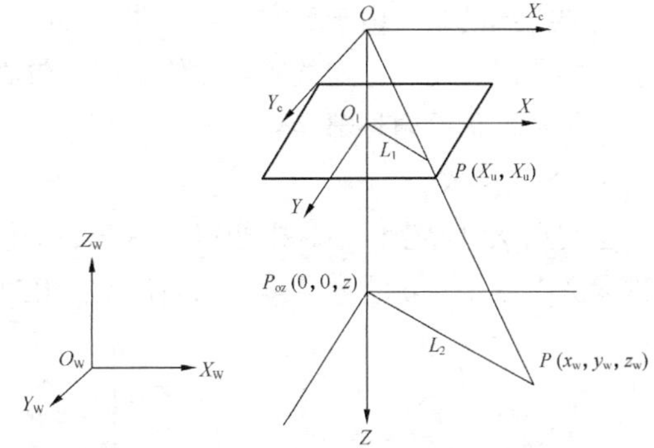

图 11-7 各坐标系关系

图像坐标系：通过摄像机或照相机采集的图像在计算机内均可表示为一个 $M\times N$ 数组，M 行 N 列的图像中的每一个元素称为像素，其数值即为图像点的亮度。在图像上定义一个直角坐标系 u，v，每一像素的坐标 (u,v) 表示该像素在数组中的列数和行数，所以 (u,v) 是以像素为单位的图像坐标系中的坐标。由于 (u,v) 只表示像素位于数组中的列数和行数，并没有用物理单位表示该像素在图像中的位置，因此需要建立以物理单位表示的图像坐标系，该坐标系以图像中某一点为 O_1 原点，X 轴和 Y 轴分别与 u，v 轴平行。

摄像机坐标系：为了分析摄像机成像的几何关系，定义了一个新的坐标系，其原点 O 在摄像机的光心上，X_c 轴和 Y_c 轴与图像坐标系的 X 轴和 Y 轴平行，OZ 为摄像机的光轴，它与图像平面垂直，光轴与图像平面的交点即为图像坐标系的原点。

世界坐标系：由于摄像机可以放置在环境中的任何位置，所以在环境中还选择了一个基准坐标系来描述摄像机的位置，并用它描述环境中物体的位置，该坐标系称为世界坐标系，它由 X_w,Y_w,Z_w 轴组成，其刻度单位是物理单位。

（2）摄像机模型

理想针孔相机模型是目前使用最为广泛的透视投影摄像机模型，如图 11-8 所示。

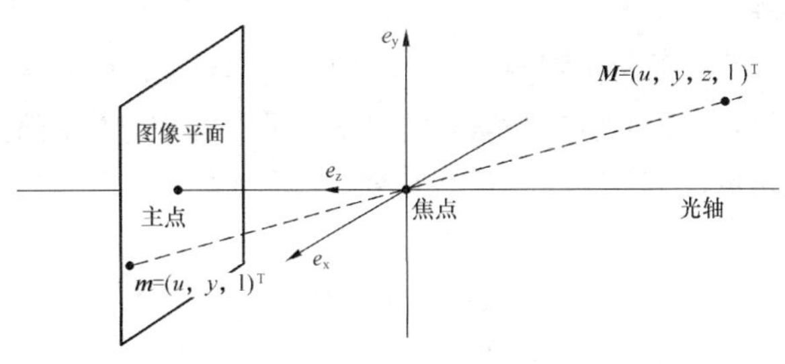

图 11-8 针孔相机模型

在该模型中，场景中空间点在图像平面上的投影点即为连接该空间点与相机焦点的直线与图像平面的交点。$\boldsymbol{M}=[x,y,z,1]^{\mathrm{T}}$ 和 $\boldsymbol{m}=[u,v,1]^{\mathrm{T}}$ 分别为以齐次坐标表示的某空间点和其在图像平面上的投影点，则上述投影关系可表示为

$$\boldsymbol{m} \sim \boldsymbol{PM} \tag{11-2}$$

其中 $\boldsymbol{P}$ 是相机的投影矩阵，是一个 3×4 阶矩阵，它可以被分解为如下的形式

$$\boldsymbol{P}=\boldsymbol{K}\left[\boldsymbol{R}|\boldsymbol{t}\right] \tag{11-3}$$

$$\boldsymbol{K}=\begin{bmatrix} f & s & u_0 \\ 0 & rf & v_0 \\ 0 & 0 & 1 \end{bmatrix} \tag{11-4}$$

矩阵中 $\boldsymbol{K}$ 包含了相机焦距等内部参数，因此被称为相机内参矩阵，（$\boldsymbol{R}$ 和 $\boldsymbol{t}$）则反映了相机坐

标系相对于世界坐标系的方向和位置等外部参数。具体来说，$\boldsymbol{K}$ 中的参数 f 是以像素宽度为单位的相机焦距，r 是像素的纵横比，(u_0,v_0)是图像中心的像素坐标，而 s 是像素的扭曲程度。

需要指出的是，由于真实相机并非理想的针孔相机模型，在实拍照片上往往存在着由相机镜头引起的非线性畸变，在某些对图像精度有较高要求的场合，需要对这些非线性畸变进行校正。

（3）摄像机的内外部参数

① 外部参数

空间点从世界坐标系到摄像机坐标系的平移向量 $\boldsymbol{t}$ 和旋转变换矩阵 $\boldsymbol{R}$ 中的参数称为外部参数，外部参数有6个，$\boldsymbol{R}$ 的分量包括侧倾角 φ、俯仰角 θ、旋转角 ψ，$\boldsymbol{t}$ 的分量为 t_x,t_y,t_z。

$$\boldsymbol{R}=\begin{bmatrix} r_1 & r_2 & r_3 \\ r_4 & r_5 & r_6 \\ r_7 & r_8 & r_9 \end{bmatrix},\quad \boldsymbol{t}=\begin{bmatrix} t_x \\ t_y \\ t_z \end{bmatrix} \tag{11-5}$$

$$\boldsymbol{R}=\begin{bmatrix} \cos\theta\cos\psi & \cos\theta\sin\psi & -\sin\theta \\ \sin\phi\sin\theta\cos\psi-\cos\varphi\sin\psi & \sin\phi\sin\theta\sin\psi+\cos\varphi\cos\psi & \sin\phi\cos\theta \\ \cos\phi\sin\theta\cos\psi+\sin\phi\sin\psi & \cos\phi\sin\theta\sin\psi-\sin\phi\cos\psi & \cos\phi\cos\theta \end{bmatrix} \tag{11-6}$$

② 内部参数

像机内部参数包括摄像机焦距、透镜畸变系数、x 和 y 方向的比例系数和平面原点坐标等分量。

$$\boldsymbol{K}=\begin{bmatrix} f & s & u_0 \\ 0 & rf & v_0 \\ 0 & 0 & 1 \end{bmatrix}=\begin{bmatrix} a_x & s & u_0 \\ 0 & a_y & v_0 \\ 0 & 0 & 1 \end{bmatrix} \tag{11-7}$$

其中 f 表示有效焦距，即图像平面到投影中心距离；s 表示透镜畸变系数；a_x 表示 x 方向比例系数；a_y 表示 y 方向比例系数；u_0,v_0 表示图像平面原点的像素坐标。

（4）极线约束和基础矩阵

对于由同一个摄像机采集的两幅图像来说，它们之间的对极几何关系如图11-9所示。

C,C' 分别表示摄像机在不同视点的光心位置，e,e' 称为极点，像平面上通过两个极点的直线称为极线。对于用线性摄像机采集的同一景物的两幅非定标图像，对极几何约束是它们之间的基本关系，第一副图像 I_1 上的每一点 m，在第二副图像上的对应点都在其对极线 l'_m 上，这样的约束关系称为极线约束关系。数学上，极线约束关系可以用一个秩为2的3阶矩阵 $\boldsymbol{F}$ 来表达，它在 I_2 上的对极线方程由 $l'_m=\boldsymbol{F}m$ 给出，由于 m 的对应点 $m'(x',y',1)^{\mathrm{T}}$ 在 l'_m 上，因此有 $m'^{\mathrm{T}}\boldsymbol{F}m=0$，$\boldsymbol{F}$ 称为基础矩阵。若两幅图像间的基础矩阵为 $\boldsymbol{F}$，且这两幅图像所对应的内参矩阵分别为 $\boldsymbol{K}$ 和 $\boldsymbol{K}'$，则它们之间的本质矩阵可以定义为

$$\boldsymbol{E}=K'^{\mathrm{T}}\boldsymbol{FK} \tag{11-8}$$

若能在两幅图像上找到足够的对应特征点，就可以求得基础矩阵 $\boldsymbol{F}$。

（5）摄像机定标

摄像机定标的目的是确定摄像机的图像坐标系与重建物体的三维坐标系之间的对应关系，更确切地说就是求取摄像机的参数。只有在摄像机被正确定标后，才能根据图像平面中的二维坐标求得对应的三维空间坐标。

现有的摄像机定标技术大体可以分为两类：传统的摄像机定标方法和摄像机自定标方法。传统的摄像机定标方法，其特点是要求有摄像机定标参照物，通过建立定标参照物上三维坐标已知的点与其图像点之间的对应关系，来计算摄像机的内外参数，算法比较复杂，但精度较高；摄像

机自定标方法不需要定标参照物，直接利用从图像序列中得到的约束关系来计算摄像机的参数，特点是实时性好，是近年来摄像机定标研究中的一个热点。

传统的摄像机定标一般都是需要一个特制的定标参照物，通过摄像机获取参照物的图像，并由此计算摄像机的内外参数，标定参照物上的每一个特征点相对于世界坐标系的位置应精确测定，世界坐标系可作为参照物的物体坐标系 (X_w,Y_w,Z_w)，在得到这些已知点在图像上的投影后，就可以计算出摄像机内外参数。

此处实例采取的定标参照物为一个带有不同颜色方格的立方体，如图 11-10 所示。

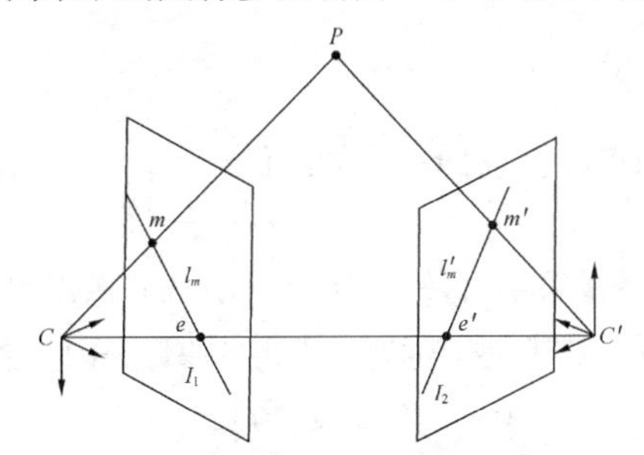

图 11-9　两幅图像间的对极几何关系

图 11-10　定标参照物

首先介绍由参照物图像求投影矩阵的 $\boldsymbol{P}$ 的算法。有下式

$$\begin{bmatrix} u_i \\ v_i \\ 1 \end{bmatrix} = \begin{bmatrix} p_{11} & p_{12} & p_{13} & p_{14} \\ p_{21} & p_{22} & p_{23} & p_{24} \\ p_{31} & p_{32} & p_{33} & p_{34} \end{bmatrix} \begin{bmatrix} X_{wi} \\ Y_{wi} \\ Z_{wi} \\ 1 \end{bmatrix} \tag{11-9}$$

其中 $(X_{wi},Y_{wi},Z_{wi},1)$ 为空间第 i 个点的坐标；$(u_i,v_i,1)$ 为第 i 个点的图像坐标，$\boldsymbol{P}$ 为投影矩阵。

如果定标物上有足够的已知点，则通过方程（11-9）可计算出投影矩阵 $\boldsymbol{P}$，从而可推出摄像机的内外参数。矩阵 $\boldsymbol{P}$ 与摄像机内外参数的关系可以写为

$$p_{34}\begin{bmatrix} \boldsymbol{p}_1^{\mathrm{T}} & p_{14} \\ \boldsymbol{p}_2^{\mathrm{T}} & p_{24} \\ \boldsymbol{p}_3^{\mathrm{T}} & 1 \end{bmatrix} = \begin{bmatrix} a_x & 0 & u_0 & 0 \\ 0 & a_y & v_0 & 0 \\ 0 & 0 & 1 & 0 \end{bmatrix} \begin{bmatrix} \boldsymbol{r}_1^{\mathrm{T}} & t_x \\ \boldsymbol{r}_2^{\mathrm{T}} & t_y \\ \boldsymbol{r}_3^{\mathrm{T}} & t_z \\ 0^{\mathrm{T}} & 1 \end{bmatrix} \tag{11-10}$$

其中 $\boldsymbol{p}_i^{\mathrm{T}}$（$i=1\sim3$）为矩阵 $\boldsymbol{P}$ 的第 i 行的前 3 个元素组成的平行向量；r_i^{T} $(i=1\sim3)$ 为旋转矩阵 $\boldsymbol{R}$ 的第 i 行；t_x,t_y,t_z 分别是平移向量 $\boldsymbol{t}$ 的 3 个分量。

由上式可得

$$p_{34}\begin{bmatrix} \boldsymbol{p}_1^{\mathrm{T}} & p_{14} \\ \boldsymbol{p}_2^{\mathrm{T}} & p_{24} \\ \boldsymbol{p}_3^{\mathrm{T}} & 1 \end{bmatrix} = \begin{bmatrix} a_x r_1^{\mathrm{T}} + u_0 r_3^{\mathrm{T}} & a_x t_x + u_0 t_z \\ a_y r_2^{\mathrm{T}} + v_0 r_3^{\mathrm{T}} & a_y t_y + v_0 t_z \\ \boldsymbol{r}_3^{\mathrm{T}} & t_z \end{bmatrix} \tag{11-11}$$

最终可求得摄像机的各个参数为

$$\boldsymbol{r}_3 = p_{34}\boldsymbol{p}_3 \tag{11-12}$$

$$u_0 = (a_x r_1^{\mathrm{T}} + u_0 r_3^{\mathrm{T}})r_3 = p_{34}^2 \boldsymbol{p}_1^{\mathrm{T}} \boldsymbol{p}_3 \tag{11-13}$$

$$v_0 = (a_y r_2^{\mathrm{T}} + v_0 r_3^{\mathrm{T}})r_3 = p_{34}^2 \boldsymbol{p}_2^{\mathrm{T}} \boldsymbol{p}_3 \tag{11-14}$$

$$a_x = p_{34}^2 \left|\boldsymbol{p}_1 \times \boldsymbol{p}_3\right| \tag{11-15}$$

$$a_y = p_{34}^2 \left|\boldsymbol{p}_2 \times \boldsymbol{p}_3\right| \tag{11-16}$$

$$\boldsymbol{r}_1 = \frac{p_{34}}{a_x}(\boldsymbol{p}_1 - u_0\boldsymbol{p}_3) \tag{11-17}$$

$$\boldsymbol{r}_2 = \frac{p_{34}}{a_y}(\boldsymbol{p}_2 - v_0\boldsymbol{p}_3) \tag{11-18}$$

$$t_z = p_{34} \tag{11-19}$$

$$t_x = \frac{p_{34}}{a_x}(p_{14} - u_0) \tag{11-20}$$

$$t_y = \frac{p_{34}}{a_y}(p_{24} - v_0) \tag{11-21}$$

根据该方法，只需知道空间 6 个以上的已知点以及它们对应的图像点坐标，就可以求得投影矩阵 $\boldsymbol{P}$，并依次求得全部的摄像机内外参数。

在实验中，采用 30 万像素的普通摄像头进行图像采集，采集图像大小为 350 像素×300 像素，由于采集方式较简单，获取摄像头的外参数相对容易，用上述定标方法求得的摄像头内参数为

$$\begin{bmatrix} a_u & 0 & u_0 & 0 \\ 0 & a_v & v_0 & 0 \\ 0 & 0 & 1 & 0 \end{bmatrix} = \begin{bmatrix} 368.12 & 0 & 182.52 & 0 \\ 0 & 367.57 & 148.68 & 0 \\ 0 & 0 & 1 & 0 \end{bmatrix}$$

11.4 特征提取与匹配

11.4.1 特征提取

特征点的提取和表达为立体视觉中的匹配等问题提供了有效的途径。基于特征的匹配中，特征的提取是必要的步骤，是解决问题的第一步。

（1）兴趣算子

特征点主要是指图像中特征较为明显的点，如角点、圆点等。对于三维重建来说，特征点的选择和描述是非常必要的。具有较高可分辨性的特征点可以减少匹配时所需要检测的点对的个数，提高匹配的效率和可靠性。

提取特征点的算子称为兴趣算子或者有利算子，即利用算法从图像中提取感兴趣的有利于某种目的的点。兴趣点应该具有某种典型的局部性质，可以由某种局部检测算子定位。特征点提取算子可以分为 3 类，即基于轮廓的算法、基于亮度的算法和基于参数模型的算法。

（2）特征提取算法

我们采用基于亮度的 Moravec 特征点提取算子进行特征点提取，其基本思想是，以像元的 4 个主要方向上最小灰度方差表示该像元与邻近像元的灰度变化情况，即像元的兴趣值，然后在图像的局部选择具有最大的兴趣值的点（灰度变化明显的点）作为特征点，如图 11-11 所示。具体算法如下。

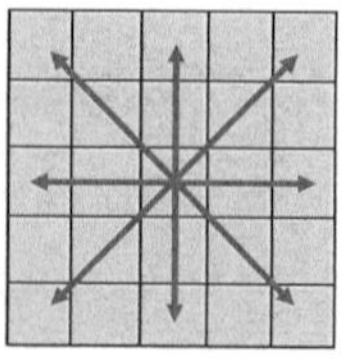

① 计算各像元的兴趣值 IV。计算像元(c, r)的兴趣值，先在以像元(c, r)为中心的 $n \times n$ 的影像窗口中计算 8 个主要方向（左右、上下、主对角、副对角线方向）相邻像元灰度差的平方和，取其中最小者为像元(c, r)的兴趣值。

图 11-11 兴趣值计算方法示意图

② 根据给定的阈值，选择兴趣值大于该阈值的点作为特征点的候选

点。阈值的选择应能保证候选点中包括需要的特征点，而又不含过多的非特征点。

③ 在候选点中选取局部极大值点作为需要的特征点。在一定大小的窗口内（可不同于兴趣值计算窗口），去掉所有不是最大兴趣值的候选点，只留下兴趣值最大者，该像素即为一个特征点。

11.4.2　特征匹配

特征匹配是在特征提取的前提下进行的，其目的是建立两幅图像之间特征的对应关系，进而为后面的重建工作提供精确的匹配点。

一般情况下，一幅图像中的某一个特征基元在另一幅图像中可能会有很多的候选匹配对象，但正确的匹配对象只有一个，因此会出现歧义匹配，在这种情况下，就要根据物体的先验知识和某些约束条件来消除错误匹配，降低匹配工作量，提高匹配精度和速度。常用的约束原则如下。

① 极线约束。一幅图像上的任一点，在另一幅图像上的对应点只可能位于一条极线上，该约束极大地降低了可能匹配点的数量。这样，一个点在另一幅图像上的可能匹配点的分布就从二维降到了一维。若已知目标和摄像机间的距离在某一区域内，则搜索范围可限制在极线上一个很小的区间内，可大大缩小对应点的搜索空间，既能提高特征点的搜索速度，也能减少误匹配的数量。

② 唯一性约束。一般情况下，一幅图像上的一个特征点只与另一幅图像的唯一特征点对应。

③ 连续性约束。物体表面一般都是连续光滑的，因此物体表面上各点在图像上的投影也是连续的。例如，物体上非常接近的两点，其视差也十分接近，因为其深度值不会相差很大。但在物体的边界处，比如边界两侧的两个点，连续性并不成立。

④ 相似性约束。空间物体的一点在两幅图像上的投影在某些度量值上（如灰度、灰度梯度变化等）或几何形状上具有相似性，例如，空间中某一个多面体的顶点，在图像中的投影应是某一多边形的顶点。

⑤ 顺序一致性约束。一幅图像的一条极线对应另一幅图像中的一条极线，而且其对应点的排列顺序是不变的。但是，如果视点的方位变化很大，这个约束条件可能不被满足。

考虑上述原则，我们采用如图 11-12 所示的匹配流程进行特征点匹配。

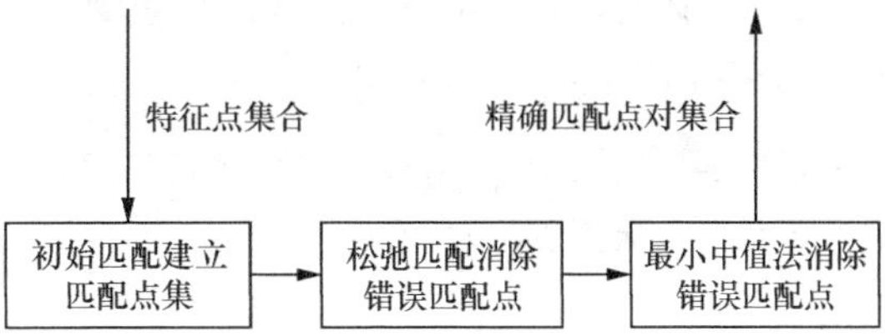

特征点集合 → 初始匹配建立匹配点集 → 松弛匹配消除错误匹配点 → 最小中值法消除错误匹配点 → 精确匹配点对集合

图 11-12　匹配流程

（1）初始匹配

在取得各个采样图像的特征点后，将不同图像中的特征点对应起来，得到其中的对应关系，这就是特征点的匹配。

基于图像灰度的匹配算法以两幅图像含有相应图像的目标区和搜索区中的像元灰度作为图像匹配的基础，利用相似性度量（这里用协方差）判定两幅图像中的相应特征点。图像匹配用二维窗口的像元灰度参与计算。基于灰度的图像匹配方法中，最小二乘影像匹配算法精度最高。

设两个随机变量 A 和 B 分别代表两幅需要匹配数字影像中的一个 $N \times N$ 的像元灰度阵列，A 和 B 像元灰度阵列的均值用下式计算

$$
\begin{aligned}
\bar{a} &= \frac{1}{N^2}\sum_{i=1}^{N}\sum_{j=1}^{N} a_{ij} \\
\bar{b} &= \frac{1}{N^2}\sum_{i=1}^{N}\sum_{j=1}^{N} b_{ij}
\end{aligned}
\qquad (11\text{-}22)
$$

A 和 B 的像元阵列的方差为

$$\sigma_{\rm A}=\frac{1}{N^2}\sum_{i=1}^{N}\sum_{j=1}^{N}(a_{ij}-\bar{a})^2$$
$$\sigma_{\rm B}=\frac{1}{N^2}\sum_{i=1}^{N}\sum_{j=1}^{N}(b_{ij}-\bar{b})^2 \tag{11-23}$$

A 和 B 像元阵列灰度之间的协方差为

$$C_{\rm AB}=\frac{1}{N^2}\sum_{i=1}^{N}\sum_{j=1}^{N}(a_{ij}-\bar{a})(b_{ij}-\bar{b})=\frac{1}{N^2}\sum_{i=1}^{N}\sum_{j=1}^{N}a_{ij}b_{ij}-\overline{ab} \tag{11-24}$$

当协方差 $C_{\rm AB}$ 取最大值时，对应的两个灰度阵列为相应匹配影像阵列，其中点即为匹配像点。

初始匹配确定的匹配点集合中包含了错误的匹配点对，如图 11-13 所示，图中圆圈标记的是初始匹配中出现的错误的匹配点，这些错误将会在后续的匹配过程中去除。

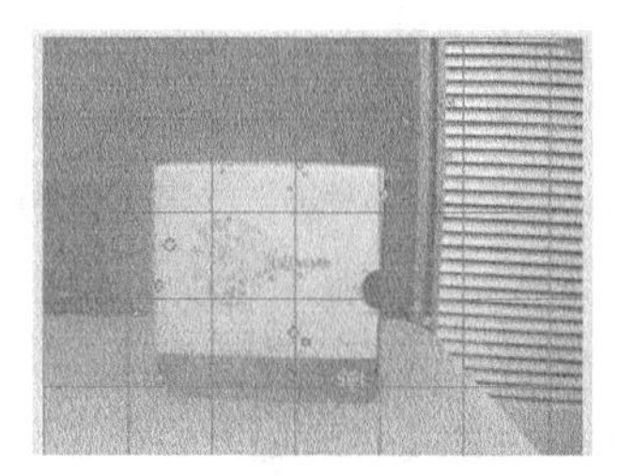

图 11-13　初始匹配

（2）松弛匹配

初始匹配得到的匹配点集合中存在一个特征点同时对应多个匹配点的情况，利用松弛法可以在很大程度上纠正此问题。松弛法是指候选匹配对通过自我解散、自我重新匹配，使得“连续性”和“唯一性”得到满足。这里的连续性是指正确匹配对邻域内通常存在大量的其他正确的匹配对；唯一性是指一个特征点最多只能存在于一个匹配对中。

对于初始匹配点对 $(m_{1i,}m_{2j})$，定义两个分别以点 m_{1i}和m_{2j} 为中心，半径为 R 的邻域 $N(m_{1i})$和$N(m_{2j})$。根据连续性，如果$(m_{1i,}m_{2j})$是一个正确的匹配点对，那么它们的邻域中必然存在更多的匹配点对(n_{1k},n_{2l})。反之，存在的较少的正确匹配点对或不存在匹配点对。基于上述理论，定义匹配强度 S_M 为

$$S_M(m_{1i},m_{2j})=c_{ij}\sum_{n_{1k}\in N(m_{1i})}\left[\max_{n_{2l}\in N(m_{2j})}\frac{c_{kl}\delta(m_{1i},m_{2j}:n_{1k},n_{2l})}{1+dist(m_{1i},m_{2j}:n_{1k},n_{2l})}\right] \tag{11-25}$$

其中，c_{ij} 和 c_{kl} 是初始匹配点对$(m_{1i,}m_{2j})$和(n_{1k},n_{2l})的相关性系数，$dist(m_{1i},m_{2j}:n_{1k},n_{2l})$是两个点对的平均距离，定义为

$$dist(m_{1i},m_{2j}:n_{1k},n_{2l})=\lfloor d(m_{1i},n_{1k})+d(m_{2j},n_{2l})\rfloor/2 \tag{11-26}$$

式（11-26）中的 $d(m,n)$ 指的是点 m 和 n 的欧氏距离。另外，式（11-25）中δ的取值为

$$\delta(m_{1i},m_{2j}:n_{1k},n_{2l})=\begin{cases}{\rm e}^{-r/\varepsilon} & 当r<\varepsilon \\ 0 & 其他情况\end{cases} \tag{11-27}$$

其中 ε 是相对距离偏差的一个阈值，r 表示点的相对距离偏差，其表达式为

$$r=\frac{|d(m_{1i},n_{1k})-d(m_{2j},n_{2l})|}{dist(m_{1i},m_{2j}:n_{1k},n_{2l})} \tag{11-28}$$

在求得每一对初始匹配点的匹配强度后，可以知道，当(m_1,m_2)邻域内的候选匹配点对多时，$S_{\rm M}(m_1,m_2)$取值也较大，它衡量的是邻域内特征点对该匹配对的支持程度。

初始匹配点对集，经过松弛匹配法消除了部分错误的匹配点对，使匹配情况得到了很大的改善，结果如图 11-14 所示。

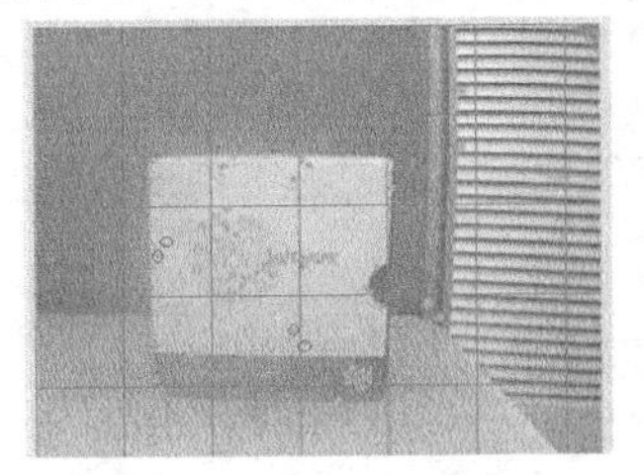

图 11-14　松弛匹配

（3）最小中值法消除匹配误差

通过松弛法可以剔除初始匹配中一些不确定的点对，但仍然有一些错误的匹配点对存在，影响了三维重建的效果。为了达到理想的效果，可以通过最小中值法来去除这些错误的匹配点对。

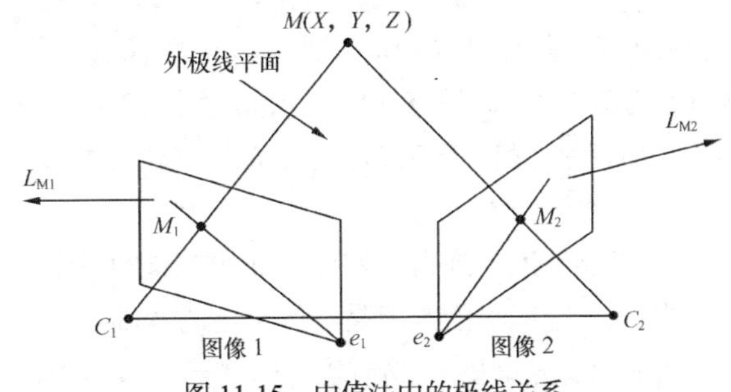

图 11-15　中值法中的极线关系

最小中值法主要利用了极线约束法的基本原理，如图 11-15 所示。如果 M_1 和 M_2 是一对匹配点对，则 M_1，M_2，M，C_1，C_2 在同一平面 S 内，M_1 和 M_2 分别位于 S 与两幅图像的交线 L_{M2} 和 L_{M1} 上，L_{M2} 称为 I_1 图像上对应于 I_2 图像上 M_2 点的极线，L_{M1} 为点 M_1 对应的极线。对应图像 I_1 上的点 M_1，如果在图像 I_2 上找到它的对应点的话，则该点必然位于点 M_1 在图像 I_2 上的极线上。投影中心 C_1，C_2 的连线称为立体像对的基线，在成像平面上，所有的极线都交于一点，这一点称为极点，如图 11-15 所示的 e_1，e_2 点就是左右图像平面上的极点，极点实际上是基线与成像平面的交点。

如果 M_1 和 M_2 对应的齐次坐标存在如下的关系

$$M_2^{\mathrm{T}}\boldsymbol{F}M_1=0 \tag{11-29}$$

其中 $\boldsymbol{F}$ 是一个 3×3 矩阵，称为基础矩阵，并且有

$$L_{M1}=\boldsymbol{F}M_1 \tag{11-30}$$

$$L_{M2}=\boldsymbol{F}^{\mathrm{T}}M_2 \tag{11-31}$$

式（11-29）是极线约束公式，但在实际的计算过程中，由于各种因素的影响，正确的匹配不一定会严格满足约束公式。但是可以肯定的是，如果 M_1 和 M_2 是一对正确的匹配点对，那么在 I_2 图像中，点 M_2 和对应点 M_1 的极线之间的距离必然非常小，反之，如果此时距离比较大的话，则点 M_2 必然是 M_1 的错误匹配点，可以用最小中值法来进行优化。

利用最小中值法可剔除错误的匹配点对，得到更精确的匹配点集，结果如图 11-16 所示。

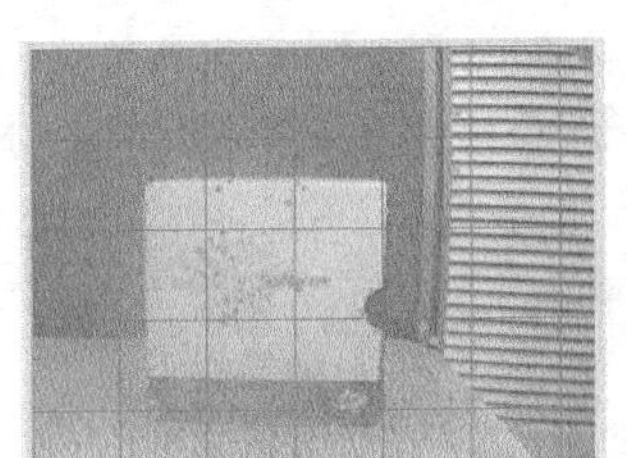

图 11-16　最小中值法匹配

11.5 重建三维轮廓

这里所指的三维重建是由两幅或多幅二维图像恢复物体的三维几何形状的方法。如图 11-17 所示，如果 C_1 是摄像机的一个视点，空间物体表面任意一点 M 在视点 C_1 的图像点位于 m_1。事实上，仅仅由 m_1 无法求得 M 的空间位置，O_1M（O_1 是摄像机在视点 C_1 处的光心）连线上的任意一点 M' 的图像点都是 m_1，因此，由 m_1 点的位置，只知道空间点位于 O_1m_1 连线上的某一位置（或者说，无法知道 M 点的深度）。

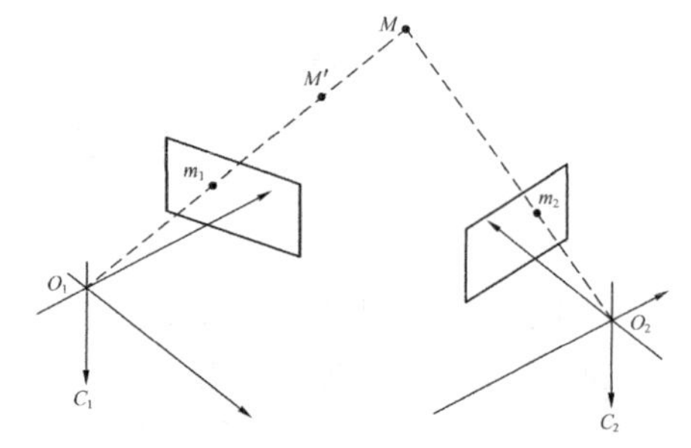

图 11-17　三维重建基本原理图

但是，如果用摄像机分别在 C_1 和 C_2 两个视点处观察 M 点，并且可以确定，视点 C_1 的图像点 m_1 与视点 C_2 的图像点 m_2 是空间同一点 M 的图像点（m_1 和 m_2 是匹配点），这样即可知道空间点 M 既位于 O_1m_1 上，又位于 O_2m_2 上，M 点是 O_1m_1 与 O_2m_2 两条直线的交点，其三维位置是唯一确定的。

（1）空间点的重建

如果能够准确地得到物体表面所有点的三维坐标，那么三维物体的形状和位置就是唯一确定的，因此，空间点的重建是三维重建的基础。

由针孔相机的模型可知，若 $M_i=[X_i,Y_i,Z_i,1]^{\mathrm{T}}$（$i$=1,…,$n$）为场景中的某一空间点，$P_k$（$k$ =1,…,m）为某一图像 k 所对应的相机投影矩阵，M_i 点在该图像平面上的投影点为 $m_{ki}=[u_{ki},v_{ki},1]^{\mathrm{T}}$，它们之间的关系可表示为

$$m_{ki} \sim P_k M_i \tag{11-32}$$

通过两幅图像同时观察 M 点，即通过上一节匹配得到的一对关于 M 的匹配点，将能得到空间点 M 的空间位置。

$$\begin{bmatrix} u_1 \\ v_1 \\ 1 \end{bmatrix} \sim \boldsymbol{P}_1 \begin{bmatrix} X \\ Y \\ Z \\ 1 \end{bmatrix} \tag{11-33}$$

$$\begin{bmatrix} u_2 \\ v_2 \\ 1 \end{bmatrix} \sim \boldsymbol{P}_2 \begin{bmatrix} X \\ Y \\ Z \\ 1 \end{bmatrix} \tag{11-34}$$

其中 $\boldsymbol{P}_1$，$\boldsymbol{P}_2$ 是两幅图像的投影矩阵，这样，就可以通过两个匹配点的投影方程获得空间点 M 的坐标，且是唯一的。

假定空间任意一点 M 在两个视点 C_1 和 C_2 上的图像点是 m_1 和 m_2，即已知 m_1 和 m_2 是空间同一点 M 的对应点，如图 11-17 所示。同时，摄像机已经定标。于是式（11-33）和式（11-34）可写成如下形式

$$\begin{bmatrix} u_1 \\ v_1 \\ 1 \end{bmatrix} = \begin{bmatrix} p_{11}^1 & p_{12}^1 & p_{13}^1 & p_{14}^1 \\ p_{21}^1 & p_{22}^1 & p_{23}^1 & p_{24}^1 \\ p_{31}^1 & p_{32}^1 & p_{33}^1 & p_{34}^1 \end{bmatrix} \begin{bmatrix} X \\ Y \\ Z \\ 1 \end{bmatrix} \tag{11-35}$$

$$\begin{bmatrix} u_2 \\ v_2 \\ 1 \end{bmatrix} = \begin{bmatrix} p_{11}^2 & p_{12}^2 & p_{13}^2 & p_{14}^2 \\ p_{21}^2 & p_{22}^2 & p_{23}^2 & p_{24}^2 \\ p_{31}^2 & p_{32}^2 & p_{33}^2 & p_{34}^2 \end{bmatrix} \begin{bmatrix} X \\ Y \\ Z \\ 1 \end{bmatrix} \tag{11-36}$$

其中，$(u_1,v_1,1)$ 与 $(u_2,v_2,1)$ 分别是 m_1 与 m_2 点在各自图像中的图像齐次坐标；$(X,Y,Z,1)$ 是空间点 M 在世界坐标系下的齐次坐标。由解析几何相关知识可知，式（11-35）（或式（11-36））的几何意义是过 O_1m_1（或 O_2m_2）的直线。由于空间点 M 是 O_1m_1 与 O_2m_2 的交点，因此可以求出点 M 的坐标 (X,Y,Z)。

（2）空间直线的重建

如果已知直线或曲线基元在图像中的表达，直接重建它们在三维坐标下的表达会比逐点重建方便快捷。图 11-18 所示为直线基元成像示意图，空间直线 S 既在 s_1 与 O_1 的平面上，又在 s_2 与 O_2 的平面上，因此，S 就在两平面的交线上。根据两点确定一条直线的原则，可以先求得直线两端点的空间三维坐标，然后确定空间直线。

（3）空间二次曲线的三维重建

许多物体的表面由二次曲面（圆柱、圆锥等）组成，二次曲面与平面的交线为二次曲线，根据平面与二次曲面的相对位置及二次曲面的种类，交线可能是椭圆、抛物线或双曲线。由射影几何知，二次曲线在图像上的投影也是二次曲线，如图 11-19 所示。

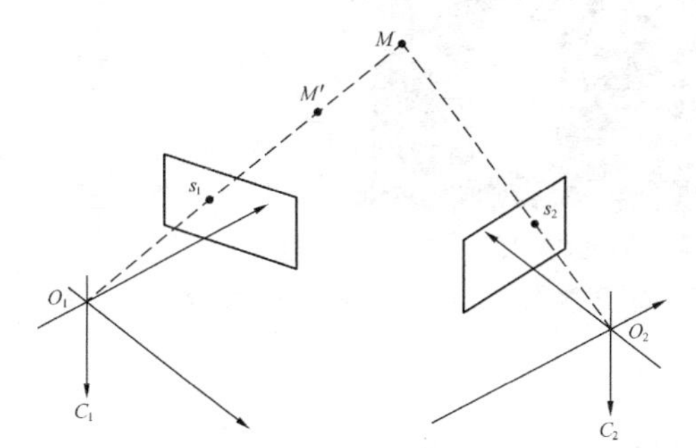

图 11-18　空间直线的三维重建

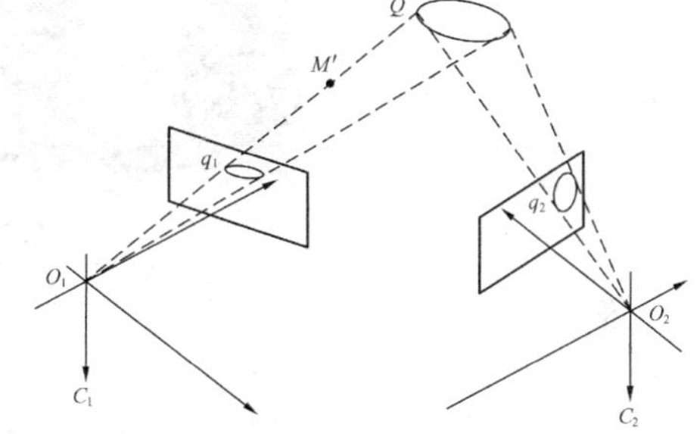

图 11-19　空间二次曲线的三维重建

经过图像采集、特征点提取、特征点匹配和空间坐标的获得后，接下来进行物体表面的重建。

表面重建法通过建立物体或同类数据点的表面模型来实现三维重建的目标。该方法的主要优点是可以利用成熟的计算机图形学方法对物体进行裁剪、消隐、光照等多种操作，而且数据量小，运算速度快，还可获得很多的软硬件支持。

物体表面可以通过曲面片或三角网格来近似。虽然 B 样条曲面具有许多有益的特性，诸如曲面的连续光滑和修改的局部性。但在许多的情况下，物体表面较为复杂，用 B 样条曲面拟合的计算过程复杂繁琐，用三角网格来逼近物体表面是更常用的方法。一般来说，表面重建要事先得到物体的轮廓，然后连接相邻轮廓上的点构成三角网格。通过轮廓点生成三角形时，需要满足一定的准则，如基于最小面积的三角形生成法和基于最短斜线的三角形生成法都是在某一种最优条件下的网格生成方法。

由于简单形体表面特性已知，很容易通过重建后得到的各个三维特征点生成物体的轮廓特征，所以我们采用简单形体作为待重建物体。重建结果如图 11-20 所示：其中（a）是采样后的两幅参考图像，（b）是在经过初始匹配后，摄像机的参数没有经过校正得到的效果，（c）是摄像机的参数得到校正后得到的效果图，（d）是经过参数校正和消除错误匹配点后重建的效果，（e）是没有添加纹理得到的表面轮廓效果。

如果摄像头参数未经过校正，重建出来的模型空间会扭曲，甚至难以获得目标物体的形状，所以需要对摄像头参数进行校正；在定标并校正摄像机的前提下，经过初始匹配得到的匹配点对集合中包含错误匹配点对，通过这样的匹配点对集合重建出的模型会有很多游离空间点存在，重建的模型表面不平滑，甚至导致一定的变形；只有通过松弛法和最小中值法剔除错误匹配点对，使匹配点精确，才能得到满意的重建效果。

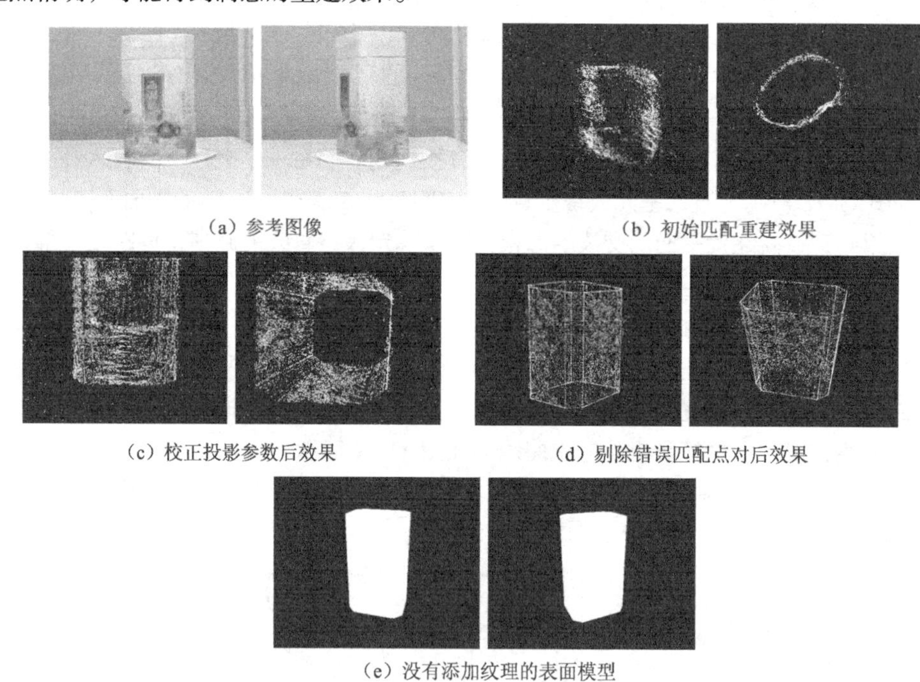

（a）参考图像　（b）初始匹配重建效果

（c）校正投影参数后效果　（d）剔除错误匹配点对后效果

（e）没有添加纹理的表面模型

图 11-20　三维重建效果

11.6　恢复模型的视觉外观

前面内容介绍了如何通过求解获得空间点的三维坐标，并通过模型的重建得到重建物体的三维轮廓，但到目前为止，得到的只是一个没有纹理的模型外观，而我们重建的目的是要获得具有真实感的三维模型，也就是具有纹理的模型。下面讨论如何通过纹理提取、纹理映射让重建的物体具有真实感的可视化外观。

求得模型的三维空间坐标后，根据空间点的二维坐标，到原图（采集的原始图像）中提取相应的纹理。利用图像上已经计算出三维坐标的各点，把它们连接成多边形，然后保存这些多边形所构成的图片，这些图片可以用来作为恢复模型视觉外观的纹理图。

为了得到具有真实感的物体，需将重建出的离散点构成平面，并在表面上贴上相应的纹理。因此可以将空间点集进行划分，在点的子集内生成小的表面区域，将小平面投影到已知图像，再将平面上小区域的纹理映射回三维空间，就得到了具有纹理的三维物体。三维重建结果的可视化过程如图 11-21 所示。

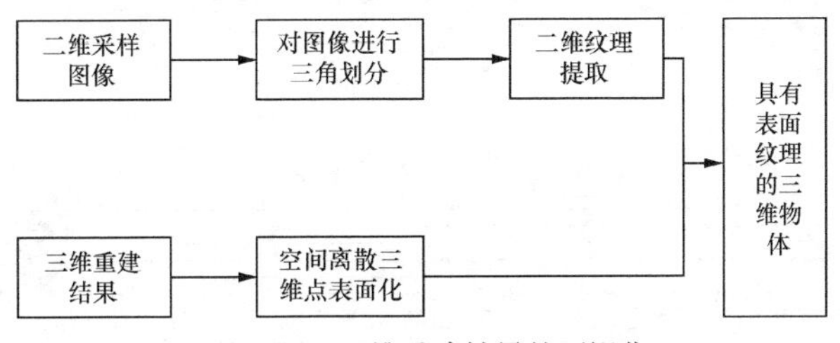

图 11-21　三维重建结果的可视化

在具体的实现过程中，有一点需要注意。在图像坐标系中，一般都是定义左上角的点为坐标系的原点，水平方向向右递增，垂直方向向下递增；而在纹理坐标系中，却是定义左下角的点为坐标系的原点，水平方向向右递增，垂直方向向上递增，并且点的取值范围为(0,0)到(1,1)。图像坐标与纹理坐标之间存在如下转换关系

$$u' = \frac{u}{Width}, \quad v' = \frac{v}{Height} \tag{11-37}$$

其中，u、v 是点的图像坐标，u'、v是对应点的纹理坐标，$Width$、$Height$ 是二维图像的宽度和高度。通过坐标转换得到的点的纹理坐标后，就可以进行纹理映射了。

图 11-22 所示是在重建出的轮廓基础上添加纹理后的重建效果图。

图 11-22　三维重建效果图

11.7 本 章 小 结

基于图像的三维重建方法是当前计算机图形学研究的一个热点领域，与传统建模方法比较，具有成本低廉、操作简便等特点。本章从图像采集、摄像机定标、特征点提取、特征点匹配、模型重构和纹理添加等几个方面对基于图像的三维重建方法进行了论述，并提供了重建结果。

习 题 11

11.1　什么是基于图像的三维重建？该重建方法与传统的三维图形建模方法有什么区别？

11.2　基于三维重建方法进行三维重建的基本步骤是什么？

11.3　举出几个你所了解的基于图像的三维重建方法，并说明其主要的特点和相互之间的区别。

11.4　说明摄像机定标的主要目的。

11.5　模型的视觉外观包括哪些？如何恢复重建模型的视觉外观。

第 12 章 虚拟现实技术及其应用实例

虚拟现实（Virtual Reality，VR），也称灵境技术，实际上是一种可创建和体验虚拟世界（Virtual World）的计算机系统。此种虚拟世界由计算机生成，可以是现实世界的再现，也可以是构想中的世界，用户可借助视觉、听觉及触觉等传感通道与虚拟世界进行自然的交互。它是以仿真的方式给用户创造一个实时反映实体对象变化与相互作用的三维虚拟世界，并通过头盔显示器、数据手套等辅助传感设备，提供给参与者一个观测与交互的三维界面，使其产生沉浸感。VR 技术是计算机图形学、计算机视觉、视觉生理学、视觉心理学、系统仿真、微电子、多媒体、立体显示、传感与测量、软件工程、语音识别与合成、人机接口、计算机网络及人工智能等多种高新技术集成之结晶。其逼真性和实时交互性为系统仿真技术提供有力的支撑。它同时具有沉浸性（Immersion）、交互性（Interaction）和构想性（Imagination），使用户能沉浸其中，超越其上，出入自然，形成具有交互效能多维化的信息环境。在丰富多彩的现实世界中，有些环境人们难于身临其境，而虚拟现实却能超越时间与空间、现实与抽象，将各种无法接触的环境再现于人们的眼前。VR 技术正在渗透到工业、医学、军事、教育、艺术乃至娱乐等各个专业领域。

VR 环境系统主要包括建模、控制和媒体数据源 3 大部分。建模是其核心环节，主要指利用物理的或数学的方法，对需要仿真的实际系统进行描述以获得近似的数学模型。这是进行数字仿真或半实物仿真必不可少的步骤。

本章结合几个建模实例对虚拟环境的建模方法进行论述。

12.1 虚拟人体及其运动仿真

早期的虚拟现实系统主要涉及景色、建筑等视景，很少涉及人。但随着虚拟现实技术的深入发展和各行业视景仿真应用的迫切需求，使得凡是对人参与环境的模拟问题，都离不开虚拟人。主要的需求来自于如下的领域。

（1）虚拟战场中对士兵和指挥官的模拟。

（2）对人类工效学作用环境的仿真。

（3）模拟舱外作业的宇航员。

（4）接受外科手术的虚拟病人，整形外科。

（5）包括人的计算机游戏和娱乐场所的虚拟环境。

（6）比赛、运动和舞蹈仿真。

（7）遥现。

（8）仿人机器人运动控制与决策的研究。

总之，对虚拟人的需求来自工程、设计、教育、训练、监控、交互、通信、医学、体育、文化交流、人素分析等各个领域。虚拟人作为一门新兴学科，涉及到动画、计算机图形学、生理学、心理学、生物力学、机械学、机器人学和人工智能等多个研究领域。作为人的计算机表示，虚拟人在虚拟环境中的真实体现不仅增强了人与虚拟环境交互的自然性，而且提高了虚拟环境的逼真度和沉浸感，为创造适人化的虚拟空间奠定了坚实的理论基础。

虚拟人是完全由计算机表示、看起来像真人的图形实体，即人的计算机模型。一方面，它可以作为真人的替代者对计算机设计的车辆、工作区域、机器工具、装备线等在实际构造前进行人类工效学的评估；在真人无法到达的环境中进行各种精密的甚至危险的试验；在军事上代替真人接受各种训练；在医学上代替真人接受一些矫形手术；在航空航天上代替真人从事太空作业等。另一方面，它可作为自身或其他实际参与者在虚拟环境中的实时表示。

12.1.1　虚拟人几何建模

（1）人体运动结构分析

如图 12-1 所示，从解剖学的观点来看，人体运动系统由骨、骨连接和骨骼肌通过运动关节组成，骨骼外面附着皮肤，可跟随骨骼一起运动。人体的动作不是由骨骼自身的变化引起的，而是由连接在关节上的骨骼的位置和方向的变化所决定的。运动中各骨骼的长度和形状是不变的，通过关节连在一起。身体各部分在神经系统的调节和其他系统的配合下，在空间中运动并使各骨骼在空间的相对位置发生改变。由于可指定骨骼的形状和连接骨骼的关节的属性，所以用骨架模型来构建人体几何模型是可行的。关节属性中最重要的是连接在关节上的骨骼的自由度和生理可移动范围，连接在关节上的骨骼可以关节为中心进行旋转或移动。因骨骼的移动非常微小，所以大部分情况将人体模型简化为只考虑旋转的情况。表 12-1 给出了人体各个关节旋转角的生理范围。

表 12-1　人体各个关节旋转角的生理范围

关　节	活动类型	最大活动角度
颈关节	低头、仰头	+40~-35
	左弯、右弯	+55~-55
	左转、右转	+55~-55
腰关节	前弯、后弯	+100~-50
	左弯、右弯	+50~-50
	左转、右转	+50~-50
髋关节	前弯、后弯	+120~-15
	外拐、内拐	+30~-15
	外转、内转	+110~-70
膝关节	前摆、后摆	0~-135
踝关节	上摆、下摆	+110 ~ +55
	外转、内转	+110 ~ -70
肩关节	外摆、内摆	+180~-30
	前摆、后摆	+140~-40
肘关节	弯曲、伸展	+145~0
腕关节	外摆、内摆	+30 ~ -20
	弯曲、伸展	+75 ~ -60

围绕着人体的活动，常用的是人体6个肢体部分，即手掌、前臂、上臂、躯干（包括头和颈）、大腿和小腿的参数。人体各个部分尺寸的基本比例如图12-2所示。

（2）人体的几何建模

通常，人体几何模型可以在3个层次上进行构造：骨架、肌肉、皮肤。人体几何建模通常采用棒模型、体模型和表面模型3种方法。

棒模型是将人体各个肢体用线表示，关节用点表示；体模型把人体表示为基本的体素的组合，这样的基本体素包括圆柱体、椭球体、球体、椭圆环等。这两种方法简单，使用方便，数据量少，时空代价小，但所建立的人体几何模型真实感差，逼真度不够。

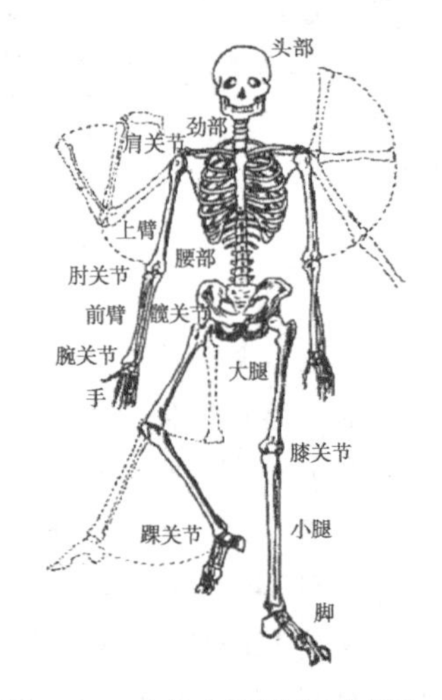

图12-1 人体生理结构示意图

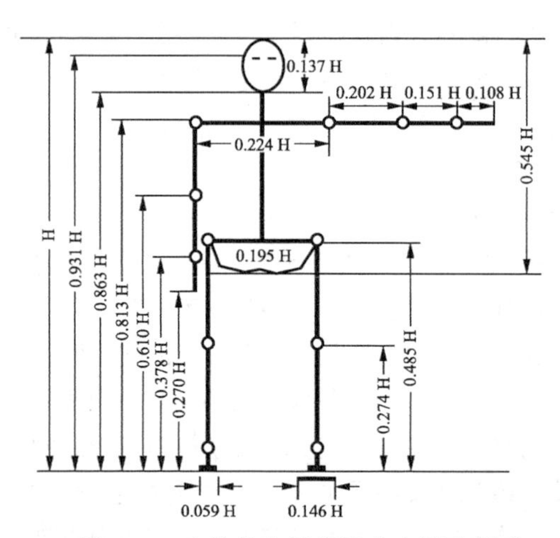

图12-2 人体各个部分尺寸比例示意图

表面模型使用一系列多边形或曲面片将人体骨骼包围起来表示人体外形，这种模型真实感较强。在具体实现时通常采用数字化方法和参数曲面法。在数字化方法中，首先通过数字化设备获取顶点信息，从而把人体表示为多边形网格。为了增强模型的逼真度，需要输入大量顶点的空间坐标信息。随着激光扫描设备的出现，这种繁琐的数据输入工作变得轻松了。然而，这种网格模型存储代价高，且难于编辑、绘制和对其施行运动控制。在参数曲面法中，基于B样条曲面建立人体曲面模型的方法不需要高精度的输入设备，人体表面数据来对人体模型表面的测量，根据这些数据，利用B样条曲面方程生成人体各曲面片，然后运用某种曲面过渡方法生成人体的整体模型。该方法在缺乏人体表面数据信息时难以得到合适的控制特征点，这是因为B样条的灵活性来自控制点，调整一个控制点将会影响相邻的几个曲线段；在曲面过渡方法中由于涉及一阶和二阶导数的运算，进一步增加了算法的复杂性。另一种曲面建模方法是NURBS曲面建模与CSG表示相结合的方式。尽管B样条曲面灵活、方便，但对某些曲面却无法表示。NURBS则为各类曲线和曲面提供了统一的、精确的数学表达式，灵活性和自由度都有较大提高，而且具有B样条曲面的所有优点和性质，在曲面的整体或较大范围内调整和选定控制点，当控制点确定后，就确定了曲面的大致形状，然后再根据实际形状与应用的要求在小范围内调整权因子，使曲面局部更加完美。于是，根据NURBS进行人体曲面造型时，通过控制多面体的不断细化和权因子的适当调节，可生成真实感较强的人体各部分的曲面模型。在此基础上，通过CGS表示技术生成人体的整体模型，不仅避免了生成过渡曲面带来的计算复杂性，而且体现了人体的运动结构特性，便于用该模型进行人体运动控制的研究。各类建模方法的特点如表12-2所示。

表 12-2　几种人体建模方法的比较

	棒模型	体模型	数字化方法	B 样条方法	NURBS 与 CSG 结合的方法
人体表示	点、线	基本体素	多边形网格	曲面模型	曲面模型
建模依据	人体骨架结构	人体骨架结构	人体实际测量值	人体模特测量值	人体运动结构和人体测量结果
高精度输入设备	不需要	不需要	需要	不需要	不需要
数据量	少	少	巨大	适中	适中
存储代价	低	低	高	适中	适中
建模速度	快	快	慢	适中	较快
类人程度	弱	弱	强	强	强
真实感	差	差	强	较强	较强
复杂性	低	低	适中	较高	高
运动控制	适于	适于	困难	较难	适于

本实例中不考虑人体运动过程中肌肉和皮肤的形变，所以只进行骨骼层次的建模。这样做的优点就是可集中通过骨骼棒模型来制定精确的运动，表示人体结构。

骨架模型是将人体表示为一组关节和肢体的集合，根据前面分析的结果，不考虑手部运动，将人体的骨架模型简化为 14 个关节，共 30 个自由度，如表 12-3 所示，把人体的关节统一视为球型关节，在具体应用中对某些关节的运动加以约束，将其限制在合理的运动范围内。

表 12-3　人体运动关节及自由度个数

关节名称	关节个数	每关节自由度	自由度总数
颈关节	1	3	3
腰关节	1	3	3
髋关节	2	3	6
膝关节	2	1	2
踝关节	2	2	4
肩关节	2	3	6
肘关节	2	1	2
腕关节	2	2	4

为了实现一个简单的人体模型，将人体体素简化为各种大小、长短不一的长方体，只对人物主要部位进行建模，将人体简单的表示成 12 个部分：头、颈、躯干、骨盆、左上臂、左前臂、右上臂、右前臂、左大腿、左小腿、右大腿、右小腿。

因为骨盆是人体的重心点，所以采用的建模顺序是：先建立骨盆的模型，并将其设定为根节点，再在其上按照人体各个部位的参数建立躯干、四肢等模型。

为了实现对各个关节的运动控制，事先定义各个关节的层次结构：髋关节的旋转运动可带动人体大腿以下其他各部分的运动；膝关节的旋转运动可带动小腿以下各部分的运动；腰关节的旋转运动可带动腰部以上其他部分的运动；肩关节的旋转运动可带动大臂以下各部分的运动；肘关节的旋转运动可带动小臂以下各部分的运动。建立的模型如图 12-3 所示。

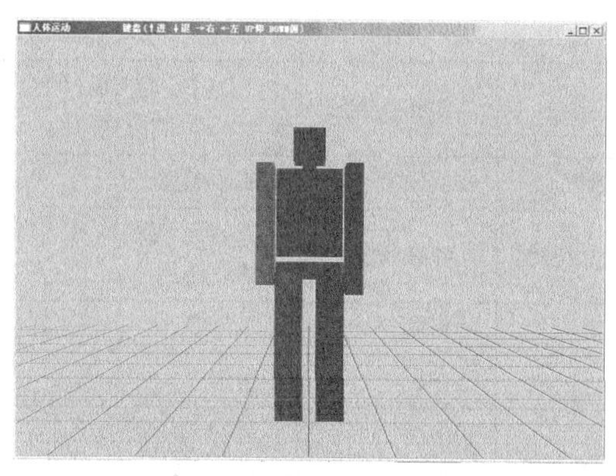

图 12-3　人体模型正面图

图 12-4　贴图后的人体模型

为了清晰区分人体各个部位，对人体模型各个部位进行了纹理贴图，不同部位使用不同的纹理，以使模型变得更加直观。同时建立了简单的地表面模型，如图 12-4 所示。

12.1.2　虚拟人运动控制

（1）虚拟人运动控制方法的分类

迄今为止，研究虚拟人运动控制的主要方法如下。

① 关键帧方法。关键帧方法是控制虚拟人运动细节的传统方法。关键帧方法在前面章节中已有论述，此处不再阐述。关键帧技术要求动画师除了具有设计关键帧的技能外，还有对运动对象关于时间的行为特别清楚。

② 运动捕捉方法。它是利用传感器以三维的形式记录人类主体的动作，然后计算机根据所记录的数据驱动屏幕上的虚拟人。这种方法的最大优点是能够捕捉到人类真实运动的数据，由于生成的运动基本上是主体人运动的复制品，因此效果非常逼真，且能生成许多复杂的运动。这种方法的缺点在于：虚拟人与主体人在外形和身高上不匹配；主体人的运动受到传感器和电缆的限制；放置在皮肤和衣服上的标志及传感器的移动会影响记录数据的准确性，这一切引起的数据误差会导致人产生不自然的动作。

③ 正向和逆向运动学方法。正向和逆向运动学是设置虚拟人关节运动的有效方法。正向运动学是把末端效应器（如手或脚）作为时间的函数，求解末端效应器的位置，与引起运动的力和力矩无关。对于一个具有多年经验的专家级动画师，能够用正向运动学方法生成非常逼真的运动，但对于一个普通的动画师来说，通过设置各个关节的关键帧来产生逼真的运动是非常困难的；逆向运动学方法在一定程度上减轻了正向运动学方法的繁琐工作，用户通过指定末端关节的位置，计算机自动计算出各个中间关节的位置。

④ 动力学方法。基于运动学的系统一般直观而缺乏完整性，它没有对基本的物理事实如重量或惯性等做出响应。而虚拟人的移动只有体现了力和力矩的影响才能比较真实。力和力矩产生线加速度和角加速度，运动是通过运动动力学方程获得的。用动力学控制虚拟人运动的优点在于：体现了人体运动的真实性，使动画师摆脱了根据实体对象物理性质描述运动的过程，使身体能自动对外部和内部环境约束做出反应；缺点是参数（力和力矩）的调整比较困难，且需花费大量 CPU 时间用数值方法求解复杂的关节体运动方程，运动规律性太强。

（2）基于关节连接体的人体模型层次结构

关节连接体由关节及连接各关节的骨架组成，它描述了人体模型中各肢体间的运动连带关系。本实例以腰关节为根节点，对相邻的两个关节，设靠近腰关节的关节为父节点，连接在父节点之下的关节设为子节点。选用树结构描述人体模型的层次结构，如图 12-5 所示。

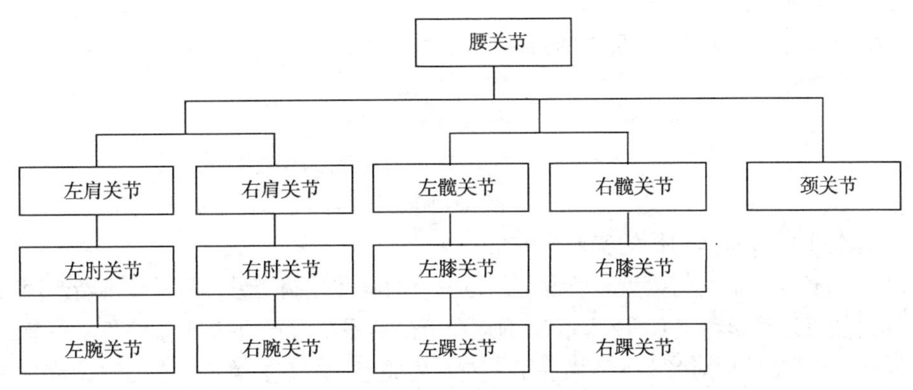

图 12-5　人体关节分层结构

（3）人体运动学分析

运动学分析的目的是各类运动（包括走步、跑步、踏步等）的时序关系，以便根据四肢和身体的位置及速度协调各个关节的运动。首先给出以下假设：

① 把基本运动过程简化为周期性重复运动；

② 在一个周期内（左足跟地面连续两次接触的时间）描述虚拟人的运动轨迹；

③ 运用运动控制算法实现周期内虚拟人对期望运动轨迹的跟踪控制；

④ 分析相邻运动周期之间的切换条件，控制虚拟人实现连续稳定的周期性基本运动。

然后，提出如下运动参量：

① 运动周期（*Tc*：Time of a Cycle）：指虚拟人在周期性运动过程中完成一个周期的基本运动所需的时间，即虚拟人从一个姿态开始到下一个相同姿态时所用的时间；

② 单脚支撑期（*Tss*：Time of single support）：指在一个运动周期中，虚拟人由某一单脚落地支撑的时间；

③ 双脚支撑期（*Tds*：Time of double support）：指在一个走步或踏步运动中，虚拟人左右双脚同时落地支撑的时间；

④ 支撑周期（*Ts*：Time of support）：在一个走步或踏步运动周期中指单脚支撑期和双脚支撑期之和；在一个跑步运动周期中指单脚支撑期；

⑤ 步幅（*Dc*：spatial Distance of cycle）：指一个运动周期的空间距离；

⑥ 飞行时间（*Tf*：Time of flying）：指在一个跑步运动周期内，身体腾空的时间。

下面给出走步和跑步运动的时空特征。

① 走步运动的时空特征。

走步运动最重要的空间特征是步幅，设 *RV* 表示人体步行相对速度，根据标准化公式得：

$$Dc = 1.346(RV)^{1/2} \tag{12-1}$$

基本的时间特征是运动周期（*Tc*）：

$$Tc = Dc/RV \tag{12-2}$$

其他的时间特征，即支撑周期（*Ts*）、双脚支撑期（*Tds*）和单脚支撑期（*Tss*）都与运动周期（*Tc*）线性相关。

$$Ts = 0.752Tc-0.14 \tag{12-3}$$

$$Tss = 0.248Tc+0.143 \tag{12-4}$$

$$Tds = 0.252Tc - 0.143 \quad (12\text{-}5)$$

② 跑步运动的时空特征。

跑步运动类似于走步运动，其时空特征可以表示如下：

$$Dc = 2.123(RV)^{1/2} \quad (12\text{-}6)$$

$$Tc = Dc/RV \quad (12\text{-}7)$$

$$Ts = Tss = 0.447Tc + 0.123 \quad (12\text{-}8)$$

$$Tf = 0.106Tc - 0.123 \quad (12\text{-}9)$$

（4）人体各个关节基本动作的实现及控制

使用上一节建立人体几何模型时所设定的各关节的旋转控制变量，只需要不断改变某个关节的变量，同时加以运动学约束（即人体关节的运动范围的限制），即可实现人体各个关节的运动控制。图 12-6 给出了实验中对颈关节、腰关节、左右肩关节、左右肘关节、左右髋关节、左右膝关节的运动控制效果。

图 12-6　人物若干关节运动仿真效果

（5）走步运动的实现

首先将人体的左腿设定为主动腿，所有部位的运动都是以左腿为参照。如前所述，将人体走步简化看作一个简单循环，该循环的过程是从左脚起步离地开始走步，经过左脚落地，到左脚再次起步为止。反复地进行这个循环，实现了人体走步的过程。该循环分为两部分，第一部分是从左脚起步到左脚落地的一段，第二部分是从左脚落地到左脚再次起步的一段。在第一阶段中，左腿向前摆，其他部位随之运动，左上臂向后摆，右上臂向前摆，躯干向左偏转；在第二阶段中，左腿向后摆，其他部位随之运动，左上臂向前摆，右上臂向后摆，躯干向右偏转。一个走步运动周期的仿真效果如图 12-7 所示。

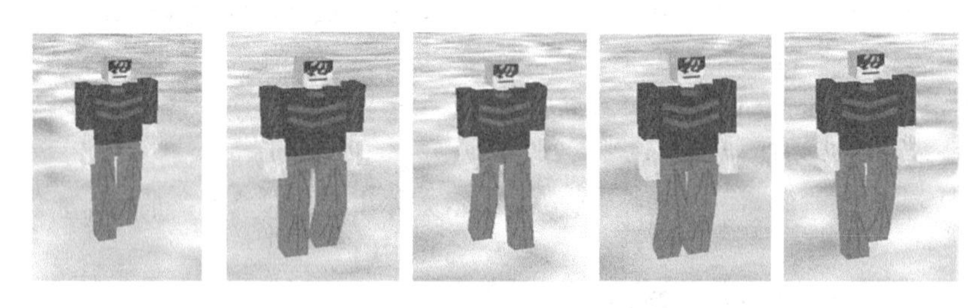

图 12-7　走步运动过程仿真效果

（6）跑步运动的实现

跟走步运动一样，将人体的左腿设定为主动腿，所有部位的运动都以左腿为参照。将人体跑步简化看作是一个简单循环，该循环过程从左脚起步离地开始，经过左脚落地，到左脚再次起步为止。反复进行这个循环，就是人体跑步的过程。该循环分为两个部分，第一部分是从左脚起步到左脚落地一段，第二部分是从左脚落地到左脚再次起步一段。在第一阶段中，左大腿向前摆，其他部位随之运动，左上臂向后摆，右上臂向前摆，躯干向左偏转，左右小臂维持平端的角度；再将这一阶段分成两段，前一段中人体高度由低到高变化，后一段中由高到低变化，模拟跑步时人体高度起伏的动作；在第二阶段中，左大腿向后摆，其他部位随之运动，左上臂向前摆，右上臂向后摆，躯干向右偏转，左右小臂维持平端的角度；再将这一阶段平分成两段，前一段中人体高度由低到高变化，后一段中由高到低变化。

对小腿的运动进行独立分析，在左大腿向后摆到尽头改为向前摆时，左小腿开始向后摆；在左大腿向前摆过约 15° 的时候，左小腿开始以较快的速度向前摆，直到左大腿摆到尽头。右小腿的运动相同，在右大腿向后摆到尽头改为向前摆时，右小腿开始向后摆；在右大腿向前摆过约 15° 的时候，右小腿开始以较快的速度向前摆，直到右大腿摆到尽头。

一个跑步运动周期的仿真效果如图 12-8 所示。

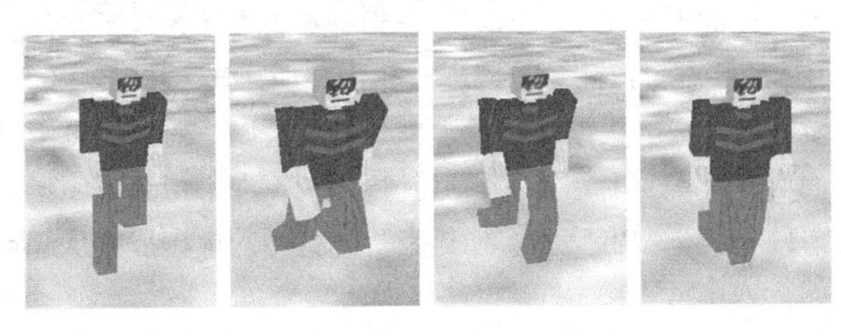

图 12-8　跑步运动过程仿真效果

（7）队列运动的实现

如图 12-9 所示，在对队列运动进行模拟时，可在场景中建立多个虚拟人模型，按队列对其进行组织排列，并用统一动作对场景中的所有虚拟人模型进行控制，从而生成队列效果。

图 12-9　队列的走步与跑步仿真效果

12.2　虚拟战场建模与仿真

随着科学技术的不断进步，现代战争向作战人员提出了一系列极其复杂的新问题，如常规军事训练耗资巨大，安全性差等。而虚拟战场，即军事演习及训练自动化的建立为此提供了一种十分有效的解决途径。

战场建模技术是虚拟战场的核心和基础，也是战场“真实”再现的关键技术之一。本节首先给出了虚拟战场环境的基本组成，然后就战场中动态实体和特殊效果的建模技术进行了重点论述。考虑到兵力实体的运动规律和运动特征，对兵力实体结构进行了精确分析，并采用放样造型方法和组合建模方法对其几何建模过程进行了论述，为兵力运动学建模提供了条件；针对战争过程中战火、硝烟等场景建模要求，对火焰、烟雾等特殊效果的不规则运动进行了深入的了解和分析，实现了基于粒子系统原理的战场特效动态建模。所有的建模技术均通过一个简化的虚拟战场仿真平台进行了验证，并给出了部分仿真结果。

12.2.1 虚拟战场环境的构成

虚拟战场环境中的模型可分为以下几类。

（1）地理环境模型：主要提供整个虚拟战场环境的基本情况，包括地形表面和文化特征物，如道路、河流、桥梁和建筑物等，它们的状态是静态的或随机的。

（2）气候环境模型：反映虚拟战场天气状况的模型，包括白天、夜晚、云、雾等。

（3）特殊环境模型：主要是指能够增强虚拟战争逼真性的火焰、烟雾、爆炸等不规则物体的动态模型。

（4）声音模型：包括运动武器的轰鸣声、武器发火声、弹药爆炸声等。

（5）动态实体模型：包括人和飞机、坦克、导弹等兵力实体。这类实体又可分为反应型实体和智能实体。反应型实体的状态可以随环境的变化做出反应，但是其反映的方式非常直接和一般，它们没有目的、意志及智能，只能根据设定的虚拟的物理法则，对外界刺激做出反应，如炮弹。而智能实体具有特定的目标，本质上是无法预见其行为的，在虚拟战场中不需要人的交互就能自动地对战场环境中的事件和状态做出反应。如具有智能行为的虚拟战车从起点到终点自主地避开障碍物寻找最优路径的行为。

12.2.2 地形模型的建立

用来构建虚拟战场地理环境数据库所需的地形数据包括地形高程数据和文化特征数据。地形数据是以正方形网格存储的高程数据格式，文化特征数据是以向量格式存储的地图要素数据。地理环境数据库的构造过程如下：

（1）将包含等高线信息的数字地图数据文件转换成包含 x，y，z 三维数据信息的数据文件，作为构建虚拟战场环境的基础。

（2）生成特征物的三维模型，如道路的加宽、湖泊的平放等。

（3）整合三维特征物模型与地形数据，形成三角形不规则网格。具体有如下两种方式：①直接将特征物贴在地形表面上；②在生成三维特征物模型后，再选取地形点生成整合模型。

（4）在整合后的地形模型上加入其他的三维模型，如建筑物、树木等独立地物，最终形成地理环境数据库。

现有的图形建模软件 Multigen Creator 可以辅助这一建模过程。

在三维地形环境建模时需要考虑如下因素：

（1）图形绘制的实时性与逼真性的矛盾，以便建立合理细节层次模型；

（2）适合仿真实体需要的装载模块的划分。

根据真实地理数据所生成的三维地形环境，其数据量很大，受机器硬件（内存和图形生成器）的限制。通常在三维地形建模时，根据实际地理数据的比例尺及其适用的仿真领域，将整个地形区域划分为一些适当大小的地形块，称为装载模块（Load Model）。每个装载模块由地形表面（包括各种地表特征物）和其上的各种静态对象（如树木、建筑物等）组成。在三维地形环境绘制时，通常只处理观察者视线范围（也称为感兴趣区域）内的装载模块，一个感兴趣区域由多个装载模块组成。

受硬件限制，较大的地形环境一次调入内存几乎不可能。因此，在仿真过程中，需动态装载地形环境，通常内存中只保留仿真实体周围的装载模块。实时调度的过程如下。

（1）初始化时，根据仿真实体类型确定视域范围 R，其中包括多个装载模块 g_i，$R=\{g_1,g_2,\cdots,g_n\}$。

（2）仿真实体运动过程中，不断检测视域范围是否发生变化。假定当前位置与初始位置（或上一次发生过动态装载时的位置）的偏离超过了某个阈值时，视域范围就发生变化。设新的视域范围为 R'，有 $R'=\{g_1',g_2',\cdots,g_n'\}$。

（3）当 $R'\neq R$ 时，将不在视域范围内的装载模块 $G_{load\_out}=R-R'$ 从内存释放，将新出现在视域范围内的装载模块 $G_{load\_in}=R'-R$ 调入内存，而那些一直在视域范围内的装载模块 $G_{exist}=R\cap R'$ 保留在内存中。

（4）设 R 为 R'（$R=R'$），初始位置设为当前位置，从步骤（2）继续，一直到退出仿真或不再有装载模块（即到达环境边缘）为止。

图 12-10 是一个坦克实时调度的例子。采用 1∶100000 的地理数据用于坦克仿真，坦克的视域范围通常是 1km，根据图形生成器的限制，在 SGI Octane2 图形工作站上，每 33ms 能够渲染 25513 个三角面片（不含纹理），建模时，将装载模块的大小设为 0.2km。内存中，只存放周围 1km 范围内的地形数据。当坦克向北行进时，一旦走过 0.2km（阈值）左右的地形之后，将南边的地形数据（装载模块）换出，将北边的地形数据换入。于是，通过换页使坦克通常总是位于地形的中央。

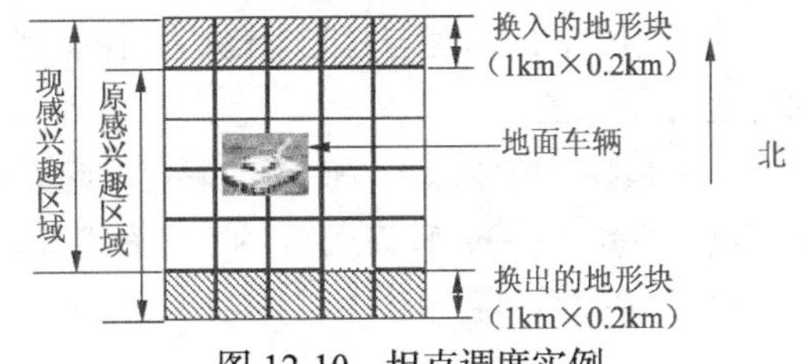

图 12-10　坦克调度实例

这里给出的通用仿真实体三维地形环境调度算法可应用于虚拟场景中的任意运动模型。

12.2.3　虚拟兵力建模

采用 Mutigen Creator 作为虚拟兵力的建模工具，主要采用的建模方法有包括放样造型方法和组合造型方法。

1. 放样（Loft）造型方法

多用于构造比较复杂的飞机、直升机等物体的几何模型。建模之前需要获得仿真对象的三视图，从中提取参数，主要是关键部位的截面轮廓图。一般，用户给出的截面曲线在同一平面的任意位置，需要根据预先获得的截面间的相对位置关系，将截面曲线作平移和旋转变换，然后在图形数据库中选取不同的起始截面进行多次放样，拉伸形成完整的对象模型。

具有整体对称结构的物体，采用放样方法进行几何建模时，可先根据图纸完成物体一半的结构建模，然后再与镜像（Mirror）技术相结合完成整体模型的造型。图 12-11 是采用放样与镜像两种技术相结合的方法完成的直升机的几何造型。

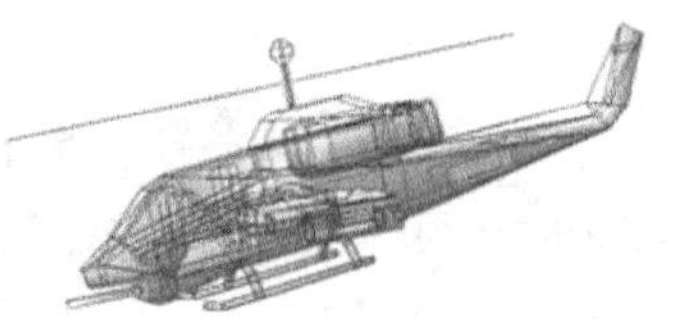
图 12-11　直升机模型

2. 组合建模方法

组合建模方法是针对仿真对象的各个部分和各个量的特点选取不同的算法建立物体的仿真模型。这种方法一般用于结构比较复杂的实体建模，如导弹发射车、坦克等在建模过程中需要将其分为几个部分，而各部分则根据其具体的结构特点采用不同方法建模。

以导弹发射车为例，对其几何建模过程进行了细致的分析、设计。依据导弹发射车的结构特点可将其分为 3 部分：发射车、导弹和导弹发射装置。导弹和发射车底架具有规则的几何结构，可采用放样造型方法完成。发射装置的结构较复杂，为了便于其局部运动控制，在构建发射装置的几何模型时，考虑各组成部分的运动方式及相互间的运动制约关系。

导弹发射车模型采用由起重臂，车架和起竖油缸组成的三铰点式起竖机构。因此，问题的关键性就在于如何确定三铰点位置，继而获得发射装置几何建模时所需的数据信息。

起竖机构的三铰点(O,O_1,O_2)直接影响起重臂，车架和起竖油缸的结构形式和运动参数。采用后支式三铰点（O_2布置在下铰点O_1的后方），首先建立竖机构的三铰点式函数关系式。

（1）起竖臂回转铰点 O 的确定。图 12-12 表示了三铰点式起竖臂机构，起竖油缸上下铰点O_1，O_2和回转轴铰点O的相互位置。

起竖臂回转铰点O（回转轴的中点）的确定，与多种因素有关。不同类型的导弹发射车，考虑的因素也不相同，需要考虑以下两个因素：

① 铰点O距地面高度ho影响到整车高度，应在整车高度允许的范围内确定。

② 铰点 O 的高度与起竖臂的后悬长度有关，应保证起竖臂起竖成垂直状态时，尾端面距地面高度符合要求。

（2）起竖油缸铰点O_1和O_2的确定。起竖油缸下铰点O_1距地面的高度ho_1，受最小离地高度的限制，铰点O_1到回转铰点O的水平距离w，受车底盘空闲的限制。

由图 12-12 可得：

$$h_1 = ho - ho_1 \tag{12-10}$$

$$L_1 = \sqrt{{h_1}^2 + w^2} \tag{12-11}$$

$$\delta = \mathrm{tg}^{-1}(h_1 / w) \tag{12-12}$$

首先确定铰点O，O_1的位置，在求得L_1，δ后，即可确定起竖油缸上铰点O_2，h_2是起竖油缸上铰点O_2到回转铰点O水平向的距离，其值随起竖臂的升降而变化。

$$L^2 = {L_1}^2 + {L_2}^2 - 2L_1L_2\cos(\alpha + \delta) \tag{12-13}$$

式中L和α为变量参数，在起竖臂升起、落下过程中不断变化。L_2则是一个常量，要求L_2必须先对α角赋值。根据发射车的特点，可以规定初始起竖角$\alpha_0 = 10^\circ$，最大起竖角$\alpha_m = 90^\circ$，由式（12-13）可知，在起竖角变化区间内，L的值是递增的，设油缸的初始长度为L_0，全部伸出后的长度为L_m，代入式（12-13）得：

$${L_0}^2 = {L_1}^2 + {L_2}^2 - 2L_1L_2\cos(\alpha_0 + \delta) \tag{12-14}$$

$${L_m}^2 = {L_1}^2 + {L_2}^2 - 2L_1L_2\cos(\alpha_m + \delta) \tag{12-15}$$

$$K = L_m / L_0 \tag{12-16}$$

式中 K 为起竖油缸的伸缩比，将起竖油缸设计成单级油缸，取$K = 1 + \delta$，$\delta = 0.60$。对式（12-14）~式（12-16）化简整理得：

$${L_2}^2 - \frac{2{L_1}^2}{K^2 - 1}[K^2\cos(\delta + \alpha_0) - \cos(\delta + \alpha_m)]L_2 + L_1 = 0 \tag{12-17}$$

解方程（12-17），舍弃不合理的根，可求出满足起竖油缸伸缩比的上铰点O_2的位置。

$$L_2 = (s - \sqrt{s^2 - 1})L_1 \tag{12-18}$$

式中$s = \dfrac{K^2\cos(\alpha_0 + \delta) - \cos(\alpha_m + \delta)}{K^2 - 1}$，且$s - \sqrt{s^2 - 1} < 1$。

至此，便得到了三铰点的位置，从而确定了起竖油缸的初始长度和全部伸出后的长度。

$$L_0 = \sqrt{L_1^{\ 2} + L_2^{\ 2} - 2L_1L_2\cos(\alpha_0 + \delta)} \tag{12-19}$$

$$L_m = \sqrt{L_1^{\ 2} + L_2^{\ 2} - 2L_1L_2\cos(\alpha_m + \delta)} \tag{12-20}$$

依据上边获得的导弹发射车起竖机构的几何数据信息，可完成发射装置的几何建模，最后将发射车底架和发射装置在同一坐标系内进行组合，组合后的几何模型如图 12-13 所示。

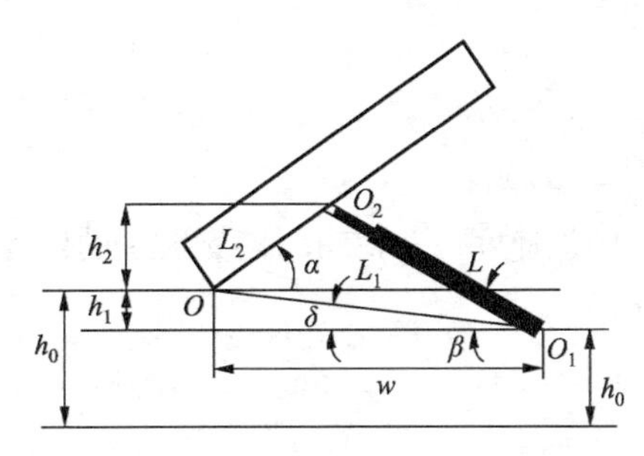

图 12-12　三铰点式起竖机构示意图

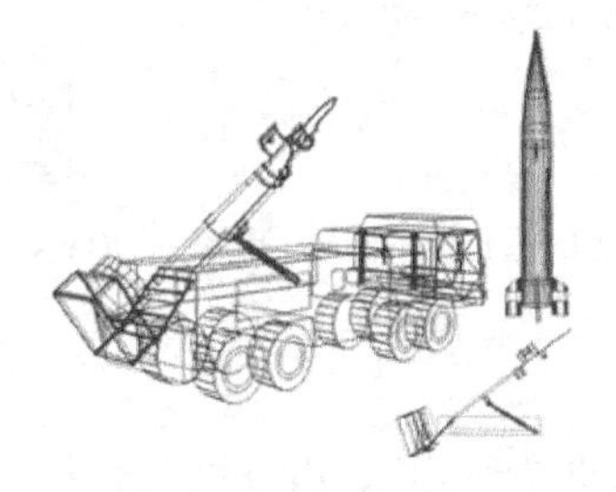

图 12-13　导弹发射车几何模型

12.2.4　战场特效建模

由于战场充满硝烟和战火，因此，要想建立一个高度逼真的虚拟战场环境，就必须对战场中的一些特殊效果，如火焰、烟雾等进行实时模拟和仿真。火、烟等均属于可变形气流现象，其形成都是由无数小颗粒随机运动而产生，外观形状极不规则，没有光滑的表面，而且极其复杂和随意，并可能随时间而发生变化，这时用经典的欧几里德几何学对其描述就显得无能为力了，如用直线、圆弧、和样条曲线等去建模，则其真实性就非常差。

（1）基于粒子系统的战场特效建模

Reeves 的粒子系统是迄今为止用于描述不规则物体最成熟的理论之一，且能满足虚拟战场系统对实时性要求。同其他描述不规则物体的方法（如分形模型、扩散过程模型等）相比，它具有以下 3 个显著的特点：

① 通过一组定义在空间的粒子系统来描述物体，而非使用原始具有边界的面片集合；

② 粒子系统不是一个静态实体，每个粒子的属性均是时间的函数；

③ 由粒子系统描述的物体不是预先定义的，其形状和位置等属性均用随机过程来描述。

战场特效粒子系统的结构如图 12-14 所示，其核心部分是战场特效绘制引擎（Battlefield Special Effect Rendering Engine）。该引擎从虚拟战场的控制部分接收数据，控制系统负责提供所要生成特效的类型，当引擎完成绘制时，图形数据被送往输出设备。

一般而言，用粒子系统理论描述不规则物体可按如下步骤。

步骤 1：分析物体的静态特性，定义粒子的初始属性。

步骤 2：分析物体的运动规律，建立粒子属性变化的动态特性。

步骤 3：在系统中生成具有一定初始属性的新粒子。

步骤 4：对剩余粒子根据粒子属性变化的动态特性改变属性值。

步骤 5：删除系统中已死亡的粒子。

步骤 6：绘制所有剩余粒子。

其中，步骤 3~6 的循环形成了物体的动态变化过程。显然，上述每个操作均是过程计算模型，因而它可与任何描述物体运动和特征的模型结合起来。

（2）动态浓烟建模

引起烟粒子的运动的主要因素有烟运动速度、烟的温度和风的作用。由于战场环境中的浓烟，只需要满足人的视觉真实感，并不需要非常精确地符合烟运动的物理方程。只考虑烟所受到的上升力 f_h 的作用，将 Navier-Stokes 方程简化，并在绘制时用动态烟粒子纹理来表现烟粒子扩散过程中的形态变化，从而可大大降低计算复杂度。

烟粒子的微分运动方程为：

$$\begin{cases} v(t+\Delta t) = v(t) + \Delta t \cdot f(t)/M \\ x(t+\Delta t) = x(t) + \Delta t \cdot v(t) \end{cases} \tag{12-21}$$

其中，M 表示烟粒子的质量，$a(t)$表示粒子运动的加速度，$x(t)$表示 t 时刻粒子的位置，$f(t)$表示 t 时刻粒子所受到的作用力。

$$f_h(t)=H \cdot T(t)-T_e \tag{12-22}$$

烟粒子的温度变化，由方程表示为：

$$T(t)=(T_0-Te)e^{-ct}+T_e \tag{12-23}$$

这里，$T(t)$为烟粒子的温度，T_e 为环境温度，c 为温度衰减控制系数。图 12-15 为烟粒子的温度衰减曲线。

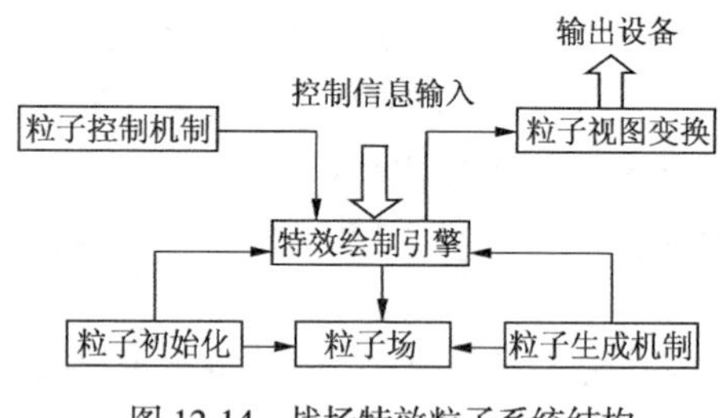

图 12-14　战场特效粒子系统结构

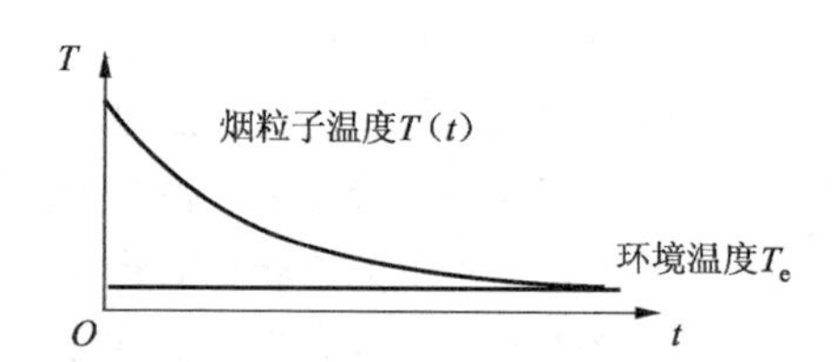

图 12-15　烟粒子的温度衰减曲线

通过上述方程很容易求出每个时刻的粒子位置、速度。确定了某一帧所有粒子的位置，即可绘制该帧图像。该实例中，采用小球作为烟粒子，对烟的运动进行仿真。由于烟粒子的运动具有相似性，可将烟粒子的运动变化用一组动态纹理来描述。图 12-16 是导弹发射时产生的浓烟仿真结果。

（3）火箭（导弹）飞行尾焰仿真

火箭（导弹）尾焰虽不规则，但与一般火焰相比仍具有其特殊性，可从以下几个方面来描述尾焰仿真的要点。

① 形体轮廓：通过对实际火箭（或导弹）尾焰的观察，提取它的基本特征，用两条正弦曲线作为尾焰的基本轮廓进行建模，得到了如图 12-17 所示的尾焰三维轮廓。

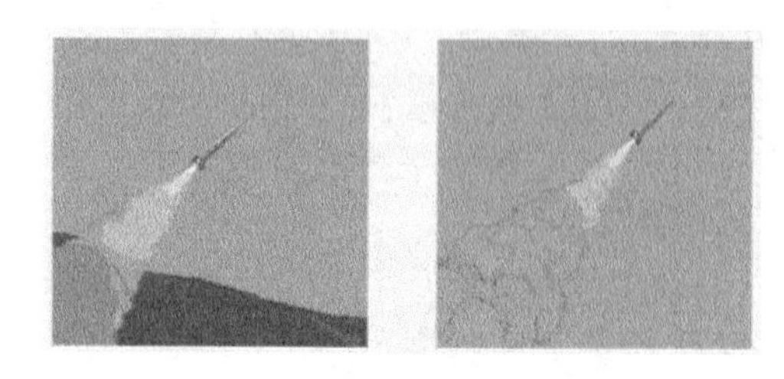

图 12-16　导弹发射浓烟仿真图像

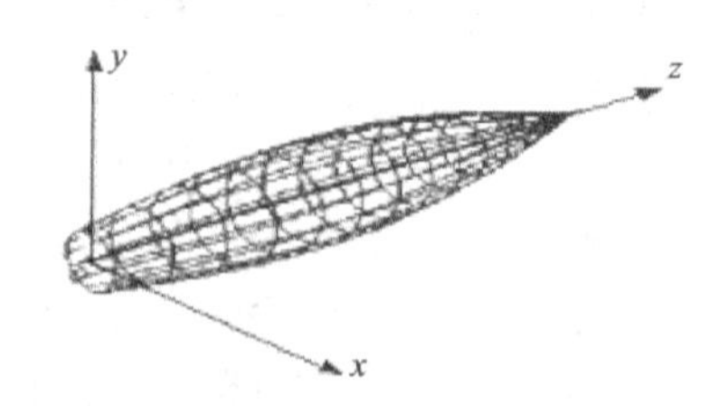

图 12-17　三维导弹尾焰轮廓图

② 粒子发射器：将尾焰三维轮廓形体中位于世界坐标系的 xoy 平面上的圆定义为火焰的粒子发射器，用形体轮廓定义尾焰的边界。设圆心和半径分别为(o_x,o_y,o_z)、r，其方程为：

$$(x-x_0)^2+(y-y_0)^2=r^2 \tag{12-24}$$

由此，定义随机函数后，便可求得粒子发射器产生的新粒子的初始位置、初始速度。

③ 尾焰在不同时刻的状态由粒子的动力学性质决定，受到力的作用后，粒子将产生一定的加速度，使运动复杂化。这里仅考虑风力和重力，构造一个综合的力场来控制尾焰运动。粒子速度的变化包括常量、加速和随机加速，这种加速度保证了粒子在宏观上表现出有序运动，而在微观上表现出无序运动。而对火箭（导弹）尾焰的外观形态的控制则是通过改变相应的参数来实现的。在设定粒子加速度后，便可求出在 Δt 时间内，其速度和位移的变化量。

④ 火焰粒子消亡：一种情况是粒子生命到了尽头而自然熄灭；另一种情况是粒子生命尚存在，但由于超出了预定义的火箭（导弹）尾焰边界而中途夭折。

⑤ 透明度扰动：导弹（火箭）尾焰的不规则性主要体现在尾部，使用随机函数可以对轮廓尾部区间内的粒子进行透明度扰动，使尾部产生参差不齐的效果，与火箭（导弹）尾焰的喷射效果极为相似。

⑥ 色彩模拟：位于喷管附近的火焰，高温时呈明亮的白色；扩散火焰呈明亮的黄色，并逐渐由黄向红过渡，整条尾焰亮度差别不大。定义随机分段函数可以实现火焰的色彩模拟。

图 12-18 显示了导弹飞行尾焰的仿真结果，粒子的生命周期为 1s，粒子数为 30。

（4）爆炸过程的仿真

同尾焰、烟雾模拟相比，用粒子系统对爆炸的模拟有如下几个特点。

① 爆炸过程中，粒子只在 f_0 帧产生，而在随后的帧序列中只要改变在 f_0 帧产生的粒子属性即可，而不必再产生新粒子。

② 因实际爆炸产生的碎片形状可多种多样，要完全模拟实际情况是不现实的。但可通过建模预先定义一系列不同形状的爆炸碎片，如三角面片、长方体、多面体等，这些模型需接近爆炸物的形状，也可是爆炸物的残骸仿真，当爆炸发生时，以此代替原来的物体模型。

③ 不同于火焰和烟雾中的点粒子，爆炸过程中，各粒子除了在速度方向上的运动外，还有绕 x、y、z 三轴的转动运动。

④ 由于重力的作用，各碎片的运动轨迹应为抛物线运动，直至最后坠落在地面上，此条件也是粒子的死亡条件。

对导弹与目标物（飞机）碰撞时产生的爆炸效果进行仿真，爆炸瞬间的两个画面如图 12-19 所示，粒子的生命周期是 0.5s，所需粒子数是 50，且第一帧后将不再产生新的粒子。

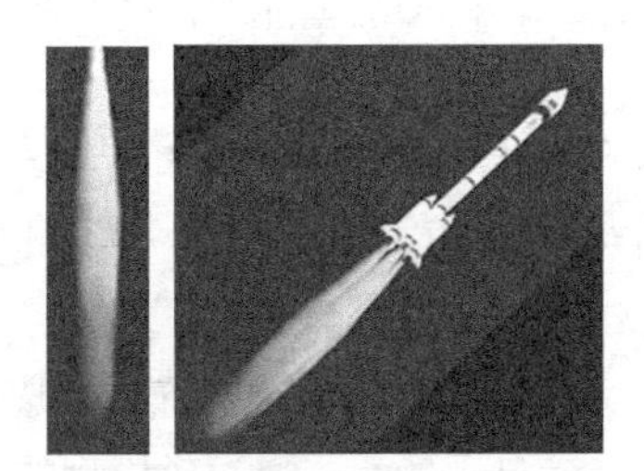

图 12-18　导弹飞行尾焰仿真

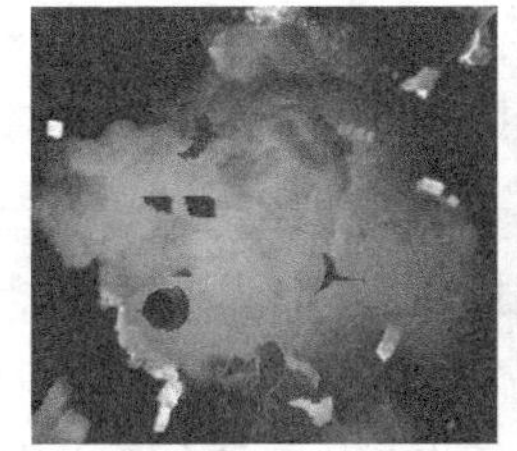

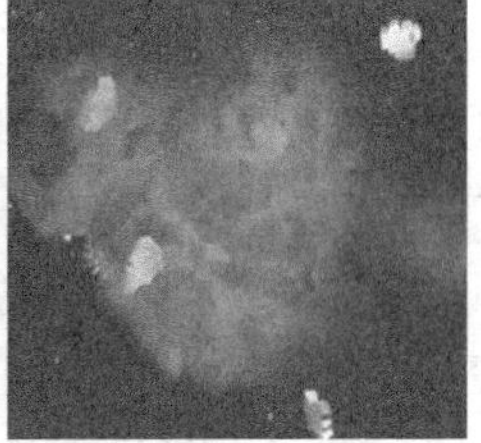

图 12-19　导弹与飞机碰撞的爆炸效果仿真

12.2.5　战场仿真系统

1. 仿真系统的构成

综合对兵力运动特征的建模，给出如图 12-20 所示的虚拟战场仿真系统基本结构。由图 12-20 知，仿真系统的构成主要包括虚拟环境模型数据库、虚拟场景生成模块，人—机交互接口，多通道图形显示，以及立体声音效果等，这几个模块的功能如下。

（1）模型数据库是构建虚拟战场环境的基础，它包括以下几个模块。

① 虚拟兵力的几何建模模块：完成虚拟兵力的几何建模，同时建立模型的计算机内部数据表示，并存储在几何模型数据库中。

② 虚拟兵力的运动学建模模块：定义了虚拟兵力的运动学模型及其它相关数据，如关节的运动范围、关节运动的最大速度和加速度等，将结果存入运动学模型数据库中。

③ 虚拟兵力的真实感图形生成模块：对兵力的几何模型进行材质、光照、纹理处理，从而生成具有真实感效果的仿真模型。

④ 特效生成模块：完成对虚拟战场环境中的火焰、烟雾等不规则自然现象的描述，生成具有动态变化特性的特殊效果模型。

⑤ 战场环境声音建模模块：采取声音剪辑的方法，即将现场录制好的声音（如枪声、炮声）或利用多媒体技术拟合而成的声音（如飞机中弹到坠毁全过程中发出的声音）输入到计算机中作为声音文件加以存储。在仿真过程中，根据仿真任务及演练状态通过 DirectX 编写声音实时控制、播放程序，按作战情况和仿真过程的需要调节声音的播放时间和强度。

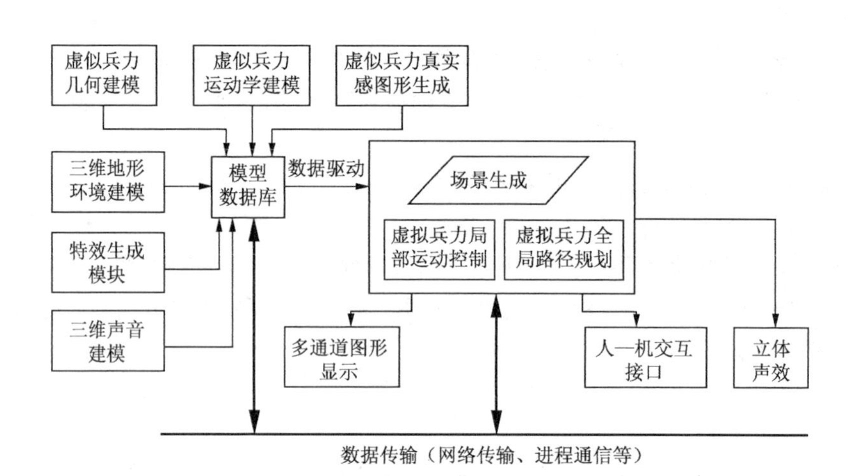

图 12-20　虚拟战场仿真系统总体框图

（2）虚拟场景生成模块：通过 IRIS Performer 进行数据驱动，将模型数据库中的仿真模型及声音、特效等进行封装、集成，生成具有战场特点的虚拟场景。该模块包括两个子模块。

① 虚拟兵力的局部运动控制模块：根据控制要求，应用程序从模型数据库中获得数据后，把它们实时地送给相应运动对象的接口。利用数据库系统，运动对象从接口获得数据，并据此实施对象属性的动态赋值，完成对虚拟兵力的局部运动控制。

② 虚拟兵力的全局路径规划模块：针对不同的运动对象，采用不同的方法表示虚拟环境，为其规划出一条从起始点到目标点的无碰路径，并存储相应的路径信息，然后，通过对模型的数据驱动，实现虚拟兵力在障碍环境中的运动。

（3）人—机交互接口模块：用户可以通过键盘、鼠标对虚拟场景中的运动对象进行操纵、控制，完成对虚拟兵力的运动路径起点和终点、运动速度、方向、环境设置等方面的控制。

（4）多通道图形显示模块：使用户更方便地对虚拟环境中的多个场景或同一场景中的不同地理位置的对象进行监控。另外，在图形显示时还存在着视点选取和切换的问题，及如何选择观察点。Vega 提供了绝对模式、跟踪模式、束缚模式等视点观察方案，眼点可固定在某一位置，或跟踪某个动态对象，也可手工控制眼点的位置，这样就实现了多视点、多方位、多种形式地全面观察战场态势。

2. 仿真结果

利用 Multigen Creator、Vega 作为建模工具，用 IRIS Performer 编程，在 SGI 图形工作上实现了战场仿真系统，图 12-21~图 12-24 给出了部分仿真效果。

图 12-21　战斗机飞行仿真效果

图 12-22　导弹发射过程仿真效果

图 12-23　坦克仿真效果

图 12-24　直升机飞行仿真和火箭发射仿真效果

12.3　虚拟机器人仿真

开发空间资源、水下资源和原子能资源是 21 世纪的重要任务，但空间、水下、原子能放射区等环境对人类有生命危险，必须通过机器人来执行此种危险艰巨的任务，而对机器人的控制则必须采用遥控方式，要实现对机器人动作的精准控制，就必须要能准确仿真机器人的各类运动特征。

本节以 PUMA560 六自由度空间机器人为例，详细分析了其运动特征，实现了基于 VR 的空间机器人遥控操作仿真系统。基于 VR 的遥控操作系统具有如下优点：

（1）当远程环境视觉被障碍物挡住时，利用虚拟环境提供的可视信息可继续工作；

（2）当操作员与远程环境之间有通信延迟时，利用虚拟环境的预显示系统可实时操作；

（3）给操作员提供了方便的训练系统。

12.3.1　人在回路中的仿真系统

在基于 VR 的遥控操作仿真系统中，操作者始终处于仿真回路中，其可根据仿真系统提供的各种感官信息，经过判断、决策，对系统进行操纵和控制。仿真系统为操作者提供虚拟环境所产生的各种感觉信息，如视觉、听觉、触觉等。操作者可通过操纵杆、鼠标、传感手套及声控等人—机接口对系统进行操纵和控制。人在回路中的仿真框图如图12-25所示。

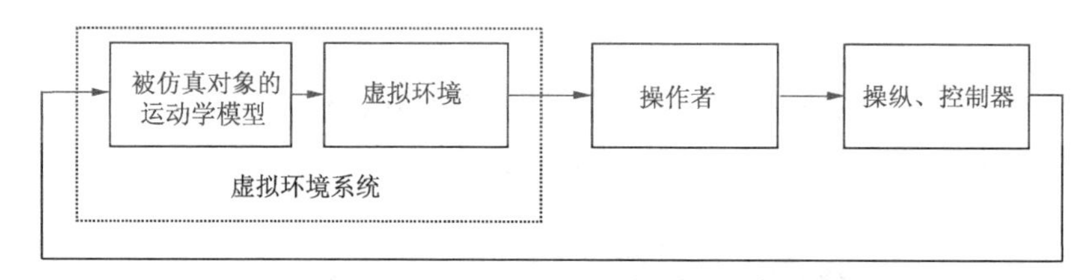

图12-25　人在回路中的仿真系统框图

人在回路中的仿真系统是最具代表性的虚拟现实技术的应用例子，该系统主要包括如下几部分。

① 被仿真对象的运动建模：根据建立的仿真数学模型编程后，在计算机上可实时运行。

② 虚拟环境：通过计算机图形学、声学、力学等方法给操作者提供三维实时的景象、声响、动感等虚拟环境。

③ 操纵、控制装置：操作者通过各种人—机接口装置对系统进行控制。

12.3.2　空间机器人建模

（1）几何模型的建立

PUMA560六自由度机器人的基本结构如图12-26所示。根据PUMA560机器人的几何特征，首先将机器人模型肢解成6个独立的子模型，包括底座、立柱、大臂、小臂、手腕和手爪，然后获取各子模型的形状、三维尺寸比例以及关节的运动形式和运动范围。

具备了这些基本参数，即可利用建模工具，通过对原型图形基元的变形、曲线的回转、曲线或曲面的延伸以及原型图形基元间的布尔运算构造各个部件的几何模型。

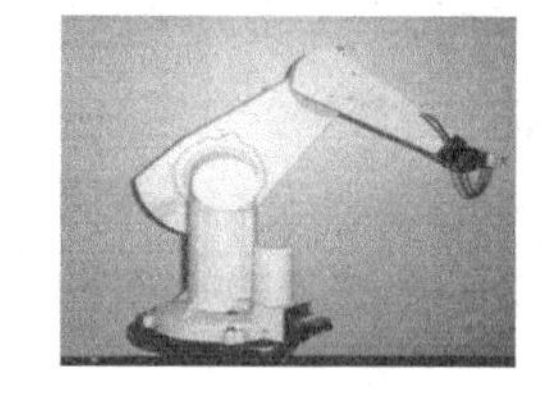

图12-26　PUMA560机器人的基本结构

（2）运动模型的建立

要建立空间机器人运动模型，首要的工作是要把模型数据库中的各个子模型提取出来进行装配，也叫做模型的链接过程，在此过程中，把每个子模型作为一个动态坐标系的子节点，利用层次化的结构，由底到高，从手爪到底座形成一个控制链。

机器人的机械手可看作是一个开链式的多连杆结构，始端连杆为机械手的基座，或称基杆，末端连杆则与机械手的手爪相连，相邻连杆之间用一个旋转关节或柱关节连在一起。机械手的动作形态是由3种不同的单位动作（旋转、回转和伸缩）组合而成。PUMA型机器人有5个旋转关节和1个平移关节。采用分布式解决方法（DSM）讨论机械手的运动合成。分布式解决方法的基本思想是通过不断缩小机器人手爪与目标之间的距离，使手爪能准确到达目标点。因此，必须把与机器人手爪相连的每个关节都看作是能合理移动、参与目标任务的媒介。

假设用n表示机器人自由度的个数（此例n=6），机器人运动特征就可用一组结构参数和一组关节参数来描述，其中结构参数的个数为$3n$个，用向量P_{dh}表示为：

$$P_{dh}=\left[\alpha_1,a_1,\bar{q}_1,\cdots\alpha_i,a_i,\bar{q}_i,\cdots,\alpha_n,a_n,\bar{q}_n\right]^T \tag{12-25}$$

其中，$\bar{q}_i=(1-\delta_i)\theta_i+\delta_i d_i$，当关节$i$为旋转关节时$\delta_i=0$，为平移关节时$\delta_i=1$。

关节参数个数为n个，主要表示手爪在空间中的位置和方向，用向量表示为：

$$q=\left[q_1,q_2,\cdots,q_n\right]^T \tag{12-26}$$

目标物体可用一个六维向量 $\boldsymbol{p}$ 表示，其中(X,Y,Z)表示目标物体的位置向量，(υ,ϕ,ψ)表示目标物体的方向向量。

$$p=[X,Y,Z,\vartheta,\phi,\varphi]^T \tag{12-27}$$

机器人基坐标系的位置和方向可以根据世界坐标系来描述，用向量 $\boldsymbol{p_0}$ 表示为：

$$p_0=[X_0,Y_0,Z_0,\vartheta_0,\phi_0,\varphi_0]^T \tag{12-28}$$

以上提供了一个 $4n+12$ 维的向量空间，机器人末端手爪的瞬时姿态只代表该空间中的某一点。需解决这样一个问题——如何确定机器人基坐标系位置才能使末端手爪顺利完成任务。

对某一特定任务，其运动方程可描述为：

$$T_f^0T_0^1T_1^2\ldots T_{n-1}^n=T_f^n \tag{12-29}$$

其中，T_{i-1}^i 表示从第 i 个关节坐标系到第 i-1 个关节坐标系的变换矩阵，T_f^0 表示从世界坐标系到基坐标系的变换矩阵，T_f^h 表示从目标坐标系到世界坐标系的变换矩阵。所以，运动学设计问题就可转化为对向量 P_{dh} 的计算和对基坐标系位置和方向向量 $\boldsymbol{p_0}$ 的计算问题，总共 $4n+6$ 个未知参数，可表示为：

$$\mu_t=\bigcup_{i=1}^{n}\{\alpha_i,a_i,\overline{q}_i\}\cup\left\{\bigcup_{i=1}^{n}\{q_i\}\right\}\cup\{X_0,Y_0,Z_0,\vartheta_0,\phi_0,\varphi_0\} \tag{12-30}$$

很显然，如果机器人结构参数已知，基坐标系确定，则未知的参数可减少为：

$$\mu_t^*=\bigcup_{i=1}^{n}\{q_i\} \tag{12-31}$$

要解决运动合成问题，就必须对方程式（12-30）进行求解。对任何任务，结构变量都相同，而关节变量却因任务的不同而有所变化。利用 DSM 方法的优点，每步只让一个关节产生运动，而所有其余参数均可被认为是固定不变的。所以，方程式（12-30）可以用第 i 个节点的局部坐标系来表示：

$$T_{i-1}^iT_i^n=T_{i-1}^n \tag{12-32}$$

这里，$T_{i-1}^n=\left(T_0^{i-1}T_f^0\right)^{-1}T_f^n$，其主要思想是把每一步运动均看作是整个合成问题的一个子问题，以便于求得第 i 个关节的结构变量和关节变量的解析解，使关节 i 到达其他局部目标。

分布求解上述方程，即可得到执行某一任务时机器人各个关节的关节参数。实际应用中，还要考虑每个参数的取值范围，避免关节移动超越了界限，产生不切合实际的效果。

12.3.3　遥控操作仿真系统

开发本仿真系统，采用的环境是：

（1）以 SGI Indigo2 图形工作站作为硬件平台，其图形处理速度快，显示效果逼真。

（2）以 IRIX 作为操作系统，便于多用户、多窗口的操作。

（3）以 Alias 作为几何建模工具，不仅能使设计者比较方便地建立各种复杂的环境模型，而且还可根据实际需要，对模型进行色彩、光照、纹理等处理。

（4）以 IRIS Performer 作为编程工具，既可以方便地对实体模型进行操作，还可以调用其他软件的图形库，完成它自身无法完成的各项操作。

在理想情况下，虚拟环境系统应是多传感器构成的人—机交互集成系统，包括：立体显示、立体视觉、立体声音、声控、语音识别、触觉系统、力反馈系统等。为了操纵和控制空间机器人模型，本系统重点开发了空间球和声控两种交互接口。空间球是一个六自由度的输入设备，既能反映虚拟模型在坐标系 3 个轴向方向上的位移分量，也能反映虚拟模型绕 3 个坐标轴的旋转分量。通过它可方便地控制空间机器人各关节的旋转和移动，使机械手准确的完成目标任务；声控方式则是更为自然的人机交互，可通过一些简单的语音指令实现对机器人各个关节的控制。图 12-27 给出了一组机器人抓取目标的遥控操作仿真效果。

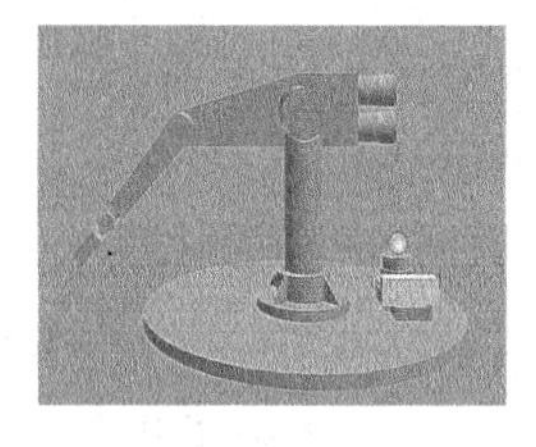

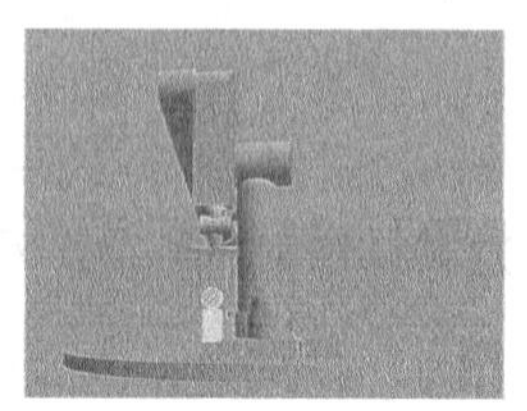

图 12-27　机器人抓取目标遥控操作仿真效果

12.4　本章小结

虚拟现实系统是一个集沉浸感、交互性和构想性于一体的综合计算机系统，突出了其虚中有实、实中有虚、虚实结合表现手法。立体显示达到了较为逼真的效果，多样化的人机交互手段创造了更为和谐的体验环境，使人有一种身临其境的感受。随着其相关技术的不断发展，虚拟现实系统的应用将会越来越多的普及到社会各个行业之中，而对三维计算机图形系统的构建技术也将逐渐演化为未来计算机图形学的主导发展方向。

习题 12

12.1　何为虚拟现实技术？它具有什么特点？主要有哪些应用？

12.2　虚拟显示环境系统主要由哪几部分组成？

参考文献

[1] David F. Rogers. 计算机图形学的算法基础 [M]. 石教英，彭群生等译. 北京：机械工业出版社，2002.

[2] 唐荣锡，汪嘉业，彭群生等. 计算机图形学教程（修订版）[M]. 北京：科学出版社，2001.

[3] 彭群生，鲍虎军，金小刚. 计算机真实感图形的算法基础 [M]. 北京：科学出版社，1999.

[4] 孙家广等. 计算机图形学（第三版）[M]. 北京：清华大学出版社，1998.

[5] 施法中. 计算机辅助几何设计与非均匀有理 B 样条 [M]. 北京：北京航空航天大学出版社，1994.

[6] 金廷赞. 计算机图形学 [M]. 杭州：浙江大学出版社，1988.

[7] 魏海涛. 计算机图形学 [M]. 北京：电子工业出版社，2007.

[8] 何援军. 计算机图形学 [M]. 北京：机械工业出版社，2009.

[9] 唐泽圣，周嘉玉，李新友. 计算机图形学基础 [M]. 北京：清华大学出版社，1995.

[10] 刘武辉. 数字印前技术 [M]. 北京：化学工业出版社，2003.

[11] 张金钊，张金锐，张金镝. 虚拟现实与游戏设计 [M]. 北京：冶金工业出版社，2007.

[12] 刘武辉，胡更生，王琪. 印刷色彩学 [M]. 北京：化学工业出版社，2004.

[13] 刘武辉. 数字印前技术 [M]. 北京：化学工业出版社，2003.

[14] 齐东旭等. 计算机动画原理与应用 [M]. 北京：科学出版社，1998.

[15] 齐东旭. 分形及其计算机生成 [M]. 北京：科学出版社，1994.

[16] Alan Watt. 3D Computer Graphics [M]. 包宏译. 北京：机械工业出版社，2005.

[17] Donald Hearn，M. Pauline Baker. Computer Graphics (C Version) [M]. Prentice Hall，1997.

[18] James D. Foley，Andries van Dam，Steven K. Feiner，John F. Hughes，Richard L. Phillips. 计算机图形学导论 [M]. 北京：机械工业出版社，2004.

[19] J.D.Foley，A.Van Dam. Fundamentals of Interactive Computer Graphics [M]. Addison-Wesley Publishing Company，1982.

[20] F.S.Hill JR. Computer Graphics [M]. Macmillan Publishing Company，1990.

[21] William M. Newman，Robert F. Sproull. Principles of Interactive Computer Graphics (Second edition) [M]. McGraw-Hill Company，1979.

[22] 曲志深. 喷墨打印机原理与维修 [M]. 北京：清华大学出版社，1995.

[23] Kenneth J. Falconer. 分形几何-数学基础及其应用 [M]. 曾文曲，刘世耀译. 沈阳：东北大学出版社，1991.

[24] SuXiaohong，LiDong，ZhangTianwen. A new method to build boundary conditions for nonuniform B-splines interpolation [J]. Journal of Harbin Institute of Technology，2000,7（4）:59-62.

[25] 苏晓红，李东，王宇颖. 基于曲率参数的 NURBS 曲线插值 [J]. 哈尔滨工业大学学报，2001,1,33（1）:108-111.

[26] 苏晓红. 李东. Julia 集的快速显示算法 [J]. 计算机工程，1996，22（6）:300-303.

[27] 苏晓红，李东，胡铭曾. 用改进的 Newton-Raphson 方法生成对称的分形艺术图形 [J]. 计算机学报，1999 ,22（11）: 1147-1152.

[28] Specification ICC.1 20011-12 File Format for Color profiles (Version4.0.0).

[29] 徐丹，蒙耀生，石教英. 基于 ICC 标准的色彩管理系统研究 [J]. 软件学报，1998,9

(10):740–747.

［30］王亚东，苏小红，郑旋．函数转换与查表修正相结合的色彩匹配方法［J］．哈尔滨工业大学学报，2002,37（6）:757–761.

［31］钱国良，陈彬等．基于机器学习的彩色匹配技术［J］．软件学报，1998,9(11): 845–850.

［32］苏小红，张田文，王亚东，郑旋．四色打印的灰度平衡方法研究［J］．计算机研究与发展，2002,39（12）：1695–1702.

［33］Su Xiaohong，Zhang Tianwen,Guo Maozu，Wang Yadong．Application of nonlinear color matching model to four-color ink-jet printing［J］．Journal of Harbin Institute of Technology，2002,9(3):270–275.

［34］郭茂祖，王亚东，苏晓红等．基于 BP 网络的色彩匹配方法研究［J］．计算机学报，2000,23（8）:819–823.

［35］唐好选，洪炳熔．基于细胞粒子运动的导弹尾焰生成算法．计算机应用研究（增刊），2001.10.

［36］唐好选，洪炳熔．烟雾仿真的一种新方法．计算机应用研究（增刊），2002.11.

［37］唐好选，洪炳熔．火团造型的一种新方法．计算机学报，2000，23(8): 857–861.

［38］王佳生，唐好选，仝建国．一种适用于规则形体的三维重建方法．哈尔滨工业大学学报，2009，41(3).

［39］王佳生，唐好选，苏莉莉．非规则形体表面点重建方法．东北林业大学学报，2008. 36(8):54–56.

［40］唐好选．可变形气流场生成算法及其在虚拟战场中的应用技术研究．哈尔滨工业大学博士学位论文，2001.6.

［41］苏莉莉．不规则形体三维网格表面重建方法的研究．哈尔滨工业大学硕士学位论文，2008.7.

［42］仝建国．基于图像的模型重构方法及其在虚拟博物馆中的应用．哈尔滨工业大学硕士学位论文，2006.7.

［43］李娜．真实感流体模拟算法的研究．哈尔滨工业大学硕士学位论文，2007.7.

［44］姚成亮．分形山生成技术研究．哈尔滨工业大学本科毕业论文，2003.7.

［45］赵林．分形树生成算法研究．哈尔滨工业大学本科毕业论文，2004.7.

［46］穆英鑫．雪景生成算法研究．哈尔滨工业大学本科毕业论文，2005.7.

［47］李宏鹏．雨景生成算法研究．哈尔滨工业大学本科毕业论文，2004.7.